Perspektiven der Humangeographie

Reihe herausgegeben von

Sybille Bauriedl, Abteilung für Geographie, University of Flensburg, Flensburg, Deutschland

Veronika Cummings, Geographisches Institut, Johannes Gutenberg-Universität Mainz, Mainz, Deutschland

Martin Doevenspeck, Department of Geography, University of Bayreuth, Bayreuth, Deutschland

Florian Dünckmann, Geographisches Institut, AG Kulturgeographie, Christian-Albrechts-Universität zu Kiel, Kiel, Schleswig-Holstein, Deutschland

Johannes Glückler, Geographisches Institut, Universität Heidelberg, Heidelberg, Baden-Württemberg, Deutschland

Susanne Heeg, Institut für Humangeographie, Goethe Universität Frankfurt am Main, Frankfurt, Hessen, Deutschland

Sebastian Henn, Institut für Geographie, Friedrich-Schiller-Universität Jena, Jena, Deutschland

Judith Miggelbrink, TU, Dresden, Deutschland

In der Schriftenreihe werden Forschungsarbeiten aus allen Schwerpunkten der Humangeographie publiziert. Es werden sowohl qualitativ, wie auch quantitativ ausgerichtete Arbeiten zu aktuellen Fragestellungen des Fachbereichs darin veröffentlicht. Die Reihe ist offen für sehr gute wissenschaftliche Arbeiten, womit sie die Vielfalt und Breite des Forschungsgebietes widerspiegeln möchte.

Weitere Bände in der Reihe https://link.springer.com/bookseries/16066

Elisabeth Nora Sommerlad

Interkulturelle Räume im Spielfilm

Eine filmgeographische Analyse am Beispiel von New York City

Elisabeth Nora Sommerlad
Geographisches Institut
Johannes Gutenberg-Universität Mainz
(JGU)
Mainz, Deutschland

Die vorliegende Studie wurde im Jahr 2019 vom Fachbereich 09 Chemie, Pharmazie, Geographie und Geowissenschaften der Johannes Gutenberg-Universität Mainz als Dissertation angenommen (D77).

ISSN 2524-3381 ISSN 2524-339X (electronic)
Perspektiven der Humangeographie
ISBN 978-3-658-35759-7 ISBN 978-3-658-35760-3 (eBook)
https://doi.org/10.1007/978-3-658-35760-3

Die Deutsche Nationalbibliothek verzeichnet diese Publikation in der Deutschen Nationalbibliografie; detaillierte bibliografische Daten sind im Internet über http://dnb.d-nb.de abrufbar.

© Der/die Herausgeber bzw. der/die Autor(en), exklusiv lizenziert durch Springer Fachmedien Wiesbaden GmbH, ein Teil von Springer Nature 2021
Das Werk einschließlich aller seiner Teile ist urheberrechtlich geschützt. Jede Verwertung, die nicht ausdrücklich vom Urheberrechtsgesetz zugelassen ist, bedarf der vorherigen Zustimmung des Verlags. Das gilt insbesondere für Vervielfältigungen, Bearbeitungen, Übersetzungen, Mikroverfilmungen und die Einspeicherung und Verarbeitung in elektronischen Systemen.
Die Wiedergabe von allgemein beschreibenden Bezeichnungen, Marken, Unternehmensnamen etc. in diesem Werk bedeutet nicht, dass diese frei durch jedermann benutzt werden dürfen. Die Berechtigung zur Benutzung unterliegt, auch ohne gesonderten Hinweis hierzu, den Regeln des Markenrechts. Die Rechte des jeweiligen Zeicheninhabers sind zu beachten.
Der Verlag, die Autoren und die Herausgeber gehen davon aus, dass die Angaben und Informationen in diesem Werk zum Zeitpunkt der Veröffentlichung vollständig und korrekt sind. Weder der Verlag noch die Autoren oder die Herausgeber übernehmen, ausdrücklich oder implizit, Gewähr für den Inhalt des Werkes, etwaige Fehler oder Äußerungen. Der Verlag bleibt im Hinblick auf geografische Zuordnungen und Gebietsbezeichnungen in veröffentlichten Karten und Institutionsadressen neutral.

Planung/Lektorat: Marija Kojic
Springer Spektrum ist ein Imprint der eingetragenen Gesellschaft Springer Fachmedien Wiesbaden GmbH und ist ein Teil von Springer Nature.
Die Anschrift der Gesellschaft ist: Abraham-Lincoln-Str. 46, 65189 Wiesbaden, Germany

Für meine Familie

Danksagung

Das vorliegende Buch ist das Ergebnis eines mehrjährigen Arbeitsprozesses, durch den mich zahlreiche Personen begleitet haben. Die Umsetzung meiner Dissertation wäre ohne ihre wertvolle Unterstützung in allen Arbeitsphasen – von der Idee, über die Konzeption und Durchführung der Studie, bis hin zu ihrer Fertigstellung – nicht möglich gewesen. An dieser Stelle möchte ich mich hierfür aufrichtig und herzlich bedanken.

Mein größter Dank gilt meinem Doktorvater, Univ.-Prof. Dr. Anton Escher, für die Betreuung der Dissertation. Er hat den fachlichen und institutionellen Rahmen geschaffen, in dem ich meine Arbeit umsetzen konnte. Für die intensive Betreuung, die kritischen Anmerkungen und die kreativen Impulse, welche den gesamten Arbeitsprozess begleitet haben, bin ich ihm sehr dankbar. Seine wertvolle Unterstützung haben mich in meinem wissenschaftlichen Werdegang nachhaltig geprägt und gefördert. Der bereichernde Austausch mit ihm waren und sind für mich von unschätzbar großem Wert.

Mein herzlichster Dank gilt zudem Univ.-Prof. Dr. Veronika Cummings für die Bereitschaft, die vorliegende Arbeit als Zweitgutachterin zu begleiten. Ich danke ihr zudem für die motivierenden, anregenden und konstruktiven Gespräche und das entgegengebrachte Vertrauen. Durch die Mitarbeit in ihrer Arbeitsgruppe haben sich mir neue, inspirierende Perspektiven eröffnet, von denen auch die vorliegende Publikation profitiert hat.

Prof. Dr. Marcus Stiglegger bin ich sehr verbunden für die konstruktiven und anregenden Gespräch zu filmwissenschaftlichen Themen und die inspirierenden inhaltlichen Denkanstöße. Ein von ihm angebotenes Seminar zum Thema *Amerika im Spielfilm* hat mich im kritischen Nachdenken über filmische Darstellungen der US-amerikanischen Gesellschaft entschieden geprägt. Auch ihm danke ich sehr dafür, dass er als Zweitgutachter der Dissertation fungiert hat.

Für die finanzielle Unterstützung in der Anfangsphase meiner Promotionszeit bedanke ich mich bei der Stipendienstiftung Rheinland-Pfalz. In diesem Kontext gilt mein Dank auch Univ.-Prof. Dr. Mita Banerjee, die mich als Gutachterin im Bewerbungsprozess unterstützt hat. Dem Geographischen Institut der Johannes Gutenberg-Universität Mainz (JGU) danke ich für die institutionelle Unterstützung, insbesondere für die Beschaffung und Bereitstellung der technischen Infrastruktur und Materialien zur Filmanalyse. Diesbezüglich richtet sich ein großer Dank an Bellinda Ziegler für Ihre Unterstützung in allen organisatorischen Abläufen.

Den Herausgeber:innen der Reihe *Perspektiven der Humangeographie* danke ich für die Möglichkeit, meine Dissertation in dieser Form publizieren zu können. Beim Springer Verlag richtet sich mein Dank an Carina Reibold, Marija Kojic, Girish Gopinathan und Divya Babu, die den Publikationsprozess professionell unterstützt haben. Der inneruniversitären Forschungsförderung der JGU danke ich für die Gewährung eines Druckkostenzuschusses für die vorliegende Publikation.

Zum Gelingen meines Projekts haben meine derzeitigen und ehemaligen Kolleginnen und Kollegen am Geographischen Institut entschieden beigetragen. Stellvertretend danke ich Dr. Marie Karner, Dipl.-Geogr. Helena Rapp, Dr. Matthias Gebauer, Dr. Kurt Emde, Lara Christmann, M.Ed., Dr. Julia van Lessen, Dr. Sandra Petermann und Dr. Eva Riempp für die vielfältige Unterstützung, die ermutigenden Gespräche, bereichernden Anregungen und allzeit offenen Ohren. Ein großer Dank richtet sich auch an meine Kolleg:innen außerhalb des Instituts, mit denen ich in den vergangenen Jahren immer wieder in Austausch stand und deren Perspektiven mich auf wissenschaftlicher und persönlicher Ebene bestärkt haben. Ein außerordentlicher Dank richtet sich dafür an Prof. Dr. Chris Lukinbeal und Dr. Roman Mauer.

Mein herzlichster Dank gilt zudem Dagmar Moll und Jessica Andel, die mich bei der finalen Überarbeitung des Manuskripts intensiv unterstützt haben. Ich danke beiden zutiefst für das gewissenhafte Lektorat der Texte und die unermüdliche Unterstützung bei den Formatierungsarbeiten. In diesem Zusammenhang möchte ich auch Claudia Schnorbus, Dr. Damien Schlarb und Laura Katharina Mücke M. A. danken, die mir mit ihrer fachlichen Expertise und wertvollen Anmerkungen sehr weitergeholfen haben. Dr. Claudia Finkler, Dr. Hanna Hadler und Dr. Timo Willershäuser danke ich von Herzen für Ihre große Unterstützung bei der finalen Formatierung der Abbildungen und Tabellen. Dank richtet sich auch an Nathalie Schneider für die Hilfe bei der Literaturrecherche, Christina Kelley für die Unterstützung bei der Filmtranskription sowie Marion Punches und Sasha Ongley für die Durchsicht des Filmverzeichnisses.

Danksagung

Meine Dissertation und die Fertigstellung des Buches wären nicht möglich gewesen ohne die umfassende Motivation und Unterstützung meiner Freundinnen und Freunde, die mich in den vergangenen Jahren durch alle Höhen und Tiefen begleitet haben. Ich bin euch zutiefst dankbar und unfassbar glücklich, euch zu haben. Mein allumfassender, tiefer Dank richtet sich abschließend an meine Familie, die mich auf meinem Weg stets bedingungslos unterstützt hat. Ich kann euch nicht genug danken für euer bestärkendes Vertrauen, eure liebevolle Fürsorge und eure fortwährende Geduld mit mir. Danke, dass ihr immer an mich und meine Ziele glaubt. Euch widme ich dieses Buch.

Zusammenfassung

Große Städte können in der sozialgeographischen Stadtforschung als Bühne für interkulturelle Begegnungen betrachtet werden. Alltägliche Begegnungen mit kulturellen Unterschieden konstituieren städtisches Zusammenleben und prägen weltweit das Leben zahlreicher Menschen. Diese Tatsache begegnet uns heutzutage nicht nur im Alltag, sondern wird auch zunehmend als Gegenstand medialer Darstellungen verhandelt. Insbesondere audiovisuelle Medienformate thematisieren das von kultureller Vielfalt geprägte Zusammenleben in urbanen Kontexten. Damit bieten sie vielschichtige Imaginationen an, die unser Weltwissen beeinflussen, transformieren und manifestieren. Ebensolche medialen Konstruktionen gesellschaftlicher Realität stehen im Fokus der vorliegenden Dissertation.

Am Beispiel von New York City untersucht die filmgeographische Studie die filmische Inszenierung und Imagination interkultureller Begegnungen. Sie geht der Forschungsfrage nach, in welcher Weise Spielfilme interkulturelle Begegnungen als mediale Konstruktionen gesellschaftlicher Realität im Spannungsfeld städtischer Kontexte inszenieren und vermitteln. Konkret wird untersucht, wie Filme interkulturelle Begegnungen und Interaktionen als Konstituens städtischen Zusammenlebens imaginieren. Ein besonderes Interesse der Studie liegt auf den Inszenierungsstrategien räumlicher und sozialer Kontexte, in denen solche Begegnungen stattfinden, sowie der Darstellung intersubjektiver und sozialer Herausforderungen, die sich für das Miteinander in kulturell vielfältigen Gesellschaften ergeben. Dabei werden die interaktiv hervorgebrachten interkulturellen Räume fokussiert und zugleich ihre Ortsgebundenheit berücksichtigt.

Mediale Inszenierungen interkultureller Begegnungen und ihrer räumlichen Implikationen wurden in sozial- und medienwissenschaftlicher Perspektive bislang nur wenig erforscht. Die Studie zeigt damit implizit eine Forschungslücke bisheriger Arbeiten zu interkulturellen Fragestellungen in medialen Kontexten auf und folgt dem Plädoyer, eine wissenschaftlich fundierte Auseinandersetzung mit ebensolchen Repräsentationen interkultureller Thematiken voranzubringen. Als filmgeographische Studie verortet sich die Arbeit an der Schnittstelle von sozial- und kulturgeographischer Stadtforschung, interkultureller Studien, Cultural Studies und der Filmwissenschaft. Die Filmgeographie befasst sich mit den vielschichtigen, filmisch erzeugten geographischen Vorstellungen und ihren in der Alltagswelt manifestierten Zusammenhängen und Wechselwirkungen. Um sich dem gewählten Forschungsgegenstand in der angestrebten interdisziplinären Haltung zu nähern, werden sowohl auf theoretischer als auch methodischer Ebene unterschiedliche Ansätze integriert und innovativ weiterentwickelt.

Auf theoretischer Ebene ist die Studie eingebettet in einen interaktionsgeographischen Ansatz, nach dem Städte nicht nur als räumliches Sammelbecken einer kulturell vielfältigen Gesellschaft betrachtet werden, sondern vielmehr ein Fokus auf die Mikroperspektive interkultureller Begegnungen gelegt wird. Städte sind in dieser Perspektive Orte der Begegnung und es sind erst die alltäglichen Begegnungen und Interaktionen kulturell verschiedener Individuen, die Vielfalt hervorbringen und eine Stadt als hochkomplexes interkulturelles Setting konstituieren. Ausgehend von einem offenen Kulturbegriff integriert die Forschungsarbeit theoretische Konzepte von Interkulturalität, kultureller Differenz(ierung) und kultureller Vielfalt. Interkulturalität wird dabei als das Ergebnis eines kommunikativen, alltäglichen Austausches zwischen Personen mit differenten kulturellen Erfahrungshintergründen verstanden und in Verbindung mit kultureller Vielfalt und kultureller Differenz gedacht. Diese Perspektive fußt auf der Annahme, dass kulturelle Vielfalt im Kontext zwischenmenschlicher Begegnungen als intersektionale, soziale Konstruktion resultiert. Mit dem Konzept des *Interkulturellen Raums* erarbeitet die Studie eine genuine Folie zur Analyse interkultureller Begegnungen. Hiermit wird eine interkulturelle Begegnungssituation auf der Mikroebene bezeichnet, die als Moment eines kulturellen Dazwischen interpretiert werden kann. Dabei werden verschiedene kulturelle Positionen ausgehandelt und Aspekte kultureller Vielfalt über kommunikative Aushandlungsprozesse als räumliches Phänomen konstruiert. Als Kernelemente einer solchen interkulturellen Auseinandersetzung fungiert die topologische Figur der Grenze bzw. Grenzüberschreitung. Eine Grenze wird dabei als prozessual konstruiertes Phänomen betrachtet, das in interkulturellen Austauschprozessen entsteht und einen Aushandlungsbereich des Bekannten und Unbekannten darstellt. Weil situativ stets unterschiedliche Differenzaspekte verhandelt werden, unterliegen interkulturelle Räume einer kontingenten und emergenten Eigendynamik.

In der Analyse konzentriert sich die Arbeit auf das Fallbeispiel New York City. Die Stadt wird in alltagsweltlichen, wie auch in medialen Diskursen immer

Zusammenfassung

wieder als *Stadt kultureller Vielfalt* bezeichnet – ein Topos, mit dem gesellschaftliche Vorstellungen stark verschränkt sind. In dieser Perspektive wird New York City als filmische Konstruktion einer sozialen, interkulturellen Wirklichkeit in den Blick genommen. Die methodische Umsetzung der Studie erfolgt als geographische Sequenzanalyse. Die Untersuchung fußt auf einem Filmkorpus von 17 Spielfilmen aus den Jahren 1987 bis 2015, für die eine dichte Analyse ausgewählter Schlüsselsequenzen vorgenommen wird. Ein Fokus liegt auf den medial erzeugten und vermittelten vielschichtigen Konstruktionen interkultureller Begegnungen, deren Bedeutung sich insbesondere aus dem Zusammenspiel der Handlungsorte und -figuren sowie filmspezifischen Gestaltungsmitteln ergibt.

Als Ergebnis der Studie lassen sich sechs Dimensionen interkultureller Räume benennen, die als vielschichtige Inszenierungsstrategien interkultureller Begegnungen zu interpretieren sind: (1) *Interkulturelle Differenzierungsräume* sind geprägt von Prozessen der wechselseitigen Differenzierung filmischer Akteur:innen. Diese funktioniert häufig über plakative Markierungen von Orten und Figuren – z. B. über körperliche Merkmale wie Hautfarbe, Kleidungsstücke oder Accessoires, die im Interaktionsprozess als Zeichen kultureller Differenz betont werden. (2) *Interkulturelle Irritationsräume* entfalten sich entlang der Inszenierung alltäglicher Handlungen und Praktiken. Kulturelle Differenzen werden hierbei im konkreten Handlungsvollzug der Charaktere inszeniert, beispielsweise über Begrüßungsformen, die Art und Weise zu sprechen oder Essenstechniken. (3) *Interkulturelle Diskriminierungsräume* rücken die Artikulation von Vorurteilen, Stereotypisierungen und diskriminierenden Handlungen in den Fokus der filmischen Handlung. (4) *Interkulturelle Grenzräume* betonen Abgrenzungsprozesse zwischen den Interaktionspartnern und rücken das Motiv der Grenze explizit in den Fokus der Interaktion. Beispielsweise verweisen Figuren u. a. darauf, dass ihre Handlungsfähigkeit auf Basis kultureller Aspekte (z. B. Werte, Normen, Umgangsformen) eingeschränkt ist. (5) *Interkulturelle Unmöglichkeitsräume* entstehen dann, wenn materiell, symbolisch oder kommunikativ gezogene Grenzen gezielt überschritten werden. In diesem Rahmen werden kulturelle Differenzen zu unverhandelbaren Tatsachen stilisiert, welche dysfunktionale, unmögliche Kommunikationen evozieren. (6) *Interkulturelle Möglichkeitsräume* inszenieren kulturelle Grenzen als flexible Grenzbereiche, die von spezifischen Grenzgänger:innen temporär überwunden werden können – u. a. durch das Erlernen neuer Praktiken und Anpassungsstrategien. Teils werden solche Grenzgänge auch als metaphorische Illusionen dargestellt. Die Inszenierungsstrategien durchdringen sich auf narrativer Ebene, sodass in einer Sequenz teils mehrere Räume gleichzeitig bestehen.

Es zeigt sich, dass im Fokus filmischer Inszenierungen interkultureller Begegnungen Differenzierungsprozesse stehen. In deren Kontext werden kulturelle Differenzen maßgeblich in Bezug auf die Kategorien Ethnizität, *Race* und Religion verhandelt. In der filmischen Inszenierung verschwimmen diese oft. Wechselseitige soziale wie lokale Abgrenzungsprozesse dominieren die dargestellten interkulturellen Begegnungssituationen. Sie zeigen sich in einem stetigen Markieren, Überschreiten und Austarieren kultureller Grenzen. Grenzziehungen und -überschreitungen sind teils ganz konkret dargestellt, z. B. wenn eine Straße zur unüberwindbaren Grenze zwischen ethnischen Gemeinschaften wird. Teils findet die Repräsentation auch subtiler im Kontext alltäglicher Praktiken und kommunikativer Äußerungen statt. Zusammenfassend ist festzustellen, dass New York City als *Stadt kultureller Koexistenz* inszeniert wird, in der sich alltägliche interkulturelle Begegnungen von Personen in einem interkulturellen Nebeneinander niederschlagen. Die Stadt fungiert als Projektionsfläche einer mehr oder weniger separierten multikulturellen Gesellschaft – alltägliche kulturelle Differenzierungsprozesse führen zu sozialen und lokalen Abgrenzungen, welche in einem kategorialen Denken über kulturelle Vielfalt verhaftet bleibt. Ein harmonisches Miteinander, das kulturelle Vielfalt als eine positiv konnotierte soziale Tatsache im Sinne zeitgenössischer Diskurse um Diversität speist, wird nur selten thematisiert. Ansätze finden sich vorwiegend in jüngeren Filmen und lassen sich oftmals als illusorische Momente entzaubern.

Die Studie liefert einen wichtigen Beitrag zum mediensensiblen Diskurs über interkulturelle Fragestellungen. Gesellschaftliche Weltbilder sind heutzutage, insbesondere angesichts eines hohen Medialisierungsgrades, von komplexen medialen Einflüssen durchdrungen. Folglich basiert heutiges Weltwissen nicht mehr ausschließlich auf alltäglichen Erfahrungen, sondern es wird über (massen-)mediale Erfahrungen beeinflusst, verändert und manifestiert. Insbesondere filmische Imaginationen beeinflussen gesellschaftliche Wirklichkeiten, Vorbilder und Konflikte. Als soziale und kulturelle Dokumente reflektieren diese in verdichteter Form gesellschaftliche Realitäten. Dabei tragen Filme zum Diskurs über eben diese Realitäten bei und stehen in Wechselwirkung mit alltagsweltlichen Phänomenen. Indem sich die Dissertation kritisch mit medialen Darstellungen interkultureller Begegnungen auseinandersetzt, bricht sie etablierte Vorstellungen interkultureller Phänomene auf, hinterfragt sie kritisch und macht sie für alltagsweltliche Diskurse fruchtbar. Auf diese Weise trägt die Studie zum besseren Verständnis einer von kultureller Diversität geprägten Gesellschaft bei und sensibilisiert für die Relevanz einer medienkompetenten Auseinandersetzung mit sozialen Diskursen um Interkulturalität und Vielfalt.

Zusammenfassung

Die Studie lädt abschließend dazu ein, die eingenommenen Perspektiven und generierten Ergebnisse aus dem spezifischen Filmraum New York City herauszulösen und auf weiterführende Kontexte zu übertragen. Sie bietet diesbezüglich Potenzial für anknüpfende Perspektiven: Zum einen bleibt das vorgestellte theoretische Modell des *Interkulturellen Raums* nicht auf filmische Kontexte beschränkt. Vielmehr kann es dabei helfen, interkulturelle Begegnungssituationen auch in alltagsweltlichen Kontexten besser zu verstehen. Zum anderen ist die innovative Methodik und Analysefolie fruchtbar für die vertiefende Auseinandersetzung mit interkulturellen Begegnungen in diversen medialen und empirischen Zusammenhängen. Darüber hinaus stimulieren die Analyseergebnisse Debatten im Bereich einer interkulturellen Film- und Medienbildung. Die Dissertation liefert damit nicht nur einen einschlägigen Beitrag zum akademischen Feld interkultureller Studien – sie ist auch anschlussfähig für mediensensible, anwendungsbezogene Kontexte, denen insbesondere in globalisierten, kulturell diversen und medienaffinen Gesellschaften mehr denn je höchste Relevanz zukommt.

Summary

In the field of socio-geographical urban research, large cities have often been regarded as a stage for intercultural encounters. Everyday encounters with cultural differences constitute urban coexistence and shape the lives of numerous people worldwide. Nowadays, this fact is not only present in everyday life, but also increasingly addressed as an issue in media representations. Audiovisual media formats in particular focus on the subject of coexistence in urban contexts characterized by cultural diversity. In this way, they offer multilayered imaginaries that influence, transform, and manifest our understanding of the world. Such media constructions of social reality are the focus of the dissertation at hand. Using New York City as an example, the film-geographical study examines the cinematic staging and imagination of intercultural encounters. It explores the research question in what way movies stage and convey intercultural encounters as media constructions of social reality in urban contexts. Specifically, the study examines how movies imagine intercultural encounters and interactions as a constituent of urban coexistence. A particular emphasis is placed on the staging strategies of spatial and social contexts in which such encounters take place, as well as on the representation of intersubjective and social challenges that arise for coexistence in culturally diverse societies. In doing so, their interactively produced intercultural spaces come into focus and, at the same time, their being bound to a place is taken into account.

There has been little research on the media staging of intercultural encounters and their spatial implications from a social and media studies perspective. The dissertation thus implicitly points out a research gap in earlier studies on intercultural topics in medial contexts and argues for the advancement of a scientifically founded examination of such representations. As a study in film geography, the work is positioned at the interface of social and cultural geographic urban research, (inter)cultural studies and film studies. Film geography is concerned with the multi-layered geographical imaginaries produced by film and their contexts and interactions manifested in the everyday world. In order to approach the chosen research object in the desired interdisciplinary attitude, a variety of theoretical as well as methodological concepts are integrated and innovatively developed.

Theoretically, the study is grounded in *geographies of encounter*. In this perspective, cities are settings of everyday encounters, and it is these encounters and interactions of culturally diverse individuals that create diversity and constitute a city as a highly complex, intercultural setting. Based on an open concept of culture, the study integrates theoretical concepts of interculturality, cultural difference(ization), and cultural diversity. Interculturality is assumed to be the result of a communicative, everyday exchange of individuals with differing backgrounds of cultural experience and is thereby considered in conjunction with cultural diversity and cultural difference. The perspective rests on the idea that cultural diversity results from intersectional, social construction in the context of interpersonal encounters.

With the concept of *intercultural space*, the study develops a genuine framework for analyzing intercultural encounters. The concept refers to an intercultural encounter situation on the micro level, which may be interpreted as a moment of a cultural in-between. Various cultural positions are negotiated and aspects of cultural diversity are constructed as a spatial phenomenon through communication processes. The topological figure of the boundary and/or boundary crossing serves as key feature of such an intercultural encounter. A boundary is thus considered a processually constructed phenomenon that emerges in intercultural exchange processes and represents an area of negotiation of the known and the unknown. Since situationally various aspects of difference are constantly being negotiated, intercultural spaces are subject to a contingent and emerging dynamic.

The analysis focuses on the case study of New York City. In everyday life as well as in media discourses, the city is repeatedly referred to as a *city of cultural diversity* – a topos with which social conceptions of New York are strongly intertwined. In this perspective, New York City becomes the focus of attention as a cinematic construction of an intercultural reality. The methodological implementation of the study takes an approach of geographic sequence analysis. The study is based on a film corpus of 17 feature films from 1987 to 2015, for which a thick analysis of selected key sequences was carried out. Emphasis lies on the mediated, multi-layered constructions of intercultural encounters, whose significance arises in particular from the interplay of locations and characters as well as film-specific means of representation.

Summary

As a result of the study, six dimensions of intercultural spaces emerge, which are interpreted as multi-layered staging strategies of intercultural encounters: (1) *Intercultural spaces of differentiation* are characterized by processes of mutual differentiation of the protagonists. Frequently, differentiation occurs through striking labels of places and characters – e.g., through physical features such as skin color, clothing or accessories, which are emphasized as signs of cultural difference in the process of interaction. (2) *Intercultural spaces of irritation* unfold along the staging of everyday actions and practices. Cultural differences are staged in specific actions performed by the protagonists, for example via modes of greeting, the way of speaking, or eating habits. (3) *Intercultural spaces of discrimination* focus on the articulation of prejudices, stereotyping and discriminating actions as part of the narrative. (4) *Intercultural boundary spaces* emphasize processes of delimitation between interactants and explicitly place the motif of the boundary in the focus of interaction. For example, characters point out that their agency is limited on the basis of certain cultural aspects (e.g., values, norms, manners). (5) *Intercultural impossibility spaces* arise when boundaries established materially, symbolically or communicatively are deliberately transgressed. In this framework, cultural differences are transformed into non-negotiable facts that evoke dysfunctional, impossible communications. (6) *Intercultural possibility spaces* stage cultural boundaries as flexible border areas that can be temporarily overcome by specific individuals – by learning new practices and adaptation strategies, among other things. In some cases, such boundary crossings are depicted as metaphorical illusions.

The staging strategies overlap on a narrative level, so that several spaces exist simultaneously in a single sequence. Thus, differentiation processes are the focus of cinematic staging of intercultural encounters. In this context, individuals negotiate cultural differences primarily in relation to the categories of ethnicity, race, and religion, which often blur diffusely in the staging process. Reciprocal social as well as local processes of delimitation dominate the depicted intercultural encounter situations. They become apparent in a constant marking, crossing and balancing of cultural boundaries. Boundary drawings and transgressions are sometimes depicted in a very tangible way, e.g., when a street becomes an insurmountable border between communities. In part, the representation also takes place more subtly in the context of everyday practices and communicative expressions. Concluding, New York City appears as a city of cultural coexistence. The city serves as a projection surface of a multicultural society that appears more or less separated – everyday cultural differentiation processes lead to social and local separations that remain entrenched in a categorical way of thinking about cultural diversity. A harmonious togetherness that fuels cultural diversity as a social reality of positive connotation in the sense of contemporary discourses on diversity is only rarely discussed. Attempts are mainly present in relatively young films and frequently disenchant as illusory moments.

This study provides an essential contribution to the media-sensitive discourse on intercultural topics. Contemporary social worldviews, especially in light of a high degree of medialization, incorporate complex media influences. Consequently, today's knowledge of the world is no longer based exclusively on everyday experiences, but is influenced, changed and manifested through (mass) media experiences. Cinematic imaginaries in particular influence social realities, role models, and conflicts. As social and cultural documents they reflect social realities in a condensed form. In doing so, films contribute to the discourse on these very realities and interact with everyday world phenomena. By critically examining media representations of intercultural encounters, the study challenges established notions of intercultural phenomena and thus contributes to everyday discourse. In this way, the work enhances the understanding of a society characterized by cultural diversity and raises awareness of the relevance of a media-competent engagement with social discourses around interculturality and diversity. Finally, the study encourages readers to extract the perspectives adopted and the results generated from the specific cinematic space of New York City and to transfer them to broader contexts. In this regard, the study offers potential for related perspectives: First, the theoretical framework of intercultural space introduced is not limited to cinematic contexts. Rather, it offers a chance to better understand intercultural encounter situations in everyday contexts as well. Secondly, the research's methodology and analysis foil are fruitful for the in-depth examination of intercultural encounters in diverse media as well as empirical contexts. Furthermore, the findings stimulate debates in the field of intercultural film and media education. The dissertation thus provides not only a relevant contribution to the academic field of intercultural studies – it is also adaptable to media-sensitive, application-related contexts, which are more relevant than ever, especially in globalized, culturally diverse and media-savvy societies.

Inhaltsverzeichnis

1 Einführung: Die filmische Stadt als interkultureller Raum 1
  1.1 Interkulturalität und kulturelle Vielfalt in der Großstadt 2
  1.2 (Inter-)Disziplinäre Einordnung der Studie 6
  1.3 Forschungsstand 14
  1.4 Fragestellung und Aufbau der Studie 24

2 New York City als Setting der Studie 29

3 Theoretische Rahmung 43
  3.1 Geographien der Begegnung: Interkulturalität und Vielfalt
     in interaktionsgeographischer Perspektive 45
    3.1.1 Ausgewählte Grundzüge der Forschungsrichtung 45
    3.1.2 Schlüsselelement: Orte der Begegnung 49
    3.1.3 Schlüsselbegriffe: Interaktion und Begegnung 53
  3.2 Forschungsdimensionen: Interkulturalität, kulturelle
     Vielfalt, kulturelle Differenz(ierung) 59
    3.2.1 Kultur und Interkulturalität 60
    3.2.2 Kulturelle Vielfalt 67
    3.2.3 Kulturelle Differenz(ierung) 71
    3.2.4 Dimensionen kulturelle Vielfalt im
        US-amerikanischen Kontext 79
  3.3 Interkultureller Raum: Konzeptvorschlag zur Analyse
     interkultureller Begegnungen 98
  3.4 Theoretische Analysefolie der Studie 106
    3.4.1 Theoretische Folie: Interkultureller Raum 107
    3.4.2 Erweiterung und Adaption für filmgeographischen
        Kontext 113

4	Filmkorpus, Methodik, Vorgehensweise		121
	4.1	Filmauswahl	122
	4.2	Methodik: Geographische Sequenzanalyse	130
	4.3	Methodische Vorgehensweise	144
5	Interkulturelle Räume im filmischen New York City		151
	5.1	Interkulturelle Differenzierungsräume	152
		5.1.1 Differenzerzeugende, körperliche Markierungen – „Where are you from?"	153
		5.1.2 Materielle Ausstattungselemente – „I've been admiring what you're wearing."	162
		5.1.3 Namen und Aussprache – „My name is Rochel." – „Can you repeat this?"	177
	5.2	Interkulturelle Irritationsräume	187
		5.2.1 Sprache und Sprachwechsel – „Speak English! You're in Brooklyn!"	188
		5.2.2 Begrüßung und Abschied – „En Bretagne trois fois!"	195
		5.2.3 Essen und Verzehr – „How did you learn to eat spaghetti like that?"	198
	5.3	Interkulturelle Diskriminierungsräume	202
		5.3.1 Naive Vorurteile und Stereotypisierungen – „They just had red hair and big legs."	205
		5.3.2 Intendierte Diskriminierungen und alltäglicher Rassismus – „Run for the trees!"	216
		5.3.3 Strukturell verankerte Diskriminierung – „I'm gonna say two words: Racial Profiling!"	224
	5.4	Interkulturelle Grenzräume	229
		5.4.1 Konfligierende Werte und Lebenseinstellungen – „That's the Sikh Way."	230
		5.4.2 Normative Speisevorschriften – „No meat, no fish – and what can't you eat?"	238
		5.4.3 Körperliche Umgangsformen – „No kissing, no holding hands."	243
	5.5	Interkulturelle Unmöglichkeitsräume	247
		5.5.1 Soziale Grenzüberschreitungen und soziale Clashs – „Can I touch your hair?"	248
		5.5.2 Physische Grenzüberschreitungen und physische Crashs – „You stay on your fuckin' side, we stay on our side!"	261

	5.5.3	Umcodieren ethnisch markierter Orte und Personen – „Ey Sal, how come you ain't got no brothers up on the wall here?" 274
5.6		Interkulturelle Möglichkeitsräume 282
	5.6.1	Individuelle Anpassungsstrategien zur Differenzüberbrückung – „Are you Jewish?" – „Uh, Sephardic." 282
	5.6.2	Umdeutung kultureller Differenzen in Gemeinsamkeiten – „Why can't we focus on what unites us?" 293
	5.6.3	Personifikationen, Metaphern und allegorische Scheinbilder kultureller Vielfalt – „Ashima means ‚without borders'. Limitless." 302

6 Ergebnisse: Konstruktion und Inszenierung interkultureller Räume im Spielfilm 321

6.1 Konstruktionselemente interkultureller Begegnungen im Spielfilm 321
6.2 Inszenierungsstrategien interkultureller Räume 331
6.3 New York City als (filmische) Stadt kultureller Koexistenz 358

7 Zusammenfassung und Fazit 369

Anhang 379

Literatur- und Filmverzeichnis 413

Abbildungsverzeichnis

Abbildung 1.1	Interdisziplinäre Verortung der Studie	8
Abbildung 1.2	Perspektiven und Themenfelder der Filmgeographie	10
Abbildung 2.1	a) Bevölkerungsentwicklung von New York City, differenziert nach Gesamtbevölkerung und im Ausland geborener Bevölkerung und b) prozentualer Anteil der im Ausland geborenen Bevölkerung 1900–2010	34
Abbildung 2.2	Exemplarische Visualisierung von Vielfalt in NYC am Beispiel der Variable des Herkunftslandes. a: die fünf häufigsten Herkunftsländer im Jahr 2014 – b: sechs herausgegriffene Herkunftsländer, die auch in den ausgewählten Filmbeispielen thematisiert werden	39
Abbildung 2.3	Verteilung der Zensusvariablen *Race* und Ethnicity nach *Census Tract*	40
Abbildung 3.1	Theoretische Bausteine der Arbeit	44
Abbildung 3.2	Schematische Visualisierung eines Modells zur Analyse interkultureller Räume	111
Abbildung 3.3	Filmgeographische Adaption der theoretischen Folie, schematische Visualisierung	119
Abbildung 4.1	Dimensionen der Filmanalyse	135
Abbildung 4.2	Relevante filmische Konstruktionselemente	138

Abbildung 4.3	Einstellungsgrößen. Panorama (1), Totale (2), Halbtotale (3), Amerikanische (4), Halbnahe (5), Nahe (6), Großaufnahme (7) und Detail (8)	144
Abbildung 4.4	Überblick über die methodische Umsetzung der Studie	145
Abbildung 4.5	Überblick über das methodische Vorgehen der geographischen Sequenzlektüre	146
Abbildung 5.1	Mouna und Zainab begegnen sich zum ersten Mal	154
Abbildung 5.2	Evette und April begegnen sich an der Apartmenttür	154
Abbildung 5.3	Niklas und Tisha unterhalten sich über ihre Herkunft	156
Abbildung 5.4	Kinder im Unity Circle; auf der Brust tragen sie Begriffe, mit denen sie sich selbst identifizieren	159
Abbildung 5.5	Maxine bewundert die Kantha von Ashima	164
Abbildung 5.6	Murray steht vor dem Beth Din und stellt sich den Fragen der drei Rabbiner	165
Abbildung 5.7	Accessoires und Kleidung als *Metaphorical Props*	167
Abbildung 5.8	Farbsymbolische Markierung von Kleidungsstücken	169
Abbildung 5.9	Establishing Shots in der Einführungssequenz von *Arranged*	171
Abbildung 5.10	Markierung von Straßenzügen als ethnische Nachbarschaft in *China Girl*: Little Italy (o), Chinatown (u)	173
Abbildung 5.11	Mehrsprachige Zeitungen in der Auslage	174
Abbildung 5.12	Markierungen von privaten Wohnungen mit kulturell aufgeladenen Elementen in *Pieces of April*	175
Abbildung 5.13	Ausstattung von Handlungsorten mit kulturellen Markierungen	177
Abbildung 5.14	Ashima, Ashoke und Dr. Wilcox diskutieren den Prozess der Namensgebung	182
Abbildung 5.15	Symbolisch-plakative Markierungen von Sal's Zugehörigkeit in *Do the Right Thing*	184
Abbildung 5.16	Restaurantnamen als Metaphern für Handlungsverläufe	185

Abbildung 5.17	Jeannot begrüßt Mingus auf bretonische Art	196
Abbildung 5.18	Maxine begrüßt Ashima und Ashoke mit einem Wangenkuss	197
Abbildung 5.19	Begrüßungsgesten zwischen Buggin' Out, Mookie und Vito	198
Abbildung 5.20	Eilis lernt, wie man Spaghetti isst (o) und praktiziert das Erlernte beim Abendessen mit Familie Fiorello (u)	199
Abbildung 5.21	Darstellung unterschiedlicher Essenstechniken	200
Abbildung 5.22	Nasira ist negativ überrascht von den Tischmanieren ihres Gastes	201
Abbildung 5.23	Der Verzehr indischer Gerichte rührt zwei Männer zu Tränen	202
Abbildung 5.24	Frankie wird wegen seiner Äußerungen gemaßregelt	206
Abbildung 5.25	Thematisierung von kulturellen Stereotypen im Klassenzimmer in *Arranged*	207
Abbildung 5.26	Nasira und Rochel im Konfrontationsgespräch mit Mrs. Jacoby	210
Abbildung 5.27	Manu konfrontiert seine Mitmenschen mit stereotypen Weltsichten	212
Abbildung 5.28	Manu verwechselt Justin mit dem Filmcharakter Kumar	214
Abbildung 5.29	Hate-Speeches in Do the Right Thing	219
Abbildung 5.30	Konfrontation zwischen Pino und Mookie	220
Abbildung 5.31	Zwei Jugendliche beschimpfen Darwan in *Learning to Drive* als „Osama"	223
Abbildung 5.32	Darwan wird auf offener Straße angegriffen und erfährt Diskriminierungen	227
Abbildung 5.33	ICE kontrolliert Darwan und verhaftet seinen Mitbewohner	227
Abbildung 5.34	Walter Vale und Tarek trommeln gemeinsam auf der Djembé	232
Abbildung 5.35	Rochel im Gespräch mit ihrer Cousine Leah	237
Abbildung 5.36	April wird von Tish an der Wohnungstür zurückgewiesen	243
Abbildung 5.37	Darwan und Jasleen nähern sich an	245
Abbildung 5.38	Zurückweisen einer körperlichen Begrüßung aus religiösen Gründen	247

Abbildung 5.39	Sol und Sarah kommen sich am Strand von Coney Island näher	250
Abbildung 5.40	Fioravante und Avigal kommen sich im Park näher	251
Abbildung 5.41	Wendy weist Darwans Annäherungsversuch zurück	252
Abbildung 5.42	Rochels Konfrontation mit einem liberalen Leben auf einer Party	254
Abbildung 5.43	David versteckt die von Layla mitgebrachten Lebensmittel	256
Abbildung 5.44	Grenzüberschreitende Begrüßungen in *The Namesake*	257
Abbildung 5.45	Maxine sucht Körperkontakt mit Nikhil/Gogol – dessen Eltern sind davon irritiert	257
Abbildung 5.46	Trauerzeremonie im Hause Ganguli	259
Abbildung 5.47	Markierungen von Grenzen und Grenzüberschreitungen im öffentlichen Raum in *China Girl*	263
Abbildung 5.48	Tyan und Tony bezahlen Grenzüberschreitungen mit ihrem Leben	263
Abbildung 5.49	Autounfall in Brooklyn – physischer Crash, sozialer Clash	265
Abbildung 5.50	Autounfall in *Brooklyn Babylon* – die Funken sprühen	265
Abbildung 5.51	Momente der Konfrontation auf den Straßen Brooklyns	269
Abbildung 5.52	Kollision zwischen Auto und Wasserfontäne in *Do the Right Thing*	270
Abbildung 5.53	Buggin' Out kollidiert mit Clifton – es kommt zum Konflikt	272
Abbildung 5.54	*Wall of Fame* in Sal's Pizzeria	275
Abbildung 5.55	Symbolische Umcodierung der *Wall of Fame* in Sal's Pizzeria	277
Abbildung 5.56	Music-Battle zwischen Stevie (l) und Radio Raheem (r)	280
Abbildung 5.57	Symbolisches Umcodieren eines Straßenabschnitts in Little Italy	281
Abbildung 5.58	Helmut imitiert Yoyo	284

Abbildung 5.59	Nasira nimmt in *Arranged* Kontakt zu Gideon auf	287
Abbildung 5.60	Nasira besucht Miriam Stern	288
Abbildung 5.61	David kombiniert symbolisch Aspekte seiner religiösen Identität(en)	291
Abbildung 5.62	David zertritt auf seiner Hochzeit nach jüdischem Brauch ein Glas – ganz zur Freude seiner Mutter	292
Abbildung 5.63	Äußeres Anpassen an die neue Umgebung in *Brooklyn*	293
Abbildung 5.64	Mr. Fine und Laylas Onkel nähern sich an und schließen symbolisch Frieden	294
Abbildung 5.65	Symbolische Vereinigungen im Tanz auf der Hochzeitsfeier von David und Layla	296
Abbildung 5.66	Mützenvergleich als kulturelle Anschlussmöglichkeit in *Night on Earth*	297
Abbildung 5.67	Yoyo und Helmut müssen sich verabschieden	300
Abbildung 5.68	Transkulturelle Momente am Seder-Abend	304
Abbildung 5.69	Weihnachtliche Elemente im Hause Ganguli	305
Abbildung 5.70	Kyoko tanzt eine Rumba Columbia, Josés Onkel staunt	307
Abbildung 5.71	Moment der Annäherung zwischen Rifka und Mansukhbhai	310
Abbildung 5.72	Interkulturelle Illusionen in *New York, I Love You*	312
Abbildung 5.73	Thanksgiving-Truthahn als interkulturelles, symbolisches Produkt in *Pieces of April*	315
Abbildung 5.74	Regenbogen als Symbol und Metapher für interkulturelle Harmonie	316
Abbildung 5.75	Regenbogen als mythischer Schein in *Fading Gigolo*	318
Abbildung 6.1	Relevante Orte der Begegnung im filmischen New York City	324
Abbildung 6.2	Entstehungsbasis interkultureller Räume, Schritt 1	328
Abbildung 6.3	Entstehungsbasis interkultureller Räume, Schritt 2	329
Abbildung 6.4	Entstehungsbasis interkultureller Räume, Schritt 3	330

Abbildung 6.5	Übersicht über die identifizierten Inszenierungsstrategien	333
Abbildung 6.6	New York City als filmisch imaginierter Raum kultureller Koexistenz – schematische Übersicht über das Kontinuum der Inszenierugsstrategien	361
Abbildung I	Filmische Handlungsorte – Legende	392
Abbildung II	Sequenzgrafik *China Girl*	395
Abbildung III	Sequenzgrafik *Do the Right Thing*	396
Abbildung IV	Sequenzgrafik *Night on Earth*	397
Abbildung V	Sequenzgrafik *Kyoko/Because of You*	398
Abbildung VI	Sequenzgrafik *Brooklyn Babylon*	399
Abbildung VII	Sequenzgrafik *Pieces of April*	400
Abbildung VIII	Sequenzgrafik *David & Layla*	401
Abbildung IX	Sequenzgrafik *The Namesake*	402
Abbildung X	Sequenzgrafik *Arranged*	403
Abbildung XI	Sequenzgrafik *The Visitor*	404
Abbildung XII	Sequenzgrafik *New York, I Love You*	405
Abbildung XIII	Sequenzgrafik *Today's Special*	406
Abbildung XIV	Sequenzgrafik *My Last Day Without You*	407
Abbildung XV	Sequenzgrafik *2 Days in New York*	408
Abbildung XVI	Sequenzgrafik *Fading Gigolo*	409
Abbildung XVII	Sequenzgrafik *Learning to Drive*	410
Abbildung XVIII	Sequenzgrafik *Brooklyn*	411

Tabellenverzeichnis

Tabelle 4.1 Übersicht über den Analysekorpus 129
Tabelle I Alphabetische Auflistung der zusammengetragenen Spielfilme mit interkultureller Thematik, alphabetisch sortiert 379
Tabelle II Interkulturelle Themen und inhaltliche Bezüge von NYC-Filmen unter Angabe von Beispielfilmen aus dem Filmkorpus 384

Prolog

„Today, one of every three New Yorkers is foreign-born, and 90.000 documented immigrants enter the city each year.

It is the strength of their hopes and aspirations that fuels the energy of today's New York City.

New York City is actually five cities: Brooklyn, Manhattan, Queens, the Bronx and Staten Island.

So, why not travel around the world in five boroughs?

All any explorer needs is a subway-ticket to cross the Atlantic, the Indian Ocean, the Caribbean Sea.

Sample the local cuisine, purchase traditional crafts from a street-vendor.

Remember: Have fun!"

(*Side Streets* R: Gerber, USA: 1998. DVD, #00:00:01 – 00:01:05).

Eiligen Schrittes bahnen sich Passant:innen ihren Weg durch eine volle Straße. Die Kamera fängt in einer halbnahen Einstellung einige ihrer Gesichter ein: Eine Schwarze Frau mit großen Ohrringen; ein Mann, der aus Südasien stammen könnte; Frauen mit Kopftuch vor einem Restaurant, das für *Indian Cuisine* wirbt; ein junger Mann, der in einem Drachenkostüm vor einem Geschäft in China Town eine Tanz-Performance aufführt. Durchbrochen werden die zusammengeschnittenen Porträtaufnahmen von Stadtansichten – bekannte Wahrzeichen wie die Freiheitsstatue, Hochhäuser und Straßenschluchten, Luftaufnahmen der Brooklyn Bridge und die Unisphere werden eingefangen. Ein Flugzeug quert den bewölkten Himmel, eine Fähre fährt auf dem Hudson River, die silbernen Wagen der Subway rattern geräuschvoll über die Schienen und Trassen der Stadt. Stadtansichten zeigen unter anderem ein Geschäft, das für Saris wirbt; ein *Ecuador Barber Shop*; ein Laden von *Zelig Blumenthal*, der mit hebräischen Lettern für seine Angebote wirbt; ein Lokal, das mit dem Schriftzug *Comidas Latina y Americana* auf seine Speisen aufmerksam macht. Unterlegt von den schnellen Rhythmen einer non-diegetischen Salsamusik spricht eine Stimme die einleitend zitierten Sätze und klingt dabei, als würde sie ein Produkt bewerben. Davon begleitet setzen sich die schnell aneinandergeschnittenen Bilder zu einem kohärenten Raumeindruck zusammen: Wir befinden uns in New York City.

Einführung: Die filmische Stadt als interkultureller Raum

Die im Prolog beschriebene Eröffnungssequenz zum Film *Side Streets* zeichnet in einer Zeitspanne von nur einer Minute ein eindringliches Bild von New York City: Die Stadt ist eine quirlige Metropole, in der Menschen aus aller Welt zusammenkommen und ihren Alltag bestreiten. Stadtbesucher:innen und Bewohner:innen[1] können diese vielfältigen kulturellen Einflüsse jederzeit und überall konsumieren – sei es in einem der zahlreichen Restaurants oder Geschäfte oder auch im Kontext anderer alltäglicher Erfahrungen und zwischenmenschlicher Begegnungen. Die im Sprechertext postulierte, außergewöhnliche kulturelle Vielfalt der Stadt wird dabei als etwas durchweg Positives beschrieben – als Stärke, Hoffnung und Energie der Stadt. Damit greift der Film einen Topos auf, der in zahlreichen medialen Formaten, in wissenschaftlichen Publikationen sowie in alltagsweltlichen Kontexten von und über New York City vermittelt wird: Die Stadt ist eine, wenn nicht sogar *die* Stadt kultureller Vielfalt, in der Menschen unterschiedlichster ethnischer und nationaler Herkunft zusammenkommen und zusammenleben. Das Image von New York als multi-ethnische Stadt bzw. *Stadt der kulturellen Vielfalt* wird seit Anbeginn der US-amerikanischen Filmgeschichte im frühen 20. Jahrhundert von zahlreichen Spielfilmen aufgegriffen, thematisiert und neu konstruiert – wenn auch nicht immer so plakativ wie in der beschriebenen Eröffnungssequenz aus *Side Streets*, sondern subtiler im Kontext filmischer Narrationen. Dabei zeigt sich, dass kulturelle Vielfalt vor allem im Kontext interkultureller Begegnungssituationen zwischen filmischen Figuren thematisiert wird.

---

[1] Im Sinne einer gendersensiblen Sprache wird im Kontext der vorliegenden Arbeit der Gender-Doppelpunkt (z. B. Besucher:in) verwendet, stellenweise wird auf genderneutrale Personenbezeichnungen oder neutrale Pluralformen (z. B. Forschende, Personen) zurückgegriffen. Im Kontext wörtlicher Zitate und Paraphrasen erfolgen keine sprachlichen Anpassungen.

© Der/die Autor(en), exklusiv lizenziert durch Springer Fachmedien Wiesbaden GmbH, ein Teil von Springer Nature 2021
E. N. Sommerlad, *Interkulturelle Räume im Spielfilm*, Perspektiven der Humangeographie, https://doi.org/10.1007/978-3-658-35760-3_1

Die vorliegende Arbeit nimmt sich entsprechenden Inszenierungen New York Citys aus filmgeographischer Perspektive an. Sie hinterfragt, wie Spielfilme interkulturelle Begegnungen inszenieren und wie sie dabei New York als Stadt der kulturellen Vielfalt immer wieder neu (re)konstruieren.

Die Auseinandersetzung mit interkulturellen Fragestellungen und Aspekten kultureller Vielfalt in städtischen Kontexten ist seit jeher ein zentraler Forschungsgegenstand sozialgeographischer Stadtforschung. Auf den nachfolgenden Seiten wird dieses Themenfeld einleitend eingeführt (Abschnitt 1.1). Im Anschluss erfolgt die (inter)disziplinäre Einordnung der Studie (Abschnitt 1.2). Nachdem anschließend Forschungsstand und Desiderata in Hinblick auf die behandelte Thematik erläutert werden (Abschnitt 1.3) wird abschließend das Erkenntnisinteresse der Studie erörtert und die konkrete Fragestellung formuliert (Abschnitt 1.4).

1.1 Interkulturalität und kulturelle Vielfalt in der Großstadt

„Diversity is natural to big cities."

(JACOBS 1961: 143)

Städte werden in der sozialgeographischen Stadtforschung seit jeher als Bühne für interkulturelle Begegnungen betrachtet. Kulturelle Vielfalt lässt sich sowohl in historischer als auch aktueller Perspektive als Aspekt einer spezifischen urbanen bzw. großstädtischen Lebensweise benennen (KASCHUBA 2017; BUKOW et al. 2011: 7 ff.). Als Mosaike sozialer Welten ist gerade großen Städten gesellschaftliche Heterogenität inhärent. Sie verweisen auf Differenz, da „in ihnen soziale Formen aufeinandertreffen, die weniger durch Ähnlichkeit als durch Verschiedenheit charakterisiert werden und damit auch eine Differenz der Perspektiven, die, räumlich konzentriert, an einem Ort aufeinandertreffen" (NASSEHI 2002: 211). Auf diese Tatsache weist bereits Louis WIRTH in seinem im Jahr 1938 publizierten Aufsatz *Urbanism as a Way of Life* hin. Er postuliert, dass sich Städte aus stadtsoziologischer Perspektive neben ihrer Größe und Bevölkerungsdichte besonders durch die Heterogenität der Stadtbevölkerung sowie die sozialen Interaktionen zwischen den Individuen auszeichnen: „[A] city may be defined as a relatively large, dense, and permanent settlement of socially heterogeneous individuals" (WIRTH 1938: 8). Auch wenn sich heutige Sichtweisen durchaus von dieser Konzeption unterscheiden, hat sich aus geographischer Perspektive das Phänomen gesellschaftlicher Heterogenität als prägnantes Merkmal von Städten bzw. städtischen Miteinanders längst als Topos manifestiert (vgl. BUKOW 2011a).

1.1 Interkulturalität und kulturelle Vielfalt in der Großstadt

„Vielfalt und Unterschiedlichkeit der Bewohner:innen von Städten" (SCHUSTER 2018: 63) wird auch in unterschiedlichen sozialwissenschaftlichen Kontexten diskutiert, wobei hier Vielfalt meist als elementarer Bestandteil eines städtischen Miteinanders aufgefasst und von der Annahme „einer vielfältigen oder heterogenen, von Differenz geprägten Gesellschaft in den Städten" (SCHUSTER 2018: 68) ausgegangen wird.[2] So wird eine vielfältige Stadtgesellschaft, für die Begegnungen mit kulturellen Unterschieden fester Bestandteil des alltäglichen Lebens ist, längst als Konstituens städtischen Zusammenlebens diskutiert (bspw. DIRKSMEIER, HELBRECHT und MACKRODT 2014: 30; WIRTH 1938; BUKOW 2011a, b; YILDIZ 2017).

Auch für die geographische Forschung stellt die Erkenntnis, dass sich eine jede (Groß-)Stadt als „site of difference" (YOUNG 1990: 240) betrachten lässt, keine neue Erkenntnis dar. „Städte, die durch die Vielfalt ihrer Bewohner:innen geprägt sind, sind nicht erst kürzlich entstanden. Vielmehr ist Vielfalt für Städte konstitutiv" (SCHUSTER 2018: 80). Städte sind Knotenpunkte weltweiter Migrationsbewegungen, an denen Menschen aus den unterschiedlichsten Regionen der Welt zusammenkommen und sich mit all ihren Differenzen und Gemeinsamkeiten begegnen: „Ethnic, religious and cultural diversity, it seems, are at the heart of what makes a twenty-first-century city ‚vibrant'" (BINNIE et al. 2006a: 1).

Als Ursache für die Heterogenität von städtischen Gesellschaften wird somit meist die Herkunft der dort lebenden Individuen und damit verbundene kulturelle Variablen benannt. Dies gilt gerade im Globalisierungszeitalter, da die bereits im 19. und 20. Jahrhundert einsetzenden internationalen Migrationsströme und zunehmenden Mobilität der Weltbevölkerung das weltweite Wachstum städtischer Zentren forcierten und die Ausbildung von Großstädten initiierten. Besonders im 21. Jahrhundert gewann diese Entwicklung noch an Bedeutung und Geschwindigkeit (GEISEN, RIEGEL und YILDIZ 2017: 3). Zunehmend komplexer werdende Migrationsbewegungen und soziale Mobilität, verbunden mit transnationalen und translokalen Lebensentwürfen, diversifizieren bisher bekannte Ausprägungen soziokultureller Vielfalt in mehrfacher Hinsicht (vgl. HELBRECHT 2014: 176). Vielfalt in städtischen Gesellschaften ist als solche nicht neu – gerade für postmoderne Gesellschaften spricht die sozialwissenschaftliche Forschung jedoch von einer neuen Eigenschaft von Vielfalt: „Wir haben es (…) mit einer zunehmend komplexeren „*Vielfalt*" von „*Vielfalt*" zu tun; d. h. immer mehr und immer unterschiedlichere Aspekte werden einbezogen. Vielfalt avanciert zu einer zunehmend

---

[2] SCHUSTER (2018) befasst sich in diesem Kontext auch mit dem Terminus der *Diverse City*. Dieses Stadtkonzept ist maßgeblich ausgerichtet an (oftmals betriebswirtschaftlich verankerten) *Diversity*-Ansätzen und für die vorliegende Studie nur bedingt fruchtbar.

multiplen und ubiquitären Kategorie" (BUKOW 2011a: 217, Hervorhebung im Original). Das Zusammenspiel unterschiedlichster Komponenten resultiert in neuen komplexen sozialen Formationen kultureller Vielfalt, die VERTOVEC (2007) auch als *gesellschaftliche Superdiversität* bezeichnet.[3]

Insbesondere in einer zunehmend globalisierten Welt spielen kulturelle Differenzen zwischen gesellschaftlichen Akteuren eine zentrale Rolle bzw. gewinnen noch an Bedeutung, wie beispielsweise VALENTINE (2008: 334) feststellt: „[D]ifference matters". Dabei lässt sich besonders die Großstadt als „location of difference" (GEORGIOU 2008: 229) betrachten – als urbane Zentren, in deren Kontext sich das Phänomen und die Relevanz kultureller Vielfalt beobachten und untersuchen lässt, denn: „In the metropolis, encounters and cultural differences are inherent components of daily life" (DIRKSMEIER, HELBRECHT und MACKRODT 2014: 300; vgl. SENNETT 2007; MASSEY 2005: 149 ff.; LAURIER und PHILO 2006: 193; VALENTINE 2008: 324 f.).

Besonders prädestiniert hierfür sind globale Städte wie New York oder London, die sich durch eine besondere Qualität multikultureller bzw. kosmopolitischer Prägung sowie gelebte kulturelle Vielfalt auszeichnen (GEORGIOU 2008: 224). In diesen Städten bilden sich durch alltäglich gelebten Kosmopolitismus der Bewohner:innen spezielle *„Soziosphären* in der globalisierten Welt" (YILDIZ 2017: 23, Hervorhebung im Original) aus. Städte lassen sich dementsprechend verstehen als „Orte der (Re-) Produktion von Differenzen und dienen als Bühne zur Inszenierung unterschiedlicher Identitäten" (BAURIEDL und SCHURR 2018: 136). YILDIZ (2017: 25) stellt diesbezüglich zusammenfassend fest, dass Städte zu betrachten seien als

„kulturelle Kontaktzonen, Transiträume und Knotenpunkte von Migrationsbewegungen. Eine Vielzahl lokaler und globaler Phänomene, kultureller Elemente, Milieus und religiöser Konfessionen treffen in urbanen Räumen aufeinander (…). [Sie] werden zu Plattformen, auf denen sich die unterschiedlichsten Bewegungen von Menschen,

---

[3] Dieser Terminus beschreibt eine neue Form gesellschaftlicher Komplexität und Diversität. Das Konzept basiert auf der Beobachtung, dass im 21. Jahrhundert, z. B. durch neue Dynamiken der internationalen Migration, zunehmend komplexere soziale Formationen kultureller Vielfalt evoziert wurden. „Anstelle einer einfachen Bezugnahme auf nationale oder ethnische Zugehörigkeiten bezieht sich das Konzept der Super-Diversity auf das Zusammenwirken verschiedener Faktoren, die das Leben der Individuen prägen, wie der unterschiedliche Aufenthaltsstatus und damit verbundene Rechte bzw. Rechtsrestriktionen, Aufenthaltsdauer und Erfahrungen auf dem Arbeitsmarkt, Geschlecht und Alter, aber auch Muster der räumlichen Verteilung und transnationale Bezüge" (SCHUSTER 2018: 68). VERTOVEC (2007, 2015) arbeitet zentrale Konditionen und interagierende Kernvariablen heraus, welche diese gesellschaftliche Super-Diversity ausmachen.

1.1 Interkulturalität und kulturelle Vielfalt in der Großstadt

Waren, Bildern, Informationen und Ideen überlagern und durchkreuzen – urbane Orte, an denen diverse und widersprüchliche Perspektiven und Differenzen aufeinandertreffen, sich neue lokale Logiken entfalten und auf diese Weise eigensinnige urbane Geographien erzeugt werden (...)".

(Stadt-)Geographische Forschungen haben sich einer solch postulierten kulturellen Vielfalt von Städten lange Zeit auf einer Makroperspektive angenähert und dabei einen Fokus gelegt auf „langfristige Begegnungsformen bzw. Kontaktvermeidungsstrategien in Städten, wie z. B. die residentielle Segregation von ethnischen Gruppen (JOHNSTON et al. 2007) oder Gentrification und sozialräumliche Mischung (...)" (DIRKSMEIER, MACKRODT und HELBRECHT 2011: 85). Diese Ansätze haben es gemein, dass die kulturelle Verschiedenheit städtischer Charaktere zwar als gegebene Tatsache angenommen wird, jedoch eher skeptisch betrachtet und mit negativen Konnotationen belegt ist (vgl. u. a. BUKOW 2011a: 209; SCHUSTER 2018: 69 ff.).

Aktuellere Ansätze hingegen forcieren oftmals eine Mikroperspektive auf Städte als Orte der Begegnung. Sie fokussieren dabei auf räumliche Prozesse und Phänomene, die sich in Städten als „site[s] of connection" (VALENTINE 2008: 324) vollziehen. Sie gehen davon aus, dass eine kulturelle Vielfalt in der Stadt als soziale Konstruktion zu betrachten sei. Städte werden dabei als „site[s] of constitutive heterogenity and encounter" (WILSON und DARLING 2016: 11) betrachtet, als ein Geflecht von Orten, an denen interaktive Begegnungen zwischen Individuen stattfinden. In diesem Verständnis wird davon ausgegangen, dass eine Stadt erst durch ebensolche Begegnungen als mannigfaltiges räumliches Bedeutungsgeflecht konstruiert wird. Zugleich ist eine positive Wendung im Diskurs um städtische Heterogenität zu beobachten. Vielfalt wird zunehmend als wünschenswert betrachtet bzw. bewertet (SCHUSTER 2018: 70 ff.; vgl. BUKOW 2011a: 209)[4]. Eine dementsprechende wissenschaftliche Perspektive auf Städte als „site[s] of encounter, interaction and connection" (SCHUERMANS 2013: 679) sowie die Analyse von „mundane spaces of encountering difference" benennen BINNIE et al. (2006b: 251) noch als Desiderat sozialwissenschaftlicher Forschung. Die Forschungsrichtung der *Geographies of Encounters* (Geographien der Begegnung bzw. Interaktionsgeographie) ist eine aktuelle Forschungsrichtung, welche diese Forschungslücke zu schließen versucht und die dabei geforderte Perspektive auf städtische Kontexte dezidiert weiterentwickelt. Forschungen zu *Geographien*

---

[4] Vgl. SCHUSTER (2018) für eine kritische Auseinandersetzung mit diesem Aspekt sowie BUKOW (2011a) für eine differenzierte Auseinandersetzung mit Vielfalt in postmodernen Stadtgesellschaften.

der Begegnung befassen sich weitestgehend mit Themen sozialer Vielfalt, urbaner Differenz und Vorurteilen und dokumentieren, wie Menschen verschiedenste Unterschiede in ihrem Alltag aushandeln (WILSON 2017a: 451). Diese Forschungsrichtung bildet eine Basis des theoretischen Rahmens der vorliegenden Arbeit (vgl. Abschnitt 3.1).

1.2 (Inter-)Disziplinäre Einordnung der Studie[5]

In unserer alltäglichen Lebenswelt sind wir stetig von medialen (Ab-)Bildern umgeben, die uns einen Eindruck davon vermitteln, wie die Welt, in der wir leben, gestaltet ist. Unser Wissen davon, wie es in einer Stadt oder in einem Land aussieht, erlangen wir heute nicht mehr primär durch lebensweltliche Erfahrungen. Vielmehr sind es Massenmedien wie Filme, Zeitschriften oder Beiträge auf digitalen Plattformen, die es uns ermöglichen, unbekannte Orte zu erfahren. Sie vermitteln uns Bilder davon, wie es an diesen Orten aussieht und wie das dortige Leben gestaltet ist. Unser Weltwissen basiert folglich nicht mehr ausschließlich auf alltäglichen Erfahrungen. Vielmehr werden unsere Eindrücke von der Welt über (massen-)mediale Erfahrungen beeinflusst, verändert und manifestiert. Die Bedeutung dieser virtuellen, imaginierten Geographien werden bereits von WATSON (1969: 10) in seinem prominenten Zitat zur Wahrnehmungsgeographie angesprochen: „Not all geography derives from the earth itself; some of it springs from our idea of the earth. This geography within the mind can at times be the effective geography to which men adjust (…)".

Eine differenzierte Auseinandersetzung mit medial imaginierten Geographien ist heute ein zentrales Anliegen medien(kultur)geographischer Forschungen, zu der auch die Filmgeographie gezählt wird.[6] Die Medienkulturgeographie „thematisiert die zunehmende und nahezu jederzeit und fast überall verfügbare künstliche Darstellung der physischen und kulturellen Welt in audiovisueller Dimension. Hinzu kommen die Wechselwirkungen dieser medialen Welt mit der alltäglichen Lebenswelt sowie ihrer individuell und kollektiv gelebten Identität" (STIGLEGGER und ESCHER 2019: V). In dem Wechselspiel imaginierter, medialer Bilder und

---

[5] Der erste Abschnitt des nachfolgenden Kapitels findet sich in leicht veränderter Form bereits in SOMMERLAD (im Erscheinen).

[6] Eine umfassende Einführung in die Mediengeographie und ihre facettenreichen Subdisziplinen findet sich u. a. auch bei DÖRING und THIELMANN (2009) oder THIELMANN und KANDERSKE (im Erscheinen).

1.2 (Inter-)Disziplinäre Einordnung der Studie

lebensweltlicher Erfahrungen entstehen imaginäre, mediale Topographien[7], welche das Erkenntnisinteresse der Medienkulturgeographie bilden. Die gezielte Auseinandersetzung mit massenmedial konstruierten Raumbildern ist somit zu einem festen Bestandteil geographischer Forschung geworden. Ein zentrales Anliegen dieser Disziplin ist es, sich medialen Raumkonstruktionen theoretisch fundiert, interdisziplinär und multiperspektivisch zu nähern. Daher kombinieren entsprechende Studien Ansätze und Ideen unterschiedlicher wissenschaftlicher Disziplinen wie der Human- und Kulturgeographie, der Filmwissenschaft, der Literatur- und Medienwissenschaft, der Geschichtswissenschaft und weiterer, welche ich spätestens seit dem *spatial turn* auf unterschiedliche Art und Weise mit räumlichen Repräsentationen befassen (STIGLEGGER und ESCHER 2019: VI ff.).

Dieses Anliegen greift auch die vorliegende Arbeit auf. Das Forschungsinteresse der Studie lässt sich an der Schnittstelle der filmischen Imaginationen von Stadt, Gesellschaft, Interkulturalität und Vielfalt verorten. Den interdisziplinären Rahmen hierfür bilden diverse Ansätze der Humangeographie, der Medien- und Filmwissenschaft, der Soziologie sowie der (Inter-)Cultural Studies (vgl. Abbildung 1.1). Punktuell werden in die theoretische Folie der Studie (vgl. Abschnitt 3.3 und 3.4) zudem Ansätze zur Konstruktion und Bedeutung semantischer Räume und Grenzüberschreitungen integriert, die sich aus weiteren Disziplinen (u. a. der Literaturwissenschaft) speisen. Im Kern versteht sich die Studie als filmgeographische Studie. Sie fokussiert folglich auf filmisch imaginierte Geographien und Raumkonstruktionen und integriert hierzu interdisziplinäre Perspektiven.

Im Kontext der medienkulturgeographischen Auseinandersetzung mit medialen Inhalten hat sich die Filmgeographie als eigene Subdisziplin etabliert. Sie interessiert sich für das räumliche Wissen, das in audiovisuellen Inszenierungen reflektiert und definiert wird. Als Forschungsgebiet befasst sich die Filmgeographie mit kinematographisch erzeugten geographischen Imaginationen und deren in der Alltagswelt manifestierten Verflechtungen und Wirkungen (BOLLHÖFER 2003: 55; ZIMMERMANN 2007: 12 ff.). Sie integriert sowohl theoretisch als auch methodisch interdisziplinäre Ansätze und beschäftigt sich mit den Beziehungen zwischen Film, Ort und Raum (vgl. ROBERTS 2020).

Die bereits lange Geschichte der Filmgeographie als geographischer Teildisziplin lässt sich gut anhand einiger wissenschaftlicher Schlüsselpublikationen nachweisen. Die Analyse filmischer Landschaften wird bereits in BALÁSZ' (1924/2008) theoretischen Überlegungen zur Landschaftsfotographie thematisiert,

---

[7] Zum Begriff der medialen Topographie vgl. den hier zitierten Beitrag von STIGLEGGER und ESCHER (2019).

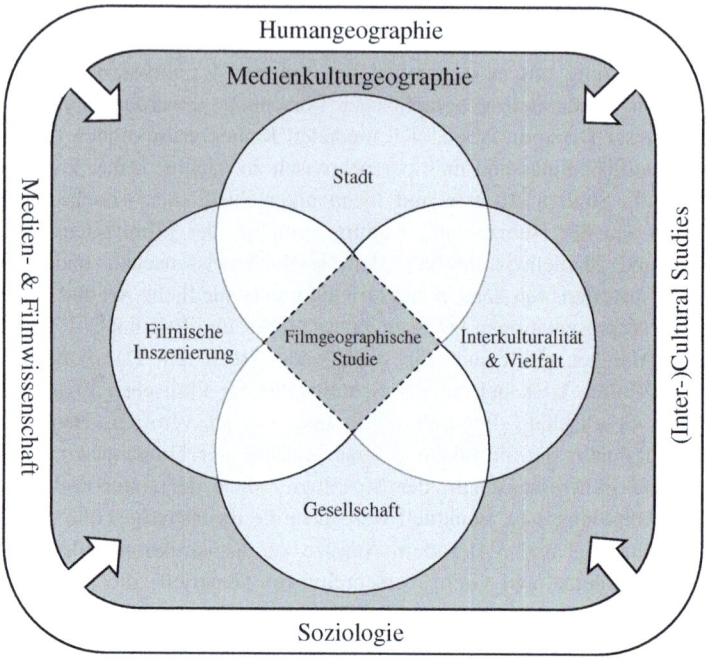

Abbildung 1.1 Interdisziplinäre Verortung der Studie. (Entwurf: Sommerlad 2021[8])

die seiner Ansicht nach der szenographischen Raumgestaltung eines Spielfilms dient und in dieser Rolle hohe poetische Qualitäten aufweist. Auch WIRTH (1952) untersucht verschiedene Aspekte der filmischen Darstellung aus geographischer Perspektive und fokussiert auf das Nebeneinander von Film und Wirklichkeit. Weitere frühe Ansätze finden sich in wissenschaftlichen Arbeiten, die sich mit der Schnittstelle zwischen Dokumentarfilm und regionaler Geographie beschäftigten (z. B. DIXON 2014: 40; GRIFFITH 1953; MANVELL 1956; LACOSTE 1976). Allerdings handelt es sich bei diesen Veröffentlichungen noch um isolierte Ansätze, die der Filmgeographie als Disziplin vorausgehen. Ein wichtiger Meilenstein in der Entwicklung der Filmgeographie ist bei BURGESS und GOLD (1985) zu

---

[8] Die Abbildungen wurden größtenteils originär für das vorliegende Buch erstellt. Im Verweis wird dies durch die Beschriftung „Entwurf: Sommerlad 2021" kenntlich gemacht. Einzelne Abbildungen wurden von der Verfasserin bereits im Kontext weiterer Publikationen verwendet, die sich derzeit im Erscheinen befinden.

1.2 (Inter-)Disziplinäre Einordnung der Studie

finden, die in *Geography, the Media and Popular Culture* für eine Auseinandersetzung der Geographie mit massenmedialen Inhalten plädieren. AITKEN und ZONN (1994) versammeln in ihrem Sammelband *Place, Power, Situation, and Spectacle: A Geography of Film* erstmals ausschließlich Beiträge mit explizit filmbezogenen Themen. Zu Beginn der 2000er Jahre weisen CRESSWELL und DIXON (2002) darauf hin, dass die Geographie gefordert sei, sich kritisch mit dem filmischen Realismus auseinanderzusetzen. Der Begriff der (filmischen) Repräsentation wandelt sich damit von einem angenommenen Prozess der mimetischen Abbildung zu einem Prozess sozial umkämpfter Konstruktionen (LUKINBEAL 2010: 1110 f.). Nachfolgende Publikationen haben den erkennbaren Impetus einer kritischen Debatte innerhalb der Filmgeographie aufgegriffen und prägen weiterhin die aktuellen filmgeographischen Diskurse (AITKEN und DIXON 2006: 327). Dies spiegelt sich auch in den Beiträgen von ESCHER (2006) oder LUKINBEAL und ZIMMERMANN (2006, 2008) wider, die verschiedene Forschungsstränge der Filmgeographie multiperspektivisch beleuchten und unterschiedliche thematische Schwerpunkte setzen. Die geographische Auseinandersetzung mit dem Thema Film hat sich seitdem stetig weiterentwickelt und stark ausdifferenziert und die zeitgenössische Filmgeographie befasst sich aus unterschiedlichen Perspektiven mit dem Medium Film.

Es gibt vielfältige Möglichkeiten, die thematischen Bereiche filmgeographischer Forschung zu strukturieren (vgl. u. a. ESCHER 2006; AITKEN und DIXON 2006; LUKINBEAL und ZIMMERMANN 2006, 2008; LUKINBEAL 2009; ZIMMERMANN 2009; STASZAK 2014; DIXON 2014; SHARP und LUKINBEAL 2015). Ein eigener Vorschlag (SOMMERLAD im Erscheinen) gliedert die geographische Auseinandersetzung mit filmischem Material, filmischen Inhalten sowie den (Wechsel-)Wirkungen von Film und lebensweltlichen Kontexten in mehrere potenzielle Themenfelder: (1) das, was in filmischen Kontexten im Screen gezeigt und vermittelt wird, (2) die Orte und räumlichen Strukturen, welche Filmproduktionen bedingen, und lebensweltliche Effekte z. B. an den filmischen Drehorten, (3) die Filmproduktion als methodisches Instrument sowie (4) Fragen der Vermittlung, Rezeption sowie kritischen Auseinandersetzung mit filmischen Inhalten und ihren Auswirkungen. Ohne Anspruch auf Vollständigkeit lassen sich im Zusammenspiel dieser vier relationalen Perspektiven sechs Forschungsbereiche filmgeographischer Forschung identifizieren: (a) Geographie im Film, (b) Geographie des Films, (c) Filmtourismus, (d) Film als methodisches Instrument und Kommunikationsmedium für Forschung und Forschungsergebnisse, (e) Didaktik der Geographie und kritische Filmgeographie und (f) filmische Kartographie (vgl. Abbildung 1.2). Jeder dieser Themenbereiche ist nicht nur in einer einzigen Perspektive verankert, sondern integriert verschiedene Aspekte.

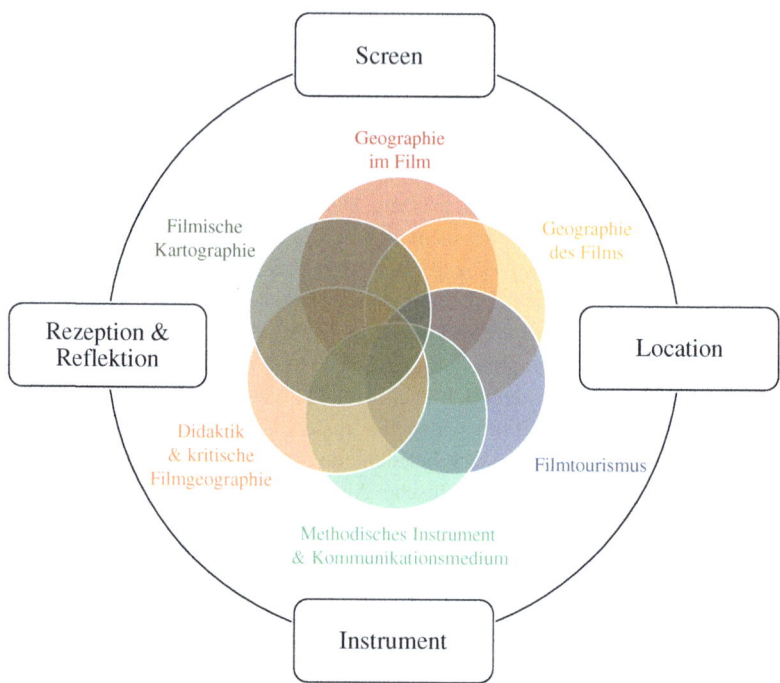

Abbildung 1.2 Perspektiven und Themenfelder der Filmgeographie. (Entwurf: Sommerlad 2021)

Die vorliegende Studie bewegt sich entsprechend der vorgeschlagenen Gliederung[9] vornehmlich im Feld des *Screens* und fokussiert dabei auf das Themenfeld der *Geographie im Film*, also der filmdiegetisch konstruierten Geographie. Die Basis jeglicher filmisch imaginierten Geographien bildet die „Synthese aus unterschiedlichen Kameraperspektiven, verschiedenen Einstellungsgrößen und Blickpunkten [...], tradierten visuellen Vorgaben und deren eingeschriebenen Geschichten" (ZIMMERMANN 2009: 302). Über diese erzeugen Filmschaffende

---

[9] Vgl. den angegebenen Handbuchbeitrag (SOMMERLAD im Erscheinen) für eine detaillierte Einführung in diese verschiedenen Forschungsperspektiven und Themenbereiche sowie für eine Auflistung einschlägiger Publikationen. Im Kontext des hiesigen Kapitels wird lediglich auf die Perspektive eingegangen, die für die vorliegende Arbeit von Relevanz ist.

1.2 (Inter-)Disziplinäre Einordnung der Studie

räumliche Repräsentationen, die von Zuschauenden wiederum als solche identifiziert werden können. Räumliche Repräsentationen im Film lassen sich beispielsweise unter dem Schlagwort des Filmraums bzw. filmischen Raums untersuchen, welcher auch in den Filmwissenschaften ein zentraler Gegenstand ist (vgl. KHOULOKI 2007) und der stets „die konzeptionelle Nähe zu filmtechnischen und gestalterischen Ebenen des Films berücksichtigt" (ZIMMERMANN 2009: 302). In geographischer Perspektive steht hier u. a. die theoretische Auseinandersetzung mit der Frage im Fokus, wie durch filmtechnische Gestaltungsweisen eine audiovisuelle Kontinuität erzeugt wird, die den Zuschauenden den Eindruck eines kohärenten räumlichen Eindrucks zu vermitteln vermag (vgl. ZIMMERMANN und ESCHER 2005a; ESCHER 2006; ZIMMERMANN 2007; CLARKE 2008).

Im filmischen Raum verankert, aber von größerer narrativer Bedeutung für einen Film und seine Wirkmächtigkeit aus geographischer Perspektive, sind filmisch repräsentierte Landschaften[10] und Orte. Für die vorliegende Arbeit ist insbesondere der Gegenstand der filmischen Stadt bzw. der *Cinematic City* von Bedeutung (vgl. CLARKE 1997; SHIEL und FITZMAURICE 2001, 2003). Während neuere Ansätze den Fokus auf die Wechselwirkungen zwischen dem Urbanen und dem Medium Film legen und damit die Grenzen der Geographie im Film überschreiten (z. B. ROBERTS 2012b), gibt es eine lange Tradition in der textuellen Analyse filmischer Stadtkonstruktionen (vgl. Abschnitt 1.3). Dabei ist anzumerken, dass filmische Geographien nie als isoliertes Konstrukt gedacht werden. Es ist ein Anliegen filmgeographischer Forschung, die Erforschung filmischer Orte nicht auf die rein filmdiegetische Welt zu beschränken, sondern stets in Wechselwirkung mit alltagsweltlichen Aspekten zu denken. Inszenierungen filmischer Geographien sind stets eine Mischung zusammengeschnittener Aufnahmen, die zuvor in Studiosets und lebensweltlich verortbaren Locations aufgenommen und in der Produktion zusammengefügt wurden. Durch zunehmende Digitalisierungsprozesse werden die so geschaffenen filmischen Welten durch digitale Szenerien ergänzt – z. B. indem durch *Computer Generated Imagery* Elemente der zu repräsentierenden Geographie neu erschaffen und mit den kameratechnisch aufgenommenen Szenerien verschnitten werden (ZIMMERMANN 2009: 302). So entstehen neue, mehrdeutige Repräsentationen. Filmische Darstellungen von

---

[10] Als ein ästhetisch und emotional überlagertes Phänomen transportiert eine filmische Landschaft Stimmungen, atmosphärische Elemente und Mythen (HIGSON 1987; ESCHER 2006: 309). Eine Landschaft kann in Filmen unterschiedliche Rollen einnehmen und als Rahmen für die Handlung, als Setting, als Akteur oder als Symbol fungieren (ESCHER und ZIMMERMANN 2001; LUKINBEAL 2005). Übersichten über verschiedene Ansätze zur Beziehung zwischen Kino und Landschaft finden sich u. a. bei KOEBNER 1994; ESCHER und ZIMMERMANN 2001, 2006; LUKINBEAL 2005; ESCHER 2006; HARPER and RAYNER 2010.

Städten und lebensweltliche Städte sind folglich unweigerlich miteinander verbunden und beeinflussen sich wechselseitig (JÜRGENS 2015: 83). JOLIVEAU (2009: 39) stellt diesbezüglich fest:

> „Imagined spaces refer to real spaces (...) by remodeling and transforming them. In return, these imagined spaces transform the way we perceive reality. A tourist in New York (...) does not see at first a material space. He arrives with a preconceived view of the reality based on a myriad of cultural, literary and cinematographic references".

Zudem ist zu betonen, dass filmische Geographien in der Regel nicht als *Spiegel der Realität* verstanden werden bzw. als Re-Präsentationen einer physischen Welt, wie es beispielsweise noch KRACAUER (1960, 1985) postuliert. Zwar handelt es sich bei einem Film gewissermaßen um die Widerspiegelung gesellschaftlicher Phänomene, da er u. a. „Probleme oder Konflikte der Gesellschaft sichtbar macht" (FRIEDMANN und MORIN 2010: 33). Allerdings spiegelt Film soziale Phänomene nicht auf statische Art und Weise wider, sondern erzählt Geschichten, „deren Handlungskonflikte auf dynamische Weise Wertkonflikte verhandeln und ideale Verhaltensweisen freilegen (...)" (FRIEDMANN und MORIN 2010: 32). Gesellschaftliche Themen werden also filmisch inszeniert, sodass der Prozess der Widerspiegelung nicht als naiver Realismus, sondern als hoch komplexes Wechselspiel verstanden werden muss, aus dem soziale bzw. hier geographische, Imaginationen und Illusionen hervorgehen: „(...) [T]he cinema, like all visual representation (painting, drawing), is one image of an image (...), it is an animated – that is – living image. It is a representation of living representation that cinema invites us to reflect on the imaginary of reality and the reality of the imaginary" (MORIN 2005: 223)[11]. Filme sind demnach keine „objektiven und neutralen kulturellen Texte" (DENZIN 2007: 427). Als „visuelle Repräsentationen reflektieren und definieren [sie] problembehaftete kulturelle Erfahrungen (...). Sie bringen politische Ideologien und zentrale kulturelle Werte zum Ausdruck und vermitteln sie zugleich" (DENZIN 2007: 425). Folglich müssen sie als in kulturelle und politische Kontexte eingebettete, sozial konstruierte und diskursive Formationen verstanden werden, die es zu entschlüsseln gilt. Aus filmsoziologischer Perspektive[12] konstatiert SCHROER (2012: 21 f.):

---

[11] Der Diskurs um Realismus und Film soll an dieser Stelle nicht dezidiert aufgerollt werden. Für eine intensive Auseinandersetzung mit diesem Aspekt vgl. u. a. ZIMMERMANN 2007: 9 ff.

[12] Der hier zitierte Beitrag von SCHROER (2012) bietet einen sehr guten Einblick in die Forschungsrichtung der Filmsoziologie, die aufgrund ihrer Perspektiven sehr anschlussfähig für die Filmgeographie ist. Gleiches gilt für das von SCHROER (2008) herausgegebene Sammelwerk *Gesellschaft im Film* sowie für den Sammelband von HEINZE, MOEBIUS und

1.2 (Inter-)Disziplinäre Einordnung der Studie

„Kaum bestreitbar aber ist, dass der Film sich der (selbst immer schon bearbeiteten und zugerichteten) Realität bedient, auf dieser aufbaut in dem Versuch, das Wesentliche an einem Thema verdichtet und zugespitzt zu visualisieren, um in dieser Variante gewissermaßen wieder in die Wirklichkeit zurückzufließen, dabei Deutungsmuster liefernd, die der Verarbeitung und Einordnung dieses Themas dienen können. Filme beeinflussen auf diese Weise unsere Vorstellungen darüber, wie es einmal war und heute ist, und prägen dabei entscheidend, welche Bilder von bestimmten Ereignissen sich in unser Gedächtnis festsetzen".

So wird auch in der Filmgeographie davon ausgegangen, dass Filme als mediale Konstruktionen gesellschaftlich relevanter Themen und Wirklichkeiten zum Ausdruck bringen und Weltanschauungen reflektieren (vgl. SILBERMANN 1980: 18; FRIEDMANN und MORIN 2010: 31). Dabei bilden sie diese jedoch nicht einfach ab, sondern repräsentieren, inszenieren, interpretieren und konstruieren als soziale Dokumente dargestellte Wirklichkeiten, Vorbilder und Konflikte, wodurch sie kontinuierlich zur Konstruktion von Weltentwürfen beitragen und entsprechendes Wissen vermitteln. Als soziale und kulturelle Dokumente reflektieren Filme in verdichteter Form gesellschaftliche Realitäten, reagieren auf sozial relevante Ereignisse, „verarbeiten diese und bieten entsprechend Deutungen und Interpretationen an" (SCHROER 2008: 9). Dabei tragen sie zum Diskurs über eben diese Realitäten bei und stehen in Wechselwirkung mit alltagsweltlichen Phänomenen (ESCHER und ZIMMERMANN 2001: 230; MAI und WINTER 2006; SCHROER 2008: 7, 2012; WINTER 2012: 43). Als soziales Gedächtnis beeinflussen Filme auf unterschiedliche Weise Wahrnehmungen, Handlungen und Filmerfahrungen erweitern bzw. modifizieren alltagsweltliche Erlebnisse (ZIMMERMANN 2009: 295; GREGORY 1995: 474). „Durch seine (massenhafte) Rezeption perpetuiert, konstituiert und konstruiert sich gesellschaftliche Wirklichkeit" (DIMBARTH 2018: 199). MORIN (2010: 86 f.) spricht dem Film gar eine mimetische Kraft zu, da er Verhaltensweisen, Meinungen und Handlungen provozieren kann:

„Von der Art und Weise eine Zigarette zu rauchen, bis zur Wahl der Unterwäsche, auf dem Umweg über die Kunst, das Glas zu erheben, dass man seiner Partnerin in die Augen schaut, die Spaziergänge, die man bevorzugt, die Sprache und die Gesten des Flirts und der *Romance*: Überall hinterlässt das Kino seinen Stempel und prägt den Sitten seine <patterns> auf, und es *standardisiert* sie dadurch auch".

Auch HAGENER (2011) macht deutlich, dass Film und Alltagswelt sich gegenseitig durchdringen und es daher nicht sinnvoll sei, Realität und Film als

---

REICHER (2012), der ebenfalls einen sehr guten Überblick über Themen und Gegenstände der Filmsoziologie bietet.

zwei Pole gegenüberzustellen. Man könne nicht länger davon ausgehen, dass es eine von Medien unberührte, ‚authentische' Realität gäbe, die ‚den Medien' gegenüberstehe, welche eine reale Welt abbilden oder repräsentieren:

> „Wir leben im Zeitalter der Medienimmanenz, in dem es keinen transzendentalen Horizont mehr gibt, von dem aus wir Urteile über die allgegenwärtigen mediatisierten Erfahrungen abgeben können. (…) Wir sind ins Zeitalter des Kamerabewusstseins eingetreten, in dem unsere Vorstellungen vom Selbst und der Welt durch Rahmen bestimmt sind, die der Film und die Medien mit vorgeben" (HAGENER 2011: 52).

Filmisch imaginierte Geographien erlangen also durchaus alltagsweltliche Bedeutungen – denn wie rezipierende Personen ihre Lebenswelt erfahren, hängt im hohen Maße ab von „Bildern und Räumen (…) [im] Kopf, die wir schon oft vor dem ersten Besuch einer Stadt oder eines Landes haben" (VIEHOFF 2011: 52). Umso bedeutender ist eine kritische Auseinandersetzung mit medialen Imaginationen, um etablierte und stereotype Vorstellungsmuster zu entzaubern. Die vorliegende Arbeit dekonstruiert filmische Darstellungen interkultureller Begegnungen, hinterfragt sie kritisch und macht sie für alltagsweltliche Diskurse fruchtbar. Auf diese Weise trägt die Arbeit zum besseren Verständnis einer von kultureller Diversität geprägten Gesellschaft bei und sensibilisiert für die Relevanz einer medienkompetenten Auseinandersetzung mit sozialen Diskursen um Interkulturalität und Vielfalt, die auch jenseits des Screens von Bedeutung ist – gerade auch in Hinblick auf eine interkulturelle Film- und Medienbildung. Einer solchen kommt insbesondere in globalisierten, kulturell diversen und medienaffinen Gesellschaften mehr denn je höchste Relevanz zu.

1.3 Forschungsstand[13]

Im Fokus der vorliegenden Arbeit steht die Inszenierung einer filmischen Stadt und ihrer Gesellschaft. Von einer filmischen Stadt oder *Cinematic City* spricht man im filmgeographischen Sinne dann, wenn eine Stadt in Filmen nicht nur als Location-Lieferant, Schauplatz oder Kulisse fungiert, sondern ganz bewusst als „filmische Größe mitinszeniert wird" (ESCHER und ZIMMERMANN 2005: 163; vgl. CLARKE 1997, 2005). Als Mitakteurin bestimmt sie das filmische Geschehen mit und wird zu einer dramatisch und dramaturgisch wichtigen Figur, die „über

---

[13] Der Forschungsstand bezieht sich auf den Zeitraum bis zum Abschluss der Dissertation im September 2019.

1.3 Forschungsstand

einen Film hinaus, in vergangenen und zukünftigen Filmen durch geeignete invariante Elemente und strukturgleiche Geschichten sowie durch einschlägige Zitate [...] immer wieder neu belebt wird" (ESCHER und ZIMMERMANN 2005: 162 f.). Die ästhetische Konstruktion einer Stadt, ihre Architektur sowie die filmisch inszenierte Gesellschaft spielen eine zentrale Rolle für eine filmgeographische Perspektive. Filmische Konstruktionen und Inszenierungen von Städten bzw. städtischer Images wurden aus filmgeographischer Perspektive bereits mehrfach analysiert und bergen großes Potenzial für weitere geographische Fragestellungen (JÜRGENS 2015: 82 f.). Einige einschlägige Werke legen wichtige Grundlagen für die wissenschaftliche Auseinandersetzung mit filmischen Städten (CLARKE 1997; SHIEL und FITZMAURICE 2001; DA COSTA 2003; CLAPP 2013). Weitere Publikationen setzen sich dezidiert mit der Inszenierung spezifischer filmischer Städte auseinander und setzen an den szenischen Einheiten filmischer Orte an. Beispielhaft sei hier auf Studien über Berlin (NATTER 1994), Köln (BOLLHÖFER 2003), Kuala Lumpur (BUNNELL 2004), Marrakesch (ZIMMERMANN und ESCHER 2001, 2005b; SOMMERLAD 2012), Kairo (ZIMMERMANN und ESCHER 2001; ESCHER und ZIMMERMANN 2005), London (BRUNSDON 2007) oder Tanger (VIEHOFF 2011; SOMMERLAD 2019) verwiesen.

Bisherige Arbeiten weisen immer wieder darauf hin, dass es ein Anliegen filmgeographischer Forschung sein sollte, die Erforschung filmischer Orte nicht auf die rein filmdiegetische Welt zu beschränken, sondern stets in Wechselwirkung mit alltagsweltlichen Aspekten zu denken. FRÖHLICH (2007) beispielsweise analysiert den Dialog filmische Stadtbilder und alltägliche Raumvorstellungen. Dabei weist er darauf hin, dass eine *Cinematic City* nicht nur aus der Gesamtheit einzelner filmischer Orte besteht, sondern aus dem Zusammenspiel städtischer Perspektiven und der „Verknüpfung von städtischen Ansichten mit Aussagen über städtische Räume, die für die Handlung eines Films relevant sind" (FRÖHLICH 2007: 123). In seiner Studie zu New York City definiert er eine filmische Stadt als vielschichtiges Gefüge, das sich aus unterschiedlichen Raumbedeutungen zusammensetzt. Durch „filmische Inszenierungen geschaffen (...) [wird es] (...) vom Betrachter als diegetischer Raum zu einem Stadtraum mit einem eigenen historisch-geographischen Hintergrund zusammengefügt" (FRÖHLICH 2007: 124).

Filmische Städte bestehen nicht nur aus einer Ansammlung von Orten und deren zugeschriebenen räumlichen Bedeutungen – sie sind in der Regel auch untrennbar mit Personen verbunden, welche die Städte bewohnen oder besuchen bzw. sich in ihnen aufhalten und durch die der Stadt erst Bedeutungen zugeschrieben werden: „Filmic fictions inevitably bring into play (...) assumptions not only about space and time but also about social and cultural relationships" (SHOHAT und STAM 1994: 179). Filme betreiben dabei „Darstellung und Konstruktion von

Identitäten, sei es nationaler, geschlechtlicher oder kultureller Art, von Grenzziehungen zwischen Eigen und Fremd" (FRÖHLICH 2007: 121). Bei der Konstruktion einer filmischen Stadt spielen folglich nicht nur die dargestellten Orte und konstruierten Räume eine Rolle. Auch die inszenierten Personen, Gruppen und Gesellschaften, deren zugeschriebenen (kulturellen) Identitäten sowie ihre Interaktionen sind elementare Bestandteile des Gesamtkonstrukts einer filmischen Stadt.

Für die vorliegende Studie ist dabei besonders von Interesse, wie kulturelle Vielfalt städtischer Akteur:innen und interkulturelle Begegnungen zwischen ihnen inszeniert werden. Hierfür werden die formulierten Basisannahmen zum Phänomen kultureller Vielfalt in städtischen Kontexten auf den Kontext einer filmischen Stadt übertragen und in diesem Zuge die filmische Stadt als audiovisuell inszenierter interkultureller Begegnungsort konzeptualisiert. Entsprechend dieser Perspektive wird davon ausgegangen, dass auch eine filmisch inszenierte Stadt als ein Konstrukt räumlicher Bedeutungen betrachtet werden kann. Dieses besteht aus einem Geflecht an Handlungsorten, an denen interaktive Begegnungen zwischen Personen stattfinden, über welche wiederum räumliche Bedeutungen konstruiert werden. Für diese Studie ist nun die Frage danach von Interesse, wie Spielfilme kulturelle Verschiedenheit und Vielfalt sowie das interkulturelle Miteinander dieser Figuren in (film)städtischen Kontexten inszenieren. Weiter oben wurde bereits die Annahme formuliert, dass Filme bzw. Filmerfahrungen alltägliche Wahrnehmungen, Handlungen und Erlebnisse modifizieren und einen Einfluss darauf haben können, wie Menschen alltägliche Lebenswelten erfahren. Dies gilt auch dafür, wie Individuen über ihr alltägliches Miteinander mit anderen Individuen nachdenken.

Es existiert eine fast unüberschaubare Vielzahl an Publikationen aus unterschiedlichen wissenschaftlichen Disziplinen, die anschlussfähig für das Erkenntnisinteresse der vorliegenden Studie erscheinen.[14] Einer der chronologisch ältesten und zugleich umfassendsten Bände, die sich mit dem Spannungsfeld von Medien und Multikulturalismus befassen, ist *Unthinking Eurocentrism: Multiculturalism and the Media* von SHOHAT und STAM (1994). Darin widmen sich die Autor:innen auf vielfältige und umfassende Weise den in massenmedialen Kontexten eingebetteten Machtstrukturen sowie damit verknüpften Diskursen und plädieren für eine neue, eurozentristischen Sichtweisen abgewendete, polyzentrisch-multikulturelle Perspektive auf mediale Repräsentationen und darin

---

[14] Aufgrund der Vielzahl an Publikationen zu den im Folgenden aufgezählten Forschungsbereichen, wird ohne Anspruch auf Vollständigkeit jeweils nur eine Literaturauswahl vorgestellt. Die Verfasserin ist sich darüber bewusst, dass darüber hinaus zahlreiche weitere Quellen existieren, insbesondere Fachaufsätze in Sammelbänden und Zeitschriften.

1.3 Forschungsstand

eingebetteten (stereotypen) Vorstellungsbildern und Identitätskonstruktionen. In einem Kapitel wird hier explizit das Themenfeld der *Ethnicities-in-Relation* aufgegriffen und u. a. nach der Darstellung und Sichtbarkeit von *ethnic/racial minorities* und multikultureller Thematiken in filmischen Kontexten gefragt. Insbesondere der Abschnitt zum Thema *Staging American Syncretism* (SHOHAT und STAM 1994: 220 ff.) ist für die vorliegende Arbeit von hoher Relevanz, da hierin u. a. filmische Darstellungen des Zusammenlebens unterschiedlicher ethnischer Communities in US-amerikanischen Spielfilmen, filmische Inszenierungen von *ethnic and racial relations* sowie kulturell synkritischer Charaktere aufgegriffen werden. Wie jedoch auch NICHOLS (1996: 59) kritisch anmerkt, liegt der Fokus der Publikation mehr auf dem Zusammentragen von medialen Beispielen als auf einer konzeptionell-theoretischen Auseinandersetzung mit der Thematik. So finden sich in den relevanten Kapiteln unzählige, knapp erläuterte Filmbeispiele. Es wird jedoch nicht explizit analysiert, wie die aufgezeigten Filmbeispiele z. B. das alltägliche Miteinander von Personen inszenieren und verhandeln. Damit bleibt eine dezidierte inhaltliche Auseinandersetzung mit solch filmischen Inszenierungen als Forschungsdesiderat bestehen.

Ebenfalls anschlussfähig für die vorliegende Arbeit ist das breit angelegte Werk *Screening Difference* von GINNEKEN (2007). Der Autor setzt sich darin mit der Frage auseinander, wie Hollywoodfilme *Race*, *Ethnicity* und *Culture* imaginieren. Er legt dabei einen Fokus auf US-amerikanische Blockbuster-Filme und hinterfragt die darin konstruierten, ethnozentristischen und häufig stereotypischen Repräsentationen von Begegnungen zwischen ‚westlichen‘ weißen Charakteren' (*mainstream white Hollywood*) und ‚Fremden'. GINNEKENs breit angelegte, unterschiedliche Genre und zahlreiche Fallbeispiele umfassende Studie liefert einen sehr guten Überblick über generelle Strategien der Inszenierung solcher Begegnungen. Beispielsweise deckt er auf, dass ethnozentristische Imaginationen maßgeblich über vier Ebenen konstruiert werden: (1) Auf der filmtechnischen Produktionsebene (z. B. Lichtsetzung, Farbgestaltung und Kamerabewegungen), (2) auf der Ebene der Schauspieler:innen, (3) auf der Ebene des Set-Designs sowie (4) auf der auditiven Ebene (GINNEKEN 2007: 223 ff.). Eine Stärke seiner Studie liegt dabei in dem Vermögen, die von einer verhältnismäßig kleinen Gruppe an Filmemachern („mostly men, mostly white, and mostly multimillionaires", GINNEKEN 2007: 15) produzierten, spektakulären Blockbuster-Imaginationen zu dekonstruieren. Dabei zeigt er auf, wie diese ein ethnozentristisch verzerrtes Bild der Welt imaginieren, die der Autor als ‚exotische Megamythen' entzaubert.

Eine Verschneidung filmischer Städte und interkultureller Thematiken wurde bislang nur peripher thematisiert. Beispielsweise behandelt ein Kapitel von CLAPP

(2013: 217 ff.) zum Thema *The American City in the Cinema* den Umgang mit *Class, Race, and Ethnicity in the City and the Cinema*. Dabei stellt CLAPP *Urban Turf*-Narrationen als ein entscheidendes Themenfeld heraus: „One of the main areas in which the American city and movies related to race and ethnicity come together is with respect to territorial competition" (CLAPP 2013: 227). Ein Schwerpunkt konkreter, interdisziplinärer Forschungen ist besonders hinsichtlich der Darstellung ethnisch-kultureller[15] Gruppen in (US-amerikanischen) Spielfilmen auszumachen. Eine fruchtbare Basis für die Auseinandersetzung mit dieser Thematik liefert beispielsweise MILLER (1980). In seinem Sammelband *The Kaleidoscopic Lens: How Hollywood Views Ethnic Groups* versammelt er Aufsätze, die sich auf vielschichtige Art und Weise der Darstellung unterschiedlicher ethnischer Gruppen in US-amerikanischen Hollywoodspielfilmen widmen. In dieser Tradition stehen zahlreiche weitere Publikationen, wie beispielsweise der Band *Ethnic and Racial Images in American Film and Television* von WOLL und MILLER (1987) oder der von FRIEDMAN (1991) herausgegebene Sammelband *Unspeakable Images*, dessen Beiträge sich auf vielschichtige Art und Weise mit dem Konzept der Ethnizität im US-amerikanischen Film auseinandersetzen. Auch DAVIES und SMITH (1997) setzen sich unter anderem mit dem Zusammenhang von *Race* und *Ethnicity* in US-amerikanischen Filmen auseinander.

Die Publikation *America on Film: Representation of Race, Class, Gender, and Sexuality at the Movies* von BENSHOFF und GRIFFIN (2004, 2009) widmet sich dem Thema der filmischen Identitätskonstruktionen und unterbreitet elementare theoretische und praktische Ausführungen zur Thematik. Das Buch liefert einen umfassenden filmhistorischen wie aktuellen Einblick in den Umgang US-amerikanischer Spielfilme mit Themen von kultureller Vielfalt und der filmischen Darstellung ethnischer Gruppen. Darüber hinaus stellen zahlreiche weitere Studien einzelne Filmcharaktere oder Identitäten in den Fokus (vgl. KENNEDY 1994). Dabei wird deutlich, dass es einen breiten Korpus an Literatur zur Darstellung einzelner ethnischer Gruppen in US-amerikanischen Spielfilmen gibt – von der Darstellung von Native Americans (vgl. u. a. ROLLINS und O'CONNOR 1998; KILPATRICK 1999; MARUBBIO 2013; HILGER 2016; HOLM, MARUBBIO

---

[15] Kulturen werden hier nicht betrachtet als „in sich abgeschlossene Gebilde, die (...) wie Billardkugeln aufeinanderprallen" (YOUSEFI und BRAUN 2011: 10), sondern vielmehr als offene, dynamisch-veränderbare und intern diverse Sinn- und Orientierungssysteme. Kulturen sind „keine vorgegebenen Größen, sondern sie werden als menschliche Produkte gebildet" (YOUSEFI und BRAUN 2011: 11). Angewendet auf eine filmische Perspektive bedeutet dies, dass die dargestellten Kulturen in den betreffenden Spielfilmen als filmische Konstrukte verstanden werden – bzw. als filmische Produkte, zu deren Konstruktion zahlreiche Einflussfaktoren beitragen.

1.3 Forschungsstand

und PAVLIK 2017), über Asian Americans (vgl. u. a. WONG 1978; XING 1998; FENG 2002; PARK 2010; DAVE 2013), African Americans (vgl. u. a. GUERRERO 1993; MASSOOD 2003; FAIN 2015; BOGLE 2016; MICHAELS 2018), Latinx (vgl. u. a. HADLEY-GARCIA 1990; REYES und RUBIE 1994; LIST 1996; BERG 2002; HÄNTZSCHEL 2008; LÓPEZ-CALVO 2011) bis hin zu arabischen und muslimischen Charakteren (vgl. u. a. ALSULTANY 2013; SEMMERLING 2014; SHAHEEN 2015). Darüber hinaus existieren Publikationen, die einen Schwerpunkt auf die Konzepte von *Race* und *Whiteness* in US-amerikanischen Spielfilmen legen, sowie der damit verknüpften Darstellung weiterer ethnischer Gruppen wie Irish Americans, Italian Americans oder Jewish Americans (vgl. u. a. ROGIN 1996; BERNARDI 1996, 2008; FOSTER 2003; BONDANELLA 2004; BIAL 2005; NEGRA 2006; REZNIK 2012). Dem Phänomen der filmischen Inszenierung von *Multiraciality* bzw. einem *Mixed Race Hollywood* widmen sich überdies BELTRÁN und FOJAS (2008). An dieser Stelle kann nur eine kleine Auswahl entsprechender Publikationen aufgeführt werden. Für einen weiterführenden Einblick empfiehlt sich der bereits zitierte Sammelband von BENSHOFF und GRIFFIN (2004, 2009), in dem sich zu jeder der hier aufgeführten ethnischen Gruppe eine eigene, umfassende Literaturübersicht findet.

In Bezug auf die Erforschung interkultureller Zuschreibungen, die über die Inszenierung einzelner ethnischer Gruppen hinausgeht, dominieren Forschungen zur Konstruktion indigener Identitäten (z. B. ZONN und WINCHELL 2002; SMITH 2002) oder Publikationen zum Konzept des *Otherings* (u. a. HALLAM 2000). Mit filmischen Kulturdarstellungen, Kulturbegegnungen und filmischem Multikulturalismus setzen sich auch beispielsweise SUMMERFIELD (1993) und BUDD (2002) auseinander. Erstere betont dabei die Relevanz der Analyse interkultureller Filme und bietet einen breiten Überblick über mögliche Perspektiven, wenn ihr Buch auch mehr als Aufforderung und Anleitung zum Einsatz ebendieser Filme in pädagogischen Kontexten gelesen werden kann. Aus kulturwissenschaftlicher Perspektive nähert sich SEIPEL (2009) am Beispiel des nationalen australischen Kinos dem Thema Film und Multikulturalismus an. Mit der medialen Konstruktion eines multiethnischen Großbritanniens beschäftigt sich ein Sammelband von ECKSTEIN et al. (2008). Aufgrund seiner Perspektivenvielfalt besonders hervorzuheben ist ein Sammelband von DENNERLEIN und FRIETSCH (2011), der sich aus interdisziplinären Perspektiven dem Spannungsfeld Migration im Film widmet und dabei unterschiedliche Aspekte und Formen der Grenzüberschreitung sowie der „(De-)Konstruktion und Inszenierung von Identität und Geschlecht am Schnittpunkt verschiedener Differenzierungs- und Hierarchisierungsprozesse" (DENNERLEIN und FRIETSCH 2011: 7) in den Blick nimmt.

Relevant ist zudem der Sammelband von GÖSSMANN, JASCHKE und MRUGALLA (2011), der sich mit interkulturellen Begegnungen in Literatur, Film und Fernsehen befasst. Mit der Darstellung ethnischer Gruppen in audiovisuellen Medien setzt sich überdies BANERJEE (2004) auseinander, die sich aus amerikanistischer Perspektive u. a. dem Themenkomplex der *Ethnic Comedy* annähert. Darüber hinaus thematisiert sie die räumliche Präsenz ethnischer Charaktere in deutschen Film- bzw. Fernsehproduktionen (BANERJEE und MARX 2008), die Darstellung der vietnamesischen Diaspora in der deutschen Populärkultur (BANERJEE 2012) oder das Konzept des *Weißseins* in der US-amerikanischen Fernsehserie Monk (BANERJEE 2017). Einige deutschsprachige Publikationen legen zudem einen Fokus auf (post)migrantische, transkulturelle filmische Narrationen, die häufig am Beispiel des deutschtürkischen Films oder im Spannungsfeld sogenannter *Culture Clash*-Komödien untersucht werden (vgl. BLUMENTRATH et al. 2007; EMEIS und BOOG 2011; HAKE und MENNEL 2012; CHMIELEWSKA 2014; ALKIN 2017; GABRIEL 2018).

Aus einer dezidiert geographisch-feministischen Forschungsperspektive heraus untersuchen BAURIEDL und SCHURR (2018: 136) „Fragen zu Identität und Differenz im Kontext städtischer Räume" und beziehen sich hierfür beispielhaft auf den US-amerikanischen Spielfilm *L.A. Crash* sowie die darin konstruierten und inszenierten Relationen unterschiedlichster Identitäten. Neben einem Fokus auf den Wechselverhältnissen von städtischen Räumen und Geschlecht bzw. einer Vergeschlechtlichung städtischer Räume untersucht der Beitrag auch die filmische (Re-)Produktionen weiterer (intersektionaler) Identitätskategorien und Differenzverhältnisse „durch soziale Praktiken und räumliche Materialitäten" (BAURIEDL und SCHURR 2018: 137) im Kontext städtischer Alltagsbegegnungen. Er stellt eine interessante Herangehensweise zur kritisch-geographischen Analyse kultureller Differenzen und Identitäten in filmischen städtischen Kontexten dar.

Für die meisten dieser Publikationen zum Spannungsfeld der Inszenierung kultureller Vielfalt, Interkulturalität und filmischen Formaten kann dabei festgehalten werden, dass stets nur einzelne Filmbeispiele bzw. einzelne Filmfiguren betrachtet werden. So liegt ein Schwerpunkt meist entweder auf der Konstruktion einzelner Charaktere, oder es wird untersucht, wie einzelne ethnische Gruppen dargestellt werden. Die meisten Studien nehmen somit die oft stereotypen Darstellungsweisen einzelner Gruppen bzw. vermeintlicher Minderheiten in den Blick oder thematisieren, inwiefern in entsprechenden Filmen bestimmte Gruppen als ‚das Fremde' konstruiert werden. Dabei fokussieren sie sich meist auf einzelne Filme oder spezifische Filmcluster (vgl. JACOBSSON 2017: 58). Wird das Thema der Interkulturalität bzw. des inszenierten interkulturellen Miteinanders im Spielfilm

1.3 Forschungsstand

explizit angesprochen, dann nur am Rande – auch wenn vereinzelt angeführte Titel auf den ersten Blick eine tiefergehende Analyse erwarten lassen.

Mit dem Themenfeld, das im Fokus der vorliegenden Studie steht, – der Inszenierung interkultureller Begegnungen und kultureller Vielfalt in filmischen Städten – setzen sich, wie dieser knappe Überblick zeigt, nur sehr wenige Publikationen auseinander. Beispielhaft sei hier auf einen Sammelband von DAWIDOWSKI, HOFFMANN und WALTER (2015) verwiesen, welcher literaturwissenschaftliche und didaktische Perspektiven auf Interkulturalität und Transkulturalität in dramatischen, theatralen und filmischen Erzählformaten thematisiert. Insbesondere die darin enthaltenen Beiträge zum Medium Film zeigen, dass die Analyse von filmisch inszenierten interkulturellen Begegnungen ein großes und vielschichtiges Potenzial für wissenschaftliche Fragestellungen aufweist. Daneben existieren einzelne Studien von beispielsweise ZWENGEL (2018), die sich der Umsetzung interkultureller Themen in einer deutschen TV-Serie nähert, oder ein eigener Beitrag (SOMMERLAD 2019), der sich aus filmgeographischer Perspektive mit interkulturellen Begegnungen im Spielfilm *Tangerine* befasst.

Dass eine wissenschaftliche Auseinandersetzung mit dem Themenfeld der filmischen Inszenierung kultureller Phänomene überaus wichtig ist, merkt bereits JOHNSON (2009: 25) an. Er führt aus, dass die Vorstellungen von unterschiedlichen Kulturen bzw. dem Miteinander kulturell unterschiedlicher Charaktere sowie die individuelle Ausbildung eigener kultureller Identitäten nicht nur durch den alltäglichen Einfluss von Familie, *Peer Groups*, sozialen und religiösen Organisationen, Bildungseinrichtungen usw. geprägt werde. Vielmehr seien hier mediale Formate von höchster Relevanz. Er betont insbesondere die Wirkmächtigkeit filmischer Inszenierungen bzw. die der audiovisuellen Bilder des (v. a. US-amerikanischen) Kinos:

„These forces, in many ways, dictate particular meanings and interpretations of the world around us. (…) Of the (…) list of cultural shapers, few send more powerful messages (subtle and overt) than the *Hollywood machine*. (…) Specifically, our own individual cultural identities are continually shaped, changed, and sometimes distorted by what is seen in movies. (…) Generally speaking, movies have a knack for creating, maintaining, and inverting social issues (…)" (JOHNSON 2009: 25 f.).

Diese postulierte Wirkung von Filmen und ihre Einflusskraft auf kulturelle Lernprozesse bemerken zuvor auch JOWETT und LINTON (1989) oder GIROUX (1997: 53). Letzterer merkt an: „[F]ilms appear to inspire at least as much cultural authority and legitimacy for teaching specific roles, values, and ideas as do the more traditional sites of learning (…)". JOHNSON (2009: 25) stellt in kritischer Perspektive fest, dass eine dieses Themenfeld betreffende, auf Film ausgerichtete

Medienkompetenz oftmals nicht vorhanden sei. So würden nur wenige Menschen hinterfragen, auf welche Weise mediale Formate wie Filme unsere diesbezüglichen Weltvorstellungen und Überzeugungen mit beeinflussen und formen. Es sei daher von großer Wichtigkeit kritisch zu hinterfragen, *wie* Filmproduktionen entsprechende kulturelle Ideale erzeugen und vermitteln würden. In diesem Zusammenhang plädiert er auch für eine zielgerichtete und kritische Analyse filmischer Vermittlung von Konzepten kultureller Vielfalt: „What determinations can we make about race, ethnicity, gender, and sexual orientation as they are defined by the Hollywood standards?" (JOHNSON 2009: 26).

Die damit angesprochene Relevanz einer kritischen Auseinandersetzung mit filmisch vermittelten Bedeutungskonstruktionen ist auch ein zentrales Anliegen einer kritischen Filmgeographie (vgl. SOMMERLAD im Erscheinen), wie sie beispielsweise von AITKEN und DIXON (2006) oder CRESSWELL und DIXON (2002) eingefordert wird. Eine kritisch-reflektierte Filmgeographie muss sich deshalb der Frage zuwenden, wie durch Filme sozialräumliche Bedeutungen konstruiert und auf globaler Ebene anschlussfähige Vorstellungsbilder erzeugt werden, die von großer Relevanz für lebensweltliche Vorstellungsbilder sein können. ESCHER und ZIMMERMANN (2001: 228) stellen diesbezüglich fest:

„Die dem Film eigenen Geschichten und Orte, die sich in Bildern und Sequenzen ausdrücken, sind für die Lebenswelt aus mehreren Gründen von Bedeutung: Sie kreieren Stereotype sowie Vorurteile und tragen zu deren Aufrechterhaltung bei. Außerdem stellen Spielfilme Informationen, Handlungsmuster, Orientierungen und Vorbilder sowie Regeln und Normen zur Verfügung, welche die Art und Weise mitbestimmen, wie wir uns mit der Welt auseinandersetzen".

Filmisch konstruierte Welten und Geographien sollten folglich in kritischer Perspektive als realitätsgenerierende Bedeutungskonstruktionen analysiert, interpretiert, nachvollzogen und rekonstruiert werden (vgl. LUKINBEAL 2004: 247; AITKEN und DIXON 2006: 326 f.). Ein für diese kritisch-filmgeographische Perspektive anschlussfähiges Plädoyer für eine entsprechende, wissenschaftliche Auseinandersetzung mit interkulturellen Thematiken in spielfilmischen Kontexten findet sich in einem von JACOBSSON (2017) publizierten Beitrag. In diesem wendet er sich dem Potenzial fiktionaler Filme als Dokumente zur Analyse interkultureller Fragestellungen zu und fordert nachdrücklich, eine dezidiert kritische Perspektive auf diesen Gegenstand zu legen (JACOBSSON 2017: 54):

1.3 Forschungsstand

„The use of this perspective can be understood as expressing a critical awareness of filmic depictions of cultural encounters, transnational migration and cultural differences in contemporary multicultural societies, and the need for illustrative audiovisual representations of intercultural encounters."

Er bemängelt, dass bisherige – vornehmlich filmwissenschaftliche und kulturwissenschaftliche – Studien, die sich mit interkulturellen Themen in filmischen Kontexten befassen, einen recht starren und teils unreflektierten Blick auf ebendiese legen würden. So würden zahlreiche Publikationen den vielschichtigen Begriff der Interkulturalität meist unzureichend reflektieren und, wie bereits oben angemerkt wurde, entsprechende Analysen sich hauptsächlich auf die filmische Darstellung ethnischer oder nationaler Gruppen beziehen. Kultur bzw. Interkulturalität würde somit auf unzureichende Art und Weise auf wenige Kategorien reduziert (JACOBSSON 2017: 56 ff.).

Als Gegenvorschlag präsentiert er eine Perspektive auf interkulturelle Filme, die sich dem Phänomen aus Sicht der Disziplin der *Intercultural Studies* zuwendet und sich der hohen Komplexität sämtlicher damit verbundener Termini und Konzepte bewusst ist. Hierzu schlägt er ein Konzept vor, das auf konzeptioneller wie analytischer Ebene vier Perspektiven integriert, um sich der Thematik kritisch-reflexiv anzunähern (JACOBSSON 2017: 66 ff.): Dies sind (1) die filmisch inszenierten und auf spezifische Art und Weise vermittelten interkulturellen Thematiken und Motive, die auf multiperspektivische Art und Weise zu entschlüsseln seien. Zudem müssten sich Forschende (2) der aus hybridisierten Produktionsbedingungen und der Verbindung unterschiedlicher Filmkulturen resultierenden, spezifischen interkulturellen Ästhetik der Filme bewusst sein sowie (3) der interkulturellen Position der rezipierenden Personen. So könne eine Analyse interkultureller Thematiken in Filmen nur gelingen, wenn man der Herausforderung einer vielschichtigen, polyzentrischen Perspektive auf den Gegenstand offen gegenüberstehe und im Dialog mit dem Analysegegenstand unterschiedlichste kulturelle Kontexte mitzudenken versuche. Zudem sollten entsprechende Filme (4) als eine besondere Wissensquelle betrachtet werden. Diese könne nur aktiviert werden, wenn man die vielschichtigen Inszenierungsmöglichkeiten über Bilder, Ton und erzählte Geschichten in der Konzeption und Analyse zusammendenke.

Dieser Vorschlag zeigt, dass die Auseinandersetzung mit interkulturellen Thematiken in Filmen auf spezifische Art und Weise geschehen muss – „it is about what we do with the films and the way we see them" (JACOBSSON 2017: 66). Eine daran angelehnte wissenschaftliche Auseinandersetzung mit interkulturellen Filmen sei daher immer mehr als eine bloße Analyse der Begegnung kulturell verschiedener Personen – ein offener Prozess, der aus audiovisueller

Inszenierung solcher kulturellen Begegnungen erst resultiere. Dabei müsse eine kritisch-reflektierte Analyse darauf abzielen, in polyzentrischer Perspektive Ideen, Konzepte und Bedeutungszuschreibungen abzuleiten, welche die entsprechenden filmischen Inszenierungen anbieten. Ein Entschlüsseln dieses komplexen Zusammenspiels ist nur über eine facettenreiche Analyseperspektive möglich, die sich allen damit zusammenhängenden Herausforderungen stellt und entsprechend der gewählten Forschungsthematik neu zusammendenkt:

> „[The concept of] Intercultural film (...) may potentially help us to come up with ideas and create concepts that extend our understanding of interculturality (...). [I]t is about the creation of ideas and concepts of intercultural encounters (...)" (JACOBSSON 2017: 66).

Die vorliegende Studie lehnt sich in ihrer Konzeption an diese Forschungshaltung an. Sie betrachtet das aufgezeigte Thema als vielschichtiges Phänomen, greift in der Konzeption des theoretischen Analyserasters und der methodischen Umsetzung auf Ansätze unterschiedlicher Disziplinen zurück und integriert diese in einer filmgeographischen Perspektive. Die bereits umrissene, multiperspektivische, interdisziplinäre Haltung der Arbeit spiegelt sich insbesondere in diesen theoretischen Perspektiven wider. Bevor diese eingeführt werden, wird im Folgenden das konkrete Forschungsvorhaben der Studie formuliert und der weitere Aufbau der Arbeit dargelegt.

1.4 Fragestellung und Aufbau der Studie

Wie der vorherige Abschnitt dargelegt hat, gibt es bereits zahlreiche Studien, die hinterfragen, wie Spielfilme einzelne kulturelle Gruppen imaginieren oder Dimensionen kultureller Vielfalt inszenieren. Bisherige Forschungen betrachten vor allem spezifische Charakter- bzw. Gruppenkonstruktionen und untersuchen bspw. die Darstellung einzelner ethnischer oder religiöser Gruppen sowie die Inszenierung kultureller Stereotype. Bislang nur wenig erforscht wurden hingegen mediale Inszenierungen interkultureller Begegnungen bzw. räumliche Kontexte, in denen solche Begegnungen und damit verbundene Interaktionsmomente stattfinden – eine Tatsache, die oftmals als Desiderat formuliert wird (bspw. JOHNSON 2009; JACOBSSON 2017: 54). Die vorliegende Studie folgt dem Plädoyer, sich dieser Forschungslücke anzunehmen und eine akademische Auseinandersetzung mit der filmischen Inszenierung interkultureller Begegnungen und kultureller Differenzen voranzubringen.

1.4 Fragestellung und Aufbau der Studie

Damit dies gelingen kann, spannt die Studie einen thematischen Bogen zwischen der Frage nach der Inszenierung interkultureller Begegnungen und kultureller Vielfalt im Spielfilm und der Konstruktion einer filmischen Stadt, ihrer Orte und ihrer Gesellschaft. Hierzu werden filmische Inszenierungen von Interkulturalität und Vielfalt im Kontext einer filmischen Stadt als räumliches Konzept gedacht. Im Fokus stehen interaktiv hervorgebrachte interkulturelle Räume, wobei zugleich die Ortsgebundenheit filmischer Handlungen berücksichtigt werden soll. Es wird angenommen, dass das Konstrukt einer filmischen Stadt sich maßgeblich über ebendiesen Interaktionen als räumliches Bedeutungsgeflecht etabliert – seine Bedeutungen also aus den inszenierten Interaktionen und dabei vorgenommenen Bedeutungszuschreibungen heraus erhält. Aufbauend auf dem dargelegten thematischen Schwerpunkt lässt sich das Anliegen der vorliegenden Arbeit in die folgende Leitfragen übersetzen:

In welcher Weise inszenieren und vermitteln Spielfilme interkulturelle Begegnungen und kulturelle Vielfalt im Kontext einer filmischen Stadt?

Als spezifisches Fallbeispiel fungiert hierfür die Stadt New York City (vgl. Kapitel 2). Um sich der formulierten Leitfrage anzunähern, werden drei miteinander verschränkte Themenkomplexe bearbeitet, die sich anhand der folgenden Teilfragen konkretisieren lassen:

- Zunächst wird danach gefragt, wo (d. h. an welchen Handlungsorten) sich interkulturelle Begegnungssituationen ereignen und wie (d. h. über welche Konstruktionselemente) Spielfilme interkulturelle Begegnungssituationen sowie kulturelle Verschiedenheit konzipieren und vermitteln.

- Ein zweiter Fokus liegt auf der Darstellung und Inszenierung[16] interkultureller Begegnungen. Es stehen die filmübergreifend wiederkehrenden Konstruktionsweisen im Mittelpunkt, die hier als Inszenierungsstrategien[17] bezeichnet werden.
- Abschließend werden die Analyseergebnisse mit dem Fallbeispiel verknüpft und erörtert, wie Spielfilme New York City als Stadt kultureller Vielfalt konstruieren.

Die Studie gliedert sich in insgesamt sieben Kapitel. Nach diesem einführenden ersten Kapitel wird in Kapitel 2 zunächst erläutert, warum gerade New York City als beispielhaftes Setting für die Studie gewählt wurde. In Kapitel 3 wird der theoretische Rahmen der Studie abgesteckt und eine theoretische Folie erarbeitet, in welcher zentrale Theorieansätze und Begriffe neu kombiniert und weiterentwickelt werden. Zunächst wird die gewählte interaktionsgeographische Perspektive auf Interkulturalität und Vielfalt eingeführt. Anschließend werden zentrale Begrifflichkeiten und Forschungsdimensionen definiert und für den US-amerikanischen Kontext der Studie urbar gemacht. In einem nächsten Schritt werden diese Perspektiven integriert und mit dem *Interkulturellen Raum* ein Konzeptvorschlag zur Analyse interkultureller Begegnungen im Spielfilm dargelegt. Abschließend wird die theoretische Analysefolie der Studie präsentiert. Kapitel 4 legt den Analysekorpus der Studie dar und führt detailliert sowohl die gewählten Methoden als auch die methodische Vorgehensweise ein. Das Herzstück der Arbeit bildet Kapitel 5 mit dem umfassenden Analyseteil. In

---

[16] Einige filmwissenschaftliche Handbücher weisen darauf hin, dass der Begriff Inszenierung oftmals synonym mit dem Terminus *mise en scène* genutzt werden würde, der als filmästhetischer Begriff konkret „die Organisation des Profilmischen" (KIRSTEN 2017: 2) bezeichnet. „Die mise en scène umfasst alle bildgebenden Prozesse, auf die der Regisseur (und seine Mitarbeiter) vor und während der Aufnahme Einfluss haben" (KEUTZER et al. 2014: 94). Die vorliegende Arbeit grenzt sich von diesem Verständnis ab, indem Inszenierung explizit nicht mit *mise en scène* oder anderen filmanalytischen Konzepten gleichgesetzt wird. Der Begriff Inszenierung wird in dieser Arbeit, ebenfalls in Anlehnung an KIRSTEN (2017), nicht als genuin filmanalytischer Begriff im engeren Sinne genutzt, sondern verweist vielmehr „in loser Weise [auf] sämtliche Gestaltungsebenen" (KIRSTEN 2017: 2) eines filmischen Werks, die in ihrem Zusammenwirken Bedeutungen konstruieren.

[17] Unter einer *Inszenierungsstrategie* wird hier ein filmübergreifend feststellbares Inszenierungsmuster bzw. eine wiederkehrende Konstruktionsweise verstanden, anhand der Filme Bedeutungen hervorbringen. Sie bezeichnet hier die Art und Weise, wie in den betrachteten Filmen auf sämtlichen Gestaltungsebenen interkulturelle Begegnungen konstruiert und in Szene gesetzt werden. Von Interesse sind dabei nicht einzelfilmische Besonderheiten, sondern Konstruktionsmuster, die filmübergreifend isoliert werden können.

1.4 Fragestellung und Aufbau der Studie

sechs Teilkapiteln werden anhand ausgewählter Schlüsselsequenzen die herausgearbeiteten Dimensionen filmisch inszenierter interkultureller Räume erläutert. Die generierten Erkenntnisse zur Konstruktion und Inszenierung interkultureller Räume im Spielfilm wird schließlich in Kapitel 6 als Ergebnis zusammengeführt und diskutiert. Entsprechend der dreiteiligen Fragestellung der Arbeit werden hier die Konstruktionselemente interkultureller Begegnungen im Spielfilm und die Inszenierungsstrategien interkultureller Räume dargelegt. In Kapitel 7 werden die zentralen Erkenntnisse der Studie in einem abschließenden Fazit zusammengefasst.

New York City als Setting der Studie 2

> „New York City is possibly the most diverse city (…) in the world".
>
> (CLAYMAN und LEE 2010: 8)

Ein Topos, der Städte als *Orte der Differenz* (GEORGIOU 2008: 229) konzipiert, manifestiert sich insbesondere in globalen Städten, die sich durch kosmopolitische Qualitäten und eine lebendige kulturelle Vielfalt auszeichnen. Eine Stadt, auf die dies besonders zutrifft, ist New York City. Die scheinbar faktische Aussage im obenstehenden Zitat referiert auf ein populäres Bild von New York: Die Sadt wird als eine der weltweit kulturell vielfältigsten Metropolen betrachtet. Diese Annahme wird durch akademische Diskurse gestützt. Kulturelle Vielfalt, so wird oftmals postuliert, sei „the expectation in New York" (FONER 2007, 1016; BINDER und REIMERS 1995; FONER 2013, 2014; JACOBSON 2006; KASINITZ, MOLLENKOPF und WATERS 2004 a oder b). Der dieser Aussage inhärente, mythisch aufgeladene Topos von New York City als *Stadt der kulturellen Vielfalt* wird in populärkulturellen Medien aufgegriffen und als facettenreiche Imagination verarbeitet. Audiovisuelle Formate wie Serien und Spielfilme gehen besonders wirksam mit diesen Bildern um, transportieren und rekonstruieren sie. Aus einer filmgeographischen Perspektive wird davon ausgegangen, dass sozial konstruierte Vorstellungen von der Welt, und damit auch von New York City, stark mit medialen Imaginationen verwoben sind. Diese Tatsache prädestiniert New York City als Fallbeispiel für die vorliegende Studie.

Der Topos von New York als *Stadt der kulturellen Vielfalt* prägt historische wie zeitgenössische Diskurse. Unzählige Publikationen[1] beleuchten das Thema in unterschiedlichsten Perspektiven. Sie thematisieren dabei oftmals dezidiert die Herausforderungen, Chancen und Konflikte, die sich aus der heterogenen ethnisch-kulturellen Zusammensetzung der Bevölkerung ergeben würden. Hierbei haben sich zwei Metaphern zur Beschreibung der Stadt etabliert: Zum einen die des ethnisch-kulturellen Mosaiks oder der *Salad Bowl* (vgl. u. a. JACOBSON 2006). Zum anderen wird die mythisch aufgeladene Metapher des *Melting Pot* bedient. KOLB (2009) erläutert, dass beide Perspektiven nebeneinander existieren und gerade dieses Spannungsverhältnis die Stadt und ihre Einwohner:innen so besonders mache:

> „[O]ne cannot clearly conclude if the city is a melting pot or a salad bowl, since both definitions are true at the same time (…). In fact the mixture of assimilated and separated characters on the metropolis' stage turns the daily performance of life in the city into a much more exciting occurrence" (KOLB 2009: 156).

Nachfolgend werden drei Schlaglichter auf diese Diskurse um New York City als Stadt kultureller Vielfalt hervorgehoben: Zunächst wird New York City in historischer und aktueller Perspektive als Ort der Immigration, als *Receiving City*, betrachtet. Im Anschluss wird ein Fokus auf New York City als Stadt ethnischer Nachbarschaften gelegt. Abschließend wird aufgezeigt, auf welche Weise Diskurse um kulturelle Vielfalt in New York City diese als messbare Größe zu fassen versuchen. Dabei werden auch Grenzen dieser Perspektive aufgezeigt. Im Zusammenspiel dieser drei ausgewählten Perspektiven liegt die Besonderheit von New York City als Stadt kultureller Vielfalt begründet. Diese spiegelt sich auch in Spielfilmen, womit die Wahl der Stadt als Setting der vorliegenden Studie begründet wird.

---

[1] Es sei an dieser Stelle auf eine Auswahl entsprechender Publikationen verwiesen: BINDER und REIMERS (1995), WALDINGER (1996a, b), CORDERO-GUZMAN und GROSFOGUEL (2000), KASINITZ, MOLLENKOPF und WATERS (2002), HEMPSTEAD (2003), SABAGH und BOZORGMEHR (2003), CORDERO-GUZMAN (2005), KOLB (2009), DAVIES und FAGAN (2012), RESTIFO, ROSCIGNO und QIAN (2013), FLORES und LOBO (2013), FONER, RATH, DUYVENDAK und VAN REEKUM (2014). Die bewegte Geschichte der Stadt als Immigrationshafen, die Bedeutung der Immigrant:innen für die Stadt sowie die daraus resultierenden gesellschaftlichen Prozesse werden überdies bei GLAZER und MOYNIHAN (1970), BINDER und REIMERS (1995) und FONER (2000, 2001, 2003, 2005, 2006, 2007, 2013, 2014) facettenreich nachgezeichnet.

2 New York City als Setting der Studie

New York City als Ort der Immigration

Das an der Ostküste der USA gelegene New York City ist mit etwa 8,5 Millionen Einwohner:innen[2] (U.S. Census Bureau 2018a) heute die am dichtesten besiedelte Stadt des Landes. Betrachtet man die demographische Zusammensetzung der Stadtbevölkerung, so lässt sich feststellen, dass diese seit jeher von Immigrationsprozessen geprägt ist. Diese gelten sowohl als historisch verankerter wie auch aktueller Ursprung und dynamischer Motor einer kulturellen vielfältigen Gesellschaft (vgl. BINDER und REIMERS 1995: 259; FONER 2014: 29 ff.; RATH et al. 2014: 12). New York City ist „America's quintessential immigrant city. It has long been a major gateway for the nation's new arrivals and is a leading receiving center today. It is fitting that America's two most powerful symbols of immigration – Ellis Island and the Statue of Liberty – stand in New York's harbor" (FONER 2014: 29). Die Stadt ist ein „continuous gateway" (SINGER 2004) für Einwandernde aus aller Welt in die USA. YEE (2012: 9) bestätigt dies, wenn sie feststellt: „Interactions across ethnic and racial lines have been an integral part of the history of New York City since the settlement by the Dutch in Manhattan in the seventeenth century". Bis heute ist die Stadt ein sich im ständigen Wandel befindlicher Ort mit kontinuierlicher Bevölkerungsfluktuation – „population change is the only constant on the city's demographic landscape" (NYC DCP 2013: 179).

Unter historischen Gesichtspunkten lässt sich die bedeutende Rolle der Stadt als Ankunftsort für Immigrierte spätestens ab dem frühen 20. Jahrhundert erkennen und wie folgt charakterisieren: Bereits zur Zeit der niederländischen Kolonialisierung der Region und der Gründung New Amsterdams im 17. Jahrhundert bestand der heute noch prägende multiethnische Charakter der Stadt (BINDER und REIMERS 1995: 259 f.; KOLB 2009: 6 ff.). Für die Zeit ab Mitte des 19. Jahrhunderts bis heute lassen sich drei große Immigrationswellen ausmachen: Mitte des 19. Jahrhunderts kamen zunächst irische und deutsche Immigrant:innen in die Stadt. Ab der Jahrhundertwende folgten hauptsächlich jüdische und italienische Immigrant:innen. Somit immigrierten in zwei aufeinanderfolgenden Epochen jeweils zwei relativ große europäische Bevölkerungsgruppen in die Stadt, welche das Stadtbild und -leben nachhaltig prägen (vgl. GLAZER und MOYNIHAN 1970: 7 ff.; FONER 2000: 9 f.). Die dritte große Immigrationswelle erfolgte nach 1965 und hält seitdem beständig an.

FONER (2007) legt dar, dass sich New York City heute hinsichtlich seiner kulturellen Vielfältigkeit von anderen *Receiving Cities* der USA abhebe. In der Analyse

---

[2] Die Zahlen beziehen sich auf Schätzungen des U.S. Census Bureau, das neben den offiziellen Zensuserhebungen (zuletzt 2010) aktuelle und zukünftig zu erwartende Zahlen zu unterschiedlichsten Parametern der Bevölkerungsentwicklung publiziert (vgl. u. a. U.S. Census Bureau 2011, 2018a).

der Zusammenhänge zwischen (Im)migration, Diversität und politisch-kultureller Kontexte zeigt sie auf, dass die Rolle von New York City als *Immigrant City* im US-amerikanischen Vergleich außergewöhnlich sei: „The composition, and extraordinary diversity, of immigrant streams to New York City have created a racial and ethnic order that is unlike (…) Los Angeles, Miami, or Houston" (FONER 2007: 1071). In ihrer Argumentation betont FONER dabei einige Aspekte, anhand derer sich die postulierten Besonderheiten New Yorks im Immigrations- und Diversitätskontext erklären lassen. Hierzu zählt sie den historischen Kontext der Stadt als Ort der Immigration, eine besonders große Dynamik und Heterogenität der Stadtbevölkerung sowie rahmende, ortsspezifische Kontextbedingungen auf z. B. politischer Ebene.

Hinter dem dritten Aspekt steht die Feststellung, dass die Stadt über eine Vielzahl ortsspezifischer Bedingungen verfügt, die Immigrierenden einen für die USA außergewöhnlichen Kontext bieten und die der Stadt somit eine besondere Qualität als Immigrationsziel geben. Hierzu gehören Maßnahmen im Sozialbereich, der Gesundheitsvorsorge, im Bildungssektor sowie die Anwesenheit zahlreicher Nichtregierungsorganisationen. Als besondere Qualität kann hier auch die Etablierung einer spezifischen politischen Kultur herausgestellt werden, welche stets offen für Einwandernde war und durch eine weltoffene, ethnische Politik geprägt ist (FONER 2007: 1003; vgl. GLAZER und MOYNIHAN 1970; MARWELL 2004). Auch der Status von NYC als *Sanctuary City* und die damit verknüpfte Einführung eines kommunalen Personalausweises (IDNYC) kann zu diesen Bedingungen hinzugezählt werden. Unabhängig vom ausländerrechtlichen Status gilt jede/r Inhaber:in dieses Passes als Stadtbürger:in von New York und kann gleichberechtigt kommunale Angebote in Anspruch nehmen (SCHUSTER 2018: 776 f.; LEBUHN 2016). Solche politischen Kontexte tragen, verbunden mit dem multiethnischen historischen Erbe der Stadt, zu einem herausragenden, offiziellen Bekenntnis der Stadt zu kulturellem Pluralismus bzw. kultureller Diversität bei (FONER 2007: 1004). Aus der Kombination dieser drei Gesichtspunkte würden sich seit jeher spezielle Qualitäten von alltäglichen Beziehungen und Interaktionen zwischen Gruppen oder Individuen ergeben (FONER 2007: 1001 ff.; FONER 2014: 39 ff.).

Ein wesentlicher Unterschied zwischen der historischen und der aktuellen gesellschaftlichen Vielfalt der Stadt New York ist es, dass die Zusammensetzung der Bevölkerung heute um ein Vielfaches heterogener ist: „New York City's immigrant population today is extraordinarily diverse" (RATH et al. 2014: 11). Noch bis in die 1970er-Jahre kamen mehr als zwei Drittel der Einwanderer:innen aus Europa. Es zeigte sich damals eine deutliche Dominanz der (besonders aus Osteuropa stammenden) jüdischen sowie italienischen Eingewanderten. Daneben lebten jedoch bereits zahlreiche weitere ethnische Gruppen in der Stadt, die hauptsächlich aus Deutschland, Skandinavien, Polen, Großbritannien, einigen osteuropäischen Staaten und Syrien kamen (vgl. FONER 2017: 51; RATH et al. 2014: 11 f.). Eine diversere Zusammensetzung der Einwohner:innengruppen hinsichtlich nationaler und ethnischer Gesichtspunkte kann insbesondere seit den späten 1960er-Jahren ausgemacht werden (vgl. Abbildung 2.1). Heute machen die drei größten Immigrationsgruppen New York Citys weniger als ein Drittel aller Immigrant:innen in der Stadt aus und nur noch 17 % stammen aus Europa (FONER 2017: 52 f.). Die Gründe hierfür sind mannigfaltig. Der Wandel lässt sich jedoch insbesondere auf historische Veränderungen im US-amerikanischen Immigrationsrecht zurückführen. So ist der erkennbare Einbruch der im Ausland geborenen Bevölkerung bis in die 1960er-Jahre u. a. mit der Quotierung der Einwanderungszahlen zu erklären. Beispielsweise wurde Immigrierenden aus asiatischen Ländern mit dem im Jahr 1924 beschlossenen *Immigration Act* (*Johnson-Reed Act*) gänzlich die Einreise verweigert (POWELL 2005: 166). Der Anstieg ab den 1970er-Jahren wiederum lässt sich auf den 1965 beschlossenen *Immigration and Nationality Act* zurückführen. Dieser ermöglichte im politisch-gesellschaftlichen Kontext der *Civil Rights*-Bewegung eine Öffnung für ein breiteres Spektrum an Immigrierenden, ungeachtet ihrer nationalen oder ethnischen Herkunft. Durch Gesetzesveränderungen wurden hierbei Quotenregelungen ausgesetzt, über welche die nationalen Herkunftsländer der Immigrant:innen zuvor geregelt wurden (FONER 2006: 2). Waren zuvor Immigrierende aus Nord- und Westeuropa bevorzugt und andere Gruppen, wie z. B. Menschen aus asiatischen Ländern, diskriminiert worden, öffneten sich durch die Änderungen Möglichkeiten für Immigrant:innen aus aller Welt. Seither kommen die meisten in New York City lebenden Einwander:innen nicht mehr aus europäischen Ländern, sondern vielmehr aus Ländern Lateinamerikas, der Karibik sowie asiatischen Ländern (FONER 2017: 53). So erhielt die Einwanderungsdynamik in die USA durch die 1965 verabschiedeten *Immigration Amendments* eine neue Qualität, von der insbesondere New York City betroffen war (NYC DCP 2013: 9; vgl. ORCHOWSKI 2015; PARKER 2015).

In den letzten vier Jahrzehnten hat sich die Einwanderungsdynamik nach New York City stark verändert, auch unter Einfluss der Globalisierung und damit verbundener neuer Mobilitätsdynamiken. Die Zusammensetzung der Bevölkerung hat sich entsprechend vergrößert und dynamisiert. Im Überblick zeigt sich, dass während des gesamten 20. Jahrhunderts stets mehr als ein Fünftel der Stadtbevölkerung im Ausland geboren sind. Doch nicht nur die Personen, die heute selbst in die

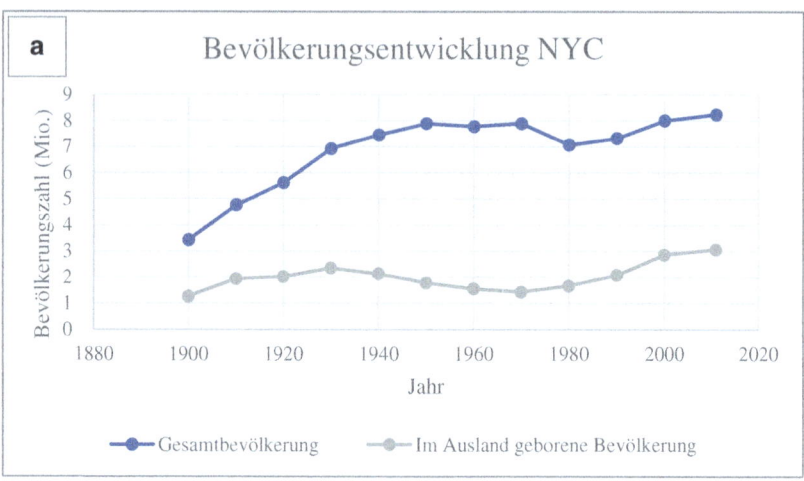

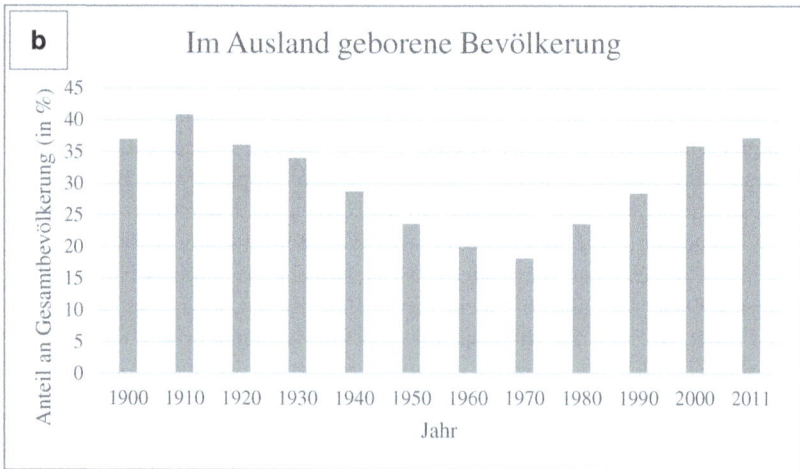

Abbildung 2.1 a) Bevölkerungsentwicklung von New York City, differenziert nach Gesamtbevölkerung und im Ausland geborener Bevölkerung und b) prozentualer Anteil der im Ausland geborenen Bevölkerung 1900–2010. (Entwurf: Sommerlad 2019, verändert und ergänzt nach FONER 2014: 32 und NYC DCP 2013: 10)

2 New York City als Setting der Studie

Stadt immigrieren und nicht in den USA geboren sind, tragen zu dieser Vielfalt[3] bei. Die überwiegende Mehrheit der New Yorker:innen hat heute eine enge Verbindung mit Immigrationsbewegungen. „If they are not immigrants themselves, they have a parent, grandparent, or great-grandparent who is" (FONER 2014: 33 f.). New York City befindet sich dabei im ständigen und dynamischen Einfluss von Immigrationsbewegungen.

„Today's immigrants (…) are remaking New York (…) [and] they bring their own cultures and customs to the city (…). Today's New York City is a remarkable amalgam and mix of cultures that bear the stamp of the Irish, Italians, and Jews of earlier eras as well as immigrants from a welter of Asian, Latin American, and Caribbean countries today" (FONER 2014: 46 f.).

Durch diese Einflüsse etablierte(e) sich in New York City eine außergewöhnlich diverse kulturelle Vielfalt, die sich auf zahlreichen lebensweltlichen Ebenen niederschlägt. Ein Beispiel hierfür sind die lebensweltlich erfahrbaren Mikroeinheiten der ethnischen Nachbarschaften.

New York City als Stadt ethnischer Nachbarschaften
Ethnische Nachbarschaften in New York City werden oftmals als ein Spiegel für die lange Immigrationsgeschichte der Stadt sowie die Heterogenität der Bevölkerung herangezogen:

„In the boroughs of New York City, young people in the first and second generation mix and mingle with each other as well as native minorities (less often with native whites) in a range of contexts (…). It is in these interactions in multi-ethnic neighborhoods, workplaces, and colleges that new popular cultural forms are born – and that members of the second generation come to see themselves as ‚New Yorkers', rather than American" (FONER 2007: 1015).

---

[3] Kritisch ist in diesem Kontext zu betrachten, dass in solch statistischen Angaben nur Personen als Immigrant:in gezählt werden, die außerhalb der USA geboren sind. Somit werden Personen, die z. B. in Puerto Rico geboren sind, nicht hinzugezählt – auch wenn sie im alltäglichen Leben oftmals als Immigrant:in deklariert werden (FONER 2014: 34). Hinzu kommen Personen, die ihre ethnische bzw. kulturelle Identität evtl. über eine andere als den Einwanderungskontext herleiten sowie Menschen, die als illegale Immigrant:innen in der Stadt leben. Auch Nachfahr:innen von Personen, die vor langer Zeit in die USA immigrierten und deren Familien somit bereits seit mehreren Generationen in den USA bzw. New York City leben, tragen hierzu bei. Dazu zählen u. a. bereits eingebürgerte Personen sowie deren Angehörige, die sich in Census-Erhebungen jedoch über die Kategorie der *Ancestry* – also der Herkunft bzw. der Herkunft der Angehörigen als einer ethnischen Gruppe zugehörig definieren, auch wenn sie dort nicht als *foreign born immigrants* deklariert sind.

Offiziell gliedert sich die Stadt New York City in die fünf Stadtbezirke (*Boroughs*) Manhattan, Brooklyn, Bronx, Queens und Staten Island, die wiederum in 59 *Community Districts* unterteilt sind.[4] Diese Stadtstruktur geht im Wesentlichen auf die Planungen von Gouverneur Thomas Dongan zurück, der im Jahre 1686 die Stadt (damals *Lower Manhattan*) in Bezirke einteilte. Einsetzende Siedlungsprozesse führten dazu, dass in diesen Bezirken nach und nach kleinere Nachbarschaften entstanden. Im 17. und frühen 18. Jahrhundert bildeten sich zunächst ethnische Enklaven aus – dadurch bedingt, dass die Einwohner:innen ethnischer Minderheiten sich meist in einem Siedlungsgebiet konzentrierten und dort auch ihren gesamten Lebensmittelpunkt etablierten. Im frühen 19. Jahrhundert verschwanden diese initialen ethnischen Nachbarschaften und wichen neuen nachbarschaftlichen Strukturen, die sich rund um industrielle Betriebe entwickelten. Kurz vor den Bürgerkriegsjahren 1861–1865 und in deren Kontext kam es zu einer neuen Bevölkerungsdynamik, durch welche wirtschaftliche und ethnische Segregationsprozesse forciert wurden (SCHERZER 2010: 88 f.). Diese Segregationsprozesse sind vor allem dem Bau großer Mietskasernen-Blöcke (*tenement neighborhoods*) zuzuschreiben. Die Nachbarschaften entwickelten sich folglich rasch zu gut strukturierten Einheiten mit ethnischen Saloons und Clubs, Kirchen und einer Infrastruktur für das alltägliche Leben.

Als offizielle Einheiten bestehen diese *Districts* wiederum aus zahlreichen Nachbarschaften (*Neighborhoods*), deren Entstehung und Benennung stets im historischen Kontext zu betrachten sind. Schätzungsweise bestehen heute mehr als 400 solcher Nachbarschaften, deren Grenzen einem dynamischen Wandel unterliegen. Folglich muss eine Kartierung dieser statistischen Einheiten immer als zeitlich begrenzte Momentaufnahme gewertet werden (vgl. SCHERZER 2010: 886; HOMBERGER 2005; NYC DCP 2018). Die Nachbarschaften stehen unter dem dynamischen Einfluss von Migrationsprozessen und werden auch als ethnische Viertel charakterisiert, da sich in ihnen eine statistisch nachvollziehbare Konzentration von Nachkomm:innen bestimmter Einwanderungsgruppen abbildet. „New York (…) is a product of immigration, and every successive wave of immigrants since the mid-nineteenth century has left its mark in its neighborhoods" (LOGAN, ZHANG und ALBA 2002: 302). Die Viertel sind teilweise als historische Persistenz zu bezeichnen, da sie bereits Anfang des 20. Jahrhunderts existierten. Sie waren als Auffang- und Sammelbecken für neuankommende Immigrant:innen organisiert und entwickelten sich im Laufe der Zeit zu mehr oder weniger stabilen und räumlich abgrenzbaren,

---

[4] Einen differenzierten Überblick über die Entstehung und Entwicklung der Nachbarschaften findet sich bei SCHERZER (2010: 886 f.), ROTHSCHILD (1990) und HOMBERGER (2005).

ethnischen Nachbarschaften[5], die oftmals mit spezifischen Namen bezeichnet wurden (z. B. Little Italy, Chinatown, Little Germany). Allerdings handelt es sich bei diesen Nachbarschaften nicht um fest definierte, offizielle Verwaltungseinheiten. Viele der historischen ethnischen Viertel sind heute verschwunden. Einige hingegen haben überdauert, wie beispielsweise das italienisch geprägte Bensonhurst in Brooklyn, Chinatown in Manhattan oder das charedisch geprägte Williamsburg in Brooklyn, die bereits im frühen 20. Jahrhundert existierten. Hinzu kommen eine Vielzahl jüngerer ethnischer Nachbarschaften wie Little Beirut in Brooklyn, Little Ireland in der Bronx oder Little India in Queens – um nur wenige Beispiele zu nennen. Daneben existieren zahlreiche polyethnische Nachbarschaften. In diesen ist nicht nur hauptsächlich eine ethnische Gruppe, sondern sind auch Eingewanderte und deren Nachfahr:innen unterschiedlichster Nationalitäten bzw. ethnischer Herkunft zu finden. Beispiele sind Elmhurst, Woodside und Sunnyside in Queens (vgl. LOGAN, ZHANG und ALBA 2002: 302; FERTITTA 2009; CLAYMAN und LEE 2010; KOLB 2009: 85, 144 f.).

Indizien kultureller Vielfalt – Möglichkeiten und Grenzen
Wie bereits angesprochen, werden die alltagsweltlich erfahrbaren ethnischen Nachbarschaften New York Citys in der Fachliteratur oftmals als scheinbaren Beleg für die Diversität der Stadt herangezogen. Häufig wird in der Literatur der Versuch unternommen, die Viertel auf einer Karte abzubilden, um das Motiv des *ethnisch-kulturellen Mosaiks* zu visualisieren. Allerdings muss kritisch angemerkt werden, dass sich diese Viertel der Stadt nicht fest umrissen kartieren und abbilden lassen. Sie sind als dynamische Gebilde zwar im lebensweltlichen Kontext erfahrbar, aufgrund

---

[5] In ihrem Aufsatz zu immigrantischen Enklaven und ethnischen Communities in New York und Los Angeles weisen LOGAN, ZHANG und ALBA (2002) darauf hin, dass ethnische Stadtviertel hinsichtlich ihrer Funktion weiter untergliedert werden können in *immigrantische Enklaven* und *ethnische Communities*. In US-amerikanischen Städten finden sich auch heutzutage noch immigrantische Enklaven, welche „relatively impoverished new arrivals as a potential base for eventual spatial assimilation with the white majority" (LOGAN, ZHANG und ALBA 2002: 299) dienen. Diese Annahme basiert auf dem Ansatz der *spatial assimilation* (MASSEY 1985): „In the beginning, people's limited market resources and ethnically bound cultural and social capital are mutually reinforcing, they work in tandem to sustain ethnic neighborhoods" (LOGAN, ZHANG und ALBA 2002: 299). Demgegenüber sind ethnische Communities zu verstehen als „ethnic neighborhoods that are selected as living environments by those who have wider options based on their market ressources" (LOGAN, ZHANG und ALBA 2002: 300). In diesem Verständnis unterscheiden sich immigrantische Enklaven und ethnische Communities hinsichtlich der zugrundeliegenden sozialen Prozesse. Während erstere auf ökonomischen Notwendigkeiten basieren, liegen der Entstehung ethnischer Communities mehr allgemeine Präferenzen zugrunde oder gar die Bestrebung, Nachbarschaften zu kreieren, die eine gefestigte ethnische Identität ausstrahlen (LOGAN, ZHANG und ALBA 2002: 300).

ihrer diffusen Strukturen und ihres inoffiziellen Charakters jedoch nicht als konkret verortbare städtische Struktureinheiten festgeschrieben. Um New York City als *ethnisch-kulturelles Mosaik* zu visualisieren, wird meist auf unterschiedliche demographische Indizien zurückgegriffen, beispielsweise Angaben der Bevölkerung zu den bereits erläuterten Kategorien Race, Ethnicity, Herkunft (*Ancestry*) oder Geburtsort, Nationalität oder der zu Hause gesprochenen Sprache. Als Datengrundlage werden vom Census Bureau bereitgestellte, aktuelle Zensusdaten sowie aktuelle Schätzungen und Hochrechnungen der relevanten Messwerte herangezogen. Diese können als Datensets für kleinräumige Einheiten der Stadt (*Census Trakt* = 4000 Einwohner:innen) abgerufen werden.

Ein häufig herangezogener Indikator ist hierbei das Herkunftsland von in der Stadt lebenden Einwanderer:innen. Betrachtet man deren Verteilung hinsichtlich dieses Aspekts, so zeigt sich eine mosaikartige Verteilung der Herkunftsgruppen im Stadtgebiet. Je nachdem, welche Auswahl an Herkunftsländern man trifft, variiert diese stark (vgl. Abbildung 2.2). Ein ähnliches Bild zeigt sich auch bei der Verteilung der Einwohner:innen hinsichtlich der Selbstzuschreibung zu den Kategorien *Race* und Ethnicity, über das ein weiteres Beispiel für ein ethnisch-kulturelles Mosaik der Stadt generiert werden kann (vgl. Abbildung 2.3). Wiederum weitere würden sich ergeben, wenn man die statistischen Daten zu Variablen wie Sprache, Religion, Einkommen etc. sowie deren unterschiedlichen Ausprägungen und Kombinationsmöglichkeiten heranziehen würde (vgl. NYC DCP 2013).

Zwar belegen die hier lediglich schlaglichtartig herangezogenen statistischen Daten eine Heterogenität der New Yorker Bevölkerung hinsichtlich einiger Kategorien kultureller Vielfalt. Kritisch betrachtet werden muss jedoch die Tatsache, dass je nach visualisiertem Messwert nur ein bestimmter Aspekt dieser Vielfalt beispielhaft visualisiert werden kann. So lassen sich über die auf statistischen Daten basierenden Visualisierungen nur einzelne statistische Marker hervorheben, über welche die Komplexität kultureller Vielfalt nicht zufriedenstellend erläutert werden kann. Es handelt sich stets um eine Reduktion auf wenige messbare, plakative und geschlossene Kategorien, denen die Einwohner:innen zugeordnet werden bzw. sich selbst zuordnen. Für eine Perspektive auf Interkulturalität und kulturelle Vielfalt ist diese reduzierte und reduzierende Sichtweise nicht ausreichend. Das alltägliche Zusammenleben von Menschen unterschiedlicher kultureller Herkunft kann über statistische Daten nicht erklärt werden. Auch die Frage danach, welche Variablen im alltäglichen Miteinander tatsächlich eine Rolle für kulturelle Differenzierungsprozesse spielen, bleibt offen.

Um sich der kulturellen Vielfalt New York Citys über den für die vorliegende Arbeit zentralen Aspekt des alltäglichen Miteinanders von kulturell verschiedenen Charakteren anzunähern, muss ein Perspektivwechsel erfolgen. Die Frage lautet

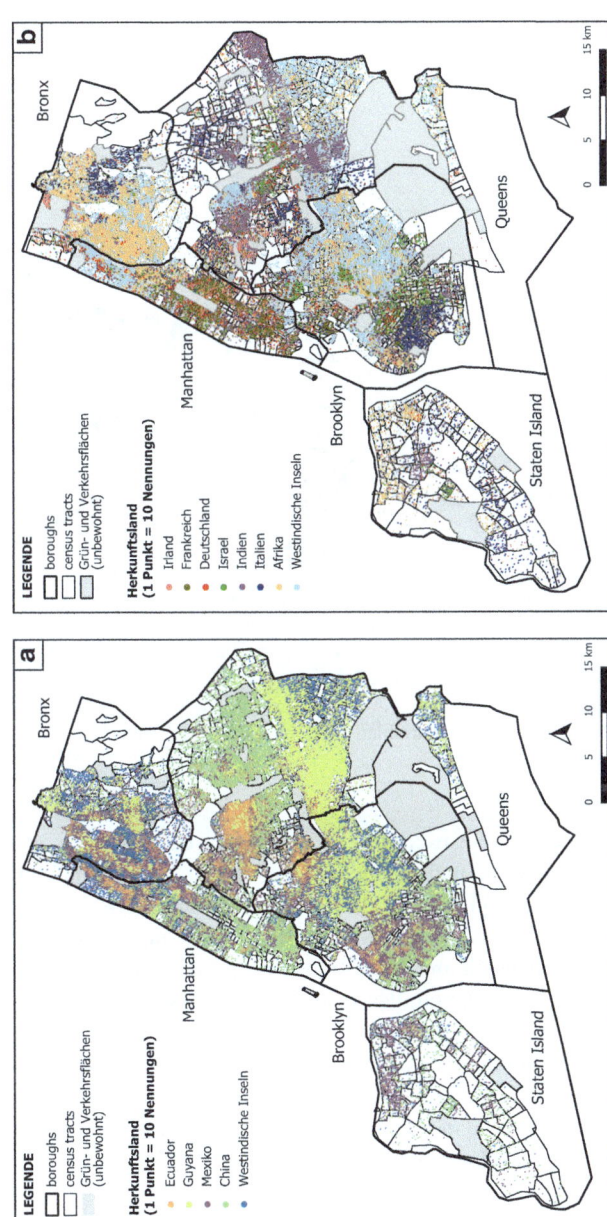

Abbildung 2.2 Exemplarische Visualisierung von Vielfalt in NYC am Beispiel der Variable des Herkunftslandes. a: die fünf häufigsten Herkunftsländer im Jahr 2014 – b: sechs herausgegriffene Herkunftsländer, die auch in den ausgewählten Filmbeispielen thematisiert werden. (Entwurf: Sommerlad und Finkler 2019, Datengrundlage: U.S. Census Bureau 2010–2014 (2021), Karte erstellt mit QGIS V 2.14)

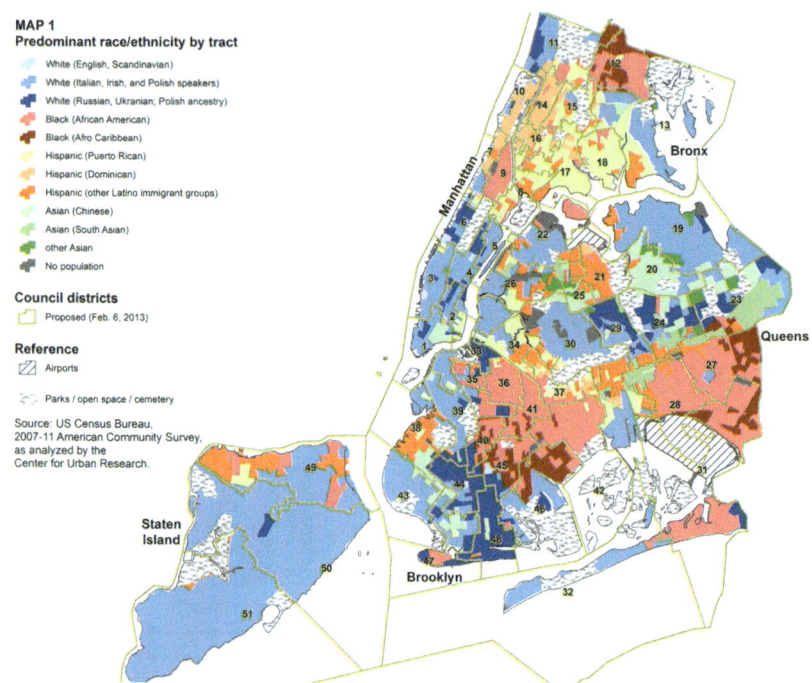

Abbildung 2.3 Verteilung der Zensusvariablen *Race* und Ethnicity nach *Census Tract*. (Center for Urban Research 2013)

dann nicht, ob Vielfalt formal-statistisch besteht. Vielmehr ist das *Wie* von Interesse bzw. die Frage danach, inwiefern und in welchen Qualitäten sich kulturelle Vielfalt im alltäglichen Miteinander zeigt und gestaltet. Hierzu muss die Ebene der statistischen Daten verlassen werden. Wenn kulturelle Vielfalt, wie postuliert, im sozialen Miteinander interaktiv verhandelt und konstruiert wird, dann muss vielmehr auch die Ebene der alltäglichen, interkulturellen Interaktionsprozesse der Personen im Fokus stehen.

Der alltagsweltlich omnipräsent postulierte Aspekt einer (ethnisch-)kulturellen Vielfalt der USA wird in medialen Darstellungen aufgegriffen und ständig neu konstruiert: „Mass culture ratified the conception of the United States as a nation of immigrants many times over" (JACOBSON 2006: 72 ff.).

2 New York City als Setting der Studie

Die vielschichtige Historie und Gegenwart New York Citys, seine facettenreichen Nachbarschaften, deren Bewohner:innenschaft sowie die existierende gesellschaftliche Vielfalt wurde und wird in zahlreichen Spielfilmen thematisiert. Im Dialog mit photographischen Archiven hat das US-amerikanische Kino eine visuelle Ikonographie der Immigration nach Amerika geschaffen, die stetig neu belebt und fortgeschrieben wird (JACOBSON 2006: 77 ff.). FONER (2007) untermauert, dass gerade das medial inszenierte New York City prädestiniert dafür sei, die Konstruktion und Aushandlung ethnisch-kultureller Vielfalt zu untersuchen – bezeichnet sie die Stadt als äußerst wichtigen Kanal, über den zahlreiche Werte wie „ethnoracial hierarchies, categories, and attitudes (…), distinctive racial and ethnic characteristics" (FONER 2007: 1018) auf mediale Weise verbreitet würden. Vor dem Hintergrund dieser Anmerkungen, welche das Vorhaben einer kritischen wissenschaftlichen Analyse solch medial kommunizierter Inhalte bestärken, wird nachfolgend hinterfragt, wie Spielfilme das Bild eines kulturell vielfältigen New York Citys inszenieren und hervorbringen.

Theoretische Rahmung 3

Der theoretische Rahmen der vorliegenden Studie setzt sich aus drei Bausteinen zusammen. Diese werden zu einer theoretischen Folie integriert, durch welche die Analyse interkultureller Räume im Spielfilm vorgenommen wird (vgl. Abbildung 3.1). Das theoretische Fundament für die vorliegende Arbeit bildet der Forschungsansatz der *Interaktionsgeographie*, welcher sich der theoretischen Modellierung und Analyse von räumlichen Begegnungssituationen widmet. Unter dem Schlagwort der *Geographien der Begegnung* (engl. *Geographies of Encounter*) plädiert dieser Ansatz u. a. dafür, Städte als räumliche Kontexte kultureller Vielfalt zu betrachten. Der Forschungsansatz und zentrale Schlüsselbegriffe werden in Abschnitt 3.1 eingeführt. Daran anschließend (Abschnitt 3.2) werden einige theoretische Basisbegriffe und Forschungsdimensionen eingeführt, die von grundlegender Bedeutung für die theoretische Folie der Arbeit sind: Kultur, Interkulturalität und kulturelle Vielfalt. Um Fragen von kultureller Vielfalt analysieren zu können, muss stets auch der gesellschaftliche Kontext Berücksichtigung finden, in dessen Rahmen diese lokalisiert und betrachtet werden. Aus diesem Grund werden hier zudem Dimensionen kultureller Vielfalt im US-amerikanischen Kontext besprochen. Hierin wird zunächst reflektiert, inwiefern die US-amerikanische Gesellschaft in akademischen und politischen Diskursen als eine kulturell vielfältige Gesellschaft betrachtet werden kann. Anschließend werden unterschiedliche kulturelle Variablen erörtert, die hierfür von Relevanz sind. Zudem wird der Begriff der kulturellen Differenz(ierung) eingeführt. Im Anschluss (Abschnitt 3.3) werden die theoretischen Überlegungen integriert und mit dem *Interkulturellen Raum* ein eigenes Konzept zur Analyse interkultureller

Begegnungen vorgeschlagen. Dabei werden interkulturelle Begegnungssituationen als Momente des kulturellen *Dazwischen* interpretiert, in deren Rahmen kulturelle Vielfalt in interaktiven Differenzierungsprozessen als wechselseitiges, räumliches Phänomen konstruiert wird. Abschließend werden die theoretischen Bausteine zu einer theoretischen Analysefolie zusammengesetzt und in eine filmgeographische Perspektive überführt (Abschnitt 3.4). Das Ergebnis ist ein theoretisch-konzeptionelles Raster zur Auseinandersetzung mit interkulturellen Räumen im Spielfilm.

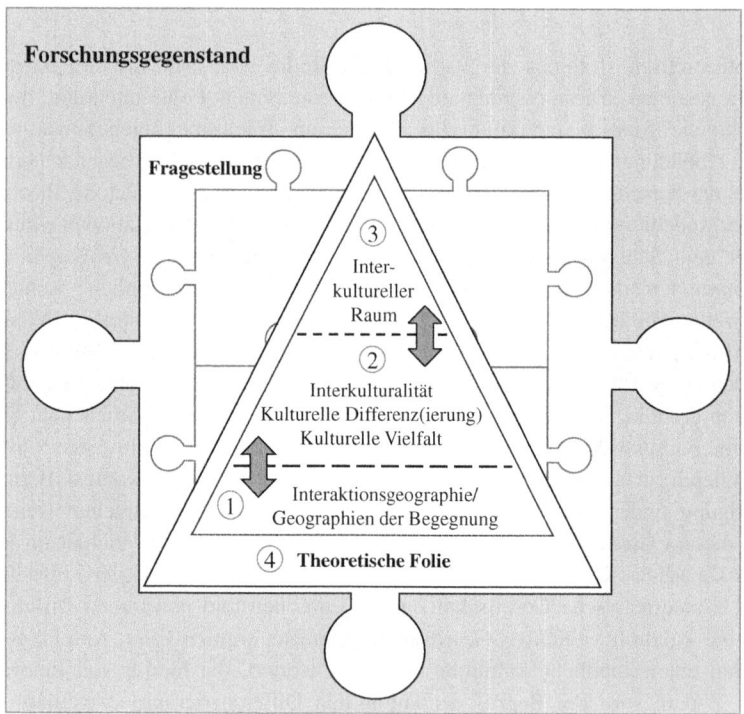

Abbildung 3.1 Theoretische Bausteine der Arbeit. (Entwurf: Sommerlad 2021)

3.1 Geographien der Begegnung: Interkulturalität und Vielfalt in interaktionsgeographischer Perspektive

Im Mittelpunkt der theoretischen Überlegungen steht die Frage danach, wie sich den Phänomenen Interkulturalität und kulturelle Vielfalt im Kontext einer kontemporären Großstadt in geographischer Perspektive angenähert werden kann. Dabei wird der Idee aktueller (stadt-)geographischer Forschungsansätze gefolgt, anstatt auf der Makroebene städtischer Kontexte einen Fokus auf die Mikroebene situativer Begegnungen und räumlicher Interaktionen zwischen städtischen Akteur:innen zu legen. Dabei gilt es zu hinterfragen, wie kulturelle Vielfalt als räumliches, wechselseitig interaktiv verhandeltes Konstrukt hervorgebracht wird. Diese Sichtweise wird in der Geographie vor allem durch die Interaktionsgeographie bzw. den Ansatz der *Geographien der Begegnung* vertreten, der sich gezielt mit Interaktionen zwischen Personen in städtischen Räumen befasst und der Frage nachgeht, wie in diesen Kontexten kulturelle Vielfalt als städtisches Merkmal konstruiert wird (DIRKSMEIER, MACKRODT und HELBRECHT 2011: 84). Dieser Forschungsansatz wird hier als loser theoretischer Rahmen herangezogen. Nachfolgend werden die *Grundzüge der Forschungsrichtung* umrissen (Abschnitt 3.1.1), dargelegt, was unter *Orten der Begegnung* verstanden werden soll (Abschnitt 3.1.2) sowie einige zentrale *Schlüsselbegriffe* eingeführt (Abschnitt 3.1.3).

3.1.1 Ausgewählte Grundzüge der Forschungsrichtung

Die Forschungsrichtung der Geographien der Begegnung hat sich seit den 2000er-Jahren vornehmlich in der britischen Stadt- und Kulturgeographie unter dem Schlagwort der *Geographies of Encounter* etabliert. Seit geraumer Zeit findet sie auch in der deutschsprachigen Humangeographie Beachtung, wo sie teils auch als *Interaktionsgeographie* bezeichnet wird.[1] Der Ansatz ist einzuordnen in das zunehmende Bestreben sozialwissenschaftlicher Untersuchungen im Allgemeinen und humangeographischer Forschungen im Speziellen, einen expliziten Analysefokus auf den Gegenstand zwischenmenschlicher Begegnungen und Interaktionen zu legen (vgl. WILSON und DARLING 2016: 1). Studien, die in diesem Feld angesiedelt sind, fragen unter anderem nach der Aushandlung kultureller Vielfalt in

---

[1] Im Folgenden werden die Termini *Geographien der Begegnung* und *Interaktionsgeographie* synonym verwendet. Im Verständnis der vorliegenden Arbeit stehen Begegnungen und Interaktionen in einem stetigen Spannungsverhältnis und können nicht separat gedacht werden.

urbanen Kontexten, nehmen diesbezüglich Begegnungen zwischen Personen in den Blick und setzten sich explizit mit den raumgenerierenden Dimensionen dieser zwischenmenschlichen Begegnungen und Interaktionen auseinander (vgl. DIRKSMEIER, MACKRODT und HELBRECHT 2011; WILSON 2017: 451 ff.). Damit einher geht, wie bereits angedeutet wurde, eine Verschiebung des Fokus von der Makroebene einer ganzen Stadt auf die Mikroebene zwischenmenschlicher Interaktionsprozesse. Anstatt auf der Ebene gesamtgesellschaftlicher Phänomene wird der Fokus folglich auf das Individuum im städtischen Kontext gelegt, welches zugleich als zentrale Ressource kultureller Vielfalt betrachtet wird (DIRKSMEIER, HELBRECHT und MACKRODT 2014: 391).

Bei der Untersuchung kultureller Vielfalt rücken somit zunehmend die lokalen oder lokalisierbaren städtischen Kontexte in den Forschungsfokus, „where people of different origins, cultural customs and migrant histories live cheek by jowl" (GEORGIOU 2008: 223) sowie die in urbanen Begegnungen zwischen einzelnen Akteur:innen alltäglich ausgehandelten Geographien. Städte werden dabei nicht länger als Container betrachtet, in denen sich Begegnungen zwischen kulturell differenten Menschen vollziehen, sondern als räumliche Konstrukte, die erst durch Begegnungen und Interaktionen hervorgebracht und in deren Konstruktionsprozesse kulturelle Vielfalt erst erzeugt oder sichtbar wird: „[U]rban space is the product of a multiplicity of encounters and thus always under construction" (WILSON 2017: 453).

Städte lassen sich somit als Verdichtungen von Interaktionen interpretieren, wobei sich die Forschungsrichtung der Interaktionsgeographie besonders für Begegnungen und Interaktionen von Personen mit differenten kulturellen Ressourcen interessiert, die u. a. auf einem unterschiedlichen Herkunftskontext beruhen. Es wird davon ausgegangen, dass urbanes Leben immer auch ein Leben mit Differenz bedeutet (DIRKSMEIER und HELBRECHT 2010: 43; STICHWEH 2000: 202). Eine Stadt wird in dieser Perspektive als ein sich ständig im Wandel befindliches Produkt multipler Begegnungen zwischen Personen betrachtet, welche kulturelle Vielfalt als städtische Qualität und räumliches Konstrukt erzeugen, katalysieren und modifizieren (DIRKSMEIER, HELBRECHT und MACKRODT 2014: 301; vgl. AMIN und THRIFT 2002; ISIN 2002). Eine wissenschaftliche Auseinandersetzung mit Begegnungen ist dabei verwurzelt in der sozialwissenschaftlichen Perspektive, Städte zu betrachten als „site of ‚throwntogetherness'[2] (MASSEY 2005), where different, previously unrelated trajectories, objects and people come

---

[2] Das Konzept der *throwntogetherness* (MASSEY 2005) wird im Allgemeinen dazu genutzt, um zu beschreiben, wie space und place in städtischen Kontexten durch das Zusammenkommen verschiedener, bisher unzusammenhängender Dinge entstehen.

3.1 Geographien der Begegnung ...

together" (WILSON und DARLING 2016[3]: 2 f.). Im Mittelpunkt entsprechender Forschungen stehen differenzierte Analysen „der Mikrologik des städtischen Alltags unter der Bedingung zunehmender soziokultureller Diversität" (WIESEMANN 2015: 6), wobei alltägliche Begegnungen und Kontakterfahrungen von als kulturell different markierten Personen in urbanen Räumen im Forschungsfokus stehen und als raumgenerierende Praktiken interpretiert werden.

Studien zu Geographien der Begegnung nähern sich der Thematik auf sehr unterschiedliche Art und Weise an. Aufgrund der Vielfältigkeit der Ansätze ist es an dieser Stelle nicht möglich, einen vollständigen Überblick über das höchst dynamische Forschungsfeld zu geben. Für die vorliegende Arbeit sind insbesondere solche Studien interessant, die mit einem Fokus auf unterschiedliche Teilräume städtischer Kontexte untersuchen, wie Menschen im Rahmen alltäglicher Begegnungen kulturelle Unterschiede aushandeln. Ein Referenzrahmen für diesen Ansatz kann nach VALENTINE (2008: 323 ff.) in geographischen Arbeiten zu Themen wie Kosmopolitismus, neuen Formen eines *urban citizenship* sowie Studien zu *hospitality* gesehen werden.[4] In ihrem Sammelband zum Thema *Urban Encounters* versammeln DARLING und WILSON (2016) zahlreiche interaktionsgeographische Fallstudien, die sich sowohl theoretisch als auch analytisch mit Begegnungen in städtischen Kontexten befassen. Die Herausgeber:innen verdeutlichen, dass sich die Forschungsrichtung mittlerweile interdisziplinär etabliert und diversifiziert hat und zeigen diesbezüglich verschiedene Interessengebiete[5] auf,

---

[3] Vgl. die Ausführungen von WILSON und DARLING (2016) für einen ausführlichen Überblick zur Kontextualisierung der Forschungsrichtung *Geographies of Encounter*.

[4] VALENTINE (2008) verweist in diesem Zusammenhang auf die Publikationen von AMIN 2002, YEOH 2004, BARNETT 2005, IVERSON 2006, 2007, CHATTERTON 2006 und BELL 2007, die hier nicht weiter ausführlich erläutert werden.

[5] Konkret gehen die Autor:innen hierbei auf vier Aspekte ein: (1) Zunächst betrachten einige Autor:innen die in Städten herrschende Alterität bzw. „unassimilated otherness" (WILSON und DARLING 2016: 3), wobei Städte als Orte betrachtet werden, an denen sich Fremde miteinander vermischen, ohne idealisierten Vorstellungen von *Community* oder *Homogenität* nachzuhängen. In solchen Ansätzen (vgl. FORTIERT 2010) stehen oftmals stadtpolitische Phänomene als rahmende Einheiten im Fokus der Betrachtung. Darüber hinaus werden (2) die Rolle von Architektur und Design betrachtet, die dieses „inter-mingling of strangers" (WILSON und DARLING 2016: 4) unterstützen (vgl. FINCHER 2003; TONKISS 2013; WOOD und LANDRY 2008). Ein weiterer Ansatz fragt (3) danach, ob und wie Begegnungen den Dialog zwischen Fremden forcieren und inwiefern dabei gegenseitiges Vertrauen und Respekt geschaffen werden können. Diese Ansätze bauen im Kern auf den Basisannahmen des Konzepts der *Kontakthypothese* (ALLPORT 1954) auf und fragen nach dem Potenzial alltäglicher Begegnungen an öffentlichen Orten (vgl. VALENTINE 2008; WATSON 2006). Daneben beschäftigen sich Studien (4) mit Fragen nach mit *dem Unbekannten* verbundenen Ängsten und Sorgen (WILSON und DARLING 2016: 4). Beispielsweise legen Publikationen dazu einen Fokus auf

in deren Rahmen sich empirische Studien mit der Rolle urbaner Begegnungen auseinandersetzen, die „fundamentally about difference" (WILSON und DARLING 2016: 9) sind. Im Fokus stehen Situationen, in denen Differenzen zwischen den Interaktionspartner:innen wahrnehmbar werden und prozesshaft verhandelt werden:

> „Whilst, historically, encounters have been understood as the coming together of opposing forces, which can be seen in the spatial concepts and binary logics that are deployed in descriptions of encounter, a focus on the doing of encounter reveals an interest in the momentary enactments and rhythms of difference that undermine and contradict essentialist thought" (WILSON 2017: 464).

Die eingeführte Perspektive betrachtet Städte im Allgemeinen und quasi-öffentliche Bereiche einer Stadt im Besonderen als Orte, an denen Menschen mit unterschiedlichen sozialen und kulturellen Hintergründen zusammenkommen, interagieren und dabei erfahren, was es bedeutet, mit etwaigen Differenzen umzugehen und zu leben (SCHUERMANS 2013: 680; DIRKSMEIER, HELBRECHT und MACKRODT 2014: 299; vgl. AMIN 2002; SANDERCOCK 2003, 2006; BINNIE et al. 2006c). Des Weiteren wird davon ausgegangen, dass alltägliche Begegnungen zwischen einander unbekannten Individuen in städtischen Räumen den einzelnen Akteur:innen „die kulturellen Differenzen der Weltgesellschaft vor Augen [führen] (…) [wobei] [s]oziale Stratifizierung oder Gruppenzugehörigkeit (…) hierbei (…) als ein in der Situation der Begegnung erst ausgehandeltes Gut in Erscheinung [treten]" (DIRKSMEIER, MACKRODT und HELBRECHT 2011: 85). Demnach sind es also die Begegnungssituationen und die dabei stattfindenden Interaktionen selbst, in denen gesellschaftliche Akteur:innen mit ihren Differenzen und/oder Gemeinsamkeiten konfrontiert werden und sich damit gegebenenfalls auseinandersetzen.

WILSON und DARLING (2016: 10) stellen fest, dass es hierbei insbesondere notwendig sei, das *Wie* des *taking-place* von Begegnungssituationen zu analysieren. Es sei demnach keine Frage, *dass* Begegnungen Schlüsselelement des Urbanen sind – interessant sei es jedoch zu analysieren, *wie* Begegnungen erlebt, gestaltet und theoretisiert werden können. Damit liegt der Fokus auf der Tatsache, dass erst im Moment der Begegnung und stattfindender Interaktion soziale und/oder kulturelle Differenzen oder Gemeinsamkeiten sichtbar und erfahrbar werden. Auch wenn kulturelle Vielfalt als ein bedeutendes räumliches Merkmal von Städten

---

den Moment der Begegnung und fragen danach, inwiefern bestimmte Wertvorstellungen, Vorurteile bzgl. kultureller Differenzen, Angst, Zweifel oder Unwohlsein mit den Körpern der Interaktionspartner in Zusammenhang stehen (vgl. AMIN 2012; SIMON 2016).

beschrieben wird, so ist sie demnach nicht einfach vorhanden oder von außen ersichtlich. Vielfalt wird vielmehr erst im alltäglichen Miteinander der präsenten gesellschaftlichen Akteur:innen hervorgebracht. Ein zentrales Schlüsselelement für das weitere Verständnis, wie dies vonstattengeht, sind die Orte, an denen sich entsprechende Begegnungen ereignen.

3.1.2 Schlüsselelement: Orte der Begegnung

Publikationen zur Geographien der Begegnung betonen immer wieder die Relevanz konkreter „spaces of encounter" (WILSON 2017: 454) und widmen sich somit der Frage, wie Begegnungen an lokalisierbaren Orten Räume konstruieren und zugleich von räumlichen Ausprägungen mitgeformt werden. Dabei lassen sich interaktionsgeographische Forschungsansätze in diverse Bereiche gliedern.

Zahlreiche Publikationen befassen sich mit generellen Fragen nach der Mehrdeutigkeit interkultureller Begegnungen (z. B. AMIN 2002; SWANTON 2010). Andere hingegen thematisieren Begegnungen bezüglich spezifischer Kategorien wie sozialer und ökonomischer Klasse sowie unterschiedlichen Formen und Ausdrucksweisen von Religion oder Sexualität (z. B. DARLING 2014; HUBBARD 2002; LAWSON und ELWOOD 2014; MIDDLETON und YARWOOD 2015; VALENTINE und WAITE 2010). Ein Blick auf den existierenden Literaturkorpus offenbart die Spannweite und Perspektivenvielfalt von Studien zu räumlichen Begegnungssituationen: Neben theoretisch ausgerichteten Abhandlungen zur Thematik (IVERSON 2006; VALENTINE 2008; GEORGIOU 2008; DIRKSMEIER und HELBRECHT 2010; WILSON 2017) widmen sich zahlreiche Studien diesen Fragen explizit empirisch. Sie wenden sich raumgenerierenden, interaktiven Begegnungen auf unterschiedlicher Art und Weise und auf unterschiedlichen lokalen Maßstabsebenen zu. So befasst sich beispielsweise CLAYTON (2008, 2009) mit der alltäglichen Konstruktion interethnischer Beziehungen und analysiert hierzu alltägliche Konstruktionen und Aushandlungen von *interethnic* und *interracial identities* in der Stadt Leicester/UK. Andere Studien fokussieren auf Begegnungen, die dezidiert an konkreten Orten bzw. Settings stattfinden, wie z. B. in Geschäften (vgl. EVERTS 2010), nachbarschaftlichen Einrichtungen, Gemeindezentren, Schulen und am Arbeitsplatz (vgl. ELLIS, WRIGHT und PARKS 2004; MATJESKOVA und LEITNER 2011; HEMMING 2011; WILSON 2013a, b; SCHUERMANS 2013), Restaurants und Cafés (vgl. LAURIER und PHILO 2006; VERTOVEC 2015; BELL 2007), Straßen und Plätze im urbanen und suburbanen Raum (vgl. LOBO 2010; LEITNER 2012), öffentlichen Verkehrsmitteln (vgl. BISSELL 2010; WILSON 2011), sowie Freizeiteinrichtungen und touristischen Settings (vgl. GIBSON 2010; PARKS 2015; NEAL et al.

2015; FARÍAS 2016). Es werden sowohl öffentlich zugängliche Räume betrachtet, als auch so bezeichnete *micro publics* (AMIN 2002). Dabei handelt es sich um Orte, die speziell dafür angelegt sind, Menschen zusammenzubringen, die sich in ihrem Alltag sonst nicht begegnen würden. Ein Beispiel hierfür sind die von MAYBLIN, VALENTINE und ANDERSSON (2016) betrachteten *interfaith projects*. Hierbei handelt es sich um institutionalisierte Begegnungsstätten, in denen Jugendliche mit unterschiedlicher Religionszugehörigkeit zusammenkommen können, um in ihrer Freizeit miteinander zu agieren, und die darauf abzielen, gegenseitige Vorurteile abzubauen. Forschungsarbeiten, die sich solchen mehr oder weniger inszenierten Kontaktzonen widmen, fragen häufig danach, inwiefern durch solche Projekte tatsächlich ein *meaningful contact* entstehen kann, „that is contact which breaks down prejudices and translates beyond the moment to produce a more general respect for others" (MAYBLIN, VALENTINE und ANDERSSON 2016: 213). DIRKSMEIER, MACKRODT und HELBRECHT (2011, 2014) analysieren zufällige Interaktionen zwischen Fremden in öffentlichen städtischen Räumen Berlins. Dabei betrachten sie die Relation zwischen Interaktionen und physischen Settings im urbanen Raum und konzipieren interkulturelle Interaktionen zwischen einander fremden Personen als ritualisierte kulturelle Aushandlungen mit performativem Charakter.[6]

Einen über diese knappe Auswahl hinausgehenden Überblick über aktuelle Tendenzen der *Geographies of Encounter*-Forschung findet sich beispielsweise bei WIESEMANN (2015: 5 ff.), dessen empirische Studie sich am Beispiel Köln-Mühlheim mit dem Kontext migrationsbedingter Diversität auseinandersetzt und dabei nach der Rolle von Vorurteilen und Stereotypen im Rahmen von alltäglichen Begegnungssituationen in öffentlichen Settings städtischer Kontexte fragt. Besonders hervorzuheben ist an dieser Stelle zudem eine Studie von PIEKUT und VALENTINE (2017) in deren Fokus die Frage steht, inwiefern Begegnungen mit ethnischen und religiösen Minderheiten in verschiedenen Raumkategorien

---

[6] Sie präsentieren in mehreren Publikationen den Ansatz der *Situativen Orte*. Dieser beschreibt „a form of meaning that is ascribed to ritualized individual intercultural encounters and their performance" (DIRKSMEIER, HELBRECHT und MACKRODT 2014: 308; vgl. DIRKSMEIER und HELBRECHT 2010; DIRKSMEIER, MACKRODT und HELBRECHT 2011). Der Ansatz geht davon aus, dass Interaktionsrituale, insbesondere durch alltägliche, kulturelle Aushandlungen in alltäglichen Begegnungen, situative Orte konstituieren, welche das Ergebnis des Zusammenspiels interkultureller Begegnungen und urbaner Räume bezeichnen bzw. eine „contextually embedded situation of intercultural encounters" (DIRKSMEIER, HELBRECHT und MACKRODT 2014: 304, 308) erzeugen. Öffentliche Räume fungieren dabei als Bühne für Interaktionen, tragen als physisch-räumliche Settings durch ihre Ausstattung, Ausgestaltung und Exponiertheit zum Ablauf der Interaktionen bei und beeinflussen ihre Dynamiken (DIRKSMEIER, MACKRODT und HELBRECHT 2011: 99).

3.1 Geographien der Begegnung ...

mit unterschiedlichen Toleranzniveaus bzw. Einstellungen gegenüber kulturellen Differenzen belegt sind. Die Autorinnen stellen fest, dass sich die Qualitäten interkultureller, insbesondere interethnischer und interreligiöser, Begegnungen unterscheiden, je nachdem, ob eine Begegnung in einem eher privaten oder eher öffentlichen Raum stattfinden würde. Dabei stellen sie fest, dass eine einfache Dichotomie zwischen öffentlichen und privaten Räumen nicht ausreichen würde, um die Komplexität dementsprechender Begegnungsräume und -orte zu fassen. Auf der Grundlage bestehender Literatur zu dieser Thematik sowie empirischen Studien, die sich mit Auswirkungen von kultureller Vielfalt auf soziale Beziehungen befassen, schlagen sie deshalb eine mehrschichtige Typologie vor, anhand derer sich *spaces of encounter* klassifizieren lassen würden (PIEKUT und VALENTINE 2017: 177 f.):

In ihren Ausführungen identifizieren sie fünf Begegnungsraum-Dimensionen, die wiederum aus unterschiedlichen Lokalitäten zusammengesetzt sind: (1) *public space* (öffentlicher Raum) setzt sich zusammen aus Straßen, Parks, öffentlichen Verkehrsmitteln und Orten öffentlicher Dienstleistungen (z. B. Geschäfte oder Behörden). Diese Orte sind prinzipiell allen Menschen gleichermaßen zugänglich und kennzeichnen sich oftmals über flüchtige Begegnungen. Die Wahrscheinlichkeit, Menschen zu treffen, die sich von einem selbst unterscheiden, nimmt im öffentlichen Raum zu. Seine generelle Offenheit macht ihn somit zu einem idealen Rahmen für gruppenübergreifende Begegnungen. Zugleich ist der öffentliche Raum jedoch von komplexen Machtgefügen durchdrungen, welche soziale (Macht-)Beziehungen zwischen verschiedenen Akteur:innen spiegelt. Darüber können sich limitierende Zugangsfaktoren zum öffentlichen Raum ergeben und es kann dazu kommen, dass Begegnungen oberflächlich oder vorurteilsbehaftet bleiben oder gar zu Konflikten führen: „Given that encounters in public spaces are often fleeting and are constructed according to the rules of civility and anonymity, they provide little opportunity for sustained contact that might change people's understandings of those different from themselves" (PIEKUT und VALENTINE 2017: 177).

In Abgrenzung dazu umfasst der (2) *institutional space* (institutioneller Raum) Arbeitsstätten und Bildungseinrichtungen, wohingegen der (3) *socialisation space* (Sozialisationsraum) soziale Organisationen und Orte des Vereinslebens, Sport- und Hobbyclubs sowie (z. B. religiöse) Versammlungsorte vereint – also Orte, die mit einer erhöhten Freiwilligkeit aufgesucht werden. Im institutionellen Raum werden Begegnungen gerahmt durch institutionalisierte Formalitäten und Regeln und können unterschiedlich hierarchisiert sein. Begegnungsqualitäten reichen von kollegialen oder freundschaftlichen Kontakten bis hin zu institutionalisierten Machtbeziehungen, sodass interkulturelle Begegnungen sich auf sehr unterschiedliche Art und Weise entfalten können:

> „[I]nstitutional spaces are a realm where friendships can develop which stretch beyond that environment. However, when valued resources, such as status, power and pay are not equally redistributed in diverse workplaces then relations can be based on competition instead of cooperation. (…) Intergroup communication can be hardened by institutional obstacles and developed along the lines of (un)privilege" (PIEKUT und VALENTINE 2017: 177).

Sozialisationsräume hingegen bieten größeres Potenzial für Begegnungen, in deren Rahmen kommunikative Hindernisse bzw. Vorurteile abgebaut werden können. Es handelt sich um Umgebungen, in denen soziale Beziehungen oft freiwillig initiiert werden. Zudem begegnen sich hier häufiger Personen mit einem ähnlichem Status und bilden somit eine gute Basis für offene und konstruktive Kommunikation „as they offer the potential for friendships that build upon identities shared across ethnic lines" (PIEKUT und VALENTINE 2017: 177).

Davon differenzieren lässt sich überdies der (4) *consumption space* (Konsumraum), unter dem beispielsweise Cafés, Restaurants oder Clubs zusammengefasst werden und die, lebensweltlich betrachtet, häufig mit spezifischen Verhaltensregeln belegt sind. An solchen Orten etabliert sich eine interessante Balance zwischen Öffentlichkeit und Privatheit: „People who pass each other in a street become 'neighbours' in a cafe and simultaneously enter reciprocal arrangements with other customers to obey certain rules in this space" (PIEKUT und VALENTINE 2017: 177). Obwohl solche Orte quasi-öffentlichen Charakter haben, könnten sich intimere und positiv konotierte Kommunikationen ergeben – auch zwischen Personen, die einander zuvor fremd waren. Eine gesonderte Kategorie bildet zudem der (5) *private space* (privater Raum), dem hauptsächlich Orte des familiären Beisammenseins zuzuordnen sind. Diese Orte zeichnen sich durch eine beschränkte Zugänglichkeit aus, die Personen mit enger sozialer Bindung (z. B. Familienangehörige, Verwandte, Freunde) vorbehalten sind und in deren Kontext meist Begegnungen mit intensiverer und emotionalerer Qualität stattfinden können (PIEKUT und VALENTINE 2017: 178). Zugleich können solch private Räume auch von Unfreiwilligkeit geprägt sein, da sich hier z. B. Familienmitglieder treffen, denen eine wirkliche Wahlmöglichkeit zur Teilnahme an einer Interaktionssituation verwehrt bleibt. Private Settings bieten zudem erhebliches Konfliktpotenzial, da hier Werte kollidieren (können), die von außerhalb des Privaten stattfindenden Begegnungskontexten geprägt sind. Dennoch merken PIEKUT

3.1 Geographien der Begegnung ...

und VALENTINE (2017: 178) an, dass interkulturelle Begegnungen in privaten Settings grundsätzlich Toleranz fördern würden.

Zusammengefasst ergibt sich aus dieser Klassifikation ein Spektrum fünf verschiedener Begegnungsräume, welche jeweils mit einer differenten Interaktionsqualität verknüpft sind: Flüchtige Begegnungen im *public space*; flüchtige, aber längerfristige Begegnungen und Bekanntschaften im *consumption space*; soziale Beziehungen, Bekanntschaften und Freundschaften im *institutional space*; durch Freiwilligkeit geprägte soziale Beziehungen im *socialisation space;* enge soziale, teils unfreiwillige Beziehungen im *private space*. Diese Klassifikation bietet sich auch als Analyserahmen für die Differenzierung filmischer Begegnungsorte und -räume an und findet insbesondere im Kontext der Analyse Anwendung (vgl. Kapitel 5 sowie Anhang 4). Neben der hier nun ausgeführten Schlüsseldimension der Begegnungsorte werden nachfolgend zwei weitere Schlüsselbegriffe eingeführt, die zur theoretischen Kontextualisierung interkultureller Kommunikation elementar sind: Interaktion und Begegnung.

3.1.3 Schlüsselbegriffe: Interaktion und Begegnung

Obschon das Interesse sozialwissenschaftlicher Disziplinen an der Auseinandersetzung mit Interaktion und Begegnungen steigt, bemängeln WILSON (2017) sowie WILSON und DARLING (2016), dass zentrale Begrifflichkeiten und ihre Facetten in der existierenden Literatur nur selten klar definiert würden: „Yet despite the profileration of interest there is a lack of critical attention given to questioning just exactly what it means to ‚encounter'" (WILSON und DARLING 2016: 1). Dadurch laufe man Gefahr, unzureichend definierte oder untertheoretisierte analytische Kategorien zu schaffen – leere Referenten – welche dem kritischen und analytischen Potenzial der Forschungsrichtung nicht gerecht würden (vgl. WILSON 2017: 451 f.). Ausgehend von einer etymologischen Definition von *Encounter*, das auf dem lateinischen Wort *incontrāre* (*gegen, entgegengesetzt* oder *widersprüchlich)* basiert, skizziert WILSON (2017: 452) ein facettenreiches Verständnis des Konzepts im Kontext der *Geographies of Encounter*-Forschung.[7]

---

[7] WILSON (2017) gibt einen weiten Überblick über die Forschungsrichtung, die sich gerade in den vergangenen Jahren stark ausdifferenziert hat. Dabei zeigt sie auf, dass der Ursprung der Forschungsrichtung hauptsächlich in der Analyse von *face to face* Begegnungen zwischen Fremden in städtischen Kontexten liegt. Insbesondere jüngere Ansätze würden dahingegen eine breitere Perspektive auf *Encounter* einnehmen und dabei berücksichtigen, wie Differenzen beispielsweise über andere Sinneskanäle (z. B. Gerüche, Geschmack, Geräusche)

Der nachfolgende Kapitelabschnitt kommt der Forderung der Klärung relevanter Schlüsselbegriffe in geographischer Lesart nach. Es wird dargelegt, wie die Begriffe *Interaktion* und *Begegnung* im Kontext der vorliegenden Studie verstanden werden.

Unter einer Interaktion kann zunächst ein aufeinander bezogenes Handeln von mindestens zwei sozialen Akteur:innen verstanden werden. Diese Definition basiert auf einer Weiterentwicklung der klassisch-soziologischen Ausführungen von Max WEBER (2002 [1920]: 653) zum Begriff der sozialen Handlung:

> „‚Handeln' soll (…) ein menschliches Verhalten (einerlei ob äußeres oder innerliches Tun, Unterlassen oder Dulden) heißen, wenn und insofern als der oder die Handelnden mit ihm einen subjektiven Sinn verbinden. ‚Soziales' Handeln (…) soll ein solches Handeln heißen, welches seinem von dem oder den Handelnden gemeinten Sinn nach auf das Verhalten anderer bezogen wird und daran in seinem Ablauf orientiert ist" (WEBER 1972: 1).

Auch wenn WEBER im Rahmen seiner Ausführungen zu sozialen Handlungen nicht direkt vom Begriff der Interaktion ausgeht[8], lassen sich beide Begriffe zusammendenken und *Interaktion* als eine Form sozialer Handlung konzipieren (vgl. WEBER 2002 [1920]: 676).

Fokussiert man auf den wechselseitig ausgerichteten Prozess der sozialen Handlung als „aufeinander gegenseitig eingestelltes und dadurch orientiertes Sich-Verhalten mehrerer" (WEBER 2002 [1920]: 676), so kann man, wie ABELS (2009b: 186) zeigt, zum Konzept der Interaktion gelangen. Eine hierfür ebenfalls anschlussfähige Perspektive findet sich ferner bei Georg SIMMEL (1950),

---

erzeugt werden. Zudem werden auch nicht-menschliche Akteure wie Tiere (*human-animal-encounters*), alltägliche Objekte und materielle Elemente mit in die Forschung einbezogen und dabei untersucht, wie diese zu einem Erfahren von Differenz beitragen. Für die angestrebte Analyse inszenierter Begegnungen in filmischen Kontexten wird eine engere Konzeption von Begegnung verwendet: Mit einem Fokus auf ebenjene *face to face Interaktionen* als Ursprung von interaktiven Aushandlungsprozessen. Um sich von dem erweiterten Begriffsverständnis abzugrenzen, wird im Folgenden dem Begriff *Encounter* der Begriff der *Begegnung* vorgezogen.

[8] Während WEBER noch eine implizit verhaltenswissenschaftliche Perspektive einnimmt, sind seine Ausführungen durchaus für eine handlungstheoretischen Perspektive anschlussfähig, wie beispielsweise MIEBACH (2014: 20) oder BONSS et al. (2013: 7) aufzeigen. Diese Perspektive, nach der intentionale, absichtsvoll durchgeführte Handlungen soziale Wirklichkeiten hervorbringen, ist auch in der Sozialgeographie anerkannt (vgl. WEICHHART 2008: 258).

3.1 Geographien der Begegnung ...

der mit seiner Einführung des Begriffs der *Wechselwirkung*[9], welcher in der englischen Übersetzung als *interaction* bezeichnet wurde, eine eigentliche dynamische Basis für „eine Soziologie der „Interaktion" (...)" (ABELS 2009b: 186) legt. Ein weiterer, für die vorliegende Arbeit besonders anschlussfähig erscheinender Definitionsbaustein findet sich in den theoretischen Überlegungen Erving GOFFMANs[10], der als Pionier der Alltagssoziologie ein besonders prägnantes Konzept zwischenmenschlicher Interaktionssituationen in Alltagskontexten vorlegt. In seinen Überlegungen legt er einen expliziten Fokus auf alltägliche Interaktionen und dabei explizit auf solche sozialen Situationen, die durch eine unmittelbare, räumliche und zeitliche, körperliche und geistige Kopräsenz von sozialen Akteur:innen als fokussierte *face to face*-Interaktion zwischen anwesenden Personen gekennzeichnet sind: „Focussed interaction occurs, when people effectively agree to sustain for a time a single focus of cognitive and visual attention, as in a conversation, a board game, or a joint task sustained by a close face to face circle of contributors" (GOFFMAN 1972: 7).

---

[9] WEBERS Ausführungen zum sozialen Handeln stehen in konzeptioneller Nähe zum Begriff der Wechselwirkung nach SIMMEL, der annimmt, dass sich „Individuen im Prozess der Wechselwirkung fortlaufend vergesellschaften" (ABELS 2009b: 186). Konkret geht SIMMEL davon aus, dass Vergesellschaftung als Prozess zu verstehen sei, in welchem Individuen wechselseitig zueinander in Beziehung treten bzw. wechselseitig aufeinander einwirken: „Gesellschaft im weitesten Sinne ist offenbar da vorhanden, wo mehrere Individuen in Wechselwirkung treten" (SIMMEL 1992 [1894]: 54). SIMMELs theoretische Grundannahme wurde von weiteren soziologischen Klassikern weitergedacht (vgl. ABELS 2009a, b). An dieser Stelle sei auf folgende Aspekte verwiesen: Nach ABELS (2009b: 184 ff.) lassen sich zwei große theoretische Strömungen voneinander differenzieren – Theorien, die dem *normativen Paradigma* folgen, nähern sich Interaktionskontexten über Theorien (vorgegebener) sozialer Rollen (vgl. PARSONS 1968). Theorien, die dem *interpretativen Paradigma* folgen, verstehen soziale Interaktionen mehr als wechselseitige Interpretationen der Interaktionspartner und stellen das Individuum in den Fokus der Betrachtungen (vgl. MEAD 1934). Darüber hinaus gibt es *systemtheoretische Ansätze*, welche Interaktion grundsätzlich als Interaktionssysteme verstehen bzw. als systemisch gerahmte Kommunikation unter Anwesenden interpretieren (vgl. LUHMANN 1975; KIESERLING 1999) sowie *ethnomethodologische Strömungen* (vgl. z. B. GARFINKEL 1967), welche Fragen nach dem Gelingen alltäglicher Interaktionen fokussieren.

[10] An dieser Stelle kann nicht auf seine zahlreichen Werke, z. B. seine Ausführungen zur sozialen Rollentheorie oder seine strukturelle Interaktionsordnung eingegangen werden (vgl. hierzu u. a. GOFFMAN 1959, 1961, 1967, 1973, 1974, 1977, 1983; DELLWING 2014: 40 ff.; VESTER 2010: 17 ff.). Ebenfalls ausgeklammert wird hier das Verhältnis von GOFFMANs Ansätzen zu den theoretischen Ansätzen des symbolischen Interaktionismus. Diesbezüglich empfehlen sich zur Einführung die Ausführungen von RAAB (2014: 49 ff.), der GOFFMANs Konzepte von frühen soziologischen Klassikern abgrenzt.

Im Fokus steht für ihn u. a. die Frage nach dem Zustandekommen sozialer Bedeutungen, vor allem durch „die kleinen Handlungen des alltäglichen Miteinanders als Werkzeuge (…) mit denen soziale Bedeutungen (…) miteinander produziert werden" (DELLWING 2014: 43). GOFFMAN (1959: 15) definiert Interaktion dabei offen und zirkulär als „all the interaction which occurs throughout any one occasion when a given set of individuals are in one another's continuous presence". Dies umfasst sowohl verbale als auch nonverbale Formen und Ausprägungen von zwischenmenschlicher Kommunikation.

In Anlehnung an die erläuterten theoretischen Referenzen wird der Begriff der Interaktion für die vorliegende Arbeit wie folgt definiert: Eine *Interaktion* ist ein Prozess sozialen Handelns, in dessen Kontext sich mindestens zwei soziale Akteur:innen in unmittelbarer Kopräsenz befinden und einen gemeinsamen Aufmerksamkeitsfokus teilen. Sie richten sich in ihrer Kommunikation wechselseitig aufeinander aus, d. h. sie interagieren miteinander. Dabei werden jegliche Formen sozialer Kommunikation oder sozialer Handlungen (z. B. verbal, nonverbal, körperlich, symbolisch etc.) als Ausprägungen von Interaktion verstanden. Interaktionen sind eingebettet in raumzeitlich definierbare Settings und kulturelle Zeichensysteme und bringen sozial relevante bzw. identitätsstiftende Bedeutungen hervor.

Interaktionen finden stets eingebettet in raumzeitlich definierbare Settings statt, die als *Begegnung* definiert werden können. Das Konzept der Begegnung bildet folglich den Rahmen für zwischenmenschliche Interaktionen. Für eine interaktionsgeographische Perspektive lässt sich eine Begegnung, ebenfalls in Anlehnung an GOFFMAN (1967: 5, 1972: 7 f., 17, 1973: 20), verstehen als soziales Arrangement, das sich einstellt, wenn mindestens zwei Personen in direkter physischer Kopräsenz zusammenkommen und es dabei zu einer fokussierten Interaktion kommt. Dieses Charakteristikum soll um drei Schlüsselelemente ergänzt werden, die WILSON und DARLING (2016) für interaktionsgeographisch relevante Begegnungssituationen (*encounter*) vorschlagen: *Taking place, zeitliche Situiertheit* und *Nachhaltigkeit*. Ein zentrales Schlüsselelement ist zunächst das *taking place* von Begegnungen. So werden Begegnungen als lokalisierbare Phänomene betrachtet, die über einen mehrfachen räumlichen Bezug definiert sind. Damit ist gemeint, dass Begegnungen stets in einem lokalisierbaren Kontext, d. h. an einem Ort, stattfinden und zum anderen selbst räumliche Konstrukte hervorbringen (WILSON und DARLING 2016: 11 f.). An dieser Stelle werden ergänzend die geographischen Schlüsselbegriffe *Ort* und *Raum* als relationale Begriffe als Erweiterung in die Überlegungen integriert. Als *Ort* wird nachfolgend ein physisch-materieller Ausschnitt des Erdraumes verstanden werden, bzw. eine „rein materielle Raumkomponente" (PETERMANN 2007: 11). Demnach ist ein Ort

3.1 Geographien der Begegnung ...

lokalisier- und abgrenzbar und verfügt über materielle Eigenschaften: „[Ein] ‚Ort' ist die Stelle, der Platz, das Wohnviertel, die Stadt, die Region, das Land etc. ‚Ort' hat also immer genau bezeichenbare Grenzen, Ausdehnungen, zähl- und bewertbare Inhalte" (DANGSCHAT 1996: 104). Generell kann ein Ort in diesem Verständnis auf der Erdoberfläche lokalisiert und über seine materiellen inhaltlichen Komponenten bestimmt werden. Orte sind „als Bedeutungsträger durch gesellschaftliche Zuschreibungen und die subjektiv-selektive Wahrnehmung von Individuen Teil der Konstruktion von Räumen" (ESCHER, LAHR und PETERMANN 2007: 11). Daran anschließend wird *Raum*[11] primär als ein diskursives Produkt verstanden, das im Rahmen von Begegnungssituationen interaktiv durch die aufeinander bezogenen sozialen Handlungen von Akteur:innen konstruiert, gestaltet und ausgehandelt wird (vgl. ESCHER, LAHR und PETERMANN 2007: 39). Dieser Setzung liegt ein Verständnis von Raum zugrunde, das in sozialgeographischer Perspektive als handlungstheoretisches Raumverständnis beschrieben wird. Im Kern werden Räume in dieser Perspektive als Phänomene konzipiert, die kommunikativ „*im sozialen Handeln erst konstituiert werden*" (WEICHHART 2008: 256, Hervorhebung im Original). In anderen Worten werden Räume in der Interaktion zwischen Personen hervorgebracht. In Hinblick auf den von WILSON und DARLING (2016) aufgezeigten Aspekt der Räumlichkeit von Begegnungen im interaktionsgeographischen Verständnis ist dieses Spannungsverhältnis von Ort und Raum insofern interessant, als dass Begegnungen an bestimmten Lokalitäten stattfinden, an denen räumliche Bedeutungen erst erzeugt werden.

Ein weiteres Charakteristikum von Begegnungen ist, dass sie als *zeitlich situierte Kontaktformen* verstanden werden. Sie können unerwartet bzw. ungeplant stattfinden und somit Momente der Überraschung hervorrufen (WILSON und DARLING 2016: 10). Auch wenn sie stets von zeitlich beschränkter Dauer sind, finden sie dabei statt „across multiple temporalities and durations, producing and folding in different temporalities and rhythms" (WILSON und DARLING 2016: 10). In der Erforschung von Geographien der Begegnung werden dementsprechend kurzfristige und flüchtige, aber auch vielfach stattfindende, routinierte und nachhaltigere Begegnungen (z. B. Nachbarschaften, öffentliche Einrichtungen, Schulen) differenziert (WILSON 2017: 462). Für die vorliegende Arbeit liegt mit einem Verweis auf PIEKUT und VALENTINE (2017: 179) ein Fokus auf solchen Begegnungen, die sich darüber auszeichnen, dass die Interaktionspartner:innen im

---

[11] Als zentraler Schlüsselbegriff der Geographie gibt es unzählige Ansätze, wie Raum konzeptualisiert und definiert werden kann. Diese pendeln generell zwischen den beiden Polen des physisch-materiellen und des konstruierten Raums. Für eine übergreifende Einführung in die Debatte vgl. ESCHER und PETERMANN (2016).

Sinne einer *face to face Interaktion* etwas *gemeinsam tun*, „such as talking, working, doing sport, engagement in a common social activity, not just happening to be at the same place" (PIEKUT und VALENTINE (2017: 179).

Darüber hinaus bezieht sich der Aspekt der *Nachhaltigkeit* von Begegnungen auf die Beobachtung, dass Begegnungen im tatsächlichen Moment des Stattfindens situative Bedeutungen produzieren. Sie haben allerdings auch Auswirkungen auf zukünftige Begegnungssituationen, indem sie Ansichten oder Meinungen nachhaltig beeinflussen und Antizipationen hervorrufen können. Dies bedeutet zugleich, dass auch der zeitliche Kontext der Vergangenheit bedeutsam sein kann: „[T]hey are informed and shaped by a wealth of past experiences and events akin to ‚virtual memories' (…). [E]ncounters are points of unanticipated exposure to difference that are situated within personal and collective histories as well as imagined futures" (WILSON und DARLING 2016: 10 f.). Folglich ergibt sich eine komplexe Zeitlichkeit von Begegnungen, die sich zwischen einer vergangenen und einer zukünftigen Dimension aufspannt und die sich stets im aktuellen Vollzug einer Begegnung, dem *taking-place*, wahrnehmbar entfaltet (vgl. WILSON 2017: 462).

In Anlehnung an die aufgezeigten Aspekte ergibt sich für die vorliegende Studie folgende Arbeitsdefinition einer Begegnung: Eine *Begegnung* ist ein lokalisierbares, in raumzeitliche Settings eingebettetes und zeitlich begrenztes soziales Arrangement, in dessen Rahmen sich mindestens zwei Personen *face to face* gegenüberstehen und sich aktiv *begegnen*, d. h. etwas gemeinsam tun. Im Rahmen einer solch fokussierten, zwischenmenschlichen Begegnungssituation beziehen sich die beteiligten Personen in ihrer Kommunikation wechselseitig aufeinander. Es kommt folglich zu einer Interaktion. In dem zwischen den Beteiligten bestehenden Spannungsverhältnis können unterschiedliche, teils konflikthafte, Positionen verhandelt werden. Im interaktiven Aushandlungsprozess werden Bedeutungszuschreibungen hervorgebracht. Um sich dem Gegenstand *interkultureller* Begegnungen zuzuwenden, muss diese Definition noch erweitert werden – nämlich um die Aspekte Interkulturalität, kulturellen Vielfalt und Differenz (WILSON und DARLING 2016: 9 ff.). *Interkulturelle Begegnungssituationen* sind dann solche Begegnungen, in deren Rahmen kulturelle Differenzen und kulturelle Vielfalt als räumlich wirksame Bedeutungskonstruktionen interaktiv konstruiert werden.

Die dieser knappen Definition inhärente Prämisse, dass Interkulturalität, kulturelle Differenzen und kulturelle Vielfalt für die vorliegende Arbeit zentrale Schlüsselelemente von Begegnungen sind, erfordert eine genaue Reflexion zweier Aspekte: Zum einen gilt es zu klären, was unter diesen Begrifflichkeiten konkret verstanden wird. Zum anderen ist darzulegen, wie sich entsprechenden Begegnungen in diesem Kontext theoretisch angenähert werden soll. Diesem Desiderat wird im nachfolgenden Kapitelabschnitt nachgegangen, wenn an späterer Stelle mit dem *Interkulturellen Raum* ein Konzept zur Analyse interkultureller Begegnungen erarbeitet wird. Es ist dabei ein zentrales Anliegen, das hier bereits theoretisierte Konzept der Begegnungssituation als ein dezidert *interkulturelles Phänomen* zu denken – als räumlicher Begegnungskontext, in dem kulturelle Differenzen und kulturelle Vielfalt als interaktiv verhandelte Konstrukte mit vielschichtigen Bedeutungsebenen hervorgebracht werden.

3.2 Forschungsdimensionen: Interkulturalität, kulturelle Vielfalt, kulturelle Differenz(ierung)

Basierend auf den zuvor erläuterten rahmenden Annahmen wird nachfolgend ein Konzept entwickelt, das sich der Analyse interkultureller Begegnungen annähert. Hierfür ist eine kritische Reflexion einiger Kernbegriffe bzw. -konzepte unumgänglich. Das nachfolgende Kapitel greift dafür zentrale Dimensionen auf und legt dar, wie diese im Kontext der vorliegenden Arbeit verstanden werden. Hierfür werden zunächst die Begriffe *Kultur* und *Interkulturalität* (Abschnitt 3.2.1) sowie *kulturelle Vielfalt* (Abschnitt 3.2.2) und *kulturelle Differenz(ierung)* (Abschnitt 3.2.3) erläutert. Zudem wird reflektiert, welche Dimensionen kultureller Vielfalt im US-amerikanischen Kontext von Bedeutung sind (Abschnitt 3.2.4). Aus deren Zusammenspiel heraus wird anschließend das Konzept des *Interkulturellen Raums* entwickelt (Abschnitt 3.3), das auf der interaktionsgeographischen Perspektive aufbaut und Überlegungen zu Interkulturalität, kultureller Vielfalt und Differenz(ierung) integriert. Es muss an dieser Stelle angemerkt werden, dass alle nachfolgend thematisierten Begriffe und Konzepte Teil eines äußerst komplexen, interdisziplinären und schwer zu überblickenden Forschungsfeldes sind. Wie für zahlreiche interdisziplinär diskutierte Schlüsselbegriffe besteht dabei die Herausforderung, dass diese in unterschiedlichen Kontexten sehr unterschiedlich konzipiert werden und dass sich ihr Bedeutungsspektrum im Laufe der Zeit stark ausdifferenziert hat. Die Bedeutungsvielfalt der Begriffe spiegelt sich in der Vielzahl wissenschaftlicher Publikationen zur Thematik wider.[12] Insgesamt zeigt sich, dass die Begriffe und Konzepte zunehmend weniger strukturorientiert und homogenisierend, dafür jedoch mehr prozessual

---

[12] Neben einer immensen Anzahl an Fachartikeln zirkulieren zu den hier thematisierten Begriffen und Konzepten zahlreiche Handbücher und Sammelbände, die sich ihnen annähern und dabei ihre Vielfältigkeit und ihr Facettenreichtum aufzeigen. Aufgrund der Vielzahl an

und offen gedacht werden – eine Perspektive, an der auch die vorliegende Arbeit anknüpft.

3.2.1 Kultur und Interkulturalität

Ausgehend von dem grundlegenden anthropologisch-ethnologischen Definitionsansatz von Edward B. TYLOR (1871/1920: 1), der Kultur als „complex whole which includes knowledge, belief, art, morals, law, custom, and any other capabilities and habits acquired by man as a member of society" beschreibt, hat sich bis heute eine breite Varianz an Definitionsansätze entwickelt (vgl. für einen ersten Überblick u. a. RECKWITZ 2004, 2008a und b; ADICK 2010; YOUSEFI und BRAUN 2011: 10 ff.; ESCHER und KARNER 2017; ESCHER 2018). Zeitgenössische Ausführungen zu Interkulturalität und kultureller Vielfalt beziehen sich dabei auf einen bedeutungs- und wissensorientierten Begriff von Kultur (vgl. GEERTZ 1987; SENGHAAS 1998). Ein dementsprechend bedeutungsoffener, konstruktivistisch geprägter und prozessualer Kulturbegriff (vgl. MOOSMÜLLER und MÖLLER-KIERO 2014b: 10 ff.; BOLTEN 2014; BUSCH 2014) hebt sich eindeutig von normativen, totalitätsorientierten und differenzierungstheoretischen Kulturkonzepten ab – vor allem aber von solchen, die Kulturen als geschlossenes, homogenes Gefüge konzeptualisieren (vgl. z. B. HERDER 1903, 1978; MALINOWSKI 1975; YOUSEFI und BRAUN 2011: 12 ff.). In einer solchen Perspektive wird Kultur nicht als eine monolithische Sache verstanden, sondern als ein zirkulierendes, nicht statisch an einen Ort gebundenes System von mehr oder weniger miteinander verknüpften Elementen. Ein bedeutungs- und wissensorientierter Kulturbegriff bezieht sich nach ESCHER (2018: 87) auf soziale Werte, Bedeutungen, mentale Komponenten sowie gesellschaftlich relevante Sinnsysteme – eine Perspektive, auf die auch ELLER (2015: 3, 5) verweist: „Culture should thus be seen as integrated of multiple parts in complex interrelation (…). Culture and the identities and interests that go with it are increasingly translocal, referring to more than one place".

Eine für die vorliegende Arbeit anschlussfähige Adaption des Kulturbegriffs findet sich bei BOLTEN (vgl. 2007a und b, 2012, 2014). Seine Ausführungen basieren auf einem erweiterten Kulturbegriff und verstehen Kultur primär als soziale Praxis (BOLTEN 2012: 25). Auch er verweist darauf, dass Kultur zunächst in zwei unterschiedlichen Perspektiven betrachtet und in einen geschlossenen

---

Publikationen wird im Rahmen der nachfolgenden Ausführungen nur eine selektive Perspektive auf die Begriffe eingenommen – dennoch soll eine möglichst differenzierte Reflexion erfolgen. An entsprechenden Stellen erfolgen ergänzende Hinweise auf Publikationen zur vertiefenden Lektüre.

3.2 Forschungsdimensionen ...

und einen offenen Kulturbegriff differenziert werden könne. Die geschlossene Variante zeichnet sich über einen räumlich fixierten, eingegrenzten Kulturbegriff (z. B. in politischer, geographischer, sprachlicher oder geistesgeschichtlicher Perspektive) aus. Das resultierende Kulturverständnis ist jeweils in sich geschlossen – Kulturen werden hierbei als homogene, monolithische Einheiten im Sinne einer Containermetapher verstanden und es wird von der Existenz von deutlich voneinander abgrenzbaren Einheiten wie z. B. Nationen, Ethnien oder Religionen ausgegangen, die als kohärente Einheiten interpretiert werden (BOLTEN 2007a: 15 f.; BOLTEN 2014: 52). Dieser Variante lässt sich nach BOLTEN (2012: 27) zwar ein pragmatischer Nutzen zuschreiben, auch für praxisorientierte Anwendungskontexte. Letztendlich sei diese Perspektive auf mehr oder weniger homogene Kulturen jedoch nicht zu legitimieren,

> „da die faktischen Überlappungen und Vernetzungen von Kulturen ebenso wie ihre Veränderungsdynamiken im Grunde genommen jedwede Eingrenzung ausschließen: Kulturen sind keine Container, sie sind weder homogen noch mit dem Zirkel voneinander abgrenzbar, sondern – als Zeichen ihrer Vernetzung – an den Rändern mehr oder minder stark „ausgefranst" zu denken" (BOLTEN 2012: 27).

Diesem Desiderat wird die offene Variante des erweiterten Kulturbegriffs gerecht. Eingebettet in aktuelle Diskurse um Globalisierungsdynamiken[13] definieren sich Kulturen demnach als soziale Lebenswelten, die in ihrer Größe und Zusammensetzung variieren (BOLTEN 2007a: 18). Ähnlich verstehen auch KOTTAK und KOZAITIS (2012: 11) Kultur als „way of life", bestehend aus „traditions and customs – transmitted through learning; which play a vital role in molding the beliefs and behaviour of the people exposed to them". Allerdings birgt ein ganz und gar offenes Prozessdenken von Kultur das Risiko, dass sie letztendlich alles sein kann, da „Strukturen hinter omnipräsenten Vernetzungsdynamiken bis zur Unkenntlichkeit verblassen" (BOLTEN 2014: 52).

Um diesem Dilemma zu entgehen, schlägt BOLTEN (2014: 53) einen dritten Weg vor, nämlich den, Kultur jenseits der aufgezeigten Extrempositionen kontextabhängig zu fassen. Eine Möglichkeit sieht er darin, die Existenz von kulturellen Einheiten nicht zu verleugnen, jedoch stets deren Vielheit mitzudenken und dabei

---

[13] BOLTEN (2012; 25 ff.) führt hier exemplarisch die Ausführungen von Ulrich BECK zur *Zweiten Moderne* an, auf welchen die offene Variante des Kulturbegriffs implizit verweist. Die damit verbundenen veränderten Denkweisen fordern etablierte Konzepte – u. a. auch Kultur – heraus und erfordern ein Kulturkonzept, das abseits geschlossener Kategorien und fester Grenzen ansetzt sowie kosmopolitische Perspektiven mit einbezieht (vgl. BECK 1986, 1996, 2009).

das Ausmaß an Strukturierungen und Homogenisierungen abzuschwächen. Kultur könne in dieser Perspektive nicht über binäre Parameter erschlossen werden, sondern müsse verstanden werden als ein „durch konventionalisierte Reziprozitätsdynamiken ihrer Akteure mehr oder minder stark strukturiertes, aber offenes und in diesem Sinne anschlussfähiges (…) Netzwerk" (BOLTEN 2014: 53), welches unscharf abgrenzbar und mit mehrwertigen Bedeutungen aufgeladen sei. Kulturen ließen sich in diesem Verständnis nicht als kohärente, fest umrissene Mengen denken, sondern als „fuzzy sets" (BOLTEN 2014: 55), die durch interne Vielfalt charakterisiert seien. In einem solchen Verständnis von Kultur rückt das soziale Subjekt als kultureller Akteur zunehmend in den Fokus – eine Perspektive, die u. a. im methodologischen Individualismus begründet ist (DREHER und STEGMAIER 2007b: 7 ff.). Damit verbunden ist auch die Perspektive, dass Kultur nicht per se existent oder einem Menschen angeboren ist, sondern erst als integriertes System kultureller Merkmale und Muster durch soziale, zwischenmenschliche Interaktionen erlernt, geteilt bzw. symbolisch[14] vermittelt wird, z. B. im Rahmen von Interaktionen mit anderen Personen (DREHER und STEGMAIER 2007b: 12; ELLER 2015: 3; KOTTAK und KOZAITIS 2012: 11 ff.).

Kultur lässt sich in einer solchen, auf soziale Akteur:innen ausgerichtete Perspektive verstehen als ein in sich differenziertes, komplexes, offenes und dynamisch veränderbares Sinn- und Orientierungssystem (YOUSEFI und BRAUN 2011: 21), als „verbindendes und gleichzeitig dynamisches Netz von (…) Vielfaltsoptionen" (BOLTEN 2014: 55) oder „offenes Netzwerk, das durch zahlreiche Prozesse, die kognitiver, normativer, emotionaler und religiöser Natur sind, hervorgebracht und reproduziert wird" (ESCHER 2018: 89). Kultur zeigt sich dabei als ein „von Menschen erzeugter Gesamtkomplex von Vorstellungen, Denkformen, Empfindungsweisen, Werten und Bedeutungen (…)" (NÜNNING 2009: o.S.), der sich in Symbolsystemen, materialen Ausdrucksformen oder mentalen Dispositionen offenbaren kann (vgl. YOUSEFI und BRAUN 2011: 21). Kultur verbindet dabei unterschiedlichste Aspekte – „Techniken, Artefakte, Alltagspraxen, Werte, Weltbilder etc." (MOOSMÜLLER 2009b: 13) und bezieht sich dabei auf „learned and shared ways of thinking, feeling, (…) and acting within a [social] group, particularly the kind of group that we call a society" (ELLER 2015: 3).

Als elementar für dieses Kulturverständnis wird der Aspekt der medialen Kommunikation gewertet, der quasi als unabdingbare Voraussetzung für ihre Vermittlung verstanden wird:

---

[14] Ein Symbol kann beispielsweise ein Wort, ein Objekt, ein Bild, eine Geste oder ähnliches sein, das für etwas anderes steht bzw. dies repräsentiert (ELLER 2015: 4).

3.2 Forschungsdimensionen ...

„Gerade weil Konventionen, Regeln, Rituale und alles andere, was als Wissensvorrat unser Handeln bestimmt, über Jahrhunderte hinweg kommunikativ ausgehandelt worden ist, bilden die Medien dieser Kommunikationsprozesse gleichsam die Nabelschnur zu der solchermaßen kommunikativ erzeugten Lebenswelt" (BOLTEN 2007a: 23).

Dabei meint Kommunikation zum einen Sprache, impliziert aber zugleich auch nonverbale, kommunikative Zeichen. In Hinblick auf eine Einbettung in die interaktionsgeographische Perspektive ist an dieser Stelle abschließend eine Kultur-Definition von OTTEN (2009: 53) anschlussfähig, der feststellt:

„Kultur ist das sozial konstruierte Produkt dynamischer sozialer Interaktionen und Kommunikation. Sie ist dem zu Folge auf der (…) Ebene der konkreten Handlungspraxis von Menschen, also in Praktiken, Konventionen, Sprechakten, Diskursen etc. zu suchen und keine primordiale Strukturdeterminante der Umwelt".

Die aufgezeigten Aspekte von Kultur dienen Menschen als kulturelle Ressourcen und gleichsam als Folie der gegenseitigen Differenzierung bzw. „als Semantik für die Wahrnehmung von Unterschieden zwischen dem einen und dem anderen" (DIRKSMEIER, MACKRODT und HELBRECHT 2011: 86, in Anlehnung an BAECKER 2003: 9). Dieser Aspekt wird in den nachfolgenden Kapiteln noch vertieft. Zunächst wird der Begriff der Interkulturalität eingeführt, der in einem engen Zusammenhang mit der hier präsentierten Konzeption von Kultur steht.

Basierend auf dem vorgeschlagenen Verständnis von Kultur wird davon ausgegangen, dass in den meisten gesellschaftlichen Kontexten heute verschiedene *Kulturen* miteinander zusammenleben[15] – verstanden als individuelle Akteur:innen, die sich hinsichtlich ihrer kulturellen Referenzbezüge voneinander unterscheiden. Diese Annahme kann, abhängig vom Kulturverständnis, auf theoretischer Ebene sehr unterschiedlich thematisiert und konzipiert werden.[16]

Prominent ist beispielsweise der Ansatz der *Multikulturalität*, der „Schutz und Anerkennung kultureller Unterschiede in einer multikulturellen Gesellschaft,

---

[15] Nach LÖSCH (2005: 36) ist „[d]ie Rede von zwei interagierenden Kulturen (…) selbstverständlich eine simplifizierende Verkürzung, die darstellungsökonomische Gründe hat. In den meisten Fällen kultureller Kontakte, insbesondere aber im Kontext multikultureller Gesellschaften, ist der Aushandlungsprozess kultureller Identitäten wesentlich komplexer, da mit mehreren kulturellen Artikulationen kultureller Differenz zu rechnen ist, die einen gleichsam multipel referentialisierten kulturellen Dialog initiieren". Diese Perspektive soll auch hier gelten.

[16] Zu jedem der hier angesprochenen Ansätze existiert eine Vielzahl an Publikationen. Vgl. u. a. ALLOLIO-NÄSCHKE, KALSCHEUER und MANZESCHKE (2005), YOUSEFI und BRAUN (2011) oder ESCHER und KARNER (2017) für eine Übersicht.

die aus vielen ethnischen und kulturellen Gruppen besteht, die nebeneinander existieren" (YOUSEFI und BRAUN 2011: 105) artikuliert und die politische Anerkennung differenter Kulturen proklamiert (ESCHER 2018: 87). Dahingegen geht *Transkulturalität* als Ansatz von einer radikalen Vermischung von Kulturen aus bzw. von einer „Aufhebung kultureller Grenzen durch Vernetzung und Verflechtung vieler Einzelkulturen und eigen- sowie fremdkultureller Elemente innerhalb von Gesellschaften oder Gemeinschaften" (BARMEYER 2012: 167). Der Ansatz nimmt dabei „eine gemeinsame Kultur jenseits bestehender kultureller Eigenheiten [an]" (YOUSEFI und BRAUN 2011: 108; vgl. WELSCH 1992, 2005). Eng damit verbunden sind postkoloniale Ansätze zur *Hybridität* bzw. Entstehung hybrider kultureller Identitäten (vgl. u. a. BHABHA 2000). Für den hier postulierten Kulturbegriff und die Fragestellung der vorliegenden Studie ist vor allem der Ansatz der *Interkulturalität* interessant. Interkulturalität sucht dabei „weder eine Homogenisierung oder Assimilation (…). Es geht ihr im Wesentlichen darum, (…) Verhältnisse interkulturell neu zu durchdenken und eine Antwort (…) auf die unaufhebbaren Differenzen in der Pluralität der Einstellungen und Überzeugungen zu formulieren" (YOUSEFI und BRAUN 2011: 109). ESCHER (2018: 89) postuliert dahingehend:

> „Im Gegensatz zu den Konzepten Multikulturalität und Transkulturalität, die von einem räumlichen Nebeneinander (kulturelle Homogenisierung) bzw. einem grenzenlosen Durcheinander (radikale Hybridisierung) ausgehen, basiert die Theorie der Interkulturalität auf einem Kulturbegriff, der als ein offenes und dynamisch veränderbares Sinn- und Orientierungssystem aufzufassen ist."

Befasst man sich mit Ansätzen und Konzeptionen von Interkulturalität, so lässt sich feststellen, dass Interkulturalität zunächst als heterogenes akademisches Konzept zu verstehen ist, das kontextabhängig unterschiedlich definiert wird (MOOSMÜLLER und MÖLLER-KIERO 2014b; TERKESSIDIS 2010). YOUSEFI und BRAUN (2011: 7) führen aus, dass das Konzept der Interkulturalität seit spätestens Mitte des 20. Jahrhunderts in akademischen Kontexten thematisiert wird und dabei unterschiedlichste Definitionsversuche aufeinandertreffen. BARMEYER (2011: 39 f.) gibt hier genauer die 1980er-Jahre als Referenzpunkt an, da Interkulturalität seitdem ein „zunehmendes Interesse in Forschung und Lehre [erfährt]. Diese Entwicklung kann mit der Intensivierung von Kulturkontakten begründet werden". Dabei ist Interkulturalität nicht nur ein theoretisches Konzept, sondern „auch eine Praxis mit Betonung des Dialogischen, Gestalterischen und Prozesshaften" (ESCHER 2018: 89). Eine theoretisch ausgerichtete Auseinandersetzung mit dem Konzept der Interkulturalität findet sich in diversen wissenschaftlichen Disziplinen wie beispielsweise Geographie, Kulturwissenschaften, Kulturanthropologie, Soziologie, Literaturwissenschaft, Ethnologie, Medienwissenschaft, Theologie, Sprachwissenschaften, Psychologie, Geschichtswissenschaft oder auch Mathematik (vgl. YOUSEFI und BRAUN 2011: 8; BINSBERGEN 2003; BLIOUMI 2004; SCHNEIDER 2009; DELGADO 2010; SCHMIDT 2012; BORY et al. 2012; PASEWALCK 2014; JAMMAL 2014; FÖLDES 2014; LIU und YU 2014; MOOSMÜLLER und MÖLLER-KIERO 2014a; GLESENER, ROELENS und SIEBURG 2017; RAUH 2017; ESCHER 2018; ESCHER und SOMMERLAD 2018). Gerade in jüngster Zeit ist zudem eine intensive, praxisorientierte Auseinandersetzung mit Interkulturalität bzw. interkulturellen Konzepten in der Pädagogik festzustellen (vgl. AUERNHEIMER 2003; SCHLÄBITZ 2007; BAUMANN 2017; GÖBEL und BUCHWALD 2017). Eine intensive Auseinandersetzung mit Interkulturalität, gerade auch im internationalen Kontext, findet sich zudem im Bereich der interkulturellen Kommunikation, wobei sich dementsprechende Handbücher und Sammelbände bemühen, praxisorientierte Ansätze zu präsentieren und sich dabei oft als Leitfaden zum alltäglichen und beruflichen Umgang mit Interkulturalität in einer globalisierten Welt verstehen (vgl. BARMEYER, GENKOVA und SCHEFFER 2011; KURYLO 2013; YOUSEFI 2014a und b; HERINGER 2014; SCHUGK 2014; NEULIEP 2015; JANDT 2015; LÜSEBRINK 2016; SORRELLS 2016; TERNÈS 2017; BROSZINSKY-SCHWABE 2017; BAUMANN 2017).

Ein Defizit vieler dieser praxisorientierten Beiträge ist es, dass sie von einem geschlossenen Kulturverständnis (beispielsweise als Nationalkultur) ausgehen. Dieser Aspekt, der für das hier erläuterte Verständnis von Kultur nur geringfügig anschlussfähig ist, ist auch ein Grund, warum Interkulturalitätsansätze oftmals kontrovers diskutiert werden und in der Kritik stehen (YOUSEFI und BRAUN 2011: 102). Um den Ansatz dennoch für eine zeitgemäße Forschungsperspektive fruchtbar zu machen, empfiehlt sich ein reflektierter Umgang mit entsprechenden Ansätzen, die sich hauptsächlich in der wissenschaftlich-theoretischen Auseinandersetzung mit Interkulturalität finden und hier besonders bei solchen Autor:innen, die ihren Ausführungen ein offenes Kulturverständnis zugrunde legen (vgl. ESCHER und SPICKERMANN 2018). SPICKERMANN (2018: 11) betont beispielsweise ein prozessuales Verständnis von Interkulturalität: „Als ‚interkulturell' werden Prozesse des Austausches, der Begegnung und der Konfrontation direkt zwischen Menschen (und indirekt vermittelt durch Medien) mit jeweils unterschiedlichen kulturellen Bezügen (…) verstanden". Auch BARMEYER (2012: 81 f.) forciert ein solches Verständnis des Begriffs, wenn er Interkulturalität beschreibt als einen gegenseitigen

„Prozess des Austauschs, der Interaktion, der Verständigung, der Interpretation, der Konstruktion, aber auch der Überraschung und der Irritation, ebenso der Selbstvergewisserung, der Deformation, der Erweiterung und des Wandels, der dann relevant wird, wenn Kulturen auf der Ebene von Gruppen, Individuen und Symbolen in Kontakt miteinander kommen und nicht über dieselben Wertorientierungen, Bedeutungssysteme und Wissensbestände verfügen".

Interkulturalität tritt dann auf, so der Konsens entsprechender Konzeptionen, wenn Personen mit unterschiedlichen kulturellen Referenzbezügen zusammenkommen und sich miteinander auseinandersetzen. Darauf verweist auch das Präfix *inter*, das als *miteinander/reziprok* übersetzt werden kann (vgl. BARMEYER 2012: 81 f.; BARMEYER 2011: 36).

In diesem Verständnis lässt sich Interkulturalität auf drei Ebenen betrachten: (1) Auf der Makro-Ebene einer multikulturell geprägten Gesamtgesellschaft, (2) auf der Meso-Ebene von internationalen Organisationen, und (3) auf der individuellen Mikro-Ebene, wobei hier der zwischenmenschliche Austausch im Rahmen interkultureller Interaktionen im Fokus steht (BARMEYER 2011: 39 f.). Gerade Letztere ist für die hiesigen Ausführungen entscheidend, sodass im Folgenden der Fokus einmal mehr auf der individuellen Mikroebene liegen soll. Aus einer für die vorliegende Arbeit anschlussfähigen Sicht definieren MOOSMÜLLER und MÖLLER-KIERO (2014b: 15) Interkulturalität als „(...) das interkulturelle Handeln, die Konzeptualisierung dieses Handelns und die durch interkulturelles Handeln hervorgebrachten sozialen und kulturellen Muster". Vor diesem Hintergrund wird Interkulturalität als ein zwischenmenschlicher Interaktionsprozess verstanden, der „sich zwischen unterschiedlichen Lebenswelten ereignet oder abspielt" (BOLTEN 2012: 39 f.) und in dessen Rahmen etwas *Neues*, eben *Inter-Kulturelles*, entsteht (vgl. ZWENGEL 2018: 691).

Aufgefasst als solch ein dynamisches Konzept dient Interkulturalität dazu, „primär das „Dazwischen", die Interaktion der Akteure [in kulturellen Kontexten]" (BOLTEN 2014: 47) zu fokussieren. In dieser Begriffskonzeption ist es zentral, kulturelle Vielfalt als inhärenter Aspekt der betrachteten Interaktionskontexte mitzudenken, da diese dem Phänomen der Kultur innewohne (BOLTEN 2014: 55). Der damit postulierte unmittelbare Zusammenhang zwischen Interkulturalität und kultureller Vielfalt wird auch von JULLIEN (2017: 95) angesprochen, wenn er feststellt, dass „der Begriff des »Inter-Kulturellen« einen Sinn haben soll, kann er nur darin bestehen, dieses Zwischen, dieses Zweigespräch als neue Dimension der Welt und der Kultur zur Entfaltung zu bringen".

Damit sich dieser Prozess ereignen kann, muss Kommunikation zwischen den Akteur:innen stattfinden (vgl. BOLTEN 2012: 40). Diese Sichtweise steht der Tradition einiger wissenschaftlicher Auseinandersetzungen und Analysen entgegen, welche sich entweder interkulturellen Phänomenen *oder* Phänomenen kultureller Vielfalt annähern.[17] Dieses Entweder-oder ist für den hier erläuterten Kontext nur bedingt hilfreich. Davon ausgehend, dass ein Reflektieren über Kultur auch immer eines über deren Vielfalt erfordert (vgl. BOLTEN 2014: 53; DIRKSMEIER und HELBRECHT 2010), wird vielmehr eine Perspektive eingenommen, in der Interkulturalität und kulturelle Vielfalt als Konzepte in einem wechselseitigen Spannungsverhältnis zueinanderstehen. Es wird daher vorgeschlagen, beide Begriffe als komplementäre Ansätze zu denken, anhand derer die Aushandlung kultureller Vielfalt als dynamisch-interaktiver Prozess konzipiert werden kann. Bevor dieser Zusammenhang im Konzeptvorschlag des *Interkulturellen Raums* vertiefend thematisiert wird, befasst sich das nachfolgende Kapitel explizit mit dem zentralen Begriff der kulturellen Vielfalt und damit verknüpften Aspekten kultureller Differenz(ierung).

3.2.2 Kulturelle Vielfalt

Aus wissenssoziologischer Perspektive wird die Auseinandersetzung mit kultureller Vielfalt mittlerweile als Kernbestand eines „Alltags- bzw. Allerweltswissen" (MÜLLER und ZIFONUN 2010: 11) gezählt. Entsprechende Diskurse und damit verknüpfte kollektive Wissensbestände betreffen „sowohl kognitive als auch evaluative Beobachtungs- und Deutungsschemata, die sowohl in unserer Alltagswelt als auch in der Wissenschaft mit den Praktiken der Unterscheidung und Bewertung von Menschen auf der Basis von Abstammung, Herkunft oder körperlichen Merkmalen bzw. dem Glauben an diese Gemeinsamkeiten zu tun haben" (MÜLLER und ZIFONUN 2016: 100). Diskussionen um kulturelle Vielfalt wurden bereits in historischer Perspektive vielfach angestoßen und hinsichtlich ihrer Konzeptionierung und Verwendungsweise immer wieder in und an aktuelle soziale Konstellationen und Diskurse ein- bzw. angepasst (SCHUSTER 2018: 65). SALZBRUNN (2012: 77 ff.) zeigt auf, dass die bestehenden Debatten um gesellschaftliche Vielfalt historisch bis ins 16. Jahrhundert zurückverfolgt werden können und die Begrifflichkeiten dementsprechend etymologisch und epistemologisch vielschichtig betrachtet werden können (SALZBRUNN 2012: 380 ff.; ALLEMANN-GHIONDA 2011: 15 ff.). Heute vereinen Konzepte um *Diversität* und *Vielfalt* sehr unterschiedliche, teils gegensätzliche Argumentationsstränge (vgl.

---

[17] Dies gilt beispielsweise für strukturorientierte Ansätze der theoretischen wie praktischen Interkulturalitäts- und Diversitätsforschung, welche Kultur als eine Dimension von Diversität konzipieren und Kultur dabei vornehmlich als geschlossenes Konzept im Sinne von z. B. einer Nationalkultur denken (vgl. BOLTEN 2014).

BUSCH 2011: 55). Um einen unscharfen Gebrauch des Begriffs zu verhindern, plädiert BUKOW (2011b: 37) dafür, den Begriffshorizont für jegliche Auseinandersetzung mit der Thematik genau abzustecken. Nachfolgend wird aufgezeigt, wie der Begriff im Rahmen der vorliegenden Studie verwendet und das eigene Verständnis von abweichenden Konzeptionen abgegrenzt wird.

In interdisziplinären Diskursen um kulturelle Vielfalt hat sich heute maßgeblich das Konzept der Diversität/*Diversity* etabliert (vgl. JOHNSON 2009: 23).[18] Als normatives Meta-Narrativ wird hierbei oft auch vom globalen Leitbild der *Cultural Diversity* gesprochen (MÜLLER und ZIFONUN 2016: 100). Seit den 1960er-Jahren, spätestens aber in den 1990er-Jahren hat sich somit Vielfalt als *Diversity* bzw. Diversität in den Sozialwissenschaften als *Buzzword* etabliert und scheint aktuelle Diskurse um kulturelle Vielfalt zu dominieren. *Diversity* gilt als Begriff mittlerweile „nahezu unbestreitbar weltweit als normatives Leitkonzept für die Beobachtung von und den Umgang mit menschlichen Unterschieden" (MÜLLER und ZIFONUN 2016: 100). Diese globale Leitidee für die Beobachtung, den Umgang und die Auseinandersetzung mit sozialen und kulturellen Unterschieden geht einher mit einer Wahrnehmungsverschiebung hinsichtlich Differenzen jeglicher Art, die nunmehr als individuelle Ressource gedeutet werden (MÜLLER und ZIFONUN 2016: 99 f.). Dabei wird Diversität maßgeblich als ein gesellschaftspolitisch angestrebtes Ziel verstanden, wobei der ungerechten Verteilung bestimmter Gruppen in einer Bevölkerung, wie z. B. ethnische Minderheiten oder Geschlechtergruppen, durch gezielte Förderung begegnet werden soll (KANNING 2016: 18). Auf einer gesamtgesellschaftlichen Makroebene wird das Konzept herangezogen, um „Prozesse gesellschaftlichen Wandels, die Vielfalt hervorbringen" (HARDMEIER und VINZ 2007: 28) zu thematisieren. Diversität bezeichnet dabei die soziokulturelle Heterogenität von Mitgliedern einer Gesellschaft in Hinblick auf eine Vielzahl an Merkmalsdimensionen, wie z. B. ethnische Herkunft, Geschlecht oder Alter (vgl. HARRISON und SIN 2006; VAN DICK und STEGMANN 2016: 4). In dieser Perspektive findet Diversität als anwendungsbezogenes Konzept auf der Mesoebene betriebs- bzw. privatwirtschaftlicher Kontexte Einsatz, konkret im Kontext des *Diversity Managements*.[19]

---

[18] Für eine umfassende Abhandlung des Konzeptes in geographischer Perspektive vgl. PRICE 2015. Für einen ersten interdisziplinären Überblick vgl. u. a. KRELL et al. (2007), STEINBERG (2009), ROBERSON (2013), KLARSFELD et al. (2014) oder GENKOVA und RINGEISEN (2016a, b).

[19] Hierbei steht eine praktische Anwendung des Konzepts im Vordergrund, z. B. in Ökonomie oder Pädagogik (vgl. PRENGEL 2006; BECKER 2006; HARDMEIER und VINZ 2007: 27; SCHRAUDNER 2010; BUKOW 2011b; FRANKEN 2015). Diese Kontexte und Perspektiven

In dieser Perspektive wird die Heterogenität von Gesellschaften positiv betont und somit als Potenzial hervorgehoben. HARDMEIER und VINZ (2007: 27) definieren Diversität in diesem Sinne als Synonym für „Differenz, Heterogenität und Verschiedenheit", einhergehend „mit positiver Konnotation vor allem als Vielfalt übersetzt und [einhergeht] mit der Zielvorgabe (…), Verschiedenheit von Menschen anzuerkennen". Im Kontext eines solchen *Diversity*-Konzepts geht es vor allem darum, „einen neuen Umgang mit der konstatierten sozialen und kulturellen Vielfalt zu finden" (SCHUSTER 2018: 64). Anknüpfend an einen betriebswirtschaftlichen Bezug dieser Konzeption zielt *Diversity* in verkürzender Manier vor allem auf ökonomische Profitsteigerungen ab – es wird die Idee verfolgt, Vielfalt „in marktförmigen Prozessen nutzbar zu machen und semantisch als Potenzial umzudeuten" (SCHUSTER 2018: 63). SCHUSTER (2018: 65) merkt diesbezüglich kritisch an, dass *Diversity* in dieser Perspektive als „hegemonial besetztes Konzept" zu verstehen sei, „in dem es vor allem darum geht, mit der existierenden Vielfalt (der Angehörigen eines Unternehmens oder einer Organisation) möglichst so geschickt umzugehen (managing), dass sie dem Unternehmen bzw. der Organisation als Wettbewerbsvorteil zu Gute kommt". Eine theoretische Auseinandersetzung mit Vielfalt steht hierbei oftmals hinter einer praktischen Anwendung des Konzepts zurück, beispielsweise in ökonomischen sowie Arbeits- und Bildungskontexten. Konkrete Ansätze zu einer solchen Perspektive auf kultureller Diversität finden sich aber auch in soziologischen, anthropologischen, wirtschaftswissenschaftlichen, pädagogischen oder kulturwissenschaftlichen Publikationen (vgl. HARDMEIER und VINZ 2007: 27; SCHRAUDNER 2010; FRANKEN 2015; PRENGEL 2006; BECKER 2006; BUKOW 2011b). Auch das uneinheitlich verwendete Konzept der *Diverse City*[20], das seit den 2000er-Jahren Einzug in neoliberal ausgerichtete stadtpolitische Diskurse gehalten hat und durchaus kritisch betrachtet werden kann, ist dieser Perspektive zuzurechnen (vgl. SCHUSTER 2018). Für die vorliegende Studie ist eine solche Konzeption von Diversität als primär „ökonomische (…) Ressource unserer Gesellschaft" (ESCHER und KARNER 2017: 35) nicht von Relevanz. Auch eine politische Dimension des Begriffs, welche die gezielte Organisation

---

werden im Folgenden nur kurz angerissen, da sie für die vorliegende Studie nicht im Fokus stehen.

[20] Das Konzept der *Diverse City* wird hier nicht vertieft, da es als vordergründig ökonomisch-politisch ausgerichtetes Konzept in eine Richtung weist, die für die Konzeption der theoretischen Folie weniger von Relevanz ist. Für eine kritische Einführung in das Konzept vgl. SCHUSTER (2018). Darüber hinaus geben u. a. RACO et al. (2017) eine detailliertere Einführung in das Konzept. Eine gute Übersicht über die Stellung von Diversitätsdiskurse in der Stadtentwicklungsforschung findet sich u. a. bei BUKOW (2011a).

gesellschaftlicher Vielfalt auf (gesellschafts-)politischer Ebene und im Bereich der Regierungsführung (*Governance*) anspricht, wird nachfolgend ausgeklammert (vgl. KOTTAK UND KOZAITIS 2012: 299; MÜLLER und ZIFONUN 2016).

In einer anderen, vornehmlichen sozial- und kulturwissenschaftlichen Perspektive wird kulturelle Vielfalt als gesellschaftlich existentes Phänomen betrachtet. „[V]erstanden als soziale und kulturelle Vielfalt, begegnet uns [Diversität] als sozialer Tatbestand" (FUCHS 2007: 17). Wie bereits dargelegt wurde, ist kulturelle Vielfalt ein ganz wesentliches Merkmal eines „heterogenen, mehrwertigen und akteursfeldbezogenen offenen Kulturverständnisses" (BOLTEN 2014: 57). Ein Nachdenken über Kultur impliziert folglich immer auch ein Nachdenken über deren inhärente kulturelle Vielfalt. DIRKSMEIER und HELBRECHT (2010: 43) fassen diesen Aspekt folgendermaßen zusammen: „[T]he culture of world society is its internalized cultural diversity". Eine solche Perspektive auf Vielfalt wurde auch bereits im einführenden Kapitel der vorliegenden Studie als für Städte konstitutives Merkmal eingeführt. An dieser Stelle sollen die dortigen Ausführungen nicht rekapituliert werden – es sei aber darauf hingewiesen, dass kulturelle Vielfalt stets als zentraler Bestandteil des städtischen, alltäglichen Miteinanders verstanden werden kann, wie auch SCHUSTER (2018: 63) mit Verweis auf JACOBS (1961) und BUKOW (2011a) konstatiert. Ohne allerdings, wie es im Falle von *Diversity* oder auch der *Diverse City*, ein gewinnbringendes Potenzial mit dieser Vielfalt zu assoziieren, ist eine derartige Perspektive auf Vielfalt wesentlich wertfreier verfasst wie auch FUCHS (2007: 18, Hervorhebungen im Original) feststellt:

„Automatisch folgt aus Diversität *nichts* an sozialen Konsequenzen. Entscheidend ist vielmehr, *wie* die sozialen und politischen Akteure, das heißt, wie wir alle mit Diversität umgehen, wie wir als soziale Akteure Differenzierungen vornehmen und auf Differenzen Bezug nehmen".

Kulturelle Vielfalt ist also zunächst weder etwas Positives, noch etwas Negatives. Um sich mit dieser Setzung von den angesprochenen anwendungsbezogenen Konzeptionen abzugrenzen, wird nachfolgend auf den Begriff der Diversität verzichtet und der Begriff der kulturellen Vielfalt bevorzugt. Um an die bislang unterbreiteten Sichtweisen von Kultur und Interkulturalität anzuknüpfen, ist es sinnvoll, hierzu einmal mehr eine explizite, handlungstheoretisch verankerte Mikroperspektive auf kulturelle Vielfalt einzunehmen. Wie auch für die dargelegten Konzeptionen der Begriffe Kultur und Interkulturalität wird vorgeschlagen, bei den Konstruktionen kultureller Differenzen am Individuum anzusetzen und auf die Ebene der Interaktion *zwischen* Individuen zu fokussieren, die aus

3.2 Forschungsdimensionen ... 71

unterschiedlichen Kontexten und mit unterschiedlichen kulturellen Referenzen zusammenkommen (DREHER und STEGMAIER 2007b: 12; ALLEMANN-GHIONDA 2011: 17; BUKOW 2011b: 35). In einer solchen Perspektive lässt sich kulturelle Vielfalt nicht als gegebener Fakt betrachten. Vielmehr ist Vielfalt das Ergebnis von Prozessen und interpretativen Handlungen, in deren Kontext sie dynamisch ausgehandelt und immer wieder neu konstruiert wird (FUCHS 2007: 17; SCHUSTER 2018: 65).

3.2.3 Kulturelle Differenz(ierung)

In einschlägiger Literatur zu dem hier besprochenen Themenfeld kultureller Vielfalt findet sich ein Konsens darüber, dass Vielfalt nicht per se existiert, sondern als „das Resultat von Differenzierungen, von Differenz*handlungen*" (FUCHS 2007: 17, Hervorhebung im Original) verstanden werden muss. Dies impliziert auch, dass sich kulturelle Vielfalt nicht ohne Kenntnis von Differenz[21] und Differenzierungshandeln erörtern lässt (SCHUSTER 2018: 66). Kulturelle Vielfalt entsteht in dieser Perspektive als ein Ergebnis von Differenzierungsprozessen, die durch gesellschaftliche Akteur:innen aktiv hervorgebracht werden. Folglich ist kulturelle Vielfalt in diesem Verständnis ein auf das Individuum bezogenes Konzept, über das kulturelle Differenzen, und auch Gemeinsamkeiten, in Bezug auf individuelle, kulturelle (Erfahrungs-)Hintergründe sowie anhand unterschiedlicher Kategorien gefasst wird.

Um an den Vorschlag anzuknüpfen, Kulturen stets als in sich vielfältig zu betrachten, wird auch von einer „Vielfalt von Differenzen" (ZWENGEL 2010: 457) ausgegangen. Diese werden auf alltagsweltlicher Ebene von Individuen als „Agenten in diesem Prozess" (BUKOW 2011a: 228) transportiert und ausgehandelt. Diese Perspektive ist nach ZWENGEL (2010: 456 ff.) im Paradigma der *Kultur*

---

[21] Auch Differenz ist ein überaus abstrakter und vielschichtiger Begriff, dessen Komplexität an dieser Stelle nur gestreift wird. Die nachfolgende Reflektion erfolgt im Bewusstsein darüber, dass (kulturelle) Differenz ein überaus heterogen zu denkender Begriff ist, der in unterschiedlichen Zeiten und in unterschiedlichen wissenschaftlichen Disziplinen und Strömungen different gedacht und konzipiert wird (vgl. u. a. BREINIG, GEBHARDT und LÖSCH 2002; ALLOLIO-NÄCKE, KALSCHEUER und MANZESCHKE 2005; DREHER und STEGMAIER 2007a und b; MOOSMÜLLER 2009a und b; HIRSCHAUER 2017). An dieser Stelle sei auf den Beitrag von FUCHS (2007) verwiesen, der sich in Hinblick auf kulturelle Vielfalt äußerst differenziert und dennoch übersichtlich mit unterschiedlichen Differenzkonzepten auseinandersetzt.

der Differenz[22] verankert. Dieses impliziert „eine deutliche Abkehr von bipolaren Gegenüberstellungen (vermeintlicher) kultureller Differenzen" (ZWENGEL 2010: 458). So stehen sich nicht kulturelle Einheiten im Sinne eines homogenisierenden Kulturbegriffs gegenüber, sondern Individuen, die sich „in Hinblick auf kulturelle und andere soziale Merkmale [unterscheiden], die ihnen zugeschrieben werden" (ZWENGEL 2010: 460). Diese Perspektive wird auch in Diskursen um den Begriff der *Transdifferenz* aufgegriffen, der ebenfalls eine Überwindung binärer Differenzoptionen anstrebt (vgl. BREINIG und LÖSCH 2002; LÖSCH 2005)[23]. Zeitgenössische Konzeptionen von Differenz verweisen somit meist auf die Vielfältigkeit und Komplexität von Differenz(ierungs)optionen, wie auch FUCHS (2007: 18, Hervorhebung im Original) darlegt:

„Nicht nur verweist Differenz wie auch schon Diversität auf eine Vielfalt *ganz* unterschiedlicher sozialer *Tatbestände* (…). Differenz thematisiert obendrein einen grundlegenden *Modus* sozialer Denk- und Handlungsprozesse. Differenz verweist darauf, dass wir beständig unterscheiden, immer und erneut Unterscheidungen vornehmen – wir machen Dinge immer wieder anders und anders als andere, wir denken Dinge neu und denken sie anders als andere. Das Produkt sind unterschiedliche Weltbilder und wieder veränderte Weltbilder, andere Sozialpraktiken oder Lebensformen – eben kulturelle Unterschiede im weitesten Sinne. (…) Diese verschiedenen Differenzierungen durchkreuzen und überlagern einander".

Die im Kontext von Differenzierungsprozessen thematisierten sozialen Tatbestände verweisen folglich auf unterschiedliche Aspekte „machtvoller kategorialer Zuschreibungen, die (…) jeweils eigene Perspektiven und Forschungsfelder in sozialwissenschaftlichen Untersuchungen repräsentieren (…)" (SCHUSTER 2018: 66). Traditionelle(re) Ansätze der Stadtforschung thematisieren kulturelle Vielfalt in städtischen Kontexten hauptsächlich über Dimensionen nationaler und ethnischer Zugehörigkeiten. Dahingegen lässt sich für kontemporäre Ansätze eine Öffnung hin zu einer breiteren Konzeption von Vielfalt feststellen. Dabei wird

---

[22] ZWENGEL (2010: 456 ff.) grenzt das Paradigma der *Kultur der Differenz* vom Paradigma der *kulturellen Differenz* ab. In ihren Ausführungen zeigt sie auf, die diesem jüngeren Paradigma eine „Vorstellung von Vielfalt" (ZWENGEL 2010: 456) inhärent sei, das genuin von einer Vielfalt von soziokulturellen Differenzen ausgehen würde, die stets auf mikrosoziologischer Perspektive aufzuzeigen seien. In diesem Verständnis rücke vor allem ein Forschungsinteresse an „Umgang mit Differenz in Interaktionssituationen" ins Interesse. Dabei würden auf prozesshafte Art und Weise unterschiedlichste kulturelle Differenzen betrachtet werden, die als soziale Konstruktionen gefasst werden. Schließlich seien Individuen „nicht objektiv Kulturen zuzuordnen. Es komme darauf an, welche Merkmale als kulturell unterscheidend aufgefasst werden und ob diese situativ relevant gesetzt werden oder nicht" (ZWENGEL 2010: 456).
[23] Zur ausführlichen Definition von *Transdifferenz* vgl. LÖSCH (2005: 27 ff.).

3.2 Forschungsdimensionen ...

eine Vielzahl von Kategorien und Dimensionen sozialer Ungleichheit berücksichtigt (vgl. SCHUSTER 2018: 69). Hierzu zählen u. a. „Ethnie oder soziokulturelle Zugehörigkeit (Selbst- und Fremdzuschreibung), Nationalität bzw. Staatsangehörigkeit, (...) Ability/Disability bzw. Gesundheit im körperlichen oder seelischen Sinne, Hautfarbe und andere sichtbare körperliche Merkmale, Religion bzw. Glaube oder Spiritualität" (ALLEMANN-GHIONDA 2011: 25), aber auch Alter, Geschlecht und Sexualität, Sprache, Klasse sowie Bildungsstatus – um nur einige Kategorien einer langen Möglichkeitsliste zu nennen (vgl. u. a. ZWENGEL 2010: 457; FUCHS 2007: 18; CORNELL und HARTMANN 2010; ELLER 2015). Gemein ist solchen Auflistungen, dass Vielfalt anhand individueller Differenz-Merkmale verhandelt wird, „die teilweise angeboren sind, teilweise individuell erworben werden, teilweise durch Gesetze und institutionelle Praxis entstehen" (ALLEMANN-GHIONDA 2011: 25).

Solche Differenzierungsvariablen beziehen sich in der Regel entweder auf einen zugeschriebenen oder einen sozial erlangten Status, wobei es sich hierbei nicht um inkommensurable Gegensätze handelt, sondern um interagierende Aspekte.[24] Merkmale und Dimensionen kultureller Vielfalt werden im handlungstheoretischen Sinne dabei nicht als feste Kategorien oder fixe menschliche Eigenschaften gedacht, sondern als soziale Konstruktionen. Diese erscheinen stets kumuliert oder kombiniert als offene, multiple Variablen, die in sich vielfältig sind und in Interrelation zueinanderstehen (vgl. BUKOW 2011b: 36).[25]

Ein Ursprung dieser Perspektive, die mittlerweile ein anerkanntes Credo sozialwissenschaftlicher Forschung ist (vgl. BRODKIN 2001: 369), liegt im Forschungsparadigma der Intersektionalität[26] begründet und rückt explizit die Relationalität einzelner Differenzkategorien in den Fokus. Auch bzw. gerade für

---

[24] Beispielsweise kann die Zugehörigkeit zu einer bestimmten Einkommensgruppe familiär/ generationenübergreifend bedingt sein oder auch von einem Individuum durch gewisse Eigenleistungen selbstständig erreicht werden (vgl. ELLER 2015).

[25] Bereits seit den 1970er Jahren bestand diesbezüglich eine Tendenz in der akademischen Auseinandersetzung, relevante Aspekte kultureller Vielfalt zunehmend integrativ und auf nicht-hierarchisierende Art und Weise zu verhandeln. Während zuvor Debatten über Themen wie z. B. soziale Klassen, Gender und sexuelle Orientierung, ethnisch-kulturelle Unterschiede, hybride Identitäten, *ability* und *disability* getrennt voneinander geführt wurden, verschmelzen diese in aktuellen Auseinandersetzungen zu einer Gesamtbetrachtung (sozio)kultureller Vielfalt (ALLEMANN-GHIONDA 2011: 24 f.).

[26] Die Ursprünge der Intersektionalität liegen im Bereich des *Black Feminism* bzw. einer *Critical Race Theory*. Mittlerweile hat sich der Begriff vornehmlich im Bereich der Gender-Studies etabliert und wird in jüngster Zeit zunehmend auch in anderen Disziplinen eingesetzt (WALGENBACH 2012: o.S.). Eingeführt wurde der Begriff von der Rechtswissenschaftlerin Kimberlé CRENSHAW (1989) im Kontext einer Publikation zu Diskriminierungsprozessen

die Analyse von Identitäts- und Differenzkonstruktionen in städtischen Räumen eignet sich das Paradigma der Intersektionalität – lassen sich Städte doch als intersektionale Räume betrachten, die von unterschiedlichen Differenzierungskategorien durchkreuzt werden (vgl. BONDI und ROSE 2003; BAURIEDL und SCHURR 2018). Intersektionalität stellt die „Wechselbeziehungen von sozialen Macht-, Herrschafts- und Normierungsverhältnissen wie Geschlecht, ‚Rasse', Ethnizität, Klasse/Schicht, Sexualität/Begehren, Alter etc. in das Zentrum des Forschungsinteresses" (BAURIEDL und SCHURR 2018: 143) und betrachtet diese „Dimensionen sozialer Ungleichheit (…) als soziale Konstruktionen (…), die nur in ihren Wechselverhältnissen untersucht werden können [, wobei] [d]iese Wechselwirkungen (…) immer kontextspezifisch, gegenstandsbezogen und Ergebnis von ungleichheitsgenerierenden Strukturen, symbolischen Repräsentationen und individuellen bzw. kollektiven Identitätskonstruktionen" (BAURIEDL und SCHURR 2018: 143) sind. Es wird somit davon ausgegangen, dass Differenzierungsmerkmale als soziale Kategorien „nicht isoliert voneinander konzeptualisiert werden können, sondern in ihren ‚Verwobenheiten' oder ‚Überkreuzungen' (intersections) analysiert werden müssen" (WALGENBACH 2012: o.S.; vgl. CRENSHAW 1989). Kategorien kultureller Vielfalt und ihre Ausprägungen werden somit nicht als sich ausschließende Kategorien betrachtet, sondern als in Wechselwirkung zueinanderstehende Kompositionen multipler und zusammenwirkender Ausprägungen.

An die bisherigen Ausführungen anschlussfähig postuliert BUKOW (2011b: 38), dass es für eine zeitgemäße Auseinandersetzung mit kultureller Vielfalt notwendig sei, „nicht länger von einer bereits fest umrissenen inhaltlichen Vorstellung von [kultureller] Vielfalt ausgehend zu diskutieren, sondern umgekehrt zu verfahren und operativ anzusetzen". Es sei zentral, sich darauf zu konzentrieren, *wie* diese Vielfalt hervorbringenden Operationen empirisch gefasst, analysiert und nachvollzogen werden könnten. Hierfür müsse man sich der Tatsache bewusst

---

gegen Schwarze Frauen in den USA. Darin legt sie dar, dass sich Diskriminierungen maßgeblich in der Überschneidung von Kategorien bzw. Herrschaftsstrukturen wie *Race/Gender* oder *Racism/Sexism* vollziehen. Eine gute Einführung in die Grundzüge der Theorie sowie ein umfangreicher Literaturüberblick finden sich bei WALGENBACH (2012) oder DAVIS (2008), vgl. zudem beispielsweise CRENSHAW (1994), ANTHIAS (2005), DEGELE und WINKLER (2007), WINKLER und DEGELE (2009). Einige Publikationen benennen explizite Schwachstellen dieses Ansatzes, wie z. B. die Tatsache, dass einzelne Kategorien recht willkürlich ausgewählt würden sowie die damit verbundene Reduktion auf wenige Unterscheidungsmerkmale (HIRSCHAUER 2014). DEGELE und WINKLER (2007: 5) schlagen vor, die zur Analyse verfügbaren und erforderlichen (Differenz-)Kategorien generell offen zu halten und induktiv aus dem analysierten Material heraus zu bilden.

3.2 Forschungsdimensionen ...

werden, dass es sich nicht nur um theoretisch-abstrakte Konstrukte handele, sondern um Prozesse, die auch konkret identifiziert werden können (BUKOW 2011b: 41 f.). Mit anderen Worten müsse das, was als kulturelle Vielfalt verstanden wird, empirisch-analytisch identifiziert und verstehend interpretiert werden. Hierfür ist es sinnvoll, die Modalitäten der Aushandlungsprozesse kultureller Vielfalt näher in den Blick zu nehmen.

Ein für die Erarbeitung einer theoretischen Folie anschlussfähiger Ansatz zur *Analyse* kultureller Vielfalt stellt der von HIRSCHAUER (2014, 2017) postulierte Ansatz der *Humandifferenzierungen* dar. Dieser geht davon aus, dass gesellschaftlich relevante kulturelle Unterschiede nicht einfach bestehen, sondern *gemacht* werden.[27] Der Ansatz bietet einen innovativen Analyserahmen „für vergleichende Forschung zur Herstellung, Überlagerung und Außerkraftsetzung kultureller Differenzierungen von Menschen – für das ‚doing' und ‚undoing' sozialer Zugehörigkeiten" (HIRSCHAUER 2014: 170). Als direkt am Individuum orientierter Ansatz fokussiert er auf die „mikroperspektivische Handlungsseite von Humandifferenzierungen" (HIRSCHAUER und BOLL 2017: 12) – also auf die Tatsache, dass Differenzierungsprozesse im Rahmen zwischenmenschlicher Interaktionssituationen aktualisiert werden. In diesem Verständnis sind es nicht abgegrenzte kulturelle Gruppen, die miteinander in Kontakt treten, sondern durch unterschiedliche kulturelle Kontexte geprägte, individuelle Akteur:innen. Diese zeichnen sich durch interne kulturelle Vielfalt aus – durch kulturelle Gemeinsamkeiten und Unterschiede.

Zwei zentrale Aspekte des Ansatzes sollen hier hervorgehoben werden: Zum einen werden Humandifferenzierungen in dieser Perspektive als Differenzierungs*prozesse* interpretiert, also ein „prozesshaftes Verständnis von Differenzen

---

[27] Die Zuordnung von Menschen zu sozialen Gruppen und ihre Differenzierung in gesellschaftliche Felder und soziale Gebilde sowie damit zusammenhängende Kategorisierungsprozesse können nach HIRSCHAUER (2014: 174 f.) als soziale Notwendigkeit bezeichnet werden und tragen zur Erzeugung und Aufrechterhaltung kultureller Ordnungen bei (vgl. HIRSCHAUER 2017): „Wir kennzeichnen Menschen im Alltag über (…) Merkmale, Bildung, Haut- und Haarfarbe, Geschlecht, Religion, Sprache, Attraktivität (…). Was wir mit dem so genannten gesunden Menschenverstand tun, ist, dass wir diese Merkmale als feste Eigenschaften begreifen (…). Im Alltag sagen wir: Menschen sind halt unterschiedlich. Die Sozial- und Kulturwissenschaften sehen das anders – wir sind unterschiedlich, weil Unterscheidungen gemacht werden, weil also kulturelle Grenzen gezogen werden. Anstatt von Differenzen auszugehen, untersuchen (…) [diese] Fächer Differenzierungen (…), Humandifferenzierungen" (HIRSCHAUER 2013, ab 00:36). Das Zitat stammt aus einem Radiobeitrag (SWR2 Journal 2013), in dem HIRSCHAUER das Konzept der Humandifferenzierungen im Sinne eines interdisziplinären Forschungsprojektes mit dem Titel *Un/Doing Differences. Praktiken der Humandifferenzierung* erläutert.

als Differenzierungen" (HIRSCHAUER und BOLL 2017: 7) in den Fokus gestellt. Zugehörigkeiten zu einer Kategorie oder Mitgliedschaft in einer sozialen Gruppe werden demnach nicht als per se fixierte Eigenschaft betrachtet, sondern als solche, die erst durch Praktiken ausgewiesen bzw. durch Zuweisungsprozesse hervorgebracht werden. In kultursoziologischer Perspektive lässt sich als Basis dieser Idee der Ansatz des *doing differences*[28] (WEST und FENSTERMAKER 1995) benennen, welcher explizit auf den Prozess der sozialen Kategorisierung ansetzt. Dieser geht davon aus, „dass jede soziale Differenzierung praktiziert werden muss" (HIRSCHAUER und BOLL 2017: 11). Zum anderen geht der Ansatz davon aus, dass Individuen nicht nur einer bestimmten Kategorie zugehörig sind oder sich durch eine bestimmte Variable kennzeichnen, sondern sich selbst fortwährend anhand „multiplizierter Kategorisierungsoptionen kategorisieren und identifizieren" (HIRSCHAUER 2014: 173) können. Zugleich werden Differenzierungskategorien hierbei als kontingente, wechselseitig verknüpfte Einheiten im Sinne der Intersektionalität betrachtet, denn die „Zugehörigkeit einer Person zu einer Kategorie impliziert (…) auch eine Zugehörigkeit vieler anderer, der Kategorie semiotisch assoziierten Dinge zu dieser Person" (HIRSCHAUER 2017: 35). In diesem Verständnis wird ein jedes Individuum als Matrix unterschiedlicher, in sich variabler Differenzkategorien verstanden:

„[H]umans are not only diverse but diverse in diverse and intersecting ways. (…) We are diverse along a number of dimensions, both physical/inherited and cultural/learned, all of which interact in unique ways in each society, producing a complex field of socially constructed characteristics" (ELLER 2015: 11, 16).

Betrachtet man Individuen als solch kohäsive Akteur:innen, die flexibel Anschluss an unterschiedliche kulturelle Kontexte finden können, dann gelangt man unweigerlich zum Konzept der pluralen kulturellen Identitäten[29]. Dieses bezeichnet die Annahme, dass Menschen nicht nur über eine einzige, sondern eine Vielzahl

---

[28] Mit ihrem wegweisenden Aufsatz *Doing Difference* legen WEST und FENSTERMAKER (1995) eine wichtige Basis für die Perspektive, dass Kategorien sozialer Differenz(ierung) nicht aus sich selbst heraus existieren, sondern stets als sozial konstruiert betrachtet werden müssen. In Anlehnung an GOFFMAN (1977) und auf Basis ethnomethodologischer Grundannahmen konstatieren sie, dass in sozialen Situationen etwaig gegebene Differenzen erst hervorgebracht werden.

[29] Der Begriff der kulturellen Identität wird hier nur angeschnitten, da es sich hierbei um ein eigenes theoretisch kontrovers diskutiertes Konzept handelt, dessen ausführliche Thematisierung den Rahmen des Kapitels sprengen würde. Vgl. für eine Einführung u. a. ZIEBERTZ und HERBERT (2009) oder GILBERT (2010) oder für das Schlagwort der *partizipativen Identität*, dem DREHER und STEGMAIER (2007b) für alltagspraktische Kontexte große Relevanz

kultureller Identitäten verfügen. Als Mitglieder unterschiedlichster Lebenswelten werden individuelle Akteur:innen als multi-/polykollektive Subjekte betrachtet, die ihre Identität kontextabhängig und dialogisch anhand unterschiedlicher Bezüge immer wieder neu konstruieren. Dabei können ganz unterschiedliche kulturelle Aspekte, Werte und Normen eine Rolle spielen, ebenso wie weltanschauliche Überzeugungen (vgl. ZIEBERTZ und HERBERT 2009: 11 ff.). In dieser Perspektive wird von einer Mehrfachmitgliedschaft gesellschaftlicher Akteur:innen in unterschiedlichen Kollektiven oder Feldern ausgegangen – also davon, „dass jeder einzelne Akteur als eingebunden in diverse „communities" beziehungsweise Netzwerkareale verstanden wird, so wie diese ihrerseits wiederum in Hinblick auf die ihnen inhärenten Vielfaltsmerkmale beliebig intensiv „gezoomt" werden können" (BOLTEN 2014: 54). Diese sind als lebensweltliche, kulturelle Bezugsfelder zu verstehen, welche mehr oder weniger miteinander vernetzt sind, da jede/r Akteur:in in unterschiedlichen Feldern aktiv sein kann:

> „Staatsangehörigkeit, Wohnort, geographische Herkunft, Geschlecht, Klassenzugehörigkeit, politische Ansichten, Beruf, Arbeit, Eßgewohnheiten, sportliche Interessen, Musikgeschmack, soziale Engagements usw. – das alles macht uns zu Mitgliedern einer Vielzahl von Gruppen. Jedes dieser Kollektive, denen ein Mensch gleichzeitig angehört, verleiht ihm eine bestimmte Identität. Keine seiner Identitäten darf als seine einzige Identität oder Zugehörigkeitskategorie verstanden werden (…). Die Kategorien, denen wir gleichzeitig angehören, sind sehr zahlreich. (…) Jeder von uns hat in seinem Leben in unterschiedlichen Kontexten an Identitäten vielfältiger Art teil, die sich aus seinem Werdegang, seinen Assoziationen und seinen sozialen Aktivitäten ergeben" (SEN 2007: 20, 33, 38).

jede/r soziale Akteur:in demnach in vielseitigen pluralen, räumlichen Identitäten verwirklichen, ohne an konkrete geographische Grenzen oder Fixierungen gebunden zu sein. Differenzierungsprozesse haben in diesem Verständnis unterschiedliche Ansatzpunkte und orientieren sich dementsprechend zum Beispiel „an menschlichen Körpern, Sprachen, Geburtsorten, Überzeugungen und Leistungen" (HIRSCHAUER 2017: 35). Sie umfassen darüber hinaus sekundäre Ausprägungen, die mit einer Person assoziiert sind – „Verhaltensweisen, die ihr ›zustehen‹, Tätigkeit, die zu ihr ›passen‹ und Positionen, die ihr zugeordnet sind: allesamt Anreicherungen einer Humandifferenzierung mit sozialem Sinn" (HIRSCHAUER 2017: 35; vgl. HIRSCHAUER und BOLL 2017: 8 ff.; HIRSCHAUER 2014). Der Ansatz geht darüber hinaus nicht nur von *doing differences* aus, sondern auch von *un/doing differences*. Diese Erweiterung verweist darauf, dass abhängig vom

---

zuschreiben, HAHN (2000). Für eine psychologische Perspektive auf die Konstruktion von Identität vgl. MEAD (1934, 1968), sowie HERMANS und KEMPEN (1993).

jeweiligen Kontext bestimmte soziokulturelle Attribute bzw. Differenzvariablen selektiv miteinander verknüpft werden und dabei Bedeutung gewinnen oder verlieren bzw. sich gegenseitig relativieren können.[30] Dies führt zu der Erkenntnis, dass Individuen nicht dauerhaft einer bestimmten (kulturellen) Kategorie zugehören, sondern diese als temporäre Disposition betrachtet werden muss, die situativ als Differenz aktualisiert wird – oder eben nicht (vgl. HIRSCHAUER und BOLL 2017: 11).

An dieser Stelle lässt sich nun eine gute Brücke zum bereits erläuterten Begriff der Interkulturalität schlagen. Interkulturalität beschreibt im Verständnis der vorliegenden Arbeit ein dynamisches Konzept, das „primär das „Dazwischen", die Interaktion der Akteure [in kulturellen Kontexten]" (BOLTEN 2014: 47) erfasst. Wie dargelegt wurde, lässt sich kulturelle Vielfalt als wesentliches Merkmal eines „heterogenen, mehrwertigen und akteursfeldbezogenen offenen Kulturverständnisses" (BOLTEN 2014: 57) fassen, welche wiederum in zwischenmenschlichen Interaktionsszenarien dynamisch-prozesshaft ausgehandelt wird. Mit einem Fokus auf den Menschen als individuellen kulturellen Akteur lässt sich annehmen, dass zur Analyse interkultureller Phänomene primär die Interaktion sozialer Akteur:innen in den Mittelpunkt gestellt werden sollte, da erst hier kulturelle Differenzen und Gemeinsamkeiten, über die kulturelle Vielfalt letztendlich konstruiert wird, sichtbar werden (vgl. BOLTEN 2014: 47). Die in Interaktionskontexten ausgehandelten, kulturellen Aspekte beziehen sich dabei auf unterschiedliche Komponenten kultureller Vielfalt, welche über Eigen- oder Fremdzuschreibung aktualisiert werden können oder verborgen bleiben (vgl. BARMEYER 2011: 35; ZWENGEL 2018: 693).

Der eben erläuterte Prozess der (Human-)Differenzierungen im Sinne eines *un/doing differences* ist ein hierfür anschlussfähiges Konzept, über welches sich auf konzeptioneller Ebene der Analyse interkultureller Aushandlungsprozesse und dem sich dabei offenbarenden „Umgang mit Differenz in der Interaktion" (ZWENGEL 2010: 461) zugewendet werden kann. Auf diese Weise lassen sich wiederum, wie ebenfalls bereits vorgeschlagen wurde, Interkulturalität und kulturelle Vielfalt als zusammenhängende und sich ergänzende Ansätze denken,

---

[30] „Die Grundvorstellung eines praktischen Vollzugs von Unterscheidungen und Zugehörigkeiten (*doing X*) impliziert nun aber auch, dass sie auch nicht getan werden oder *zurückgenommen* werden können. Ein solches *undoing X* liegt etwa vor, wenn eine visuell naheliegende Unterscheidung (…) normativ inhibiert oder eine interaktiv vollzogene Unterscheidung zurückgewiesen oder ignoriert wird. Eine grundlegende Kontingenz von Humandifferenzierungen liegt also in ihrer prinzipiellen Negierbarkeit: Sie können gezogen *oder* zurückgezogen, aufrechterhalten *oder* unterlaufen werden" (HIRSCHAUER und BOLL 2017: 11).

anhand derer die Aushandlung kultureller Vielfalt als dynamisch-interaktiver Prozess konzipiert werden kann. Ein zentrales Element der Aushandlungsprozesse sind die sie konstituierenden Interaktionen und die dafür notwendigen Begegnungen zwischen Akteur:innen. Um diese Zusammenhänge konzeptionell klarer fassen zu können, wird an späterer Stelle (Abschnitt 3.3) mit dem *Interkulturellen Raum* ein Konzept vorgeschlagen, das explizit das *Dazwischen* in der unmittelbaren Begegnung und Interaktion von Akteur:innen mit unterschiedlichen kulturellen Referenzbezügen bezeichnet. Zunächst gilt es jedoch zu erläutern, wie sich Dimensionen kultureller Vielfalt in einem US-amerikanischen Kontext fassen lassen, der für die vorliegende Studie den Rahmen bildet.

3.2.4 Dimensionen kulturelle Vielfalt im US-amerikanischen Kontext

Diskurse um Interkulturalität und kulturelle Vielfalt sind stets „(…) historisch und gesellschaftlich gerahmt" (MOOSMÜLLER und MÖLLER-KIERO 2014b: 11). In der vorliegenden Studie erfolgt eine Auseinandersetzung mit der Thematik in einem US-amerikanischen Kontext. Nachfolgend wird deshalb dargelegt, wie dieses Feld für die eingenommene Forschungsperspektive urbar gemacht wird. Zwei Aspekte werden hierzu angesprochen: Zum einen wird ein Überblick darüber gegeben, wie kulturelle Vielfalt in politisch-gesellschaftliche Diskurse der USA eingebettet ist. Zum anderen wird erläutert, welche Kategorien für eine Perspektive auf kulturelle Vielfalt diesbezüglich von Bedeutung sind.

Im Kontext der USA wird die Debatte darüber, inwiefern kulturelle Vielfalt als gesellschaftliche Realität gelten kann, äußerst kontrovers geführt – sowohl in historischer als auch aktueller Perspektive. Eine solche Debatte ist tief im Selbstverständnis der US-amerikanischen Gesellschaft verwurzelt und wird häufig mit den zwei Metaphern des *Melting Pot* und der *Salad Bowl* bzw. dem *Cultural Mosaic* umschrieben. Während ersteres eine kulturell assimilierte, homogene Gesellschaft umschreibt, bezeichnet das zweite Begriffspaar eine pluralistische bzw. multikulturelle Gesellschaft, in der etwaige kulturelle Gruppen nebeneinander existieren, ihre spezifischen Qualitäten behalten und durch das *Dressing* eines gesamtgesellschaftlichen Rahmens mit mehr oder weniger gemeinsamen Wertvorstellungen zusammengehalten werden (KOTTAK und KOZAITIS 2012: 51). Ein genauerer Blick zeigt, dass sich beide Modelle nicht gegenseitig ausschließen, sondern historisch wie auch aktuell parallel existieren – auch wenn in bestimmten zeitlichen, politischen und thematischen Kontexten bestimmte Sichtweisen dominier(t)en.

Als ein hegemoniales Narrativ, das tief im US-amerikanischen Selbstverständnis verwurzelt ist, dominierte lange Zeit die Metapher des *Melting Pot*[31] als vermeintliches Leitbild eines US-amerikanischen Umgangs mit kultureller Vielfalt. Die damit assoziierte sprachliche Manifestation *e pluribus unum* bzw. *Out of Many, One* verweist auf die Annahme, dass die USA eine durch Assimilation gekennzeichnete Nation seien, in welcher jegliche soziale Differenzen zu einem großen Ganzen verschmelzen würden. Dieser Impetus wird beispielsweise deutlich in einer Rede, die der damalige Präsident Woodrow WILSON im Jahre 1915 an eine Gruppe von 4.000 Immigrant:innen richtete, welche gerade in einer Zeremonie als neue US-amerikanische Staatsbürger:innen vereidigt wurden. Darin heißt es unter anderem: „You cannot become throughout Americans if you think of yourselves in groups. America does not consist of groups. A man who thinks of himself as belonging to a particular national group in America, has not yet become an American" (WILSON 1915, zit. nach LINK 1980: 148). Das damit verknüpfte politisch-ideologische Konzept der Assimilation war für die US-amerikanische Gesellschaft besonders prägend zu Beginn des 20. Jahrhunderts bis nach dem Zweiten Weltkrieg. In der damals dominanten Perspektive wurde davon ausgegangen, dass jedes Individuum, das in die USA immigriert, in einer etwaigen *amerikanischen Kultur* aufgehen würde – ungeachtet eigener kultureller Prägungen: „[I]mmigrants want to emulate the dominant group and

---

[31] Einer der ersten Autor:innen, der die US-amerikanische Gesellschaft als Melting Pot beschrieb, war John Hector St. John DE CRÈVECOEUR, der bereits um das Jahr 1755 den Amerikaner als *new man* beschrieb, der aus dem Verschmelzen unterschiedlicher (europäischer) Nationalitäten hervorgehen würde (vgl. PAUL 2014: 261 f.; CRÈVECOEUR 1912; SOLLORS 1986). Die Metapher kann als historisches Narrativ gedeutet werden, das beispielsweise auch von Ralph Waldo EMERSON (1971; vgl. LUEDTKE 1979) aufgegriffen wurde. Als besonders prominent ist zudem Israel ZANGWILLS Theaterstück *The Melting Pot: The Great American Dream* zu nennen, welches im Jahr 1908 uraufgeführt wurde und dessen nachhaltiger Einfluss auf die amerikanische Immigrations- und Ethnizitätsdiskurse auf jeden Fall hervorgehoben werden muss (vgl. PAUL 2014: 268 ff., 272). In dem Theaterstück heißt es: „ [T]he real American has not yet arrived. He is only in the Crucible, I tell you – he will be the fusion of all races, perhaps the upcoming superman" (ZANGWILL 1997: 29). ZANGWILL selbst thematisiert in seinem Theaterstück eine transnationale Vision der Aushandlung jüdischer Identität in der Diaspora. Eine detaillierte Ausführung über die Bedeutung des Theaterstücks für alltägliche und politische Diskurse sowie seinen nachhaltigen Einfluss auf die Immigrantenliteratur des frühen 20. Jahrhunderts findet sich u. a. bei PAUL (2014: 257 ff., 268 ff.), deren Text auch insgesamt eine sehr gute Einführung zur Metapher des *Melting Pot* darstellt. Sie erläutert differenziert, inwiefern sich dieser Mythos als Metapher für das Selbstverständlich der US-amerikanischen Gesellschaft etabliert hat und entzaubert ihn dabei als Mythos, der sowohl in einem historisch-deskriptiven, als auch programmatisch-normativen und analytischen Modus existiert.

seek to melt into one people" (KOTTAK und KOZAITIS 2012: 50). Das Ideal des *Melting Pot* wurde bereits Ende des 19. Jahrhunderts kontrovers diskutiert (vgl. KALLEN 1996 [1915]; POOLE 1906: 554). Kritische Stimmen konnten sich jedoch zunächst nicht durchsetzen, sodass der *Melting Pot* fortwährend öffentliche und akademische Debatten dominierte. Erst ab den 1960er-Jahren markierte die so bezeichnete (multi-)kulturelle Wende eine Verschiebung der Wahrnehmung dieser Schmelztiegel-Metapher (vgl. GORDON 1964; HOLLINGER 1995; PAUL 2014: 283 ff.).

Eingebettet in den Zeitgeist der 1960er-Jahre, in dessen Kontext Kontroversen über Pluralismus und Diversität auf einer globalen Ebene erkennbar waren, lösten auch in den USA pluralistische Konzepte einer Hybridität und Multidimensionalität amerikanischer Identitäten die Idealvorstellung der Assimilation ab. Ein nachhaltiger Wandel der Diskussionen um gesellschaftliche Vielfalt erfolgte dabei zunächst unter dem Schlagwort des Multikulturalismus (vgl. u. a. JACOBSON 2006; PAUL 2014: 291).[32] An Stelle der Leitidee des *Out of Many, One* trat die kontrastierende Idee des *In One, Many* (vgl. ELLER 2015: 35), nach welcher kulturelle Heterogenität sowie die Existenz differenter sozialer Gruppen als Tatsache

---

[32] Die Publikation *Roots, too* von JACOBSON (2006) soll hier besonders hervorgehoben werden. Der Autor nähert sich darin dem Phänomen des *White Ethnic Revival* bzw. der Wieder- oder Neuentdeckung ethnischer Identität und zeigt eindrucksvoll, wie sich der Perspektivwechsel auf kulturelle Identität in der US-amerikanischen Gesellschaft sowohl alltagsweltlich als auch wissenschaftlich widerspiegelt. Er legt dar, inwiefern sich Diskussionen um eine multikulturelle Gesellschaft und gesellschaftliche Vielfalt in den USA in dieser Epoche verstärkt durchsetzen konnten. Beispielsweise zeigt er auf, dass Ethnizität bis Mitte des 20. Jahrhunderts in der amerikanischen Gesellschaft keine große Rolle spielte, es in den 1960er und -70er Jahren allerdings zu Re-Ethnisierungsprozessen in der (weißen) amerikanischen Gesellschaft kam – u. a. auch durch die *Civil Rights Movement* und assoziierte politische Programme. Damit verbunden war eine „ethnic revival among (...) groups in American society commonly categorized as 'white' or 'non-ethnic'" (PAUL 2014: 294), also eine Rück- bzw. Neubesinnung auf ethnische Wurzeln und ein Bedeutungszuwachs ethnischer Identitäten. Die Literatur fokussiert hier bspw. auf Nachkommen irischer, polnischer oder italienischer Immigranten in zweiter oder dritter Generation, welche zuvor nicht als *ethnisch* betrachtet wurden. PAUL (2014: 294 f.) folgert diesbezüglich: „The new popularity and acceptance of hyphenated identities in the context of multiculturalism encompass African American, Asian American, Hispanic American, Native American, as well as European American groups (e.g., Irish Americans, Italian Americans, and Norwegian Americans)". Der Prozess konnte und kann auch heute noch in zahlreichen Gesellschaftsbereichen beobachtet werden. Etwa zeitgleich mit dem Aufkommen eines gesellschaftlichen Bewusstseins für das Phänomen der Re-Ethnisierung und der Selbstidentifikation von Individuen als Angehörige einer ethnischen Gruppe bzw. als *hyphenated American*, wurde dieser Aspekt des „(re)turn to ethnicity" (PAUL 2014: 294) auch im Rahmen wissenschaftlicher Auseinandersetzung verstärkt thematisiert.

angenommen wird. In diesen beiden gesellschaftstheoretischen Perspektiven stehen sich dementsprechend die Ansichten *Unity in Diversity* und *Unity through Diversity* diametral gegenüber (KOTTAK und KOZAITIS 2012: 3).

Eine wegweisende Publikation, welche einen Paradigmenwechsel in der akademischen Diskussion um Diversitätsperspektiven in der US-amerikanischen Gesellschaft einläutete und den Weg für multikulturalistisch geprägte wissenschaftliche und politische Diskurse und Debatten zur kulturellen Vielfalt pflasterte, ist eine Studie von GLAZER und MOYNIHAN (1963). Darin zeigen die Autoren am Beispiel von New York City, dass das Zusammenleben unterschiedlicher Herkunftsgruppen nicht in einer *Melting Pot*-Perspektive gesehen werden kann. Die ethnischen Gruppen der Stadt müssten vielmehr als distinkte Einheiten mit individuellen Identitätskonstruktionen[33] betrachtet werden (vgl. GLAZER 1998). Diese Perspektive auf die US-amerikanische Gesellschaft etablierte sich seit spätestens den 1990er-Jahren zunehmend in öffentlichen und politischen Diskursen. Auch in wissenschaftlichen Auseinandersetzungen mit der Thematik herrschte ein zunehmender Konsens darüber, dass die US-amerikanische Gesellschaft als kulturell divers betrachtet werden sollte (HARTMANN und GERTEIS 2005: 220).

Im gesellschaftstheoretischen Diskurs steht hinter den aufgezeigten dualistischen Perspektiven ein klassisches Modell der US-amerikanischen Gesellschaft, das sich als zweipoliges Kontinuum visualisieren lässt: An einem Ende steht mit dem Bild einer assimilierten Gesellschaft ein gesellschaftliches Ganzes als homogene Einheit. Auf der anderen Seite steht eine heterogene Gesellschaft, die durch kulturelle Vielfalt und Multikulturalismus gekennzeichnet ist. Als programmatische Version betrachtet stehen beide Perspektiven dabei in klarer Opposition zueinander. KOTTAK und KOZAITIS (2012: 51) weisen darauf hin, dass in einer klassisch pluralistisch-multikulturalistischen Perspektive, wie sie in Bezug auf die USA größtenteils diskutiert werde, oftmals monolithische Vorstellungen kultureller Gruppen existieren. Berechtigterweise wird die postulierte zweidimensionale Sicht auf die US-amerikanische Gesellschaft und das damit verknüpfte Denken über kulturelle Vielfalt in der Literatur oft als zu verkürzt kritisiert. So fordern z. B. HARTMANN und GERTEIS (2005: 221) einen reflektierteren Umgang

---

[33] Einige Autor:innen postulieren eine Reinventisierung der *Melting Pot*-Metapher im *post-9/11* Amerika (vgl. JACOBY 2004). PAUL (2014: 297 f.) weist jedoch darauf hin, entsprechende Publikation(en) eher kritisch zu betrachten. Zudem müsse man überdenken, dass der Melting Pot auch poststrukturalistischen, postmodernen und postkolonialen theoretischen Ansätzen, bspw. zur kulturellen Hybridisierung oder zur Transkulturalität, als Metapher implizit innewohne. Dennoch stellt sie fest: „[T]he melting pot myth has been central to American self-representations throughout the centuries and into the present" (PAUL 2014: 296).

3.2 Forschungsdimensionen ...

und eine ausdifferenziertere Konzeption einer multikulturellen Gesellschaft, die über eine unzureichend postulierte Opposition, d. h. Einheit und Unterschiedlichkeit, Solidarität und Diversität sowie Universalismus und Partikularismus, hinausgehen müsse. In Anlehnung an ALEXANDER (2001) verstehen sie Multikulturalismus mehr als einen konzeptionellen Rahmen, in dem soziale Konditionen für die gesellschaftliche Inkorporierung von Differenz artikuliert werden können. Darüber hinaus schlagen sie für einen angemessen akademischen Diskurs über soziokulturelle Differenz vor, das zweipolige Modell (Multikulturalismus vs. Assimilation) durch eine gesellschaftstheoretische Perspektive abzulösen, über die soziale Unterschiede auf unterschiedliche Art und Weise in das Gefüge des sozialen Ganzen integriert werden könnten (vgl. HARTMANN und GERTEIS 2005: 223).

Anstatt das Spannungsfeld zwischen einer assimilierten und einer multikulturell geprägten Gesellschaft als lineares Modell zu konzipieren, stellen sie dem traditionellen Modell der gesellschaftlichen Inkorporierung (Assimilation) drei differente, an multikulturalistische Ideen angelehnte Konzepte entgegen: (1) Kosmopolitismus, (2) fragmentierten Pluralismus und (3) interaktiven Pluralismus. Ohne an dieser Stelle alle drei Modelle intensiv zu thematisieren (vgl. HARTMANN und GERTEIS 2005: 26 ff. sowie VERTOVEC und COHEN 2002) lässt sich festhalten, dass für die vorliegende Arbeit insbesondere die Perspektive des interaktiven Pluralismus auf theoretischer Ebene anschlussfähig erscheint. Gesellschaftliche Heterogenität wird als Vielfalt verstanden und als gesellschaftliche Errungenschaft angesehen, die auf der Existenz voneinander unterscheidbarer Gruppen basiert. Diese werden jedoch nicht im Sinne des fragmentierten Pluralismus als distinkte, in sich assimilierte Einheiten betrachtet, sondern als sich in ständiger Interaktion miteinander und untereinander befindliche dynamische Einheiten, die (zumindest auf theoretischer Ebene) nach gegenseitiger Anerkennung ihrer Differenzen streben (HARTMANN und GERTEIS 2005: 231 f.). Als demokratisches Ergebnis andauernder Interaktionen zwischen Gruppen und Individuen werden soziale und moralische Grenzen und Ordnungen hervorgebracht, wobei sich in diesem dynamischen Prozess Gruppen in ihrer Zusammensetzung immer wieder ändern können. Auch der soziale gesellschaftliche Rahmen, in dem diese existieren, wird als flexibel angesehen (HARTMANN und GERTEIS 2005: 232; ALEXANDER 2001: 246).[34]

---

[34] Weitere anschlussfähige Konzeptionen finden sich u. a. bei STEINBERG und KINCHELOE (2009: 4 f.): „The most apparent fact of multiculturalism is – there isn't one. There isn't one paradigm, nor one way of diversifying and multiculturalizing citizens". Sie differenzieren zwischen einem (1) konservativen Multikulturalismus/Monokulturalismus, (2) liberalen

Auch wenn an dieser Stelle die komplexe Thematik um potenzielle Modelle und Perspektiven für kulturelle Vielfalt im Kontext der US-amerikanischen Gesellschaft nur angeschnitten werden kann: Es wird deutlich, dass diesbezüglich nicht von einem ausschließlichen Entweder-oder zwischen den zwei häufig postulierten Polen *Melting Pot* oder *Salad Bowl* ausgegangen werden kann. Vielmehr sollte eine Reflexion über die US-amerikanische Gesellschaft stets in dem Bewusstsein erfolgen, dass zwischen diesen Perspektiven ein facettenreiches Kontinuum besteht, anhand dessen kulturelle Vielfalt theoretisch divers gefasst werden kann. Auch wenn die Metapher des *Melting Pot* in der erläuterten Perspektive zunehmend seinen utopischen Reiz verliert, hat er als Mythos bis heute überdauert. Im Mainstream der US-amerikanischen Gesellschaft bestehen somit beide aufgezeigten Perspektiven nebeneinander (vgl. ALBA und NEE 2003; PAUL 2014: 2911 ff.). Es ist für die hier eingeschlagene Perspektive auf und Konzeption von Interkulturalität und kultureller Vielfalt unerlässlich, eine konstruktivistische und kritische Perspektive auf die Thematik einzunehmen. Eine solche wird beispielsweise durch die *American Multiculturalism Studies* forciert (vgl. hierzu u. a. GORDON und NEWFIELD 1996; PINDER 2013; ELLER 2015). Dieser Aspekt kommt insbesondere zum Tragen, wenn im nächsten Schritt ein Blick auf die konkreten Variablen und Merkmalsausprägungen kultureller Vielfalt im US-amerikanischen Kontext gelegt wird.

Angelehnt an die bisherigen theoretischen Erläuterungen wird generell davon ausgegangen, dass die Aushandlung kultureller Vielfalt auf einem weitläufigen und flexiblen, offen konzipierten Variablenspektrum basiert. Diese Prämisse liefert auch die Basis für die nachfolgenden Ausführungen dazu, anhand welcher Kategorien kulturelle Vielfalt in einem US-amerikanischen Kontext konzipiert werden kann, denn: „Americans, like all humans, are not only diverse but diverse in diverse ways; in other words, there are multiple simultaneuous variables of diversity" (ELLER 2015: 5). So wird auch im US-amerikanischen Kontext kulturelle Vielfalt anhand unterschiedlichster Kategorien und Variablenkombinationen diskutiert. Ältere Veröffentlichungen zum Thema berücksichtigen meist drei so bezeichnete Standardkategorien kultureller Vielfalt: *Culture*, *Ethnicity* und

---

Multikulturalismus, (3) pluralistischen Multikulturalismus, (4) links-essentialistischen Multikulturalismus und (5) kritischen Multikulturalismus. Im allgemeinen Diskurs dominiere dabei mit dem pluralistischen Multikulturalismus eine Perspektive, welche die Vielfalt der Menschen über ihre Gleichheit stellt und vorschlägt, soziokulturelle Diversität gesellschaftlich anzuerkennen, wissenschaftlich zu studieren und politisch zu schützen. Diese Perspektive setzt voraus, dass gesellschaftliche Subjekte, die am globalen Leben teilnehmen möchten, den Mehrwert gesellschaftlicher Diversität als gegebene Tatsache anerkennen und über eine „multiculturalliteracy" (ELLER 2015: 34) verfügen.

3.2 Forschungsdimensionen ...

Race.³⁵ Diese werden je nach Autor:in noch um weitere Kategorien ergänzt, wie beispielsweise *Soziale Klasse* oder *Religion* (vgl. u. a. NAYLOR 1997, 1998, 1999; MARTIN 1997). Andere Publikationen diskutieren unter dem Schlagwort der Vielfalt Konzepte wie *Sex/Gender* oder *(Dis)Ability* (vgl. u. a. ROSENBLUM und TRAVIS 2006) oder das Zusammenwirken einzelner Kategorien hinsichtlich des Aspekts sozialer Ungleichheit (vgl. u. a. HEALEY 2010; FERGUSON 2016). Betrachtet man die Vielzahl existierender Publikationen zur Thematik so zeigt sich, dass kulturelle Vielfalt auf äußerst unterschiedliche Art und Weise diskutiert wird. Kritisch betrachtet werden muss beispielsweise der Aspekt, dass viele Publikationen kulturelle Vielfalt über starre, geschlossene Kategorien konzipieren. Zudem wird oftmals nicht deutlich, warum der Fokus auf einzelne dieser Kategorien oder die Intersektion einiger weniger Aspekte reduziert wird (DEGELE und WINKLER 2007: 2 f.; BRODKIN 2001: 356). Eine unbegründet reduzierte Fokussierung auf wenige Dimensionen von Diversität wird in der Literatur als problematisch gesehen. Beispielsweise konstatieren DEGELE und WINKLER (2007: 2), dass es oft an fundierten theoretischen Begründungen fehle, warum gerade einzelne Elemente wesentliche Differenzlinien innerhalb einer Gesellschaft markieren würden: „Nicht nur der Auswahl der relevanten Kategorien haftet etwas Beliebiges an, völlig offen ist darüber hinaus, wie die Überschneidung dieser Kategorien zu denken ist" (DEGELE und WINKLER 2007: 3). Auch BRODKIN (2001: 365) merkt kritisch an, dass sich viele Studien bei der Analyse kultureller Diversität im US-amerikanischen Kontext auf „racial and ethnic diversity" beschränken würden – also auf die Dimensionen, die auch als zentrale Zensus-Kategorien fungieren.

Hinsichtlich der bislang erläuterten theoretischen Ansätze erscheint es zudem wenig sinnvoll, Differenzierungsvariablen als geschlossene Kategorien zu denken, wie auch ELLER (2015: 7 ff.) in seinen Ausführungen zu kultureller Vielfalt in den USA aufzeigt.³⁶ Als mögliche Alternative schlägt er ein prozesshaftes Modell vor. Kulturelle Differenz wird dabei als kompositionaler Prozess

---

[35] Es ist für die vorliegende Studie nicht hilfreich, *Culture* als eigene Variable von Diversität anzuführen. Vielmehr erscheint es sinnvoll, sämtliche Variablen kultureller Vielfalt als *kulturell konstruiert* zu betrachten.

[36] Der kategoriale Denkstil geht davon aus, dass man ein menschliches Individuum einem festgelegten Set klar voneinander abgrenzbarer Einheiten zuordnen kann. ELLER (2015: 7 f.) verdeutlicht, dass diese Art und Weise der Zuordnung für kulturelle Vielfalt nicht sinnvoll ist, da sich Menschen nicht in solche exklusiven Kategorien einordnen lassen. Eine andere Möglichkeit ist es, Vielfaltsaspekte als Kontinuum zu betrachten; dabei wird jede Kategorie nicht als Entweder-oder-Kategorie betrachtet, sondern ein Fokus auf mögliche Abstufungen bzw. graduelle Variationen gelegt.

gedacht, in dessen Rahmen jede Differenzkategorie als offene, mehrdimensionale und intersektionale Komposition bzw. Ansammlung von Merkmalen gesehen wird. Jede Kategorie kann in sich variieren und ist unterschiedlich kombinierbar – Differenz(ierungs)variablen und ihre Dimensionen interagieren dabei in sozial signifikanter Weise miteinander. Ähnlich argumentiert PATTERSON (2001: 140) wenn er feststellt, dass kulturelle Vielfalt als soziales Konstrukt stets einhergehe mit einem Zusammenwirken von Differenzvariablen, welche wiederum das Produkt eines komplexen Zusammenspiels historisch konstituierter, kontingenter Kräfte, Beziehungen und Praktiken seien (vgl. JOHNSON 2009; ALLEMANN-GHIONDA 2011; KOTTAK und KOZAITIS 2012). In dieser Perspektive werden Kategorien kultureller Vielfalt als individuelle und zugleich miteinander verbundene Differenzierungsvariablen mit zahlreichen Unterdimensionen konzipiert.

Autor:innen, die dieser Sichtweise folgen, beziehen sich auf ein breites Kategorienspektrum, über das kulturelle Vielfalt erfasst werden kann: *Race, Ethnicity und Ancestry, Language, Religion, Class, Sex/Gender* und *Sexuality*, sowie *Age* und *Health/(Dis)Ability*.[37] Jede Kategorie kultureller Differenzierung wird im hiesigen Verständnis als Set unterschiedlicher und in sich vielfältiger Variablen und Dimensionen definiert. Diese kompositionale theoretische Perspektive vereint stets soziale Aspekte, die mit erlernten Verhaltens- und Handlungsweisen zusammenhängen sowie physische bzw. physiologische Aspekte, die unmittelbar mit dem Körper bzw. mit Körperlichkeit verknüpft sind (vgl. ELLER 2015: 2). Anders formuliert setzen einige Differenzierungsvariablen direkt an Körpern bzw. Körperlichkeit an, andere hingegen an kulturell erlernten bzw. vermittelten Lebensweisen, Tätigkeiten oder Gütern (vgl. HIRSCHAUER 2017: 8 f.). Die physiologische Facette könnte man als essenzialistische Vorstellung abtun. Es zeigt sich jedoch, dass sich diese tradierte Dichotomie (physisch vs. kulturell) relativieren lässt, wenn man berücksichtigt, dass sich auch physischen bzw. als

---

[37] Die Variablen sind hier zunächst in englischer Sprache benannt – so wie sie in der herangezogenen Literatur bezeichnet werden. Im Anschluss an die nachfolgende inhaltliche Auseinandersetzung mit den einzelnen Variablen werden diese auch in der deutschen Übersetzung genutzt. Eine Ausnahme bildet die Variable *Race*. Der Begriff wird nicht ins Deutsche übersetzt, da *Rasse* die Komplexität des Begriffes für den US-amerikanischen Kontext nicht fasst – auch wenn es im deutschsprachigen Kontext vielfältige Bestrebungen zu einem *racial turn* gibt, verbunden mit vielschichtigen Herangehensweisen an das Konzept. Ein Beispiel ist der Vorschlag von ARNDT (2005: 340), zwischen „Rasse" in Bezug auf den Begriff als biologistische Kategorie und *Rasse* als kritische Wissens- und Analysekategorie zu unterscheiden. Dennoch ist *Race* im US-amerikanischen Kontext mit anderen Bedeutungen aufgeladen – u. a. durch die historische und politische Vergangenheit bzw. Gegenwart des Landes sowie die Bedeutung von *Race* als Zensusvariable.

3.2 Forschungsdimensionen ...

natürlich deklinierten Merkmalen ein gesellschaftlicher Wert im Sinne einer kulturell erlernten Bedeutung attestieren lässt. Dies gelingt, wenn man sämtliche Aspekte von Vielfalt als sozial konstruiert und zusammenwirkend betrachtet und physiologische Aspekte dabei nicht ausschließt, da sie durchaus von lebensweltlicher Bedeutung sind, gerade abseits intellektueller wissenschaftlicher Debatten (vgl. ELLER 2015: 12 ff.). Die vorgeschlagene Perspektive ist anschlussfähig an die bereits postulierte Konzeption von kultureller Vielfalt als Ergebnis zwischenmenschlicher, interaktiver Differenzierungsprozesse, in deren Kontext kulturell differente Akteur:innen sich wechselseitig auf ein diverses interdependentes und zugleich kontingentes Variablenspektrum beziehen, anhand dessen kulturelle Differenzierungen konstruiert werden (vgl. DEGELE und WINKLER 2007: 2).

Wenn man sich mit Diskursen um kulturelle Vielfalt im US-amerikanischen Kontext befasst, kommt man nicht umhin, das System der *Census Categories* zu berücksichtigen. Dimensionen kultureller Vielfalt werden hier in Bezug auf ein fest definiertes Kategoriensystem vorgeprägt, das als politisches Instrument der Volkszählung fungiert und somit maßgeblich zur Klassifikation der US-amerikanischen Gesellschaft beiträgt. Im Kontext der alle zehn Jahre stattfindenden Zensuserhebung werden zwar umfassende Aspekte wie Sprache, Alter, Einkommen, Bildungsstand oder Geschlecht sowie weitere demographische Kategorien abgefragt – es lässt sich jedoch eine starke Dominanz „ethnisch-rassischer Klassifikation[svariablen]" (BANERJEE 2017: 336) erkennen. *Race* und *Ethnicity* lassen sich hierbei als dominierende Kategorien herausstellen. Diese Dominanz basiert u. a. darauf, dass beide Kategorien bereits seit der ersten US-amerikanischen Volkszählung im Jahr 1790 erfasst werden – auch wenn sie inhaltlich immer wieder angepasst werden (vgl. SCHOR 2017).[38] Als *Census Category* werden sie derzeit wie folgt definiert:

> „An individual's response to the race question is based upon self-identification.(...) The racial categories included in the census questionnaire generally reflect a social definition of race recognized in this country and not an attempt to define race biologically, anthropologically, or genetically. In addition, it is recognized that the categories

---

[38] Eine ausführlichere Darlegung dieser Kategorien kann u. a. über die Website des PEW Research Center (vgl. BROWN 2020) nachvollzogen werden. Auch SCHOR (2017) bietet eine umfassende Einführung in die Wirkungsweise und Wirkmächtigkeit des Zensus. Für die Zensuserhebung im Jahr 2020 waren ursprünglich Änderungen geplant. Insbesondere die zunehmend als unscharf kritisierten Kategorien *Race* und *Ethnicity* sollte überdacht und revolutioniert werden, um eine zeitgemäße Klassifizierung der US-amerikanischen Bevölkerung vornehmen zu können (vgl. COHN 2015). Allerdings wurden diese Pläne von der Trump-Administration auf Eis gelegt (U.S. Census Bureau 2018 a oder b). Aktuelle politische Diskurse zu dieser Thematik können hier nicht weiterführend thematisiert werden.

of the race item include racial and national origin or sociocultural groups. People may choose to report more than one race to indicate their racial mixture, such as "American Indian" and "White." People who identify their origin as Hispanic, Latino, or Spanish may be of any race" (U.S. Census Bureau 2020).

Race wird folglich in fünf Kategorien aufgespalten, die jeweils auf die Herkunft einer Person verweisen – teils in Korrelation mit dem Aspekt der Hautfarbe. Ethnizität hingegen wird alleinig über die Kategorie *Hispanic* erfasst. Ein Hauptkennzeichen dieser Differenzierungsstrategie ist „das Verwischen der Grenzen zwischen »Rasse« und »Ethnizität.«" (BANERJEE 2017: 337). Die praktizierten Klassifizierungen sind laut dem U.S. Census Bureau (2017: o.S.) nicht dezidiert wissenschaftlich begründet, sondern sollen die Konsistenz der Bundesbuchführung und Datenpräsentation fördern. Ohne an dieser Stelle detailliert auf die gesamte Paradoxität eingehen zu können liegt es auf der Hand, dass es sich hierbei um eine pragmatische und als widersprüchlich zu kritisierende Art und Weise der gesellschaftlichen Kategorisierung handelt (vgl. LAVERSUCH 2005; BANERJEE 2017). Für die Analyse der Konstruktion interkultureller Settings und kultureller Vielfalt, wie sie im Kontext der vorliegenden Arbeit angestrebt wird, reicht es nicht aus, sich trotz ihrer gesellschaftlichen Relevanz auf die eng gefassten klassifikatorischen Zensuskategorien zu beschränken. Daher werden die Kategorien nachfolgend darüberhinausgehend beschrieben, um das aufgezeigte Spektrum für den Analyserahmen urbar zu machen. Dabei wird aufgezeigt, wie diese in theoretischen Kontexten konzipiert werden und gleichzeitig angeschnitten, welche Bedeutungen ihnen in politischen und öffentlichen Diskursen zukommen. Bei dieser inhaltlichen Erläuterung kann es nicht darum gehen, eine universelle Einführung zu jedem Begriff anzubieten.[39] Vielmehr werden die Begrifflichkeiten knapp umrissen und voneinander abgegrenzt. Die folgenden inhaltlichen Beschreibungen sind somit als rahmende Ansatzpunkte zu verstehen, die sich in der späteren Analyse nicht genauso wiederfinden müssen bzw. in abgewandelter Form auftreten.

Race
Der Begriff *Race* wird in der Literatur äußerst verschieden konzeptualisiert: „[R]ace is a chameleon (…), a constantly changing concept, and it differs from institution to institution, person to person, and from one moment to the next" (GOODMAN

---

[39] Zu den einzelnen benannten Begriffen existieren unzählige Publikationen. Da unmöglich auf sämtliche Perspektiven eingegangen werden kann, wird von einer umfassenden Einführung in die Kategorien und ihre Dimensionen abgesehen. Eine sehr fundierte Einführung zu allen Begriffen und Konzepten findet sich bei beispielsweise bei ELLER (2015).

3.2 Forschungsdimensionen ...

2017: 2; vgl. ANDERSEN 2017: 15). BANTON (1996: 294 ff.) stellt fest, dass *Race* bereits seit dem 17. Jahrhundert als Klassifikationskonzept eingesetzt wurde, wobei sich die Art und Weise, wie der Begriff genutzt wird, heute gewandelt hat. Im Fokus steht dabei die Unterscheidung von Menschen hinsichtlich physischer Merkmale – die Kategorie verweist auf ein „category system based on socially significant physical differences" (ELLER 2015: 62). Dieser Form der Klassifikation liegt die höchst umstrittene Idee zugrunde, Menschen hinsichtlich phänotypischer Merkmale voneinander zu unterscheiden und zu klassifizieren.[40] In sozialwissenschaftlicher Perspektive wird *Race* heute grundsätzlich als soziale Konstruktion konzipiert. Es wird also postuliert, dass es sich eben nicht um eine biologische, sondern um eine sozial konstruierte Kategorie handelt: „[R]ace is a cultural and historical, not biological, fact – (...) race is a discursive construct, a sliding signifier" (HALL 2017: 32; BANERJEE 2017: 343; vgl. BANTON 1996: 295 f.; HANEY-LÓPEZ 2006; ANDERSEN 2017). Auch wenn bereits HUXLEY und HADDON (1935) vorschlugen, *Race* nicht länger für die Klassifikation von Menschen heranzuziehen, wird der Begriff bis heute zu ebenjenem Zweck genutzt und nimmt dieser Gedanke v. a. in den USA weiterhin einen hohen Stellenwert in soziopolitischen, rechtlichen und öffentlichen Diskursen ein (vgl. GOODMAN 2017: 3 ff.; BANTON 1996: 295; ELLER 2015: 36 ff.). Und obwohl sich die Spezifika des Konzepts im Laufe der Zeit verändert haben, betont das rassifizierende Denken in den USA immer wieder physische Eigenschaften, anhand derer Individuen und Gruppen unterschieden werden (ELLER 2015: 61).[41] Diesen Aspekt zeichnet beispielsweise HALL (2017) sehr ausführlich nach und verweist dabei auf die Kontroversen, welche diese Kategorie umgeben. Aktuelle Publikationen weisen immer wieder darauf hin, dass *Race* trotz des angesprochenen Paradigmenwechsels maßgeblich auf physisch-körperliche Marker referiere und sich deshalb nicht absolut losgelöst von seiner ursprünglich biologisch konnotierten Bedeutung betrachtet werden könne. *Race* steht damit für eine „group of people who are socially defined in a given society as belonging together because of physical markers such as skin pigmentation, hair texture, facial features, stature, and the like" (VAN DEN BERGHE 1996: 297). Auch wenn sich die Definitionen diversifizieren

---

[40] Diese Perspektive wurde z. B. durch den Begründer der biologischen Systematik, Carl VON LINNÉ im Jahre 1735 (vgl. LINNÉ 1967) in seiner *Systema Naturae* postuliert, oder auch im Ansatz von Charles Darwin vorgeschlagen, dessen Ansätze von Forschern bis ins 20. Jahrhundert hinein aufgegriffen und in sozialdarwinistischer Perspektive interpretiert und politisch missbraucht wurden (vgl. BANTON 1996: 295).

[41] Für eine weiterführende Einführung in das Konzept *Race* vgl. z. B. GOODMAN, MOSES und JONES 2012; HANEY-LÓPEZ 2006; BANTON 1977, 1998; MALIK 1996; SOWELL 1994; WEST 1994; MUKHOPADHYAY, HENZE und MOSES 2014; GOLASH-BOZA 2014; CAZENAVE 2016; RATTANSI 2007.

und kritisch-konstruktivistische Perspektiven auf *Race* dominieren, lässt sich die Differenzierungsvariable nicht absolut unabhängig von mit dem Körper unmittelbar verbundenen Merkmalen wie z. B. Hautfarbe denken (GOODMAN 2017: 2 ff.; HALL 2008). Gerade im US-amerikanischen Kontext wird *Race* (siehe Anmerkung zur *census category* weiter oben) immer noch gedacht als eine Variable mit sogenannten „biological consequences" (GOODMAN 2017: 2) – „[m]ost Americans still think race is primordial and genetic and by extension that disparities in attainment in employment, education, and wealth are due to inherent differences" (GOODMAN 2017: 7; FITZGERALD 2014; KHANNA und HARRIS 2015). ELLER (2015: 36 ff.) setzt sich sehr detailliert mit dem Konzept und dessen historischen und aktuellen Bedeutung für die USA auseinander und umreißt in seinen Ausführungen den aktuellen Diskurs um das Konzept sehr prägnant:

> „Race is inevitable part of American discourse; hardly any discussion of history, class, politics, or con-temporary social problems fails to raise the issue. Race is even present in discussions of "color-blind society" or "post-racial America", of how race supposedly does not matter anymore. Yet, despite the omnipresence of race in American experience, there is a wide (…) consensus that race is not a natural, objective, "real" thing at all. Rather, as Audrey Smedley has written (…), the "reality of race" resides in "a set of beliefs and attitudes about human differences, not the differences themselves" (1999: xi)" (ELLER 2015: 37).

Entsprechende Positionen werden insbesondere auch von Vertretern der *Critical Race Theory* (*CRT*) getragen, die *Race* als soziale Konstruktion begreifen (HA und SCHNEIDER 2016: 49). Diese Strömung widersetzt sich Annahmen, die der Kategorie eine gesellschaftspolitische Bedeutung absprechen. Die *CRT* steht vielmehr ein für eine Perspektive, nach der die Bedeutung von *Race* und Rassismus als inhärenter fest verwurzelter Aspekt im Gewebe und System der amerikanischen Gesellschaft weiter als relevant betrachtet wird (UCLA 2009). Sie betrachtet hierzu Rassismus nicht als alleinig individualisiertes Phänomen, sondern legt ein Augenmerk auf gesellschaftliche Strukturen und alltägliche Operationen, die Rassismus als Teil einer Kombination unterschiedlicher Unterdrückungsregime fördern und *Race* als alltäglich bedeutsame Kategorie aktualisieren (HA und SCHNEIDER 2016: 50; vgl. u. a. DELGADO und STEFANCIC 2017).

Ethnicity, Nationality, Ancestry
Auf einer allgemeinen Ebene betrachtet beschreibt *Ethnizität* zunächst „eine imaginierte Zugehörigkeit zu einer Gemeinschaft, die auf dem Glauben an geteilte Kultur und gemeinsame Abstammung beruht" (HIRSCHAUER 2017: 7). Mit anderen

3.2 Forschungsdimensionen ...

Worten setzt sich eine ethnische Gruppe zusammen aus einer „self-conscious collection of people united, or closely related, by shared experiences. (...) [T]he ethnic group is based on a commonness of subjective apprehensions, whether about origins, interests or future (or a combination of these)" (CASHMORE 1996: 119, 124). Oftmals wird in Zusammenhang mit Ethnizität auch auf die gemeinsame nationale Herkunft hingewiesen. So kann eine ethnizitätsbasierte Differenzierung auch anhand der Variable *Nationalität* erfolgen, wobei auch hier die Vorstellung einer imaginierten Gemeinschaft (vgl. ANDERSEN 1983) eine Rolle spielt – „jedoch unter Anspruch auf politisch-territoriale Souveränität; sie zieht in erster Linie Grenzen zwischen Inländern und Ausländern" (HIRSCHAUER 2017: 7).

Es stellt sich dabei stets die Frage, wann aus einer etwaigen *kulturellen* Differenz eine dezidert *ethnische* Differenz wird. Hier ist es bedeutend, dass eine solche Differenz einen *wirklichen Unterschied* für das Selbstverständnis einer Gruppe macht, um sich von anderen kulturellen Einheiten abgrenzen zu können. Ethnizität wird also vor allem dann bedeutsam, wenn Menschen mit ihrer Herkunft verknüpfte kulturelle Elemente symbolisch nutzen, um sich von anderen abzugrenzen. Dies ist beispielsweise dann der Fall, wenn Menschen sich marginalisiert fühlen oder annehmen, dass eine Ungleichverteilung materieller und sozialer Ressourcen aufgrund einer Herkunft vorliegt (ELLER 2015: 64):

„[W]e may think of ethnicity as the „subjective symbolic or emblematic use of any aspect of culture" by members of a group „in order to differentiate themselves from other groups" (DeVos 1975: 16). Thus, it is not the cultural difference itself but the subjective and symbolic meaning of that differences (…) that is the issue" (ELLER 2015: 64).

Im US-amerikanischen Kontext wird dem Konzept gerade in aktuellen Diskursen große Popularität und Bedeutung zugeschrieben, und es umschreibt ein Kategorienset, basierend auf kulturellen, historischen, geographischen und weiteren identitätsstiftenden Dimensionen (ELLER 2015: 62). In Anlehnung an kulturwissenschaftliche und soziologische Konzeptionen von WEBER (1968), SCHERMERHORN (1970), SMITH (1991) und YINGER (1994) lassen sich nach ELLER (2015: 63) folgende Merkmale für Ethnizität bzw. ethnische Gruppen festhalten: Zunächst kann eine ethnische Gruppe als soziales Element in einer multikulturellen Gesellschaft gedacht werden, denn nur wenn gesellschaftliche Vielfalt besteht, kann auch Ethnizität als Variable Relevanz erhalten (ELLER 2015: 63). Darüber hinaus zeichnen sich ethnische Gruppen durch gegenwärtige gemeinsame kulturelle Aktivitäten aus. Zudem kann eine ethnische Gruppe auch auf einen gemeinsamen Erinnerungsmythos referieren. Elementar ist zudem das gemeinsame Bewusstsein für eine Einzigartigkeit gegenüber anderen: „Ethnicity (...) defines the salient feature of a group that regards itself as in some sense (usually, many senses) distinct" (CASHMORE 1996: 121; ELLER 2015: 63).

Bezogen auf Ethnizität kann sich der Aspekt der *Abstammung (Ancestry)* jenseits nationalstaatlicher Gebilde auf weitere räumliche Einheiten beziehen. Besonders interessant ist hierbei, dass der räumliche Kontext variieren kann, wenn es um die Ausbildung einer ethnischen Identität geht. Dies zeichnet ELLER (2015) sehr gut nachvollziehbar am Beispiel der Latinos/Hispanics, Asian oder Arab Americans nach, die im US-amerikanischen Kontext als ethnische Gruppen identifiziert werden, jenseits nationalstaatlicher Gebilde als gemeinsamem Referenzpunkt. Auch Sprachen/Sprachräume und Religionen stellen diesbezüglich Referenzpunkte dar (ELLER 2015: 65 ff.; vgl. für eine weiterführende Einführung z. B. SOLLORS 1996; GERBER und KRAUT 2016; BAYOR 2016; ICELAND 2017).

Language

Wie auch Ethnizität ist *Language* (Sprache) eine Variable, die nicht ausschließlich mit den politisch markierten Grenzen einer räumlichen Einheit, z. B. einer Nation, korrespondiert. Sprachen selbst sind keine monolithischen Einheiten, sondern in sich vielfältige, dynamische Prozesse, die sich beständig fortentwickeln und ganz unterschiedliche linguistische Einflüsse und Bezüge in sich vereinen (ELLER 2015: 163–190; vgl. JOHNSON 1999; WOLFRAM und SCHILLING-ESTES 2006; COATES und PICHLER 2011; DI PAOLO und SPEARS 2014).

Wenngleich die USA oftmals als einsprachig angesehen werden (in dem Sinne, dass Englisch die überwältigend dominante Sprache sei und die meisten US-Amerikaner:innen nur eine Sprache sprechen würden, vgl. ELLER 2015: 164), und Englisch *de facto* als Verkehrssprache betrachtet wird, bildet dies die lebensweltliche Realität der US-Amerikaner:innen nicht ab (U.S. Census Bureau 2019). Vielmehr kann man von einer immensen linguistischen Diversität in zweifacher Hinsicht ausgehen: Zum einen finden sich in den USA neben Englisch zahlreiche weitere gesellschaftlich relevante Sprachen. Die Zahl der gesprochenen Sprachen variiert für die USA statistisch betrachtet zwischen 226 und 332 (ELLER 2015: 173). Zusätzlich zur Sprachenvielfalt existiert Varianz innerhalb einer jeden Sprache (z. B. Ton/Laut, Wortschatz, Grammatik, praktische Anwendung):

> „[T]here are differences in American English pronunciation, vocabulary, and grammar, whether those differences are between regions, races, classes, genders, education levels, occupation, and so forth. Individuals even speak different versions of their language depending on what situation they are in or who they are talking to" (ELLER 2015: 164).

Die Vielfalt von Sprache legt z. B. NEWMAN (2014) exemplarisch für *New York City-English* dar und zeigt auf, wie vielschichtig und komplex eine gesprochene Sprache allein im Kontext einer einzigen Stadt betrachtet werden kann.

Religion
Religion ist eine weitere zentrale und in sich diverse Variable kultureller Vielfalt, welche für zahlreiche Sphären des alltäglichen Lebens sozial relevante Erklärungen, Kontrollmechanismen und sozialer Legitimation bereitstellt (ELLER 2015: 216). Dabei unterliegt Religion als Konzept einem ständigen dynamischen Wandel und meint als kulturelle Variable mehr als das Glauben an eine bestimmte Gottheit (vgl. HIRSCHAUER 2017: 7). Religion wird hierbei als ein Handlungsweisen und Routinen umfassendes Konstrukt verstanden, welches Menschen bestimmte Lebensweisen vorschreiben kann (z. B. Kleidung, Mahlzeiten, Organisation von Raum und Zeit). Dabei steht eine spirituelle Einheit im Fokus, die mit menschlichen Qualitäten bzw. einer spezifischen Persönlichkeit *ausgestattet* ist. Mit dieser Einheit bzw. diesen „agents" (ELLER 2015: 193) gehen Menschen eine Beziehung ein, welche auf Vertrauen, Liebe, Respekt, Angst, Abhängigkeit usw. basiert und somit einer menschlichen Beziehung ähnlich ist. „[R]eligion posits some set of non-human persons with whom humans interact in a social way. Non-human spiritual persons are a part of society – and more than just that" (ELLER 2015: 193). Unabhängig davon, welche Religion man erforscht, gilt, dass Religion stets als Komposition unterschiedlicher Dimensionen betrachtet werden muss.[42] In einer sehr umfassenden Definition weist HORTON (1960: 211, zit. nach ELLER 2015: 193) auf die vielfältigen Aspekte von Religion hin:

> „[I]n every situation commonly labeled religious we are dealing with actions directed towards objects which are believed to respond in terms of certain categories – in our own culture those of purpose, intelligence and emotion – which are also the distinctive categories for the description of human action. The application of these categories leads us to say that such objects are "personified". The relationship between human beings and religious objects can be further defined as governed by certain ideas of

---

[42] WALLACE (1966: 52 ff.) isoliert dreizehn Merkmale von Religion: (1) Gebet oder Zwiegespräch, (2) Musik, Tanz und Gesang, (3) physische Übungen, z. B. Entbehrungen, (4) Exhortationen und Befehle, Drohungen und Ermutigungen, (5) Mythen, (6) Simulationen und Imitationen (z. B. magische Elemente), (7) Mana bzw. machtvolle Objekte, (8) Tabus bzw. Verbote von bestimmten Dingen, (9) Feste, (10) Opfer, (11) Gemeinschaft und Versammlung, (12) Inspiration, (13) Symbole. Diese Elemente können nach ELLER (2015: 194) noch erweitert werden und zeigen auf, dass Religion eine Vereinigung zahlreicher und im Einzelnen nicht lebensnotwendiger Teile ist – „a product of (already existing) materials" (ELLER 2015: 194). Als solches Amalgam vereint Religion zahlreiche soziale Funktionen.

patterning and obligation such as characterize relationships among human beings. In short, Religion can be looked upon as an extension of the field of people's social relationships beyond the confines of purely human society".

Glaubensrichtungen sind meist in der Form religiöser Gemeinschaften organisiert. In den USA ist die religiöse Landschaft äußerst facettenreich gestaltet. Neben allen fünf großen Weltreligionen (Christentum, Judentum, Islam, Buddhismus und Hinduismus), die wiederum in zahlreiche Unter- und Splittergruppen, Denominationen und Sekten unterteilt werden können, sind in dem Land zahlreiche weitere religiöse Glaubensgemeinschaften vertreten, die sich ebenfalls durch eine interne Vielfalt auszeichnen sowie selbstverständlich Personen, die sich keiner Religion zugehörig fühlen (Pew Research Center 2021[43]; vgl. ELLER 2015: 196 ff., 216 f.; KOSMIN und KEYSAR 2009). Den enormen religiösen Pluralismus der USA bezeichnet ELLER (2015: 198 f.) als *religiösen Stil Amerikas* – eine Besonderheit, die sich in den USA aufgrund zahlreicher gesellschaftlicher, historischer und lokaler Prozesse so etablieren konnte. Zudem wird Religion in einem spezifischen *American Way* praktiziert, mit all ihren populistischen, emotionalisierten und synkritischen Tendenzen und konnte sich somit von Religion in anderen kulturellen Kontexten abheben. Er attestiert Religion eine zunehmende Bedeutung im Rahmen der US-amerikanischen Gesellschaft und prognostiziert eine wachsende Vielfalt religiöser Strömungen, aber auch ein steigendes Konfliktpotenzial, das mit neuen Herausforderungen an die Glaubensgemeinschaften einhergeht. Dies betont die Relevanz von Religion als kultureller Differenzierungsvariable (ELLER 2015: 204, 217; vgl. weiterführend CIMINO und LATTIN 1998; PUTNAM und CAMPBELL 2010; WUTHNOW 2007).

Class
Ein entscheidender Aspekt, der in Bezug auf die Kategorie *Class* durchweg Berücksichtigung findet, ist das ökonomische Kapital und die zunehmende Differenz(ierung) der Gesellschaft hinsichtlich des finanziellen Einkommens. Damit verbunden wird die gesellschaftliche Stratifikation im Hinblick auf den sozialen Status, Lebensstandard bzw. Lebensstil sozialer Akteur:innen thematisiert. Class wird in diesem Sinne als sehr offene Variable interpretiert, die auf der einen Seite zwar *angeboren* sein kann (*born into money*), auf der anderen Seite jedoch z. B.

---

[43] Die *Religious Landscape Study* des Pew Research Center (2021) liefert einen sehr guten Überblick über die Vielfalt religiöser Zugehörigkeiten in den USA – sowohl über die religiösen Gruppierungen als auch deren interne Vielfalt. Sie gibt zudem Auskunft über die Zusammenhänge von Religion mit weiteren Dimensionen kultureller und demographischer Vielfalt sowie u. a. über religiöse Praktiken und Glaubensgrundsätze als auch weiterführende politische und gesellschaftliche Zusammenhänge und Kontexte.

3.2 Forschungsdimensionen ...

durch den Zugewinn oder Verlust monetärer Ressourcen situativ gewechselt werden kann (vgl. ELLER 2015: 100 ff., 110).

Für den US-amerikanischen Kontext ist ein zentraler Diskussionspunkt das allgemeine Wohlstandsgefälle innerhalb der Gesellschaft, das zwischen den Gruppen der *Armen* und *Reichen* sowie einer zunehmend schwindenden Mittelklasse besteht und oftmals in Zusammenhang mit sozialer Ungleichheit im Sinne einer ungleichen Einkommensverteilung und ungleichen Bildungschancen sowie einer damit zusammenhängenden Stratifikation der Gesellschaft diskutiert wird (vgl. FLUCK und WELF 2003; ORNSTEIN 2007; KLEISTER 2012). Als Differenzvariable ist *Class* im US-amerikanischen Kontext jedoch sehr vage konzipiert (ELLER 2015: 89 ff., 119). Dies liegt u. a. auch in der Tatsache begründet, dass sich im Rahmen der Gesellschaft historisch und idealistisch bedingt kein Klassenbewusstsein entwickelt und etabliert hat, wie es beispielsweise in einem europäischen Verständnis existiert. Eine Übersicht über das Konzept und Aspekte im US-amerikanischen Kontext findet sich bei WEIR (2007), STEVENS (2007), WYSONG, PERRUCCI und WRIGHT (2014) oder NUNLEE (2017).

Sex/Gender und Sexuality

Als zugeschriebener Status wird die Variable *Sex* und *Gender* sowohl durch physische Differenzen als auch soziale Kategorisierungen bedingt und dabei sehr kontrovers diskutiert (vgl. ELLER 2015: 111 ff.). Inhaltlich unterscheiden sich die beiden Begriffe Sex und Gender elementar voneinander: Während S*ex* als die biologisch-anatomische Ausprägung des Geschlechts verstanden wird, bezeichnet *Gender* eine soziokulturelle Konstruktion, die mit den biologischen Ausprägungen verknüpft sein kann (vgl. NANDA 2000: 2). Sex und Gender sollten dabei nicht als dichotome Begrifflichkeiten gesehen werden, sondern als hochgradig vermischte Konzeptionen, denn „biological sex is also an idea mediated only through culture" (NANDA 2000: 2). Folglich bestehen Sex und Gender nicht als getrennte Variablen, sondern stets als Kombination Sex/Gender.[44] ELLER (2015: 114 f., 137) betont,

---

[44] Zudem besteht diese Kategorie selbst als Komposition unterschiedlicher Dimensionen wie dem Körper und seinen zahlreichen Merkmalen, der sexuellen Präferenz, einer Gender-Identität (Selbstidentifikation als cis-männlich/cis-weiblich, trans-männlich/trans-weiblich, nicht-binär, inter), einer Gender-Persönlichkeit (emotionale und kognitive Aspekte, oftmals verbunden mit Stereotypen Vorstellungen von ‚typisch männlich'/ ‚typisch weiblich'), einem Gender-Display (Präsentation von Gender über Kleidung, Frisur, Sprechweise, Gestik/ Mimik) sowie Gender-Rollen (erwartete Handlungsweisen, z. B. Ausübung bestimmter Berufe) (vgl. NANDA 2000).

dass jenseits gesellschaftlich etablierter konventioneller, normativer Genderidentitäten sämtliche Sex-/Gender-Komponenten als multipel miteinander kombinierbar betrachtet werden müssen:

„There are more than two kinds of bodies, more than two sexual preferences, more than two gender identities etc. (...) [T]he independent variables or elements of sex/gender can be combined in diverse ways (...) [they] can vary independently, resulting in combinations that do not fit within the simple gender dichotomy of male and female".

Diese Kategorie wird somit als sozial konstruiertes Set unterschiedlicher kultureller Variablen und Normen gedacht, die mehr oder weniger in Relation zu physischen Differenzierungen stehen (ELLER 2015: 115 ff.). Eine normative Perspektive, nach der Sex/Gender als dichotome Ausprägung zwischen männlich und weiblich existiert und klassische Fragen nach Weiblich- und Männlichkeit gestellt werden, wird in aktuellen Perspektiven herausgefordert – auch im Kontext der USA. Dies wird umso deutlicher, wenn man für den dortigen Kontext noch die Variable der *Sexualität* als „complex and multifaceted composition of body, desire, behavior, pleasure and love" (ELLER 2015: 162) hinzuzieht und Dimensionen sexueller Diversität (Hetero- und Homosexualität, sowie Bi-, Pan- und Asexualität) mit allen erdenklichen Praktiken, Identitäten und Performances in die Überlegungen integriert (vgl. ELLER 2015: 137–162; vgl. HALL und JAGOSE 2013; GIBSON, ALEXANDER und MEEM 2013).

Age
Eine auf den ersten Blick universelle Variable kultureller Vielfalt ist das Alter.[45] Die Kategorie verweist zunächst als natürlicher Fakt über eine numerische Kategorie auf die Lebensjahre bzw. die physische Reife eines Individuums (ELLER 2015: 218). Betrachtet man Alter jedoch ebenfalls als sozial konstruierte Differenzierungsvariable, so rückt nicht dieser alleinige physische Aspekt in den Fokus der Betrachtung, sondern vielmehr die Frage danach, wie eine Gesellschaft diese Variable organisiert, interpretiert und einsetzt, denn „[t]he fact of age varies across cultures and over time" (ELLER 2015: 248). So lässt sich Alter auch als kulturelle Variable verstehen, die im Rahmen einer Gesellschaft ganz unterschiedlich organisiert und mit unterschiedlichen Bedeutungen, Werten und Funktionen belegt werden kann. „In other words, everyone who is 15 years old or 50 years old shares the same fact of age, but what it means to be 15 or 50 varies from one society to another and changes

---

[45] Ohne an dieser Stelle weitläufig auf die Analyseergebnisse der Studie vorgreifen zu wollen, kann angemerkt werden, dass Alter für die vorliegende Arbeit nur einen marginalen Stellenwert hat und dementsprechend knapp umrissen wird. Gleiches gilt für die nachfolgende Kategorie *Health* und *(Dis)Ability*.

over time in any particular society" (ELLER 2015: 218 f.). Alterskategorisierungen variieren auch innerhalb einer Gesellschaft – beispielsweise hinsichtlich der Frage, bis wann eine Person als Kind betrachtet wird, was *Erwachsensein* bedeutet, wer in einer Gesellschaft als *alt* gilt oder was als eine Generation interpretiert wird. Termini wie Kindheit, Adoleszenz oder Generationen lassen sich somit ebenfalls als soziale Konstruktionen betrachten (vgl. ELLER 2015: 218–248; CALHOUN 1978; CRUIKSHANK 2013).

Health und (Dis)Ability
Auch die Merkmalskombination *Health* und *(Dis)ability* setzt sich aus physischen und sozial konstruierten Aspekten zusammen. Zwar bezieht sich Gesundheit zunächst auf die physische und psychische Gesundheit eines Menschen – jedoch müssen hier stets die sozialen Dimensionen berücksichtigt werden. Im Kontext der *Disability Studies*[46] wird somit begrifflich zwischen einer Beeinträchtigung (*impairment*) und Behinderung (*disability*) differenziert. Während sich erstere Kategorie auf individuelle körperliche Merkmale bezieht, bezeichnet Behinderung als eine Kategorie sozialer Benachteiligung die soziale Dimension und Konstruiertheit des Konzepts (BREHME et al. 2020: 10). Unter einer *disability* wird in diesem Kontext folglich ein von der sozialen Norm abweichendes, physisches Unvermögen (z. B. Gehörlosigkeit oder Blindheit) verstanden, das auf sozialer Ebene mit behindernden „Praktiken und Umgangsweisen [verknüpft ist], die Behinderung als sozialen Gegenstand herstellen" (BREHME et al. 2020: 10; ELLER 2015: 250). Die Relevanz zeigt sich besonders deutlich in der Debatte, wie Gesellschaften oder soziale Organisationen mit Menschen mit einer Behinderung und damit verbundenen körperlichen Beeinträchtigungen umgehen. Das Konzept von damit verbundener Inklusion kann sowohl zeitlich als auch kulturell variieren (ELLER 2015: 250 ff.). *Health* und *(Dis)Ability* ist somit immer auch eingebettet in soziale Kontexte und steht in Relation zu anderen kulturellen Variablen und zum sozialen Status einer Person (ELLER 2015: 251 ff.; vgl. BARR 2014; SCHULZ und MULLINGS 2006).

Der hier präsentierte Überblick über Konzeptionen der Kategorien dient als Grundlage dafür, dass später aus dem analysierten Material heraus bestimmte Aspekte kultureller Vielfalt erkannt und benannt werden können. Es wird als nicht sinnvoll erachtet, vorab eine allzu enge Einschränkung hinsichtlich der Frage zu treffen, welche der Variablen für die Aushandlung kultureller Vielfalt von Relevanz sind. Zwar liegt der Analysefokus auf der Interaktion von Akteur:innen, denen

---

[46] Dieses Feld wird hier nur kurz angeschnitten. Für eine sehr gute Einführung empfiehlt sich der zitierte transdisziplinäre Sammelband von BREHME et al. (2020), wobei die Beiträge auf den deutschsprachigen Raum ausgerichtet sind. Auch für den US-amerikanischen Kontext gibt es zahlreiche Referenzen, die hier nicht gesondert aufgeführt werden.

unterschiedliche *Herkunftskontexte* zugeschrieben werden. Es lässt sich vorwegnehmen, dass Themen wie z. B. Geschlechterrollen, Sexualität, Alter oder soziale Klasse diesbezüglich etwas in den Hintergrund rücken. Dennoch werden für die theoretische Folie zunächst alle Aspekte gleichsam berücksichtigt. Erst im konkreten Analysekontext wird induktiv herausgearbeitet, welche der Kategorien in den betrachteten, filmischen Interaktionssituationen tatsächlich von Bedeutung sind und in Zusammenhang von Differenzierungsprozessen als relevant aktualisiert werden.

3.3 Interkultureller Raum: Konzeptvorschlag zur Analyse interkultureller Begegnungen

Mit dem *Interkulturellen Raum* wird nachfolgend ein Konzept vorgeschlagen, welches interkulturelle Begegnungssituationen sowie die auf der zwischenmenschlichen Ebene stattfindenden interaktiven Aushandlungsprozesse kultureller Vielfalt theoretisch-konzeptionell zu fassen versucht. Das Konzept integriert die vorherigen Überlegungen zu kultureller Vielfalt und Interkulturalität in einer interaktionsgeographischen Perspektive. Die interaktive Aushandlung kultureller Vielfalt wird hierfür als ein Prozess gefasst, in dem „Personen mit unterschiedlichen Kulturreferenzen zusammen[kommen] und (…) in einen Dialog [treten]" (ESCHER und KARNER 2017: 35). Ein interkultureller Raum beschreibt somit ein dynamisches Interaktionsszenario, anhand dessen sich kultureller Vielfalt im Rahmen von akteursbezogenen Begegnungskontexten über Prozesse kultureller Differenzierung genähert wird (vgl. BOLTEN 2014: 57). Mit anderen Worten wird ein *Interkultureller Raum* konzeptualisiert als ein räumliches Konstrukt, das im Kontext von interkulturellen Begegnungen und dabei stattfindenden Interaktionen entsteht und in welchem kulturelle Vielfalt zwischenmenschlich ausgehandelt wird.

Das Konzept vereint dabei zwei Kernaspekte: Zum einen fließt die Auffassung von Interkulturalität als zwischenmenschliche, dynamisch-prozesshafte Interaktionssituation in interkulturellen Begegnungen in den Vorschlag ein. Zum anderen wird die Idee aufgegriffen, dass die beteiligten Akteur:innen im Kontext ihrer Begegnung in einem wechselseitigen Verhältnis zueinanderstehen, kulturelle Differenzen, aber auch Gemeinsamkeiten, prozesshaft verhandeln und kulturelle Vielfalt als Phänomen dadurch erst konstruieren.

Nachfolgend wird noch etwas ausführlicher dargelegt, wie genau sich Aushandlungsprozesse in solchen interkulturellen Interaktionsszenarien vollziehen. Bevor einige Konkretisierungen zum Verständnis interkultureller Begegnungen

3.3 Interkultureller Raum ...

folgen, soll zunächst festgehalten werden, dass es bereits bestehende theoretische Überlegungen gibt, die Begegnungen in ähnlicher Art und Weise konzipieren. Eine inspirierende Grundlage für die hier vorgeschlagene Konzeption des interkulturellen Raums findet sich beispielsweise in Ansätzen, „die Ergebnisse kultureller Interaktionen in Kontaktzonen" (LÖSCH 2005: 43) beschreiben. Die Idee kultureller Kontaktzonen gehen maßgeblich zurück auf den von PRATT (1991, 1992) in pädagogischen und literaturwissenschaftlichen Kontexten entwickelten Begriff der *contact zone*, der im Kern einen sozialen Raum der konfliktbehafteten Auseinandersetzung kulturell unterschiedlich geprägter Individuen beschreibt (vgl. PRATT 2008: 8). Daran anschließend wurde diese Idee interdisziplinär vielfach diskutiert und unterschiedlich weiterentwickelt (vgl. HOLDENRIED 2017). Diesbezügliche Ansätze lavieren meist zwischen der von PRATT vorgeschlagenen *konflikthaften* Aushandlung und Kollision unterschiedlicher kultureller Positionen und postkolonialen, „Konzeptmetapher[n]" (STRUVE 2017: 226) wie dem *Third Space* (BHABHA 1994), welche auf Ansätzen kultureller Hybridität fußen.[47]

Der durchaus kritisch diskutierte Begriff der kulturellen Kontaktzone wird heute als „Sammelbezeichnung für Phänomene unterschiedlicher Art gebraucht" (HOLDENRIED 2017: 175), wenn auch seine „methodische Anwendbarkeit (...) nur bedingt gegeben [sei], weil es sich zunächst um einen Denkanstoß und weniger um ein nutzbares Instrumentarium handelt" (HOLDENRIED 2017: 176 f.). Um die Idee der Kontaktzone fruchtbar für forschungsbezogene Ansätze zu machen, müsse die Basisidee daher stets kontextbezogen adaptiert und mit entsprechenden Modifikationen erweitert werden. Ähnliches lässt sich für die theoretische Denkfigur des *Third Space* feststellen (STRUVE 2017: 228). Auch LÖSCH (2005: 43) legt dar, dass insbesondere in den *Cultural Studies* eine Vielzahl solcher Entwürfe zu finden sei, die allerdings äußerst unterschiedlich mit der Frage danach umgingen, ob interkulturelle Austauschprozesse „zur Entstehung ›neuer‹ Kulturen, zu einer umgreifenden Hybridisierung oder zu einer globalen Homogenisierung führen

---

[47] Aus pragmatischen Gründen wird hier auf eine detaillierte Auseinandersetzung mit den genannten Basiskonzepten verzichtet, wie auch auf eine Zusammenstellung der unzähligen Publikationen, die sich bislang mit dem Konzept auseinandergesetzt haben (vgl. MAYBLIN, VALENTINE und ANDERSSON 2015; WILSON 2017). Gleiches gilt für Publikationen, welche Adaptionen dieser Denkfigur vorgenommen haben oder aufgreifen, wie beispielsweise der erwähnte *Third Space*. Vgl. hierzu die Originalquellen von PRATT (1991, 1992) und BHABHA (u. a. 1994, 2009) sowie die kritischen Einführungen von HOLDENRIED (2017) und STRUVE (2017). Ausführlichere Darlegungen finden sich überdies bei BACHMANN-MEDICK (1998), BREGER und DÖRING (1998), IKAS und WAGNER (2008), SCHORCH (2013), sowie BABKA, MALLE und SCHMIDT (2012).

wird". Gemeinsam ist den Konzeptionen derartiger Beziehungs- und Interaktionsszenarien die Grundannahme, dass sich in ihnen kulturelle Einheiten „nicht als beziehungslose Monaden" (BOLTEN 2014: 55) gegenüberstehen, sondern als „*fuzzy systems*, (…) die sich in einem permanenten Austausch- und Wandlungsvorgang befinden" (LÖSCH 2005: 43, Hervorhebung im Original). Auch tragen „vorgelagerte indirekte Formen von Reziprozität – und sei es auch nur über Imagebildung, vom „Hörensagen" oder durch Kontakte Dritter – (…) dazu bei, dass die „Fremdheit" und das „Andere" eben nicht absolut, sondern in der Regel ebenfalls relativ und damit „fuzzy" sind" (BOLTEN 2014: 55).

Das für die vorliegende Studie vorgestellte Konzept des *Interkulturellen Raums* greift die grundlegende Idee entsprechender Konzeptionen auf, im Kontext von (inter-)kulturellen Kontaktsituationen und der Dynamik kultureller Aushandlungsprozesse einen Fokus auf das *Dazwischen* interkultureller Interaktionsszenarien zu legen. Wie bereits angeklungen ist, wird ein interkultureller Raum als situativ referenzierbares und räumliches Konstrukt verstanden, das interaktiv als Kommunikationsraum hervorgebracht wird, wenn Personen mit unterschiedlichen kulturellen Referenzen zusammenkommen, also Personen, „mit verschiedenen alltäglichen Praktiken, verschiedenen lebensweltlichen Normen und differenten gegenseitigen Erwartungshaltungen (…)" (ZIMMERMANN und ESCHER 2005a: 274; vgl. YOUSEFI und BRAUN 2011: 29). Unter diesen Kontextbedingungen betrachtet jede Person unterschiedliche Elemente im Rahmen einer Kommunikationssituation als bekannt (*Eigenes*) und unbekannt (*Fremdes*). Interkulturelle Interaktionen können folglich auch als „Überschneidungssituation[en]" (THOMAS 2003: 46) interpretiert werden. Dabei finden Austausch- und Deutungsprozesse statt, in deren Rahmen die Interagierenden das *Eigene* und das *Andere* jeweils wechselseitig verhandeln und deuten. Diese Interaktion birgt ein interkulturelles Potenzial. Nachfolgend werden einige Charakteristika bestimmt, welche das hiesige Verständnis von interkulturellen Räumen rahmen und schärfen. Konkret werden drei Aspekte ausgeführt, die das Konzept des Interkulturellen Raums prägen: erstens der ihnen inhärente Zusammenhang zwischen Differenzierungsprozessen, Grenzen und Grenzüberschreitungen, zweitens ihre Eigendynamik, Kontingenz und Emergenz, sowie drittens ihre Lokalisierbarkeit.

Differenzierungsprozesse, Grenzen und Grenzüberschreitungen
Kulturelle Vielfalt wird im Kontext dieser Arbeit in handlungstheoretischer Perspektive als das Ergebnis von Differenzierungsprozessen bzw. -handlungen verstanden – als „das Ergebnis von Prozessen und interpretativen Handlungen, in denen sie immer wieder neu bestimmt wird" (SCHUSTER 2018: 65). Anschlussfähig für diese Sichtweise sind auch eine Anmerkungen von MÜLLER und ZIFONUN

(2010: 23), die feststellen, dass es bei einer Analyse von kulturellen Differenzierungsformen „nicht um die Feststellung essenzieller Unterschiede zwischen verschiedenen (…) Kollektiven [gehen müsse], sondern um den Prozess der Kategorisierung und Klassifizierung (…)" in alltäglichen Interaktionssituationen. Anstatt auf scheinbar bestehende Differenzen zu fokussieren, müssten vielmehr die dahinterstehenden Differenzierungs*prozesse* untersucht werden, also Fragen danach, „wie kulturelle Unterscheidungen, oder besser: kulturelle Unterschiede zwischen Menschen und Menschengruppen unterschiedlichen Typs an vielfältigen Unterscheidungsachsen praktisch erfolgt" (NASSEHI 2017: 55). Ein charakteristischer Ausgangspunkt und zugleich Kernaspekt eines interkulturellen Raums sind die Interaktionen zwischen Akteur:innen, in deren Rahmen die angesprochenen Differenzierungsprozesse ansetzen können. Es wird davon ausgegangen, dass jede Person in der Interaktion mit anderen auf ein bestimmtes Referenzsystem zurückgreift, um sich selbst gegenüber einem anderen zu positionieren und Aspekte seiner Identität kommunikativ auszuhandeln. Dabei kommt, wie bereits oben angedeutet, den Schlagworten des *Eigenen* und *Fremden* bzw. *Bekannten* und *Unbekannten* ein zentraler Stellenwert zu (BARMEYER 2011: 43). Die Konstruktion bzw. differenzierende Abgrenzung des Eigenen vom Anderen wird in Ansätzen der postkolonialen Theorie als *Othering* bezeichnet (SAID 1978; SPIVAK 1985, 1996; HALL 2004). Der Begriff beschreibt, verkürzt ausgedrückt, den Prozess, eine Differenz in ein Anderssein umzuwandeln, um eine *In-Group* und eine *Out-Group* zu konstruieren (STASZAK 2009: 43) und kann in Hinblick auf das hier thematisierte, zwischenmenschliche *Different-Machen* (CASTRO VARELA und DHAWAN 2005: 60) anhand intersektionaler Ungleichheitsparameter als weiteres anschlussfähiges Konzept betrachtet werden.[48]

Ein Fokus solcher Differenzierungsprozesse wird im hiesigen Verständnis auf die Figur der Grenze gelegt – verstanden als „eine Schwelle zum kulturell Anderen, wo Kommunikation mit dem Anderen möglich wird" (LÖSCH 2005: 34). Hierin gelangen „die Begriffe des Eigenen und des Fremden, beziehungsweise des Selbst und des Anderen in ein Wechselfeld von gegensätzlichen Zuordnungsansprüchen" (ebd.). Hier treffen „die von der einen Kultur konstruierten und an die andere Seite adressierten Selbst- und Fremdbilder auf die andere Kultur" (ebd.). (Kulturelle) Grenzen als Kernelemente interkultureller Auseinandersetzungen können dabei unterschiedlich konzeptualisiert werden:

---

[48] Das interdisziplinär vielfach diskutierte Konzept des *Othering* wird an dieser Stelle nicht umfassender eingeführt. Es wurde bereits in unzähligen Publikationen auch für sozialwissenschaftliche und geographische Kontexte urbar gemacht, sodass hier ein Verweis genügen soll (vgl. für eine differenzierte Einführung z. B. RIEGEL 2016: 51 ff.).

„[A]ls Demarkationslinien, als unüberbrückbare Gräben, als Kontaktzonen, als Zwischenräume, als Passagen oder als Schwelle zum Fremden (...). Während die beiden erstgenannten Konzeptualisierungen kulturelle Opposition, Separation und Schließung betonen, betrachten letztgenannte Grenzen als Zonen der Interaktion und Wechselbeziehung, in denen die Aushandlung von Identität und Alterität zwischen Gruppen stattfindet. Wenn die Grenze zwischen Kulturen nach Clifford in einem beständigen Aushandlungsprozess immer wieder neu gezogen und revidiert werden, dann kann die so entstehende Grenzzone auch nicht als ein trennender Bereich oder ein Niemandsland beschrieben werden. Sie muss vielmehr als ein Bereich der Überlappung und Überlagerung konzipiert werden (...)" (Lösch 2005: 33).

Auch für die hier präsentierte Konzeption interkultureller Räume ist es sinnvoll, Grenzen – wie auch bereits Differenzen – als nicht per se existent zu betrachten, sondern als etwas, das in Interaktionen konstruiert wird. Grenzen im interkulturellen Raum sind nicht einfach vorhanden, sondern werden erst im Kontext von Austauschprozessen gezogen. Sie müssen daher als prozessuale Phänomene begriffen werden, deren Konstitution instabil ist und jederzeit revidiert werden kann. Es handelt sich weniger um fixe Grenzlinien, sondern um fluktuierende Aushandlungs- und Übergangsbereiche (LÖSCH 2005: 33, 45).

Das Konzept der Grenze bildet auch eine Konstante in den raumbezogenen Schriften des Literaturwissenschaftlers Jurij LOTMAN (1990a, 1990b, 1993). RENNER (2004), ZIMMERMANN und ESCHER (2005 a oder b) und FRANK (2012) weisen explizit darauf hin, dass die von ihm formulierten Überlegungen auch für audiovisuelle Texte angewandt werden können. Aus diesem Grund erscheint es sinnvoll, ergänzend einige seiner Überlegungen in die theoretischen Überlegungen zu integrieren – gerade auch in Hinblick auf die später vorzunehmende Adaption der hier besprochenen Umsetzung für filmische Kontexte. Die Bedeutung von Grenzen und Grenzüberschreitungen als filmische Standardsituation betont auch MERSCH (2016: 163 ff.). Nach ihr ist eine Grenze im Film, ganz gleich ob es sich um eine physisch-materielle Trennlinie, eine sozial etablierte oder eine metaphorische Grenze handelt, stets eine „Trennlinie und Berührungspunkt zweier Bereiche zugleich", deren bzw. dessen „voller Bedeutungsumfang (...) erst durch den Übertritt bewusst [wird]" (MERSCH 2016: 163).

LOTMAN selbst bestimmt eine Grenze als topologische Figur. Er beschreibt sie als „wichtigste[s] topologische[s] Merkmal des Raumes" (1993: 327), die „den Raum in zwei disjunkte Teilräume" separiert. Somit wendet er sich einer theoretischen Perspektive zu, die für die vorliegenden Ausführungen von großem Interesse ist: „Every culture begins by dividing the world into ‚its own' internal space and ‚their' external space" (LOTMAN 1990a: 131). Ein textueller Raum wird demnach in zwei

Teilräume aufgegliedert, die mit Bedeutungen versehen werden und sich als semantische Felder betrachten lassen. Diesen lassen sich bestimmte Figuren zuordnen (LOTMAN 1993: 328). Während einige Figuren unbeweglich bleiben, „erhält mindestens eine Figur dennoch die Möglichkeit, von einem Teilraum in den anderen einzutreten" (FRANK 2012: 222) und dabei die die Teilräume separierende Grenze zu überschreiten.

Während LOTMAN diese Grenze in seinen frühen Schriften als lineare, scharfe Linie versteht, löst er sich in seinen Ausführungen zur *Semiosphäre*[49] von diesem Leitgedanken und betrachtet Grenzen als Kontakt- oder Zwischenräume zwischen semantischen Teilräumen. Somit legt auch er eine Grenze nicht länger als feststehende Grenzlinien aus, sondern vielmehr als Grenzbereich. Personen, die in eine interkulturelle Interaktion eintreten, lassen sich folglich als Grenzgänger:innen deuten, die im Rahmen ihrer Interaktion(en) einen ebensolchen Grenzbereich aufspannen, der als eine Form des *kulturellen Dazwischen* interpretiert wird. In diesem bewegen sie sich als „Personen, die aufgrund einer besonderen Gabe [...] oder eines besonderen Tätigkeitsmerkmals [...] zu beiden Welten gehören und gleichsam Übersetzer sind" (LOTMAN 1990b: 292). Es wird davon ausgegangen, dass eine Handlung sich erst durch ein grenzüberschreitendes Ereignis ergibt und dass dieser Prozess an einen beweglichen Handlungsträger gebunden ist. Dieser ist konzipiert als eine Figur, „die das Recht hat, die Grenze zu überschreiten" (LOTMAN 1993: 338).

Interkulturelle Räume entfalten sich demnach immer dann, wenn Personen im Zuge von Interaktionssituationen Grenzen überschreiten – insbesondere solche, die nicht direkt als materialisierte Grenzen sichtbar sind, sondern vielmehr als kulturell vermittelte oder soziale Grenzen, die durch kommunikative Handlungen überschritten werden.

Eigendynamik, Kontingenz und Emergenz
Ein weiteres Merkmal interkultureller Räume ist ihre Eigendynamik. Damit ist die Annahme verbunden, dass sie als kontingentes und emergentes Phänomen zu betrachten sind. Wenn Personen in Interaktion treten, werden ganz unterschiedliche

---

[49] Eine *Semiosphäre* bezeichnet „die Gesamtheit aller Zeichenbenutzer, Texte und Kodes einer Kultur als semiotischen Raum" (LOTMAN 1990a: 287). Ein wesentliches Charakteristikum der Semiosphäre ist, dass sie in sich individuell und homogen gestaltet ist. Das Innere und das Äußere einer Semiosphäre werden dabei getrennt durch eine Grenze, die „durch die gegenseitige Fremdheit der Zeichenbenutzer, Texte und Kodes aufrechterhalten" (LOTMAN 1990a: 287) wird. Durch Übersetzungsprozesse ist eine solche Grenze teilweise überwindbar (vgl. hierzu LOTMAN 1990a: 123 ff. und LOTMAN 1990b: 287 ff.).

Dinge als *bekannt* und *unbekannt* angesehen und als relevanter Differenzierungsaspekt artikuliert. Im situativen Kontext einer jeden Kommunikationssituation betrachtet somit jede Person unterschiedliche Elemente als bekannt und unbekannt, denn was einer Person fremd oder eigen erscheint, wird von einer anderen Person mitunter konträr interpretiert. Im Prozess der Interaktion finden Austausch- und Deutungsprozesse statt, in deren Rahmen die Interagierenden ihre Positionen wechselseitig verhandeln und als Differenzen interpretieren. Was in interkulturellen Räumen als das interkulturell Bedeutungsvolle ausgehandelt wird, lässt sich inhaltlich zunächst nicht näher bestimmen. Schließlich hängt dies von den jeweiligen Interaktionspartner:innen ab und davon, welche kulturellen Aspekte in eine Begegnungssituation eingebracht werden bzw. welche kulturellen Differenzen und Gemeinsamkeiten im Aushandlungsprozess als bedeutungsvoll thematisiert – oder außer Acht gelassen werden.

Interkulturelle Räume können darüber hinaus zwei Ausprägungen haben: Gelingt es den Interaktionspartner:innen, ihre Ansichten und Auffassungen so zu verhandeln, dass das *Eigene* und das *Fremde* sich als eindeutige Kategorien auflösen und die Interaktion in etwas Neuem, Interkulturellem resultiert, so kann von einem *interkulturellen Raum des Miteinanders* gesprochen werden.[50] In diesem Fall kommt es zu einer von außen betrachtet funktionierenden Verständigung zwischen den Parteien. Die verschiedenen, aufeinandertreffenden alltäglichen Praktiken und differenten Erwartungen werden neu verhandelt und die jeweils anderen kulturellen Elemente prozesshaft neu interpretiert (vgl. YOUSEFI und BRAUN 2011: 29). „Interkulturalität entsteht in diesem Kontext gewissermaßen durch das Erarbeiten der gemeinsamen Anschlussstellen" (ESCHER, LAHR und PETERMANN 2007: 40). Die Beteiligten greifen dabei in ihren Handlungen nicht nur auf eigene Konventionen und Codes zurück, sondern sie interpretieren und verstehen die Handlungen, die im Rahmen einer Interaktion erfahren werden, entsprechend der daraus resultierenden, *unbekannten* Konventionen und Codes. Eine Kommunikation oder Interaktion wird in diesem Fall oftmals als erfolgreich angesehen, da das entstehende interkulturelle Konstrukt zwischen den Parteien als gelungen interpretiert und akzeptiert wird (ZIMMERMANN und ESCHER 2005a: 268 f.; BOLTEN 2012: 40). Gelingt dies den Interaktionspartner:innen nicht, so bleiben die Eigen- und Fremdkategorien der interagierenden Personen als solche bestehen, da die Handlungen des/der Interaktionspartner:in entsprechend der eigenen Konventionen und Codes interpretiert

---

[50] Diese unterschiedlichen Effekte werden in der Literatur oftmals als positive oder negative Ausprägung von Interkulturalität bezeichnet (vgl. BARMEYER 2011: 42 f.; BOLTEN 2012: 40). Hier wird auf eine solche Wertung bewusst verzichtet.

werden. Diese Situation lässt sich als ein *interkultureller Raum des Nebeneinanders* bezeichnen. Unbekanntes bleibt unbekannt, Missverständnisse oder gar ein absolutes Nicht-Verständnis können die Folgen sein (vgl. BOLTEN 2012: 40). Beide Zweige lassen sich als Ergebnis interkultureller Interaktionssituationen interpretieren, wobei es ebenfalls Abstufungen dazwischen geben kann. Wie auch immer der Ausgang zu sein vermag: Die Spezifika interkultureller Räume münden in einer charakteristischen Eigendynamik „die dazu führt, dass die interagierenden Personen [beispielsweise] Kommunikations- und Verhaltensregeln neugestalten und gegenseitig „aushandeln" (…)" (BARMEYER 2012: 81 f.). Ein interkultureller Raum lässt sich folglich als kontingentes und emergentes Phänomen charakterisieren, da er immer durch ein gewisses Maß an Ergebnisoffenheit und Unsicherheit gekennzeichnet ist. Im Aushandlungsprozess können durch das Zusammenspiel differenter kultureller Aspekte emergente Formen und Eigenschaften evoziert werden.

Lokalisierbarkeit
Setzt man die Begegnung zwischen Personen als Basis der Konstruktion interkultureller Räume voraus, dann braucht es Orte, an denen Begegnungen stattfinden können. Daher soll als dritter Kernaspekt der Konzeption interkultureller Räume deren potenzielle Lokalisierbarkeit angesprochen werden. Mit anderen Worten bedarf es einem lokalisierbaren Ort, an welchem sich in Folge von Begegnungen über Bedeutungszuschreibungen (z. B. soziale Praktiken, Handlungen, Diskurse) interkulturelle Räume entfalten. Entsprechenden Handlungsorten wohnt ein interkulturelles Potenzial inne bzw. sind diese mit „entsprechenden gesellschaftlichen Zuschreibungen belegt […], damit sich dort interkulturelle Räume entfalten können" (ESCHER, LAHR und PETERMANN 2007: 40). Diese Orte haben potenziell die Eigenschaft, dass sie für Menschen mit differenten kulturellen Hintergründen anschlussfähig sind. Sie verfügen über das Potenzial, dass an ihnen Räume entstehen können, die sich „[…] durch eine instabile Kommunikationslage aus[zeichnen], die aus […] dem Aufeinandertreffen kulturdifferenter Verhaltensweisen eine eigene Spannung und Beweglichkeit gewinnt" (BACHMANN-MEDICK 1998: 22).

Mit den erläuterten drei zentralen Charakteristika ist nun auf einer theoretischen Ebene umrissen, wie der *Interkultureller Raum* als Konzept für die vorliegende Arbeit aufgefasst wird. Diese Konzeption referiert auf das bereits mehrfach angesprochene Verständnis von kultureller Vielfalt, welche als soziale und kulturelle Konstruktionen verstanden wird, die aus dem Zusammenwirken interdependenter, relationaler Differenzvariablen und -dimensionen resultieren (vgl. PATTERSON 2001: 140; LAMPHERE 2001: 457; BRODKIN 2001: 366 ff.). Auch wenn mit der hiesigen Konzeption von Interkulturalität und dem *Interkulturellen Raum* ein Fokus auf der sozialen Mikroebene liegt, kann die Makro-Ebene des gesamtgesellschaftlichen Rahmens für diese Perspektive nicht gänzlich außer Acht gelassen werden. Interkulturelle Begegnungssituationen und die mit ihnen verbundene Aushandlung kultureller Vielfalt finden nicht losgelöst vom gesellschaftlichen Rahmen statt und orientieren sich folglich an bestimmten Aspekten gesellschaftlicher Kontexte. Diesbezüglich stellt auch BARMEYER (2011: 42) fest, dass es in jeder Gesellschaft Variablen gäbe, die als Orientierungsrahmen für individuelle Interaktionskontexte fungieren. Dabei sind die kulturellen Variablen und Merkmale, welche im Rahmen von Differenzierungsprozessen von Bedeutung sind, äußerst heterogen (vgl. HIRSCHAUER und BOLL 2017: 7). Nach SCHUSTER (2018: 66) implizieren Differenzierungsprozesse immer Macht- und Herrschaftsverhältnisse, „da Differenzen auf der Basis von Kategorien konstruiert werden, die von Machtund Herrschaftsverhältnissen durchzogen sind". So müsse man, um Differenz analysieren zu können, ihren jeweiligen gesellschaftlichen Kontext möglichst exakt bestimmen (vgl. Abschnitt 3.2.4).

3.4 Theoretische Analysefolie der Studie

Die zuvor erläuterten theoretischen Bausteine, Begriffe und Konzepte werden nachfolgend integriert und zu einer theoretischen Folie zusammengeführt (Abschnitt 3.4.1). Wie die Ausführungen gezeigt haben, stehen im Fokus der vorliegenden Studie filmische Inszenierungen alltäglicher Begegnungssituationen und dabei stattfindende Interaktionen zwischen Akteur:innen in städtischen Kontexten. Die vorliegende Studie betrachtet die beschriebenen Phänomene aus filmgeographischer Perspektive heraus. Damit dies in der Analyse umgesetzt werden kann, werden die ausgeführten, maßgeblich in einer *außerfilmischen Perspektive* verankerten, theoretischen Aspekte in eine dezidiert filmgeographische Perspektive übersetzt. Das hierfür notwendige Zusammenbringen der Perspektiven erfordert die Entwicklung einer theoretischen Folie, welche die Analyse und Interpretation alltäglicher Geographien der Begegnung als medial konstruiertes und inszeniertes Phänomen ermöglicht. Hierzu wird ein Vorschlag zur filmgeographischen Lesart bzw. Adaption des theoretischen Rasters unterbreitet. Das Ergebnis ist eine theoretisch-konzeptionelle Folie zur Analyse kultureller Vielfalt im Spielfilm (Abschnitt 3.4.2).

3.4.1 Theoretische Folie: Interkultureller Raum

Für das theoretische Modell der Studie wurden in den vorausgehenden Kapiteln zentrale theoretische Bausteine erläutert. Zunächst wurde der Forschungsansatz der Interaktionsgeographie als rahmende Perspektive eingeführt. Der Ansatz widmete sich der theoretischen Modellierung und Analyse räumlicher Begegnungssituationen und plädierte dafür, Städte als räumliche Kontexte kultureller Vielfalt zu betrachten. Ein zentrales Postulat der Ausführungen stellte die Annahme dar, dass kulturelle Vielfalt auf einer Mikroebene als Resultat interkultureller Interaktionskontexte zwischen mindestens zwei Akteur:innen konstruiert wird. Dies geschieht, indem sich Individuen über kulturelle Aspekte bzw. Ressourcen voneinander differenzieren. Anders formuliert ist es eine zentrale Annahme dieses Ansatzes, dass es in städtischen Settings kontinuierlich zu Begegnungen zwischen kulturell verschiedenen Individuen kommt. Im Kontext solcher Begegnungssituationen kommt es zu kulturellen Differenzierungsprozessen zwischen den beteiligten Akteur:innen – sie verhandeln Aspekte kultureller Verschiedenheiten. Über die dabei entstehenden interkulturellen Räume wird auch der für Städte typische Eindruck kultureller Vielfalt erst hervorgebracht. Neben einigen Basisannahmen des Forschungsansatzes und einem Forschungsüberblick wurden zentrale Basiskonzepte dieser Forschungsperspektive erläutert, die auch direkt in die theoretische Folie der Arbeit fließen. Hierzu zählen die Begriffe *Interaktion* und *Begegnung*, die in ihrem Zusammenspiel einen zentralen Baustein des theoretischen Rasters bedingen. So wird davon ausgegangen, dass es sich bei dem zu untersuchenden Phänomen kultureller Vielfalt um das Ergebnis interaktiver Aushandlungsprozesse handelt, die auf der gesellschaftlichen Mikroebene im Kontext von Begegnungssituationen beobachtet werden können. Eine Begegnung wird dabei verstanden als ein lokalisierbares, in raumzeitliche Settings eingebettetes, zeitlich begrenztes soziales Arrangement. In diesem stehen sich mindestens zwei Interaktionspartner:innen *face to face* gegenüber und beziehen sich in ihrer interaktiven Kommunikation wechselseitig aufeinander. In dem zwischen den Beteiligten bestehenden Spannungsverhältnis werden kulturelle Differenzen verhandelt und durch diesen Aushandlungsprozess interaktiv räumliche Bedeutungen hervorgebracht. Diese Aspekte sind zentral für die theoretische Folie der vorliegenden Arbeit.

Wie anschließend dargelegt wurde, stellt das Herzstück der theoretischen Folie das Konzept des *Interkulturellen Raums* dar. Aufbauend auf einigen Basisannahmen zu den Termini *Kultur, Interkulturalität, kultureller Vielfalt* und *kultureller Differenz(ierung)* legt dieses Konzept einen Fokus auf das *kulturelle Dazwischen*, das sich im Rahmen der Interaktion kulturell differenter Akteur:innen einstellt und über das das Phänomen der kulturellen Vielfalt als räumliche Bedeutung konstruiert wird. Die Grundlage für diese Auseinandersetzung bilden die Konzeption von Kultur als in sich diverses Phänomen sowie die Annahme, dass ein Reflektieren über Kultur immer auch ein Reflektieren über deren Vielfalt erfordert. Auf Basis unterschiedlicher Definitionsansätze wurde Kultur hierfür zunächst als durch Vielfalt gekennzeichnetes, prozesshaftes Phänomen definiert und vorgeschlagen, beim Betrachten kultureller Einheiten individuelle Akteur:innen als Träger:innen und Vermittler:innen kultureller Eigenschaften in den Fokus zu stellen. So betrachtet äußert sich Kultur als differenziertes, komplexes, offenes und dynamisch veränderbares Sinn- und Orientierungssystem, das sich auf unterschiedliche Art und Weise ausdrücken kann. Zentral ist die Annahme, dass Kultur, bzw. kulturelle Attribute und kulturelle Wertvorstellungen nicht per se existieren oder einem Individuum angeboren sind, sondern als integriertes System kultureller Merkmale und Muster erst durch soziale, zwischenmenschliche Interaktionen geteilt, erlernt und symbolisch vermittelt werden (können) (vgl. ELLER 2015: 3; KOTTAK und KOZAITIS 2012: 11 ff.). Kultur wird dabei verstanden als eine soziale Konstruktion, die aus dynamischen sozialen Interaktionen und Kommunikationen hervorgeht. Sie ist keine ursprünglich existierende, strukturelle Umweltdeterminante, sondern das Ergebnis konkreter menschlicher Handlungen und Praktiken (OTTEN 2009: 53). Zentral für das Kulturverständnis der vorliegenden Arbeit ist die Annahme, dass Menschen als kulturelle Akteur:innen in den Fokus wissenschaftlicher Analysen kultureller Vielfalt rücken müssen und Kultur primär über „das „Dazwischen", die Interaktion der Akteure" (BOLTEN 2014: 47) zu begreifen sei. In Anlehnung an Vorschläge von u. a. BOLTEN (2012, 2014) wurde die Idee aufgegriffen, zur Analyse kultureller Kontexte das Konzept der Interkulturalität zu revitalisieren und, um den heterogenen Charakter von zwischenmenschlichen Interaktionskontexten mitzudenken, mit Überlegungen zur kulturellen Vielfalt zusammenzubringen. Diesem Vorschlag folgend, wurden beide Ansätze als komplementäre Konzepte kombiniert. Zusammenfassend ausgedrückt wird kulturelle Vielfalt als ein Merkmal von Kultur betrachtet und Interkulturalität als ein intermediäres *Dazwischen* – ein dynamisches Interaktionsszenario, über welches sich kultureller Vielfalt im Rahmen von akteursbezogenen Begegnungskontexten genähert werden kann.

Um diesen Ansatz theoretisch zu konkretisieren, wurde das Konzept des *Interkulturellen Raums* vorgeschlagen und umrissen. Der Vorschlag fasst die Aushandlung kultureller Vielfalt als räumliche Begegnungssituation auf, bzw. konkreter als lokal und situativ referenzierbares, räumliches Konstrukt, das interaktiv als Kommunikationsraum hervorgebracht wird, wenn Personen mit unterschiedlichen kulturellen Referenzen zusammenkommen und ihre kulturellen Unterschiede und

3.4 Theoretische Analysefolie der Studie

Gemeinsamkeiten im Rahmen einer interkulturellen Begegnung auf unterschiedliche Art und Weise verhandeln. Interkulturelle Räume entstehen in Relation zu lokalisierbaren Orten als durch soziale Handlungen und Kommunikationen hervorgebrachte Konstrukte. Neben Lokalisierbarkeit, Eigendynamik, Kontingenz und Emergenz wurden Grenzüberschreitungen – bzw. grenzüberschreitende Differenzierungsprozesse – als zentrale Charakteristika interkultureller Räume benannt. Es wurde formuliert, dass interkulturelle Räume vor allem dann entstehen, wenn von Personen mit unterschiedlichem kulturellem Hintergrund im Kontext von Interaktionssituationen (kulturelle) Grenzen überschritten werden. Solche Grenzen sind nicht immer sichtbare, geographische oder materialisierte Grenzen, sondern vielmehr solche, die durch kommunikative Handlungen und weitere Austauschprozesse hervorgebracht werden.

Zentral für diesen Prozess ist, dass die beteiligten Akteur:innen im Zusammenhang mit grenzüberschreitenden Handlungen wechselseitige Markierungen vornehmen. Im Prozess der Interaktion finden kulturelle grenzüberschreitende Austausch- und Deutungsprozesse statt, in deren Rahmen die Interagierenden ihre Differenzen (z. B. kulturell Eigenes und Bekanntes sowie Fremdes und Unbekanntes) wechselseitig verhandeln, deuten und dabei nach Möglichkeit gemeinsame Anschlussstellen erarbeitet werden. Was dabei in interkulturellen Räumen als das Interkulturelle ausgehandelt wird, unterscheidet sich situativ. Die Analyse kultureller Vielfalt über das Interaktionsszenario interkultureller Räume basiert auf der Annahme, dass in zwischenmenschlichen Begegnungssituationen kulturelle Differenzen nicht als per se gegebene Kategorisierungen fixiert sind, sondern erst als flexible Kompositionen interaktiv über Differenzierungsprozesse ausgehandelt werden. Einmal mehr ist hier die Relevanz einzelner Individuen als in sich kulturelle heterogene Akteur:innen zu betonen.

Eine Konzeption der dafür notwendigen Differenzierungsprozesse wird in Anlehnung an HIRSCHAUER (2017) als ein *un/doing* von Differenzen verstanden. Jedes soziale Individuum wird in dieser Perspektive als Matrix konzipiert, da es sich über zahlreiche kulturelle Kategorien und Variablen identifizieren kann (Mehrfachzugehörigkeit) und auch eine wechselseitige Differenzierung stets auf Basis einer Vielzahl relationaler kultureller Variablen vonstattengeht. Dabei besteht jeder Differenzierungsprozess auf der Basis einer sinnhaften Selektion anhand unterschiedlicher Differenzierungsoptionen. Es wurde damit postuliert, dass in Interaktionssituationen bestimmte kulturelle Faktoren entweder als bedeutsam artikuliert werden können, oder aber als unbedeutende Aspekte keinerlei Eingang in die Aushandlungsprozesse finden. Der Eindruck kultureller Vielfalt wird daher situativ und individuell über unterschiedliche Merkmale bzw. Kategorien konstruiert. Die Kategorien, anhand derer solche Differenzierungsprozesse erfolgen, werden als relationale und kontingente, intersektionale Variablenkompositionen konzipiert, die jeweils über multiple Ausprägungen verfügen.

Wie SCHUSTER (2018: 66) anmerkt, sollten für die Analyse von kulturellen Differenzen stets die jeweiligen gesellschaftlichen Kontexte lokalisiert werden, in denen sich Differenz hervorrufende Differenzierungsprozesse ereignen. Dieser Aufforderung folgend wurde überblickshaft dargestellt, wie im Kontext der US-amerikanischen Gesellschaft über kulturelle Vielfalt nachgedacht werden kann. Hierzu wurden unterschiedliche Konzeptionen präsentiert, die sich zwischen einem assimilatorisch und einem multikulturalistisch geprägten Pol bewegen. Im Kontext von Differenzierungsprozessen referieren Individuen auf unterschiedliche Kategorien, Variablen und Dimensionen von Vielfalt. Welche dies sind, wird gewissermaßen auch durch einen gesellschaftlichen Kontext gerahmt. Für den US-amerikanischen Kontext wurden auf Basis aktueller Diskurse und einschlägiger Literatur *Ethnicity, Race, Language, Religion, Class, Sex/Gender* und *Sexuality, Age* sowie *Health* und *(Dis)ability* als potenziell relevante Kategorien benannt und inhaltlich umrissen. Auf Basis der theoretischen Ausführungen wird angenommen, dass diese Variablen in einer Gesellschaft als flexibler und dynamischer Referenzrahmen bestehen, auf den Individuen im Kontext kultureller Differenzierungsprozesse zurückgreifen. Die Art und Weise, wie die Variablen in den Interaktionskontexten verhandelt werden – d. h. auf welche Variablen und welche ihrer Dimensionen und Ausprägungen referiert werden und welche Bedeutung sie für die interaktive Aushandlung kultureller Vielfalt haben – variiert situativ für jede einzelne Begegnungssituation. Dies unterstreicht die dynamischen Qualitäten interkultureller Räume. Allerdings muss hinsichtlich der Variablen angemerkt werden, dass die Studie nicht darauf abzielt, diesbezüglich mit einem fertigen Analyse-Konzept an das filmische Material heranzutreten und zu überprüfen, wie die betrachteten Filme einzelne Differenzkategorien oder eine kulturelle Diversität repräsentieren oder reproduzieren. Vielmehr geht es darum, herauszuarbeiten, *wie* in der Interaktion filmischer Figuren Aspekte kultureller Differenz(ierungs)kategorien erst erzeugt und verhandelt werden, *welche* kulturellen Marker dabei wie zum Einsatz kommen bzw. konstruiert werden und *wie* dadurch in den Filmen kulturelle Vielfalt interaktiv konstruiert und symbolisch als bedeutungsgeladenes Konstrukt vermittelt wird. Das beschriebene Konzept (vgl. Abbildung 3.2) dient als theoretische Folie für die spätere filmgeographische Analyse und beschreibt modellhaft, wie in Interaktionskontexten zwischen als kulturell heterogen gezeichneten Individuen (im *interkulturellen Dazwischen*) das Phänomen kultureller Vielfalt ausgehandelt werden kann.

3.4 Theoretische Analysefolie der Studie

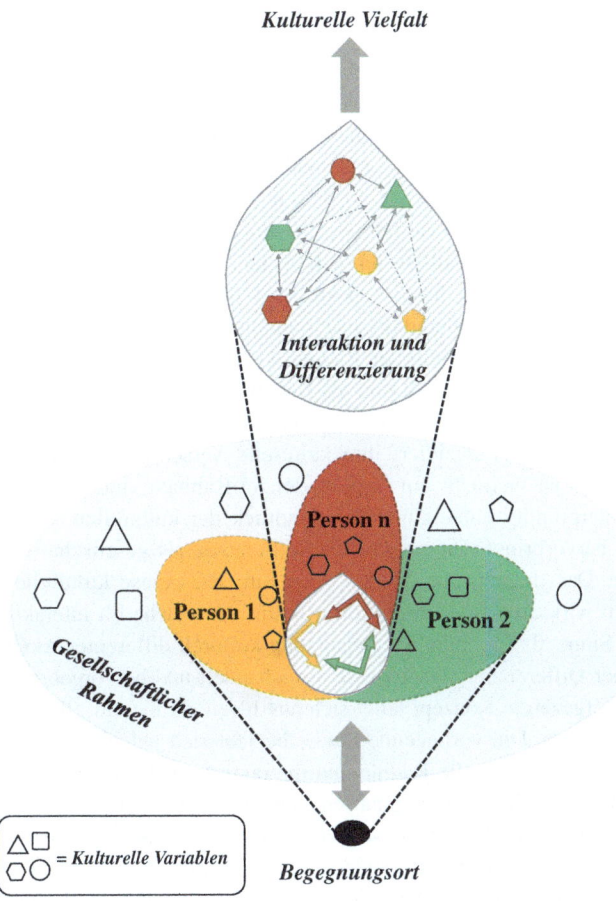

Abbildung 3.2 Schematische Visualisierung eines Modells zur Analyse interkultureller Räume. (Entwurf: Sommerlad 2021)

Der Interaktionskontext des *Interkulturellen Raums*, der sich über einem Begegnungsort aufspannt und über der kulturellen Vielfalt als Konstrukt hervorgebracht wird, wird in der Visualisierung als zentraler Analysefokus betont sowie die darin stattfindenden, zentralen Prozesse schematisch abgebildet. Entsprechend der vorhergehenden Erläuterungen wird dargestellt, dass sich in Relation zu einem Ort kulturell heterogen konnotierte Personen begegnen. Im Rahmen solcher Begegnungssituation kann es zu Interaktionen zwischen den Akteur:innen kommen, in deren Rahmen die Akteur:innen kulturelle Differenzierungsprozesse vollziehen. Die Gesamtheit der charakteristischen Eigenschaften des Ortes, seine Qualitäten und Beschaffenheiten, können dabei die Begegnung beeinflussen.

Als soziale Akteur:innen sind die interagierenden Personen in einen gesamtgesellschaftlichen Kontext eingebettet. In diesem existieren als flexibler Referenzrahmen Variablen kultureller Vielfalt, welche für die Begegnung von Bedeutung sein *können*. Dies ist der Fall, wenn sich Akteur:innen im Kontext der wechselseitigen Interaktion auf diese Aspekte und ihre Dimensionen direkt oder indirekt beziehen und in Bedeutungszuschreibungen integrieren. Im Rahmen des Interaktionskontextes interkultureller Räume wird kulturelle Vielfalt über Differenzierungsprozesse ausgehandelt und als Konstrukt hervorgebracht. Es ist dabei wichtig zu erwähnen, dass die Akteur:innen vermutlich meist nicht mit dem Ziel zusammenkommen, dezidiert ihre kulturelle Verschiedenheit interaktiv zu verhandeln. Dies ist vielmehr ein Aspekt, der im Rahmen vieler Begegnungssituationen hintergründig abläuft und den Eindruck der kulturellen Vielfalt einer Gesellschaft hervorbringt. Dieser wird in Konsequenz als gesellschaftliche Realität sichtbar. Das theoretische Modell zeigt auf, dass diese kulturelle Vielfalt eine räumlich wirksame Bedeutungskonstruktion ist, welche im interaktionsgeographischen Sinne als Ergebnis der Begegnung kulturell differenter Akteur:innen interaktiv über Differenzierungsprozesse ausgehandelt und hervorgebracht wird.

Das hier aufgezeigte Konzept leitet sich aus Ideen ab, die auf alltagsweltliche Kontexte verweisen. Die vorliegende Studie bezieht sich jedoch auf einen filmischen Rahmen. Interkulturelle Räume und interaktive Aushandlungen kultureller Vielfalt werden also nicht in Bezug auf eine lebensweltliche Stadt analysiert, sondern hinsichtlich einer filmisch konstruierten Stadt. Aus diesem Grund wird das präsentierte Modell nachfolgend in einen filmgeographischen Kontext übersetzt und um notwendige Aspekte erweitert. Hierzu muss überlegt werden, wie die bisher erläuterten theoretischen Bausteine in eine *filmgeographische Perspektive* gebracht werden können. Zwei Schritte sind hierfür erforderlich: Zum einen gilt es zu klären, welche Spezifika die Analyse filmischen Materials aus geographischer Perspektive mit sich bringt und hinsichtlich welcher Aspekte das theoretisch basierte Modell hierfür modifiziert werden muss. Zum anderen muss das Modell entsprechend adaptiert werden, damit es als theoretisch-konzeptionelles Raster zur *filmgeographischen Analyse* der ausgewählten Spielfilme eingesetzt werden kann.

3.4.2 Erweiterung und Adaption für filmgeographischen Kontext

Eine filmgeographische Perspektive, wie sie im Rahmen der vorliegenden Arbeit eingenommen wird, verbindet geographische mit filmwissenschaftlichen bzw. filmtheoretischen Perspektiven, um sich der raumbezogenen Analyse filmischen Materials anzunehmen. Dies birgt Herausforderungen auf mehreren Ebenen. Wenn untersucht werden soll, wie Orte und Gesellschaften in einem Spielfilm inszeniert werden, dann muss auch geklärt werden, wie sich die dabei eingenommenen filmgeographischen Perspektiven von einer Perspektive unterscheidet, in der man diese Einheiten im lebensweltlichen Sinne analysieren würde. Es geht in anderen Worten darum, eine filmgeographische Lesart zu entwickeln. Wesentlich ist hierbei die Konzeption zentraler Schlüsselkategorien, die in den herangezogenen akademischen Disziplinen diskutiert werden. Hierzu gehören u. a. Ort und Raum, welche mit teils sehr unterschiedlichen Grundannahmen definiert werden (vgl. ZIMMERMANN 2009: 298 ff.).

Räumliche Repräsentationen im Film lassen sich zunächst unter dem Schlagwort des *Filmraums* bzw. *filmischen Raums* untersuchen, welcher auch in den Filmwissenschaften ein zentraler Gegenstand ist (vgl. KHOULOKI 2007) und der stets „die konzeptionelle Nähe zu filmtechnischen und gestalterischen Ebenen des Films berücksichtigt" (ZIMMERMANN 2009: 302). Eine filmgeographische Perspektive stellt diesbezüglich u. a. die theoretische Auseinandersetzung mit der Frage in den Fokus, wie durch filmtechnische Gestaltungsweisen eine audiovisuelle Kontinuität erzeugt wird, die den Anschein eines kohärenten räumlichen Eindrucks vermittelt. Im filmischen Raum verankert, aber von größerer narrativer Bedeutung für einen Film und seine Wirkmächtigkeit aus geographischer Perspektive, sind beispielsweise filmisch repräsentierte Landschaften und Orte (vgl. ESCHER und ZIMMERMANN 2001; ESCHER 2006; ESCHER und ZIMMERMANN 2005; ZIMMERMANN und ESCHER 2005 a, b; CLARKE 2005; FRÖHLICH 2007; SOMMERLAD 2019).

Filmgeographische Ansätze stehen hinsichtlich ihrer Kernkonzepte immer in einer gewissen Nähe zu filmwissenschaftlichen Konzeptionen. Daher ist es sinnvoll darüber zu reflektieren, wie filmische Orte und Räume in filmwissenschaftlicher Perspektive gedacht werden. Dabei lässt sich zunächst feststellen, dass den Kategorien *Ort* und *Raum* in der Filmwissenschaft lange Zeit oftmals nur eine Hintergrundfunktion zugesprochen wurde. Die Annahme, dass Filmräume über eine eigene Funktion verfügen, konnte sich erst nach und nach durchsetzen (vgl. MIKOS 2008: 118; ROESCH 2009: 64) – wenn auch das Interesse an der Kategorie des filmischen Raums mittlerweile stark gewachsen ist. SCHMIDT

(2010: 1 f.) spricht gar von einem „Raumpluralismus" in der Filmwissenschaft und deutet damit an, dass unter dem Begriff Unterschiedliches verstanden werden kann. Den filmischen Raum gibt es also ebenso wenig, wie es *den* geographischen Raum gibt. Aufgrund der Vielzahl an unterschiedlichen Ansätzen kann an dieser Stelle nicht auf sämtliche Perspektiven eingegangen werden. Umfangreiche Ausführungen und Zusammenstellungen filmtheoretischer Konzeptionen zu filmischen Räumen finden sich u. a. bei KHOULOKI (2007: 15 ff.) oder in einführenden Werken der Filmwissenschaft (vgl. MIKOS 2008; HICKETHIER 2007).

Aus filmwissenschaftlicher Perspektive kann zunächst zwischen einem mechanischen und einem narrativen filmischen Raum differenziert werden. Dominant erscheint eine Konzeption des filmischen Raums, welche technische und gestalterische Aspekte in den Vordergrund stellt. Eine mögliche Ausdifferenzierung findet sich bei WULFF (2007: 77 ff.), der in Anlehnung an ROHMER (1980) eine Dreiteilung in *Architekturraum* (vorfilmisches Arrangement von Landschaft und Objekten), *Bildraum* (die in den Einstellungen sichtbaren Raumverhältnisse) und *Filmraum* (Tonraum, Einstellungsraum/mechanischer Filmraum, narrativer/diegetischer Filmraum bzw. montierter Raum) vornimmt (vgl. HICKETHIER 2007: 67 f., 79 ff.; KHOULOKI 2007: 20; SIEHL 2010: 191 ff.). Die durch die Montage zusammengefügten Dinge und Ereignisse der einzelnen, fragmentarischen Bilder, „die in der außerfilmischen Realität nicht zusammengefügt werden können, wie sie zeitlich oder räumlich auseinanderliegen" (MIKOS 2008: 215 f.) werden im Prozess der Filmrezeption in der Regel als Elemente einer kontinuierlichen Erzählung wahrgenommen. Filme erzeugen dadurch eine eigene, neue Geographie, die sich nur innerhalb des Filmes so entfalten kann. In der Montage einzelner Raumfragmente wird scheinbar ein neuer Raum zusammengesetzt, der für filmische Handlungsverläufe genutzt werden kann. Der narrative und der mechanische Filmraum unterscheiden sich im Wesentlichen dadurch, dass der narrative Filmraum nicht allein durch Filmtechnik aufgebaut wird, sondern auch durch erzählerische Intentionen erzeugt wird (HICKETHIER 2007: 79 f.; MIKOS 2008: 225).

Daneben existieren Ansätze, die dezidiert zwischen *filmischen Orten* und *filmischen Räumen* differenzieren und somit einen guten Anknüpfungspunkt für die hiesige filmgeographische Perspektive bieten. Beispielsweise versteht FRAHM (2010) filmische Orte und Räume als relationale Kategorien. Sie beschreibt filmische Orte als „konkrete und bildlich artikulierte Träger räumlicher Eigenschaften (…), die sich (…) unmittelbar innerhalb der jeweils diegetischen ‚Welt' des Films verorten lassen" (FRAHM 2010: 138). WULFF (1999: 80) unterteilt die Kategorie des filmischen Raums ganz ähnlich in die zwei Aspekte *Handlungsraum* und *Locus*. *Locus* verweist dabei auf die materielle Ebene und bezeichnet den „Typus

3.4 Theoretische Analysefolie der Studie

der kinematographischen Repräsentation von Raum in einem (...) materiellen Sinne" (WULFF 1999: 115 f). Ein Handlungsraum hingegen ist ein Raum, der von einem/einer handelnden Akteur:in besetzt ist und als die Interpretation eines *Locus* verstanden werden kann, die hervorgebracht wird über die dargestellten Handlungen und Geschehnisse im Film. „Man könnte entsprechend das, was die Locus-Einstellung zeigt, den "Ort" nennen, der als "Handlungsraum" interpretiert wird" (WULFF 1999: 115). Je nach Geschehnis oder Handlung können unterschiedliche Handlungsräume an einem Ort realisiert werden. Mit WULFF (1999) und FRAHM (2010) wird folglich ein filmischer Ort als in der diegetischen Welt lokalisierbarer Ort bezeichnet, der den rezipierenden Personen als identifizierbare, materielle Struktur eine narrative Orientierung ermöglicht, als Ort der Handlung fungiert und dabei als mediales Konstrukt verstanden werden muss. Ein filmischer Handlungsraum hingegen ist das, was über die Handlungsebene hervorgebracht wird, beispielsweise über die Handlungen der filmischen Figuren.

Diese dualistische Perspektive ist sehr gut kombinierbar mit der bereits erläuterten geographischen Konzeption von Ort und Raum. So ist der Handlungsort der Schauplatz für Ereignisse, die in einer filmischen Erzählung stattfinden. Durch Ereignisse werden Handlungsorte wiederum mit räumlicher Bedeutung aufgeladen. Die Relation zwischen filmischen Orten und Räumen stellt auch DA COSTA (2003: 198) fest: „[T]he characters and the action draw meaning from the places in which the film depicts them, and those places (...) gain new layers of meaning from the characters of their interaction".

Aus diesen Überlegungen lassen sich einige Konsequenzen für das filmgeographische Denken über filmische Orte und Räume ableiten. So lässt sich festhalten, dass (Massen-)Medien immer „eine zentrale Institution der Wirklichkeitskonstruktion und der Reproduktion sozial-kultureller Scheinwelten" (WERLEN 2007: 65) darstellen. Gerade audiovisuelle Medien wie Spielfilme vermitteln und verfestigen auf kommunikative Weise Bedeutungszuschreibungen und machen diese „für alle Mitglieder der Gesellschaft unabhängig von ihrer örtlichen Präsenz zugänglich" (ESCHER, LAHR und PETERMANN 2007: 39; vgl. BOLLHÖFER 2003: 55 f.; FRÖHLICH 2007: 65; MIGGELBRINK 2009: 179 ff.). Das bedeutet konkret, dass beispielsweise Orte oder spezifische Aspekte des gesellschaftlichen Miteinanders medial bzw. filmisch inszeniert, mit Bedeutung aufgeladen und zu bedeutungsvollen Konstrukten bzw. medialen Bedeutungsräumen werden (vgl. CRANG 1999: 44).

Es handelt sich bei filmischen Abbildungen eines lebensweltlichen Ortes folglich um räumliche Konstruktionen, die durch filmische Mittel bzw. durch eine Kamera „technisch und ästhetisch als filmische Szene konstituiert (...) [sind]. In diesem Sinne ist das im Film Sichtbare immer bereits ein gesehenes, interpretiertes Bild der Welt" (BOLLHÖFER und STRÜVER 2005: 26). Wenn ein bestimmter lebensweltlicher Ort, beispielweise eine Stadt, filmisch inszeniert wird, dann werden dem lebensweltlichen Ort bzw. Setting über filmische Kommunikation Bedeutungen zugeschrieben. Es wird auf medialer Ebene ein Bedeutungsraum generiert, der von den Rezipierenden wiederum konsumiert und erfahren werden kann. Dies gilt nicht nur für filmische Städte oder Landschaften, sondern kann auch auf den Gegenstand der vorliegenden Arbeit übertragen werden – also auf die Inszenierung interkultureller Begegnungen. In diesem Kontext ist der Aspekt der raumgenerierenden Bedeutungszuschreibung durch inszenierte Handlungen und Interaktionen von besonderer Relevanz. Die betrachteten Orte, an denen Begegnungen stattfinden, werden nachfolgend als *filmische Handlungsorte* im oben beschriebenen Verständnis bezeichnet. Über ihre Qualitäten stehen sie in Wechselwirkung mit den Akteur:innen, die durch ihre Präsenz mit dem filmischen Handlungsort verbunden sind und an ihnen räumliche Bedeutungszuschreibungen hervorbringen.

Diesbezüglich ist zu berücksichtigen, dass jede filmische Raumkonstruktion stets in doppelter Weise mit Bedeutungen aufgeladen ist und quasi als doppelte Konstruktion gesehen werden kann: Zum einen wird das filmische Bild bzw. die betrachtete filmische Sequenz immer schon als filmischer Raum technisch hervorgebracht. Die audiovisuelle Inszenierung filmischer Orte und Räume wird von Filmschaffenden konstruiert – dies gilt sowohl für die sichtbare Materialität als auch für sämtliche kommunikativ geäußerten Handlungen der filmischen Charaktere. Die materielle Ausstattung eines Ortes mit Attributen wie Bauten, Dekorationen, Requisiten, Akteur:innen, Kostümen etc. ist nicht bloße Staffage, sondern wird in der Regel in die filmischen Geschehnisse integriert, gibt Auskunft über historische und kulturelle Kontexte und charakterisiert die imaginierten Orte und Akteur:innen (ZIMMERMANN 2007: 24; MIKOS 2008: 231 ff.; MONACO und BOCK 2011: 23). Zum anderen wird der medial konstruierte Raum, der audiovisuell erfahren werden kann, über die „Handlungen der [filmischen] Protagonisten zum Verfügungsraum, der durch individuelle Handlungen der Protagonisten mit Bedeutung aufgeladen wird" (ZIMMERMANN 2007: 266). Kein filmischer Ort, kein Attribut seiner qualitativen Beschaffenheit und letztendlich auch kein/e Akteur:in und keine von ihm/ihr durchgeführte Handlung oder Interaktion mit anderen Akteur:innen ist zufällig. Alles, was in Spielfilmen audiovisuell inszeniert wird, ist von den Filmschaffenden gewollt und „immer stecken eine Reihe von Entscheidungen und Abwägungen dahinter" (ZIMMERMANN 2007: 57). Filmische Kontexte weisen Besonderheiten auf, hinsichtlich derer das

3.4 Theoretische Analysefolie der Studie

vorgeschlagene Modell interkultureller Räume zu modifizieren ist. In filmgeographischer Perspektive ist ein interkultureller Raum Teil des filmischen Handlungs- und Bedeutungsraums. Demgegenüber werden technische Umsetzungsaspekte filmischer Räume ausgeklammert – der Fokus liegt auf dem audiovisuell vermittelten Ergebnis. Es wird angenommen, dass sich Rezipierende die filmische Welt durch die Perspektive der filmischen Figuren erschließen – auch wenn die dahinterstehende Ebene der filmischen Produktion stets mitreflektiert wird (vgl. ZIMMERMANN 2007: 35).

Die Konstruktion interkultureller Räume und die Inszenierung kultureller Vielfalt in einer filmischen Stadt basieren generell auf den erläuterten theoretischen Begriffen und Mechanismen interkultureller Räume. Es handelt sich jedoch zugleich um ein mediales bzw. filmisch inszeniertes Konstrukt, das gezielt für einen filmischen Kontext umgesetzt wurde. Das, was im Film zu sehen ist, ist kein Abbild der Lebenswelt, sondern eine audiovisuelle Darstellung und Inszenierung. Diese kann zwar mehr oder weniger an alltagsweltlichen Aspekten orientiert sein, folgt jedoch filmspezifischen Regeln. Sowohl die Darstellungen und Qualitäten der Handlungsorte und Protagonist:innen als auch die von den Akteur:innen ausgehenden Bedeutungszuschreibungen und Handlungen zu Orten oder anderen filmischen Figuren sind dabei von den Filmschaffenden intendiert. Auch wenn der Aushandlungskontext mit seinen Begriffen und Konzepten als Modell für den filmischen Kontext bestehen bleibt, so ist dennoch z. B. zu berücksichtigen, dass es sich bei den filmischen Interaktionskontexten stets um konstruierte und inszenierte Situationen handelt, die im Gegensatz zu lebensweltlichen Kontexten nicht ergebnisoffen sind, sondern durch ein Drehbuch und einen Produktionskontext mehr oder weniger vorgegeben sind. Von den Rezipierenden werden die filmisch vermittelten Inhalte unterschiedlich bzw. individuell decodiert.

Aus diesem Grund müssen einige Prämissen gedanklich in das theoretische Modell der vorliegenden Arbeit integriert werden: Wie bereits angemerkt wurde, ist es in der filmgeographischen Forschung unbestritten, dass filmisch vermittelte Inhalte nicht als Realitätsabbilder gesehen oder mit lebensweltlichen Kontexten gleichgestellt werden können. Filmische Inszenierungen sind mediale Konstruktionen, die unsere Welt mit Bedeutungen, Diskursen und Ideologien ausstatten (vgl. AITKEN und ZONN 1994: 21). Zwischen Lebenswelt und filmischer Welt bestehen Wechselwirkungen, denn Medien – und besonders das wirkmächtige audiovisuelle Medium des Spielfilms – greifen Elemente alltäglicher Lebenswelt(en) auf und setzen diese Referenzen auf spezifische Art und Weise um. Gleichzeitig stellen medial vermittelte Raumbilder Elemente zur Verfügung, „welche die Art und Weise mitbestimmen, wie wir uns mit der Welt auseinandersetzen" (ESCHER und ZIMMERMANN 2001: 228). Somit kann die Lebenswelt bzw. können lebensweltliche Aspekte als Orientierungsrahmen gesehen werden, an denen sich fiktionale Spielfilme hinsichtlich ihrer Themen und Darstellungsweisen orientieren und auf deren Basis filmische Geschichten inszeniert werden. Aufgegriffene Aspekte der Lebenswelt werden dabei in filmspezifischer Art und Weise fiktionalisiert und inszeniert. Zugleich ist diese Referenz selektiv, denn Spielfilme können niemals die gesamte Komplexität gesellschaftlichen Zusammenlebens thematisieren. Sie heben immer bestimmte Aspekte hervor oder forcieren eine bestimmte gesellschaftliche Problematik, während andere Aspekte ausgeklammert werden. Wie bereits angemerkt wurde, geht es in filmgeographischen Analysen nicht darum, Lebenswelt und filmische Welt gegeneinander abzugleichen – dennoch erfordert es die Auseinandersetzung mit filmischen Inhalten, für diesen Aspekt der Wechselwirkung sensibel zu sein.

Dies kann beispielsweise geschehen, wenn an lebensweltliche Kontexte angelehnte Aspekte filmischer Inszenierungen erkannt und analytisch-interpretativ rückgebunden werden. Darüber hinaus muss berücksichtigt werden, dass sämtliche audiovisuell wahrnehmbare filmische Inhalte durch spezifische filmische Gestaltungsmittel und -elemente bedingt sind. Diese können isoliert werden, um die zentrale Frage nach der filmischen Inszenierung kultureller Vielfalt beantworten zu können. Beide benannten Prämissen müssen für die theoretische Rahmung und Umsetzung der Studie mitgedacht und in die theoretische Folie ergänzend integriert werden. Das Ergebnis ist eine schematische Adaption der theoretischen Perspektive zur filmgeographischen Analyse kultureller Vielfalt in Spielfilmen (vgl. Abbildung 3.3).

3.4 Theoretische Analysefolie der Studie

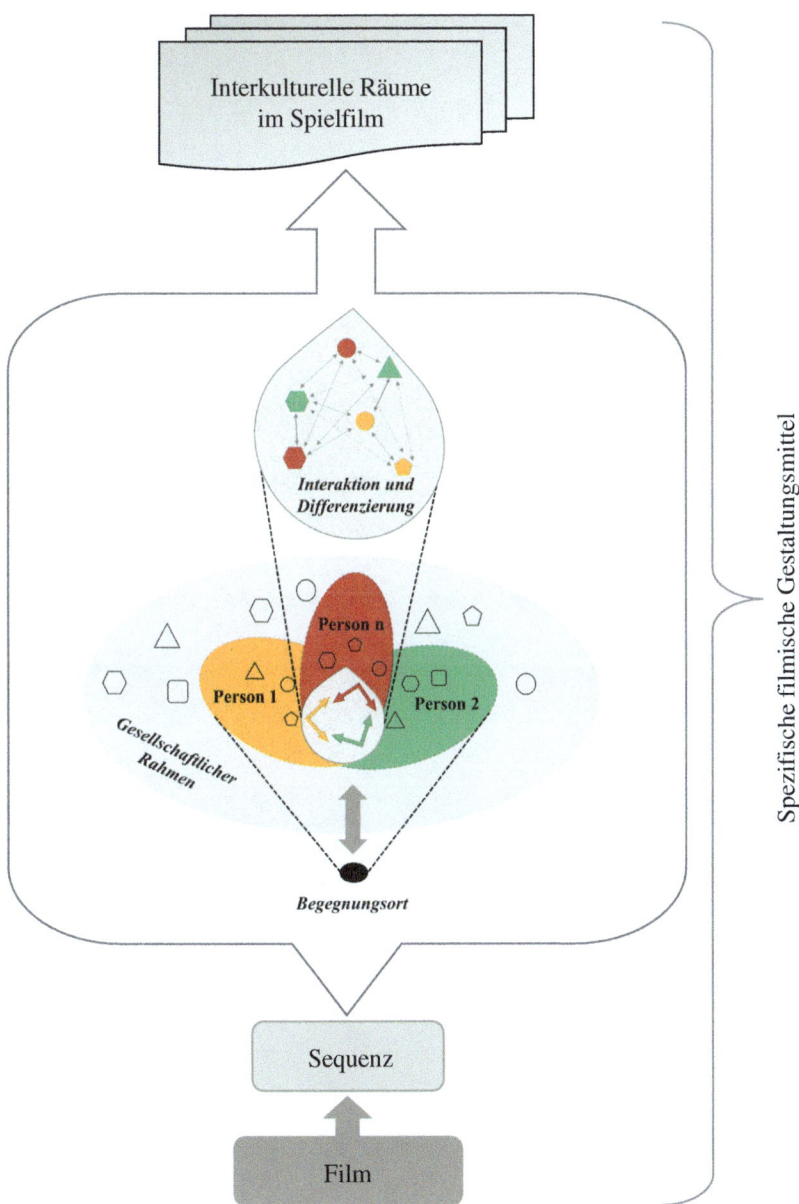

Abbildung 3.3 Filmgeographische Adaption der theoretischen Folie, schematische Visualisierung. (Entwurf: Sommerlad 2021)

4 Filmkorpus, Methodik, Vorgehensweise

Im Rahmen einer filmgeographischen Studie kommt der Bildung des Analysekorpus und der methodischen Vorgehensweise ein zentraler Stellenwert zu. Hierfür existiert kein einheitlicher methodischer Rahmen (vgl. KENNEDY und LUKINBEAL 1997; ZIMMERMANN 2007). Abhängig davon, ob man sich z. B. dem Gesichtspunkt der Filmproduktion, dem filmischen Text oder der Ebene der Rezeption zuwendet – oder gar die Wechselwirkungen zwischen diesen disparaten Aspekten berücksichtigt – kommen unterschiedliche Methoden zum Einsatz. Die methodische Umsetzung filmgeographischer Studien orientiert sich dabei grundsätzlich an etablierten Methoden der quantitativen und qualitativen Sozialforschung, die auch in anderen geographischen Disziplinen Einsatz finden. Ergänzt werden diese, abhängig vom Forschungsinteresse, um methodische Aspekte der Medien-, Kommunikations- und Rezeptionsforschung sowie zunehmend auch um Methoden der Social Media Forschung (z. B. KOZINETS 2015; SLOAN und QUAN-HAASE 2017). Die potenzielle Methodenvielfalt und die Abwesenheit eines fest gefügten methodischen Apparates stellen eine Herausforderung dar, da bestehende Ansätze im Sinne der Forschungsthematik sinnvoll miteinander kombiniert werden müssen – bietet jedoch zugleich die Chance eines kreativen Forschungsprozesses mit methodischen Freiheiten im Rahmen guter wissenschaftlicher Praxis (vgl. ZIMMERMANN 2009: 307).

Ziel des folgenden Kapitels ist es, das methodische Fundament der Studie sowie die einzelnen Arbeitsschritte nachvollziehbar abzubilden. Hierzu begründet es zunächst die getroffene Filmauswahl (Abschnitt 4.1), führt in einem nächsten Schritt in die Methodik der geographischen Sequenzanalyse sowie die Analyseinstrumente und -perspektiven ein (Abschnitt 4.2) und legt detailliert die gewählte methodische Vorgehensweise dar (Abschnitt 4.3).

4.1 Filmauswahl

Für die vorliegende Studie wurden insgesamt 17 US-amerikanische Spielfilme einer geographischen Sequenzanalyse unterzogen. Der finale Filmkorpus stand nicht zu Beginn fest, sondern wurde im Forschungsprozess schrittweise aus einem umfassenden, zunächst unstrukturierten Filmkorpus[1] abgeleitet. Der Auswahlprozess lässt sich rückblickend in den folgenden vier Schritten zusammenfassen:

Schritt 1: NYC-Spielfilme mit interkultureller Thematik
In einem ersten Schritt wurde zunächst eine intensive Filmrecherche vorgenommen und dabei auf unterschiedliche Filmdatenbanken und filmspezifische Literatur (z. B. WELSCH und ADAMS 2005) zurückgegriffen. Auf diese Weise wurden im US-amerikanischen Kontext produzierte Spielfilme[2] zusammengetragen, welche die kulturelle Vielfalt von New York City thematisieren. Es wurde darauf verzichtet, die Filme vorab nach einem konventionellen Genre[3] (vgl. STIGLEGGER 2020a und b; HESSE et al. 2016) oder bestimmten filmischen Stilrichtungen zu kategorisieren. Stattdessen wurde ein *thematischer Filmkanon* gebildet. Ein erstes Auswahlkriterium war ein erkennbarer Bezug zur behandelten Thematik interkultureller

---

[1] Eine Herausforderung bei der Auswahl von Filmen, die in New York City spielen, stellt die große Anzahl der potenziell zur Verfügung stehenden Filme dar. Eine thematisch unspezifische Suche in der Filmdatenbank IMDb (Internet Movie Database) nach Filmen mit Dreh- oder Handlungsort New York City ergibt beispielsweise eine Liste mit mehreren tausend Filmtiteln. Es ist also erforderlich, die potenziell zur Verfügung stehende Anzahl an Filmen einzuschränken, um zu einer übersichtlicheren Filmanzahl zu gelangen.

[2] In Anlehnung an gängige Klassifikationen wird unter der Gattung Spielfilm (engl.: *fiction film*) ein „ca. ein- bis zweistündiger fiktionaler Film mit professionellen Schauspielern" verstanden, der auf einem schriftlich fixierten Drehbuch basiert und eine fiktionale Spielhandlung aufweist (BEIL, KÜHNEL und NEUHAUS 2012: 169). Ein Spielfilm führt den Zuschauenden eine konstruierte und dramaturgisch gestaltete Geschichte vor Augen und beinhaltet „explizit (…) fiktionale Handlung (…), die selbstverständlich realen Ereignissen nachempfunden werden kann" (KEUTZER et al. 2014: 287).

[3] Die vorliegende Arbeit greift die in der Filmwissenschaft kontrovers geführten Genre-Diskurse nicht explizit auf und streift diese nur, wenn dies inhaltlich sinnvoll ist. Für eine Einführung in den aktuellen Genrediskurs in der Filmwissenschaft empfiehlt sich das *Handbuch Filmgenre* (STIGLEGGER 2020a) und darin besonders das Kapitel zum Genrediskurs (STIGLEGGER 2020b). Dieses bietet nicht nur eine umfassende und kritische Auseinandersetzung mit dem zunehmend als fluiden, hybrid und antiessentialistisch konzipierten Genre-Begriff (STIGLEGGER 2020b: 4 f.), sondern auch eine ausgezeichnete Übersicht über die dynamische Entwicklung gängiger (Meta-) Genreklassifizierungen und deren Mehrwert in der filmwissenschaftlichen Forschungsarbeit (STIGLEGGER 2020b: 9 ff.). Vgl. weiterführend auch SCHATZ (1981), NEALE (1998, 2002), GRANT (2003, 2015), ALTMAN (2006), KUHN, SCHEIDGEN und WEBER (2013).

4.1 Filmauswahl

Begegnungen. Die Geschichte des Films muss also explizit das Zusammentreffen von Personen thematisieren, denen auf narrativer Ebene ein differenter kultureller Kontext zugeschrieben wird.[4] Der Filmkorpus wurde hierzu bewusst breit angelegt, um eine entsprechend diverse Auswahl treffen zu können. Es ergab sich eine umfangreiche Liste von ca. 300 Filmtiteln aus dem Zeitraum 1915 bis 2015.

Schritt 2: Thematische Gliederung und Eingrenzung
In einem nächsten Zwischenschritt wurde das filmische Material zusammengetragen und einem ersten Screening unterzogen. Die Filmliste wurde um solche Filme gekürzt, in denen interkulturelle Begegnungen bei genauer Betrachtung nur sehr rudimentär oder, entgegen den Erwartungen, gar nicht vorhanden waren. Der Arbeitsschritt resultierte in einer Übersicht von Spielfilmen, die New York City als Setting für die Inszenierung dieser Thematik nutzen (vgl. Tabelle im Anhang 1). Die vielfältigen Perspektiven auf die Inszenierung interkultureller Begegnungen lassen sich auf Basis der eigenen Erkenntnisse in drei Kategorien untergliedern: (1) Filme mit Immigrationsthematik, (2) Gangster- und Mafiafilme und (3) Filme mit einem Fokus auf das alltägliche Zusammenleben von Menschen in NYC bzw. zwischenmenschliche Beziehungen in als *alltäglich* inszenierten Kontexten (vgl. Tabelle im Anhang 2).

Schritt 3: Zeitliche und stilistische Fokussierung
Im Dialog mit der Entwicklung der theoretischen Folie wurde der Filmkorpus schrittweise reduziert und Filme herausgefiltert, in denen interkulturelle Begegnungssituationen von zentraler Relevanz für die filmische Erzählung sind. In dieser Phase wurden die Filme bereits grob strukturierend mitprotokolliert. Die entsprechenden Sequenzprotokolle beschränkten sich aus pragmatischen Gründen auf zentrale Aspekte der Erzählung sowie auf die Handlungsorte und filmischen Handlungspersonen. Für die eingehende geographische Sequenzanalyse war es aus methodisch-analytischen Gründen sinnvoll, die Anzahl der Filme weiter zu begrenzen. Unter Zuhilfenahme der Protokolle, der im Sichtungsprozess schrittweise generierten Analysekategorien und der begleitenden Lektüre und Reflexion

---

[4] Ausgehend von der Annahme, dass kulturelle Differenz oder Interkulturalität innerhalb der amerikanischen Gesellschaft einen hohen Stellenwert haben und Filme diesen lebensweltlichen Aspekt transportieren, kann postuliert werden, dass Filmschaffende diese Differenzen so inszenieren, dass sie den rezipierenden Personen deutlich werden *sollen*. Diese Prämisse leitete den ersten Filmauswahlprozess an, in dem bei der ersten Sichtung deutlich erkennbar werden musste, dass den Handlungspersonen auf filmischer Ebene (z. B. durch audiovisuelle Markierungen oder Zuschreibungen auf der Handlungsebene) ein differenter kultureller Kontext zugeschrieben wird.

wurde die Filmauswahl zu einem finalen Filmkorpus verdichtet. Leitend waren hierbei zwei Aspekte, die sich aus der Reflexion heraus ergeben haben: Zum einen eine weitere thematische Fokussierung, die zum anderen mit der Einschränkung auf einen Zeitraum und Filmstil zusammenfällt.

Es erwies sich im Arbeitsprozess als zielführend, solche Filme genauer zu betrachten, die das *alltägliche Zusammenleben* in der Stadt thematisieren. Der finale Filmkorpus beinhaltet somit US-amerikanische Spielfilme, welche das alltägliche Leben von Stadtbewohner:innen New York Citys inszenieren – im nachbarschaftlichen Miteinander sowie in familiären, bekanntschaftlichen, freundschaftlichen oder romantischen Kontexten. Im Rahmen der gewählten Fragestellung erwies sich überdies eine Fokussierung auf zeitgenössische[5] Filme als sinnvoll. In Anlehnung an NEALE (2002) umfasst dies im Verständnis der vorliegenden Arbeit postklassische Filme, die nach dem Ende der Epoche des *Classical Hollywood*[6] sowie des *New Hollywood* Kinos[7] produziert wurden (vgl. HESSE et al. 2016: 153 ff.). Die Auswahl umfasst dabei vornehmlich Filme, die mit dem Stil des *US-Independent* assoziiert sind und seit Mitte der 1980er-Jahre produziert wurden. Eine zeitliche und stilistische Einschränkung auf diese Kategorie war nicht von Beginn an intendiert. Sie kristallisierte sich im fortgeschrittenen Arbeits- und Reflexionsprozess heraus und lässt sich filmhistorisch nachzeichnen:

Bereits im *New Hollywood* Kino bis Ende der 1970er wurden für das US-amerikanische Kino neue gesellschaftliche Themen aufgegriffen (POWERS, ROTHMAN und ROTHMAN 1996; TSCHÜTSCHER 2004: 27 ff.; JAHN-SUDMANN

---

[5] In Bezug auf US-amerikanische Spielfilme zeigt sich, dass in der wissenschaftlichen Literatur keine einheitliche Definition existiert, was unter einem zeitgenössischen (engl.: *contemporary*) Film verstanden werden kann. Vielmehr wird die Definition situativ bzw. in Bezug auf unterschiedliche Themen individuell vorgenommen.

[6] „Das als klassisch bezeichnete Kino Hollywoods umfasst eine Spanne von mehreren Jahrzehnten, die man üblicherweise von der Mitte der 1910er Jahre bis etwa 1960 datiert" (HESSE et al. 2016: 87). *Classical Hollywood* kann nach BRONFEN und GROB (2013: 12 f.) als „Epochal-Stil" verstanden werden, „als Ausdruck einer bestimmten Mentalität (hier: der amerikanischen Gesellschaft) innerhalb einer bestimmten Zeit (hier: zwischen 1929 und 1960)". Vgl. für eine Charakterisierung des klassischen Hollywoodkinos und eine umfassendere Einführung u. a. BORDWELL, STAIGER und THOMPSON (1985), JEWELL (2007), BRONFEN und GROB (2013), NEALE (2012), HESSE et al. (2016: 87 ff.).

[7] Nach dem Ende des klassischen Hollywoodkinos mit seinen seriellen Formaten, seinen Stars, seinem Studiosystem (BRONFEN und GROB 2013) und auch seinen Beschränkungen durch den *Production Code* (vgl. DECHERNEY 2016: 44 ff.; DAMMANN 2007: 20 ff.; BENSHOFF und GRIFFIN 2009: 21 ff.; DOHERTY 2007) begann ab den späten 1960er Jahren im US-amerikanischen Kino eine Phase, die in der wissenschaftlichen Literatur als *New Hollywood* bezeichnet wird. Vgl. unter anderem HEHR 2003, TSCHÜTSCHER 2004, DAMMANN 2007, CHRISTEN 2008, KRÄMER 2013, HESSE et al. 2016.

2006: 150 ff.). Filme dieser Zeit nahmen sich zunehmend sozialen Themenstellungen an – außerhalb der „oberflächlichen Lösungen (…) [die] typisch für das Hollywoodkino sind" (WINTER 2012: 29). Hierzu zählt insbesondere die Auseinandersetzung mit Themen einer multikulturellen und multiethnischen Gesellschaft, die SHOHAT und STAM (1994: 235) auch als ein filmisches „Staging [of] American Syncretism" bezeichnen. Dieses Phänomen steht auch in Zusammenhang mit der Tatsache, dass seit den 1960er-Jahren die ethnisch-kulturelle Differenzierung der US-amerikanischen Bevölkerung in öffentlichen Diskursen mehr Bedeutung erhielt – beispielsweise durch das Phänomen des *ethnic revival* und damit verbundene Identitätspolitiken. „[In Folge der *civil rights movement* der 1960er und 1970er Jahre [wuchs] das Bewusstsein für das bestehende Nebeneinander distinkter sozialer Formationen (schwule, lesbische, oder ›ethnische‹ Minoritäten etc.) und deren unterschiedliche Bedürfnisse und Ziele" (JAHN-SUDMANN 2006: 156). In Anlehnung an BOGGS und POLLARD (2003) kann davon ausgegangen werden, dass Filme gerade in „Zeiten der sozialen Krisen und des Chaos (…) [in] komplexen Interaktionen mit gesellschaftlichen Entwicklungen" (WINTER 2012: 50) stehen und solche gesellschaftlich relevanten Themen verstärkt aufgreifen.

POWERS, ROTHMAN und ROTHMAN (1996: 173) belegen in ihrer Studie zur Darstellung der US-amerikanischen Gesellschaft im US-amerikanischen Film für diese Zeit einen „major shift in Hollywood's representation of minorities"[8]. Während *ethnic minorities* in Filmen der 1940er und 1950er-Jahre noch weitestgehend ignoriert oder in stereotypisierender Weise[9] dargestellt wurden, stellen sie eine Zunahme sensiblerer und positiverer Darstellungen ab den 1960er-Jahren fest (POWERS, ROTHMAN und ROTHMAN 1996: 186). Die für die vorliegende Studie eigens vorgenommene Sichtung von Filmen der Epoche des *New Hollywood* zeigt jedoch, dass auch diese Filme nur in einem geringen Maße für die vorliegende Arbeit fruchtbar sind. Zwar gibt es hier einige Filme, in denen Menschen mit unterschiedlichem ethnisch-kulturellen Hintergrund im Fokus stehen. Oftmals beschränkt sich die filmische Inszenierung jedoch auf plakative Konflikte zwischen Charakteren oder

---

[8] Die Studie von POWERS, ROTHMAN und ROTHMAN (1996) zu *Hollywood's America* bietet einen breiten Überblick über die Repräsentation und Darstellung sozialer und politischer Themen in US-amerikanischen Spielfilmen und geht in einem Kapitel auch dezidiert auf die Sichtbarkeit und Inszenierung ethnischer Minderheiten in Spielfilmen ein. Als *minorities* bezeichnen die Autoren u. a. *Blacks, Asians, American Indians* und *Hispanics* (POWERS, ROTHMAN und ROTHMAN 1996: 175). Sie betonen damit insbesondere den Aspekt *race*, gehen aber auch auf weitere Differenzkategorien wie *gender* und *class* ein.

[9] Zum Begriff des Stereotypen und zur allgemeinen Funktion stereotyper Darstellungsweisen im Film vgl. u. a. SCHWEINITZ (2006). Ein Sammelband von ROSENTHAL, VOLKMANN und ZAGRATZKI (2018) widmet sich explizit kulturellen Stereotypen im US-amerikanischem Film.

Gruppen differenter ethnischer Zugehörigkeit oder es wird ein *nicht-weißer* Charakter einem *weißen* Charakter zur Seite und entgegengestellt – zum Beispiel in beruflichen Kontexten oder für die Darstellung von *interracial love affairs*. Eine filmische Thematisierung und Aushandlung kultureller Vielfalt, die über diese Aspekte hinausreicht, findet nur bedingt statt. Filme verharren zumeist in einer stark verkürzten Reduktion kultureller Vielfalt auf essenzialistischen Kategorien und bedienen weiterhin etablierte Stereotype.[10]

Die sozialen und politischen Bedingungen der 1960er und 1970er-Jahre sowie die Entwicklungen des *New Hollywood* schufen eine Basis für die Entstehung des *US-Independent* Films[11] in den 1980er und 1990er-Jahren. Als „kreativer Nachfolger des innovativen New Hollywood" (HESSE et al. 2016: 174) und Gegenbewegung zum *Blockbuster* Kino der 1970er-Jahre verstärkte und etablierte sich die *Independent*-Bewegung und erlangte in den 1980er-Jahren durch internationale Erfolge seinen Durchbruch (HESSE et al. 2016: 176). Der Begriff des *US-Independent* wird dabei in filmbezogenen Diskursen recht unscharf verwendet und damit assoziierte Filme sind äußerst heterogen hinsichtlich Gattung und Genre. Zunächst wurde es als Kino verstanden, das unabhängig von großen Hollywood-Studios produzierte Filme umfasst und „dem Filmemacher die relative Freiheit lässt, seine künstlerische Vision zu gestalten" (HESSE et al. 2016: 176 f.). Der Begriff wird heute nicht nur als Produktionskategorie, sondern auch filmpolitisch und stilistisch benutzt. Er umschreibt einerseits den Widerstand gegen die ökonomische, thematische und ästhetische Hegemonie der großen Hollywoodstudios, andererseits auch die unabhängige „stilistische Opposition, das andere Erzählungen, andere Weltbilder, andere Milieus, andere Gestaltungsformen auf die Leinwand bringen will und für sich eine größere künstlerische Freiheit proklamiert" (HESSE et al. 2016: 174, 176 ff.; DECHERNEY 2016: 114).

---

[10] POWERS, ROTHMAN und ROTHMAN (1996: 182 ff.) stellen fest, dass Filme bis zum Beginn der 1990er Jahre maßgeblich zwei Aspekte thematisieren, wenn es um die Darstellung ethnischer Minderheiten geht: „First, many movies have simply shifted away from previously offensive portrayals in favor of assimilation patterns – that is, race is no longer a dramatic issue when minorities appear. (…) The second type of movie (…) involves the depiction of racial conflict within the military and law enforcement professions. (…) [M]any films of the 1970 s and the 1980 s either focus on conflicts between blacks and white authority figures or cast blacks in comic, antihero roles but in other ways indict a corrupt establishment" (POWERS, ROTHMAN und ROTHMAN 1996: 182).

[11] Für eine tiefergehende Einführung zum *US-Independent* vgl. beispielsweise HESSE et al. (2016: 173 ff.), HILLIER (2002), KING (2013), NEWMAN (2011), HOLMLUND und WATT (2005), JAHN-SUDMANN (2006), TZIOUMAKIS (2006).

4.1 Filmauswahl

Von Bedeutung ist an dieser Stelle vor allem, dass sich in Filmen dieser Epoche eine thematische Öffnung hin zu Themen von Interkulturalität und Aspekten kultureller Vielfalt feststellen lässt. So ist es nach PRIBRAM (2002: 205) ein zentrales Anliegen des *US-Independent*, eine heterogene, pluralistische und multikulturelle Gesellschaft zu inszenieren. Es etablierte sich damit ein Feld, das auf die Repräsentation von unterrepräsentierten, marginalisierten oder anderweitig ignorierten subkulturellen Gemeinschaften und Konsument:innen ausgerichtet war: „Independent film has become one of the cultural arenas where, through representational discourses, a number of concepts and strategies for multicultural existence are experimented with and experienced" (PRIBRAM 2002: 81). Der *US-Independent* Film entwickelt(e) neue Konventionen, die sich gegen die oft stereotypen, diskriminierenden und rassistischen Darstellungsweisen und Klischees vieler Hollywoodfilme stellen, welches „für soziale Probleme vereinfachte ideologische Lösungen anbietet" (WINTER 2012: 49). Somit bietet er eine Plattform, um mit den Darstellungskonventionen des Hollywoodkinos zu brechen, das „Amerikaner indigener, afrikanischer oder chinesischer Herkunft (…) in diskriminierender bis rassistischer Weise" (HESSE et al. 2016: 180) inszeniert. Es handelt sich um ein kritisches und sozial engagiertes Kino, das sich durch folgende Stilmerkmale charakterisieren lässt: Grenzüberschreitungen, das Experimentieren mit Erzählformen, eine erhöhte „Sensibilität für Minderheiten, Subkulturen oder interkulturelle Konflikte in den USA (…) [sowie eine] postmoderne Reflexion von Film- und Popkultur durch zahlreiche Zitate in einem Genre Mix" (HESSE et al. 2016: 180 f.).

Seinen künstlerischen Ausgangspunkt findet diese Strömung interessanterweise vor allem in der New Yorker Filmschule: „Absolventen der Filmschule an der New Yorker Universität zeichnen sich durch eine besondere Sensibilität für die Vielfalt der Sprachen und Lebensformen in der Metropole aus, durch ein Interesse für das Durcheinander und Miteinander der Kulturen (…)" (HESSE et al. 2016: 180), nähern sich diesen Thematiken auf subversive Art und Weise und schaffen *andere* Inszenierungskonventionen ebendieser. BENSHOFF und GRIFFIN (2009: 21, 42) stellen fest, dass Independent-Filme dieser Zeit neue und wichtige Umgangsweisen mit Themen um Aspekte wie *Race, Class, Gender* und *(Dis)Ability* auf den Weg brachten, die sich oftmals eklatant von den etablierten Darstellungsweisen Hollywoods abheben. „Using its own series of aesthetics, narrativity, subject matter, political concerns, social agendas, target audiences or markets, institutional structures, and industrial practices, independent cinema has become a significant cultural site for filmmaking and for cultural politics, for practice and for theory" (PRIBRAM 2002: 205).

Heute lässt sich der *Independent* Film nicht mehr eindeutig vom etablierten Hollywoodkino abgrenzen: „The lines between Hollywood and the indie world began to blur" (DECHERNEY 2016: 114). Das Hollywoodkino erkannte rasch ein kreatives und ökonomisches Potenzial in diesem Konkurrenz-Markt. Durch den Kauf unabhängiger Produktionsfirmen und die Gründung von Tochtergesellschaften vermarkteten auch große Studios bald Filme unter eigenen Independent-Labeln (z. B. Fox Searchlights, Sony Pictures Classic, Paramount Vintage). Es kam zu einer zunehmenden Integration der Märkte und einer damit verbundenen Mainstreamisierung und Institutionalisierung des Sektors (JAHN-SUDMANN 2006: 81 ff., 106 ff.). Mit dem Begriff *Indiewood* werden heute Filme bezeichnet, die aus dieser Kreuzung beider Produktionssphären hervorgehen (HESSE et al. 2016: 176; DECHERNEY 2016: 108 ff.; KREWANI 2005: 126). In Anlehnung an JAHN-SUDMANN (2006: 333) lässt sich der zeitgenössische *US-Independent* Film somit als „hybride kulturelle Filmpraxis zwischen den Polen des Avantgarde- und Mainstream-Kinos" betrachten.[12] Dieser Aspekt spiegelt sich auch im Filmkorpus der vorliegenden Arbeit wider.

Schritt 4: Finalisierung
Der finale Filmkorpus umfasst 17 Spielfilme aus dem Zeitraum 1987 bis 2015 (vgl. Tabelle 4.1). Die für die Untersuchung ausgewählten Filme nähern sich dem Themenfeld der Interkulturalität aus unterschiedlichen Perspektiven an und weisen aufgrund ihrer thematischen Breite ein großes Analysepotential auf. Die finale Selektion und Analyse der Filme erfolgten in dem Bewusstsein, dass es sich hierbei lediglich um *eine mögliche* Auswahl handelt. Wenn auch der thematische Filmkanon in einem zirkulären Prozess und in intensiver Reflexion äußerst gewissenhaft generiert wurde, kann es dennoch nur einen möglichen Ausschnitt der filmischen Welt von New York City abbilden. Auch wenn der Filmkanon eine Zeitspanne von fast 30 Jahren umfasst, stellt das darin vermittelte Bild von New York City nur eine Momentaufnahme dar, denn:

„Cities are constantly changing, and the cinematic apparatus, together with other methods for re- presenting the urban in popular entertainment, television, video, computer games, and webcams, are also in the process of development. So cities within the discourse of the cinematic city "... do not have fixed meanings, only temporary, positional ones" (McArthur, 1997: 20)" (FOX 2006: 16).

---

[12] Die zitierte Studie von JAHN-SUDMANN (2006) empfiehlt sich, um die Geschichte, Politik und gegenwärtige Praxis des US-amerikanischen Independent-Films tiefergreifend zu überblicken und seine Position zum Mainstream-Hollywood-Film zu verstehen. Besonders hervorzuheben ist auch die Publikation *Cinema & Culture – Independent Film in the United States, 1980–2001* von PRIBRAM (2002). Sie bietet nicht nur eine umfassende Einführung in Geschichte und Industrie des *Independent* Films, sondern thematisiert auch ein breites Spektrum an Themen, Diskursen und Repräsentationstechniken der Strömung.

4.1 Filmauswahl

Tabelle 4.1 Übersicht über den Analysekorpus.[13] (Zusammenstellung: Sommerlad 2021, Quelle: Imdb 2018)

Titel	Jahr	Regisseur:in	Beteiligte Produktionsfirmen	Beteiligte Produktionsländer
China Girl	1987	Abel Ferrara	Great American Films Limited Partnership, Street Lite, Vestron Pictures	USA, Japan
Do the Right Thing	1989	Spike Lee	40 Acres and a Mule Filmworks	USA
Night on Earth (NYC Episode)	1991	Jim Jarmusch	JVA Entertainment Networks, Locus Solus Entertainment	USA, Frankreich, UK, Deutschland, Japan
Kyoko (Because of You)	1996	Ryū Murakami	Concorde-New Horizons	USA, Japan
Brooklyn Babylon	2001	Marc Levin	Bac Films, Canal +, Off Line Entertainment Group, StudioCanal	USA, Frankreich
Pieces of April	2003	Peter Hedges	United Artists, IFC Productions	USA
David & Layla	2005	J.J. Alani (Jay Jonroy)	Newroz Films, Films International Corporation	USA
The Namesake	2006	Mira Nair	Fox Searchlight Pictures, Cine Mosaic, Entertainment Farm (EF), Mirabai Films, UTV Motion Pictures	USA, Indien
Arranged	2007	Diane Crespo, Stefan C. Schäfer	Cicala Filmworks	USA
The Visitor	2007	Tom McCarthy	Groundswell Productions, Next Wednesday Productions	USA
New York, I Love You	2008	diverse	Vivendi Entertainment, Rose Pictures	USA

(Fortsetzung)

---

[13] Für Verweise im Text wird eine verkürzte Zitierweise der hier angeführten Filme gewählt und in kursiver Schrift auf den jeweiligen Filmtitel verwiesen. Werden Screenshots aus den entsprechenden Filmen genutzt, erfolgt ein Verweis wie folgt: *Titel R: Nachname des Regisseurs, Abkürzung Produktionsland: Erscheinungsjahr*. Verweise auf Timecodes bei wörtlichen Zitaten orientieren sich nach den angegebenen Zeiten im verwendeten VLC Player.

Tabelle 4.1 (Fortsetzung)

Titel	Jahr	Regisseur:in	Beteiligte Produktionsfirmen	Beteiligte Produktionsländer
Today's Special	2009	David Kaplan	Inimitable Pictures, Sweet180	USA
My Last Day Without You	2011	Stefan C. Schaefer	Cicala Filmworks	USA
2 Days in New York	2012	Julie Delpy	Polaris Film Production & Finance	Frankreich, Deutschland, Belgien
Fading Gigolo	2013	John Turturro	Antidote Films (I), Covert Media	USA
Learning to Drive	2014	Isabel Coixet	Broad Green Pictures, Core Pictures	USA, UK
Brooklyn	2015	John Crowley	Fox Searchlight Pictures	USA, UK, Canada, Irland, Belgien

Zentrales Anliegen der letztendlich auch forschungspragmatisch getroffenen Auswahl ist es, einen interessanten und vielschichtigen Kanon zur Analyse zu präsentieren, der eine facettenreiche Perspektive auf die untersuchte Thematik eröffnet. Dabei wurde der Anspruch an die Filme gestellt, dass diese sich der Thematik auf seriöse Art und Weise nähern, d. h. nicht in einer überzogen komödiantischen oder diffamierenden Manier.[14] Eine kurze Inhaltsbeschreibung der Filme findet sich im Anhang dieses Buches (vgl. Anhang 3).

4.2 Methodik: Geographische Sequenzanalyse

Als Methode zur Analyse der ausgewählten Filme wurde eine geographische Sequenzanalyse durchgeführt. Hierbei handelt es sich um eine für geographische

---

[14] Es wurden Filme ausgeklammert, die sich der gewählten Thematik auf einer überspitzt komödiantischen Ebene annähern oder eindeutig diskriminierende, rassistische oder plakative/klischeehafte Tendenzen erkennen ließen (z. B. *You don't mess with the Zohan*, 2008; *Borat! Cultural Learnings of America for Make Benefit Glorious Nation of Kazakhstan*, 2006).

4.2 Methodik: Geographische Sequenzanalyse

Perspektiven adaptierte Form der Filmanalyse[15], anhand der das filmische Material in mehreren Schritten systematisch kategorisiert, analysiert und interpretiert wird. Nachfolgend wird die geographische Sequenzanalyse als Methode eingeführt, von der filmwissenschaftlichen Analyse abgegrenzt und kritisch reflektiert. Zudem wird detailliert dargelegt, welche Analyseperspektiven und -kategorien für die vorliegende Studie hervorgehoben werden, um interkulturelle Begegnungen adäquat analysieren zu können.

Für die Durchführung einer Filmanalyse gibt es keinen „Königsweg" (MIKOS 2008: 41). Unterschiedliche filmanalytische Verfahren nähern sich dem Material in unterschiedlichen Perspektiven. HICKETHIER (2012: 31 f.) merkt an, dass sich zwei grundsätzliche Perspektiven der Filmwissenschaft ausmachen lassen: Das *empirisch-sozialwissenschaftliche Vorgehen* ist eine methodische Ausrichtung, die ähnlich einer sozialwissenschaftlichen Inhaltsanalyse durchgeführt wird. Eine Filmanalyse kann zudem auch als *hermeneutisches Verfahren* angewandt werden. Diese Technik ist orientiert am Sinnverstehen künstlerischer Texte, wie es sich zunächst in der literarischen Hermeneutik etabliert hat. Hierbei steht die filmische Narration im Fokus und es werden Gestaltungsstrukturen, Bedeutungsebenen und Sinnpotenziale aufgedeckt. Eine dementsprechende Textauslegung meint „(...) Interpretation und nicht nur Verständlichmachen des Unverständlichen innerhalb eines Texts, sondern will auch die verborgenen, also nicht offenkundig zutage tretenden, Bedeutungen des Texts sichtbar machen" (HICKETHIER 2012: 32). Beide Richtungen der Filmanalyse werden als sich respektierende und ergänzende Ansätze betrachtet (HICKETHIER 2012: 33). Im Rahmen der adaptierten hermeneutischen Textinterpretation, wird ein filmischer Text in einem zirkulären Prozess immer wieder neu befragt und schrittweise ein Sinn des Analysematerials herausgearbeitet (HICKETHIER 2007: 30). Somit ist die Filmanalyse als ein auf

---

[15] Die Methode der filmwissenschaftlichen Filmanalyse hat sich in der deutschsprachigen Wissenschaftslandschaft seit den 1960er-Jahren etabliert, wobei hierfür ein grundlegender Aufsatz von ALBRECHT (1964) von „programmatischer Bedeutung" (KÜHNEL 2004: 19) war. Dieser beschrieb die Filmanalyse als eine hermeneutische, an soziokulturellen Kontexten ausgerichtete Analyse eines einzelnen Filmes im Ganzen, die unter soziologischen und sozialpsychologischen Kontexten ausgerichtet sein sollte (ALBRECHT 1964: 234). Seitdem hat sich die Perspektive auf die Methode gewandelt und weiterentwickelt (KÜHNEL 2004: 21 ff.). Es existiert ein umfassender Literaturkorpus, der belegt, dass es sich bei der Filmanalyse um ein äußerst differenziertes methodisches Instrumentarium handelt. An dieser Stelle sollen die Entwicklung und der aktuelle Stand der filmwissenschaftlichen Filmanalyse nicht näher erläutert werden. Vgl. u.a KÜHNEL (2004), MIKOS (2008) KORTE (2010), KEUTZER et al. (2014) für einen Überblick über die wichtigsten Entwicklungen der Disziplin. Weitere Ansätze und Anleitungen für filmanalytische Unterfangen finden sich u. a. bei FAULSTICH (2002), HICKETHIER (2007), BIENK (2008), BEIL, KÜHNEL und NEUHAUS (2012).

Sinn-Verstehen ausgerichtetes, zirkuläres Verfahren zu verstehen. Dabei werden im Analyseprozess gleich mehrfach Interpretationen vorgenommen. So beinhaltet bereits das Abfassen von Notizen oder das Erstellen eines Protokolls erste Interpretationen, die erst im Rahmen der späteren Analyse reflektiert werden. Forschende sollten hierbei versuchen, nicht nur eigene Perspektiven, sondern auch etwaige Perspektiven der Filmschaffenden zu berücksichtigen. Dieser Perspektivwechsel ist jedoch nur bedingt möglich, da stets „eine nicht zu überwindende Distanz zwischen Forscher und Forschungsgegenstand existiert" (ZIMMERMANN 2007: 96). Es geht bei dementsprechenden Interpretationsverfahren folglich immer auch darum, sich einem intendierten Sinn anzunähern.

Für die vorliegende Studie ist es nicht das Anliegen, eine umfassende Filmanalyse im filmwissenschaftlichen Sinne durchzuführen. Vielmehr wird eine spezifische filmgeographische Perspektive auf die gewählten Filme eingenommen. Eine Basis hierzu liefert die von u. a. ZIMMERMANN (2007, 2009) etablierte Methode der *Geographischen Filmlektüre*. Es handelt sich bei diesem Ansatz um eine systematische, zielgerichtete Lesart filmischer Inhalte in humangeographischer Perspektive. Etablierte filmwissenschaftliche und sozialwissenschaftliche Methoden werden hierfür integriert und für filmgeographische Fragestellungen fruchtbar gemacht. ZIMMERMANN (2007: 101) postuliert, dass „Geographen bestehende Formen der Analyse und Interpretation adaptieren und für die spezifischen Fragestellungen novellieren" sollten. Die *Geographische Filmlektüre* wird als eine Form der hermeneutisch-orientierten, interpretativ-verstehenden Arbeitsweise verstanden, die einhergeht mit der zielgerichteten Auswertung und Interpretation des Materials (vgl. MIKOS 2008: 84; ZIMMERMANN 2007: 96). Die vorliegende Studie verfolgte den Ansatz, sich der Inszenierung interkultureller Räume über einen breiten, umfangreich gewählten Filmkorpus zu nähern, um filmübergreifend wiederkehrende Muster identifizieren zu können. Hierfür liegt der Fokus auf ausgewählten Sequenzen, welche isoliert und intensiv analysiert werden. Für diesen Prozess wird daher der Begriff der *geographischen Sequenzanalyse* vorgeschlagen. Der gewählte Forschungsansatz versteht sich dabei als zirkulärer Forschungsprozess, bei dem sich in theoretischer und methodischer Offenheit „(...) Datenerhebung, Datenauswertung (Kodieren) und Theoriebildung (...) in unterschiedlicher Aufeinanderfolge ab[wechseln]" (BREUER 2010: 55; vgl. GEISELHART et al. 2012: 85).

Für die Konzeption einer so ausgerichteten Sequenzlektüre werden zudem Aspekte einer *soziologischen Filmanalyse* integriert. Diese betracht Filme als kulturelle und soziale Dokumente, die gesellschaftliche Prozesse und Wirklichkeiten inszenieren bzw. als Allegorien auf gesellschaftliche Phänomene gelesen

4.2 Methodik: Geographische Sequenzanalyse

werden können. Im Fokus stehen Themen wie kulturelle Identitäten, Gruppenkonflikte, Werte und gesellschaftliche Transformationsprozesse (WINTER 2012: 43; vgl. FAULSTICH 2002; MAI und WINTER 2006; SCHROER 2008). In Anlehnung an Studien von DENZIN (1991), BOGGS und POLLARD (2003) und KELLNER (2010) plädiert WINTER (2012: 56) dafür, soziologische Filmanalyse als *kritische Gesellschaftsanalyse* zu betreiben. Dabei sollten zeitgenössische Filme in ihren sozialen und kulturellen Entstehungskontexten betrachtet und als polyseme Inszenierungen sozialer Phänomene analysiert und interpretiert werden.

Spielfilme als hochkomplexe, audiovisuelle Dokumente transportieren „ihre Informationen nicht (...) eindeutig, sondern (...) mehrdeutig, vielschichtig, mehrdimensional, polyvalent" (FAULSTICH 2002: 16 f.). Es kommt dabei eine Vielfalt filmischer Codes zum Einsatz, die auch als Zeichensystem des Films umschrieben werden können – ein „Ensemble (...) optischer und akustischer Zeichen (...), durch die der Film Bedeutung ausdrückt" (KÜHNEL 2004: 27). Dementsprechend sind filmische Inhalte stets mehrfach mit Bedeutungen aufgeladen und Inszenierungsmuster je nach Film unterschiedlich stark codiert – es verlangt unterschiedliche Rezeptionsleistungen, um die in die filmischen Inszenierungen eingebetteten Bedeutungen zu entschlüsseln. Es ist davon auszugehen, dass die Decodierung filmisch vermittelten Inhalts immer auf ein vorhandenes Vorwissen referiert. „Da es der hermeneutisch orientierten (...) [Filmanalyse] um ein Sinnverstehen geht, kann sie nicht von der Subjektivität des Rezipienten und des Analysierenden absehen" (HICKETHIER 2012: 33). Daher müssen sich Analysierende, so HICKETHIER (2012: 33) weiter, ihres „(...) Vorverständnisses bewusst werden, (...) und davon ausgehen, dass sich in der Rezeption auch (...) Lebenserfahrungen auswirken". Dabei sollten stets der eigene Standort, eigene Interessen und spezifische Rezeptionsbedingungen einbezogen werden. Dass sich die Lesart filmischen Materials von Person zu Person unterscheidet, konstatieren auch BAURIEDL und SCHURR (2018: 137). Nach ihnen erfolgt der Blick auf empirische und theoretische Debatten und Beispiele stets in Referenz auf die „eigene Positionalität (...) und dem daraus resultierenden intellektuellen, generationalen, nationalen und linguistischen Standpunkt". Eine jede wissenschaftliche Auseinandersetzung wird folglich geprägt und gerahmt von der eigenen Biographie (BAURIEDEL und SCHURR 2018: 137). Um eine Beliebigkeit der Interpretation auszuschließen ist es also wichtig, dass sich Forschende zum Gegenstand positionieren und sich ihrer Subjektivität bewusst sind. Jegliche Interpretation ist immer nur *eine* mögliche Deutungsweise. Abhängig von der forschenden Person, deren Forschungsperspektive, Erkenntnisinteresse und soziokulturellen Kontexte, können und dürfen Filmlektüren in unterschiedlichen Ergebnissen resultieren (vgl. ZIMMERMANN 2007: 98 f.; REUBER und PFAFFENBACH 2005: 178).

Es kann an dieser Stelle folglich selbstkritisch festgehalten werden, dass sich auch die Autorin der vorliegenden Studie über ihre eigene Positionalität sehr bewusst ist – also darüber, dass die qualitative Analyse und Interpretation der Sequenzen aus der Perspektive einer weißen, in der deutschsprachigen Humangeographie wissenschaftlich sozialisierten Forscher*in* erfolgt und entsprechenden perspektivischen Einschränkungen unterliegt. Um eine Analyse vorzunehmen, die einer interkulturellen Position gegenüber den Filmen (vgl. JACOBSSON 2017) vollends gerecht wird und den behandelten Forschungsgegenstand in polyzentrischer Perspektive weiterführend betrachtet, müssten u. a. auch Rezeptionsanalysen mit Personen unterschiedlicher kultureller Kontexte durchgeführt werden. Nur so ließen sich tatsächlich *inter*kulturelle, Perspektiven auf den Gegenstand generieren. Hinzu kommen die gewählten theoretischen Implikationen, die ebenfalls dazu beitragen, dass eine spezifische Haltung gegenüber dem zu analysierenden Material eingenommen wird.

Um der eingeforderten Forschungshaltung einer kritischen Filmgeographie dennoch entsprechen zu können, versucht sich die vorliegende Studie den vielschichtigen Inhalten des filmischen Datenmaterials auf einer intersubjektiv nachvollziehbaren Ebene anzunähern. Hierzu wird eine ständige Reflexion über den Dialog zwischen den theoretischen Annahmen, dem Analysematerial und dessen Analyse und Interpretation als Gütekriterium an den Forschungsprozess angelegt (vgl. SCHIRMER 2009: 58 ff.). Ergänzend erfolgt ein intensives Hinzuziehen von Sekundärliteratur, um die gewonnenen Erkenntnisse und Interpretationsansätze kritisch zu reflektieren. Es wird angestrebt, den Herausforderungen einer vielschichtigen, polyzentrischen Perspektive auf den Gegenstand offen gegenüberzustehen und dabei in einem Dialog mit dem Analysegegenstand die unterschiedlichsten kulturellen Kontexte mitzudenken. Nur so kann sich einer wie von JACOBSSON (2017: 66 ff.) geforderten, interkulturellen Position gegenüber dem filmischen Material angenähert werden. Trotz aller wissenschaftlichen Sorgfaltsbestrebungen ist es jedoch nur möglich, sich einem Analyseergebnis *anzunähern*. Die analysierten und interpretierten Filmsequenzen beinhalten gewiss zahlreiche weiteren Aspekte und Strategien, die im Kontext der vorliegenden Arbeit verborgen bleiben.[16]

---

[16] Um die in den Filmsequenzen kodierten, unterschiedlichen Bedeutungsebenen umfassender zu erschließen, müsste insbesondere die Rezeptionsebene ein eigener Gegenstand des Forschungsvorhabens sein. Das Potenzial einer dementsprechenden filmgeographisch ausgerichteten Rezeptionsforschung liegt vor allem in der vergleichenden Analyse unterschiedlicher Rezeptionserfahrungen: „It is the diversity of audience reception that becomes the focus of inquiry" (DIXON, ZONN und BASCOM 2008: 38). Wie bereits angemerkt wurde, kann diese

4.2 Methodik: Geographische Sequenzanalyse

Filmische Inhalte können auf unterschiedliche Art und Weise decodiert werden. Das von KORTE (2010: 23 ff.) vorgeschlagene Modell zur systematischen Filmanalyse ist ein hilfreiches Instrument zur Strukturierung der eigenen Sequenzanalyse. Die von ihm vorgeschlagene Systematik lässt sich idealtypisch in vier Untersuchungsfelder gliedern (vgl. Abbildung 4.1).

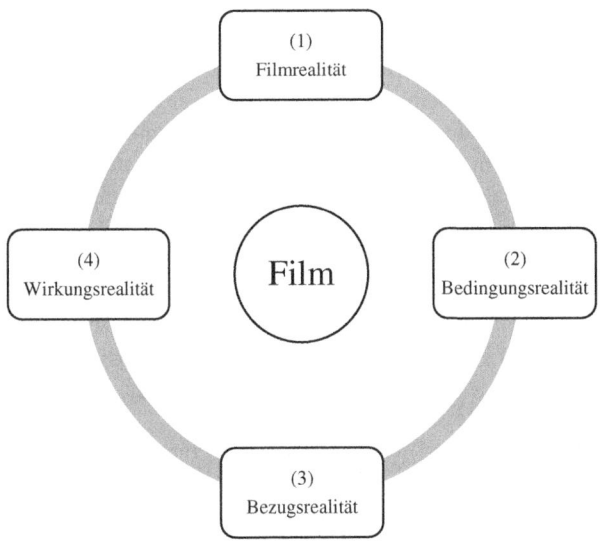

Abbildung 4.1 Dimensionen der Filmanalyse. (Entwurf: Sommerlad 2021, Design nach KORTE 2010: 23)

Bei einer Analyse der *Filmrealität* werden sämtliche dem Film immanenten Daten, Aussagen und Informationen ermittelt, „also Inhalt, formale und technische Daten, Einsatz filmischer Mittel, inhaltlicher und formaler Aufbau des Films, handelnde Personen, Handlungsorte, Handlungshöhepunkte und Spannungsdramaturgie etc." (KORTE 2010: 23). Bei der *Bedingungsrealität* stehen die Kontextfaktoren des Films im Fokus, welche die Produktion und Gestaltung des Films auf inhaltlicher und formaler Ebene tangieren. Hierzu zählen u. a. der historisch-gesellschaftliche Kontext und die Filmtechnik zur Produktionszeit, die filmische Gestaltung, Bezüge zu anderen Filmen bzw. anderen

---

Ebene jedoch im Kontext der vorliegenden Arbeit nicht berücksichtigt werden, bietet jedoch großes Potenzial für weitere Studien.

Filmen im Werk des/der Autor:in oder der Produzent:innen sowie intertextuelle Bezüge. Die *Bezugsrealität* fokussiert auf die „Erarbeitung der inhaltlichen, historischen Problematik, die im Film thematisiert wird" (KORTE 1010: 24), dem Verhältnis zur lebensweltlichen Relevanz der Thematik sowie lebensweltlichen oder historischen Ereignissen, die der filmischen Narration zugrunde liegen. Eine Analyse der *Wirkungsrealität* bezieht sich auf die Rezeptionsseite, also das Publikum, dessen Struktur und Präferenzen, die Distribution und Laufzeit des Films, die geschichtliche und zeitgenössische Rezeption sowie verfügbare Rezeptionsdokumente der Entstehungszeit (vgl. KORTE 2010: 24). Im Rahmen einer umfassenden, filmwissenschaftlichen Werkanalyse werden die sich teilweise überschneidenden Analysedimensionen allesamt berücksichtigt. KORTE (2010: 24) macht jedoch darauf aufmerksam, dass „(…) die genannten Dimensionen keineswegs mit den realen Analyseschritten identisch sein müssen oder gar die Gliederung für die schriftliche Darstellung vorgeben". Vielmehr sei es sinnvoll, Aspekte der Einzeldimensionen auf einer inhaltlich-argumentativen Ebene zusammenzuführen. Es sei abhängig von der Fragestellung und dem gewählten Filmkorpus, ob alle Dimensionen im Rahmen einer Analyse gleichwertig zum Einsatz kommen oder eine Fokussierung stattfindet. Dieser Hinweis wurde für die vorliegende Studie berücksichtigt und für die filmgeographische Sequenzanalyse ein Fokus auf die Dimension der *Filmrealität* gelegt.

Der gewählte Fokus liegt also, wie zuvor begründet, auf dem Themenfeld der *Geographie im Film*. Somit wird nur ein spezifischer Aspekt filmisch imaginierter Geographie beleuchtet. Es wird dabei ein Forschungsansatz verfolgt, der eine textzentrierte Lesart und Analyseperspektive erfordert. Bei textzentrierten Ansätzen stehen Bedeutungsproduktionen innerhalb der filmischen Erzählung im Fokus. Zentraler Analysegegenstand sind die filmischen Mittel und Strategien, die hierbei Einsatz finden. Es wird davon ausgegangen, dass Filme als kulturelle Produkte zu betrachten sind bzw. als medial vermittelte Signifikationssysteme, die nur dann verstanden werden können, wenn man die Sprache kennt, in der sie verfasst wurden (SHARP und LUKINBEAL 2015: 21 ff.). Jede Sequenz wird dabei als polysemes Konstrukt betrachtet, das auf unterschiedliche Art und Weise decodiert und interpretiert werden kann. Um einer filmgeographischen Analyseperspektive gerecht zu werden, ist es trotz dieser Fokussierung sinnvoll, die Ebene der außerfilmischen Realität(en) nicht gänzlich auszuklammern. Während die Wirkungsrealität in Bezug auf die gewählte Fragestellung der Studie vernachlässigt werden kann, erweist sich die Integration der Kontextdimensionen der Bezugs- und Bedingungsrealität durchaus hilfreich.

4.2 Methodik: Geographische Sequenzanalyse

Diese eingeschlagene filmgeographische Lesart erfordert eine zielgerichtete Fokussierung auf spezifische Elemente der filmischen Konstruktion. Es handelt sich hierbei um Kategorien, die den filmischen Gestaltungsmitteln[17] (vgl. BIENK 2008: 28 f.) zugerechnet werden können. Die zu berücksichtigenden Analysekategorien beziehen sich vornehmlich auf solche Dimension der filmischen Inszenierung, deren Analyse nach den im Bild sichtbaren Komponenten fragt und dabei alle Elemente umfasst, die innerhalb einer Sequenz oder Szene zusammengebracht werden (vgl. BORSTNAR, PABST und WULFF 2002: 48). Allerdings beschränkt sich das Interesse hier nicht nur auf das, was im filmischen Bild zu sehen ist. Vielmehr geht es darum zu untersuchen, „wie (mit allen kinematographischen Mitteln) erzählt wird und welche Wirkung genau diese Form der Präsentation (…) hat" (KEUTZER et al. 2014: 96) – wie also im filmischen Bild auf vielschichtige Art und Weise Bedeutungen konstruiert werden (vgl. BEIL, KÜHNEL und NEUHAUS 2012: 23 ff., 53 ff., 109 ff.). Filmische Konstruktionselemente sind die Basiselemente einer jeden filmischen Inszenierung. Die nachfolgend benannten Elemente, Zeichen und Codes kommen in einem Film oftmals zeitgleich zum Einsatz. Sie werden während der Filmbetrachtung simultan wahrgenommen – eine Tatsache, die das Spezifische des Mediums Film gut beschreibt. Die Elemente müssen im Rahmen einer zielgerichteten Analyse in ein „überschaubares Nebeneinander methodisch aufgelöst" (KORTE 2010: 33) werden.

Für die vorliegende Studie wird ein Fokus auf fünf Konstruktionsebenen gelegt. Hierbei handelt es sich um Elemente, über die in den analysierten Begegnungssituationen kulturelle Zuschreibungen vorgenommen und somit die Basis für die Verhandlung interkultureller Phänomene gelegt werden: Die *visuelle Ebene*, die *auditive Ebene*, die *Ebene der Handlung* bzw. narrativen Bedeutungszuschreibung, die *Ebene des Schauspiels und der Schauspielenden* sowie die *Ebene der Kameraarbeit* (vgl. Abbildung 4.2). Jede Ebene vereint unterschiedliche Konstruktionselemente. Nachfolgend werden solche Konstruktionselemente hervorgehoben, die bei der Konstruktion und Inszenierung kultureller Vielfalt und Interkulturalität potenziell von Bedeutung sind. Es sei an dieser Stelle angemerkt, dass im Rahmen der Studie die tatsächlich relevanten Analysekategorien als Konstruktionselemente kultureller Vielfalt induktiv aus dem filmischen Material herausgearbeitet werden.

---

[17] Je nach Literatur werden diese Kategorien unter den Schlagworten „filmische Gestaltungsmittel" (BIENK 2008: 28 f.), „Ästhetik und Gestaltung" (MIKOS 2008: 181 ff.) oder „Bauformen des Films" (FAULSTICH 2002: 113) erläutert.

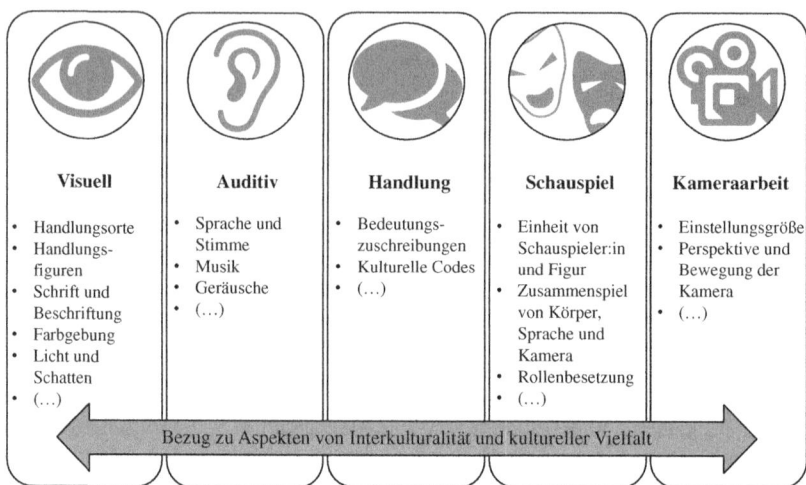

Abbildung 4.2 Relevante filmische Konstruktionselemente. (Entwurf: Sommerlad 2021)

Zu den zentralen Konstruktionselementen auf der visuellen Ebene zählen die Darstellungen der Handlungsorte sowie der Handlungsfiguren/-personen. Hinsichtlich der Handlungsorte lassen sich die Architektur und Ausstattung als bedeutungsvolle Kategorien hervorheben, über die ein filmischer Ort als Setting charakterisiert wird (vgl. BIENK 2008: 30; KEUTZER et al. 2014: 38 f.). Hierzu zählen die sichtbaren Aspekte des Settings, wie Bauten, Requisiten, Dekorationen und anwesende Statisten. In Anlehnung an MIKOS (2008: 231) lässt sich feststellen, dass die Ausstattungselemente der Handlungsorte nicht nur Kulisse für filmische Handlungsverläufe sind, sondern aufgrund ihrer räumlichen Anordnung und Bedeutungszuschreibungen über narrative Funktionen verfügen.

Auch die Bezeichnungen bzw. Namen der Handlungsorte sind ein zentrales Konstruktionselement. Diese werden meist durch visuell wahrnehmbare, diegetische Beschriftungen im Bildraum vermittelt. Schrift kann als eigenes Konstruktionselement isoliert werden, dem als vielfach gestaltbares Ausstattungselement eine wichtige Funktion im filmischen Bild zukommt. Sichtbar wird sie als diegetisches Element der Filmwelt, teilweise wird sie auch als eingeblendetes Insert genutzt, um eine lokale oder temporale Verortung des Geschehens zu ermöglichen, indem ein Hinweis auf den Ort oder die Zeit der Filmhandlung gegeben wird (vgl. BIENK 2008: 32 f.; HICKETHIER 2012: 100 f.). Gerade hinsichtlich der Gestaltung der Handlungsorte sind zudem die Licht-/Schattensetzung sowie die Farbgestaltung als Konstruktionselement zu betonen (vgl. KEUTZER

4.2 Methodik: Geographische Sequenzanalyse

et al. 2014: 56 ff.; MARSCHALL 2005). Farbe kann dabei als ästhetisches oder narratives Ausdrucksmittel eingesetzt werden und vermittelt als Konstruktionselement dramaturgische und symbolische Bedeutungen, die es zu analysieren und interpretieren gilt (vgl. WULFF 1988).

Auch hinsichtlich der Handlungsfiguren/-personen – also der Charaktere, denen in Filmen eine zentrale kommunikative Funktion zukommt – lassen sich Gestaltungsmittel auf visueller Ebene isolieren. Nach FAULSTICH (2002: 102) kann die Charakterisierung einer filmischen Handlungsfigur auf drei Arten erfolgen: Durch Selbstcharakterisierung (z. B. Mimik, Gestik, Stimme, Sprache, Kleidung, Handlungen etc.), durch Fremdcharakterisierung (z. B. Beurteilungen durch andere Figuren) und durch die Erzählercharakterisierung (z. B. filmische Bauformen und Stilmittel). Insbesondere die Selbst- und Fremdcharakterisierung setzen oft an körperlichen Merkmalen der Figuren an (z. B. Aussehen, Sprache oder Körperbewegungen). Es handelt sich dabei um Elemente, die direkt mit dem Körper der Figur als Bedeutungsträger verbunden sind. Hierzu zählen zum einen Elemente, die unmittelbar mit dem äußeren Erscheinungsbild bzw. dem menschlichen Körper und dessen Merkmale und Eigenschaften zusammenhängen (z. B. Hautfarbe, Haare und Frisur, Körperteile). Auch Mimik und Gestik sind in diesem Zusammenhang zu betonen, da sie wichtige Elemente für jegliche Form kommunikativer Vermittlung kultureller Vielfalt eingesetzt und auf narrativer Ebene explizit hervorgehoben werden. Auch die Ausstattung der Handlungsperson mit Kleidung und Accessoires – oder generell gesprochen mit für die Handlungsebene bedeutsamen *Props* (vgl. ENGELL 2018) – sind potenziell ein zentrales Konstruktionselement.

Daneben werden Sprache und Stimme der Handlungspersonen als zentrale Konstruktionselemente betrachtet, womit die auditive Ebene des Films angesprochen wird. Die gesprochene Sprache und die Stimme sind dabei vor allem auf der filmischen Dialogebene von Bedeutung (vgl. HICKETHIER 2012: 101). Die Stimme einer Person – oder das, was als Stimme auditiv wahrnehmbar ist – transportiert die Bedeutung der Sprache und charakterisiert die Figur, wie auch KEUTZER et al. (2014: 135, Hervorhebungen im Original) anmerken: „Die individuelle *Klangfarbe* einer Stimme, *Timbre, Stimmlage, Artikulation, Betonung, Tempo, Sprachmelodie* und *-rhythmus, Akzente, Dialekte, Soziolekte* und die *(Mutter-)Sprache* selbst liefern Informationen über den Charakter, die Gestalt, das Geschlecht, mitunter sogar die sexuelle Orientierung, die regionale Herkunft, das soziale Milieu der Figuren und ihren sozialen Status". Diesbezüglich muss darauf hingewiesen werden, dass die vorliegende Analyse in dem Bewusstsein geschieht, dass die feinen Unterschiede der angesprochenen Stimmeigenschaften nicht immer einwandfrei entziffert werden können. Zwar lassen sich oberflächliche Unterschiede ausmachen. Gerade aber bestimmte Dialekte, Akzente oder

Soziolekte, lassen sich lediglich dann differenziert analysieren, wenn eine sehr genaue und linguistisch fundierte Sprachkenntnis vorliegt. Dies kann im Rahmen der vorliegenden Arbeit nur mit Vorbehalt geleistet werden, da das eigene Sprachverständnis ein Erkennen der Differenzen in der US-amerikanischen Sprache bzw. den spezifischen Dialekten und Soziolekten New York Citys nur in einem bedingten Maße zulässt.

Auf der Ebene des Tons sind Musik und Geräusche als zwei weitere Konstruktionselemente der filmischen Gestaltung zu benennen. Diese beiden Elemente und ihre Ausprägungen stellen zusammen eine hochspezifische Gestaltungsebene dar, deren technische Raffinessen an dieser Stelle nicht tiefgreifend diskutiert werden können (vgl. KEUTZER et al. 2014: 113 ff.; TIEBER 2017). Musik wird zunächst dafür eingesetzt, Protagonist:innen oder Handlungsorte zu charakterisieren. Darüber hinaus wird sie auch extradiegetisch genutzt, um Bildinhalte zu illustrieren, intendierte Affekte oder Grundstimmungen zu emotionalisieren, den filmischen Raum zu strukturieren oder Handlungen zu kommentieren (vgl. KEUTZER et al. 2014: 122 ff.). Auf diegetischer Ebene kann Musik die gleichen Funktionen haben. Darüber hinaus kann sie aber auch als Teil der filmischen Welt noch von tiefgreifenderer narrativer Bedeutung sein, wie etwa auch BIENK (2008: 99 ff.) hervorhebt. Für die vorliegende Arbeit sind zudem die Anmerkungen von LA MOTTE- HABER und EMONS (1980: 115 ff.) interessant, die ausführen, dass filmischer Musikeinsatz die Zuordnung nationaler und regionaler Zugehörigkeiten ermöglichen kann – beispielsweise über den Einsatz von (National-)Hymnen, Folklore, nationalen und ethnischen Musiktraditionen und schauplatztypischen Klangfarben. Oft werden dabei gängige Klischees bedient (vgl. BORSTNAR, PABST und WULFF 2002: 127; HICKETHIER 2012: 95). Dieser Aspekt verweist auf kulturell-musikalische Codes eines Films, die bereits als vorfilmische Bedeutungen angelegt wurden. Filme bedienen sich solcher Konnotationen, „welche bestimmten musikalischen Themen und Motiven, Modi, Topoi und Stilen (…) über kulturelle und historische Prozesse [zugeschrieben wurden]" (TIEBER 2017: 4). Ebenso wie Musik beleben auch (Hintergrund-)Geräusche die Filme bzw. sind als akustische Phänomene zentrale Elemente der Geräuschkulisse und ebenfalls von zentraler Bedeutung für die Erfahrung von Film (vgl. HICKETHIER 2012: 93 f.; BORSTNAR, PABST und WULFF 2002: 125; GOTTO 2017: 2).

Konstruktionselemente, die hier der Handlungsebene zugerechnet werden, betreffen die interaktiv und kommunikativ vermittelten Bedeutungszuschreibungen, die von den filmischen Protagonist:innen auf der erzählerischen Ebene des Films vorgenommen werden. Hierzu zählen auditiv vermittelte, kommunikative Äußerungen und Bedeutungszuschreibungen seitens der Handlungsfiguren oder einer Erzählstimme aus dem Off. Darüber hinaus fallen unter diese Kategorie

4.2 Methodik: Geographische Sequenzanalyse

Hintergrundinformationen zu den Handlungsfiguren und ihrer Biographie oder Lebensweise, sowie die dargestellten Tätigkeiten, Handlungsweisen und sozialen Praktiken. Auch mit den Figuren zusammenhängende Attribute, wie zum Beispiel ihr Name oder vermittelte Charaktereigenschaften, werden als Konstruktionselement betrachtet. Darüber hinaus zählen kulturelle Codes, wie sie beispielsweise von MONACO (2009: 180) beschrieben werden, zu den Konstruktionselementen der Handlungsebene. Damit werden Zeichen beschrieben, die ihre Bedeutung außerhalb der filmischen Ebene beziehen und von Filmschaffenden adaptiert, reproduziert sowie in filmspezifische Codes übersetzt werden. Zu diesen kulturellen Codes zählt alles, was im betrachteten Kontext „Zeichencharakter, eine Ausdrucksfunktion hat, von der verbalen Sprache über Kleidung oder Tischsitten bis hin zu konventionalisierten (oder gar ritualisierten) Handlungen" (BEIL, KÜHNEL und NEUHAUS 2012: 11).

Handlungsrelevante Aspekte werden durch filmische Protagonist:innen vermittelt, die wiederum von den Schauspielenden verkörpert werden. Als zentrale Vermittler:innen der Bedeutungskonstruktion transportieren die Figuren die bedeutsamen Gedanken, Gefühle und Ansichten und kommunizieren diese in den analysierten Sequenzen. Den Schauspieler:innen in ihren Rollen kommt dabei „eine hohe deiktische, dramaturgische und charismatische Funktion zu, denn ihre individuelle Konzeption und Präsentation der Rolle fügt der Narration eine wichtige zusätzliche Sinnvermittlungsebene hinzu" (KEUTZER et al. 2014: 249). Die körperliche Darstellung[18] ist dabei im Zusammenspiel mit anderen ästhetischen filmischen Gestaltungsmitteln zu sehen, da erst in diesem Spannungsverhältnis eine „audiovisuelle Zeichenhaftigkeit" (KEUTZER et al. 2014: 249) erzeugt wird – sei es über Sprache, Körper, Gestik, Mimik oder Proxemik[19]. Die Kategorie des Schauspiels lässt sich in weitere Bereiche aufgliedern. Dabei lassen sich einige Konstruktionselemente ableiten, die auch für die vorliegende Arbeit von Relevanz sein können (vgl. HICKETHIER 2012: 163 ff.; MIKOS 2008: 163 ff.; BEIL, KÜHNEL und NEUHAUS 2012: 48 ff.). Besonders die Frage nach der „Einheit von Schauspieler und Figur" (KEUTZER et al. 2014: 255 f.) ist hierbei interessant – ein Aspekt, der damit zusammenhängt, dass beide eine nicht trennbare Einheit bilden. Im Rahmen der vorliegenden Arbeit ist es sinnvoll, nur einzelne dieser Aspekte

---

[18] In der filmwissenschaftlichen Analyse wird hinsichtlich der schauspielerischen Leistung weiter zwischen *performing* und *acting* unterschieden. Die vorliegende Arbeit thematisiert diese Unterscheidung nicht weiter. Vgl. für eine Ausführung beispielsweise KEUTZER et al. 2014: 251, HICKETHIER 2000: 266, NAREMORE 1988 oder STERNAGEL 2002.

[19] „Proxemik (Raumverhalten) ist die räumliche Konstellation der Kommunikations- oder Interaktionspartner in einer bestimmten Situation. Es kommt auf den Abstand, die Körperhöhe, die Körperausrichtung und eine eventuelle Berührung der Körper an. Die Proxemik ist ein Aspekt der nonverbalen Kommunikation also ein bestimmter Teil der Körpersprache, den man als „Raumsprache" bezeichnen könnte" (POGGENDORF 2006: 137).

als Konstruktionselemente kultureller Vielfalt zu berücksichtigen. Hierzu zählt beispielsweise das „Zusammenspiel von körperlichem Ausdruck und sprachlicher Bedeutung, von körperlicher Präsenz und Kamerablick" (HICKETHIER 2012: 173). Erst dieses Arrangement werden kommunikativen Handlungen, körperlich vermittelte Ausdrucksformen und die Proxemik erst deutlich. Angesprochen werden soll hier auch der Fakt, dass Schauspiel und Schauspieler:in nicht nur für die filmische Narration bedeutsam sind, sondern auch für die lebensweltliche Deutung des Lichtgespielten durch die Rezipierenden. Über schauspielerische Darstellungen werden scheinbar alltägliche Situationen vermittelt und die Zuschauer:innen beginnen, wie KEUTZER et al. (2014: 250) darlegen, „über das Verhältnis zu sich selbst nachdenken (…) [d]enn die im Schauspiel angelegte Distanz zwischen realem Darsteller und fiktiver Rolle spiegele die anthropologische Verfasstheit des Menschen selbst". Soziale Situationen werden dabei aufgeführt und als „Modelle gesellschaftlicher Beziehungen" (KEUTZER et al. 2014: 250) vermittelt.[20] Darüber hinaus ist auch der Gesichtspunkt der Rollenbesetzung interessant. So kann es gerade bei ethnisch konnotierten Rollen von Bedeutung sein, welche/r Schauspieler:in für eine Rolle gewählt wurde und wie er oder sie diese verkörpert.

Die Analyse filmischen Materials muss immer auch Aspekte der Kameraarbeit berücksichtigen. Erst durch sie wird das filmische Bild als solches aufgenommen, arrangiert und konstruiert. Relevante Aspekte der Kameraarbeit beziehen sich auf den Blick der Kamera, der das filmische Bild organisiert und dadurch den Rahmen setzt, durch den Rezipient:innen das narrativ vermittelte filmische Geschehen wahrnehmen (MIKOS 2008: 192; vgl. BIENK 2008: 52 f.). Hervorzuheben ist das Zusammenspiel der drei Aspekte Einstellungsgrößen, Kameraperspektiven und Kamerabewegung zu nennen. Durch die Einstellungsgröße wird innerhalb einer Einstellung[21] die Distanz bzw. Nähe der Kamera zum gezeigten Bild beschrieben (KEUTZER et al. 2014: 9 ff.). Es lassen sich acht Einstellungsgrößen unterscheiden: (1) Panorama (*extreme long shot*), (2) Totale (*long shot*), (3) Halbtotale

---

[20] „Unser Alltag ist voller Handlungen, denen man wenig oder gar keine Bedeutung beimisst. Führen jedoch Schauspieler die gleichen Handlungen auf einer Theaterbühne oder Kinoleinwand vor, nimmt man sie plötzlich als bedeutsam war. (…) Der Rahmen von Bühne und Leinwand beziehungsweise der Institutionen Theater und Kino macht demnach soziales Verhalten sichtbar und im Rahmen der Aufführung verständlich, prägt als Wirkung und Rezeption der Darstellung in entscheidender Weise mit" (KEUTZER et al. 2014: 250). Demnach kann die Leinwand, in Anlehnung an Ausführungen zur Theaterbühne bei Goffman, als Rahmen interpretiert werden, „in dem sich Situationen und Ergebnisse inszenieren lassen, über die unbewusst Erfahrungsschemata sinnhaft wahrnehmbar werden" (KEUTZER et al. 2014: 250). Diese Perspektive auf die Bedeutung des Schauspiels ist auch im Kontext der vorliegenden Arbeit interessant.

[21] „Abfolge von Bilder[n], die von der Kamera zwischen dem Öffnen und Schließen des Verschlusses aufgenommen werden" (FAULSTICH 2002: 113). In einem Spielfilm setzt sich eine Einstellung in der Regel aus 24 Bildern pro Sekunde zusammen (HICKETHIER 2007: 52).

4.2 Methodik: Geographische Sequenzanalyse

(*medium long shot*), (4) Amerikanische (*knee shot*), (5) Halbnahe (*medium shot*), (6) Nahe (*medium close-up*), (7) Großaufnahme (*close-up*) und (8) Detail (*extreme close-up*) (KEUTZER et al. 2014: 10 ff.; vgl. Abbildung 4.3). Die Einstellungsgrößen sind deshalb als Konstruktionselement relevant, da durch ihre Organisation und den damit zusammenhängenden Bildaufbau bestimmte Bedeutungen vermittelt oder auch nicht vermittelt werden, indem bestimmte Elemente gezeigt oder nicht gezeigt werden. Zudem ist auch die Kameraperspektive bedeutsam, wie auch die Kamerabewegungen innerhalb einer Einstellung, über die u. a. das Verhältnis zwischen zwei Handlungspersonen beschrieben werden kann. Über den Kamerastandpunkt werden zudem soziale Beziehungen oder Machtpositionen vermittelt. Eine Normalperspektive kann beispielsweise eingesetzt werden, um ein Gespräch auf Augenhöhe zwischen zwei Personen zu vermitteln, während durch eine Untersicht Überlegenheit vermittelt und eine Aufsicht Schwäche oder Unterlegenheit ausdrücken kann (KEUTZER et al. 2014: 12 f., 30 f.).[22]

Die Besonderheit des Mediums Film besteht in der Kombination einer Vielzahl audiovisueller Zeichen, Codes und Konstruktionselemente, durch welche Bedeutungen konstruiert, transportiert und vermittelt werden (vgl. KÜHNEL 2004: 27). Es ist für Spielfilme spezifisch, dass all diese Elemente in filmischen Kontexten als komplexes Arrangement zusammenwirken bzw. simultan vermittelt wahrgenommen werden. Die isolierten filmischen Konstruktionselemente lassen sich als Basiselemente der filmischen Inszenierung kultureller Verschiedenheit verstehen. Ihr Wirkungsvermögen entfalten sie jedoch erst im Zusammenspiel. Wenn an späterer Stelle der Analysefokus auf den Inszenierungsstrategien interkultureller Begegnungen liegt, dann stellt sich die Frage danach, wie die aufgezeigten Konstruktionselemente miteinander verknüpft und narrativ mit Bedeutungen aufgeladen werden. Folglich werden die hier getrennt voneinander beschriebenen Konstruktionselemente in der Analyse in ihrem Zusammenspiel betrachtet und in ihrem Wirkungszusammenhang als Inszenierungsstrategien interpretiert. Eine *Inszenierungsstrategie* resultiert folglich aus der Art und Weise, wie filmische Gestaltungsmittel und Konstruktionselemente im Rahmen filmischer Darstellungen miteinander verschränkt und mit narrativ erzeugter Bedeutung aufgeladen werden.

---

[22] Auch die Verbindung der audiovisuellen Bilder durch Schnitt und Montage sind generell wichtige Gesichtspunkte. Schnitt als technische sowie die Montage als künstlerische Kategorie und zugleich als Wesensmerkmal des Films sind im Rahmen dieser filmgeographischen Lektüre als Konstruktionselement jedoch nur geringfügig relevant. Sie werden folglich nicht gesondert als Analysekategorien betrachtet, es wird jedoch an den Stellen, an denen sie von Bedeutung sind, auf sie verwiesen.

Abbildung 4.3 Einstellungsgrößen. Panorama (1), Totale (2), Halbtotale (3), Amerikanische (4), Halbnahe (5), Nahe (6), Großaufnahme (7) und Detail (8). (Entwurf: Sommerlad 2019, Screenshots Do the Right Thing R: Lee, USA: 1989)

4.3 Methodische Vorgehensweise

Um das methodische Vorgehen der Studie transparent zu machen, werden nachfolgend die einzelnen Schritte der Sequenzlektüre offengelegt. Die methodische Umsetzung der Studie und die damit verbundene Vorgehensweise setzen sich aus

4.3 Methodische Vorgehensweise

unterschiedlichen Bausteinen zusammen und orientiert sich an den vorab erläuterten methodischen Perspektiven (vgl. Abbildung 4.4): Eine vorbereitende und begleitende intensive Literaturarbeit und die damit eng verbundene Konzeption der theoretischen Folie bilden die Basis der Forschungsarbeit. Die Filmauswahl ist ein weiterer zentraler methodischer Baustein, der die Basis für Analyse und Auswertung bildet. Der darüber generierte Filmkorpus wird schließlich einer geographischen Sequenzanalyse unterzogen, die den Kern des Forschungsvorhabens bildet.

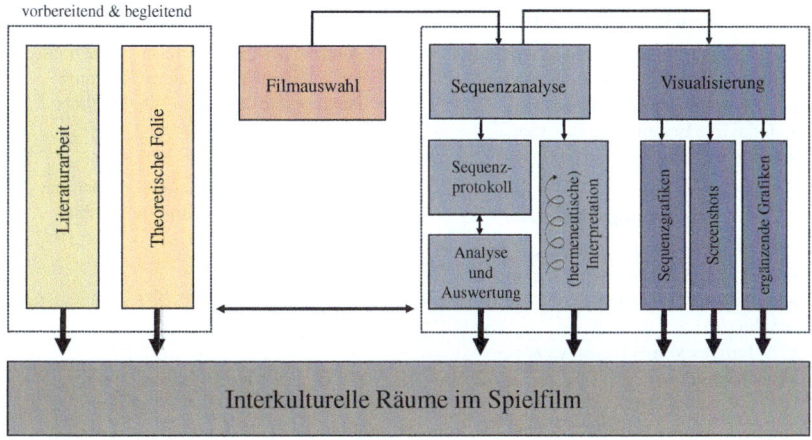

Abbildung 4.4 Überblick über die methodische Umsetzung der Studie. (Entwurf: Sommerlad 2021)

Die vorgenommene *Sequenzanalyse* findet auf zwei Ebenen statt: Zum einen auf der Ebene der einzelnen Filmsequenzen (Analyseebene 1), zum anderen auf einer vergleichenden, sequenzübergreifenden Ebene (Analyseebene 2). Insgesamt gliedert sich die Analyse in fünf Anschauungs- und Auswertungsphasen, wobei in jeder Phase ein bestimmter Teilaspekt der Fragestellung im Fokus steht. Das filmische Material wurde im Zuge jeder einzelnen Phase einem mehrfachen Screening unterzogen. Die einzelnen Analyse- und Auswertungsphasen sind folglich als in sich vielschichtige, miteinander verknüpfte Arbeitsschritte zu verstehen (vgl. Abbildung 4.5). Die Schritte bauen prozesshaft aufeinander auf, beeinflussen sich im Sinne einer zirkulären Arbeitsweise jedoch auch wechselseitig. So werden die Zwischenergebnisse der einzelnen Phasen immer wieder kritisch hinterfragt und verfeinert.

Analyseebene 1 (einzelne Filme bzw. Sequenzen)

Anschauungsphase I
- Sequenzprotokoll mit Fokus auf Begegnungsorte
- Vorbereiten der Analysekategorien

Auswertungsphase I
- An welchen Orten finden interkulturelle Begegnungssituationen statt?
- Welche Handlungsorte sind bedeutend für die Konstruktion von NYC?

Ziel:
- Übersicht über Orte der Begegnung schaffen und relevante Sequenzen identifizieren

Anschauungsphase II
- Sequenzprotokoll mit Fokus auf audiovisuelle Gestaltungsmittel, Ausstattungsmerkmale und Handlungspersonen
- Induktive Erweiterung der Analysekategorien

Auswertungsphase II/III
- Analyse der Interaktionssituationen mit Fokus auf den Konstruktionselementen
- Analyse der Darstellung (kultureller) Differenzierungsprozesse

Ziel:
- Herausarbeiten der Elemente, über die Interkulturalität und kulturelle Vielfalt filmisch konstruiert werden

Anschauungsphase III
- Sequenzprotokoll mit Fokus auf narrative Ebene, Interaktionen und Bedeutungszuschreibungen (z.B. Dialoge, Differenzhandlungen)
- Anfertigen von Screenshots zur Visualisierung

Analyseebene 2 (film- bzw. sequenzübergreifend)

Anschauungsphase IV
- Vergleichende Lektüre der Interaktionssituationen
- Erweiterung der Sequenzprotokolle

Auswertungsphase IV
- Vergleichende Analyse der filmischen Konstruktionselemente

Ziel:
- Herausarbeiten der filmübergreifenden Inszenierungsstrategien interkultureller Räume

Analyseebene 3 (vergleichende Analyse, Interpretation und Diskussion)

Auswertungsphase V – Diskussion
- Abschließende Interpretation und Diskussion der Inszenierungsstrategien
- Wie wird das filmische NYC als Stadt der kulturellen Vielfalt inszeniert?

Ziel:
- Abschließende Diskussion im Dialog zwischen Fragestellung, theoretisch-konzeptioneller Folie und Erkenntnissen
- Ergebnisformulierung

Abbildung 4.5 Überblick über das methodische Vorgehen der geographischen Sequenzlektüre. (Entwurf: Sommerlad 2021)

4.3 Methodische Vorgehensweise

Anschauungs- und Auswertungsphase I:
Ein zentraler Vorbereitungsschritt für die Filmlektüre ist das Digitalisieren der zuvor ausgewählten Filme mit dem *VLC-Player* und dem Open Source Video Transcoder *HandBrake*. Im Zuge dieser ersten Rezeptionsphase werden die Filme hinsichtlich ihres Inhaltes grob strukturiert. Zunächst werden in diesem Schritt die Orte isoliert, an denen relevante Begegnungen stattfinden. Die entsprechenden filmischen Handlungsorte werden identifiziert und kategorisiert. Diese werden zunächst notiert und in ein Grundgerüst für ein Sequenzprotokoll[23] überführt. In Anlehnung an FAULSTICH (2002: 73) wird keine vollständige Makroanalyse der Filme durchgeführt, sondern eine Feinanalyse ausgewählter Schlüsselsequenzen. Um diese auszuwählen, wird die gesamte filmische Narration grob in einem Sequenzprotokoll fixiert. In einem weiteren Schritt werden ausgewählte Schlüsselsequenzen in einem feineren, mehrdimensionalen Transkriptionsmodus detaillierter für eine intensive Mikroanalyse verschriftlicht. In der ersten Version des Sequenzprotokolls markiert der Wechsel eines Handlungs- bzw. Begegnungsortes den Wechsel einer

---

[23] Um zu gewährleisten, dass im Zuge der Interpretationsleistung argumentativ intersubjektiv nachvollziehbare Aussagen getroffen werden können, sollten Interpretationsvorgänge durch Kontrollverfahren gestützt werden. Als filmanalytisches Hilfsmittel ist das Anfertigen eines Filmprotokolls hierfür unerlässlich (vgl. MIKOS 2008: 89, 95 ff.). Die Transkription der audiovisuellen Inhalte ist eine etablierte Möglichkeit, sich dem audiovisuellen Material für den Lektüreprozess anzunähern, den Arbeitsprozess an und mit dem filmischen Material zu dokumentieren sowie dessen Interpretation und den Analyseprozess transparent zu gestalten. Erst durch die Verschriftlichung können flüchtige filmische Inhalte systematisch fixiert und eine zunächst deskriptive Datenbasis generiert werden, die für eine weitere Analyse genutzt werden kann (BORSTNAR, PABST und WULFF 2002: 131; HICKETHIER 2007: 34). Die Analysepraxis unterscheidet zwei Transkriptionsformen (FAULSTICH 2002: 72 ff.): Das *Einstellungsprotokoll* orientiert sich an den Einstellungen als kleinster filmischer Einheit und fällt dementsprechend sehr umfangreich aus. Hierbei werden für jede Einstellung Handlungen, Dialoginhalte, Geräusche, Kameraarbeit etc. erfasst. Dementsprechend benötigt man einen sehr intensiven und hohen Zeitaufwand. Es sollte stets überdacht werden, ob eine solch umfangreiche Transkription notwendig für den Forschungsprozess ist (FAULSTICH 2002: 66 f.). Das *Sequenzprotokoll* orientiert sich an sequenzierbaren Handlungselementen, spiegelt eine gröbere Filmstruktur wider und ist unverzichtbarer Bestandteil einer jeden Filmanalyse. Unter einer Sequenz versteht man „eine Gruppe von miteinander verbundenen Szenen (...) die eine Handlungseinheit bilden" (MIKOS 2008: 92). Um den Film in entsprechender Form zu transkribieren wird zunächst die Filmhandlung in Sequenzen unterteilt und dann anhand von spezifischen Kategorien protokolliert. Während Szenen inhaltlich motivierte Erzählabschnitte auf Einheiten wie Zeit, Raum, Handlung oder Figur basieren, werden Erzählabschnitte, die Orts-, Zeit- und Handlungswechsel enthalten und durch Strukturpausen voneinander abgegrenzt werden, als Sequenzen bezeichnet (KEUTZER et al. 2014: 158). Das Protokoll kann bei jedem Sichtungsvorgang zielgerichtet ergänzt und erweitert werden (vgl. FAULSTICH 2002: 75 ff.; HICKETHIER 2007: 35).

Sequenz. Für jede Filmsequenz werden Anfangs- und Endpunkt sekundengenau bestimmt. Stichwortartig werden mögliche Analysekategorien notiert, die für die weitere Analyse sinnvoll erscheinen.

Die Handlungsorte werden zunächst kategorisierend protokolliert. Ziel ist es aufzuzeigen, welche Handlungsorte die Filme zur Generierung des filmischen NYC nutzen und an welchen dieser Orte interkulturelle Begegnungssituationen stattfinden. Zur Visualisierung werden anschließend unter Zuhilfenahme eines eigens für die Analyse programmierten *Excel VBA-Makros* Sequenzgrafiken erstellt. Jedem Handlungsort wird dazu ein eindeutiger Code (Zahlen- und Farbwert) zugewiesen. Auf Basis des nummerischen Codes und des zugewiesenen Farbwertes wird für jeden Film eine Sequenzgrafik erstellt, d. h. die kategorisierten Handlungsorte werden als farbiges Säulendiagramm mit einer Genauigkeit von zehn Sekunden visualisiert (vgl. Abbildungen II bis XVIII im Anhang 4). In einem nächsten Schritt werden die für die Analyse relevanten Sequenzen in das Sequenzprotokoll überführt. Eine Sequenz umfasst immer eine Interaktionssituation, die an einem bestimmten Begegnungsort stattfindet. Diese Sequenzen bilden die zentrale Einheit für die nachfolgenden Analyseschritte.

Anschauungs- und Auswertungsphasen II und III:
In den nachfolgenden zwei Phasen stehen die zuvor gefilterten Sequenzen im Fokus. In den beiden Anschauungsphasen wird das Sequenzprotokoll nach und nach mit Informationen gefüllt. Hierfür wird zusätzlich auf inhaltsanalytische Aspekte zurückgegriffen (u. a. induktive Kategorienbildung). Dieser Analyseschritt fokussiert auf die Elemente und Techniken, über die interkulturelle Begegnungen auf der Ebene einzelner Interaktionskontexte filmisch konstruiert werden. Zunächst liegt ein Fokus auf den audiovisuellen Gestaltungsmitteln und Ausstattungsmerkmalen, die in den relevanten Sequenzen zum Einsatz kommen. Vorab notierte Kategorien werden induktiv ausdifferenziert. Zudem wird ein Fokus auf die dargestellten Handlungspersonen gelegt. In der darauffolgenden Phase werden diese noch stärker in den Mittelpunkt gestellt, indem das Interaktionsgeschehen und die durch die Handlungspersonen vollzogenen Bedeutungszuschreibungen protokolliert werden. Neben den Dialogen und dargestellten Handlungen steht hierbei auch die filmische Erzählung im Fokus. Ein besonderes Augenmerk wird auf die Inszenierung der Differenzierungsprozesse im Rahmen der Interaktionen gelegt. Die entsprechende Auswertungsphase integriert beide Anschauungsphasen. Die Interaktionssituationen werden, mit einem Fokus auf die Konstruktion und Ausgestaltung des interkulturellen Raums sowie der inszenierten kulturellen Differenzierungsprozesse, analysiert und interpretiert. Die Auswertungsphase verfolgt das Ziel, die

4.3 Methodische Vorgehensweise

filmischen Konstruktionselemente zu isolieren, welche in den betrachteten Interaktionssituationen zur gegenseitigen Differenzierung und zur Aushandlung kultureller Vielfalt genutzt werden. Dieser Schritt der Filmlektüre wird gestützt durch Visualisierungen der Erkenntnisse. Hierzu werden Sequenzgrafiken und Screenshots angefertigt, um Schlüsselaspekte der Sequenzen für die weitere Analyse urbar zu machen. Analyse und Interpretation stehen dabei in einem stetigen Dialog mit der theoretischen Folie der Arbeit. Der gesamte Forschungsprozess muss entsprechend einer hermeneutisch orientierten Arbeitsweise als *zirkulärer Prozess* verstanden werden, der sich a posteriori in die aufgezeigten Elemente untergliedern lässt. Aufbauend auf den gewählten Methoden und analytischen Arbeitsschritten wird der Erkenntnisgewinn der Studie hinsichtlich der Frage nach der Konstruktion und Inszenierung interkultureller Räume im Spielfilm abgeleitet.

Anschauungs- und Auswertungsphase IV:
In Phase vier werden die Sequenzen einer vergleichenden Lektüre unterzogen. Im Fokus stehen dabei die zuvor auf Sequenzebene herausgearbeiteten Konstruktionselemente. Hierbei geht es primär um eine vergleichende Analyse der Sequenzen hinsichtlich der Frage nach den Inszenierungsstrategien interkultureller Räume. Die Sequenzprotokolle werden diesbezüglich erweitert und ergänzt. Hierzu werden die Analyseergebnisse auf einer filmübergreifenden Ebene miteinander in Bezug gesetzt. In einer vergleichenden Analyse werden aus den betrachteten Sequenzen Konstruktionselemente interkultureller Begegnungen isoliert. Durch den sequenzübergreifenden Vergleich können mehrdimensionale interkulturelle Räume identifiziert und systematisiert werden. Schrittweise werden filmische Strategien bestimmt, die im Kontext der unterschiedlichen Dimensionen interkultureller Räume erzeugt und genutzt werden, um kulturelle Differenzierungsprozesse zu vermitteln. Ziel ist es, Inszenierungsstrategien zu identifizieren, die filmübergreifend als *typisch* für das filmische New York City isoliert werden können.

Auswertungsphase V – Diskussion:
Die abschließende Auswertungsphase mündet in einer finalen Diskussion der Ergebnisse. Hier steht ein Dialog zwischen den formulierten Fragestellungen der Arbeit, der theoretisch-konzeptionellen Folie sowie den generierten Ergebnissen im Fokus. Die herausgearbeiteten Inszenierungsstrategien interkultureller Räume werden vergleichend interpretiert und diskutiert. Diese abschließende Auswertungsphase schlägt eine Brücke zwischen dem Erkenntnisinteresse und den Ergebnissen der Studie und liefert damit die Basis für die finale Beantwortung der formulierten Fragestellung(en). Ziel der Diskussion ist es, verstehend zu erklären, wie Spielfilme interkulturelle Räume konstruieren und inwiefern das filmische New York City als Stadt der kulturellen Vielfalt inszeniert wird.

Interkulturelle Räume im filmischen New York City   5

Auf Grundlage einer vergleichenden Sequenzanalyse interkultureller Begegnungssituationen können für das filmische New York City sechs Dimensionen interkultureller Räume isoliert werden: In *Interkulturellen Differenzierungsräumen* (Abschnitt 5.1) finden kulturelle Differenzierungsprozesse zwischen den miteinander interagierenden Personen maßgeblich auf Basis plakativer Generalisierungen und Kategorisierungen statt. In *Interkulturellen Irritationsräumen* (Abschnitt 5.2) verhandeln die Interaktionspartner:innen kulturelle Vielfalt entlang alltäglicher Praktiken, wobei die Konfrontation mit Differenzen sowie die Betonung ebendieser im Fokus stehen. Hierdurch entstehen irritierende Momente in der Kommunikation. Noch deutlicher offenbart sich dieser Aspekt in *Interkulturellen Diskriminierungsräumen* (Abschnitt 5.3), in denen es auf unterschiedlichen Ebenen zur Äußerung von Vorurteilen, zu Stereotypisierungen und Diskriminierungen kommt. Es zeigt sich bereits hier die Tendenz, dass Interkulturalität in Filmen maßgeblich über Abgrenzungsmechanismen inszeniert wird. Dieser Aspekt tritt in *Interkulturellen Grenzräumen* (Abschnitt 5.4) noch deutlicher zutage, wie beispielsweise in der Thematisierung konfligierender Werte und Lebenseinstellungen oder normativer Vorschriften hinsichtlich des Konsums von Speisen und körperlicher Umgangsformen. Werden die aufgezeigten Grenzen gewahrt und Differenzen toleriert, kann ein interkulturelles Miteinander funktionieren. Es gibt jedoch auch zahlreiche Beispiele, in denen symbolische, soziale und materialisierte Grenzen überschritten werden. In solchen *Interkulturellen Unmöglichkeitsräumen* (Abschnitt 5.5) werden kulturelle Differenzen als unüberbrückbare Tatsachen gezeichnet und es kommt zu zwischenmenschlichen Kollisionen. Als Gegenpol fungieren *Interkulturelle Möglichkeitsräume* (Abschnitt 5.6), in denen ein interkulturelles Miteinander über unterschiedliche, individuelle Grenzgänge temporär ermöglicht wird. Die sequenzübergreifend

© Der/die Autor(en), exklusiv lizenziert durch Springer Fachmedien
Wiesbaden GmbH, ein Teil von Springer Nature 2021
E. N. Sommerlad, *Interkulturelle Räume im Spielfilm*, Perspektiven der Humangeographie, https://doi.org/10.1007/978-3-658-35760-3_5

isolierten interkulturellen Räume fungieren als polyseme Phänomene, welche die Komplexität der filmischen Aushandlung kultureller Vielfalt verdeutlichen. Jede Dimension zeichnet sich durch spezifische Strategien aus, anhand derer interkulturelle Begegnungen inszeniert werden. In ihrem Zusammenspiel wird das filmische New York City als Stadt der kulturellen Vielfalt konstruiert. Die isolierten Inszenierungsstrategien werden nachfolgend anhand ausgewählter Schlüsselsequenzen exemplarisch nachgezeichnet und charakterisiert.

5.1 Interkulturelle Differenzierungsräume

Die filmische Inszenierung interkultureller Begegnungen setzt häufig an Konfrontationsmomenten kategorischer Differenzierungen an, welche sich als Etikettierungen deuten lassen. Etikettierung meint in diesem Kontext eine oberflächliche Markierung anhand generalisierter, in ihrer Komplexität reduzierter kultureller Kategorien. In der Interaktion kommt es hierbei zur aktiven und passiven Artikulation von kultureller Differenz über plakative Markierungen, die an Äußerlichkeiten oder zugeschriebenen Ausstattungsmerkmalen der filmischen Handlungspersonen oder auch der Handlungsorte ansetzen. Kulturelle Differenz wird dabei weniger als subtiles Phänomen verhandelt, sondern wird z. B. einzelnen filmischen Figuren als aktiv oder passiv zugeschriebenes *Etikett* im Kontext einer Begegnung mit einer anderen Figur angehaftet. Die Strategie zeigt sich in drei unterschiedlichen Dimensionen: Zunächst werden körperliche Marker oder Markierungen herangezogen, um (scheinbare) kulturelle Differenzen hervorzuheben. Diese werden in Interaktionssituationen teilweise direkt angesprochen oder über sekundäre Fremd- und Selbstzuschreibungen thematisiert (Abschnitt 5.1.1). Daneben spielen materielle Ausstattungselemente wie Kleidung und Accessoires eine zentrale Rolle. Darüber hinaus werden auch Handlungsorte über materielle Ausstattungselemente so markiert, dass sie für die Inszenierung interkultureller Begegnungen anschlussfähig werden (Abschnitt 5.1.2). Auch die Namen der Personen und Handlungsorte, die Aussprache ebendieser sowie Bezeichnungen werden in Filmen zur differenzierenden Etikettierung herangezogen (Abschnitt 5.1.3).

5.1.1 Differenzerzeugende, körperliche Markierungen – „Where are you from?"

Die Inszenierung kultureller Differenz und Vielfalt setzt oftmals direkt an den filmischen Handlungsfiguren an. So erfolgen interkulturelle Differenzierungsprozesse häufig auf Basis sichtbarer körperlicher Merkmale oder Markierungen (z. B. Hautfarbe, Frisur usw.), die im Kontext einer Interaktionssituation als relevant thematisiert werden.[1] Zum anderen zeigt sie sich in Form von sekundären, verbalen Zuschreibungen, über welche ebenfalls auf plakative Art und Weise kulturelle Zuschreibungen vorgenommen werden – entweder als Selbstzuschreibung durch eine filmische Handlungsperson oder als Fremdzuschreibung durch eine andere Person. Die plakative Thematisierung kultureller Differenzen oder Zugehörigkeiten anhand körperlicher Markierungen setzt sehr häufig an der Hautfarbe einer Figur an, welche hierbei äußerst unkritisch als eine visuelle Markierung kultureller Verschiedenheit angesprochen wird.

Als Beispiel lässt sich eine Sequenz aus *The Visitor* heranziehen, in der Mouna Khalid gemeinsam mit Walter Vale einen Flohmarkt aufsucht, um dort zum ersten Mal die Freundin ihres Sohnes Tarek, Zainab, zu treffen. Walter und Mouna stehen in einiger Entfernung zum Flohmarktstand von Zainab und es kommt zu dem folgenden Dialog (#01:00:36):

Mouna: Which one is she?
Walter: The one closest to us.
Mouna: The black one? (…) That is Zainab? [*Walter nickt.*] She's very black.

Mounas konsternierte Bemerkung wird von einem äußerst erstaunten Gesichtsausdruck begleitet. Der Hautfarbe wird hier als plakativer körperlicher Marker eine Relevanz zugeschrieben, anhand derer Mouna implizit anspricht, dass Zainab sich von den Menschen in ihrem Umfeld unterscheidet (vgl. Abbildung 5.1).

Hautfarbe als zentrales Element der Differenzierung spielt auch in *Pieces of April* eine Rolle. Beispielhaft kann hier auf die erste Begegnung zwischen April und ihren Nachbarn Evette und Eugene verwiesen werden: April klopft an die Apartmenttür des Ehepaars, da sie auf der Suche nach einem funktionierenden Ofen ist, um ihr Thanksgiving-Menü kochen zu können. Evette fragt noch bei

---

[1] Hierbei ist es wichtig zu betonen, dass das Aussehen einer Person als Basis für kulturelle Differenzierungsprozesse in den Filmsequenzen aktiv zur Sprache kommen musste, um als relevante Strategie identifiziert zu werden. D. h. es wurden nur solche Sequenzen einer Analyse unterzogen, in denen z. B. körperliche Merkmale aktiv als Differenzkriterium benannt wurden oder im Subtext als solche mit einer narrativen Bedeutung belegt wurden.

Abbildung 5.1 Mouna und Zainab begegnen sich zum ersten Mal. (Screenshot: The Visitor R: McCarthy, USA: 2007)

geschlossener Tür nach, wer sich vor der Tür befindet. April entgegnet, dass sie im Nachbarapartment wohnen und Hilfe benötigen würde. Daraufhin öffnet Evette die Tür (#00:19:09 bis 00:19:20, vgl. Abbildung 5.2):

April:	Hi. Um, I have a problem.
Eugene (*aus dem Off*):	Hey, who is it?
Evette:	It's the new girl in 3C. Says she's got a problem.
Eugene:	What?
Evette:	Problems, Eugene! Girl's got problems. She's *white*, she got her youth, her whole privileged life ahead of her. Ha-ha! I am looking forward to hearing about her problems.

Abbildung 5.2 Evette und April begegnen sich an der Apartmenttür. (Screenshots: Pieces of April R: Hedges, USA: 2003)

Die Art und Weise, wie Evette auf April reagiert, zeigt auf, dass sie die junge Frau zunächst alleinig aufgrund ihrer äußeren Erscheinung beurteilt. Sie sieht eine junge, *weiße* Frau und macht sich subtil über deren Hilfegesuch lustig. Sie spricht äußere, körperliche Merkmale (jung, *weiß*) und eine damit privilegierte Position an und lacht April aus – ohne sich deren Anliegen anzuhören. Ihr ironischer Unterton lässt erahnen, dass sie sich als ältere, Schwarze Person nicht vorstellen kann, was für ein Problem April wohl haben könnte. Sie beurteilt April somit zunächst rein auf Basis körperlicher Merkmale, ohne sie als Person zu kennen

5.1 Interkulturelle Differenzierungsräume

und betreibt damit eine plakative Kategorisierung. Dies ändert sich jedoch, als April ihr später ihre Familiengeschichte erzählt und in der Folge reichlich Hilfe von dem Ehepaar erhält.

In einigen Filmsequenzen fällt das Element der Hautfarbe direkt mit der Variable der Herkunft zusammen – nämlich dann, wenn ein/e Interaktionspartner:in auf Basis einer *anderen* Hautfarbe seines/ihres Gegenübers darauf schließt, dass diese/r auch eine *andere* nationale, oderethnische Herkunft haben müsse. Dies ist der Fall einmal mehr bei Mouna (*The Visitor*). Sie fragt den auf Immigrationsrecht spezialisierten Anwalt Peter Shah, den sie gemeinsam mit Walter aufsucht: „Where are you from?" (#01:00:33) und scheint verwundert, als dieser antwortet: „Queens". Ein weiteres Beispiel findet sich im Film *Learning to Drive*, in dem Darwan Singh Tur aufgrund einiger äußerer Merkmale (z. B. Bart, Turban) sowie seines sprachlichen Akzents immer wieder die Frage beantworten muss, aus welchem Land er denn komme. Er ist stets mit kritischen Reaktionen konfrontiert, wenn er darauf verweist, dass er amerikanischer Staatsbürger sei. In *Brooklyn Babylon* bezieht sich Sarah ebenfalls direkt auf das Äußere von Sol, der sich selbst als Rastafari und Hip-Hopper definiert und sich hinsichtlich Hautfarbe, Frisur und Kleidung deutlich von den Männern der charedischen[2] Community abhebt, mit denen Sarah gewöhnlich in Kontakt steht. Sie stellt, wenn auch in relativierender Art und Weise, fest: „You seem different than what you look like. (…) I was just brought up to fear anything that was different from me. You don't seem scary" (#00:23:36). Dabei lässt sich die Äußerung im Gesamtkontext des Films als deutliches Statement gegenüber Sols Hautfarbe interpretieren bzw. seiner Zugehörigkeit zur westindischen Community.

In *My Last Day Without You* findet ebenfalls eine Differenzierung auf Basis der Variable der Hautfarbe zwischen Niklas und Tisha statt – jedoch etwas komplexer als in den bisher zitierten Beispielen, da hier die Intersektion der Variablen *Race*, Ethnizität und Ancestry sowie nationaler Herkunft noch stärker deutlich wird. Besonders offensichtlich wird dies in einer Sequenz, in der Niklas Tisha in deren Wohnung besucht. Niklas sieht einen Bilderrahmen mit einer Schwarzen Frau und fragt Tisha, wer dies sei. Tisha entgegnet, dass es sich um ihre vor zwei Jahren

---

[2] Das konservative charedische Judentum wird häufig auch als ultra-orthodoxes Judentum bezeichnet. Im Folgenden wird der Terminus *charedische Community* oder *Charedim* genutzt, um auf Angehörige dieser Glaubensrichtung zu verweisen. Das charedische Judentum spaltet sich auf in zahlreiche Untergruppen – auf diese Vielfalt wird dann eingegangen, wenn die analysierten Sequenzen explizit darauf verweisen (RUBEL 2010; ELEFF und SCHACTER 2016). Für eine Einführung in die differenten charedischen Communities in New York und insbesondere in Brooklyn vgl. u. a. BERGER 2013a.

verstorbene Mutter handelt. Es kommt zu folgendem Dialog (ab #00:38:25, vgl. Abbildung 5.3):

Niklas: Where's she from? Where're you from?
Tisha: Meaning what?
Niklas: Well, I am German. All of my ancestors, straight through my family, all the way back to Karl the Great. Alemannic. I think like 810. This might sound a little bit crazy, but...
Tisha: Well, it is a little more complicated for us, right? Africa, yeah, not sure what part. Some of my family still has roots and lives in the Caribbean. (...) Ultimately, we all come from the same place, though, right?

Abbildung 5.3 Niklas und Tisha unterhalten sich über ihre Herkunft. (Screenshots: My Last Day Without You R: Schaefer, USA: 2011)

An diesem Wortwechsel wird deutlich, dass Niklas die Hautfarbe von Tisha und ihrer Mutter als Ausgangspunkt nimmt, um ihre US-amerikanische Herkunft zu hinterfragen. Seine Antwort auf Tishas skeptische Nachfrage offenbart, dass er mit einer aus seiner Sicht anderen Hautfarbe direkt eine andere (ethnische oder nationale – dies bleibt diffus) Herkunft interpretiert, die für ihn scheinbar direkt mit den Komponenten der Ethnizität zusammenhängt. Er selbst definiert sich folglich als Angehöriger einer deutschen, der ‚Volksgruppe der Alemannen' zugehörigen Familie. Tisha reagiert zugegebenermaßen etwas ironisch – steigt aber dennoch auf Niklas plakative Kategorisierungsversuche ein, indem sie sich selbst eine Herkunft in *Afrika* und indirekt *in der Karibik* zuschreibt. Zwar lässt sich vermuten, dass sie Niklas Feststellung durchaus kritisch auffasst, da in ihrer Bemerkung, unterstützt durch Gestik und Mimik (u. a. Tanzbewegungen) ein sarkastischer Unterton mitschwingt. Dennoch vermittelt die Sequenz den Eindruck, dass Hautfarbe und Herkunft – und damit verknüpfte kulturelle Differenzen – für beide beteiligten Personen unmittelbar miteinander zusammenhängen würden und unterstützt somit eine rassialisierende Kategorisierung.

5.1 Interkulturelle Differenzierungsräume

Eine plakative Thematisierung kultureller Differenzen in Relation zur Herkunft einer Person erfolgt in den analysierten Filmsequenzen nicht nur über Hautfarbe. Auch die gesprochene Sprache ist eine mit dem Körper verknüpfte Markierungsvariable. Dies ist beispielsweise der Fall, wenn Tony Eilis (*Brooklyn*) im Rahmen ihres Kennenlernens offenbart: „I'm not Irish" und Eilis dies unterstreicht mit der Antwort „You don't sound Irish" (#00:34:33). In einer anderen Sequenz bemerkt ein Kellner in einem *Diner* Eilis Akzent und schließt über diesen direkt auf ihre Herkunft, wenn er feststellt: „I hope that when I go through the pearly gates, the first sound I hear is you asking me for the check in that lovely *Irish brogue*" (#00:19:49). Auch in *Today's Special* zeigt sich dieser Aspekt. So fragt der Taxifahrer Akbar seinen Fahrgast Samir „Are you Indian?" (#00:07:26). Samir bejaht dies und der Mann am Steuer beginnt sofort, in einem indischen Dialekt zu sprechen. Dass es sich hierbei um Hindi handelt, wird über einen eingeblendeten Untertitel vermittelt: „Do you understand Hindi?" (#00:07:30). Samir verneint diese Frage.

An dieser Stelle soll zunächst festgehalten werden, dass sich die plakative Thematisierung kultureller Differenzen anhand (körperlicher) Marker maßgeblich auf das Element der Hautfarbe bezieht. Teilweise spielen auch andere körperliche Marker wie die Frisur (Kopfhaare, Bart) eine Rolle, sowie die gesprochene Sprache. Es wird deutlich, dass es sich um Elemente handelt, die auf filmischer Ebene genutzt werden, um implizit auf eine kulturelle Differenz zwischen den Charakteren zu verweisen. Die hergestellten Bezüge bleiben dabei nahezu unkommentiert im Raum stehen und werden im Kontext der filmischen Handlung kaum kritisch reflektiert.

Dies gilt auch für den Einsatz nondiegetischer Musik, die ebenfalls zur plakativen ethnisch-kulturellen Charakterisierung einer Person genutzt wird. So gibt es zahlreiche Filmsequenzen, in denen der Auftritt einer Person auf der auditiven Ebene mit Musik aufgeladen wird. Hier kann beispielhaft erneut auf die eben zitierte Sequenz aus *Today's Special* zurückgegriffen werden. In Akbars Taxi läuft eine laute Musik, die er selbst als „Hindi music" (#00:07:32) bezeichnet. Gleichermaßen spielt im Taxi von Mehdi in *My Last Day Without You* stets eine Musik, die in Anlehnung an Akbars Kommentar wohl als *Arabic music* bezeichnet werden könnte. Nondiegetische Musik zur Charakterisierung einer Handlungsfigur kommt hauptsächlich dann zum Einsatz, wenn die Person sich an einem neutralen Handlungsort bewegt, also einem Ort, der nicht durch weitere Symbole mit Bedeutung aufgeladen ist. In diesem Fall wird über die auditive Ebene, durch das Einspielen kurzer und unspezifischer Melodien, darauf hingewiesen, dass eine potenzielle kulturelle Differenz zwischen den agierenden Handlungspersonen besteht.

Eine solch musikalische Thematisierung, die sich als stereotype Bedeutungsebene zwischen Handlungsort und Handlungsfigur aufspannt, findet sich unter anderem in *Brooklyn Babylon* (Hip-Hop Thema, wenn Scratch auf der Straße unterwegs ist), *David & Layla* (als Layla durch die Straßen Brooklyns läuft, erklingt eine orientalisierende Melodie) oder *My Last Day Without You* (Markierung von Dwayne durch den Song *Black Madoff* von *Skeetabug*[3]).

Der bereits angeklungene Bezug von kulturellen Differenzierungen über die Variable der ethnischen Herkunft zeigt sich noch deutlicher hinsichtlich des zweiten Gesichtspunkts der hier beschriebenen Inszenierungsstrategie: Kulturelle Differenzierungen werden hierbei über verbale Zuschreibungen vorgenommen, die nicht direkt am Körper ansetzen, sondern sich als Bedeutungszuschreibungen auf einer untergeordneten Ebene zeigen. Dabei kommt ganz besonders der Zuschreibung einer ethnischen und nationalen Herkunft eine Bedeutung zu, wobei beide Ebenen in der filmischen Inszenierung stark verschwimmen. Auch der Aspekt von Religion als Identifikationselement spielt immer wieder eine Rolle. Entsprechende Zuschreibungen werden im Interaktionsprozess als Selbstzuschreibungen durch eine Person selbst oder als Fremdzuschreibung, also durch das Gegenüber, kommuniziert.

Beispielhaft können hier zwei Sequenzen aus *Arranged* herangezogen werden. In der ersten Sequenz bittet die Schulleiterin Mrs. Jacoby die Lehrerinnen, sich für eine Vorstellungsrunde in einem Stuhlkreis zusammenzusetzen. Dabei formuliert sie explizit eine Arbeitsanweisung: „Tell us your name and something about yourself that gives us insight into who you really are (…)" (#00:06:49). Nasira ist die erste Person in der Runde und stellt sich wie folgt vor:

> „Uh, well, my name is Nasira Khaldi. I was born in Syria. I came to Brooklyn with my parents when I was five. My father was a Hafez, which is basically a scholar of the Koran and, uh, now he owns a gas station on Flatbush (…)" (#00:06:50).

Aus dieser kurzen Selbstbeschreibung lässt sich ableiten, dass für Nasira ihre nationale oder ethnische Herkunft sowie die religiöse Prägung ihrer Familie zentrale Gesichtspunkte ihrer Selbstidentifikation sind (vgl. für eine ähnliche

---

[3] Der Song verweist auf den US-amerikanischen Anlagebetrüger Bernard *Bernie* Madoff, der im Jahr 2008 wegen Finanzbetrugs in Höhe von 65 Milliarden $ verhaftet und im Folgejahr zu 150 Jahren Haft verurteilt wurde. Sein Vergehen wird auch als „America's largest financial fraud ever" (ARVEDLUND 2009: 2) bezeichnet. Im Film wird Dwayne auf auditiver Ebene als „Black Madoff" markiert und somit als ein Akteur, der seinen exklusiven Lebensstil, ausgedrückt über Markenkleidung und ein kostspieliges Auto, mit betrügerischen Maßnahmen finanziert.

5.1 Interkulturelle Differenzierungsräume

Darstellungsweise *David & Layla*, #00:27:48 ff.). In einer weiteren Filmsequenz veranstalten Rochel und Nasira mit den Kindern ihrer Klasse einen sogenannten *Unity Circle*. Jedes Kind soll einen Begriff wählen, mit dem es seine Identität umschreibt. Während einige Kinder allgemeine Charakterisierungen wählen, wie „nasty", „cool" oder „funny", wird ein Fokus in der Sequenz besonders auf die Ausführungen des sehbehinderten Eddy gelegt, der sich mit dem Begriff „Boricua" beschreibt (vgl. Abbildung 5.4). Er bekommt die Gelegenheit, diesen Begriff zu erläutern:

> „So, I kinda picked *Boricua*, cause that's who I am: Puerto Rican. I'm proud of it. I love the music, I love to dance, I love the barbecues in the park. I like all of it. That's who I am, *Boricua*" (#00:29:54).

Die Selbstbeschreibungen, die bereits in Richtung einer stereotypisierenden Darstellung vermeintlich kulturell bedingter Charaktereigenschaften und Praktiken gehen (Tanzen, Picknicken im Park), drehen sich hierbei ebenfalls um den Aspekt der Herkunft. Somit wird der Gesichtspunkt bestärkt, dass kulturelle Vielfalt auch in diesem Film unmittelbar mit nationaler oder ethnischer Herkunft in Zusammenhang gebracht wird.

Abbildung 5.4 Kinder im Unity Circle; auf der Brust tragen sie Begriffe, mit denen sie sich selbst identifizieren. (Screenshots: Arranged R: Crespo und Schaefer, USA: 2007)

Im weiteren Verlauf der Sequenz wird deutlich, dass Rochel und Nasira diese Übung abhalten, um Vorurteilen und Diskriminierungen unter den Kindern vorzubeugen. So besteht der Sinn der Übung darin zu verdeutlichen, dass jeder Mensch die Wahl hat zu entscheiden, wie man sich selbst definiert und mit wem man sich im Leben umgeben möchte. Rochel stellt diesbezüglich fest:

> „We choose who our friends are, right? Who we want in our circles. It was like last class when you thought it was impossible that Miss Nasira and I could be friends because

she's Muslim and I'm Jewish. We all have our traits, our characteristics, our words on our chests, right? But it comes down to a choice, an individual choice about who we spend our time with and how we choose to communicate." (#00:31:43 bis 00:32:11).

Allerdings zeigt sich an vielen Stellen des Films, dass in der filmisch inszenierten Alltagswelt die individuellen Wahlmöglichkeiten allzu oft von stereotypen Vorstellungsbildern und damit einhergehenden kulturellen Kategorisierungen anhand Variablen wie Ethnizität oder Religion durch Dritte herausgefordert werden. Dieser Aspekt wird in den folgenden Kapiteln stellenweise erneut aufgegriffen und vertieft.

Dies ist ebenfalls der Fall, wenn sich Zainab und Mouna in *The Visitor* über ihr jeweiliges Herkunftsland (Senegal und Syrien) unterhalten. Allerdings wird in ihrem Gespräch deutlich, dass die Selbstidentifikation auch vielschichtiger sein kann, da z. B. Mouna sowohl Syrien als auch die USA als ihre Heimat bezeichnet und damit implizit darauf hinweist, dass eine kulturelle Identität sich aus unterschiedlichen Quellen speisen kann (#01:02:19). In *The Namesake* zeigt sich dieser Gesichtspunkt in einer abgewandelten Form: Auf einer Party wird Nikhil[4] von Maxines Mutter Lydia, deren Freundin Pam als *Indian architect* vorgestellt. Lydia referiert in ihrer Zuschreibung also auf seine vermeintliche Herkunft. Er selbst identifiziert sich allerdings nicht mit dem Herkunftsland seiner Familie (bzw. seiner Eltern, die als Immigrant:innen aus Indien in die USA kamen), jedoch aber mit seiner Geburtsstadt New York City und macht dies deutlich – auch wenn sein Gegenüber nicht darauf eingeht (ab #00:53:17):

Lydia: Hey, I want you to meet the young Indian architect who has so captured Maxine's heart. This is Pam Burton, a dear college friend and this is Nikhil Ganguli.
Nikhil: How do you do? (...)
Pam: Now, how old were you when you moved to America?
Nikhil: I was actually born in New York, I'm from here.
Pam: I once had a girlfriend who went to India. Came back thin as a rail.

---

[4] Nikhil Ganguli hat einen zweiten Vornamen, der im Film eine Rolle spielt: Gogol. Ursprünglich als Spitzname angedacht, etabliert er sich, gerade in seiner Kindheit, als Vorname und steht symbolisch für seine hybride kulturelle Identität. Im Folgenden wird immer der Name genutzt, der in einer Sequenz von Bedeutung ist – teilweise auch in Kombination Nikhil/Gogol, um seinen im Namen transportierten Identitätskonflikt mit aufzugreifen.

5.1 Interkulturelle Differenzierungsräume

Die dabei angesprochene Diskrepanz zwischen einer von außen zugeschriebenen kulturellen oder vielmehr ethnischen Identität, die jedoch für die Selbstidentifikation kaum eine Rolle spielt oder sogar diametral entgegenstehen kann, klingt in vielen weiteren Sequenzen des Films an.[5]

Ein weiterer Aspekt, der im hier beschriebenen Kontext von Bedeutung ist, ist der des *politischen Status* einer Person, der in einen direkten Zusammenhang mit einer nationalen und ethnischen Herkunft gebracht wird – sowohl durch Selbst- als auch durch Fremdzuschreibungen. Diesbezüglich sei auf den Film *The Visitor* verwiesen, wo dieser Zusammenhang gleich mehrfach deutlich wird: Als Walter, Zainab und Tarek bei einem gemeinsamen Abendessen sitzen, spricht Walter über seine Teilnahme an einer Konferenz zum Thema *Economic Growth in Developing Nations*. Tarek lacht und zeigt auf Zainab und sich selbst: „That's us, Syria, Senegal" (#00:20:27). Nach Tareks Verhaftung bekommt der politische Status, der mit der Herkunft zusammenhängt, tatsächlich relevante Bedeutung, als Zainab Walter mitteilt, dass sie und Tarek keine Staatsbürger:innen und zudem illegal im Land seien (#00:37:21). Besonders deutlich wird die politische Dimension auch in einem Gespräch zwischen Mouna Khalil und Nasim, dem Besitzer eines kleinen *Diners* unweit der Haftanstalt, in der Tarek Khalil untergebracht ist. Die beiden sprechen in der Sequenz Arabisch miteinander, da sie diese Sprache trotz unterschiedlicher Herkunft miteinander verbindet und es zugleich ermöglicht, dass sie sich ungestört unterhalten können – ohne dass die ebenfalls im Diner sitzenden Gefängnismitarbeiter sie verstehen. Neben ihrer nationalen Herkunft wird auch der politische Status von Nasim (*Greencard*) und implizit auch der von Tarek (*in detention*) thematisiert. Somit wird der Aspekt der politischen Legalität oder Illegalität von Immigrant:innen angesprochen (ab #00:53:20):

Nasim: Where are you from?
Mouna: I am Palestinian from Damascus.
Nasim: Ah. I knew it. I am from Egypt. Alexandria. I'm Nasim. Why are you here?
Mouna: I am visiting my son.
Nasim: He is in detention.
Mouna: Yes.
Nasim: It's a bad place. I'm lucky. I have a Green Card. They're the ones taking care of your son. They come here every day. They don't tip. (…) Don't worry. They can't understand us.

---

[5] Ein Beispiel ist ein Gespräch zwischen Nikhil und Moshumi, in dem sie feststellen, dass es für ihre gemeinsame Zukunft keine ausreichende Basis sei, dass sie beide aus bengalischen Familien stammen. Auch in *Today's Special* spielt diese Diskrepanz eine Rolle (Samir vs. Vater) sowie in *Learning to Drive* (Darwan vs. Preet).

Auch in *Learning to Drive, David & Layla* sowie in *Night on Earth* spielt der politische Status einer Person bezüglich ihrer Herkunft eine Rolle – z. B. wenn Darwans Status als mittlerweile akzeptierter Staatsbürger, Laylas Staatenlosigkeit oder Helmut Grokenbergers Herkunftsland (DDR) thematisiert wird – um nur ein paar wenige Beispiele anzuführen.

Auffällig ist, dass mit all den erläuterten Beispielen die eingangs formulierte Nachfrage „Where are you from?" verbunden ist. Diese auf den ersten Blick leicht verständliche Frage, die auf die Herkunft einer Person abzielt, ist jedoch – so zeigt es die Analyse entsprechender Filmsequenzen – weitaus komplexer. Mit dem Aspekt der Herkunft einer Person werden unterschiedliche kulturelle Variablen wie z. B. Nationalität und politischer Status, Ethnizität, *Race* oder Religion adressiert. All diese Gesichtspunkte tragen in Kombination mit Markierungen des Körpers dazu bei, Handlungsfiguren als Vermittler:innen kultureller Differenzen zu markieren.

5.1.2 Materielle Ausstattungselemente – „I've been admiring what you're wearing."

Die audiovisuell-plakative Markierung des Körpers sowie eine verbalisierte Selbst- und Fremdzuschreibung in Bezug auf Herkunftsvariablen wird in Spielfilmen von weiteren Konstruktionselementen ergänzt, über welche Handlungsfiguren als kulturell different markiert werden: Die Ausstattung mit Kleidung und Accessoires sowie die Bezeichnung mit einem Namen. Diese Elemente sind eng verknüpft mit der kommunikativen Vermittlung sozialer und kultureller Rollen. Insbesondere getragene Kleidung und weitere materielle Ausstattungselemente wie Accessoires visualisieren und transportieren auf filmischer Ebene die Heterogenität sozialer Realitäten, vermitteln Zugehörigkeit zu bestimmten (Stil-)Gruppen, drücken Differenzierungen jeglicher Art aus und nehmen somit Identitätszuschreibungen vor (vgl. BRUZZI 1997; STREET 2001; WULFF und KACZMAREK 2011).[6] Jedes Kleidungsstück ist immer als komplexes, mehrdeutiges Zeichen und Bedeutungsträger zu verstehen (KAISER und FLURY 2005: 224). Wenn auch die Ausstattung filmischer Handlungsfiguren mit Kleidungsstücken und Accessoires potenziell in jeder einzelnen Filmsequenz von Bedeutung ist,

---

[6] Das Spannungsfeld von Kleidung und Mode in spielfilmischen Kontexten ist Gegenstand zahlreicher wissenschaftlicher Publikationen. Vgl. für eine gute Einführung z. B. WULFF und KACZMAREK 2011, die eine umfangreiche Bibliographie zum Thema zusammengestellt haben.

5.1 Interkulturelle Differenzierungsräume

beziehen sich die nachfolgenden Beispiele auf Sequenzen, in denen diese Elemente aktiv als Inszenierungsstrategien in interkulturellen Kontexten eingesetzt werden.

Das in der Kapitelüberschrift angebrachte Zitat stammt aus dem Film *The Namesake*. In einer Schlüsselsequenz des Films lernt Maxine die Eltern ihres Freundes kennen. Im Kontext der Szene spielt auch die Kleidung der Person eine bedeutsame Rolle. Maxine und Ashima sitzen auf einem Sofa im Wohnzimmer der Familie Ganguli. Ashima ist mit einem verzierten Sari bekleidet – so wie in vielen anderen Sequenzen des Films. Maxine spricht Ashima auf ihre Kleidung an, greift gleichzeitig nach dem Stoff und begutachtet ihn in ihren Händen (#00:58:13, vgl. Abbildung 5.5):

Maxine:	Ashima, I've been admiring what you're wearing. Is this a *Kantha*?
Ashima:	Oh yes.
Maxine:	I grew up with fabrics. My mother curates textiles at the Met.
Ashima:	The Met?
Nikhil/Gogol:	The Metropolitan Museum of Art. You remember, Ma, I took you there, it's the museum with all the steps and the Egyptian temple.

Zwei Aspekte sind von Bedeutung für die Thematik: Zum einen wird die Bekleidung von Ashima klar als Differenzierungsmerkmal genutzt. Obwohl die bengalische Herkunft Ashimas im Kontext der Sequenz zunächst keine Rolle spielt – es geht hier im Kern um einen jungen Mann, der seine Freundin und seine Mutter einander vorstellt – wird diese als relevanter Aspekt hervorgehoben und betont. Maxine spricht damit nicht nur Ashimas Herkunftskontext an, sondern kann diese aufgrund ihres Hintergrundwissens sogar eingrenzen. So kann implizit vermutet werden, dass sie sich bewusst darüber ist, dass eine *Kantha* ein Stück bestickter Stoff ist, das traditionell in der nordindischen Region Bengalen und in Bangladesch als Sari getragen wird (vgl. CHEN 1984; BANERJEE und MILLER 2003; MASON 2009).

Somit wird das Kleidungsstück hier zu einem Hinweis auf Ashimas ethnische Herkunft. Zum anderen lässt sich die Anmerkung Maxines' auch auf eine zweite Art und Weise lesen. Die Bemerkung, dass sie sich gut mit solchen Stoffen auskennen würde, da ihre Mutter als Kuratorin im Museum arbeitet, kennzeichnet Ashimas Kleidungsstück als folkloristisch – als eine kunstvolle, aber nicht alltägliche Kleidung, die im US-amerikanischen Kontext in einem Museum ausgestellt wird. Dieser Kommentar hinsichtlich der Kleidung ist bezeichnend für Maxines naiven und oberflächlichen Umgang mit kultureller Differenz, der sich an vielen anderen Beispielen offenbart.

Abbildung 5.5 Maxine bewundert die Kantha von Ashima. (Screenshot: The Namesake R: Nair, USA/IND: 2006)

Dass es sich bei dem Sari um ein Kleidungsstück handelt, dass im US-amerikanischen Verständnis als *nicht alltagstauglich* verstanden wird, zeigt sich auch an einer anderen Stelle des Films: Ashima liegt vor der Geburt ihres Sohnes im Krankenhaus und eine Krankenschwester versucht, den Sari zusammenzufalten, da Ashima bereits ein praktisches Krankenhausnachthemd trägt. Die Krankenschwester ist überfordert mit dem meterlangen, feinen Stoff, knüllt den Sari nach einem kurzen Moment zusammen und legt ihn mit verkniffener Miene unachtsam auf einen Stuhl (#00:20:03).

Die Tatsache, dass Kleidungstücke oder Accessoires als Symbole ethnischer Zugehörigkeit und zugleich als etwas vermittelt wird, das nicht der Alltagsnormalität entspricht, zeigt sich auch in *Fading Gigolo*. Als Murray Schwartz und seine Ziehkinder durch die Straßen der Nachbarschaft laufen, begegnen ihnen einige Männer, die mit der für diese charedische Community typischen Kleidung und Accessoires ausgestattet sind (u. a. sichtbare Schläfenlocken, langer schwarzer Mantel, Kopfbedeckung). Das Aussehen der Männer wird wie folgt kommentiert (#00:09:13):

Mädchen:	I got a question, Uncle Mo (…) Why do all these people have (…) curlies and beards?
Junge:	Yeah, and sidebuns!
Murray:	For warmth. It's for warmth.

Er erklärt das Aussehen der Männer hier nicht mit deren ethnischen und religiösen Traditionen, sondern wählt einen ironischen Erklärungsansatz, der mehr auf einen alltäglichen Nutzen der angesprochenen Elemente verweist. An einer späteren Stelle des Films werden die Kleidung und das Aussehen der Männer implizit dazu genutzt, um auf einer stark codierten Ebene auf die innere kulturelle Vielfalt der charedischen Gemeinschaften Brooklyns zu verweisen – also auf die innerhalb einer in sich diversen, religiösen Gruppe. Murray muss sich aufgrund seiner unsittlichen Tätigkeiten als Zuhälter dem *Beth Din*, einem Rabbinatsgericht, stellen (vgl. JASTROW und GINZBERG 2011: o.S.; Beth Din of America 2015). Die drei dem Gericht vorstehenden Rabbiner sind mit unterschiedlichen Accessoires ausgestattet (vgl. Abbildung 5.6): So sind nicht nur ihre Bärte unterschiedlich gestutzt, auch ihre markanten Kopfbedeckungen unterscheiden sich voneinander. Anhand dieser unterschiedlichen Ausstattungsmerkmale lassen sich die Rabbiner den drei größten Untergruppen der charedisch-chassidischen Communitys in Brooklyn – *Satmar*, *Chabad-Lubawitsch* und *Bobov* – zuordnen.

Abbildung 5.6 Murray steht vor dem Beth Din und stellt sich den Fragen der drei Rabbiner. (Screenshots: Fading Gigolo R: Turturro, USA: 2013)

Nicht immer ist die Bedeutungszuschreibung kultureller Aspekte über Kleidung oder Accessoires nur mit entsprechendem Hintergrundwissen decodierbar. Einige Filme arbeiten auch mit prägnanten und bekannten Symbolen, um auf ethnische oder religiöse Zugehörigkeit einer Person zu verweisen. So trägt z. B. David in *David & Layla* eine sehr auffällige Kette mit einem Davidsstern[7], der symbolisch auf seine religiöse Zugehörigkeit verweist (vgl. Abbildung 5.14). Als Layla und ihre Familie David nach dessen Sturz vom Balkon aus einer Ohnmacht zurückholen, versteckt Layla das Identifikationssymbol unter seinem Hemd, um es vor ihrem muslimischen Onkel zu verbergen.

Auch andere Filmsequenzen nutzen Kleidungselemente und Accessoires für eine solch plakative Markierung ethnischer und religiöser Zugehörigkeiten, wie

---

[7] Für eine ausführliche Auseinandersetzung mit dem Symbol des Davidssternes vgl. z. B. SCHOLEM 2010.

beispielsweise die Kopfbedeckung und der Kleidungsstil von Nasira in *Arranged* oder der markante Schmuck von Zainab in *The Visitor*. Ebenfalls auffällig werden Kleidung und Accessoires in *Do the Right Thing* eingesetzt, um die Handlungsfiguren kulturell zu markieren – auch wenn zur Decodierung der komplexen Zeichen hier einmal mehr ein entsprechendes Hintergrundwissen erforderlich ist. Beispielhaft lässt sich die Bekleidung von Hauptcharakter Mookie heranziehen. Dieser trägt im Film zwei unterschiedliche Outfits: Zu Beginn ist er mit einer roten kurzen Hose und einem Brooklyn-Dodgers-Trikot bekleidet, das die Rückennummer *42* und den Namen *Robinson* trägt (vgl. Abbildung 5.7). Dies ist kein Zufall, sondern verweist direkt auf Mookies Rolle im Rahmen der ethnischen und *racial* Spannungen in der porträtierten Nachbarschaft. Ähnlich wie Jackie Robinson, der als ambivalente politische Figur hinsichtlich Fragen von *race integration* in den USA zu sehen ist[8], lässt sich auch Mookie als ambivalenter Grenzgänger im Rahmen der ethnischen und rassistischen Spannungen im Film interpretieren. Das Trikot dient hier als mehr als nur

---

[8] Jack *Jackie* Robinson kam im Jahr 1947 als erster Schwarzer Baseballspieler in der Major-League zum Einsatz und wird somit als „national symbol of baseball's integration" (PRINCE 1996: 3) gesehen. Er wurde zu Beginn seiner Karriere zum Mittelpunkt rassistischer Spannungen, da sich einige seiner Mannschaftskameraden weigerten, neben ihm zu spielen – auch Fans und Spieler gegnerischer Mannschaften protestierten gegen seine Präsenz. Den Brooklyn Dodgers wird aus heutiger Perspektive oftmals eine zentrale Rolle in der Integration in der den 1950er Jahren sehr segregierten Gesellschaft des Boroughs zugeschrieben, die in Teilen als mythisch-nostalgisch verklärt interpretiert werden muss: „In a community of very clearly defined racial, ethnic, or religious neighborhoods, this Dodger involvement with local boys was no small in providing the borough with its central identity" (PRINCE 1996: xii). Auch wenn Robinson in diesem Kontext oftmals als Symbolfigur für eine so bezeichnete *race integration* im US-amerikanischen Sport oder sogar in der Gesamtgesellschaft benannt wird, so ist er letztendlich eine sehr ambivalente Figur: „Jackie Robinson, a radical activist in seeking national integration, nevertheless was strongly anticommunist and, in general terms outside race issues, politically conservative" (PRINCE 1996: xi, vgl. ebd.: 5). Seine Rolle als auf der einen Seite sportlichen Integrationsfigur und Unterstützer der NAACP und, auf der anderen Seite, Unterstützer der Präsidentschaftskandidatur von Richard Nixon, lassen ihn als ambivalente politische Figur jenseits der sportlichen Bedeutung erscheinen. PRINCE (1996: 141 ff.) zeigt auf, dass nach Robinsons Tod im Jahr 1972 eine Glorifizierung seiner Figur einsetzte, durch welche diese Ambivalenzen im öffentlichen Diskurs nahezu verschwanden – hauptsächlich vorangetrieben durch populärkulturelle Formate und Biographien, die ihn letztendlich zu einem sportlichen Helden und zu einer „metaphor for human rights" (PRINCE 1996: 143) stilisierten. Für eine tiefergehende Auseinandersetzung mit der Thematik empfehlen sich die Publikationen von PRINCE (1996), SPATZ (2012) und DARRAJ (2008). An dieser Stelle kann nicht abschließend beurteilt werden, welche Perspektive Regisseur Spike Lee diesbezüglich einnimmt. Es lässt sich jedoch feststellen, dass das Spannungsfeld von *Race Issues* und Baseball noch an einigen weiteren Stellen des Films aufgegriffen wird (vgl. u. a. TOTARO 2012: o.S.).

5.1 Interkulturelle Differenzierungsräume

ein Kleidungsstück, da es eine intendierte politische Bedeutung trägt und somit als „metaphorical prop"[9] (CORRIGAN und WHITE 2012: 69 f.; TOTARO 2012) fungiert.

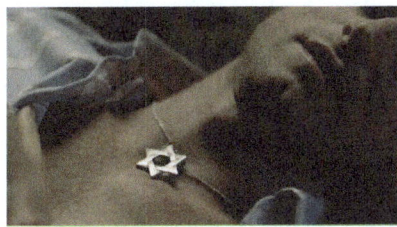 

Abbildung 5.7 Accessoires und Kleidung als *Metaphorical Props*. (Screenshots David & Layla R: Alani (Jonroy), USA: 2005 (l), Do the Right Thing R: Lee, USA: 1989 (r))

In der zweiten Hälfte des Films trägt Mookie ein weißes Shirt mir rot-grünen Applikationen und der markanten Rückenaufschrift *Sal's Famous Pizzeria*. Das Emblem und die Farbkombination kennzeichnen das T-Shirt als Arbeitskleidung oder könnten als deutliches Bekenntnis Mookies zu seinem Chef Sal und somit indirekt zur Italian American Community interpretiert werden. Allerdings offenbart sich auf der narrativen Ebene, dass dieser per Kleidung markierte Zwiespalt Mookies zu realen Konflikten führt: Schließlich ist es Mookie, der im Rahmen der gewalttätigen Eskalationen gegen Ende des Films eine Mülltonne durch das geschlossene Fenster der Pizzeria wirft und somit die Zerstörung der Pizzeria anstößt. Mookie bleibt ein ambivalenter Grenzgänger zwischen den Konfliktgruppen und letztendlich ein Angestellter, der am nächsten Tag von Sal, der vor seiner zerstörten Existenz steht, seinen Lohn einfordert (vgl. TOTARO 2012: o.S.). Dieses Beispiel zeigt, dass Kleidung und Accessoires auch dazu eingesetzt werden können, die Ambivalenz kultureller Variablen und Identifikationsprozesse sowie die Divergenz scheinbarer kultureller Symbole und Erkennungszeichen zu vermitteln. Sie bestehen folglich nicht immer als klare Markierungen und müssen dementsprechend subtil und kontextabhängig decodiert werden.

---

[9] Als *props* (kurz für *properties*) bezeichnet man Requisiten, die als zentrale Ausstattungselemente eines Filmbildes zu sehen sind – „Dinge des Gebrauchs (…), die hin und her gestellt, hergezeigt oder anderweitig benutzt werden" (ENGELL 2018: 2). Die hier thematisierten *metaphorical props* gehören der Kategorie der „Hero props" (ENGELL 2018: 2). In seinem Beitrag „Props, Things and *Do the Right Thing*" analysiert TOTARO (2012) zahlreiche kulturelle und metaphorische Props in *Do the Right Thing*.

Weitere Beispiele, in denen kulturelle Differenzierungsprozesse auf Basis von Kleidung erfolgen, finden sich u. a. in *The Namesake* (Nikhil/Gogol und seine Schwester Sonia grenzen sich deutlich über ihre Kleidung von ihren Eltern ab – nach dem Tod seines Vaters trägt Nikhil/Gogol kurzzeitig bewusst dessen Kleidung) sowie in *David & Layla*, *Fading Gigolo* oder *My Last Day Without You*.

Ein weiterer Aspekt, der hinsichtlich dieser Inszenierungsstrategie von Bedeutung ist, ist die farbliche Kennzeichnung von Kleidung und Accessoires (vgl. Abbildung 5.8, links). Wie MARSCHALL (2005: 241)[10] anmerkt, beziehen sich Formen und Farben der Kostüme im Film direkt aufeinander, „bilden Gruppen, folgen aufeinander als Stadien einer dramaturgischen Entwicklung". Die gesamte Komplexität dieses Spannungsfeldes kann hier nicht diskutiert werden – jedoch lassen sich einige prägnante Beispiele heranziehen, um die Bedeutung von Farbe zu verdeutlichen. Zunächst wird Farbe eingesetzt, um plakativ auf die nationale oder ethnische Herkunft einer Person zu verweisen. Beispiele hierfür sind Eilis im Film *Brooklyn*, die oftmals einen grünen Mantel oder auch einen grünen Badeanzug trägt. Die grüne Farbe kann als ein direkter Bezug zu ihrer irischen Heimat interpretiert werden. Andere Beispiele finden sich erneut in *Do the Right Thing*, wo u. a. die Kleidung von Buggin' Out Bezüge zu den panafrikanischen Farben aufweist und somit symbolisch auf seine politische Haltung im Kontext der im Film thematisierten *Race*-Debatte verweist (vgl. Abbildung 5.8, Mitte).

Farben spielen in Bezug auf die Vermittlung kultureller Vielfalt in Filmen auch deshalb eine besonders interessante Rolle, da die gleichen Farben in unterschiedlichen kulturellen Kontexten unterschiedliche Bedeutungen haben können. Dies zeigt sich u. a. im Film *Learning to Drive* (vgl. Abbildung 5.8, rechts). Darwan trägt als bekennender Sikh stets einen *Dastar* auf dem Kopf. Dessen Farbe ist in einigen Sequenzen von besonderer Bedeutung – so z. B. in der Sequenz, in der er seine zukünftige Ehefrau Jasleen vom Flughafen abholt. Darwan trägt hier eine rosafarbene Kopfbedeckung. Zwar hat die Farbe eines Dastars im Sikhismus keine unmittelbar religiöse Bedeutung – jedoch lässt sich in Anlehnung an PENNEY (1988: 44) und BAKSHI (2008: 223) feststellen, dass Pink, Rosa und Rottöne als Farbe im Hochzeitskontext eine zentrale Rolle spielen. Auch Jasleen trägt in dieser Sequenz ein rosafarbenes Kleid, womit beide farbsymbolisch als zukünftige Brautleute gekennzeichnet werden. Zudem führt sie ihr rotes Brautkleid mit sich. Am Auto möchte Wendy ihr das Kleid abnehmen und verstauen und ist sehr verwundert, als sie herausfindet, dass es sich um ein Hochzeitskleid

---

[10] Marschall widmet sich in ausführlicher Weise dem Zusammenhang von Farbe und Film. Für einen weiterführenden Überblick zur Symbolik von Farbe empfehlen sich bspw. RILEY (1995) sowie KAISER und FLURY (2005).

handelt. Dies verweist darauf, dass sie die farbliche Kennzeichnung des Kleides nicht decodieren kann.

Abbildung 5.8 Farbsymbolische Markierung von Kleidungsstücken. (Screenshots: Brooklyn R: Crowley, USA et al.: 2015 (l), Do the Right Thing R: Lee, USA: 1989 (m), Learning to Drive R: Coixet, USA/UK: 2014 (r))

Die Farbe Rot[11] spielt auch in einer späteren Sequenz eine Rolle, als Wendy sich ein Auto kauft und Darwan sie begleitet. Ihre Wahl fällt auf ein rotes Auto. Es kommt zu dem folgenden Dialog, in dem Darwan nicht nur einen seltenen Humor beweist, sondern zugleich indirekt die unterschiedliche kulturelle Codierung von Farben anspricht (#01:41:14):

Wendy: I never thought about red, but...
Darwan: Red is happy, it's... What the bride wears for her wedding in India.
Wendy: Yes, but what does it say about me? I'm a hot little number? Hussie on board?
Darwan: It says... „Don't fuck with me".

Wie bereits oben angemerkt wurde, werden in Filmen nicht ausschließlich die *Handlungspersonen* über materielle Ausstattungselemente kulturell markiert, sondern auch die *Handlungsorte*, die als Basiseinheit einer jeden Interaktionssituation gelten, da die Interaktionspartner:innen an ihnen zusammenkommen. Die Sequenzlektüre zeigt, dass die Handlungsorte nicht nur bloßes Setting einer filmischen Sequenz sind. Insbesondere über ihre materielle Ausstattung und audiovisuelle Inszenierung bekommen sie auf narrativer Ebene ein interkulturelles Potenzial zugeschrieben oder werden für interkulturelle Aushandlungs- und Differenzierungsprozesse anschlussfähig aufgeladen. Sie werden somit aktiv mit in die filmischen Bedeutungskonstruktionen eingebunden und als Akteure

---

[11] Zur Farbe Rot und ihrer vielschichtigen Bedeutung im Film vgl. u. a. MARSCHALL 2005: 44 ff..

interkultureller Räume inszeniert.[12] Im Kern lassen sich hier zwei Aspekte hervorheben:

Eine entsprechende Markierung der Handlungsorte erfolgt insbesondere dann, wenn sie als Establishing-Shot[13] zur Einführung des Settings herangezogen werden. Dabei werden prägnante Charakteristika eines Ortes eingefangen, z. B. in Form eines Standbildes oder einer Kamerafahrt. Diese Ausprägung bezieht sich dabei hauptsächlich auf den Handlungsort der Straße und wird dazu genutzt, eine bestimmte ethnisch konnotierte Nachbarschaft einzuführen oder um darzustellen, dass in einem bestimmten Viertel oder einer bestimmten Straße – je nachdem, welche Dimension in den nachfolgenden Filmsequenzen eine Rolle spielt – verschiedene ethnische oder religiöse Communitys leben. Dementsprechend beziehen sich die relevanten materiellen Ausstattungselemente und audiovisuellen Markierungen auf nationale, ethnische oder religiöse Aspekte. Meist sind diese als plakative Markierungen deutlich identifizier- und decodierbar, d. h. sie können ohne ein spezifisches Hintergrundwissen als solche erkannt und verstanden werden. Begünstigt wird dies zum einen dadurch, dass es sich zumeist um Elemente handelt, die stereotyp mit einer bestimmten Gruppe assoziiert werden und zum anderen durch die Tatsache, dass sie von der Kamera dezidiert eingefangen und in nahen Einstellungen porträtiert werden. An folgenden Beispielen lässt sich diese Beobachtung nachvollziehen:

Im Film *Arranged* erfolgt im Rahmen der Einstiegssequenz eine Kamerafahrt durch die Straßen der Neighborhood Ditmas Park in Brooklyn, in der der Film hauptsächlich spielt (#00:00:10 bis 00:01:14, vgl. Abbildung 5.9). Man sieht in wechselnden Einstellungen u. a. einen Mann mit Kopfbedeckung (Takke) vor seinem Ladengeschäft, an dem Aushänge mit arabischer Schrift sowie ein großes Bild einer Moschee angebracht sind. Auf dem Plakat steht zum einen der Spruch „Allah ist groß" und zum anderen ein Satz, der sich frei mit „Mein Erfolg

---

[12] Die Ausstattung filmischer Orte im Rahmen der Mise en Scène ist zunächst eine notwendige Praxis filmischer Inszenierungen, um einen Handlungsort überhaupt darstellen zu können. Im Folgenden werden nur solche Ausstattungsweisen und Markierungen thematisiert, die auf der narrativen Ebene erkennbar in die Konstruktion und Inszenierung interkultureller Räume eingebunden werden und somit mehr sind als bloße Staffage.

[13] Beim Establishing Shot handelt es sich um „[e]ine Aufnahme am Anfang des Films oder auch einer Sequenz oder Szene, die den Raum und die Umgebung einführen, etablieren soll, meist eine Totale oder Long Shot (…)" (WULFF 2012: o.S.). Filmdramaturgisch betrachtet gibt er einen allgemeinen Überblick über Lokalität, Personal und Situation (MONACO und BOCK 2011: 86). Der Establishing Shot hat zum Ziel, einen Handlungsort einzuführen und den Rezipierenden eine Orientierung im filmischen Raum zu ermöglichen. Zugleich hat er eine segmentale Funktion, da in der Regel jede neue Sequenz über einen Establishing Shot eingeführt wird und somit den Film strukturiert (WULFF 2012: o.S.).

5.1 Interkulturelle Differenzierungsräume

Abbildung 5.9 Establishing Shots in der Einführungssequenz von *Arranged*. (Screenshots: Arranged R: Crespo und Schaefer, USA: 2007)

kommt nur von Allah" übersetzen lässt und sich in der Lebenswelt häufig als Glücksbringer in Geschäften von Muslimen findet, um Unheil abzuwenden[14]. Im Anschluss sieht man eine Gruppe Charedim mit typischer Kopfbedeckung (Kippa und Hut), die an einer geschlossenen Ladenzeile vorbeilaufen, ein Schaufenster, in dem eine Schaufensterpuppe mit Hidschāb steht, männliche Passanten in weißen Jellabas sowie einen Aufsteller mit großen Stickern, auf denen Sprüche wie „Muslim live by the word of Allah", „The worst of provisions for the hereafter is aggression towards people" oder „Love is Allahs signature on creation" steht. Anhand der aufgenommenen Details wird verdeutlicht, dass in dem Viertel sowohl eine charedische als auch eine muslimische Community leben und zwar – so der Anschein – in unmittelbarer Nachbarschaft. Dabei liegt hier ein eindeutiger Fokus auf religiösen Symbolen und Elementen. Diese Schwerpunktsetzung ist entscheidend für die filmische Narration, da hier die Freundschaft zwischen der chassidischen Jüdin Rochel Meshenberg und der Muslima Nasira Khaldi im Fokus steht und sie ihre eigenen Identitäten und auch Fragen der verbindenden Freundschaft hauptsächlich hinsichtlich religiöser Aspekte verhandeln.

---

[14] Ahmad Izzo (persönliche Mitteilung und Übersetzung der entsprechenden Filmsequenz, September 2018).

Fast identisch ist auch die Einstiegssequenz zu dem Film *David & Layla*, der ebenfalls in Brooklyn spielt und die Liebesbeziehung zwischen einem jüdischen Mann (David) und einer muslimischen Frau (Layla) in den Fokus stellt. Der Establishing Shot erfolgt an dieser Stelle ebenfalls durch eine Kamerafahrt, die im Vergleich zu *Arranged* sehr unruhig ist und mit einer Handkamera aufgenommen zu sein scheint.[15] In einer sehr plakativen Art und Weise wird hier vermittelt, dass in New York City differente religiöse Communitys zusammenleben – allerdings mehr in Form eines hektischen Chaos. Dieser Eindruck wird maßgeblich durch die Art der Kameraführung, die schnelle aneinandergeschnittene Ansichten aus unterschiedlichen Stadtteilen erzeugt. Eine ähnliche Sequenz findet sich auch im Film *Learning to Drive*, indem Queens als kulturell diverser Stadtteil eingeführt wird (ab #00:39:14).

Ein weiteres Beispiel findet sich im Film *China Girl*, der die Konflikte zwischen einer chinesischen und einer italienischen Straßengang und deren Familien in Manhattan thematisiert. Die entsprechenden Sequenzen spielen in unmittelbarer Nähe zur Canal Street, die im Film als scharfe physische Grenze zwischen den Nachbarschaften *Little Italy* und *China Town* gezeichnet wird (vgl. Abschnitt 5.5.2). Zu Beginn des Films wird eine Straße im Viertel *Little Italy* über einen Establishing Shot als wichtiger Handlungsort eingeführt. Der Fokus liegt hier auf den einzelnen Geschäften und Restaurants, welche die Straße säumen. Diese sind mit großen Schildern ausgestattet, auf denen der Name des jeweiligen Etablissements zu lesen ist (z. B. Luna Restaurant, La Bella Ferrara Pastry, Monte's Pizzeria). Gleiches gilt für die Darstellung des unmittelbar angrenzenden

---

[15] Zunächst wird die Freiheitsstatue gezeigt und dann einige Aufnahmen aus Manhattan – die Wallstreet, Central Park, Wolkenkratzer und das Areal des ehemaligen World Trade Centers – sowie einige detailreichere Einstellungen, deren Fokus auf Essensständen liegt, die mit *Halal Food* werben. Die unruhige Kamerafahrt wird schließlich über die Brooklyn Bridge fortgeführt, wo in einigen Einstellungen eine charedische Nachbarschaft porträtiert wird – Restaurantschilder, die mit *Kosher Food* werben, männliche Passanten mit typischer Kopfbedeckung, Passant:innen mit Kopftüchern und Perückenfrisuren sowie Plakate mit hebräischer Schrift etc. werden von der Kamera eingefangen. Im Anschluss wird die Flagge Palästinas gezeigt, eine Flagge der USA und eine Flagge Ägyptens, die im Straßenbild nebeneinander aufgereiht sind, bevor schließlich durch teils sehr unruhige Kamerabewegungen Männer, die in einem Straßencafé Wasserpfeife rauchen und Brettspiele spielen, aufgenommen werden sowie muslimische Frauen und Männer, identifizierbar an Hidschāb, Takke und Jellabah, die als Passant:innen im Straßenbild erscheinen. Im Anschluss werden aneinandergereiht einige Geschäfte porträtiert, die – teils in arabischer Schrift – für Kopftücher und *Islamic & Morrocan Traditional Clothing* werben und auch die bereits oben beschriebenen Sticker mit religiösen Sprüchen vertreiben. Unterlegt ist diese eklektizistische Aneinanderreihung von Straßenaufnahmen von einer nondiegetischen Mischung aus arabischer Musik und Klezmer.

5.1 Interkulturelle Differenzierungsräume

Viertels China Town, das in späteren Sequenzen (z. B. ab #00:08:35) gezeigt wird und hauptsächlich über eine Ansammlung von Schildern, Plakaten und Leuchtreklamen mit chinesischen Schriftzeichen in roter Farbe als solches markiert wird (vgl. Abbildung 5.10).

Im Vergleich zu den beiden anderen genannten Filmbeispielen sind es hier jedoch Elemente, die mit der Kategorie der nationalen Herkunft in Zusammenhang gebracht werden können. Die audiovisuellen Markierungen werden folglich dazu genutzt, das Zusammen- oder Nebeneinanderher Leben zweier ethnischer Gruppen zu porträtieren, deren Selbstverständnis sich hauptsächlich aus der nationalen Herkunft speisen oder vielmehr in Relation stehen zu kulturellen Elementen. Dies wird dadurch unterstrichen, dass die Protagonist:innen sich im Film ebenfalls immer wieder selbst als *Chinese* oder *Italian* beschreiben und somit verdeutlichen, dass ihnen der Bezug zu ihrer Herkunftsnation sehr wichtig ist.

Abbildung 5.10 Markierung von Straßenzügen als ethnische Nachbarschaft in *China Girl*: Little Italy (o), Chinatown (u). (Screenshots: China Girl R: Ferrara, USA/JAP: 1987)

In Relation zu den Variablen Religion und Nationalität beziehen sich Ausstattungsmerkmale eines Handlungsortes auch auf die Sprache. So finden sich beispielsweise in den beiden zitierten Eingangssequenzen zu *Arranged* und *David & Layla* auf einigen eingeblendeten Schildern arabische Schriftzeichen, über die der Bezug zur muslimischen Community manifestiert werden soll. In den Filmen *Do the Right Thing* und *The Visitor* ist dieser gezielte Einsatz von Schrift noch deutlicher zu erkennen: In beiden Fällen findet sich eine Sequenz, in der die Auslage eines Geschäfts oder vielmehr Kiosks gezeigt werden und die Kamera dabei die ausgelegten Tageszeitungen in den Blick nimmt. Deutlich erkennbar liegen Zeitungen nebeneinander, die in differenten Sprachen verfasst sind (z. B. Englisch, Arabisch, Spanisch) und somit Zielgruppen unterschiedlicher Sprachen ansprechen (vgl. Abbildung 5.11). Damit wird darauf hingewiesen, dass es in New York City zum Alltag gehört, dass Menschen zusammenkommen, die unterschiedliche Sprachen sprechen und dementsprechend unterschiedlicher Herkunft sind. Im Film *The Visitor* nutzt Walter Vale diese Gunst und kauft eine englische Zeitung für sich und eine arabischsprachige Zeitung für die aus Syrien stammende Mouna Khalil, die übergangsweise bei ihm wohnt. Die Tageszeitung wird dabei zu einem zentralen Symbol, das auf die Alltäglichkeit dieser kulturellen Vielfalt verweist.

Abbildung 5.11 Mehrsprachige Zeitungen in der Auslage. (Screenshots: Do the Right Thing R: Lee, USA: 1989 (l), The Visitor R: McCarthy, USA: 2007 (r))

Nicht immer sind die audio-visuellen Hinweise auf der Ausstattungsebene jedoch plakativ und einfach zu lesen. Ein Beispiel für solche komplexeren Codierungen sind die in mehreren Filmsequenzen sichtbaren gelben, mit hebräischen Schriftzeichen versehenen Schulbusse im Straßenbild (z. B. *David & Layla*, *Fading Gigolo*). Während gelbe Busse im amerikanischen Kontext stets als Schulbusse identifiziert werden können, handelt es sich hierbei um ein spezifisches Transportsystem der chassidischen Community in Williamsburg/Brooklyn, mit dem Kinder und Jugendliche zu einer Yeshivas befördert werden (BELCOVE-SHALIN 1988: 82). Die Busse sind hier also ein dezidierter Hinweis darauf, dass sich die Personen in einem charedisch geprägten Stadtviertel bewegen.

Die hier beschriebene Inszenierungsstrategie wird auch eingesetzt, wenn Handlungsorte im Vordergrund stehen, die eher als konsumorientiert, quasiöffentlich oder privat zu bezeichnen sind – beispielsweise Restaurants oder private Wohnungen. Hierbei spielen weniger jene Aspekte eine Rolle, die im Rahmen eines Establishing Shots wahrnehmbar sind, sondern Elemente und Markierungen, die auf einer hintergründigen Bildebene sichtbar sind. Sie dienen dazu, die in der Wohnung lebenden Personen oder Restaurantbesitzer:innen hinsichtlich ihrer ethnischen Herkunft zu charakterisieren oder aufzuzeigen, über welche kulturellen Variablen sie sich identifizieren und charakterisieren lassen. Exempel hierzu finden sich in nahezu jedem analysierten Film. Ein sehr gutes Beispiel ist *Sal's Famous Pizzeria* im Film *Do the Right Thing*. Der Handlungsort ist in mehrfacher Hinsicht mit symbolisch vermittelten Bedeutungszuschreibungen als ethnischer Raum codiert. Das prägnanteste Beispiel hierfür ist die eine ganze Wand umfassende *Wall of Fame*, auf der zahlreiche Idole der Italian American Community (z. B. Schauspieler:innen, Sänger:innen und Sportler:innen) abgebildet sind. Besonders prägnant zeigt sich die Inszenierungsstrategie auch im Film *Pieces of April*. Das Apartmenthaus, in dem April Burns lebt, lässt sich als Mikrokosmos der Stadtgesellschaft von New York City interpretieren, in dem Menschen unterschiedlicher ethnischer Herkunft, Glaubensrichtungen und Lebenseinstellungen zusammenkommen (vgl. Abbildung 5.12).

Abbildung 5.12 Markierungen von privaten Wohnungen mit kulturell aufgeladenen Elementen in *Pieces of April*. (Screenshots: Pieces of April R: Hedges, USA: 2003)

Auf der Suche nach Nachbar:innen, die ihr bei der Zubereitung ihres Thanksgiving-Dinners helfen können, da ihr Ofen defekt ist, sucht April unterschiedliche Nachbarwohnungen auf. So beispielsweise die Wohnung von Evette und Eugene, die im Eingangsbereich und im Wohnzimmer mit afrikanischen Masken und Stoffbildern verziert ist und visuell plakativ unterstreicht, dass es sich bei dem Ehepaar um African Americans handelt (#00:18:57). April bekommt zudem Hilfe von einer als ostasiatisch bzw. chinesisch deklarierten Familie, deren Wohnzimmer mit geblümter Seidentapete und traditionellem Kunsthandwerk ausgestattet ist. April trinkt Tee aus chinesischem Porzellan und im Hintergrund sieht man einen Fernseher, in dem eine Sendung zu einer folkloristischen Tanzgruppe gezeigt wird. Auch die damit verbundene Musik ist gut hörbar (#00:58:35). Es ist jedoch hervorzuheben, dass die Markierungen und Ausstattungselemente sich in *Pieces of April* nicht ausschließlich auf ethnische, nationale oder religiöse Variablen beziehen. Die Strategie wird auch eingesetzt um subkulturelle Lebensweisen der Hausbewohner:innen zu vermitteln. Besonders deutlich bei ihrer Nachbarin Tish, die als überzeugte Ökoaktivistin und Veganerin dargestellt wird. Diese Facette ihrer Identität wird maßgeblich durch die Dekoration ihrer Apartmenttür unterstrichen (#00:32:18, vgl. Abbildung 5.19, rechts). Allerdings stellt dieser Ansatz einer durchaus differenzierten und weiter gefassten Betrachtungsweise kultureller Vielfalt eine Ausnahme im betrachteten Filmkorpus dar.

Exemplarisch lässt sich diese Strategie einer Filmsequenz aus *Arranged* nachzeichnen: Im Film besucht Rochel Meshenberg zum ersten Mal ihre Kollegin Nasira Khaldi in deren Haus (#00:45:19). Diese lebt noch bei ihren Eltern, von denen man weiß, dass sie ursprünglich aus Syrien stammen und der Vater dort als religiöser Gelehrter arbeitete. In Brooklyn besitzt er eine Tankstelle und praktiziert seinen Glauben zu Hause. Diese Informationen werden in einer vorherigen Filmsequenz vermittelt, in der Nasira über ihre Familie spricht. Der erste Blick in die Wohnung zeigt eine Frau mit Hidschāb, die auf einem Teppich sitzend in einem kleinen Buch, liest. Die Fenster hinter ihr sind mit dunkelroten Vorhängen verhüllt und an der Wand stehen eine Wasserpfeife sowie eine große metallene Lampe. Nasira und Rochel betreten die Wohnung und Rochels erster Kommentar betrifft einige Einrichtungs- und Dekorationsgegenstände, die sie neben der Eingangstür entdeckt (ab #00:45:29, vgl. Abbildung 5.13, links):

Rochel: Wow! I like these kind of…rocks.
Nasira: Thank you, they are from my dad's grandfather. He was a merchant and he travelled all over the Middle East.

Die sichtbare und nicht-sichtbare, aber verbal beschriebene Dekoration der Wohnung, in Kombination mit Nasiras Mutter, die den Koran studiert, vermittelt den orientalisierenden Eindruck, dass es sich um die Wohnung einer Familie handelt, die Wert auf ihre Herkunft und ihre Herkunftsregion (*Middle East*) sowie auf religiöse Traditionen legt. Beide Komponenten verschwimmen zu einer audiovisuellen Bedeutungszuschreibung, die nicht weiter zwischen Herkunft und Religion differenziert.

Auch in anderen Filmen wie *David & Layla, Learning to Drive, Brooklyn, 2 Days in New York, New York, I Love You* oder *The Visitor* wird auf ähnliche Art

5.1 Interkulturelle Differenzierungsräume

und Weise über Einrichtungsgegenstände und audiovisuelle Bedeutungszuschreibungen auf die nationale oder ethnische Herkunft sowie religiöse Hintergründe der Bewohner:innen hingewiesen. Dies geschieht unter anderem dadurch, dass ein Kalender in chinesischer Schrift auf die ethnische Herkunft des Besitzers einer Wäscherei verweisen soll (*New York, I Love You*, Sequenz SoHo, vgl. Abbildung 5.13, Mitte). Im Film *Brooklyn* wird durch Dekorationselemente wie ein Holzkreuz, grüne Kleeblätter und eine goldene Harfe aus Pappe vermittelt, dass es sich in dieser Schlüsselsequenz um eine kirchlich organisierte Tanzveranstaltung der irischen Community handelt (vgl. Abbildung 5.13, rechts).

Abbildung 5.13 Ausstattung von Handlungsorten mit kulturellen Markierungen. (Screenshots: Arranged R: Crespo und Schaefer, USA: 2007 (l), New York, I Love You R: Balsmeyer, USA: 2008 (m), Brooklyn R: Crowley, USA et al.: 2015 (r))

5.1.3 Namen und Aussprache – „My name is Rochel." – „Can you repeat this?"

Neben der Ebene der materiellen Ausstattung erfolgt die differenzierende Etikettierung von Handlungspersonen und Handlungsorten auch über den Aspekt der Namensgebung bzw. Benennung sowie die Aussprache des Namens. Auf der Ebene der Handlungspersonen geschieht dies zumeist über den Vor- oder Familiennamen, denn: „Der Vorname in Kombination mit dem Nachnamen bildet für den Namensträger:innen und seine Interaktionspartner:innen ein eindeutiges Erkennungskürzel und einen Bezugspunkt der Ausbildung einer personalen Identität. Vornamen sind aber nicht nur Marker persönlicher, sondern auch sozialer Identität" (GERHARDS und HANS 2008: 465)[16]. Dies gilt beispielsweise für

---

[16] Für die alltagsweltliche Ebene existiert eine Vielzahl wissenschaftlicher Studien, die sich mit diesbezüglichen Fragen auseinandersetzen. Die hauptsächlich psychologischen und soziologischen Studien zeigen dabei auf, dass die in einen Namen eingeschriebenen Bedeutungen sehr vielschichtig sind und ihre sozialen Bedeutungen oftmals nur in Bezug auf eine individuelle Biographie und Identität decodiert werden können (vgl. u. a. ELCHARDUS und SIONGERS

Aspekte, die in Verbindung stehen mit dem Geschlecht, dem Alter, der sozialen Klasse oder auch der ethnischen Zugehörigkeit einer Person. Namen können folglich als kulturell konnotierte Identitätsmarker verstanden und dementsprechend decodiert werden (vgl. AZEVÊDO 1987; RUDOLPH, BÖHM und LUMMER 2007; PILCHER 2015).

Auch in den betrachteten filmischen Kontexten werden Namen oftmals als plakative Markierungen eingesetzt, um eine Person entsprechend zu charakterisieren. Dies zeigt sich u. a. in *Do the Right Thing*, als Mookie beklagt, dass sein Sohn den Namen *Hector* trägt. Diese Feststellung trifft er in Hinblick auf die Tatsache, dass sein Sohn bei seiner Freundin Tina und deren Mutter aufwächst, die aus Puerto-Rico stammen und hauptsächlich Spanisch mit ihm sprechen – ein Aspekt, den Mookie deutlich ablehnt. Der Name des Kindes trägt hier dazu bei, dessen hispanischen Herkunftskontext zu festigen. Ähnliches lässt sich auch hinsichtlich weiterer Charaktere feststellen. So können Sal (Abkürzung von Salvatore), Vito und Pino (Abkürzung von Giuseppe) als Namen interpretiert werden, die auf ihre ethnische Identität als Italian Americans verweisen.[17] Dies wird besonders deutlich, wenn Pino Vito an seine ethnische Zugehörigkeit erinnert: „Your name is Vito Frangione, not Vito Mohammed" (#00:35:50).

Auch in anderen Filmen zeigt sich, dass in der Interaktion zwischen den Handlungsfiguren der Name eines Charakters von einer anderen als Quasi-Etikett herangezogen wird, um ihre ethnische oder religiöse Identität festzustellen: So reicht der Taxifahrer in *Today's Special* Samir eine Visitenkarte mit dem Namen „Akbar Hamidbhai Khambati", worüber sich ein Hinweis auf seine Herkunftsregion in Gujarat/Indien ableiten lässt (#00:08:58). In *David & Layla* fragt Laylas Onkel den jungen Mann nach seinem Familiennamen, um seine religiöse Zugehörigkeit zu entschlüsseln („It's Fine. David Fine", #00:27:32). In *Brooklyn Babylon* stellen Sol und Sarah fest, dass sie beide einen biblischen Namen tragen, der sie über die Grenzen ihrer (ethnischen und religiösen) Herkunft hinweg vereint:

Sarah: You have a biblical name.

2010; EDWARDS und CABALLERO 2008; KHATIB 1995 auch für weiterführende Literatur zur Thematik).

[17] Es muss angemerkt werden, dass nahezu alle Charakter in *Do the Right Thing* auf vielschichtige Art und Weise über ihre Namen charakterisiert werden kann – auf alle Aspekte einzugehen, würde den Rahmen des Kapitels sprengen. Ein Beispiel ist Buggin' Out (frei zu übersetzen als *ausflippen* oder *durchdrehen*) – hier zeigt sich, dass die Markierung über den Namen auch mit bestimmten zugeschriebenen Charaktereigenschaften zusammenhängen kann.

5.1 Interkulturelle Differenzierungsräume

Sol: Yeah, like King Solomon (...) I come from a Rasta background and Rastafari people, you know, they follow Jah, they believe in (...) the King of Kings, the Lord of Lords, the Lion of Judah (...).

Zugleich kann der Ausstattung der beiden Protagonist:innen mit den Namen Sarah und Sol eine mythische Symbolik zugeschrieben werden, da der Film auch als Neuerzählung des Hohelieds Salomons gelesen werden kann und die beiden Personen in Analogie auf die biblischen Figuren König Salomon und die Königin von Sabah gelesen werden können (KEHR 2001). Es ist dabei von signifikanter Bedeutung, dass die Verbindung dieser beiden mythischen Figuren sowie die sie umgebenden Narrative von zentraler symbolischer Bedeutung für die Bewegung der Rastafari als auch für das Judentum sind und somit eine gemeinsame Identifikationsbasis bieten (CHAWANE 2014: 227 ff.; DVORIN 1998).[18]

Auch andere Filme nutzen Namen in der beschriebenen Art und Weise als *kulturelles Etikett*, um die ethnische Herkunft einer oder mehrerer Handlungsfiguren zu verdeutlichen. Zwar sind die Namen dabei stets mit symbolischer Bedeutung aufgeladen, jedoch meist in weniger komplexer Art und Weise. Teilweise tragen die Figuren Namen, die scheinbar typisch für eine bestimmte ethnische Herkunft oder einen religiösen Hintergrund gelten und als durchaus stereotyp verstanden werden können. Hierzu zählen, wie bereits erwähnt, Sal und seine Söhne in *Do the Right Thing*; Eilis und Tony Fiorello sowie dessen Brüder Frankie, Laurenzio und Maurizio; David und Layla im gleichnamigen Film; Othella, Murray Schwartz und Fioravante in *Fading Gigolo;* Rochel, Avi, Nasira und Zahir in *Arranged*.

Die Filmlektüre zeigt, dass die differenzierende Etikettierung über Namen auch noch auf einer tiefergreifenden Ebene zur kulturellen Differenzierung herangezogen und dabei als Projektionsfolie für kulturelle Unterschiede in unterschiedlichen Kontexten eingesetzt werden. Dies ist insbesondere dann der Fall, wenn die Interaktionen an der Schnittstelle zwischen Öffentlichkeit und Privatheit stattfinden. In solchen Kontexten wird ein Name nicht mehr nur zur persönlichen Bezeichnung eines Individuums genutzt, sondern in institutionalisierten Kontexten zur offiziellen Identifizierung herangezogen, z. B. in Behörden oder Bildungskontexten. In den betrachteten Filmsequenzen wird dabei in vielen Fällen die Aussprache eines Namens thematisiert. So müssen filmische Figuren zum Beispiel häufig ihren Namen buchstabieren, wenn dieser nicht nach dem ersten Hören als für einen englischsprachigen Kontext typischen Namen identifiziert werden kann und somit als Marker kultureller Differenz fungiert. Beispiele hierzu

---

[18] An dieser Stelle kann die komplexe Verbindung von Judentum und Rastafari-Bewegung nur angeschnitten werden. Für weitere Informationen vgl. u. a. MÜLLER (2009), BARSCH (2013), CHAWANE (2014).

finden sich im Film *The Namesake*, als Ashima Ganguli im Krankenhaus anruft, um sich nach dem Befinden ihres Mannes zu erkundigen und mehrfach ihren Namen buchstabieren muss (ab #01:12:10). Ganz ähnlich ergeht es auch Marion Dupré in *2 Days in New York*, die ihren Namen ebenfalls am Telefon buchstabieren muss, da das automatische Erkennungssystem der Firma ihren französischen Nachnamen nicht identifizieren kann (#00:21:25). Auch in *Kyoko* spielt die Aussprache des Namens der Protagonistin eine Rolle und es zeigt sich hier ebenfalls, dass über den Namen bzw. dessen Betonung kulturelle Unterschiede zwischen den Handlungsfiguren markiert werden (#00:09:01).

Im Film *Arranged* offenbart sich an der Aussprache eines Namens ein noch weitaus komplexerer Aspekt kultureller Differenzierung: An ihrer Grundschule muss sich nicht nur Nasira ihren Kolleg:innen vorstellen, sondern auch ihre spätere Freundin Rochel Meshenberg, die ebenfalls neu an der Schule ist (ab #00:09:08):

Rochel:	Uh, hi, I'm Rochel Meshenberg.
Mrs. Jacoby:	Could you pronounce your first name for us again?
Rochel:	Oh ok, sure. It's, it's *Roch-el* – but you can call me *Rachel* if that's easier.
Mrs. Jacoby:	No, no, no, that's your name and we're going to learn how to pronounce it. Once more?
Rochel:	Rochel.
Alle Lehrer:innen:	Roch-el.

Rochel muss in dieser Sequenz, auf die Bitte von Mrs. Jacoby hin, ihren Namen mehrfach hintereinander aussprechen – „Roch-el". Dabei fühlt sie sich sichtlich unwohl. Sie bietet etwas verschüchtert an, dass die Kolleg:innen sie auch mit *Rachel* ansprechen könnten – also anstatt die tatsächliche Ausspracheversion des Namens, eine im englischsprachigen Kontext geläufigere Art und Weise zu wählen. Dieser Vorschlag, den Mrs. Jacoby ablehnt und die Aussprache mit dem gesamten Kollegium einstudiert, scheint auf den ersten Blick ein pragmatischer zu sein. Auf den zweiten Blick verweist er jedoch implizit auf eine (historische) Praktik des Namenswechsels, die für viele Personen, die im 19. und 20. Jahrhundert als jüdische Immigrant:innen nach New York City kamen bedeutsam war, sowohl hinsichtlich des Nachnamens als auch des Vornamens – meist aus ökonomischen Gründen oder um ethnische Stereotypisierungen zu umgehen (vgl. z. B. FERMAGLICH 2015; GREENBERG 2017). Es geht in der besagten Sequenz also nicht nur um das korrekte Aussprechen eines aus der Sicht der Schulleiterin

5.1 Interkulturelle Differenzierungsräume

fremdklingenden Namens, sondern er wird auch zum Verweis auf eine jüdische Identität.

Ähnliches zeigt sich auch in *David & Layla*. Hier spricht David Fine darüber, dass sein Großvater, der als jüdischer Immigrant nach New York kam, seinen ursprünglichen Familiennamen *Feinstein* zu *Fine* abwandeln ließ, um Vorurteilen zu entgehen: „Fine used to be Feinstein, my grandpa shortened it because of prejudices" (#01:10:46). Nicht nur sein Name wird in dem Film in dieser Hinsicht angesprochen – auch der Name seiner Freundin Layla wird in einer Interaktion zwischen ihm und seiner Mutter und seinem Bruder zum Gegenstand der Markierung kultureller Differenzen, wobei die in diesem Fall intersektionale Variablen der Nationalität und Religion im Fokus stehen (ab #00:51:00). In der entsprechenden Sequenz bereitet sich Davids Mutter Judith Fine darauf vor, die neue Freundin ihres Sohnes kennenzulernen. Sie steht der Begegnung sehr skeptisch gegenüber, da es sich bei Layla ihrer Auffassung nach nicht um eine *tatsächliche* Jüdin handeln kann. Obwohl Layla Muslima ist, hat David sie zuvor als Sephardin vorgestellt, um die religiösen und ethnischen Vorurteile seiner Eltern zu umgehen. In der hier herangezogenen Sequenz versucht Judith nun – mit Hilfe von ihrem jüngeren Sohn Woody – den Namen *Layla* richtig auszusprechen. Dabei stellt sie fest:

„Layla – sounds Arabic. Muslim". Woody entgegnet: „Layla means ‚dark beauty' or ‚night'. In Hebrew and Arabic. It's a girl's name all over the Middle East". Daraufhin stellt Judith fest: „So Layla must be a Sephardic *Arab* Jew". Es zeigt sich hier, dass ein Name zu einem Etikett ethnisch-religiöser Zugehörigkeit wird. Allerdings wird im Kontext dieser Sequenz ein interkultureller Raum geschaffen, indem auch politische Bedeutungszuschreibungen mit verhandelt werden, da implizit der politische Konflikt zwischen der jüdischen und muslimischen Bevölkerungsgruppe in Israel und damit verbundene Vorurteile angesprochen wird. Dieser Konflikt zieht sich wie ein roter Faden durch den Film.[19]

Namen und Namenswechsel werden auch in *The Namesake* gleich mehrfach im Kontext interkultureller Begegnungen als relevantes Motiv thematisiert: Kurz nach der Geburt ihres Sohnes sind Ashoke und Ashima Ganguli noch in einem New Yorker Krankenhaus, wo sie der Kinderarzt Dr. Wilcox anspricht

---

[19] An dieser Stelle können nicht alle relevanten Stellen genannt werden, an denen dieser Konflikt thematisiert wird. Es zeigt sich jedoch gerade bei den Sequenzen, die bei der Familie zu Hause spielen, dass Mr. und Mrs. Fine Muslim:innen skeptisch gegenüberstehen und eine Position vertreten, nach der es nur eine ‚richtige' Form des Judentums gebe. Selbst die Gruppe der Sepharden (vgl. u. a. BOSSONG 2008; BEN-UR 2009) betrachten sie als minderwertig im religiösen Kontext – nur eine unmittelbare Verbindung zu Israel ist für sie von Bedeutung. Diese Position wird in der zweiten Hälfte des Films relativiert.

und darum bittet, den Namen ihres Sohnes in ein offizielles Meldedokument einzutragen (vgl. Abbildung 5.14). Die beiden entgegnen, dass sie noch auf einen Brief der indischen Großmutter warteten, die den Namen vorschlagen würde. Ashoke und Ashima erklären ihm, dass es in Indien eine besondere Tradition der Namensgebung gäbe (ab #00:22:56):

Ashima:	But there is no hurry. Some of my cousins you know, they were not named until they were six years old. Until then, they were all called by their *dak names* only.
Dr. Wilcox:	*Dak names?*
Ashoke:	Pet names. We all have two names: One pet name – *dak name*, one good name – *bhalo name*.

Abbildung 5.14 Ashima, Ashoke und Dr. Wilcox diskutieren den Prozess der Namensgebung. (Screenshots: The Namesake R: Nair, USA/IND: 2006)

Dr. Wilcox reagiert genervt und belehrend mit dem Hinweis: „Unfortunately, in this country, a baby can't be released from the hospital without a birth certificate and a birth certificate requires a name" (#00:23:10). Der Arzt schlägt vor, das Kind doch erst einmal *Babyboy Ganguli* zu nennen, um das erforderliche Geburtszertifikat erhalten zu können. Mit diesem Ratschlag zur Zwischenlösung macht er sich über den ernst gemeinten Vorschlag der Eltern lustig, mit der Namensgebung abwarten zu wollen. Er erklärt ihnen zudem, dass es in den USA sehr kompliziert sei, einen Namen im Nachhinein abändern zu lassen und rät den Eltern zu einer raschen Entscheidung. Für ihn ist die Namensgebung ein notwendiger, bürokratischer Akt, während er für die Gangulis eine wichtige kulturelle und familiäre Bedeutung trägt. Konkret verweisen sie mit ihren Ausführungen auf die Zeremonie des *Nāmakarana*, die im Hinduismus üblich ist und als Übergangsritus (*Samskaras*) von essentieller traditioneller Bedeutung ist (vgl. MUNI 1999; ARUN, UPPINAKUDRU und PRASANNA 2013). Ashoke und Ashima beschließen, ihrem Sohn zunächst den Spitznamen Gogol zu geben. Später im Film geben

5.1 Interkulturelle Differenzierungsräume

sie ihm den offiziellen Namen Nikhil. Die Eltern sehen vor, dass ihr Sohn spätestens mit Eintritt in die Schule den offiziellen Namen Nikhil tragen soll. Der Junge lehnt dies jedoch ab, sodass sich zunächst Gogol als sein fester Name etabliert. Im Verlauf des Filmes hadert Gogol mehr und mehr mit diesem Namen (auch dank seines Namensvetters[20]) und entscheidet sich als junger Mann dann dazu, den Namen Nikhil anzunehmen. Damit einher geht eine Reihe komplexer Identitätskonflikte, u. a. eine beständige kritische Auseinandersetzung mit seiner ethnischen und familiären Herkunft. Erst der Tod seines Vaters bringt Nikhil dazu, sich diesem Identitätskonflikt zu stellen. Ohne an dieser Stelle noch mehr ins Detail zu gehen kann festgehalten werden, dass in *The Namesake* der Name und die mit ihm verbundene Praktik des Namenswechsels zentrale Elemente sind, um kulturelle Differenzen zu inszenieren. Nikhils/Gogols Name wird dabei zur Metapher eines individuellen Aushandlungsprozesses der eigenen kulturellen Identität, welcher stets im Dialog mit eigenen Familienmitgliedern und gesellschaftlichen Vorstellungsbildern vonstattengeht.

In zahlreichen Sequenzen des Films zeigt sich jedoch, dass im interkulturellen Dazwischen keine Möglichkeit besteht, die damit verknüpften, vielschichtigen Problematiken intersubjektiv auszuhandeln – sei es im Gespräch von Dr. Wilcox mit den Gangulis, Nikhil/Gogol mit seinen Eltern oder mit seiner späteren Frau Moshumi und deren Freund:innen aus der New Yorker Upper Class, die sich über seinen Namen sogar offenkundig lustig machen (#01:36:34).

Darüber hinaus spielt auch die Benennung oder vielmehr Bezeichnung der Handlungsorte für die Inszenierung von Interkulturalität eine zentrale Rolle. Dies trifft insbesondere auf Orte zu, die dem gastronomischen Bereich zugeordnet werden können. Konkret zeigt sich diese Strategie an der filmischen Praktik, diesen Orten einen Namen zu geben, der auf symbolische oder metaphorische Art und Weise mit der filmischen Handlung verknüpft ist und beispielsweise Hinweise auf die Inszenierung, die Durchführung oder das Ergebnis dort stattfindender Interaktionssituationen gibt. Die Konstruktion und Inszenierung dieser interkulturellen Räume steht dabei folglich in einem untrennbaren Zusammenhang mit dem Namen der filmischen Handlungsorte. Ein greifbares Beispiel hierfür ist einmal mehr *Sal's Famous Pizzeria* im Film *Do The Right Thing*. Es wurde bereits angesprochen, dass der Handlungsort der Pizzeria im Rahmen des Films als ethnisch markierter Raum inszeniert wird. Dieser Eindruck wird zunächst durch visuelle Ausstattungselemente erzeugt. Gerade für die narrative Ebene und die sich im

---

[20] Namensvetter (*Namesake*) ist der russische Literat Nikolai Gogol, dessen Buch *The Overcoat* eine wichtige Bedeutung für Ashoke hat. Diese Bedeutung ist ein zentrales Thema im Film.

Restaurant vollziehenden Interaktionssituationen ist somit nicht nur die materielle Ausstattung von Bedeutung, sondern die Tatsache, dass der Ort über die vielschichtigen, kommunikativ erzeugten Bedeutungszuschreibungen zu einem Raum stilisiert wird, der nach den eigenen Regeln von Sal, Pino und Vito Frangione als Vertreter der Italian American Community funktioniert. Auch wenn sich seine Söhne oftmals in den Vordergrund spielen, so ist es dabei ganz besonders Sal, der in dem Restaurant das Sagen hat und als Restaurantchef fungiert. Diese Bedeutung ist dem Ort auch über den Namen des Restaurants zugeschrieben: „Sal's Famous Pizzeria". Der Name prangt nicht nur in leuchtenden Lettern über der Eingangstür der Pizzeria, sondern findet sich auch auf der Arbeitskleidung von Mookie sowie auf den Pizzakartons, die er austrägt. Somit wird symbolisch eine eindeutige Zugehörigkeit zu Sal und seinem Restaurant markiert, die Konfliktpotenzial in sich trägt (vgl. Abbildung 5.15). Der Ort, der im Rahmen der filmischen Handlung zum Symbol der rassistisch motivierten Spannungen und Auseinandersetzungen in der Neighborhood wird, ist durch diese Bezeichnung einmal mehr als ethnischer Raum konnotiert, welcher filmisch der Italian American Community zugeschrieben wird. Dabei geht die namentliche Bezeichnung einher mit der materiellen Ausstattung des Settings sowie auch mit den sich dort vollziehenden Interaktionen.

Abbildung 5.15 Symbolisch-plakative Markierungen von Sal's Zugehörigkeit in *Do the Right Thing*. (Screenshots: Do the Right Thing R: Lee, USA: 1989)

Die symbolische Aufladung des Raums findet hier besonders intensiv statt und die Pizzeria wird auf narrativer Ebene immer wieder als *umkämpfter Raum* inszeniert. So liegt es auf der Hand, dass es auch der Ort der Pizzeria ist, an dem sich eine weitere, die Ebene der Handlungsorte betreffende Inszenierungsstrategien aufzeigen lässt – die versuchte Umcodierung von ethnisch konnotierten Orten. Bevor darauf an späterer Stelle (vgl. Abschnitt 5.5.3) detailliert eingegangen wird, werden zunächst einige weitere Filmsequenzen herangezogen, um die hier thematisierte Inszenierungsstrategie nicht als singuläres, sondern durchaus filmübergreifendes Phänomen darzulegen.

5.1 Interkulturelle Differenzierungsräume

Nicht immer findet die Bezeichnung der Orte so deutlich statt wie in *Do the Right Thing*. Diesbezüglich sei auf zwei weitere Filmsequenzen aus den Filmen *My Last Day Without You* und *2 Days in New York* verwiesen: In *My Last Day Without You* möchte Niklas Tisha zum Mittagessen einladen. Sie willigt ein und nennt dem Taxifahrer das Restaurant *Chez Lola* in Brooklyn. Die in dem Restaurant spielende Filmsequenz wird eingeführt durch eine Außenansicht des Restaurants, bei der sowohl die sehr prominenten Lettern des Restaurantnamens sichtbar sind sowie auch der Wahlspruch des Bistros, der an den Fensterscheiben prangt: *BISTRO WITHOUT BORDERS* (vgl. Abbildung 5.16, links). Der Film inszeniert die Begegnung zwischen dem aus Deutschland stammenden Niklas, der nur für einen einzigen Tag in New York City ist, und Tisha, die als *Brooklynite*[21] bewusst auf die Konfrontation mit ihren kulturellen Differenzen angelegt ist.

Abbildung 5.16 Restaurantnamen als Metaphern für Handlungsverläufe. (Screenshots: My Last Day Without You R: Schaefer, USA: 2011 (l), 2 Days in New York R: Delpy, FRA/D/BEL: 2012 (r))

Interessanterweise werden die kulturellen Differenzen der beiden Protagonist:innen auch in der hier zitierten Sequenz thematisiert und in teils stereotyper Manier inszeniert. Beispielsweise bestellt sich Niklas bereits vor dem Mittagessen mehrere *Vesper Martinis*, woraufhin Tisha anmerkt, dass dies für sie als „good Christian girl" (#00:32:52) keine Option sei. Darüber hinaus übergeht Niklas beinahe das stille Tischgebet von Tisha, was für sie kein Problem darzustellen scheint. Entgegen anderer Stellen des Films, an denen die beiden ihre Differenzen konfrontativ thematisieren, werden die Differenzen hier auf neutrale Weise zur Kenntnis genommen. Das *Bistro without Borders* wird somit metaphorisch zum Programm, in dem kulturelle Unterschiede im Rahmen der Kommunikation

---

[21] „Brooklynites are natives of Brooklyn who often have had ancestry in Brooklyn for generations and speak with a Brooklyn accent" (Urban Dictionary 2006).

nicht als Grenze gelten, sondern als Charaktereigenschaften des jeweils anderen toleriert werden. Dies gilt zumindest für die Dauer des gemeinsamen Mittagessens, da die Differenzen an späterer Stelle im Film durchaus konfliktbehaftet in der Kommunikation zwischen Niklas und Tisha eingebunden werden. Der gemeinsame Restaurantbesuch greift die im Film offensiv thematisierten kulturellen Unterschiede der beiden Protagonist:innen auf, lässt sie jedoch als nahezu irrelevant erscheinen und führt letztendlich dazu, dass Niklas und Tisha beschließen, den Nachmittag gemeinsam zu verbringen. Der Ort wird seinem Namen entsprechend für einen kurzen Moment zu einem interkulturellen Raum, an dem kulturelle Vielfalt jenseits jeglicher Differenzen bestehen kann.

Ein ähnlicher Fall, auch wenn der Ausgang der Situation konträr ist, wird auch in einer Sequenz des Films *2 Days in New York* aufgegriffen (vgl. Abbildung 5.22, rechts). Darin findet sich die Familie um Marion in einem Restaurant in Manhattan zum gemeinsamen Mittagessen ein. Im Hintergrund der Szenerie lässt sich der Name des Restaurants spiegelverkehrt als Beschriftung an der Eingangstür aus Glas lesen: *La Bataille*. Der französische Name spricht dafür, dass es sich um ein französisches Restaurant handelt, in dem die französische Familie speist. Interessanter als diese Erkenntnis ist jedoch die Symbolik, die mit diesem Namen verbunden ist. So bedeutet *la bataille* in der wörtlichen Übersetzung so viel wie *Kampf, Streit oder Gefecht*. Dies ist insofern von Interesse für die Analyse, da die im Film bereits zuvor immer wieder thematisierten kulturellen Spannungen zwischen Marions Familienmitglieder – Vater Jeannot, Schwester Rose und ihr Freund Manu – sowie ihrem Lebensgefährten Mingus, die maßgeblich auf der Ebene unterschiedlicher kultureller Praktiken und Lebenseinstellungen wie auch Vorurteilen beruhen, in dieser Sequenz eskalieren und es zu einem offenen Streit kommt. Dieser wird lautstark verbal und körperlich ausgetragen und eskaliert in einem ernsten Konflikt zwischen Marion und Mingus. Während die Gründe für den Streit an dieser Stelle nicht eingehend thematisiert werden sollen, zeigt sich jedoch auch hier die filmische Strategie, über den Namen eines Handlungsortes einen (indirekten) Verweis auf den weiteren Handlungsverlauf zu geben. Diese Inszenierungsstrategie zugrunde gelegt verwundert es nicht, dass der Handlungsort ausgerechnet das als *La Bataille* bezeichnete Restaurant ist und nicht etwa die Wohnung der Protagonist:innen, an dem es zu einem solch offensiven Streit kommt, der auf der Konfrontation mit kulturellen Differenzen beruht.

5.2 Interkulturelle Irritationsräume

Durch interkulturelle Aushandlungsprozesse entstehen in den analysierten Filmen des Weiteren Räume, die sich als *interkulturelle Irritationsräume* charakterisieren lassen. Diese entfalten sich entlang von kulturell codierten Handlungsweisen und Praktiken[22], die in den Filmen als Teil alltäglicher Kommunikation inszeniert werden. Besonders häufig ist diesbezüglich der Aspekt der gesprochenen Sprache. Diese wird in Filmen nicht nur als Markierung einer Person eingesetzt, sondern als vielschichtige, kommunikative Praktik (z. B. Codeswitching, Soziolekte etc.) zur filmischen Inszenierung kultureller Differenzierungsprozesse (Abschnitt 5.2.1). Daneben sind Begrüßungs- und Abschiedsrituale (Abschnitt 5.2.2) sowie der Konsum von Nahrungsmitteln (Abschnitt 5.2.3) relevante Dimensionen dieser Inszenierungsstrategie. Für die Inszenierung interkultureller Räume sind diese Elemente von Bedeutung, wenn sie in den Interaktionen herangezogen werden, um Konfrontationen mit kulturellen Differenzen darzustellen.

Ein Charakteristikum dieser Inszenierungsstrategie ist, dass die dargestellten Kommunikationen stets mit Irritationen einhergehen – dass es im Kontext der Interaktionsmomente also zu Konfusionen, Verunsicherungen oder auch Ärgernis erregende Verstimmungen kommt. Diese entstehen vor allem dadurch, dass sich die miteinander kommunizierenden Personen jeweils auf differente kulturelle Codes beziehen, welche vom Gegenüber zunächst nicht als anschlussfähig

---

[22] Ohne an dieser Stelle die Diskussion um eine (soziologische) Handlungs- und Praxistheorie eröffnen zu wollen, wird unter einer Praktik ein organisiertes Tätigkeitsbündel bzw. ein Zusammenhang zwischen miteinander verwobenen Handlungen verstanden. Eine Praktik ist dabei mehr als eine Handlung – es handelt sich vielmehr um wiederholte Akte von Handlungen. „[W]ährend das Konzept der „Handlung" sich punktuell auf einen einzigen Akt bezieht, der als intentionales Produkt eines Handelnden gedacht wird, ist eine Praktik von vornherein sozial und kulturell, eine geregelte, typisierte, von Kriterien angeleitete Aktivität, die von verschiedensten Subjekten getragen wird. Wenn die Handlung per definitionem eine Intention impliziert, enthält die Praktik von vornherein einen Komplex von Wissen und Dispositionen, in dem sich kulturelle Codes ausdrücken (und die damit unter anderem auch typisierten Intentionen enthalten)" (RECKWITZ 2006: 38). Vgl. hierzu ausführlicher u. a. SCHATZKI (1996, 2002), RECKWITZ (2003) oder SCHULZ- SCHAEFFER (2010). Für den betrachteten filmischen Kontext wird eine Tätigkeit dann als Praktik interpretiert, wenn davon ausgegangen werden kann, dass es sich nicht um eine einmalige Ausführung einer Handlung handelt bzw. im Kontext der filmischen Darstellung erkennbar ist, dass es sich um Handlungsausführungen handelt, die auf kulturelle Praktiken in einem alltagsweltlichen Verständnis referieren – zum Beispiel eine bestimmte Begrüßungsform, die routiniert durchgeführt wird oder auch eine spezifische Essenstechnik.

decodiert werden können. Diese können auch in Widerspruch stehen zu wechselseitigen Erwartungshaltungen, welche zumeist auf stereotypen Annahmen über die kulturelle Prägung der Interaktionspartner:innen fußen.

5.2.1 Sprache und Sprachwechsel – „Speak English! You're in Brooklyn!"

Der filmische Umgang mit der kulturellen Komponente der Sprache ist äußerst vielfältig. Dies liegt mitunter darin begründet, dass Sprache auch in der außerfilmischen Alltagswelt eine außerordentlich vielschichtige soziale Komponente ist, die sich in der filmischen Dimension facettenreich spiegelt. Im globalen Kontext existieren nicht nur unterschiedliche nationale Sprachen, eine jede Sprache lässt sich (sozio)linguistisch hinsichtlich zahlreicher Aspekte aufschlüsseln. Dies gilt selbstverständlich auch für die englische Sprache oder vielmehr spezifischer, für das in den Filmen dominierende *New York City English*, das als eigener Dialekt des US-amerikanischen Englischs ein überaus komplexer Untersuchungsgegenstand der Soziolinguistik ist (vgl. LABOV 2006; WARDHAUGH 2010; FROMKIN, RODMAN und HYAMS 2011; NEWMAN 2014)[23]. Im Rahmen des vorliegenden Kapitels kann die Vielschichtigkeit der im lebensweltlichen wie filmischen New York City gesprochenen Sprachen und Dialekte nicht umfassend in all seinen linguistischen Spezifika beschrieben werden. Es sollen jedoch einige markante Aspekte benannt werden, die aufzeigen, wie Sprache genutzt wird, um interkulturelle Räume in Filmen aufzuspannen. Wie bereits zuvor angeklungen ist, wird Sprache häufig als plakativer Marker eingesetzt, um einer Handlungsfigur einen bestimmten ethnischen Hintergrund zuzuschreiben oder um zu verdeutlichen, dass diese Person aus einem differenten Herkunftsland stammt und Englisch nicht die jeweilige Muttersprache ist. Dieser Aspekt findet sich in nahezu jedem der betrachteten Filme. Für die hier diskutierte Inszenierungsstrategie wird Sprache als kulturelle Variable bedeutsam, wenn sie als Sprachpraxis auf der narrativen Ebene des Films mitverhandelt wird – also mehr ist als eine bloße Strategie der Markierung. Besonders deutlich wird dies, wenn eine Handlungsfigur kein oder nur sehr wenig Englisch spricht und sich in der filmisch inszenierten Welt aus diesem Grund nur sehr beschränkt verständigen kann.

Ein Beispiel hierfür ist der Film *2 Days in New York*, in dem Marions Familienmitglieder und vor allem ihr Vater Jeannot hauptsächlich auf Französisch

---

[23] Die hier genannten Publikationen stehen stellvertretend für eine Vielzahl weiterer Texte, die aus sprachwissenschaftlicher Perspektive verfasst wurden.

5.2 Interkulturelle Irritationsräume

kommunizieren. Besonders deutlich zeigt sich die hier verhandelte Sprachbarriere in einer Sequenz, in der die gesamte Familie gemeinsam mit Mingus' Tochter und Schwester am Esstisch sitzt und Familie Dupré sich fast ausschließlich auf Französisch unterhält. Jeannot versucht, ein Gespräch mit Mingus' Schwester Elizabeth zu beginnen, die allerdings kein Französisch spricht. Manu versucht zu dolmetschen – jedoch lässt sich auch sein Englisch als sehr rudimentär beschreiben, sodass es zu einigen Missverständnissen kommt (#00:23:43). Als sich Jeannot mit Mingus Tochter Willow unterhalten möchte und diese feststellt: „My dad says you don't speak English" (#00:16:20) empfiehlt Marion ironisch, Zeichensprache zu verwenden – was dann auch mehr oder weniger erfolgreich umgesetzt wird. Weitere Beispiele finden sich im Film *Learning to Drive*, in dem z. B. Jasleen nach ihrer Ankunft in New York City zunächst nur einzelne Worte auf Englisch beherrscht und somit ein sehr eingeschränktes Leben führt. So traut sie sich beispielsweise kaum aus der Wohnung heraus und ist im Alltag mit zahlreichen Schwierigkeiten konfrontiert, beispielsweise als sie im Supermarkt nach einem bestimmten Produkt sucht (#01:09:00). Ähnlich ergeht es Ashima in *The Namesake* oder dem Küchenjungen in *Today's Special*, die beide zunächst auf die sprachliche Unterstützung anderer Figuren angewiesen sind.

Begleitet wird dieses filmische Motiv meist von der von einer anderen Person ausgehenden Aufforderung, die englische Sprache zu erlernen, um sich in der Welt New York Citys zurechtzufinden. Auch hier kann auf *Learning to Drive* verwiesen werden, als Darwan vehement darauf besteht, dass Jasleen Englisch lernt. Darauf weist er sie direkt bei ihrem Kennenlernen hin: „You must speak only English now" (#00:47:13). Außerdem bittet er Wendy, besonders langsam mit Jasleen zu sprechen, damit diese sie besser verstehen könne: „Speak slowly so she can understand" (#00:48:04). Jasleen beherzigt Darwans Bitte und beginnt mit der Rezeption von Lernprogrammen im TV, sich die Sprache anzueignen. Die Sprachbarriere ist jedoch so groß, dass sie nicht bemerkt, dass es sich um ein Spanisch-Lernprogramm handelt. Als sie Darwan beim Abendessen stolz ihr neu erlerntes Wort präsentiert, macht dieser sie darauf aufmerksam (#00:55:06 bis 00:55:26):

Darwan: You don't have conversation with people outside, how are you gonna pick up English?
Jasleen: TV.
Darwan: Then tell me what you learned today.
Jasleen: *Peligro.*
Darwan: That is Spanish, not English.

Das Wort *Peligro* ist hier mit *Gefahr* zu übersetzen. Dies hat im Kontext der Sequenz durchaus eine symbolische Bedeutung, da fehlende Sprachkenntnisse aus Darwans Perspektive eine Gefahr für die Integration Jasleens in die US-amerikanische Gesellschaft darstellt. Dieses Motiv wird auch in der New York-Sequenz des Films *Night on Earth* genutzt. Im Zentrum der gesamten Sequenz steht die Konversation zwischen Yoyo und Helmut, der als deutscher Einwanderer nur über sehr rudimentäre Englischkenntnisse verfügt. Im Verlauf der Unterhaltung kommt es immer wieder zu Momenten, in denen die Sprachbarriere offensichtlich wird. Besonders offensichtlich wird dies am Ende der Sequenz, als Yoyo Helmut erklärt, wie er von Brooklyn aus zurück nach Manhattan findet und ihm dabei den Weg erklärt. Helmut versteht die Erläuterungen jedoch nicht, da er bereits an der ersten Kreuzung falsch abbiegt. Yoyo ruft ihm noch hinterher „Learn some English, *Helmet*!" (#00:21:34). Die Sprachbarriere wird auch hier zu einer scheinbaren Gefahr, da Helmut im Straßendschungel des nächtlichen Brooklyns verloren scheint.

Ein weiterer Aspekt, der implizit mit der hier beschriebenen Inszenierungsstrategie verbunden ist, ist die filmische Inszenierung von Mehrsprachigkeit. Diese wird ebenfalls häufig als Aspekt der Aushandlung kultureller Vielfalt dargestellt, wobei insbesondere Bilingualismus (vgl. WARDHAUGH 2010: 92 ff.) im Rahmen interkultureller Räume relevant ist. Einige Filme inszenieren Mehrsprachigkeit als elementaren Teil der Lebenswelt einiger Handlungsfiguren und verweisen damit indirekt auf den Fakt, dass gut die Hälfte der Einwohner:innen New York Citys sich in der Tat als mehrsprachig versteht (NEWMAN 2014: 3). Einige Beispiele hierfür finden sich in *The Visitor* (Tarek, Zainab, Mouna), *The Namesake* (Ashima, Ashoke), *Kyoko* (José) oder *My Last Day Without You* (Dolores, Niklas). Dabei können die entsprechenden Handlungsfiguren situativ zwischen unterschiedlichen Sprachen wechseln; meist ist dies Englisch und eine weitere Sprache, die sich aus ihrer ethnischen oder nationalen Herkunft heraus begründet. Sie schaffen somit vielschichtige Kommunikationsräume in ihrem Alltag – je nachdem, mit wem sie interagieren.

Mehrsprachigkeit äußert sich dabei als positiv konnotierte Fähigkeit, die das kommunikative Miteinander zwischen Menschen unterschiedlicher zugeschriebener Herkunft fördern kann. Dies gilt insbesondere für unerwartete Mehrsprachigkeit, wie z. B. in *2 Days in New York*, wo sich Jeannot (der sich, wie oben erläutert, nicht auf Englisch verständigen kann), unvermittelt fließend auf Vietnamesisch mit den Besitzer:innen eines *Thai*-Massage-Studios unterhält – sehr zur Verwunderung von Mingus (ab #00:21:51):

5.2 Interkulturelle Irritationsräume

Mingus: Jeannot, I had no idea you spoke Thai.
Mann: No, it's Vietnamese.
Jeannot: Vietnamese.
Mingus: Oh, oh, Vietnamese. I'm sorry, I just thought because of the sign, it says "Thai massage".
Frau: We're from Saigon.

Mehrsprachigkeit ermöglicht es Interaktionspartner:innen auch, scheinbar sichere Kommunikationsräume zu schaffen, indem sie sich über ihre Sprache von der Umgebung abgrenzen. Für den Moment, in dem sie in einer Sprache kommunizieren, die von den sie umgebenden Mitmenschen nicht verstanden werden kann, können sie sich über heikle Inhalte verständigen. Dies ist beispielsweise der Fall in *The Visitor*, als sich Mouna und der Inhaber eines *Diners* auf Arabisch über ihre politische Situation und die Unsicherheit Tareks als illegaler Immigrant unterhalten können. Die anwesenden Sicherheitsmänner des Abschiebegefängnisses können sie nicht verstehen, sodass sich ein zunächst sicherer Kommunikationsraum eröffnet. Ähnlich ist es auch im Film *Fading Gigolo*, wenn Fioravante und Avigal sich in einigen Situationen auf Spanisch unterhalten, um ihre gegenseitige Zuneigung auszudrücken und dies vor den Mitmenschen verborgen halten wollen (#01:16:37). Auch wenn beide die Sprache nicht gut beherrschen und die diesbezügliche Kommunikation auf eine spezifische Redewendung („Donde hay amor, hay dolor") beschränken, wird auf der narrativen Ebene hier ein Raum erzeugt, in dem die beiden ihre verbotene Liebe verdeckt aushandeln können.

Zu Irritationen kommt es dann, wenn unerwartet eine dritte Person der gesprochenen Sprache mächtig ist und der geschaffene sichere Sprachraum zusammenbricht: In *2 Days in New York* befinden sich Rose und Manu im Aufzug des Wohnhauses und rauchen dort einen Joint. Eine Nachbarin steigt ein und bittet sie, das Rauchen zu unterlassen. Auf Französisch machen sich die beiden über die Frau lustig – bis diese die beiden in perfektem Französisch darauf aufmerksam macht, dass sie die beiden verstehen kann. Ähnlich ist es auch in einer Sequenz des Films *New York, I Love You*, in der sich der Inhaber einer Wäscherei auf Kantonesisch mit einer Kundin unterhält und ihr bestätigt: „Your Cantonese is improving". Er beginnt, sich äußerst detailreich über ihre Unterwäsche auszulassen, die sie zum Reinigen gebracht hat. Da sie scheinbar vermuten, dass sie die einzigen beiden Personen sind, die Kantonesisch beherrschen, stören sie sich nicht an einem weiteren Kunden, der den Laden betritt. Als die Frau ihm beim Herausgehen einen schönen Abend wünscht, antwortet auch der hinzugekommene Mann auf Kantonesisch. Es entsteht auch hier ein kurzer Moment der Irritation, der von den beteiligten Personen jedoch mit Humor genommen wird. An dieser Stelle wird deutlich, dass eine Sprache in der filmischen Inszenierung nicht unbedingt mit der äußerlich zugeschriebenen ethnischen Herkunft einer Person zusammenhängen muss, auch wenn dies in den meisten Fällen suggeriert wird.

Mehrsprachigkeit wird in einigen Situationen auch offenkundig negativ bewertet und somit zum Konfliktpunkt interkultureller Kommunikation. Beispielsweise schreit Mookie in *Do the Right Thing* die puerto-ricanische Großmutter seines Sohnes Hector an, dass sie sich nicht auf Spanisch mit seinem Sohn unterhalten solle: „English! English! I want my son to speak English, all right?" (#01:18:00).

Auch in *Fading Gigolo* kommt es zu einer verbalen Eskalation, als eine männliche Person zwei Männer der charedischen Community auf offener Straße anschreit: „Speak English! You're in Brooklyn" (#00:10:12). In dieser Sequenz offenbart sich zugleich eine weitere Dimension der vorgestellten Inszenierungsstrategie. So kommen auch soziale Dialekte bzw. Soziolekte zum Einsatz, also sprachliche Dialekte, die ihren Ursprung in sozialen Aspekten haben bzw. ein soziolinguistisches Unterscheiden zwischen sozialen Gruppen ermöglichen. Die dabei im Fokus stehende soziale Variation einer Sprache lässt sich unterschiedlich begründen: „The social boundaries that give rise to dialect variation are numerous. They may be based on socioeconomic status, religious, ethnic or racial differences, country of origin, and even gender" (FROMKIN, RODMAN und HYAMS 2011: 439).

In den entsprechenden Filmsequenzen verweisen die inszenierten sozialen Dialekte hauptsächlich auf ethnische, religiöse oder rassialisierende Merkmale der dargestellten Charaktere und dienen dazu, die Gruppen auf sprachlicher Ebene voneinander abzugrenzen – ein Aspekt, den der Soziolinguist NEWMAN (2014: 94 ff.) mit dem Terminus „Internal Ethnic-based Variation" beschreibt.[24]

Besonders häufig kommen diesbezüglich das in der Literatur oftmals beschriebene, für NYC typische, *African American English* (vgl. FROMKIN, RODMAN und HYAMS 2011: 442 f.; WARDHAUGH 2010: 363 ff.; NEWMAN 2014: 94 f.) sowie *Italian, Latino* und *Jewish English* (NEWMAN 2014: 96 ff., 116 ff.) zum Einsatz. Beispielsweise antworten die beiden charedischen Männer in der bereits oben zitieren Sequenz in *Fading Gigolo*: „We speak English" (#00:10:15) und machen damit deutlich, dass sie in ihrem Verständnis ebenfalls Englisch sprechen,

---

[24] NEWMAN (2014) erläutert in seiner Studie zum New York City English sehr differenziert dessen Komplexität, gerade auch hinsichtlich der Varianz der vorkommenden sozialen Dialekte. Vgl. seine Ausführungen (z. B. 1 ff., 151 ff.) für genauere Ausführungen. Das vorliegende Kapitel kann die Komplexität nur anschneiden – auch, da die Autorin selbst keine Expertin für die soziolinguistischen Feinheiten des New York English ist und aufgrund der eigenen Sprachsozialisation nicht alle linguistischen Unterschiede erkennen kann.

5.2 Interkulturelle Irritationsräume

wenn auch der andere Mann ihren Dialekt nicht verstehen kann. Darüber hinaus lassen sich Aspekte des hier thematisierten *Jewish English* auch in *Arranged* (Rochel, Familie Meshenberg, Mrs. Jacoby), *Brooklyn Babylon* (Sarah, Judah) sowie *David & Layla* (Mr. und Mrs. Fine) heraushören. *Latino English* spielt neben *Do the Right Thing* (Tina) auch eine Rolle bei der Markierung von Handlungsfiguren in *Kyoko* (José) sowie *Night on Earth* (Angela). *African American English* hat in *Do the Right Thing* (v. a. Mookie, Buggin' Out, Radio Raheem), *Pieces of April* (Evette und Eugene), *Night on Earth* (Yoyo) und *2 Days in New York* (Mingus) große Relevanz. Besonders auffällig ist auch der vielschichtige Einsatz von *Italian English* zur Markierung von Italian American Charakteren wie z. B. in *Do the Right Thing* (Sal, Vito, Pino) oder *Brooklyn* (Familie von Tony).

Diesbezüglich ist anzumerken, dass der soziale Dialekt hier nicht nur auf der auditiven Ebene als Code fungiert, sondern auch auf der Ebene der Gestik und Mimik, indem explizit mit Körpersprache, den so genannten *gesti delle mani*, gearbeitet wird, die eine eigene symbolische Kommunikationstechnik in der italienischen Sprache darstellen (vgl. z. B. POGGI und CALDOGNETTO 1997; POGGI 2002). Dies zeigt sich deutlich bei Tonys Bruder Frankie (#00:43:59) und bei Tony selbst. Als dieser mit Eilis am Strand ist und seine Freundin zum ersten Mal im Badeanzug sieht, streicht er sich mit einem Finger über die Wange – eine Geste, die im Rahmen der beschriebenen Kommunikationstechnik herangezogen wird, um auszudrücken, dass man eine Person sehr attraktiv findet (#00:53:58). Diese Bedeutung wird akzentuiert, indem er ihr hinterherpfeift (*wolf whistle*) – eine auditive Geste, welche die sexuelle Konnotation unterstreicht.

Auffällig ist, dass es in all diesen Beispielen jedoch nur sehr selten dazu kommt, dass der soziale Dialekt in der Interaktion tatsächlich ein verhandelter Gegenstand wird. Daher muss angemerkt werden, dass Soziolekte zwar in nahezu allen Filmen vorkommen, jedoch nur selten zum Aushandlungsgegenstand kultureller Vielfalt werden und vielmehr unkommentiert bleiben – sie fungieren also mehr als Askription einer bestimmten ethischen oder religiösen Zuschreibung, denn als Gegenstand der narrativen Aushandlungsebene.

Eng mit Multilingualität und Soziolekten verknüpft und zudem häufiger auf der narrativen Ebene aufgegriffen werden Formen des situativen Sprachen- oder Codewechsels, also dem Wechsel von einer Sprache in eine andere im Rahmen einer sprachlichen Äußerung oder das Integrieren von bestimmten Wörtern aus einer anderen Sprache in einen englischsprachigen Satz. Diese beiden Phänomene werden in der Literatur unter den Begriffen des *Codeswitching*s und *Borrowing*s diskutiert (vgl. MYERS- SCOTTON 2006; FÖLDES 2007; WARDHAUGH 2010: 98 ff.;

FROMKIN, RODMAN und HYAMS 2011: 461 ff.)[25]. In den betrachteten Sequenzen kommen beide Phänomene mehrfach zur Geltung und werden auch genutzt, um auf kulturelle Differenzen zu verweisen. Beispielsweise alternieren Ashima und Ashoke in *The Namesake* häufig zwischen Englisch und ihrer Muttersprache und differenzieren sich somit von ihren Kindern, die ausschließlich Englisch sprechen, ihre Eltern jedoch verstehen können. Besonders Ashima wechselt oft mehrfach innerhalb eines Satzes zwischen den beiden Sprachen. Zu dieser Form des Codeswitchings kommt es u. a. auch in *2 Days in New York*, wo Marion in der Kommunikation mit ihrer Familie und Mingus beständig zwischen Englisch und Französisch changiert, in *Night on Earth*, wenn Helmut oftmals zwischen Englisch und Deutsch wechselt (z. B.: „Oh, no, no. Please, please. You are, wie soll ich sagen? You are my, my most best customer!", #00:30:01), in *Arranged*, als Nasiras Familie einen Freund des Vaters zum Abendessen empfängt und das Gespräch zwischen den beiden Männern zwischen Englisch und Arabisch wechselt (ca. #00:34:38) sowie in einigen Gesprächen zwischen Tarek und Zainab in *The Visitor* oder in Davids Familie (*David & Layla*).

Codeswitching und Borrowing kommen zudem häufig in *Do the Right Thing* zum Einsatz, wenn nahezu alle Beteiligten immer wieder Slang-Worte in ihre Sätze integrieren, um auf ihre eigene ethnische Zugehörigkeit zu verweisen und sich klar voneinander abzugrenzen oder auch, um andere Personen zu beleidigen. Beispiele hierfür sind Pino, der sich bei Sal beschwert: „Everyday you give this *Azupep* a dollar" (#00:12:25) oder Sal, der seinem Satz ein „*Capiche?*" (#00:50:39) hinzufügt, um seinen Standpunkt verbal zu unterstreichen.

---

[25] *Codeswitching* und *Borrowing* lassen sich im bloßen Hören nicht immer scharf voneinander abgrenzen. Eine mögliche Definition und Abgrenzung findet sich auf linguistischer Ebene bei FROMKIN, RODMAN und HYAMS (2011: 463): „Codeswitching is to be distinguished from (bilingual) borrowing, which occurs when a word or short expression from one language occurs embedded among the words of a second language and adapts to the regular phonology, morphology, and syntax of the second language. In codeswitching, in contrast, the two languages that are interwoven preserve their own phonological and other grammatical properties. Borrowing can be easily distinguished from codeswitching by the pronounciation of an element. Sentence (1) involves borrowing, and (2) codeswitching: (1) I love biscottis [bɪskaɪiz] with my coffee. (2) I love biscotti [bɪskoːti] with my coffee". Die Autoren verweisen darauf, dass im ersten Beispiel das Wort *biscotti* amerikanisch-englisch betont wird und ein Plural-S erhält, während im zweiten Beispiel die italienische Aussprache und das Plural-I bestehen bleiben.

5.2.2 Begrüßung und Abschied – „En Bretagne trois fois!"

Irritationsstiftende kulturelle Differenzierungen äußern sich in den betrachteten Filmsequenzen auch durch in Begegnungssituationen stattfindende Begrüßungsrituale. In diesen werden Worte, Gesten und Mimik der Interaktionspartner:innen als Handlungszusammenhang miteinander verflochten (vgl. BROSZINSKY-SCHWABE 2017: 179). Als Interaktionsrituale transportieren Gesten der Begrüßung und der Verabschiedung eine Reihe miteinander kombinierter verbaler und nonverbaler Zeichen, deren Formen als ritualisierte, kulturelle Codes verstanden werden können. Wenn sich Interaktionspartner:innen zum ersten Mal begegnen, kann es sein, dass bestimmte Elemente der Begrüßung (und später des Abschieds) unbekannt sind, da in der eigenen (kulturellen) Sozialisation eine andere Art und Weise erlernt wurde. „Begrüßungen und Abschied (…) spiegeln die soziale Ordnung und zentrale kulturelle Werte und Höflichkeitsformen wider" (BROSZINSKY-SCHWABE 2017: 185).[26] In den betrachteten Sequenzen zeigt sich die Konfrontation mit Differenz in Begrüßungs- und Abschiedsritualen besonders in privat gekennzeichneten Orten (z. B. Wohnung, Auto) und zwar immer dann, wenn mindestens eine Person von der Art und Weise der Begrüßung oder des Abschieds überrascht bzw. überrumpelt erscheint. Der entstehende interkulturelle Aushandlungsraum ist dabei von Irritationen gekennzeichnet, vor allem in Bezug auf die verwendeten Gesten. Ein Beispiel hierfür findet sich im Film *2 Days in New York*. Mingus lernt hier die aus Frankreich eingeflogene Familie von Marion kennen und wirkt überrascht, als Marions Vater Jeannot, dem er gerade die Hand schütteln möchte, ihn mit drei Wangenküssen begrüßt. Untermauert wird dies durch eine Geste von Jeannot, der unmittelbar nach den Begrüßungsküssen drei Finger emporhält (vgl. Abbildung 5.17, ab #00:07:08):

Mingus:	Jeannot! Jeannot! Pleased to meet you.
Jeannot:	Kiss!
Marion:	Kiss! One, two! Three!
Jeannot:	Three!
Mingus:	Whoo-whoo!
Jeannot (*hält drei Finger hoch*):	En Bretagne trois fois!
Mingus:	I never got three before. Uh, ça va?

---

[26] In ihrer Publikation zur *Interkulturellen Kommunikation* widmet BROSZINSKY-SCHWABE (2017: 179 ff.) Interaktionsritualen wie Begrüßung und Abschied ein ganzes Kapitel und zeigt zahlreiche Facetten auf, inwiefern in solchen Interaktionen kulturelle Unterschiede vermittelt werden können.

Abbildung 5.17 Jeannot begrüßt Mingus auf bretonische Art. (Screenshots: 2 Days in New York R: Delpy, FRA/D/BEL: 2012)

Ebenso verwundert ist Mingus, als Manu ihn mit einer innigen Umarmung begrüßt und als *Bro* bezeichnet – es zeigt sich im weiteren Gesprächsverlauf, dass Manu davon überzeugt ist, dass dies die gängige Begrüßungsformel zwischen Angehörigen der African American Community in den USA sei. Mingus scheint hierbei insbesondere durch den intensiven Körperkontakt überrascht zu sein. In der Tat äußern sich kulturelle Differenzen im Rahmen von Begrüßungsritualen häufig durch den Aspekt des Körperkontaktes, der in kulturell tradierten Begrüßungsformen entweder erwünscht oder unerwünscht sein kann (vgl. BROSZINSKY-SCHWABE 2017: 183).

Auch in *The Namesake* wird kulturelle Differenz zwischen den Interaktionspartner:innen auf dieser Ebene inszeniert. Hier begrüßt Maxine Ashima und Ashoke ebenfalls mit einem Küsschen auf die Wange – der Gesichtsausdruck der beiden lässt erahnen, dass sie darüber sehr irritiert sind. Dies kann im Kontext des Films als tatsächliche Irritation gelesen werden, da Nikhil/Gogol seiner Freundin zuvor noch klar vermittelt hatte, dass seine Eltern hinsichtlich des zwischenmenschlichen Körperkontakts eine andere Umgangsweise hätten als Maxines eigene Eltern:

> „There are some things you should know. Hm. No kissing, no holding hands. My parents are not Lydia and Gerald. I've never seen them touch a little or something else" (#00:56:51).

Diesen Hinweis ignoriert Maxine gleich mehrfach und begrüßt seine Eltern mit innigen Umarmungen und Wangenküssen (vgl. Abbildung 5.18).

Ebenfalls irritiert erscheint Tisha in *My Last Day Without You*, als Niklas sich im Auto mit einem Handkuss bei ihr vorstellt. Diesen interpretiert sie als etwas, das mit seiner Herkunft als Europäer zusammenhängen muss: „Damn. You're really working on that European thing, huh?" (#00:27:24). Sie bezeichnet ihn an dieser Stelle zudem als „Mr. Old Europe" (#00:27:37) und vermittelt ihm dadurch, dass sie den Handkuss als eine veraltete Tradition interpretiert, die ihr

5.2 Interkulturelle Irritationsräume

Abbildung 5.18 Maxine begrüßt Ashima und Ashoke mit einem Wangenkuss. (Screenshots: The Namesake R: Nair, USA/IND: 2006)

Verständnis von Geschlechterrollen nicht widerspiegelt. Darüber hinaus impliziert diese Begrüßungsform aus Tishas Perspektive auch eine bestimmte Umgangsform zwischen Männern und Frauen und sie weist Niklas diesbezüglich in die Schranken, indem sie ihm vermittelt, dass sich aus der Begegnung keine Romanze entwickeln könne.

Weitere Beispiele, in denen Begrüßungs- oder Abschiedsrituale als Aushandlung kultureller Unterschiede interpretiert werden können, zeigen sich auch in *Do the Right Thing*: Hier begrüßen sich Mookie und Buggin' Out mit einem bestimmten Ritual, das eine Reihe bestimmter Handbewegungen und dem Austausch einer Begrüßungsfloskel integriert („You're the man. – No, you're the man – No, you're the man – No, you're the man! – No, you're the man" #00:33:01 bis 00:33:06, vgl. Abbildung 5.19). Mookie wird in der Sequenz von Vito begleitet, der Buggin' Out ebenfalls so begrüßen möchte – dieser bezeichnet ihn allerdings mit einer abwertenden Geste als „White Boy" und zeigt damit auf, dass das Begrüßungsritual zwischen ihm und Mookie als etwas zu verstehen ist, das Angehörigen der African American Community vorbehalten bleibt. Dass die von Buggin' Out gezogene Grenze jedoch nicht allgemeingültig ist, sondern primär für ihn selbst gilt und in anderen Kontexten variabel gehandhabt wird, zeigt sich an einer anderen Stelle des Films. So begrüßen sich Vito und Mookie mit einer scheinbar einstudierten Geste und damit verbundenen Floskeln („Yo, Mook. Whaddup?" #00:11:00). Die von Buggin' Out vermittelte Grenzziehung zwischen den Communitys, manifestiert am Beispiel der Bergüßungspraktiken, kann somit relativiert werden.

Auch in den Filmen *Learning to Drive* und *Pieces of April* finden sich Stellen, an denen kulturelle Differenzierungsprozesse anhand von Begrüßungspraktiken inszeniert werden – z. B. als April sich unbeholfen vor ihren ostasiatischen Nachbar:innen verbeugt, um ihren Dank auszudrücken oder als Darwan sich vor

Wendy zum Abschied leicht verbeugt und die Handflächen zum *Namaste*-Gruß aneinanderlegt.

Abbildung 5.19 Begrüßungsgesten zwischen Buggin' Out, Mookie und Vito. (Screenshots: Do the Right Thing R: Lee, USA: 1989)

5.2.3 Essen und Verzehr – „How did you learn to eat spaghetti like that?"

Ein zentrales Motiv in der Inszenierung interkultureller Begegnungen äußert sich über die Praktiken des Essens oder vielmehr Essensverzehrs. Damit sind besonders die Inszenierung der Zubereitung von Speisen sowie deren Verzehr über bestimmte Essenstechniken gemeint. Wie ESCHER und ZIMMERMANN (2009: 31) ausführen, dient Essen als soziale Handlung in Filmen

> „dazu, soziale Relationen und Strukturen zu spiegeln und Hierarchisierungen zu charakterisieren. Dies aber nicht nur zwischen einzelnen Familienmitgliedern, sondern darüber hinaus auch für den Rezipienten des Films, der das kulturell adaptierte Essen als interkulturelle Handlung verstehen kann. Auf diese Weise werden das Essen und die gemeinsame Zubereitung zum Ausdruck filmisch inszenierter Interkulturalität".[27]

Das einleitende Zitat „How did you learn to eat spaghetti like that" stammt aus dem Film *Brooklyn*, in dem der Verzehr von Essen ein zentrales Element der Inszenierung kultureller Unterschiede ist. Eilis ist bei ihrem Freund Tony zum Abendessen eingeladen, um seine Eltern kennenzulernen. Als sie dies zwei der älteren Mitbewohnerinnen in ihrem Boarding House erzählt, verdonnern sie Eilis zu einem Crash-Kurs im Spaghetti-Essen – schließlich sei es eine italienische Familie, bei der sie zum Essen eingeladen sei. Basierend auf dieser stereotypen Annahme bringen sie Eilis in einer Trockenübung bei, wie man die Spaghetti auf einer Gabel aufrollt und ohne Kleckern zum Mund führt (vgl. Abbildung 5.20).

---

[27] Vgl. BOWER 2004 für Ausführungen zum Thema *Essen im Film*.

5.2 Interkulturelle Irritationsräume

Als Eilis später gemeinsam mit der Familie Fiorello beim Abendessen sitzt, gibt es tatsächlich Spaghetti als Vorspeise – und Tonys Mutter zeigt sich beeindruckt von Eilis' Fähigkeiten: „How did you learn to eat spaghetti like this?" (#00:44:16). Auch Mr. Fiorello nickt ihr anerkennend zu. Eilis erklärt verlegen, dass sie hierzu Unterricht genommen habe und amüsiert damit vor allem Tonys Brüder. Dabei zeigt sich im Kontext der Sequenz, dass Eilis die einzige Person am Tisch ist, die die Pasta sorgsam auf der Gabel aufrollt – vor allem Tonys Brüder und auch Tony schlingen das Essen herunter und achten keineswegs darauf, wie die Spaghetti auf der Gabel platziert sind. Es zeigt sich jedoch im weiteren Verlauf auch, dass es nicht nur die Mitbewohnerinnen von Eilis sind, die ein bestimmtes Vorstellungsbild der *Italian American* Esskultur haben – auch die Fiorellos selbst haben bestimmte Vorstellungen davon, welche Speisen Eilis als gebürtige Irin konsumiert. So wird sie von Mr. Fiorello mit der Frage konfrontiert: „What do you eat in Ireland? Just Irish Stew?" (#00:44:24).

Abbildung 5.20 Eilis lernt, wie man Spaghetti isst (o) und praktiziert das Erlernte beim Abendessen mit Familie Fiorello (u). (Screenshots: Brooklyn R: Crowley, USA et al.: 2015)

Dass der Verzehr von Nahrungsmittel und insbesondere die Essenstechnik dabei eine Rolle spielen, kulturelle Unterschiede filmisch zu inszenieren, zeigt sich in ähnlicher Art und Weise auch in *Today's Special*. Hier muss Samir seiner Freundin Carrie während eines Besuchs bei einem befreundeten Koch zeigen, wie man das indische Essen mit der Hand aufnimmt und zum Mund führt – eine bestimmte Technik, mit der die Köchin Carrie zunächst überfordert scheint. Zumindest fragt sie ihren Freund, ob er ihr erklären könne, mit welchem Trick diese Technik zu beherrschen sei (vgl. Abbildung 5.21, links). Filme verdeutlichen diesen Aspekt der Inszenierungsstrategie auch wenn unterschiedliche Essenstechniken diametral entgegengestellt und dabei als etwas kulturell Erlerntes porträtiert werden. Dies ist z. B. in *The Namesake* interessant, wenn Nikhil/Gogol, seine Schwester Sonia und die Eltern am Essenstisch sitzen und mit der Kamera explizit eingefangen wird, dass die Geschwister mit Besteck essen, während Ashoke seine Mahlzeit mit den Fingern zu sich nimmt (#00:33:12, vgl. Abbildung 5.21, rechts).

Abbildung 5.21 Darstellung unterschiedlicher Essenstechniken. (Screenshots: Today's Special R: Kaplan, USA: 2009 (l), The Namesake R: Nair, USA/IND: 2006 (r))

Äußerst prägnant zeigt sich dies auch in einer Sequenz von *Arranged*, als ein Freund von Nasiras Vater zum Abendessen eingeladen ist und mit der ganzen Familie am Tisch sitzt (#00:34:10 bis 00:36:15). Der Mann, der ursprünglich aus Syrien kommt und sich in der Sequenz hauptsächlich auf Arabisch mit Mr. Khaldi unterhält, wird hier aus der Perspektive Nasiras dargestellt; die Kamera nimmt hierzu ihren Blick ein. Dabei stehen die Essenstechnik des Gastes sowie die Art und Weise, wie er die Mahlzeit verzehrt im Fokus. In Großaufnahme werden die Hände gezeigt, die das Essen auf seinem Finger zu Bällchen kneten, die er sich in den Mund schnippt. Sein Mund ist stets leicht geöffnet, wenn er das Essen kaut, während er spricht – auf der auditiven Ebene wird dies durch geräuschvolle, schmatzende Essgeräusche unterstrichen. Zusammengenommen offenbart sich eine aus Nasiras Perspektive als unappetitlich wahrgenommene Weise des Essensverzehrs, welche sie mit einem von Ekel gezeichnetem Gesichtsausdruck beobachtet (vgl. Abbildung 5.22).

Der Freund hebt sich durch seine Essensweise markant von den Familienmitgliedern ab, die alle mit einer Gabel essen. Als interkultureller Raum ist

5.2 Interkulturelle Irritationsräume 201

Abbildung 5.22 Nasira ist negativ überrascht von den Tischmanieren ihres Gastes. (Screenshots: Arranged R: Crespo und Schaefer, USA: 2007)

diese Sequenz insofern besonders hervorzuheben, da auch Nasira und ihre Familie als Syrian American Familie porträtiert werden und es sich somit zeigt, dass Essenstechniken als Adaption kultureller Differenzen nicht nur zwischen unterschiedlichen ethnisch-kulturellen Gruppen herangezogen werden, sondern auch für Differenzierungsprozesse innerhalb einer filmisch dargestellten Gruppe genutzt werden. So lassen sich die unterschiedlichen Essenstechniken des Gastes und Nasiras Familie nicht auf die Herkunft beziehen, sondern die kulturell gerahmte Sozialisation der Charaktere und die Techniken des Verzehrens von Lebensmitteln werden zum Teil filmisch inszenierter Interkulturalität.

Auch der unmittelbare Verzehr von Essen spielt eine Rolle für die beschriebene Inszenierungsstrategie. Hierzu zählen auch vorgenommene Äußerungen zu der Frage, wie das Essen einer Person schmeckt. Dies zeigt sich z. B. in *Learning to Drive*, als Jasleen ein Abendessen für sich und Darwan gekocht hat und dieser feststellt, dass die Art und Weise, wie Jasleen das Essen gekocht hat, für seinen bereits *amerikanisierten* Gaumen nicht gut abgeschmeckt sei. Er stellt zum einen fest, dass sie einige Zutaten hätte hinzufügen („More tomatoes make a nicer color", #00:54:18) und andere hingegen hätte reduzieren sollen („A little too much ghee", #00:54:57). Mit diesen Anmerkungen weist er darauf hin, dass sich seine diesbezüglichen Gewohnheiten aufgrund seiner kulturellen Sozialisation von Jasleens unterscheiden. Ein weiteres Beispiel findet sich in *Today's Special*. Samir fragt zwei Männer, die in seinem Restaurant gegessen haben, wie es ihnen geschmeckt habe – beide haben Tränen in den Augen. Der erste Mann, er trägt gut sichtbar einen Turban auf dem Kopf, merkt an, dass ihm das Mahl sehr gut geschmeckt habe: „It's delicious. It reminds me of my grandmother cooking back home" (#00:50:55). Der andere Mann, ein *weißer* Amerikaner entgegnet: „It's so spicy…huh" (#00:51:03). Die Gründe dafür, dass beide Männer den Tränen nahe sind wird also implizit über ihre ethnische Herkunft begründet – während sich eine Person an das Essen seiner indischen Heimat erinnert fühlt, treibt die ungewohnt scharfe Würzung der anderen die Tränen in die Augen (vgl. Abbildung 5.23).

Abbildung 5.23 Der Verzehr indischer Gerichte rührt zwei Männer zu Tränen. (Screenshots: Today's Special R: Kaplan, USA: 2009)

Neben Essenstechniken und dem Verzehr spielt am Rande auch die Zubereitung von Speisen in den betrachteten Filmsequenzen eine Rolle. Auch hier findet sich ein Beispiel im Film *Today's Special*: Samir, dessen Eltern aus Indien stammen, ist mit der südasiatischen Küche nicht vertraut – wenngleich er ausgebildeter Koch ist. Er hat jedoch sehr lange als *Sous-Chef* in einem Sterne-Restaurant in Manhattan gekocht, dessen Speisekarte an der französischen Küche orientiert war. Als Akbar ihm zeigt, wie man *Garam Massala* herstellt und damit verfeinerte Gerichte der südasiatischen Küche zubereitet, ist Samir damit rasch überfordert – auch von der Tatsache, dass Akbar nicht nach Rezept, sondern rein nach Gefühl kocht und nicht, wie Samir selbst, nach festgeschriebenen Kochanleitungen (#00:49:06 bis 00:50:34).

5.3 Interkulturelle Diskriminierungsräume

Spielfilme greifen im Kontext der Darstellungen ethnisch konnotierter Charaktere regelmäßig auf stereotype Darstellungsweisen zurück (vgl. BENSHOFF und GRIFFIN 2009[28]). Im Kontext der Sequenzanalyse zeigt sich, dass dies nicht nur für die Darstellungsweisen einzelner spezifischer Charaktere gilt – dieser Aspekt soll im Folgenden ausgeklammert werden – sondern auch im Kontext der gegenseitigen Differenzierungs- und Interaktionsprozesse. Im Kontext der

---

[28] In ihrer Publikation zeigen BENSHOFF und GRIFFIN (2009) beispielsweise auf, inwiefern US-amerikanische Filme stereotype Imagination von bestimmten ethnischen und nationalen Gruppen erzeugen und darstellen.

5.3 Interkulturelle Diskriminierungsräume

analysierten Interaktionssituationen werden immer wieder interkulturelle Räume erzeugt, die sich im hohen Maße entlang von Vorurteilen, Stereotypisierungen und damit verbundenen Diskriminierungsansätzen aufspannen. Die wechselseitigen Differenzierungsprozesse und Bedeutungszuschreibungen basieren dabei vordergründig auf angenommenen Generalisierungen, während beobachtbare Handlungen der Personen in den Hintergrund treten. Die Interaktion wird folglich von einseitigen oder wechselseitigen Kategorisierungsprozessen dominiert, die auf Vorurteilen gegenüber einer Person fußen, der eine differente Gruppenzugehörigkeit zugeschrieben wird. Solch entgegengebrachte Vorurteile sind nicht rational begründbar, sondern werden geäußert, „einfach deswegen, weil sie [*Anm.: die Person*] zu (…) einer Gruppe gehört und deswegen dieselben zu beanstandenden Eigenschaften haben soll, die man dieser Gruppe zuschreibt" (ALLPORT 1971: 21). Die dabei vorgenommenen, wertenden Zuschreibungen basieren häufig auf (negativen) Stereotypen und sind mit ablehnenden oder feindseligen Haltungen verknüpft. Diese beeinflussen kulturelle Bedeutungszuschreibungen und sind zudem mit Tendenzen interaktioneller und teils struktureller Diskriminierungen verknüpft, die auch alltagsrassistische Elemente erkennen lassen und weitere Interaktionsprozesse beeinflussen.[29]

---

[29] Die v.a. sozialpsychologisch vielfach diskutierten Begriffe Vorurteil, Stereotyp und Diskriminierung stehen in engem Zusammenhang und können in den betrachteten medialen Inszenierungen oft nur kontextabhängig differenziert werden. Stereotype werden allgemein verstanden als „eine Reihe von Überzeugungen über die Mitglieder einer sozialen Gruppe" oder „als Assoziation einer Reihe von Merkmalen" (PETERSEN und SIX 2008: 21), denen als zentraler Mechanismus eine soziale Kategorisierung von Menschen „in Angehörige von Eigen- und Fremdgruppen" (PETERSEN und SIX 2008: 21) zugrunde liegt. Stereotype sind entweder positive oder negative „Eigenschaften und Verhaltensweisen, die mit bestimmten sozialen Kategorien oder Gruppen assoziiert werden" (GESCHKE 2012: 34). Basierend auf der Pionierarbeit Walter LIPPMANNS aus dem Jahr 1922 (hier: 2018[1949]) zu Stereotypen („Bilder in unseren Köpfen") stellt THIELE (2016: 24) weiter fest, dass Stereotype zunächst auf „Kategorisierung und Attribuierung" von Menschen basieren. Als stereotype Eigenschaften gelten Attribute basieren häufig auf einem sozialen Konsens, d. h. es existiert ein gesellschaftliches Wissen um sie – auch wenn sie „häufig unzutreffend sind" (GESCHKE 2012: 34). Vorurteile „sind herabsetzende Einstellungen gegenüber sozialen Gruppen oder ihren Mitgliedern, die auf wirklichen oder zugeschriebenen [wirklichen oder vorgestellten] Merkmalen von Mitgliedern dieser Gruppen beruhen" (GESCHKE 2012: 34). Während Stereotype zunächst als kognitive Prozesse existieren, nach denen „Menschen oder auch Objekte in (soziale) Gruppen, Typen oder Klassen" (THIELE 2016: 24) eingeteilt bzw. kategorisiert werden, sind Vorurteile „verzerrte Bewertungen eines sozialen Reizes, die kognitive (wie Stereotype), emotionale (wie Angst) und verhaltensmäßige Komponenten (wie Vermeidung) enthalten" (GESCHKE 2012: 34). Stereotype und Vorurteile können im Alltag mit unterschiedlichen Variablen kultureller Vielfalt verknüpft sein, wie z. B. „Hautfarbe, Herkunft, Alter, Geschlecht, Religion, sexueller Orientierung, politischer Orientierung oder sozialer Schicht"

Im Kontext dieser Inszenierungsstrategie werden Personen auf Basis stereotyper Vorstellungen anderer ungleich behandelt, sozial herabgesetzt oder gar verunglimpft. Dominierend sind hierbei Fremdeinordnung bzw. Kategorisierung einer Handlungsfigur anhand bestimmter Merkmale „zu einer ethnisierend oder rassialisierend verstandenen Gruppe" (SCHERR 2008: 2013), also die Zuordnung und Kategorisierung von Menschen in imaginierte Gruppen anhand unterschiedlicher kultureller Variablen (PETERSEN und SIX 2008: 21). Es geht im Folgenden nicht darum zu erklären, wie genau filmische Inszenierungen Stereotype konstruieren (vgl. BENSHOFF und GRIFFIN 2009). Vielmehr wird herausgearbeitet, inwiefern Stereotype im Kontext interkultureller Räume bedient werden.

Die Grenzen zwischen den filmisch inszenierten Formen der Stereotypisierung, sozialen Diskriminierungen und alltagsrassistischen Aspekte sind nicht leicht zu ziehen. Daher werden die mehrdimensionalen Facetten interkultureller Diskriminierungsräume aufgezeigt – so wie sie in der Analyse graduell differenziert werden können. Interkulturelle Diskriminierungsräume werden zum

---

(GESCHKE 2012: 34). Sie werden dann problematisch, wenn damit assoziierte (negative) Einstellungen zu einer so ‚imaginierten' Gruppe eine Auswirkung auf die Handlungsebene haben, denn „[s]ie können zu Abwertung und Diskriminierung von anderen Menschen allein aufgrund ihrer [zugeschriebenen] Zugehörigkeit zu bestimmten sozialen Gruppen führen" (GESCHKE 2012: 35). Diskriminierungen weisen „neben der kognitiven und affektiven Dimension eine konative auf, was bedeutet, dass Einstellungen und Gefühle gegenüber Angehörigen einer sozialen Gruppe Handlungen folgen" (THIELE 2016:24). Diskriminierung findet dann statt, wenn Individuen in der Folge der sozialen Kategorisierungs- und Bewertungsprozesse ungleich behandelt werden (vgl. GESCHKE 2012: 35). Der Begriff der Diskriminierung wird von HORMEL und SCHERR (2004: 28) in drei Formen ausdifferenziert, die auch im Rahmen der nachfolgenden Ausführungen wichtig sind: „Individuelle Diskriminierung und Diskriminierung als Gruppenpraxis können als interaktionelle Diskriminierung charakterisiert werden, deren Grundlage sowohl diskriminierende Absichten als auch Stereotype und Deutungsmuster sein können, die zu diskriminierenden Handlungen ohne bewusste Diskriminierungsabsicht führen. (...) Diskriminierung resultiert [zudem] aus dem Normalvollzug etablierter gesellschaftlicher, insbesondere politischer und ökonomischer Strukturen (strukturelle Diskriminierung). Strukturelle Diskriminierung schließt institutionelle Diskriminierung ein, d. h. Praktiken, die in rechtlichen oder organisationsspezifischen Erwartungsstrukturen begründet sind" (vgl. auch HORMEL 2007: 14 f.; HORMEL und SCHERR 2010; vgl. zum Begriff des Stereotyps auch THOMAS 2006; THIELE 2015, 2016; LILLI 1982 sowie den Sammelband von PETERSEN und SIX 2008). (Alltäglicher) Rassismus ist ein höchst komplexes Phänomen, das sich in alltäglichen Situationen als abwertende Kategorisierung von Personen oder sozialen Gruppen als eine Form der Diskriminierung anhand „scheinbar sichtbaren, stabilen und unveränderlichen Temperaments- und Charaktereigenschaften" (ZICK und KÜPPER 2008: 111) zeigt, bzw. als „extremes Vorurteil im Sinne einer Abwertung von Menschen nach (quasi)biologischen bzw. naturwissenschaftlichen Kriterien" (ZICK und KÜPPER 2008: 111; vgl. TERKESSIDIS 2004).

5.3 Interkulturelle Diskriminierungsräume

einen als scheinbar unbewusster oder naiver Prozess der Stereotypisierung, „ohne [erkennbare] bewusste Diskriminierungsabsicht" (HORMEL und SCHERR 2004: 28) inszeniert (Abschnitt 5.3.1). Zum anderen lassen zahlreiche Filmsequenzen erkennen, dass Stereotypisierungen von einer Handlungsfigur bewusst intendiert und mit offensichtlichen Diskriminierungsabsichten verbunden werden. In der filmischen Inszenierung sind diese auf Vorurteilen basierenden Prozesse oft mit Aspekten verknüpft, die als offene Form alltäglichen Rassismus interpretiert werden können (Abschnitt 5.3.2). Darüber hinaus werden Aspekte institutioneller und struktureller Diskriminierung aufgegriffen (Abschnitt 5.3.3).

5.3.1 Naive Vorurteile und Stereotypisierungen – „They just had red hair and big legs."

Interkulturelle Vorurteilsräume werden häufig auf Grundlage individueller Kategorisierungs- und Bewertungsprozesse inszeniert. Dabei steht zumeist eine Person im Vordergrund, die eine andere Person auf Basis weniger bekannter und plakativer Merkmale eine bestimmte soziokulturelle Zugehörigkeit zuschreibt bzw. kategorisiert und dabei auf eigene Vorurteile und stereotypisierende Vorstellungsbilder zurückgreift – jedoch ohne zunächst erkennbare Diskriminierungsabsichten. Häufig sind es Kinder oder als kindlich gezeichnete Charaktere, die im Rahmen solcher Interaktionssituationen die Urheber:innen entsprechender Vorurteile und Stereopysierungen sind.

Als Einstiegsbeispiel eignet sich eine Sequenz aus dem Film *Brooklyn*. Darin äußert sich Frankie, der kleine Bruder von Tony, beim gemeinsamen Abendessen von Eilis mit der Familie Fiorello negativ gegenüber Menschen irischer Herkunft: „First of all I should say that we don't like Irish people." (#00:43:57). Während seine Familienmitglieder scheinbar empört auf diese Äußerung reagieren und ihn zu unterbrechen versuchen, argumentiert der Junge weiter: „We don't. That is a well known fact. (...) 'Cause a big gang of Irish beat Maurizio up and he had to have stitches" (#00:44:06). Maurizio bemüht sich daraufhin, die Sache klarzustellen – auch er habe eine gewisse Schuld an der Schlägerei getragen – und fügt hinzu: „They probably weren't all Irish" (#00:44:20). Frankie lässt sich nicht beirren und führt fort: „No. They just had red hairs and big legs" (#00:44:22). Daraufhin lassen die Erwachsenen am Tisch empört ihr Besteck fallen – Frankie wird zurechtgewiesen, von seinem Vater am Ohr aus dem Zimmer gezogen und muss sich im Anschluss bei Eilis entschuldigen. Lediglich Eilis selbst und Tony scheinen die Situation nicht allzu ernst zu nehmen und werfen sich ein amüsiertes Grinsen zu (vgl. Abbildung 5.24).

Abbildung 5.24 Frankie wird wegen seiner Äußerungen gemaßregelt. (Screenshots: Brooklyn R: Crowley, USA et al.: 2015)

Es wird im Rahmen der Situation nicht weiter erläutert, inwiefern die Familie Fiorello tatsächlich entsprechend stereotype Vorurteile gegenüber Menschen irischer Abstammung hegt. Jedoch zeigt sich in den Reaktionen der Brüder und Eltern gegenüber Eilis, dass ihnen die Äußerungen des Kleinsten äußerst unangenehm sind – vermutlich hätten sie aus eigenen Stücken diese generalisierenden und an stereotypen Vorstellungsbildern orientierte Feststellungen gegenüber einer ganzen Community nicht geäußert. Die Äußerung Frankies kann als kindlich-leichtsinnig interpretiert werden, deren diskriminierender Beigeschmack dem Jungen zunächst nicht bewusst ist. Zugleich verweist sie jedoch auch darauf, dass entsprechende Stereotype hinsichtlich ganzer ethnischer und religiöser Communitys im Alltag der dargestellten Gesellschaft durchaus Relevanz haben und strukturell in alltäglichen Denkmustern verankert zu sein scheinen. Es ist davon auszugehen, dass sich Frankie die seinen Äußerungen zugrunde liegenden stereotypen Assoziationen (z. B. „red hair and big legs") nicht selbst ausgedacht hat, sondern dass diese im Rahmen seiner Sozialisation, z. B. im familiären Kontext, bereits verankert sind. Dies wiederum lässt sich als Hinweis darauf verstehen, dass zur eigenen Abgrenzung gegenüber Angehörigen anderer Herkunft im gesellschaftlichen Alltag auf stereotype Vorstellungsbilder zurückgegriffen

5.3 Interkulturelle Diskriminierungsräume

wird und Stereotypisierungen somit als ein zentraler Aspekt sozialer Kommunikation zu sein scheinen – auch oder gerade in filmischen Kontexten (vgl. BENSHOFF und GRIFFIN 2009: 6 ff.).

Eine ähnliche Schlüsselsequenz findet sich im Film *Arranged*. Dort unterrichten Nasira und Rochel gemeinsam eine Grundschulklasse – Nasira als Klassenlehrerin und Rochel als Assistenz für einen sehbehinderten Jungen. In einer Schulstunde muss Nasira ihre Erläuterungen unterbrechen, da einige Schüler:innen der Klasse geräuschvoll tuscheln und unruhig sind. Sie spricht die Unruhestifter:innen direkt an (#00:20:02 bis 00:20:46, vgl. Abbildung 5.25):

Abbildung 5.25 Thematisierung von kulturellen Stereotypen im Klassenzimmer in *Arranged*. (Screenshots: Arranged R: Crespo und Schaefer, USA: 2007)

Nasira:	What's the problem, Justin?
Justin:	Nothing.
Nasira:	Well, it doesn't sound like nothing. So come on, out with it.
Justin:	Well, Jimmy was saying that you and Miss Rachel can't be friends because you're from different religions. Like you hate each other or something…
Nasira:	And why would you think that, Jimmy?
Jimmy:	Well, are you?
Nasira:	Are we what?
Jimmy:	Friends. Cause I heard that the Muslims wanna kill all the Jews. Aren't you Muslim?
Nasira:	Do you think I want to kill you, Miss Rochel?
Rochel:	No, of course not.
Nasira:	Yes, Rebecca?
Rebecca:	I heard that, too. That the Muslims wanted to push Israel back into the ocean.

Ohne dass den Kindern hier direkt eine diskriminierende Absicht unterstellt werden kann, beziehen sie sich in ihren Ausführungen auf gesellschaftlich verbreitete stereotype Vorstellungsbilder. Sie betonen, dass ein existierender politischer Konflikt zwischen jüdischen und muslimischen Gemeinschaften im globalen Kontext eine Freundschaft zwischen Individuen, deren Identität sich über die religiöse

Zugehörigkeit speist, unmöglich machen würde. Die Schüler:innen geben an *davon gehört zu haben* und verweisen damit auf generalisierende Annahmen, die in bestimmten gesellschaftlichen Kontexten kursieren – auch wenn diese im Rahmen der Sequenz nicht weiter spezifiziert werden. Besonders die Argumente von Rebecca und Justin zeigen auf, dass der Ursprung dieser stereotypen Vorstellung auf einer politischen Ebene zu suchen ist, oder vielmehr in sozial assoziierten Vorstellungsbildern und Narrativen, die auf politischen Geschehnissen basieren. So lassen sich die Aussage „(…) the Muslims want to push Israel back into the ocean" (#00:20:46) und die angesprochene Annahme, dass Juden und Muslime einander hassen würden, beispielsweise auf Zitate des ägyptischen Offiziers Colonel Gamal Abdel Nasser oder des ägyptischen Gelehrten Sheikh Hassan al-Banna zurückführen, die in ihren Reden ähnliche Argumentationen einsetzten.[30] Es lässt sich konkretisieren, dass das hier implizit verhandelte Vorurteil maßgeblich auf den politischen Konflikt zwischen Israel und der arabischen Welt, genauer gesagt Palästina, zurückzuführen ist.[31] In *Arranged* wird er nun ins Klassenzimmer getragen und dort durch die Augen der Kinder inszeniert. Diese Form der scheinbar unbewusst geäußerten Stereotype können folglich als ein sozial verankerter Topos der Diskriminierung gesehen werden. Nasira und Rochel gelingt es jedoch, die Anmerkungen der Kinder zu entkräften, indem sie zum einen ironisch darauf reagieren und zum anderen Aufklärungsarbeit leisten, indem sie beispielsweise im Anschluss die Vielfalt beider religiöser Gruppierungen ansprechen. Nasira spricht beispielsweise die Vielfalt der muslimischen Communitys weltweit an und versucht deutlich zu machen, dass Vorurteile gegenüber beiden religiösen Communitys zumeist auf Ignoranz, Angst oder Unwissen basieren würden:

„There are more than one and a half billion Muslims worldwide, in different countries, speaking different languages with different ways of viewing the world. And there are always people who hate other people. And it's out of ignorance. It's because they feel scared or they feel threatened or maybe they just don't understand where the other people are coming from" (#00:21:09).

---

[30] So wurde beispielsweise Hassan al-Banna im Jahr 1948 von der New York Times zitiert: „If the Jewish state becomes a fact, and this is realized by the Arab peoples, they will drive the Jews who live in their midst into the sea" (SCHMIDT 1948: 4).

[31] Es wird an dieser Stelle nicht intensiver auf die politischen Hintergründe dieses Aspektes eingegangen. Als Einstieg eignen sich z. B. zwei thematisch breit aufgestellte Sammelbände von MA'OZ (2009, 2010). Der thematisierte Konflikt und damit verbundene Narrative in muslimischen und jüdischen Communities werden auch in *David & Layla* intensiv thematisiert.

5.3 Interkulturelle Diskriminierungsräume

Allerdings hat ihr differenzierter Erklärungsversuch keine Wirkung im Kontext der Situation. Um den aufkeimenden Vorurteilen gänzlich entgegenzuwirken, schlägt Rochel zudem vor, eine Übung mit den Kindern zu veranstalten:

„I have an idea. (…) I want each of you to think of one word that represents you. Could be anything, right? Um, like, your skin color, your religion, favorite sports team, anything at all" (#00:21:35).

Es zeigt sich, dass auch diese Bemühungen im schulischen Kontext nicht auf offene Ohren stoßen, denn die Schulleiterin Mrs. Jacoby lehnt derartige Maßnahmen ab: „Just don't waste too much time on it, OK? These kids have a lot of academics they have to learn" (#00:23:28). Sie selbst nimmt im Kontext mehrerer Sequenzen stereotype Kategorisierungen der beiden Frauen vor – teils auch mit unmittelbar verknüpften, diskriminierenden Folgen. Beispielsweise spricht sie mehrfach offensiv Nasiras Hidschāb an, hinter dem sie eine Unterminierung der Eigenverantwortlichkeit der jungen Frau durch ihren Vater vermutet – auch wenn Nasira klar vermittelt, dass es ihre eigene Wahl sei, das Kopftuch als Ausdruck ihres Glaubens zu tragen: „I decided to wear it. It was my choice. As an expression of my beliefs and what is written in the Koran, on feminine modesty" (#00:07:31).

An einer späteren Stelle konfrontiert Mrs. Jacoby Rochel und Nasira offensiv mit ihren Vorurteilen gegenüber dem vermeintlich strengen Glauben der jungen Frauen, den sie in der Kleidungsweise der beiden bestätigt sieht – Rochel trägt stets lange Röcke und hochgeschlossene Oberteile im Sinne charedischer Kleidungsvorschriften und Nasira verdeckt ihr Haar mit einem Hidschāb (vgl. Abbildung 5.26):

„Look at you. (…) You're beautiful. You're a beautiful woman…under all that. You're stunning, you could be a model. I'm not kidding! (…) Look, the two of you are some of my smartest teachers. I mean you work hard, you love your kids, you come on time, you're creative, you're successful participants in the modern world, except for this religious thing, you know? I mean the rules, the regulations, the way you dress. What happens in two, three years? I'll lose you? I'll lose you to the Jeshiva, I'll lose you to the Mosque school and then they marry you off? I mean, come on, we're in the 21st century here for crying out loud. There was a woman's movement, you know? I went through it! (…) But you know what I mean. OK, good. Go, go home. Better yet, tell you what, go shopping. OK? Here's some money, get yourselves some designer clothes (…). Get out of those *verkakte* outfits. Buy yourselves some designer clothes" (#00:23:36 bis 00:25:17).

Mrs. Jacoby fällt in dieser Sequenz ein Urteil über die von ihr angenommenen kulturellen Identitäten der beiden Frauen, welches sie maßgeblich auf Basis

Abbildung 5.26 Nasira und Rochel im Konfrontationsgespräch mit Mrs. Jacoby. (Screenshots: Arranged R: Crespo und Schaefer, USA: 2007)

deren äußeren Erscheinungsbildes und Kleidungsstils ableitet. Sie sieht die Fähigkeit von Nasira und Rochel als Lehrerinnen in Diskrepanz zu ihrem Glauben, den sie gleichsetzt mit einer traditionell-religiösen Lebensweise, welche entgegen feministischer Werte stünde. Sie spricht ihnen aufgrund ihres Kleidungsstils ab, vollwertige gesellschaftliche Subjekte, emanzipierte Frauen und Lehrerinnen sein zu können. Die Kleidung wird zum Austragungsgegenstand der kulturellen Differenzierungen, die im Kern auf diskriminierenden Vorurteilen von Mrs. Jacoby aufbauen. Sie bietet ihnen sogar Geld an, damit sie ihre Outfits ändern können und suggeriert damit die Vorstellung, dass dies bereits zu einem Wandel ihrer Identitäten führen würde. Beide lehnen dieses Angebot entschieden ab. Im Prinzip kann man Mrs. Jacobys Aussagen als einen direkten und persönlichen Angriff auf ihre individuelle Wahlentscheidung verstehen – sie proklamiert, dass die beiden Frauen keine Lebensfreude hätten. Die Tatsache, dass sich beide Frauen entsprechend familiärer und religiöser Tradition kleiden und sozial festgeschriebene Praktiken befolgen, wird von ihr als eine nicht moderne und wenig selbstbestimmte Lebensweise interpretiert. Religiöse Zugehörigkeit und Glaube werden hier folglich als sozial rückständige Eigenschaften interpretiert, die ein freies Leben einschränken würden und die sich an Kleidung als symbolischem Ausdrucksmittel kultureller Identität manifestieren.

Mrs. Jacoby sieht die beiden Frauen als von der patriarchalen Herrschaft ihrer Familien unterdrückt an, die sich den auferlegten Zwängen der Religion nicht entziehen können. In Mrs. Jacobys Perspektive handelt es sich bei der Bekleidung um eine Art Verkleidung, welche die Frauen ablegen sollten, um ein selbstbestimmtes und gleichberechtigtes Leben führen zu können (vgl. Sequenz ab #00:22:37). Sie vermutet, dass beide in naher Zukunft zur Heirat gezwungen und anschließend in der Moschee oder der Jeshiva verschwinden würden: „What happens in two, three years? I'll lose you? I'll lose you to the Jeshiva, I'll lose

5.3 Interkulturelle Diskriminierungsräume

you to the Mosque school and then they marry you off?" (#00:25:10). Mit den Worten „Get out of this *verkakte* Outfits, buy yourselves some designer clothes" (#00:25:15) möchte Mrs. Jacoby den beiden im Gespräch aus ihrem privaten Portemonnaie Geld zustecken. Dies kann als eine diskriminierende Handlung interpretiert werden, da Mrs. Jacoby den beiden Frauen eine auf ihrer religiösen Zugehörigkeit fußende, ablehnende Haltung entgegenbringt und im Vergleich zu den anderen Lehrerinnen in der Schule ungleich und respektlos behandelt. So ist es im Kontext der filmischen Handlung zu vermuten, dass sie keiner der anderen Lehrerinnen Geld zustecken würde, damit sich diese anständige Kleidung kaufen können.

Stereotypisierungen als Ergebnis eines *scheinbar* unbewussten Prozesses der Unterscheidung ohne eine bewusst erkennbare Diskriminierungs*absicht*, wohl aber mit diskriminierenden *Tendenzen* verknüpft, erfolgen in den betrachteten Filmsequenzen auch auf Basis der Hautfarbe einer Person. Die kommunikativ vermittelten Äußerungen werden dabei als scheinbar flüchtige Bemerkungen in Alltagssituationen angebracht, in deren Kontext eine Person von einer anderen anhand körperlicher Merkmale kategorisiert wird. Besonders deutlich zeigt sich dies in den Sequenzen des Films *2 Days in New York*, in denen Manu sich mit Mingus und dessen Schwester Elizabeth unterhält. Manu tritt im Film von einem verbalen Fettnäpfchen ins andere und ruft dabei durch seine scheinbar unreflektierten Bemerkungen bei seinen Interaktionspartner:innen konsternierte Reaktionen hervor (vgl. Abbildung 5.27). Dies zeigt sich bereits in seiner ersten Begegnung mit Mingus, den er beständig mit „Bro" anspricht, weil er vermutet, dass dies die angemessene Begrüßung eines African American in New York City sei. Mingus reagiert darauf etwas verwirrt – dies lässt zumindest seine Mimik erahnen. Wenig später fragt Manu Mingus, ob ihm dieser einen Ort empfehlen könnte, an dem er etwas Marihuana kaufen könne. Mingus reagiert daraufhin fassungslos und merkt an, dass er keine Drogen konsumiere. Dies wiederum irritiert Manu, der Rose achselzuckend mitteilt, dass Mingus wohl der einzige Schwarze Mensch in New York sei, der keine derartige Droge konsumiere: „On a trouvé le seul guy Black qui ne fume pas" (#00:17:11). An dieser Stelle zeigt sich bereits deutlich, dass Manu im höchsten Maße in rassialisierenden Stereotypen zu denken scheint. Ohne Mingus näher zu kennen, kategorisiert er ihn alleinig auf Grundlage der Hautfarbe und belegt ihn mit Vorurteilen.

Dieser Eindruck wird auch in weiteren Filmsequenzen bestätigt – u. a. als er beim Abendessen zu Mingus Schwester Elizabeth mit verschmitztem Lächeln sagt: „Did anyone tell you that you look like Beyoncé? (...) Maybe just a little sexier" (#00:23:05). Elizabeth und Mingus reagieren mit einem entgeisterten Blick und betretenem Schweigen. Elizabeth verlässt kurzerhand den Tisch und

Abbildung 5.27 Manu konfrontiert seine Mitmenschen mit stereotypen Weltsichten. (Screenshots: 2 Days in New York R: Delpy, FRA/D/BEL: 2012)

wendet sich an Marion: „Who's that creep?" (#00:23:15). In Manus Bemerkung vereinen sich an dieser Stelle zwei diskriminierende Aspekte – Rassismus und Sexismus – anhand derer er Elizabeth auf das Stereotyp einer *Black woman* zu reduzieren versucht. Seine vermeintlich als Kompliment gemeinte Anmerkung muss aus diesem Grund kritisch betrachtet werden. Dabei grenzt die Art und Weise, wie die filmische Inszenierung hier mit der auf Hautfarbe basierenden Kategorisierung spielt, schon an paradoxe Ironie und es ist wenig verwunderlich, dass der Kommentar von Manu ausgeht. Denn der als kindlich-naiv gezeichnete Charakter bemerkt noch nicht einmal, dass seine Bemerkungen eine diskriminierende Tragweite haben könnten.

5.3 Interkulturelle Diskriminierungsräume

Die politische Inkorrektheit seiner Aussagen zeigt sich auch an anderen Stellen des Films immer wieder. Beispielsweise bezeichnet Manu den ehemaligen US-amerikanischen Präsidenten Barack Obama immer wieder als sein Idol. Seine Sympathie bringt er auch durch sein T-Shirt zum Ausdruck, auf dem Obamas abstraktes Konterfei abgebildet ist sowie der Spruch *Obama Homeboy*. Allerdings zeigt sich, dass er Obama nicht aufgrund dessen politischer Kompetenz schätzt – vielmehr ist es dessen *Coolnessfaktors*, der für Manu entscheidend ist und den er, einmal mehr, in direktem Zusammenhang mit dem Aspekt der Hautfarbe bringt. Nachdem er diesen Aspekt mehrfach betont hat, stellt er in einem Tischgespräch, bei dem es u. a. auch um Obama und dessen politisches Wirken ging, abschließend fest:

„Man, you're so lucky to be Black. That's my only regret, you know? Because I would have been a cool Black man. I'm talking Miles or Prince. But I'm Jewish, you know? It's good, too. It's almost the same. We've both been buked forever, right?" (#00:25:18)

Sowohl die Fremdkategorisierung von Elizabeth und Mingus als *Black* als auch die Eigenkategorie als *Jewish* sowie die damit assoziierte Bemerkung, beide Gruppen seien gesellschaftlich ‚erledigt', zeigt auf, wie undifferenziert Manu hier rassialisierende Vorurteile und Stereotype bedient. Dies tut er scheinbar, ohne sich der Tragweite der Anmerkungen bewusst zu sein. Dies bemerken auch Mingus und Elizabeth, die zwar ruhig bleiben, in ihrer Reaktion jedoch erkennen lassen, dass Manus' Perspektive sie äußerst pikiert. Manus' Sichtweise auf die Welt zeigt sich im Film nicht ausschließlich im privaten Kontext, sondern auch in Situationen in (teil-)öffentlichen Räumen. Dabei wird eine Dynamik entfaltet, die erkennen lässt, dass es sich nicht nur um stereotypisierende Bemerkungen handelt, sondern um Äußerungen, welche als interaktionelle Diskriminierung gewertet werden können. Als die Familie bei einem Mittagessen im Restaurant *La Bataille* sitzen, trifft Mingus zufällig einen alten Freund, Justin, der mittlerweile für die Obama-Administration in Washington arbeitet. Die Männer unterhalten sich und Justin deutet an, dass er Mingus unter Umständen demnächst in eine Pressekonferenz Obamas mitnehmen könne. Allerdings lässt sich Marions Familie zu einigen unqualifizierten Anmerkungen zu Obama hinreißen, in denen Jeannot ihn als *Sozialisten* bezeichnet und Rose feststellt, dass sie ihn aufgrund seines Aussehens möge – er würde so viel besser aussehen als Nicholas Sarkozy. Auch lässt Manu nicht davon ab, entsprechende Äußerungen zu tätigen. Er versucht einmal mehr, ein Kompliment auszusprechen, das allerdings in eine gänzlich andere Richtung geht. So sagt er an Justin gerichtet: „If I may say so, you did a fucking great job in *Harold and Kumar go to White Castle*. That was like totally hysterical!" (#00:52:56). Damit wiederholt und aktualisiert er nicht nur seine Tendenz, Menschen anderer Hautfarbe in stereotype Kategorien zu unterteilen, denn Justin hat in seinen Augen eine Ähnlichkeit mit dem Schauspieler Kal Penn, der in dem besagten Film die Rolle des Kumar spielt. Er artikuliert implizit, dass er Justins politische Arbeit in der Obama-Administration nicht ernst zu nehmen scheint und stattdessen davon ausgeht, dass er der Hauptcharakter aus einem *Stoner-Movie* sei (vgl. Abbildung 5.28).[32]

Abbildung 5.28 Manu verwechselt Justin mit dem Filmcharakter Kumar. (Screenshots: 2 Days in New York R: Delpy, FRA/D/BEL: 2012 (o), Ausschnitt aus dem Filmplakat von Harold und Kumar go to White Castle R: Leiner, USA/CAN/D: 2004)

Die hier anklingende Beobachtung, dass der Rückgriff auf Stereotype bereits mit diskriminierenden Tendenzen verknüpft sein kann, wenn gleichermaßen auf

---

[32] Dieser Aspekt ist von Relevanz, da Kal Penn (bürgerlicher Name: Kalpen Modi), der in dem besagten Film aus dem Jahr 2004 eine Hauptrolle spielt, tatsächlich für die Obama-Administration gearbeitet hat. So wurde er im Jahr 2009 als Mitarbeiter berufen, um „im Auftrag von Präsident Barack Obama die Kontakte der Regierung zu asiatischen Einwanderern und Künstlern [zu] stärken" (Focus Online 2009). Einige Medien referierten in dieser Zeit mehrfach auf seine Rolle des *Kumar:* Harold und Kumar machen sich in dem Film auf dem Weg zur Fast-Food-Kette „White Castle" – dies wurde als vermeintlich witzige Anekdote genutzt, um darauf zu verweisen, dass Kal Penn nun auch auf dem Weg ins „White House" sei (vgl. u. a. The Washington Post 2010).

5.3 Interkulturelle Diskriminierungsräume

sehr subtile Art und Weise, zeigt sich auch in anderen Filmbeispielen. Besonders deutliche Beispiele finden sich in *My Last Day Without You*. Hier gehen die stereotypisierenden Äußerungen maßgeblich von Niklas aus – beispielsweise, als er Tisha eine Musikkarriere in Deutschland verspricht und sich auch nicht davon beirren lässt, dass diese seine Äußerungen direkt auf rassistischen Stereotypen zurückführt:

> Niklas: Everybody loves the Black musicians in Germany.
> Tisha: Nice. (...) You want all to be sub down to the blackness.
> Niklas: No this, this is not what I mean, I mean the music that is so good. This is a tradition since many years. The Jazz musicians always make a better living in Europe than in America.

Insbesondere der letzte Satz von Niklas lässt anklingen, dass es sich bei seiner Äußerung bezüglich des Erfolges von *Black musicians* in Deutschland nicht nur um eine beiläufige Bemerkung handelt – er bestätigt, dass es sich um ein etabliertes soziales Klischee handelt. Dabei lassen sich hier bereits diskriminierende Tendenzen erkennen – z. B. dass Niklas darauf beharrt, Tisha helfen zu wollen, obwohl sie ihm mehrfach deutlich macht, dass sie als emanzipierte Frau seine finanzielle Hilfe nicht benötige.

Die zitierten Filmsequenzen verweisen darauf, dass die kategoriale Stereotypisierung von filmischen Figuren hauptsächlich solche betrifft, die aus der Perspektive der Person, von der die Kategorisierung ausgeht, entweder einer *anderen* Religion zugehören, denen eine *andere* Herkunft zugeschrieben wird oder die sich bezüglich des visuellen Markers der Hautfarbe unterscheiden. Aspekte kultureller Vielfalt werden dabei interaktionell auf stereotype Vorstellungsbilder reduziert und teils mit Diskriminierungsaspekten verknüpft – auch mit solchen, die als alltäglicher Rassismus interpretiert werden können. In den bislang erwähnten Sequenzen zeigt sich diese Inszenierungsstrategie jedoch stets als scheinbar unbewusste Interaktion, d. h. die Personen, von denen die entsprechenden kommunikativen Handlungen ausgehen, scheinen sich deren Gehalt nicht bewusst zu sein. Dies könnte auch daran liegen, dass es sich in der Regel um kindlich oder unreif gezeichnete Figuren handelt, die maßgeblich zur Konstruktion dieser Interaktionsräume beitragen. Es muss jedoch klar sein, dass ihre als naiv oder beiläufig inszenierten Äußerungen stets als bedeutungsvolle, bewusste filmische Inszenierungen decodiert und entsprechend kritisch interpretiert werden sollten.

5.3.2 Intendierte Diskriminierungen und alltäglicher Rassismus – „Run for the trees!"

Interkulturelle Diskriminierungsräume äußern sich als Inszenierungsstrategie nicht nur in solch scheinbar unbewussten oder vielmehr gedankenlosen Zuschreibungen. In zahlreichen Filmsequenzen entfalten sie sich entlang bewusst diskriminierender Äußerungen, die teils unverkennbar mit rassistischen Vorurteilen aufgeladen und deutlich(er) mit Aspekten interaktioneller Diskriminierung verknüpft sind.

Ein erstes Beispiel, anhand dessen sich diese Strategie erläutern lässt, findet sich in *Brooklyn Babylon*. Bereits zuvor wurde auf diese Schlüsselsequenz verwiesen, in der es zu einem Crash zwischen zwei Autos kommt, die jeweils mit Personen besetzt sind, die der charedischen sowie westindischen Community zugeschrieben werden können. Im Rahmen dieser Sequenz werden nicht nur räumliche Grenzen zwischen den Communitys gezogen. Es kommt auch zu Interaktionen, die für den hier verhandelten Kontext von Bedeutung sind: Beispielsweise werfen sich die beiden Hauptinteraktionspartner Judah und Scratch gegenseitig beleidigende Begriffe an den Kopf, deren Basis stereotype Kategorisierungen und Vorurteile sind. Sie scheuen sich nicht davor, rassistische Beleidigungen zu verwenden. Es fallen nicht nur diffamierende Begriffe wie „garbage" oder „piece of shit" – Judah bezeichnet Scratch und seinen Begleiter mehrfach als „*Schwarze*" (#00:13:51) und schreit sie an: „Run for the trees!" (#00:13:51). Diese Bemerkungen sind eindeutig als rassistische Beleidigung zu decodieren. Der jiddische Begriff *Schwarze* entspricht dem N-Wort[33] und muss somit als rassistischer Begriff interpretiert werden.[34] Der Ausspruch „Run for the trees" muss in diesem Zusammenhang als naturalisierende, rassistische Eskalation der Beleidigung verstanden werden, da Judah Scratch implizit als *Affen* beschimpft. Auch in *Arranged* kommt der Ausdruck zum Einsatz, als Rochels Familie wenig begeistert darüber spricht, dass an der Schule, an der sie unterrichtet, eine große ethnische Vielfalt herrschen würde. Beispielsweise fragt ihr kleiner Bruder Avi: „Are there any Schwarze at that school?" (#00:03:33) und der Vater antwortet ruhig aber bestimmt: „Avi – don't use that word in our house" (#00:03:35).

---

[33] In den nachfolgenden Ausführungen wird das N-Wort in wörtlichen (Film-)Zitaten teilweise ausgeschrieben, um auf die explizite Verwendungsweise des Begriffs in filmischen Kontexten zu referieren.

[34] „Derogatory Yiddish slang for black person, equivalent to the N-word. A Jewish person using the term "Schwarze" while speaking English is being racist" (Urban Dictionary 2007).

5.3 Interkulturelle Diskriminierungsräume

Besonders deutlich wird das hier beschriebene Motiv auch in *Do the Right Thing*. Es lassen sich an dieser Stelle aus pragmatischen Gründen nicht alle Sequenzen heranziehen, in denen dies zum Tragen kommt – folgende Beispiele verdeutlichen die Strategie aber besonders intensiv: Zunächst gibt es zahlreiche Stellen im Film, in denen sich die Charaktere gegenseitig in einer ähnlichen Art und Weise wie eben angeführt, beleidigen und diffamieren. Beispielsweise beschimpft Pino Mookie und andere African American Charaktere als „*Moulinyan*"[35] sowie den Charakter Da Mayor als „*Azupep*" (#00:12:17). Hierbei handelt es sich um einen Begriff, der in diesem Kontext als rassistische Beleidigung interpretiert werden kann, da damit im Italian American Slang eine betrunkene oder/und Schwarze Person bezeichnet wird (Urban Dictionary 2015). Da Mayor vereint aus Pinos Perspektive beide Dimensionen des Begriffs.

Neben diesen rassistischen Beleidigungen kommen in den Interaktionen auch immer wieder auf Vorurteilen basierende, diskriminierende Beschreibungen zum Einsatz. An mehreren Stellen des Films kritisieren Pino und Sal Mookies Arbeitsweise als zu langsam und stellen dies in direkten Zusammenhang mit seiner *Blackness*. Damit referieren sie auf eine höchst umstrittene mediale Stereotypisierung Schwarzer Menschen, die bis heute in medialen Formaten immer wieder aufgegriffen wird (vgl. LEMONS 1977). Ähnliche Interaktionsmomente ereignen sich auch in *The Namesake*, *China Girl* oder *David & Layla*. So lässt sich beispielsweise Mrs. Fine (*David & Layla*) zu einigen an religiösen Stereotypen orientierten Vorurteilen über Sepharden und Muslime hinreißen und sagt beispielsweise Sätze wie: „Sephardic are backwards, like muslims. *Meshugge.* Crazy" (#00:52:37).

Die prägnanteste Sequenz in *Do the Right Thing*, in der es zur Verbalisierung rassistischer und rassialisierender Stereotype, Vorurteile und diskriminierender Anmerkungen kommt, ist die viel zitierte Sequenz der *Hate Speeches*, die als quasi-Brecht'scher Moment[36] aus der filmischen Handlung heraussticht (vgl. KELLNER 1995: 159 f.; KELLNER 1997: 76 ff.). Dabei kommt es nicht zu einer

---

[35] Der Begriff *Moulinyan* bezieht sich auf das italienische Wort für Aubergine, *Melanzana*, wird aber als Slangwort als Äquivalent zum N-Wort genutzt (Urban Dictionary 2004).

[36] In einigen Publikationen zu *Do the Right Thing* (u. a. KELLNER 1995, 1997; OLANIYAN 1996) wird aufgezeigt, dass die Inszenierungstechniken Spike Lees in zahlreichen Aspekten an das epische Theater von B. Brecht angelehnt sind – z. B. durch einen starken Einsatz des Verfremdungseffektes und das überspitzte Aufspannen dialektischer Oppositionen, über die das Publikum von der Performance so distanziert wird, dass es zu einem kritischen Denken angeregt und zu einer kritischen Analyse inspiriert wird (vgl. Mparham Blog 2013; DUNAWAY o.D.). Dieser spannende Aspekt kann hier nur angerissen werden, sollte jedoch bei einer eingehenden und umfassenderen Analyse des Films unbedingt eine stärkere Berücksichtigung finden.

einmaligen Äußerung ebensolcher, sondern vielmehr zu einer inszenierten Eskalation der gegenseitigen Diffamierungen, die nicht nur von einer Einzelperson ausgehen, sondern gleich von mehreren Individuen unterschiedlicher Personengruppen. Hierzu zählen sowohl Charaktere der African American, Italian American, Latinx, Jewish American als auch der Korean American Community, die alle im porträtierten Viertel leben und arbeiten. Dabei ist besonders hervorzuheben, dass die Sätze nicht direkt zu einem Gegenüber gesprochen werden, sondern offensiv in die Kamera, also zur rezipierenden Person, gewandt (vgl. Abbildung 5.29):

Mookie (*über Italian Americans*):	„You dago, wop, guinea, garlic-breath, pizza-slinging, spaghetti-bending, Vic Damone, Perry Como, Luciano Pavarotti, Sole Mio, non-singing motherfucker." (#00:45:57)
Pino (*über African Americans*):	„You gold-teeth, gold-chain-wearing, fried-chicken-and-biscuit- eatin', monkey, ape, baboon, big thigh, fast-running, high-jumpin', spear-chuckin', three-hundred-and-sixty-degree basketball-dunkin', tit, soon, spade Moulinyan. Take your fuckin' piece of pizza and go the fuck back to Africa." (#00:46:17)
Stevie (*Puerto Rican, über Korean Americans*):	„You little slanty-eyed, me-no-speaky-American, own every fruit and vegetable stand in New York, bullshit Reverend Sun Myung Moon, Summer Olympics 88, Korean kick-boxing son of a bitch." (#00:46:27)
Officer Long (*Polizist, Jewish American über Puerto Ricans*):	„You goya bean-eating, fifteen in a car, thirty in an apartment, pointed shoes, red-wearing, Menudo, meda-meda Puerto Rican cocksucker. Yeah, you!" (#00:46:36)
Sonny (*Korean American Shopinhaber, über Jewish Americans*):	„It's cheap, I got a good price for you, Mayor Koch, "How I'm doing," chocolate-egg-cream-drinking, bagel and lox, B'nai B'rith Jew asshole." (#00:46:47)

Unterbrochen werden die *Hate Speeches* von Mister Señor Love Daddy, dem lokalen Radiomoderator von *Love FM*, der im Film als Beobachter und Kommentator des alltäglichen Geschehens fungiert und die Sequenz energisch unterbricht: „Yo! Hold up! Time out! Time out! Y'all take a chill! Ya need to cool that

5.3 Interkulturelle Diskriminierungsräume

Abbildung 5.29 Hate-Speeches in Do the Right Thing. (Screenshots: Do the Right Thing R: LEE, USA: 1989)

shit out... and that's the double truth, Ruth!" (#00:47:00). Ohne an dieser Stelle auf jede einzelne Äußerung eingehen zu können, lässt sich feststellen, dass in dieser prägnanten Sequenz vermittelt wird, wie die Personen übereinander denken und wie sehr die Denkweisen von rassistischen Stereotypen und Vorurteilen dominiert werden. Die hier diskutierte Inszenierungsstrategie wird dabei besonders deutlich forciert – insbesondere dadurch, dass die Sequenz stilistisch aus dem Film heraussticht und durch die filmtechnische Gestaltung (u. a. große und nahe Einstellungen, leichte Untersicht und dadurch vermittelte Dominanz der Charaktere) das Gesagte besonders wirkmächtig erscheint. Vor allem wird auch deutlich, dass die Stereotypisierungen und Diskriminierungen hier nicht nur von einzelnen Charakteren ausgehen bzw. sich gegen eine spezifische ethnische oder religiöse Community richten. Vielmehr zeigt sich, dass das an entsprechenden Kategorien ausgerichtete, vorurteilsbehaftete Denken übereinander tief in der gesamten filmisch dargestellten Gesellschaft verankert ist und das angespannte Zusammenleben im Stadtviertel prägt.

Interessant ist auch eine weitere Stelle im Film. Diese hebt sich insofern von anderen Filmsequenzen ab, als dass darin die Stereotype und Vorurteile in einer Interaktion zwischen Pino und Mookie direkt thematisiert werden und Mookie den Versuch unternimmt, die stereotypen Perspektiven Pinos kritisch als solche zu dekonstruieren. Zugleich vermittelt er, dass es sich bei rassistischen Stereotypen und Vorurteilen gegenüber African Americans stets um kontextabhängige Konstruktionen handelt (#00:44:10 bis 00:44:40, vgl. Abbildung 5.30):

Mookie:	Pino, who's your favorite basketball player?
Pino:	Magic Johnson.
Mookie:	Who's your favorite movie star?
Pino:	Eddie Murphy.
Mookie:	Who's your favorite rock star? Prince. You're a Prince-fan.
Pino:	Boss Bruce.
Mookie:	Prince.
Pino:	Bruce!
Mookie:	Pino, all you ever talk about is "nigger-this" and "nigger-that." And all your favorite people are so-called "niggers".
Pino:	That's different. Magic, Eddie, Prince are not niggers. I mean, they're not Black. I mean – let me explain myself. They're not really Black. I mean, they're Black, but they're not really Black. They're more than Black. It's, it's different.

Abbildung 5.30 Konfrontation zwischen Pino und Mookie. (Screenshots: Do the Right Thing R: Lee, USA: 1989)

5.3 Interkulturelle Diskriminierungsräume

ANDREWS (1996: 140)[37] merkt diesbezüglich an, dass es dem Regisseur Spike Lee an dieser Stelle gelinge aufzuzeigen, dass in der US-amerikanischen Gesellschaft „racial double-standards" existieren, die in den ambivalenten politischen Diskursen um *Race* und *blackness/whiteness* immer wieder thematisiert würden. Im Kontext der Inszenierungsstrategie ist es interessant anzumerken, dass Mookie die von Pino vorgetragenen rassistischen Äußerungen und Vorurteile auf ihn zurückspiegelt, um ihm deren politische Ambivalenz vor Augen zu führen. Dabei verweist er darauf, dass die von Pino eingenommene Machtposition und die sozialen Konstruktionen von *Race*, aus denen heraus er Stereotype, Vorurteile und diskriminierende Aspekte legitimiert, durchaus herausgefordert werden können (#00:44:45 bis 00:44:55):

> Mookie: Pino, deep down inside, I think you wish you were Black.
> Pino: Get the fuck outta here!
> Mookie: Laugh if you want to. You know your hair is kinkier than mine. What does that mean? Now, you know what they say about *dark Italians*.

Mookie provoziert hier bewusst sein Gegenüber, indem er explizit darauf hinweist, dass die von Pino eingenommene privilegierte Perspektive auf seine eigene soziale Position angreifbar ist. So kann das negativ kategorisierende Denken, aus dem heraus er beständig Angehörige anderer Gruppen – insbesondere African Americans – diskriminiert, in anderen sozialen Kontexten und Perspektiven auch gegen seine eigene Identität gerichtet sein. Mookie verweist hier ganz konkret auf das Beispiel der *dark Italians* und spricht damit den historischen Umstand an, dass gerade im prä-*Civil Rights* Amerika vor dem Jahr 1964 im Kontext der *Jim-Crow-Gesetze* nicht nur eine Linie zwischen *Black* und *White* gezogen wurde, sondern ganz explizit Teile der Italian American Community Opfer rassistisch begründeter Diskriminierung und Segregationsbestimmungen wurden. Dies traf insbesondere Angehörige der süditalienisch-sizilianischen Diaspora, die als

---

[37] „Many in the white population are gracious enough to accept, even adulate, African Americans, but only if they do not explicitly assert their blackness: If you're black you are not expected to harp on it, if you do then you are, to use the racist vernacular (…). African Americans are tolerated, even valued, if they abdicate their race and are seen to successfully assimilate into the practices, value systems, and identity, of white America. (…) The ability of certain black celebrities to downplay their Blackness was the reason for Pino's lauding of magic Johnson and Eddie Murphy. Spike Lee could have easily substituted Michael Jordan, Bill Cosby, Bo Jackson, or Arsenio Hall, as Pino's favorite stars (SWIFT 1991). Conversely, the outspoken championing of black civil rights issues by figures such as Reverend Al Sharpton, Minister Louis Farrakhan, and Reverend Jesse Jackson, greatly disturbed Pino" (ANDREWS 1996: 140).

„racially transient" (JACKSON 2017: V) zwischen den segregierten Communitys angesiedelt und ebenso rassistisch diskriminiert wurden wie Angehörige der *Black Community*:

> „This transiency meant that Italians moved among and between racial communities, as they slipped back and forth across the color line in ways that both reinforced it and revealed its instability. This transiency also caused southerners to paradoxically constitute their color and race; the lynchings of Italians represent moments when their "color-status" was contested, meaning Italians were vulnerable to being treated like other "non-whites," while other moments subverted the racial questionability of Italians and progressively aligned them more fully within the "white" mainstream" (JACKSON 2017: 6).[38]

Vor diesem Hintergrund schafft es der Film an dieser Stelle, rassialisierende soziale Praktiken in kritischerer Perspektive zum Ausdruck zu bringen und die interagierenden Figuren auf verbaler Augenhöhe verhandeln zu lassen. Unterstrichen wird dies durch die Kameraarbeit, durch welche die gleichberechtigte Gesprächsposition visuell vermittelt wird. Es muss angemerkt werden, dass der Film bzw. diese konkrete Sequenz diesbezüglich ein Alleinstellungsmerkmal einnimmt. Der Großteil der Filmsequenzen, in denen beabsichtigte Stereotypisierungen und Diskriminierungstendenzen inszeniert werden, eröffnet keinen solchen Kontext bzw. lässt die Äußerungen unkommentiert im Raum stehen.

Ein weiterer Film, der häufig auf diskriminierende Stereotypisierungen zurückgreift, ist *Learning to Drive*. Dabei ist es meist Darwan, gegen den sich die negativen Stereotypisierungen richten. Ein Schlüsselmoment ereignet sich während einer Fahrstunde mit Wendy. Bei einer Fahrt durch die Straßen Manhattans laufen plötzlich zwei jugendliche Männer auf die Straße und stoppen vor dem Auto. Sie blicken hinein, zeigen auf Darwan und einer der Männer ruft: „Osama, hah, I thought we killed you!" (#00:29:25, vgl. Abbildung 5.31).

Die von diesem Ausspruch ausgehende Kategorisierung bezieht sich auf zwei Aspekte. Zum einen kategorisiert der junge Mann Darwan anhand der zwei sichtbaren Marker Vollbart und Kopfbedeckung. Daraus schließt er scheinbar, dass es sich um einen Muslim handeln muss – er verallgemeinert die visuellen Merkmale zu einem stereotypen Bild eines *muslimischen Mannes*. Zum anderen assoziiert er damit unmittelbar ein negatives Vorurteil, indem er mit dem Stereotypen direkt die Kategorie des Terroristen verknüpft. Dabei spielt es keine

---

[38] JACKSONs Studie gibt einen weitreichenden Einblick in die rassialisierenden Praktiken der damaligen Zeit und verdeutlicht die kritisch zu betrachtende Konstruktion von *Race*, Whiteness und Blackness. Vgl. hierzu auch u. a. GUGLIELMO und SALERNO 2003 sowie JACOBSON 1998.

5.3 Interkulturelle Diskriminierungsräume

Abbildung 5.31 Zwei Jugendliche beschimpfen Darwan in *Learning to Drive* als „Osama". (Screenshots: Learning to Drive R: Coixet, USA/UK: 2014)

Rolle, dass Darwan keine Kopfbedeckung trägt, die in einem muslimischen Kontext Einsatz finden würde, sondern einen *Dastar* – also den typischen Turban der Sikhs. So erfolgt durch die negative Stereotypisierung Darwans als islamistischen Terroristen alleinig anhand der sichtbaren Markierungen.

Allerdings lässt sich dieser interkulturelle Raum nicht auf die reine Stereotypisierung beschränken. Vielmehr ist die Bemerkung zugleich als diskriminierende Äußerung zu deuten, u. a. auch deshalb, weil Darwan Wendy erläutert, dass ihm solche Bezeichnungen nahezu täglich im Alltag begegnen würden (#00:29:34):

Wendy: Does that happen to you often?
Darwan: Every day. People try to push your buttons (…).

Die Sequenz referiert dabei auf lebensweltliche Kontexte von praktizierenden Sikhs in US-amerikanischen Kontexten. Wie u. a. SIDHU und GOHIL (2008), SIDHU (2009) oder AHLUWALIA und PELLETTIERE (2010) aufzeigen, sehen diese sich seit den terroristischen Anschlägen am 11. September 2001 in New York City in alltagsweltlichen Kontexten immer wieder mit ebendiesen negativen Stereotypisierungen, Vorurteilen und damit verbundenen Diskriminierungen konfrontiert. VOLPP (2002) verdeutlicht, dass nach 9/11 eine neue stereotype Identitätskategorie konsolidiert wurde. Diese fasse Personen zusammen, die anhand äußerer Merkmale als „Middle Eastern, Arab, or Muslim" (VOLPP 2002: 561) kategorisiert werden – u. a. basierend auf den äußeren Markern *Bart und Kopfbedeckung*, die viele Menschen aufgrund ihres Unwissens über den Sikhismus fehlinterpretieren. Oftmals gehe diese Stereotypisierung einher damit, dass die Personen als scheinbare Terroristen identifiziert würden. Dies komme einem negativen Vorurteil gleich, das mit zahlreichen diskriminierenden Handlungen und Folgen verbunden sei. Das Stereotyp des *arabisch-islamistischen Terroristen* werde hierbei mit diversen rassialisierenden Dimensionen gepaart und die missverständliche Hineininterpretation von Personen in diese doppelte Stereotypisierung sei oft verknüpft mit der Tatsache, dass ihnen ihre Bürgerrechte abgesprochen würden (vgl. BENSHOFF und GRIFFIN 2009: 73). SIDHU und GOHIL (2008: i) konkretisieren diesen Aspekt weiter, wenn sie feststellen:

> „In the aftermath of the terrorist attacks of September 11, 2001, Sikh turbans have taken on a new meaning. Because non-Sikhs tend to associate Sikhs' turbans with Osama bin Laden, Sikhs with turbans have become a superficial and accessible proxy for the perpetrators of the 9/11 attacks. As a result, turbaned Sikhs in America have been victims of racial violence and have had their identity challenged by calls for immigrant groups to assimilate into Western societies".

5.3.3 Strukturell verankerte Diskriminierung – „I'm gonna say two words: Racial Profiling!"

Diskriminierung wird nicht bloß interaktionell zwischen einzelnen Individuen artikuliert. Vielmehr offenbart sich im Kontext zahlreicher anderer Filmsequenzen eine weitere Dimension von interkulturellen Diskriminierungsräumen anhand der Inszenierung tief in gesellschaftlichen Strukturen und Institutionen verankerter, struktureller und institutionalisierter Formen von Benachteiligung. Diese gehen oftmals einher mit dem Phänomen des *Racial Profiling*.[39] Solch filmische Darstellungen verweisen explizit auf Diskriminierungsformen, die gesellschaftlich auf struktureller und institutioneller Ebene verankert sind.

---

[39] Unter diesem Begriff lässt sich nach RISSE und ZECKHAUSER (2004: 136) eine jede polizeilich veranlasste Aktion, die sich auf die *Race* ethnische Zugehörigkeit oder nationale Herkunft einer Person stützt und nicht (nur) auf das Verhalten eines Individuums, bzw. „the use of race or ethnicity, or proxies thereof, by law enforcement officials as a basis for judgments of criminal suspicion" (GLASER 2014: 1). Mit anderen Worten bezeichnet *racial profiling* eine polizeiliche Praxis, in deren Rahmen sich ein Verdachtsmoment gegenüber einem Individuum maßgeblich auf dessen körperliches Erscheinungsbild stützt, das mit diesem – aus welchen Gründen auch immer – eine potenzielle Gefährdung assoziert wird: „‚[R]acial profiling' occurs whenever a law enforcement officer questions, stops, arrests, searches, or otherwise investigates a person because the officer believes that members of that person's racial or ethnic group are more likely than the population at large to commit the sort of crime that the officer is investigating" (GROSS und LIVINGSTON 2002: 1415). Für eine differenzierte Auseinandersetzung mit dem Begriff vgl. HOLBERT und ROSE 2004, BATTON und KADLECK 2004, WELCH 2007, CARMEN 2008 und GLASER 2014.

5.3 Interkulturelle Diskriminierungsräume

Am Ende des vorherigen Kapitelabschnittes wurde bereits darauf hingewiesen, dass sich Darwan in *Learning to Drive* in seinem Alltag beständig mit auf Stereotypisierungen und auf Vorurteilen basierenden Diskriminierungstendenzen konfrontiert sieht. So gibt er an, jeden Tag Beschimpfungen ausgesetzt zu sein, die Praktiken des Alltagsrassismus bezeichnen. Diese basieren und zielen hauptsächlich auf Darwans Aussehen und seinen religiösen Markierungen. Von anderen gesellschaftlichen Akteur:innen fehlinterpretiert, werden sie mit dem eben erläuterten Stereotyp des *arabisch-islamistischen Terroristen* verknüpft – ein Stereotyp, das selbst schon als alltagsrassistische Kategorisierung interpretiert werden kann. In einer weiteren Filmsequenz führt Darwan Wendy gegenüber diesen Aspekt genauer aus. Sie befinden sich in Queens und schlendern gemeinsam einen Pier entlang. Zum ersten Mal kommt es zu einem Gespräch zwischen den beiden, in dem Darwan über seine Herkunft, seine Vergangenheit, sein alltägliches Leben und Aspekte seiner Identität spricht. Dabei kommt zur Sprache, dass Darwan in seiner Heimat Indien als Universitätsprofessor gearbeitet hat. Nachdem er und seine Familie dort aufgrund ihrer Zugehörigkeit zum Sikhismus verfolgt wurden, suchte er politisches Asyl in den USA, wo er mittlerweile die Staatsbürgerschaft innehat. Wendy hakt nach, warum er in New York als Taxifahrer und Fahrlehrer arbeite, wenn er doch hoch qualifiziert sei. Seine Antwort ist eindeutig:

„For a better job I would have to take off my turban, shave my beard. People think I look dangerous. But this is how I know who I am. And here it is too easy to forget." (#00:42:04 bis 00:42:16)

Darwan identifiziert sich an zahlreichen Stellen des Films als praktizierender Sikh. Seine Kopfbedeckung und sein Bart sind dementsprechend essentielle Bestandteile seiner diesbezüglichen kulturellen Identität, die mit signifikanter religiöser Bedeutung aufgeladen sind und auf die er folglich nicht verzichten kann[40]. Allerdings würden sich viele Menschen aufgrund dessen vor ihm fürchten – Bart und Turban sorgen mit anderen Worten dafür, dass Darwan in den Augen anderer gefährlich aussehe. Diese Bemerkung verweist auf den bereits angesprochenen

---

[40] Beispielsweise merken SIDHU und GOHIL (2008: 1) an, dass für Mitglieder der Sikh-Religion der Turban jedoch kein modisches Accessoire oder Indikator einer sozialen Stellung sei. Vielmehr sei er ein wesentlicher Bestandteil ihres Glaubens. Sikhs seien verpflichtet, Turbane gemäß eines religiösen Auftrags zu tragen. Sie betrachten es als eine äußere Manifestation ihrer Hingabe an Gott und der feierlichen Einhaltung der strengen Regeln ihrer Religion. Der hier zitierte Aufsatz bietet nicht nur einen guten Einstieg in die Hintergründe des Sikhismus und seiner religiösen Symbole, sondern auch einen Überblick über diskriminierende Vorfälle, denen sich Sikhs in den US-amerikanischen Kontexten seit 2001 ausgesetzt sahen.

Aspekt der missverständlichen Stereotypisierung von Sikhs als Terroristen. SIDHU und GOHIL (2008: 36) zeigen auf, dass die Diskriminierung von Sikhs mit Turbanen in Amerika zwar nichts Neues sei – es sei jedoch eine starke Eskalation in verschiedenen Kontexten nach dem 11. September 2001 erkennbar. Aufgrund ihres Aussehens und der assoziierten visuellen Ähnlichkeit mit Angehörigen der Taliban seien männliche Sikhs seitdem zunehmend Opfer von extremer Diskriminierung, Hassverbrechen und *Racial Profiling* – oftmals verbunden mit einem konkreten Ausschluss aus dem öffentlichen Raum (SIDHU und GOHIL 2008: 36).

Im Kontext einer weiteren Sequenz wird der Aspekt des *Racial Profiling* ganz explizit als Strategie herangezogen und benannt: Nachdem Wendy bei einer nächtlichen Fahrt durch Manhattan während eines Gewitters aus Versehen einen Auffahrunfall verursacht hat, versucht Darwan mit dem daran beteiligten Mann ins Gespräch zu kommen und die Lage zu klären. Dieser macht jedoch wutentbrannt Darwan für den Unfall verantwortlich und schreit ihn auf offener Straße an:

„You gotta be kidding me. Son of a bitch. I just got through paying for this car. You stupid fucking Arab. (…) What's the matter with you? Get off the fuckin' road. (…) Fucking motherfucker. (…) Fuck that shit! (…) They [the cops] should take this fucking asshole!" (#00:44:00 bis 00:44:17)

Im Zuge seines mit rassistischen Beleidigungen gespickten Wutausbruchs reißt er Darwan den Turban vom Kopf und wirft ihn auf die regennasse Straße (vgl. Abbildung 5.32). Die dazukommenden Polizisten versuchen die Situation zu beruhigen. Allerdings zeigt sich, dass auch sie Darwans Aussehen zum Anlass nehmen, seinen Status als US-Bürger zu hinterfragen oder vielmehr besonders gründlich unter die Lupe zu nehmen (#00:44:27 bis 00:44:37):

Cop: Where are you from?
Darwan: Richmond Hill.
Cop: Yeah, but where are you from?
Darwan: India.
Cop: You got papers?
Darwan: I am an American citizen.

Darwan ist in dieser Situation der diskriminierenden Gewalt der Polizisten, die hier indirekt die Legalität seines Status als US-Bürger infrage stellen, schutzlos ausgeliefert. Dem Turban, seinem mit am wichtigsten Identitätssymbol, beraubt steht er, die langen Haare zerzaust, im strömenden Regen und muss

5.3 Interkulturelle Diskriminierungsräume

Abbildung 5.32 Darwan wird auf offener Straße angegriffen und erfährt Diskriminierungen. (Screenshots: Learning to Drive R: Coixet, USA/UK: 2014)

seine Herkunft rechtfertigen. Wendy, die aus dem Auto aussteigt, findet hierfür die richtigen Worte: „I'm gonna say two words: Racial profiling!" (#00:44:44).

Dass dieses Ereignis kein Einzelfall ist, sondern ein struktureller Aspekt von Darwans Alltagswelt, zeigt sich an anderer Stelle im Film. Darwan kommt darin nach seiner Arbeit nach Hause und trifft vor der Haustür zu seiner Wohnung, die er mit weiteren Männern der Sikh-Community teilt, auf zwei Beamte des *United States Immigration and Customs Enforcements* (ICE)[41] (vgl. Abbildung 5.33). Die Männer fragen Darwan auch hier nach seinen Papieren und stellen seine Staatsbürgerschaft infrage (von #00:27:18 bis 00:27:42):

Abbildung 5.33 ICE kontrolliert Darwan und verhaftet seinen Mitbewohner. (Screenshots: Learning to Drive R: Coixet, USA/UK: 2014)

ICE: Who are you?
Darwan: Darwan Singh Tur, American citizen.

---

[41] Es handelt sich hierbei um eine Behörde, die im Jahr 2003 gegründet wurde, um nach den Terroranschlägen vom 11. September 2001 die innere und öffentliche Sicherheit zu wahren und unter anderem dafür zuständig ist, unerlaubte Migration zu verfolgen und potenzielle terroristische Gefährder:innen zu identifizieren (vgl. U.S. Immigration and Customs Enforcements 2021).

ICE:	Let's see your papers.
Darwan:	Yes, Sir.
ICE:	What have we got? How come they let you in, Darwan?
Darwan:	Political asylum, sir. In 2000.
ICE:	You got in under the wire.

Mit ihrem letzten Satz machen sie Darwan indirekt darauf aufmerksam, dass er *noch mal Glück gehabt habe*, dass ihm politisches Asyl gewährt worden sei. Ihre diskriminierende Haltung gegenüber Darwan und seiner Community offenbart sich vor allem auch dadurch, dass viele seiner Mitbewohner im weiteren Verlauf verhaftet werden. Im Gespräch mit Darwans Neffen Preet, der sich gerade noch in einem Schrank verstecken konnte, wird deutlich, dass Aktionen dieser Art kein Einzelfall sind (#00:27:59 bis 00:28:12):

Preet:	I'm sick of this.
Darwan:	Take your time, take your time, they're gone.
Preet:	Really thought they had me this time.
Darwan:	Oh! They took Teji and Raam. Thank God you're safe.
Preet:	Only till next time.

Zudem merkt Preet an, dass er zu seiner Freundin nach Chinatown ziehen wolle, um diesen Formen struktureller Diskriminierung zukünftig zu entgehen: „They won't look for me if I'm with her. She is Jewish." Damit verdeutlicht er nicht nur, dass sich diskriminierende Aktionen dieser Art vor allem gegen Männer der Sikh-Community richten. Er spielt auch darauf an, dass es ein institutionalisiertes Problem der New Yorker Polizei und polizeiähnlichen Behörden sei, diskriminierende Praktiken gegenüber ethnischen Communitysys einzusetzen. Hierbei reifiziert er ebenfalls eine oft zitierte Annahme, dass die New Yorker Polizei unter einem besonderen Einfluss der charedischen Community stehe. Somit verstärkt und betont Preet erneut den Vorwurf des *Racial Profiling* als Form der strukturellen Diskriminierung.[42] Dieser Aspekt wird auch in anderen Filmen aufgegriffen, wie beispielsweise in *Do the Right Thing* unter dem Aspekt der Polizeigewalt.

Auch in *Brooklyn* wird thematisiert, dass die Polizei in New York City hinsichtlich bestimmter ethnischer Gruppen parteiisch agiere. So merkt Frankie an,

---

[42] Dieser Vorwurf ist zurückzuführen auf die Beobachtung, dass charedische Communitys nachgewiesenermaßen Einfluss auf die Institution polizeilicher Einheiten in US-amerikanischen Städten haben. In New York City zeigt sich dies u. a. durch die in den 1920er Jahren institutionalisierte Shomrim Society innerhalb des NYPD, die unabhängig von den privat organisierten Shomrim Einheiten agiert (vgl. u. a. KITAEFF 2006; NYPD Shomrim Society 2018).

dass in der Nachbarschaft der Familie Fiorello alle Polizist:innen irischer Herkunft seien und sich deshalb niemand trauen würde, sich öffentlich gegen die irische Community zu äußern. Auch in *The Visitor* lassen sich Aspekte struktureller Diskriminierung erkennen, beispielsweise wenn Tarek ohne tatsächlich erkennbaren Grund verhaftet wird und man hier ebenfalls auf *Racial Profiling* schließen kann.[43]

5.4 Interkulturelle Grenzräume

Die bisherigen Ausführungen zu interkulturellen Räumen im Spielfilm verweisen immer wieder auf gegenseitige Abgrenzungen zwischen den Interaktionspartner:innen, über die kulturelle Differenzierungen vorgenommen werden. Dem dabei sichtbar werdenden Phänomen der Grenze entfaltet in interkulturellen Grenzräumen noch mal eine besondere Dynamik und rückt in den Fokus der Interaktion. Dies ist insbesondere dann der Fall, wenn in Interaktionssituationen differierende (kulturelle) Wertvorstellungen und normative Setzungen bzw. Vorschriften zur Sprache kommen und dabei in der Kommunikation klare Grenzen gezogen werden, welche die Interaktion limitieren.[44]

---

[43] Es handelt sich um eine Ausprägung der Inszenierungsstrategie, die vor allem in aktuelleren Filmen genutzt wird und dort besonders in Zusammenhang mit einem post-9/11 Kontext. Ein Bericht des New York Advisory Committee to the U.S. Commission on Civil Rights (2004) lässt deutlich erkennen, dass ein explizites *racial and ethnic profiling* besonders in Folge der Anschläge vom 11. September wieder eine politische Rolle spielte, nachdem es in den 1990er Jahren zunächst an Bedeutung verloren hatte. Die zunehmende Relevanz dieser Praktik belegen zahlreiche Publikationen, die seit den frühen 2000ern bis heute dazu erschienen sind und einen diesbezüglichen, kritischen Diskurs forcieren. Der Film *Learning to Drive* spielt auf diesen kritischen Diskurs an und zeigt auf, dass das Bild eines *post-racial America* letztendlich ein Mythos ist, da in den alltäglichen Lebenswelten vieler nicht-weißer Einwohner rassistisch motivierte und institutionell verankerte Diskriminierungen weiterhin eine dominante Rolle spielen (vgl. z. B. CRAWFORD 2016; COKE 2003).

[44] Die Begriffe Normen und Werte werden in der Literatur interdisziplinär unterschiedlich definiert. Hier sollen unter Werten bzw. Wertvorstellungen in Anlehnung an KLUCKHOHN (1951) abstrakte, explizite oder implizite Vorstellungen des Wünschenswerten (vgl. BECKERS 2018: 507) verstanden werden, die sich an kulturelle Weltbilder, Diskurse und Ideologien anlehnen und übereinstimmende Vorstellungen davon beschreiben, was erstrebens- und achtenswert ist (vgl. SCHERR 2013: 271, 275). Soziale Normen hingegen sind konkrete, sozial konstruierte, „desiderative Erwartungen" (POPITZ 1980: 7) bzw. Festlegungen an das zulässige und erwünschte Verhalten und Handeln einer Person (vgl. SCHERR 2013: 271) bzw. ausführlicher, „eine mehr oder weniger verbindlich geltende und in der Regel sanktionsbewehrte Sollens-Erwartung, dass Akteure in spezifischen Situationen bestimmte

Solche Räume werden in unterschiedlichen Kontexten sichtbar. Zunächst entfalten sie sich auf Basis der Verhandlung von Lebenseinstellung und Wertvorstellungen, die als Teil einer kulturellen – hier meist ethnisch oder religiös bedingten – Lebensweise einer Figur inszeniert werden. In diesen Beispielen erfolgen Grenzziehungen als vage verbale Verweise auf konfligierende Werte oder Normen, welche das interkulturelle Miteinander diffus begrenzen (Abschnitt 5.4.1). Eindeutiger formieren sich Grenzziehungen dann, wenn konkrete Grenzbereiche im Miteinander einer kulturell vielfältigen Gesellschaft verhandelt werden und dabei explizit verdeutlicht wird, dass bestimmte Handlungsverläufe aus der Perspektive mindestens eines/einer Interaktionspartner:in *nicht* möglich sind. Dies kann im Rahmen verbaler Äußerungen geschehen, aber auch über konkrete Handlungsvollzüge. Exemplarisch wird dieser Aspekt im Kontext normativer Speisevorschriften erläutert (Abschnitt 5.4.2). Darüber hinaus werden Grenzziehungen in Bezug auf körperliche Umgangsformen thematisiert – z. B. indem auf Einschränkungen oder Verbote im körperlichen Miteinander verwiesen wird (Abschnitt 5.4.3).

5.4.1 Konfligierende Werte und Lebenseinstellungen – „That's the Sikh Way."

In den analysierten Filmsequenzen kommt es immer wieder zu Interaktionssituationen, in denen die dargestellte Lebensweise einer Handlungsfigur als kulturell bedingt vermittelt wird oder eine Figur bestimmte Verhaltens- und Handlungsvollzüge in Referenz zu bestimmten kulturellen Aspekten, damit verbundenen Wertvorstellungen und Tugenden erklären muss. Interkulturelle Grenzräume entfalten sich hier noch nicht vollständig – es wird jedoch angedeutet, inwiefern unterschiedliche Lebens- und Wertvorstellungen Grenzen zwischen kulturell different geprägten Einheiten aufspannen. In den analysierten Sequenzen offenbaren

---

Handlungen ausführen bzw. unterlassen" (TRANOW 2018: 343). Normen sind kulturell ausgehandelte „Standards, Regeln oder Vorschriften" (OPP 1983: 4), die bestimmte Verhaltens- und Handlungsweisen vorschreiben, verbieten oder ächten (HECHTER und OPP 2001). Werte und Normen sind „eine unverzichtbare Grundlage sozialen Zusammenlebens und der gesellschaftlichen Ordnung" (SCHERR 2013: 271) und dabei eng miteinander verknüpft, auch wenn sie unterschiedliche Phänomene bezeichnen, wie z. B. BECKERS (2018: 507) zusammenfassend feststellt: „Anders als Normen sind Werte keine Sollens-Erwartungen und zeichnen sich durch das Fehlen äußerer Sanktionen durch geringere Grade der Verbindlichkeit, Institutionalisierung und Durchsetzbarkeit aus. Durch Normen werden Werte in konkrete Handlungsanweisungen übersetzt. Im Unterschied zu Normen werden Werte zudem weniger als von außen oktroyiert, sondern frei gewählt betrachtet".

5.4 Interkulturelle Grenzräume

sich Wertvorstellungen und normative Setzungen zumeist nicht als intersubjektiv akzeptierte Grundlage des sozialen Miteinanders, sondern hauptsächlich dann, wenn kulturell different konnotierte Werte und Normen aufeinandertreffen, welche die Handlungsweisen der Interaktionspartner:innen direkt beschränken. Mit anderen Worten werden Wertvorstellungen und normative Setzungen in interkulturellen Grenzräumen als Inszenierungsstrategie eingesetzt, um explizit auf eklatante Differenzen zwischen den Handlungsfiguren zu verweisen. Dies geschieht meist bezogen auf Aspekte, welche die Figuren als *richtig* oder *falsch* interpretieren sowie auf Beschränkungen, die sich für darauffolgende Interaktionskontexte ergeben.

Beispiele hierfür finden sich in zahlreichen Filmen. Exemplarisch wird zunächst auf zwei sehr unterschiedliche Ansätze in *The Visitor* und *Kyoko* hingewiesen. *The Visitor* nutzt für interkulturelle Grenzziehungen beispielsweise das Motiv der Musik, um in der Interaktion zwischen Walter und Tarek einen interkulturellen Raum zu schaffen, in dem die unterschiedlichen Lebensweisen ausgehandelt werden können. Eine Schlüsselsequenz ist hier ein Aufeinandertreffen von Walter und Tarek im Wohnzimmer der gemeinsamen Wohnung. Walter interessiert sich für Tareks Djembé-Musik. Tarek bietet Walter an, ihm das Trommeln beizubringen. Die ersten Trommelversuche von Walter wirken sehr steif und unsicher – er scheint sich zu viele Gedanken darüber zu machen, wie man *richtig* trommelt. Damit steht er, wie auch an vielen anderen Stellen des Films, symbolisch für eine westliche, verkopfte Lebensart, die er als *weißer*, männlicher Wissenschaftler einer älteren Generation besonders intensiv verkörpert. Der junge Musiker Tarek fungiert diesbezüglich als sein Gegenpart. Er erläutert ihm, dass man beim Trommeln nicht zu viel nachdenken dürfe: „OK. Now Walter, I know you are a very smart man. But with a drum you have to remember not to think. Thinking just screws it up. OK?" (#00:24:38). Zudem bittet er Walter, die Trommel nicht zu fest zu schlagen und auch den Rhythmus zu ändern (vgl. Abbildung 5.34):

> „Now one more thing, Walter. You listen to classical music, so you think in fours: One, two, three, four. Da, da, da, da. This is an African drum. So, we're going to be playing in threes: Tak, tak, tak. You have to forget your classical [music]. Leave it behind. Tak, tak, tak. One, two, three. Come on, follow me" (#00:25:17).

Tarek spannt in seiner Bemerkung eine Polarität zweier Lebensstile auf, wobei die klassische Musik und ihre abstrakte, geordnete Systematik im Viervierteltakt Walters Lebensweise und die melodisch-rhythmische Taktform der *African Drum* für seine eigene steht. Seine verbalisierte Äußerung betont Tarek durch

Abbildung 5.34 Walter Vale und Tarek trommeln gemeinsam auf der Djembé. (Screenshots: The Visitor R: McCarthy, USA: 2007)

den Einsatz seines Körpers, seiner Gestik und Mimik, über die er seine offene Lebensweise der versteiften Haltung Walters gegenüber verdeutlicht. Implizit lädt Tarek Walter nicht nur dazu ein, einen neuen Trommel-Takt zu erlernen, sondern auch soziale Beschränkungen, die sein bisheriger Lebensstil mit sich brachte, hinter sich zu lassen und – metaphorisch gesprochen – ein neues Lebensgefühl bzw. einen neuen Lebens*rhythmus* einzuschlagen.

Der Film *Kyoko* hingegen nähert sich dem hier verhandelten Motiv über das Themenfeld des unterschiedlichen Umgangs der Charaktere mit dem Thema Krankheit und Tod. Dies zeigt sich insbesondere in den Begegnungssituationen zwischen Kyoko und Ralph mit dem an AIDS erkrankten Künstler David (ab #00:12:00) sowie dem ebenfalls todkranken José (ab #00:29:00). Davids Körper ist schwer von der Krankheit gezeichnet. Als Ralph und Kyoko vor seinem Haus stehen, warnt Ralph seine Begleiterin: „Did you see his face? He got AIDS. Don't shake his hand and don't touch nothing" (#00:12:11). Als die beiden in der Wohnung stehen und David ihnen bereitwillig Auskunft über den Verbleib von José gibt, geht Ralph sofort auf räumliche Distanz zu ihm. Kyoko hingegen bietet ihm ein Bonbon an, um seinen Husten zu lindern. Als sie das Haus verlassen, spült sich Ralph sofort den Mund mit Trinkwasser aus einer Plastikflasche aus, spuckt das Wasser auf den Boden und wäscht sich die Hände. Er bittet Kyoko, das Gleiche zu tun – diese blickt jedoch nur traurig zum Haus zurück, wo David die Szenerie hinter einer verschlossenen Glasscheibe betrachtet. Ralph, so scheint es, ist durch die alleinige Präsenz des kranken Mannes angeekelt und möchte sich selbst reinigen, obwohl er ihn körperlich nicht berührt hat. Im Kontrast hierzu steht Kyoko, welche sehr betroffen und empathisch wirkt und weniger Berührungsängste zu haben scheint. Dieses Bild bestärkt sich in der Interaktion mit José. Während Ralph auch hier auf Distanz geht und Kyoko vom Umgang mit ihm abrät, möchte diese ihren alten Freund zu dessen Familie in Florida bringen.

5.4 Interkulturelle Grenzräume

Deutlich werden in beiden Szenen Vorurteile gegenüber sowie Unwissen bezüglich der dargestellten Krankheiten verhandelt. Die unterschiedlichen Perspektiven zeigen sich deutlich in einem Gespräch mit dem Betreuer von José (#00:34:50 bis 00:36:03):

Kyoko:	How far is it to Miami?
Betreuer:	Eight or nine hundred miles.
Kyoko:	I'll take him.
Ralph:	Brilliant idea Kyoko. 900 miles. To the deep South. With an AIDS patient? Brilliant.
Kyoko:	I drive truck 300 miles every day in Japan. I can do it in three days.
Betreuer:	It is not just the distance. José will need constant care. And unfortunately, there's still a lot of prejudices against people with AIDS. Especially in rural areas. (...)
Ralph:	Kyoko – don't do this.
Kyoko:	Why not?
Ralph:	You're a nice kid. But you don't really know what this country is all about. This ain't no game. They'll eat you up out there.
Kyoko:	You are afraid of AIDS.

Die unterschiedliche Haltung hinsichtlich AIDS und des Umgangs mit Betroffenen lässt sich im Kontext des Films unterschiedlich interpretieren. Zum einen als individuelle Haltung von Kyoko und Ralph, die in deren unterschiedlichen Sozialisation begründet liegt. Viel ist über die Charaktere nicht bekannt, sodass es auf der Hand liegt, hierbei in der Wahrnehmung und Decodierung vor allem auf die unterschiedliche Herkunft der beiden Charaktere zurückzugreifen. Kyoko stammt aus Japan, Ralph aus den USA. Hinzu kommen individuelle Charakterzüge und Eigenschaften. So wird Kyoko als Person gezeichnet, die auf den ersten Blick – auch durch ihre zarte Statur – fragil und schüchtern wirkt, sich auf den zweiten Blick aber als durchsetzungsstarke, robuste Persönlichkeit offenbart. So arbeitet sie in Japan als LKW-Fahrerin und definiert sich zugleich als Tänzerin – eine Ambivalenz, die es nicht nur Ralph schwer macht, Kyoko in sein dichotomes Geschlechterbild einzuordnen. Ralph hingegen wird als großtuerischer und zugleich gutmütiger Charakter gezeichnet, der auf den ersten Blick selbstbewusst und mutig auftritt, auf den zweiten Blick jedoch auch unsichere und ängstliche Züge zeigt – also den Charaktereigenschaften Kyokos diametral entgegensteht. Auch ihre unterschiedliche nationale Herkunft lässt eine weitere Erklärung des differenten Umgangs mit der Viruserkrankung zu. Wie beispielsweise FELDMAN und YONEMOTO (1992) oder KIM und SHIN (2017) aufzeigen, unterscheiden sich die Wahrnehmung und der sozial erlernte Umgang mit HIV und AIDS in den USA und Japan eklatant. Dies gilt insbesondere für die 1990er-Jahre, in denen der Film gedreht wurde. Während die Krankheit in den USA bereits seit den 1980er-Jahren eine hohe soziale und politische Relevanz hatte, einhergehend mit großen Ängsten und entsprechender medialer Berichterstattung, wurde sie in Japan lange Zeit verharmlost oder schlichtweg nicht thematisiert. So lässt sich der differente Umgang von Ralph und Kyoko mit den Erkrankten auch als Analogie auf die unterschiedliche Wahrnehmung der Krankheit in Japan und den USA lesen. Beide Figuren stehen somit für die unterschiedlichen Formen der Dramatisierung und Tabuisierung. Zudem lassen sie sich auch als Kritik auf die Ängste und die Stigmatisierung der Kranken deuten, die in den USA der 1980er und 1990er-Jahre u. a. durch eine einseitige Medienberichterstattung forciert wurde (vgl. KIM und SHIN 2017: 523), zum anderen auf die naive Umgangsweise Kyokos mit der Thematik. Auf Basis dieser unterschiedlichen Haltungen spannt sich ein interkultureller Grenzraum auf, indem diese mehr oder weniger kollidieren und unvereinbar nebeneinanderstehen blieben. Ralph ist es nicht möglich, mit David oder José einen normalen Umgang zu pflegen, während Kyoko die Interaktion mit den beiden sucht und somit die mit der Krankheit verbundenen sozialen Beschränkungen durchbricht.[45]

Besonders deutlich wird das hier verhandelte Motiv der als kulturell bedingt inszenierten Lebenseinstellungen als Bestandteil interkultureller Grenzräume im Kontext von Interaktionen, in denen religiöse Werte und Lebenseinstellungen thematisiert werden. Beispielhaft kann hier einmal mehr der Film *Learning to Drive* herangezogen werden – konkreter einige Interaktionssituationen zwischen Darwan und Wendy: Als Darwan Wendy zum ersten Mal zu Hause aufsucht, um ihr einen Umschlag zu übergeben, den sie am Vorabend in seinem Taxi vergessen hat, möchte sie Darwan einen kleinen Finderlohn zahlen. Darwan gibt ihr jedoch zu verstehen, dass er ihr Geld nicht annehmen könne – sehr zur Verwunderung von Wendy (#00:13:17 bis 00:13:25):

Darwan: I don't want any money, I like to help.
Wendy: You like to help? That's impossible. You can't be from New York.

---

[45] KIM und SHIN (2017: 523) zeigen auf, dass in den 1980er und 1990er Jahren besonders in den USA HIV und AIDS in der medialen Berichterstattung stark dramatisiert und teils auf Basis fälschlicher Interpretationen wissenschaftlicher Studien dargestellt wurde. Damit verbunden war eine Stigmatisierung der Kranken und eine Traumatisierung der Öffentlichkeit – ein Aspekt, der sich gut an Ralphs Verhalten in den zitierten Situationen zeigt. In Japan hingegen wurde HIV/AIDS als *fremde* Krankheit dargestellt, die – hier sehr verkürzt ausgedrückt – vor allem *ausländische, homosexuelle Männer* befalle und folglich nur ansteckend sei, wenn man sexuellen Kontakt mit diesen habe (KIM und SHIN 2017: 525 ff.).

5.4 Interkulturelle Grenzräume

Darwan verabschiedet sich kurz darauf mit einer leichten Verbeugung und zum Namaste-Gruß zusammengelegten Händen und eilt die Stufen von Wendys Brownstone herunter zu seinem Auto. Auf den ersten Blick lässt sich aus der Anmerkung, dass er gerne helfe, noch kein Verweis auf eine kulturelle Lebenseinstellung ableiten und letztlich nur vermuten, dass das Ablehnen des Geldes etwas mit seiner Herkunft zu tun haben könnte, da Darwan als Sikh charakterisiert wird. Dieser postulierte Zusammenhang konkretisiert sich in einer späteren Sequenz jedoch weiter: Nachdem Wendy mit dem Fahrschulauto von Darwan einen Auffahrunfall verursacht hat, versucht sie ihren aufgebrachten Fahrlehrer zu beschwichtigen, indem sie ihm anbietet, für die entstandenen Kosten aufzukommen. Auch hier wehrt Darwan Wendys Hilfsangebot verbal ab, indem er klarstellt: „I cannot take your money. That is not how I am" (#00:45:20). Wenig später, als Wendy dem zeitlich unter Druck geratenen Darwan anbietet, er müsse sie nicht nach Hause fahren, sondern könne sie auch an der nächsten Subway-Station absetzen, entgegnet er: „No, you are my guest. That is not how we are. We do everything for our guests before thinking about ourselves. That is the Sikh way" (#00:49:11).

In diesem Satz liegt nun der Schlüssel zu den vorhergehenden Überlegungen, da Darwan im Gespräch verdeutlicht, womit er seine Handlungsweisen und die Interaktionen beschränkenden Äußerungen begründet: Mit seiner Selbstidentifikation als Sikh.[46] Anderen Menschen zu helfen und materiellen Wohlstand über harte und ehrliche Arbeit zu erlangen, sind diesbezüglich als zwei zentrale Tugenden zu verstehen, welche die sikhistische Glaubenspraxis und Lebensweise bzw. den von Darwan benannten *Sikh Way* bestimmen. Auch wenn Darwan seine auf die sikhistischen Glaubensprinzipien ausgerichtete Lebensweise und

---

[46] Ein inhärentes Charakteristikum des Sikhismus als Religion und Glaubensrichtung ist es, den Fokus des alltäglichen Handelns nicht auf das eigene Ego, sondern auf die göttliche bzw. schöpferische Einheit, die u. a. als *Akal Purakh* bezeichnet wird, zu legen. Verbunden mit dem Glauben an Karma, Wiedergeburt und die vollkommene Erleuchtung ist die alltägliche Lebenseinstellung und Tugend der Sikhs maßgeblich auf drei Grundpfeiler ausgerichtet: „[F]irst, remembrance of Vahiguru at all times through the discipline of nam simran, including congregational singing and prayer; second, working honestly without exploitation or fraud based on the householder ideal put in place by Guru Nanak (in opposition to a life of asceticism and begging for one's daily food); and third, sharing with others and helping those in need" (JAKOBSH 2012: 51). Dem inneren Frieden, der zur Erlösung führen kann, stehen in der sikhistischen Vorstellung eine egozentrische Lebensweise sowie weltliche Verhaftungen und Besitzstreben im Wege (*Maya*) (JAKOBSH 2012: 48 ff.). An dieser Stelle soll nicht weiter vertiefend auf die hinter den wenigen genannten Grundprinzipien stehenden Philosophien eingegangen werden, die den Sikhismus als komplexe Glaubensrichtung und Religion definieren. Für eine Einführung in den Sikhismus sind die Publikationen von JAKOBSH (2012) und SINGH MANDAIR (2013, 2017) zu empfehlen.

die damit verbundenen Werte gegenüber Wendy nicht weiter erläutert, verweist er doch implizit auf ebendiese. Wendys Vorschläge bergen Praktiken, die aus Darwans Perspektive einer religiösen Grenzüberschreitung gleichkommen würden, und er wendet diese ab, indem er die Vorschläge frühzeitig zurückweist. Der interkulturelle Grenzraum, der durch die Interaktion von Wendy und Darwan in den beschriebenen Sequenzen konstruiert wird, ist maßgeblich durch ein Missverständnis geprägt, da Wendy Darwan entgegenkommen bzw. ihm einen Gefallen tun möchte und nicht um seine Wertvorstellungen weiß. Darwan wiederum bemüht sich um einen Ausgleich des Missverständnisses, indem er subtil auf ebendiese hinweist.

Eine ähnliche Strategie wird in *Arranged* eingesetzt. Ebenfalls in Referenz auf religiös begründete Werte und Normen, jedoch ohne diese explizit zu benennen, werden hier zwei verschiedene Lebensweisen gegenübergestellt und zum Gegenstand der Interaktion. Desillusioniert von den Versuchen ihrer Eltern und der *Schadchan*[47], einen Ehemann für sie zu finden, sucht Rochel ihre Cousine Leah auf, die bereits vor einigen Jahren ihrer Familie den Rücken gekehrt hat. Leah lebt ein freies Leben ohne die streng praktizierten Regeln der charedischen Community. Rochel bittet sie um Rat – auch um herauszufinden, inwiefern es möglich ist, den auferlegten Zwängen der Familie und Gemeinschaft zu entfliehen (#00:58:11 bis 00:59:25, vgl. Abbildung 5.35):

Leah:	So, don't give in to the pressure, then. You don't have to. There's another life, another reality, if you want it. They gave me the same shit when I was – wait, how old are you, now?
Rochel:	22.
Leah:	Yeah, I was even younger. It started when I was 20. You can step out, get a different perspective. Then decide where and how you want to fit in.
Rochel:	But how many go back, though? I mean, you didn't.
Leah:	And I have no regrets.
Rochel:	You don't miss the family?
Leah:	Sometimes ... of course. But I love my life. I love my friends, my Jewish and non-Jewish friends, my gay friends, my Black friends. And I love my work. I would miss this life too much if I was stuck in Ditmas with five kids and a Torah-obsessed husband. Look, my friend, Eduardo, is having a party tonight. Maybe you want to come along? Step into this world for a minute and see how it feels?
Rochel:	OK.

---

[47] Der Begriff *Schadchan* bezeichnet eine/n Heiratsvermittler:in, der oder die einen *Schidduch* (d. h. eine Verlobung) bewirken kann (HOMOLKA 2009: 61 ff., 299).

5.4 Interkulturelle Grenzräume

Auch wenn in dem Dialog das beidseitige Wissen um die strenge, religiös regulierte Haltung der Charedim mitschwingt, vermittelt Leah ihrer Cousine, dass es eine Lebensweise außerhalb der auferlegten Zwänge gibt. Sie verdeutlicht im Gespräch, dass es ihr fernab religiöser oder ethnischer Identifikationsebenen möglich sei, freie Entscheidungen über ihre Freundschaften und Beziehungen zu fällen, einem eigenen Beruf nachzugehen und somit ein emanzipiertes Leben zu führen. Implizit wird jedoch auch deutlich, dass Leah für das dauerhafte Ausleben dieses Lebensstils einen Preis zahlen muss: Die Abkehr von ihrer Familie. Somit entsteht der Eindruck, dass ein freies, selbstbestimmtes Leben innerhalb der Community nicht möglich zu sein scheint. Es wird an dieser Stelle nicht explizit geklärt, inwiefern Leah sich hier auf die existierenden normativ-religiösen Gesetze der Charedim (*Halacha*), seine zahlreichen Gebote (*Mitzwa*) oder die das Gesetz ergänzenden Traditionen und Bräuche (*Minaghim*) bezieht, auf deren Basis ein Bruch mit den Wertvorstellungen der Community und den religiös verankerten Regeln sanktioniert würde (vgl. ROSENTHAL KWALL 2015: 1 ff.; HOMOLKA 2009: 293 ff.).[48]

Abbildung 5.35 Rochel im Gespräch mit ihrer Cousine Leah. (Screenshots: Arranged R: Crespo und Schaefer, USA: 2007)

Rochel willigt am Ende des Gesprächs ein, Leah auf die Party des Freundes Eduardo zu begleiten, um sich selbst einen Eindruck über die ihr unbekannte Lebensweise zu machen. Dieser Schritt allein stellt Rochel vor die Herausforderung, ihren eigenen kulturellen Grenzbereich unheimlich ausdehnen zu müssen.

---

[48] Als „Religion des Gesetzes" (HOMOLKA 2009: xiii) basiert das charedische Judentum auf einem komplexen Geflecht schriftlicher und mündlich überlieferter Rechtsbereiche, anhand derer nahezu jeder Aspekt des Alltags geregelt und normiert wird. Zum besseren Verständnis werden notwendige Erläuterungen vorgenommen. Darüber hinaus finden sich u. a. bei ROSENTHAL KWALL (2015), BOLLAG (2010), HOMOLKA (2009) sowie DORFF und CRANE (2013) einführende Erläuterungen zu einem besseren Verständnis des jüdischen Rechts bzw. zentraler Rechtsbereiche und den damit verbundenen Lebensweisen und Traditionen.

Der Partybesuch konfrontiert sie mit konkreten persönlichen Grenzüberschreitungen, welche Hinweise auf religiös geregelte Bräuche und handlungsnormierende Gesetze der charedischen Community vermitteln. Zusammenfassend zeigt sich, dass die Inszenierung der Auseinandersetzung mit kulturell bedingten Lebenseinstellungen und Wertvorstellungen in den herangezogenen Beispielsequenzen stets in Rückgriff auf die Variable der religiösen oder ethnischen Herkunft erfolgt. In dieser Ausprägung interkultureller Räume spielt also die Vermittlung sozialer Grundsätze eine wesentliche Rolle, wenn sich auch konkrete Beschränkungen, z. B. durch religiöse Normen, nur erahnen lassen.

5.4.2 Normative Speisevorschriften – „No meat, no fish – and what can't you eat?"

Interkulturelle Grenzräume treten noch stärker in Erscheinung, wenn in der Interaktion unmittelbar auf strikte Werte und Normen verwiesen wird, welche die Interaktion zwischen den Figuren stark limitieren. Dies geschieht häufig in Referenz auf die Zubereitung und den Verzehr von Speisen bzw. mit damit verknüpften normativen Handlungsimplikationen. Dementsprechende Begrenzungen und Einschränkungen werden vielfach in Verbindung zu religiösen Setzungen als normative Speisevorschriften oder als selbst gewählte Einschränkungen der Nahrungsaufnahme inszeniert, die mit einer bestimmten ethischen Lebensweise zusammenhängen. Mit anderen Worten handelt es sich bei der durch religiöse oder ideelle Speisevorschriften stark eingeschränkten Nahrungsaufnahme um eine Dimension, in der differente kulturelle Werte und Normen konkret thematisiert werden und worüber sich interkulturelle Grenzbereiche aufspannen.

Ein Großteil der weiteren Filmsequenzen, in denen Speisevorschriften thematisiert werden, referiert explizit auf ethnische und religiöse Aspekte. So beispielsweise im Kontext der Sequenz *Diamond District* im Film *New York, I Love You*, in der Rifka, die einer charedischen (hier: chassidischen) Community angehört und der dem Jainismus[49] verbundenen Mansukhbhai sich über ihre unterschiedlichen Essensgewohnheiten unterhalten. Anlass ist, dass Mansukhbhai sein Mittagessen zu sich nimmt, während Rifka die Diamanten inspiziert (#00:09:33 bis 00:10:05):

---

[49] Jainismus ist eine offizielle indische Religion, der ein strikter Vegetarismus inhärent ist, verbunden mit strengen, ethisch konnotierten Speisegesetzen. Zur Einführung in den Jainismus vgl. z. B. GLASENAPP 1984, DUNDAS 2003 oder SEN 2008 für nähere Ausführungen zum Stellenwert des Essens in der Religion.

5.4 Interkulturelle Grenzräume

Rifka:	You can't eat meat, right? You Hindus?
Mansukhbhai:	No, no, we are no Hindus. Tsk, tsk, tsk. We are Jains. Hinduism is too materialistic for us. No meat, no fish. And what can't you eat?
Rifka:	No pig, no shrimp. What else can't you eat?
Mansukhbhai:	No onion, no garlic.
Rifka:	No milk and meat together.
Mansukhbhai:	No potatoes, no roots.
Rifka:	Nothing that hasn't been blessed.
Mansukhbhai:	Nothing too spicy. It is exciting the passions, you know?
Rifka:	The Christians, they eat everything. They're like the Chinese. They never have to spend too much time picking a restaurant.
Mansukhbhai:	That's why there are no Christians in the diamond market. How can you trust a person who will eat anything?

Auch wenn beide Charaktere unterschiedlichen Gemeinschaften angehören, vereint sie die Gemeinsamkeit, dass sie in ihrem Alltag durch religiöse Vorschriften angeleitet werden, was sie essen dürfen und was nicht. Im Gespräch zeigt sich zwar, dass es sich hierbei um unterschiedliche Lebensmittel handelt. Die Tatsache, dass sie beide in ähnlicher Weise in ihren alltäglichen Handlungen und Praktiken normiert sind, legen beide jedoch als vereinenden Aspekt aus, der sie abgrenzt gegenüber Angehörigen anderer Religionen oder ethnischen Gruppen. Somit erzeugt die Interaktion zwischen Rifka und Mansukhbhai einen interkulturellen Grenzraum, in dem sich beide gegenüber anderen kulturellen Elementen abgrenzen. Der Aspekt der Beschränkung kommt hier folglich nicht zwischen den beiden Charakteren zum Tragen, sondern als verbalisierte Form von gemeinschaftlicher Beschränkung gegenüber anderen Gemeinschaften und ihren Essenspraktiken – nämlich solchen ohne normative Regulierungen. Die religiösen Speisevorschriften werden, mit anderen Worten, dazu herangezogen, einen kulturellen Differenzierungsprozess voranzutreiben, über welchen eine strikte Abgrenzung gegenüber anderen kulturellen Gruppierungen erfolgt.

Dabei kommt eine Strategie zum Einsatz, die auch FREIDENREICH (2011) beschreibt: Angehörige bestimmter religiöser Communitys konzeptualisieren ein *Wir* und *Sie/die Anderen* über religiöse Gesetze der Zubereitung von Essen und den Akt des Essens und erzeugen über diese Form des *Otherings* Grenzen der Zugehörigkeit. In der zitierten Sequenz handelt es sich dabei um einen interkulturellen oder vielmehr interreligiösen Raum der Begrenzung, der darauf hinweist, dass die Grenzen zwischen religiösen Gemeinschaften nicht immer scharf anhand der kategorialen Zuordnung zu einer bestimmten Gruppe erfolgen müssen, sondern auch anhand bestimmter Praktiken gezogen werden können, die als verbindendes Element zwischen den vermeintlich unterschiedlichen Religionen existieren. Es ist zu beachten, dass die hier beschriebene Ausprägungsform des interkulturellen Raums zwischen Mansukhbhai und Rifka auch damit zusammenhängt, dass keiner der beiden Charaktere in der Situation mit einem Infragestellen der eigenen Normen konfrontiert ist und die Interaktion auf einer verbalen Ebene verharrt. Die beiden werden im Rahmen der Interaktion folglich nicht in ihrer Handlungsfähigkeit eingeschränkt, indem sie ihre eigenen Grenzen erklären und verteidigen müssen.

Werden Handlungspersonen in Interaktionssituationen tatsächlich mit ihren persönlichen Grenzen konfrontiert, die sich beispielsweise aus religiösen Speisegesetzen heraus ergeben, zeigt sich der interkulturelle Beschränkungsraum in einer anderen Facette. Hier sei z. B. auf *Arranged* verwiesen, wo sich Rochel in mehreren Sequenzen mit dieser Problematik konfrontiert sieht. Bei einem Besuch bei Nasiras Familie begrüßt Mrs. Khaldi die beiden Frauen und zeigt sich besonders gastfreundlich. Sie bietet ihnen etwas zu essen und Tee an. Dieses Angebot lehnt Rochel mit einem Kopfschütteln und einer abweisenden Handgeste ab. Nasira versteht diese Andeutung und fragt, ob sie ihr ein Glas Wasser anbieten könne. Auch dies lehnt Rochel ab (#00:46:08). Ganz ähnlich ergeht es Avigal in *Fading Gigolo*. Fioravante bietet ihr dort im Rahmen der ersten Begegnung in seiner Wohnung ein Glas Wasser an, das auch sie dankend ablehnt (#00:36:15). Sowohl Rochel als auch Avigal gehören einer charedischchassidischen Community in Brooklyn an – ein Charakteraspekt ihrer Rollen, über den sich ihre Handlung erklären lassen. Beide halten sich streng an die Speisegesetze (*Kashrut*), die angeben, welche Speisen mit diesen Gesetzen vereinbar, also *koscher,* sind (vgl. HESS 2012: 328 f.). Wie BOLLAG (2010: 45) feststellt haben die Speisegesetze, „[e]twas überspitzt ausgedrückt (…) zur Folge, dass sich ein religiöser Jude jedes Mal, wenn er etwas zu sich nehmen will, zuerst die Frage stellen muss, ob er das Nahrungsmittel essen darf, d. h. ob es koscher ist oder nicht".[50]

---

[50] In erster Linie beziehen sich die Speisegesetze auf drei Bereiche: „Erstens verbietet die Thora bestimmte Tierarten, z. B. Schweine, Pferde und Hasen. Zweitens müssen die Tiere, die erlaubt sind – wie Kühe und Hühner – auf eine ganz bestimmte, genau vorgeschriebene Art getötet, „geschächtet", werden. Und drittens dürfen Fleisch und Milch nicht gemischt, d. h. nicht zusammen gekocht oder gegessen werden" (BOLLAG 2010: 45). Im Alltagsleben ist es nicht immer leicht herauszufinden, ob bestimmte Lebensmittel koscher sind oder nicht, weshalb es von Rabbinern herausgegebene Listen mit Nahrungsmitteln gibt, die erlaubt sind, sowie spezielle Geschäfte oder Markierungen auf Lebensmitteln, die zertifiziert sind (BOLLAG 2010: 45). Es gibt überdies Lebensmittel, die als *parve* bezeichnet werden, die generell als neutral gelten, jedoch den Kaschrut-Status von anderen Lebensmitteln annehmen können, wenn sie mit ihnen gemeinsam gekocht oder verzehrt werden (BERGER 2013b: o.S.). Für

5.4 Interkulturelle Grenzräume

Zwar wird den beiden Frauen in den Filmsequenzen jeweils lediglich ein Glas Wasser angeboten – es könnte jedoch aus Perspektive der beiden der Fall sein, dass das Glas, in denen ihnen das Wasser gereicht wird, nicht gekashert wurde (vgl. ABELSON 1990). Beide Frauen lehnen in den Sequenzen eine Geste der Gastfreundschaft ab, um die normativen Setzungen ihrer eigenen Community nicht zu überschreiten und ggf. sanktioniert zu werden. Somit wird auch hier ein interkultureller Grenzraum evoziert, wenn auch aus einseitiger Perspektive. Es wird deutlich aufgezeigt, wo die Grenzen der Interaktion liegen. Abschließend kann noch darauf hingewiesen werden, dass das filmische Aufspannen interkultureller Beschränkungsräume hinsichtlich des Aspekts der Speisevorschriften hauptsächlich als interreligiöses Phänomen auftritt. Neben den bereits zitierten Beispielen, in denen das charedische Judentum im Fokus steht, werden auch weitere religiöse Speisegesetze des Christentums und des Islams mit ihren diesbezüglichen Werten thematisiert. So verdeutlicht beispielsweise Tisha in *My Last Day Without You*, dass es sich für sie als Pastorentochter und „good Christian girl" nicht schicke, bereits zum Mittagessen alkoholische Getränke zu bestellen (#00:32:52). In *The Visitor* bietet Walter Zainab und Tarek zum Abendessen ein Glas Wein an. Während Tarek das Angebot annimmt, lehnt Zainab ab („I don't drink", #00:20:02) und Tarek erklärt dies mit ihrer religiösen Zugehörigkeit: „She' s a good Muslim. I'm the bad one" (#00:20:05). Mit diesem Satz, den er mit einem Augenzwinkern formuliert, lässt er anklingen, dass für ihn das im Islam inhärente Alkoholverbot eine verhandelbare Auslegungssache sei – für Zainab jedoch nicht.[51]

Nur in wenigen Fällen hängen artikulierte Speisevorschriften nicht direkt mit religiösen Dimensionen zusammen. Ein prägnantes Beispiel findet sich auch in *Pieces of April*. April ist in der entsprechenden Sequenz erneut auf der Suche nach einem Ofen für ihren Thanksgiving-Truthahn. Auf dem Flur lernt sie Tish kennen, die ihr gestattet, ihre Küche zu benutzen. April eilt zurück in ihr Apartment, um den Truthahn zu holen und steht wenig später mit der Auflaufform vor Tishs Tür.

---

weitere Ausführungen zu den komplexen Speisegesetzen sowie der Umsetzung in der (US-amerikanischen) Alltagspraxis vgl. STERN 2004, LAU 2005, DEUTSCH und SAKS 2008 und FLEISCHMANN 2010.

[51] Wie auch in anderen Religionen gibt es im Islam eine Reihe an Speisegesetzen die regeln, was erlaubt (*halal*) und verboten (*haram*) ist. Diese werden unterschiedlich ausgelegt und interpretiert. Auf diese Aspekte soll hier nicht vertiefend eingegangen werden, vgl. für einen ersten Überblick u. a. AL-QARAḌĀWĪ (1989), REGENSTEIN, CHAUDRY und REGENSTEIN (2003), RIAZ und CHAUDRY (2004), MICHALAK und TROCKI (2006) und FREIDENREICH (2011).

Die Frau öffnet, blickt auf die Form in Aprils Händen und bittet sie dann um ein kurzes Gespräch (#00:32:27 bis 00:32:49):

Tish:	Hello. Can I talk to you for a second?
April.	Sure.
Tish:	Alone?
April	Yeah...ok.
Tish:	There's something I need you to know.
April:	Ok...???
Tish:	I never eat anything that has a face.
April:	Oh, don't worry. You won't be eating it. I'll just be using your oven.
Tish:	Yes, but for me to know that there was once a living, breathing soul...
April:	I'm a vegetarian – I understand.
Tish:	Yes. But I'm a vegan. And even the smell of flesh cooking – I don't think I can help you.

Mit dem Ende ihres letzten Satzes schließt Tish entschieden die Tür und lässt April perplex zurück. Diese scheint verwundert über die Zurückweisung durch Tish, die aufgrund ihrer Selbstdefinition als Veganerin den Truthahn von April nicht in ihrer Küche garen möchte. Tish definiert sich als *vegan* – dies ist im Kontext der Sequenz als Bekenntnis zur Bewegung des Veganismus zu erklären. Zwar gibt es auch religiöse oder gesundheitliche Gründe, aus denen Menschen auf den Konsum tierischer Lebensmittel verzichten – sowohl im Sinne des Vegetarismus als auch Veganismus (CHERRY 2006; PUNGS 2006; FRITZEN 2016). Tish jedoch ist im Kontext der Sequenz als vegane Aktivistin zu interpretieren, die ihre alltäglichen Praktiken vollständig daran ausrichtet und auch in der Interaktion mit anderen Menschen mit ihrer Haltung argumentiert. Dabei verweist sie im Rahmen der Interaktion mit April auch auf die politische Dimension ihres Handelns sowie auf tierethische Fragen und Werte, die ihr Handeln anleiten. Diese Positionen werden noch durch die Inszenierung des Handlungsortes verstärkt – besonders durch die zahlreichen Aufkleber auf der Tür zu Tishs Apartment, die auf ihre politische und ideologische Haltung hinweisen (vgl. Abbildung 5.36).

Die Kommunikation zwischen Tish und April spannt dabei einen interaktiven Raum auf, der als *Grenzraum* verstanden werden kann. Die abweichenden Einstellungen der Frauen kommen zum Vorschein und es wird deutlich, dass eine langfristige Interaktion zwischen ihnen nicht möglich ist, da der verhandelte Gegenstand – die Zubereitung des Truthahns – zum Politikum wird, bzw. zur Folie der unterschiedlichen kulturellen Einstellungen zum Konsum tierischer Produkte. Während April die Ernährungsgewohnheit von Tish durchaus nachvollziehen kann, da sie selbst Vegetarierin ist, aus pragmatischen und traditionellen

5.4 Interkulturelle Grenzräume

Abbildung 5.36 April wird von Tish an der Wohnungstür zurückgewiesen. (Screenshot: Pieces of April R: Hedges, USA: 2003)

Gründen jedoch trotzdem den Truthahn als symbolische Speise zu Thanksgiving zubereiten möchte, ist es für Tish eine Unmöglichkeit, April zu helfen. Für sie ist ihr veganer Lebensstil mehr als eine Ernährungsgewohnheit – eine für sie nicht verhandelbare kulturelle Norm.

5.4.3 Körperliche Umgangsformen – „No kissing, no holding hands."

Interkulturelle Grenzräume spannen sich zudem in Interaktionskontexten auf, in denen kulturelle Vielfalt auf Basis körperlicher Umgangsformen sichtbar wird. Dies ist dann der Fall, wenn solche Umgangsformen als normierte und normierende Handlungsvorschriften verhandelt werden. Bei Körperkontakt und seinen Ausprägungen handelt es sich um einen äußerst sensiblen Bereich, der in unterschiedlichen kulturellen Kontexten höchst unterschiedlich konnotiert sein kann und somit als sehr spezifisches Element der nonverbalen Kommunikation zwischen kulturell unterschiedlich sozialisierten Charakteren gilt. So gibt es sehr „verschiedene Berührungsformen, aber auch eine Konvention darüber, wer wen unter welchen Umständen berühren darf und welcher Teil des Körpers berührt werden darf" (BROSZINSKY-SCHWABE 2017: 153). Dabei wird in „jeder Kultur (…) während der Sozialisation erlernt, welche Berührungen statthaft sind und welche ein Tabu sind, abhängig vom Alter, Geschlecht und Verwandtschaftsgrad" (BROSZINSKY-SCHWABE 2017: 154). Ähnlich wie bereits die Normierung des Verzehrs von Nahrungsmitteln durch Speisegesetze thematisiert wurde, erfolgt die kulturelle Beschränkung körperlichen Kontaktes in den betrachteten Filmsequenzen sehr häufig in Bezug auf religiös und ethnisch konotierte Aspekte.

Das einleitende Zitat „No kissing, no holding hands" stammt aus *The Namesake* und wird von Nikhil/Gogol geäußert, der mit diesen Worten seiner Freundin Maxine vermittelt, wie sie sich beim ersten Kennenlernen mit seinen Eltern verhalten soll. Der Ausspruch kann als ein strikter Hinweis auf eingeschränkte körperliche Umgangsformen interpretiert werden. Kurz vor dem Treffen befinden sich die beiden in einem Feinkostenladen, wo Maxine ein Gastgeschenk für die Gangulis zusammenstellt. In diesem Rahmen gibt Nikhil/Gogol ihr einige Handlungsanweisungen (#00:56:51):

Nikhil/Gogol:	There are some things you should know. Hm. No kissing, no holding hands. My parents are not Lydia and Gerald. I've never seen them touch a little or something else.
Maxine:	Oh, a little depressing.

Nikhil/Gogol vermittelt Maxine recht deutlich, dass es für seine Eltern als verheiratetes Paar im Vergleich zu Maxines Eltern nicht angebracht sei, sich beispielsweise zu küssen oder an den Händen zu halten. Maxine überschreitet im Kontext des Treffens allerdings mehrfach beide Anweisungen bzw. gesetzten Grenzen. Dieser Aspekt wird jedoch gesondert im Kontext eines Kapitels zur Grenzüberschreitung betrachtet (vgl. Abschnitt 5.5). Auch wenn im Kontext des Films nicht näher geklärt wird, auf welcher (kulturellen) Basis die Handlungsanweisungen Nikhils/Gogols erfolgen, so lassen sie sich in Referenz zur bengalischen Herkunft der Eltern verstehen, da diese auch an vielen weiteren Stellen des Films als Referenzrahmen kultureller Implikationen herangezogen wird. Diese Interpretation kann beispielsweise darauf gestützt werden, dass es im indischen Kontext zahlreiche Berührungs- und Distanzregeln gibt, die sich über unterschiedliche religiöse und soziale Kontexte erklären lassen, und es beispielsweise in vielen Landesteilen verpönt ist, „öffentlich Körperkontakt zu demonstrieren und Zärtlichkeiten auszutauschen" (KREUSER 2002: 139).

Ein weiterer Film, der auf diesen Aspekt anspielt, ist *Learning to Drive*. Hier zeigt sich insbesondere im alltäglichen Umgang zwischen Darwan und Jasleen, dass diese ein sehr distanziert-körperliches Verhältnis zueinander haben. Dies wird erst gegen Ende des Films aufgebrochen, als sie sich in ihrer Wohnung nach einer Aussprache zusammensetzen, Darwan zärtlich Jasleens Hand nimmt und seinen Kopf gegen ihre Schulter legt (#01:18:55). Die Kamera fängt dabei in Nahaufnahme nicht nur die Gesichter der beiden ein, sondern legt auch einen

Fokus auf den Ehering an Jasleens Hand, um die Relation der beiden Charaktere als Eheleute zu verdeutlichen und die Berührung somit als erlaubt zu kontextualisieren (vgl. Abbildung 5.37).

Abbildung 5.37 Darwan und Jasleen nähern sich an. (Screenshots: Learning to Drive R: Coixet, USA/UK: 2014)

Die Analyse weiterer Filmsequenzen offenbart, dass sich diese Inszenierungsstrategie häufig in Verbindung mit Figuren zeigt, denen im Film eine charedische Identität zugeschrieben wird und dabei meist im Kontext von Begrüßungssituationen zwischen zwei Personen unterschiedlichen Geschlechts inszeniert wird. Ein erstes Beispiel findet sich im Film *Arranged* in einer bereits zuvor angesprochenen Sequenz, in der Rochel ihre Cousine Leah zu einer Party begleitet. Dort stellt sich ihr ein junger Mann, Matthew, vor und streckt ihr zur Begrüßung seine Hand entgegen: „Hey, I'm Matthew. McCohan." Rochel winkt seinen Annäherungsversuch verlegen ab, worauf der junge Mann mit „Oh! I'm so sorry! You must be Leah's cousin. Can't do the handshake-thing, right?" (#01:00:30) reagiert. Die Reaktion Matthews auf Rochels ablehnende Geste lässt deutlich werden, dass die vermittelte Beschränkung bzw. Einschränkung des körperlichen Kontakts in einen direkten Zusammenhang mit Rochels kultureller Prägung gestellt wird (vgl. Abbildung 5.46, oben). Dies ist auch der Fall in der Begegnung zwischen Mansukhbhai und Rifka in *New York, I Love You*, wo Rifka die Begrüßungsgeste ihres Handelspartners abwehrt und ihm erklärt (vgl. Abbildung 5.45 unten): „I'm sorry. I can't shake your hand. I'm not allowed to touch any man who isn't my husband (…)" (#00:11:12, vgl. Abbildung 5.38, unten). Auch Avigal lehnt in *Fading Gigolo* Fioravantes Geste ab: „I don't shake hands (…) I'm sorry. It is not allowed" (#00:34:50). Alle drei zitierten Sequenzen verweisen dabei auf das im charedischen Judentum verbreitete Konzept der *Schomer Negia*, welches die Achtsamkeit bezüglich Berührungen beschreibt (AHRENS 2015: o.S.).

Dabei handelt es sich um eine Auslegung der Frage, inwiefern Berührungen zwischen nicht verheirateten Personen unterschiedlichen Geschlechts zulässig sind (vgl. z. B. AHRENS 2015; BIRNBAUM 2018).[52]

Im Kontext der entsprechenden Filmsequenzen lässt sich jedoch darauf schließen, dass die drei Frauen als Angehörige einer religiösen Gemeinschaft inszeniert werden, in der eine besonders konservative und strenge Auslegung des Konzepts gilt. Dies führt wiederum dazu, dass sie im Rahmen der Interaktionen die Begrüßungsgesten der Männer ablehnen und somit auf ihre kulturellen Unterschiede und religiösen Beschränkungen aufmerksam machen.

Abschließend lässt sich festhalten, dass auch im Falle der Verhandlung dieser beschränkten Kommunikationsräume die kulturell bedingte Einschränkung des Körperkontakts jeweils direkt in der Interaktionssituation verbalisiert wird – noch bevor es zu einer etwaigen Überschreitung normativer Grenzen kommen kann. Zwar wird auf diese Weise vermittelt, dass ein bestimmter interaktiver Handlungsvollzug nicht vollständig ausgeführt werden kann – keiner der Charaktere wird jedoch damit konfrontiert, eigene oder fremde kulturelle Grenzen überschritten zu haben. Es gibt in den analysierten Filmen jedoch auch Beispiele, in denen die tatsächliche Überschreitung ebensolcher Grenzen in sozial produzierten interkulturellen Räumen ganz bewusst inszeniert wird.

---

[52] Diese Frage wird, besonders in Zusammenhang mit Begrüßungsgesten, im Judentum sehr kontrovers diskutiert und von unterschiedlichen Rabbinern unterschiedlich ausgelegt. Zwar ist es nicht direkt verboten, einer Person die Hand zu schütteln und viele Rabbiner vertreten die Auffassung, dass eine kurze Berührung je nach Situation – wie beispielsweise ein Händeschütteln – keine intime Berührung sei, die normativ reguliert werden müsse (AHRENS 2015: o.S.). Dieser Aspekt wird kontrovers diskutiert. Beispielsweise merkt AHRENS (2015: o.S.) diesbezüglich an: „Auch wenn der Schach, Taz und andere wichtige Halachisten eine andere Meinung vertreten, und obwohl viele Rabbiner heutzutage entschieden haben, dass es für die Frau beleidigend wäre, ihr in der Öffentlichkeit nicht die Hand zu schütteln, wenn sie ihre Hand zum Gruß entgegengestreckt hat, gibt es aufgrund der Entscheidung von Bet Josef viele religiöse Juden, die ein sehr strenges Konzept von »Schomer Negia« halten und Frauen grundsätzlich nicht die Hand geben. (...) Die Kontroverse zeigt, dass die eine oder auch die andere Praxis möglich ist. Wer strikt sein möchte, hat jedes Recht dazu, auch wenn viele zeitgenössische Rabbiner aus allen Teilen der Orthodoxie (...) klargestellt haben, dass diese Entscheidung nicht auf einer grundlegenden Halacha beruht. Wichtig ist, dass jeder die Entscheidung des/der anderen respektiert und sensibel und verständnisvoll miteinander umgeht. Denn gerade darum geht es ja bei »Schomer Negia«: um Respekt". An dieser Stelle kann dieser Aspekt nicht vollumfänglich besprochen werden – vielmehr wird ein möglicher Interpretationsansatz angeboten, der im Kontext der analysierten Sequenz(en) anschlussfähig erscheint.

Abbildung 5.38 Zurückweisen einer körperlichen Begrüßung aus religiösen Gründen. (Screenshots: Arranged R: Crespo und Schaefer, USA: 2007 (o), New York, I Love You R: Nair, USA: 2008 (u))

5.5 Interkulturelle Unmöglichkeitsräume

Die Konfrontation mit kulturellen Differenzen und die damit verbundene interaktive Aushandlung kultureller Vielfalt wird in Spielfilmen oftmals mit dem Benennen bzw. Aufzeigen normativer oder wertbezogener Grenzen zusammengebracht. Dadurch werden Handlungsverläufe so beschränkt, dass keine der involvierten Personen eigene oder andere Grenzen überschreitet. Es gibt jedoch gleichermaßen Sequenzen, in denen ebensolche Grenzen von Figuren tatsächlich überschritten werden – eigene Grenzen, wie auch Grenzen anderer Figuren, bewusst wie auch unbewusst. Generell kann hinsichtlich der filmischen Inszenierung dabei zwischen dem Überschreiten sozialer Grenzen, symbolischen Umcodierungen von Handlungsorten und dem Überschreiten physisch-materialisierter Grenzen unterschieden werden. All diese Formen haben gemeinsam, dass sie als *soziale Clashs* und *physische Crashs* in unterschiedlichen Dimensionen verhandelt werden und dass sich in diesen Kontexten Interkulturelle Unmöglichkeitsräume aufspannen. Diese Strategie offenbart sich in der Überschreitung von unbekannten sozialen Grenzen, zum anderen werden in einigen Filmbeispielen Grenzüberschreitungen und damit verbundene soziale Clashs auch als ein Überschreiten der eigenen gesetzten Grenzen inszeniert (Abschnitt 5.5.1). Zudem werden, gerade in öffentlichen filmischen Räumen *physische* Grenzüberschreitungen in einem materiellen und symbolischen Sinne inszeniert, die einhergehen mit physischen Kollisionen zwischen den interagierenden Handlungspersonen (Abschnitt 5.5.2). Darüber hinaus stellt das (versuchte) Umcodieren eines bereits ethnisch markierten Handlungsortes eine solche Dimension der inszenierten Grenzüberschreitung dar, wobei diese sowohl sozial, symbolisch als auch materiell sein können – jeweils verbunden mit großem Konfliktpotenzial (Abschnitt 5.5.3). Die Interaktions- und Aushandlungsprozesse können übergreifend als *unmögliche Grenzüberschreitungen* gedeutet werden. Es wird deutlich, dass die betrachteten Positionen nicht zusammenkommen können und einmal vollzogene Grenzüberschreitungen Konflikte, Kollisionen und Auseinandersetzungen produzieren, in deren Rahmen kulturelle Differenzen als unvereinbare Phänomene bestehen. Ein interkulturelles Miteinander oder ein Ausleben kultureller Vielfalt wird folglich zur Unmöglichkeit.

5.5.1 Soziale Grenzüberschreitungen und soziale Clashs – „Can I touch your hair?"

Die Überschreitung eigener und fremder sozialer Grenzen erfolgt in den analysierten Filmen entweder als bewusster oder als latenter Prozess. Während die Überschreitung eigens gesetzter Grenzen stets als bewusste Entscheidung der Handlungsfigur inszeniert wird, kann die Überschreitung fremder kultureller Grenzen zum einen als mehr oder weniger unbewusster Prozess erfolgen (d. h. die überschrittenen Grenzen sind einer Person nicht bekannt), oder als Prozess, der mit dem Ignorieren ebendieser verbunden ist (d. h. Grenzen sind bekannt und werden dennoch überschritten). Oftmals lassen sich soziale Grenzen in Filmen an auftretenden Konflikten über unterschiedliche, kulturell bedingte Normen und Werten erkennen. Die Überschreitung solcher Grenzen stellt folglich einen Tabubruch dar.

Es gibt zahlreiche Beispiele für die Überschreitung eigens definierter Grenzen. Zum Einstieg wird eine Sequenz aus dem Film *Brooklyn Babylon* herangezogen. Darin kommt es zu einem romantischen Treffen zwischen Sol und Sarah – obwohl es Sarah aufgrund der von ihrer Familie auferlegten Regeln nicht gestattet ist, einen Mann zu treffen, der nicht ihrer charedischen Community angehört. Dass sie sich gerade mit einem Angehörigen der westindischen Community trifft, ist umso brisanter, als dass im Film zwischen den beiden Gemeinschaften ein eklatanter Konflikt besteht, der zu eskalieren droht. Der Film verweist

5.5 Interkulturelle Unmöglichkeitsräume

hier auf die *Crown Heights Riots*, die im Jahr 1991 zwischen der westindischen/afrokaribischen und der chassidischen Lubawitsch-Community im Stadtteil Crown Heights/Brooklyn eskalierten (vgl. GOUREVITCH 1993; SMITH 1993; SHAPIRO 2002, 2006; GOLDSCHMIDT 2006). In der hier angeführten Sequenz fahren Sol und Sarah nach einer Auseinandersetzung mit der Subway nach Coney Island – also einem Ort, der bereits durch seine Geschichte und Symbolik zu Grenzüberschreitungen einlädt.[53] Die beiden setzen sich an den Strand und Sol beginnt, einen Joint zu rauchen. Diesen bietet er Sarah nach einigen Augenblicken an – sie lehnt zunächst ab, zieht dann aber dennoch daran. Sol zieht im gleichen Moment seine große Mütze vom Kopf und bringt dadurch seine Dreadlocks zum Vorschein. Sarah betrachtet diese beinahe begierig (#00:56:48 bis 00:57:21, vgl. Abbildung 5.39):

Sarah:	Can I touch your hair? (…) I love them.
Sol:	You love 'em, huh?
Sarah:	Yeah. Can I touch one? Let me touch one.
Sol:	Go 'head. You might get a shock. You know what I mean? So, it's at your own risk.

Hinter diesem Akt des Haare-Anfassens liegt dabei viel mehr als eine physische Anziehungskraft zwischen Sol und Sarah und eine in hohem Maße symbolträchtige Form der Grenzüberschreitung. Sowohl im charedischen als gleicherweise im Rastafari-Kontext sind die Kopfhaare einer Person mit einer sehr großen symbolischen und spirituell-religiösen Bedeutung aufgeladen. Beide Communitys beziehen sich in ihrem Glauben auf Stellen ihrer heiligen Schriften, die sich dem Haarwuchs des Mannes widmen.[54] Auch wenn diese im Alltag unterschiedlich

---

[53] Wie PARASCANDOLA und PARASCANDOLA (2015: 1 ff.) aufzeigen, ist der Ort Coney Island im Laufe seiner Geschichte mit zahlreichen unterschiedlichen Bedeutungen belegt worden, die jedoch allesamt in enger Verbindung zur Unterhaltungsindustrie stehen. Dies stellt auch IMMERSO (2002: 10) fest: „Coney Island's name remains a metaphor for the American amusement industry (…)". Als heterotoper Ort kann Coney Island dabei auch als „Enklave des kurzzeitigen Exzesses" (STEINKRÜGER 2013: 123) betrachtet werden, bzw. als „the people's playground" (IMMERSO 2002) – ein Ort, an dem Menschen zu Grenzüberschreitungen jeglicher Art animiert werden, ohne dass sie direkte lebensweltliche Konsequenzen fürchten müssen. Diese Perspektive wird auch hier aufgegriffen, indem Coney Island ganz bewusst als Raum interkultureller Grenzüberschreitungen in die narrative Ebene des Films integriert wird.

[54] Hierzu zählen beispielsweise Stellen aus dem dritten Buch Mose, Kapitel 19, Vers 27: „Ihr sollt nicht rund abnehmen die Seitenenden eures Hauptshaares, und nicht zerstören die Enden eures Bartes" (3 Mos 19,27, Bibel LU, Ausg. 2016) sowie dem vierten Buch Mose, Kapitel 6,

Abbildung 5.39 Sol und Sarah kommen sich am Strand von Coney Island näher. (Screenshots: Brooklyn Babylon R: Levin, USA/FRA: 2001)

interpretiert und praktisch umgesetzt werden (z. B. Schläfenlocken/*Pejes* versus Dreadlocks, vgl. RADBIL 2014), so lässt sich doch festhalten, dass die Haare für Männer beider Communitys eine zentrale spirituelle Bedeutung haben. Diese Gemeinsamkeit wird hier jedoch nicht als solche erkannt oder interpretiert – sondern bildet die Basis einer sozialen Grenzüberschreitung mit fatalen Folgen. Sol gestattet es Sarah, sein *Heiligtum* zu berühren – zugleich ist es Sarah als charedischer Frau nicht gestattet, den Körper eines fremden Mannes zu berühren (*Negiah*). Dass der erste Körperkontakt zwischen Sol und Sarah, dem alsbald ein Kuss und Geschlechtsverkehr folgt, im Film über die Haare inszeniert wird, ist somit gleich in mehrfacher Hinsicht mit grenzüberschreitender Bedeutung aufgeladen. Diesbezüglich ist auch die verbale Äußerung von Sol „You might get a shock – you know what I mean" als expliziter Hinweis darauf zu interpretieren, dass beide Figuren sich der Bedeutung dieser Grenzüberschreitung bewusst sind. Auf der narrativen Ebene zieht diese Grenzüberschreitung fatale Folgen nach sich: So verstirbt am nächsten Morgen sowohl Sarahs Großmutter und auch der Konflikt zwischen den beiden Communitys eskaliert vollends. Beides kann im filmischen Kontext als negative symbolische Konsequenz dieser unheilvollen Berührungen interpretiert werden.

Die bewusste Überschreitung eigens gesetzter Grenzen wird auch in weiteren Filmen am Symbol der Haare inszeniert. So nimmt Fioravante in *Fading Gigolo* mit den Worten „Let me look at you first" (#00:59:54) Avigal den *Scheitel*[55]

Vers 5, wo es heißt: „Solange solches sein Gelübde währt, soll kein Schermesser über sein Haupt fahren, bis daß die Zeit aus sei, die er dem Herrn gelobt hat, denn er ist heilig, und soll das Haar auf seinem Haupte lassen frei wachsen" (4 Mos 6,5, Bibel LU, Ausg. 2016). Für eine nähere Erläuterung der Praktik des *Upscheren* im charedischen Judentum und die Talmud-Bezüge vgl. z. B. SCHUCHARDT (2021).

[55] Ein *Scheitel* bezeichnet eine Perücke, die verheiratete Frauen tragen, um ihr Eigenhaar zu verdecken. Dies verweist auf ein *Halacha*-Gesetz, nach dem verheiratete Frauen in der

vom Kopf, bevor er ihrer Aufforderung folgt und sie zum ersten Mal küsst (vgl. Abbildung 5.40). Dabei macht Avigal ihn darauf aufmerksam, dass dies eine religiöse Grenzüberschreitung darstellt: „The mishna warns a married woman never to appear outside her home with her hair visible" (#01:00:13). Fioravante merkt jedoch an, dass Avigals Ehemann lange verstorben sei und übergeht dabei die religiöse Norm bzw. interpretiert sie für sich neu.

Abbildung 5.40 Fioravante und Avigal kommen sich im Park näher. (Screenshots: Fading Gigolo R: Turturro, USA: 2013)

Auch für Avigal zieht diese Grenzüberschreitung – verbunden mit weiteren im Film inszenierten Aspekten[56] – negative Folgen nach sich, welche die Unmöglichkeit dieser interkulturellen Grenzüberschreitung verdeutlichen. Obschon ihr Mann bereits einige Jahre verstorben ist, muss sie sich beispielsweise vor einem Rabbinatsgericht rechtfertigen, da sie nach dem Mischna-Traktat *Sota* (Ordnung *Nashim*, KRUPP und ENZMANN 2010: 170 ff.; PETUCHOWSKI und SCHLESINGER 1933: 302 ff.) als Ehebrecherin beschuldigt wird. Dort gesteht sie, dass es einen „breach of modesty" (#01:11:46) gegeben und ein Mann ihr Haar gesehen und sie berührt habe: „I was alone – with a man. He saw my hair. Uncovered" (#01:11:47 bis 01:11:53). Auch wenn das Gericht ihr vergibt, beendet sie am Ende des Films ihre *unmögliche* Beziehung mit Fioravante, um eine Beziehung mit Dovi einzugehen – einem in ihrer chassidischen Community respektierten Mann.

Öffentlichkeit nicht ihr Haar zeigen sollen. Besonders strenggläubige Frauen scheren sich häufig ihr eigenes Haar darunter vollständig ab. Daneben besteht die Möglichkeit, ein Kopftuch zu tragen (vgl. HARARI 2013: o.S.). Im Kontext des Films zeigt sich, dass Avigal unter ihrer Perücke ihr langes Eigenhaar trägt, das hier von Fioravante freigelegt wird. Rifka (*New York, I Love You*) hingegen hat eine Glatze. Einen lebensweltlichen Einblick auf diese Praktik, verbunden mit Verweisen auf die religiösen Referenzen, gibt u. a. SALZBERG (2018).

[56] U. a. berührt Fioravante, der sich als Physiotherapeut ausgibt, Avigals nackten Rücken mit seinen Händen und sie trinkt später bei ihrem Besuch in seiner Wohnung aus einem Glas Wasser (bei ca. #00:41:40), um nur einige Aspekte zu nennen.

Ein weiteres Beispiel für die Unmöglichkeit einer Beziehung, die im Rahmen einer Interaktionssituation verdeutlicht wird, zeigt sich in *Learning to Drive*. Dort wird die platonische Beziehung zwischen Wendy und Darwan auf die Probe gestellt, als Darwan sie gegen Ende des Films fragt, ob sie sich auch fernab der gemeinsamen Fahrstunden treffen könnten und er sie damit um ein Date bittet. Wendy, die um seine Ehe mit Jasleen weiß und im Laufe der Zeit auch Wertvorstellungen kennengelernt hat, weist ihn allerdings zurück. Sie blickt ihn an, legt ihre Hand an seine Wange und auf sein Herz und sagt die folgenden Worte: „You're a good man. You are my faith" (#01:16:05, vgl. Abbildung 5.41). Damit vermittelt sie, dass sie weiß, dass ein derartiges Treffen für Darwan eigentlich eine Überschreitung seiner eigenen Grenzen darstellen würde und zugleich auch eine Unmöglichkeit für sie selbst, da Darwan ihr wieder ermöglicht hat, an das Gute im Menschen (und im Manne) zu glauben. „You're my faith" ist in diesem Kontext als ein höchst symbolisch aufgeladener Ausspruch zu verstehen. Er vermittelt, dass Wendy all ihren Glauben und ihr Vertrauen in Darwan und seine Persönlichkeit legt und der Aufbau einer womöglich mit sexuellen Interessen verbundenen Beziehung diese spirituelle Beziehung infrage stellen würde. Diese Interpretation wird im Rahmen der Sequenz noch durch die Gestik von Wendy verstärkt, die vertrauensvoll ihre Hand auf Darwans Herz legt sowie durch die blaue Farbe von Darwans Turban, die im Kontext der Sequenz, in westlicher Lesart, als symbolische Farbe für u. a. ewige Treue und zugleich Sehnsucht und Hoffnung gelesen werden kann (vgl. HELLER 2000: 23 ff.; KOBBERT 2011: 180 f.).

Abbildung 5.41 Wendy weist Darwans Annäherungsversuch zurück. (Screenshots: Learning to Drive R: Coixet, USA/UK: 2014)

Deutlich zeigt sich die hier besprochene Inszenierungsstrategie auch in *Arranged*. Wie bereits zuvor erläutert wurde, wehrt Rochel dort zunächst einen

5.5 Interkulturelle Unmöglichkeitsräume

Annäherungsversuch von Matthew ab. Wenig später kommt es jedoch zu Interaktionsmomenten, in denen Rochel ihre selbstgesetzten Grenzen überschreitet. An dieser Stelle soll nicht erneut detailliert auf die Aspekte eingegangen werden, die im (charedischen) Judentum als traditionelle Normen hinsichtlich z. B. körperlicher Berührungen und des Konsums von Speisen und Getränken gelten. Folgende Beispiele lassen sich jedoch in diesem Spannungsfeld als Grenzüberschreitungen deuten. Zunächst bietet Matthew der verunsichert wirkenden Rochel einen selbstgemixten Cocktail an: „Caipirinha! Your drink. I learned how to make them when I was living in Brazil and, let me tell ya, if you've never tried a cocktail, this might be the time. They're really good!" (#01:01:37). Rochel blickt sich verlegen um, scheint sich aber unbeobachtet zu fühlen und nippt an dem Becher. Die Musik wechselt von einem Hip-Hop-Song zu einer lateinamerikanisch klingenden Salsa. Daraufhin nimmt ihr Matthew den Becher aus der Hand, zieht sie auf die Tanzfläche und beginnt zu tanzen. Rochel versucht diesen Annäherungsversuch abzuwehren, indem sie ihre Arme zurückzieht und sagt: „Oh no, no. No, I can't. Really, no!" (#01:02:10). Doch Matthew tut so, als könne er sie nicht verstehen: „I'm sorry, I really can't hear you!" (#01:02:12). An dieser Stelle wechselt die Kamera aus der Beobachterperspektive in die Perspektive Rochels und man sieht Matthew aus ihren Augen, der sich mit laszivem Blick zur Musik bewegt. Er schwitzt und wirkt unangenehm nahe, was bereits ein Hinweis darauf ist, dass für Rochel diese Form des Kontakts unerträglich zu sein scheint. Im weiteren Verlauf erklingt die Musik zunehmend lauter. Rochel schaut sich mit hektischem Blick im abgedunkelten Raum um, wo sie die tanzenden Körper der Partygäste sieht, die sich im Takt der Musik aneinanderschmiegen und andere Gäste, die Alkohol konsumieren. Sie reißt sich los und flüchtet von der Tanzfläche. Zielstrebig läuft sie zu einer Tür, vermutlich, um in einem anderen Zimmer etwas Luft zu schnappen – doch dort sitzen bereits einige Personen zusammen und konsumieren Drogen. Einer der Männer bietet ihr einen Joint an, doch Rochel dreht sich direkt um, kollidiert fast mit einem küssenden Pärchen und wirkt für einen Moment äußerst verloren im Dunkel der Wohnung. Orientierungslos schaut sie sich um und bewegt sich zügig zur Ausgangstür. Matthew versucht noch, sich von ihr zu verabschieden, doch Rochel verlässt das Setting ohne ein weiteres Wort. Vor der Haustür wirkt sie nahezu atemlos und geschockt. Im Kontext der Partysituation hat sie durch den Alkoholkonsum und die Berührung eines Mannes nicht nur eigene Grenzen überschritten. Sie hat zudem einen Eindruck davon vermittelt bekommen, wie das Leben außerhalb ihrer Familie sein kann. Es zeigt sich, dass der von Leah angepriesene Appetithappen eines Lebens außerhalb der strengen Community („Maybe you wanna come along? Step into this world for a minute and see how it feels?", #00:59:21), für Rochel eine Überforderung darstellt und es ihr unmöglich ist, in dieser Situation zu verbleiben. Auf filmischer Ebene ist dieses Hineinschnuppern in ein anderes Leben als sozialer Clash inszeniert (vgl. Abbildung 5.42): Rochel kann die erlebte Grenzerfahrung nicht mit ihrem Gewissen vereinbaren und flüchtet in ihre gewohnte Umgebung zurück. Im materiellen Sinne zurück in die Grenzen ihrer Neighborhood Ditmas Park und ihres Elternhauses, im sozialen Sinne zurück in die Sphäre ihrer religiösen Identität. So sitzt sie direkt in der nachfolgenden Sequenz, auf filmtechnischer Ebene unterstützt durch einen harten Schnitt, in der Subway in Richtung Brooklyn und rezitiert im Stillen Verse aus ihrem Gebetbuch.

Abbildung 5.42 Rochels Konfrontation mit einem liberalen Leben auf einer Party. (Screenshots: Arranged R: Crespo und Schaefer, USA: 2007)

Die Überschreitung sozialer und kultureller Grenzen kann jedoch auch aus anderer Perspektive erfolgen – nämlich dann, wenn nicht die eigenen, sondern

5.5 Interkulturelle Unmöglichkeitsräume

unbekannte Grenzen überschritten werden. Wie bereits angemerkt wurde, kann die Überschreitung solch *fremder* kultureller Grenzen zum einen als mehr oder weniger unbewusster Prozess erfolgen, d. h. die überschrittenen Grenzen sind einer Person nicht bekannt oder zum anderen als Prozess, der mit Ignoranz eben dieser verbunden ist. Dies bedeutet, dass sie eigentlich bekannt sind, aber dennoch überschritten werden.

Ein Beispiel für den ersten Fall findet sich in *David & Layla*. Darin findet sich eine Sequenz, in der Layla bei Familie Fine eingeladen ist, um gemeinsam den *Seder*-Abend zu verbringen – das Festmahl zu Beginn des Passahfestes. Zwar wird Familie Fine als Angehörige einer aschkenasischen Community inszeniert, die ein weitestgehend säkulares Leben führen und sich somit in ihrem filmisch inszenierten Alltagsleben deutlich von den Charedim (u. a. die Familie von Rochel in *Arranged*, Avigal in *Fading Gigolo* oder Rifka in *New York, I Love You*) abgrenzen lassen. Dennoch verfolgen sie an den Feiertagen die strikten Anweisungen der *Pessah-Haggadah*, nach der der Ablauf des Seders mit allen verbundenen Regeln exakt dargelegt ist (vgl. z. B. GEISMAR und GRONEMANN 1928; SHIRE 1998). Zu diesen gehört u. a. die vollständige Verbannung gesäuerten Gebäcks (*Chamtez*) aus dem Haus. Layla, die von David seiner Familie zwar als Sephardin vorgestellt wird, aber eigentlich Muslimin ist, kennt diese Regeln nicht und bringt als Zeichen ihrer Dankbarkeit für die Einladung Baklava und Schokolade als Gastgeschenk mit. David, der ihr die Tür öffnet, ist sichtlich entrüstet darüber. Er schlägt sich die Hände über dem Kopf zusammen und macht Layla auf ihren Fauxpas aufmerksam. Die sich anbahnende Grenzüberschreitung wurde noch nicht von den anderen Familienmitgliedern entdeckt, da sich diese bereits im Wohnzimmer aufhalten. David nutzt die Chance und versteckt die Speisen im Schuhschrank sowie im Schirmständer (ca. #01:00:49, vgl. Abbildung 5.43). Auch wenn dies im strengen Sinne bereits eine Grenzüberschreitung darstellt, da die Thora sämtlichen Besitz von *Chametz*-Produkten untersagt (vgl. Masorti e. V. 2008), so ist es für David dennoch die einzig mögliche Lösung, den Abend nicht in einem Desaster enden zu lassen. In der Folge dieser durch David vollzogenen Einschränkung verbringt Layla einen weitestgehend entspannten Abend mit Familie Fine, die sie mehr oder weniger bereitwillig in die Abläufe des Festmahls einführt. Allerdings scheint Davids Mutter Layla gegenüber besonders skeptisch eingestellt zu sein, da sie nicht nur extreme Vorurteile gegenüber Muslimen hegt, sondern auch gegenüber Sepharden.

In *The Namesake* findet sich mit der Kennenlern-Sequenz zwischen Maxine und Nikhils/Gogols Eltern eine Interaktionssituation, die der eben beschriebenen Sequenz sehr ähnlich ist. Bereits zuvor wurde angesprochen, dass Nikhil/Gogol

Abbildung 5.43 David versteckt die von Layla mitgebrachten Lebensmittel. (Screenshots: David & Layla R: Alani (Jonroy), USA: 2005)

Maxine im Vorhinein des Kennenlernens bezüglich eines angemessenen Verhaltens vorbereitet, um einen Clash zwischen ihr und den Eltern zu vermeiden. Seine bereits erläuterte Anweisung „No kissing, not holding hands" bezieht sich implizit auf zwei Aspekte, wie sich im weiteren Verlauf des Films erkennen lässt: Zum einen darauf, dass es für Maxine nicht angebracht sei, den körperlichen Kontakt mit seinen Eltern zu suchen und zum anderen darauf, dass es während der Begegnung auch zu keinerlei Körperkontakt bzw. Austausch von Zärtlichkeiten zwischen ihnen als Paar kommen sollte. In der nachfolgenden Interaktionssituation mit den Eltern zeigt sich jedoch, dass Maxine sich über die Instruktionen ihres Freundes hinwegsetzt: Sie umarmt sowohl Ashima Ganguli, als auch deren Ehemann Ahsoke zur Begrüßung, gibt ihnen jeweils einen Wangenkuss und spricht sie mit ihren Vornamen an. Die Art und Weise der filmischen Inszenierung vermittelt zudem über filmtechnische Stilmittel, dass die Handlungen von Maxine eine distanzierte, irritationsgeladene Spannung zwischen den Figuren entstehen lässt. Die angespannt lächelnden Gesichter der Personen werden von der Kamera groß eingefangen und eine künstliche Gesprächspause vermittelt nachdrücklich den Eindruck, dass die Interaktionspartner:innen peinlich berührt sind (vgl. Abbildung 5.44).

Im Rahmen der Sequenz kommt es zu weiteren Grenzüberschreitungen seitens Maxine. So ergreift sie beispielsweise mehrfach die Hand ihres Freundes oder streichelt ihm über den Arm (vgl. Abbildung 5.45). Bei ihrem ersten Zuwendungsversuch dieser Art sitzen die beiden auf dem Sofa, während Ashima in der Küche Getränke holt. Nikhil/Gogol weist Maxines Berührung mit einer forsch wirkenden Geste zurück. Wenig später scheint sie dies jedoch wieder vergessen zu haben – oder ignoriert die Anweisung. Alle vier sitzen am Esstisch, vor ihnen befinden sich leere Teller. Maxine bedankt sich für das Essen und merkt an: „This is the best Indian food I've ever tasted" (#00:59:21). Ashoke weist lächelnd darauf hin, dass das Lob Ashima gelten müsse: „Nikhil's mother has

5.5 Interkulturelle Unmöglichkeitsräume

Abbildung 5.44 Grenzüberschreitende Begrüßungen in *The Namesake*. (Screenshots: The Namesake R: Nair, USA/IND: 2006)

Abbildung 5.45 Maxine sucht Körperkontakt mit Nikhil/Gogol – dessen Eltern sind davon irritiert. (Screenshots: The Namesake R: Nair, USA/IND: 2006)

been cooking for the past two days" (#00:59:25). Daraufhin nimmt Maxine – diesmal vor den Augen seiner Eltern – die Hand ihres Freundes und merkt an: „It's better than this boy here makes" (#00:59:28). Ashima blickt mit versteinerter Miene auf die beiden sich berührenden Hände. Es entsteht erneut eine unangenehm wirkende Pause, die erst aufgelöst wird, als Ashoke feststellt: „Oh – I forgot the ice cream" (#00:59:39) und seinen Sohn bittet, ihn zum Supermarkt zu begleiten. Maxine weist er an, bei Ashima zu bleiben: „Why don't you stay here and keep Nikhils' mother company? We'll be back in no time" (#00:59:56). Durch seine Situation gelingt es Ashoke die unangenehme Spannung, die durch Maxines grenzüberschreitende Handlungen hervorgerufen wird, vorerst aufzulösen und weitere Spannungen oder eine mögliche Konfrontation zu vermeiden. Der sich anbahnende *Clash* zwischen den konservativen Gangulis und Maxine, die an dieser Stelle wohl als etwas naive junge Frau ohne Gespür für die Relevanz ihr unbekannter Werte beschrieben werden muss, wird folglich abgewendet.

Dass Maxines Aktionen jedoch langfristig zu einem unüberbrückbaren Konflikt zwischen ihr und ihrem Freund führen, zeigt sich im weiteren Filmverlauf. Besonders prägnant ist hier die Sequenz der Trauerzeremonie nach Ashokes Tod, die im Haus der Gangulis stattfindet. Zu der Zeremonie sind zahlreiche Freunde und Verwandte zusammengekommen. Auch Maxine kommt vorbei, um Ashoke zu gedenken. Sie ist in Schwarz gekleidet, also der Farbe, die in westlichen Kontexten als angemessene Trauerfarbe verstanden wird (vgl. MÖRZ 2014: 54; HELLER 2000: 132). Alle anderen Gäste hingegen sind in Weiß gekleidet –in der Farbe, die für den kulturellen Kontext der Familie Ganguli die gewöhnliche bzw. anerkannte Trauerfarbe darstellt.[57] Es ist unmittelbar ersichtlich, dass Maxine aus den Trauergästen heraussticht, da sie als Einzige eine dunkle Farbe trägt (vgl. Abbildung 5.46). Während sich die anderen Gäste an die Tradition gehalten haben, im Rahmen einer hinduistischen Trauerzeremonie Weiß zu tragen, scheint Maxine – einmal mehr – nicht für diesen Aspekt sensibel zu sein.

Der Eindruck der fehlenden Empathie verstärkt sich im Laufe der Sequenz noch, als sie sich nach ihrem Freund erkundigt. Nikhil/Gogol hat sich entsprechend der hinduistischen Trauerriten (vgl. MICHAELS 2012: 154; MICHAELS 2007) das Kopfhaar geschoren und ist in ein weißes Leinentuch gehüllt.[58] Maxine

---

[57] Interessanterweise galt auch in vielen westlichen Kontexten lange Zeit Weiß als Trauerfarbe. Beispielsweise zeigt FICK (1958) auf, dass in vielen Teilen Deutschlands noch bis ins 19. Jahrhundert hinein (in Norddeutschland noch bis ins 20. Jhd.) Trauerkleidung weiß war bzw. aus einer Kombination weißer und schwarzer Bekleidungsstücke bestand (vgl. HELLER 2000: 132, 166 f.).

[58] Im Film zeigt sich, dass Nikhil/Gogol, der im vorherigen Filmverlauf meist Abstand von den Traditionen seiner Eltern genommen hat, mit dem Tod seines Vaters beginnt, entsprechende

5.5 Interkulturelle Unmöglichkeitsräume

Abbildung 5.46 Trauerzeremonie im Hause Ganguli. (Screenshots: The Namesake R: Nair, USA/IND: 2006)

scheint von diesem Anblick sehr verwundert zu sein – dies lässt zumindest ihre Mimik deuten. Nach der Trauerzeremonie, die im Film nur angedeutet ist, sitzen sie und Nikhil/Gogol in dessen Jugendzimmer zusammen. Es kommt zu folgendem Dialog, während dem Maxine körperlichen Kontakt zu ihrem Freund sucht, dieser jedoch eine abweisende Körperhaltung annimmt und beinahe apathisch auf dem Bett sitzt (#01:21:49 bis 01:23:28):

Maxine:	So, when are you coming back to the City?
Nikhil/Gogol:	I don't know. They have given me a month. More if I want.
Maxine:	I miss you. I know how hard this must be for you. But you guys can't stay with your mother forever. You know that. Listen, I really, really, really, really, really want to come to India with you to scatter the ashes.
Nikhil/Gogol:	It's a family thing.
Maxine:	I thought we were a family, Nick. You are certainly part of mine.
Nikhil/Gogol:	I have so many regrets, Max.
Maxine:	You're bound to. Listen, why don't we still go away for New Year, like we planned. It might do you good to get away from all this.

Aspekte in seine kulturelle Identität zu integrieren. Eine Rückblende zeigt, wie er als Kind selbst beobachtet hat, wie sich Ashoke nach dem Tod seines Vaters den Kopf rasiert hat – dieses tut er ihm gleich (ab #01:18:18).

Nikhil/Gogol:	I don't want to get away.
Maxine:	What do you want from me, Nick? I'm trying to be here for you but it's like I don't even know you any more?
Nikhil/Gogol:	Max, this is not about you.

Das Gespräch offenbart einmal mehr, dass Maxines wenig Gespür dafür zu haben scheint, kulturelle Differenzen zu tolerieren – insbesondere in dem sehr sensiblen Bereich der Trauerarbeit. Der von ihr geäußerte Wunsch, die Familie zum Trauerritual nach Indien zu begleiten, wirkt dabei fast wie der egoistische Wunsch danach, einmal bei einem für sie unbekannten Ritual dabei sein zu können. Die geäußerte Annahme, ein Teil der Familie zu sein, lässt erkennen, dass Maxine immer noch nicht respektiert, dass das Verständnis von Familie und Zugehörigkeit zu eben dieser im Kontext der Familie Ganguli – besonders für dessen Mutter Ashima – nicht den ihrigen Wertmaßstäben entspricht. Ihr Ausspruch „It seems like I don't even know you anymore" (#01:23:20) bestärkt die Interpretation, dass Maxine nicht gewillt ist, ihren eigenen Blick für andere Einflüsse zu öffnen. Diese Haltung bezeichnet Nikhil/Gogol als egoistisch („Max, this is not about you", #01:23:26). Es ist dabei gerade diese Kombination einer nicht vorhandenen Bereitschaft, sich anderen kulturellen Einflüssen zu öffnen, mit dem Beharren auf eigenen Perspektiven, die eine symbolische Grenzüberschreitung darstellt und ein Bestehen der Beziehung unmöglich macht. Maxines Haltung – verbunden mit fehlender Empathie und Sensibilität sowie gepaart mit bereits angeklungener Naivität und ihrem Egoismus – ist unvereinbar mit den Grundsätzen der Familie Ganguli. So steht am Ende der Sequenz die scheinbar unvermeidbare Trennung der beiden und Maxine verlässt das Haus unter Tränen.

Die herangezogenen Beispiele zeigen auf, dass im Kontext interkultureller Räume die Überschreitung sozialer bzw. soziokultureller Grenzen einen zentralen Stellenwert in den analysierten Filmen einnimmt und auf vielfältige Art und Weise inszeniert wird. Die filmisch inszenierten Grenzüberschreitungen führen zu sozialen Konfliktsituationen bzw. *sozialen Clashs*, welche den Rezipierenden in komplexer und teils stark codierter Weise die Unvereinbarkeit unterschiedlicher kultureller Positionen vor Augen führen.

5.5.2 Physische Grenzüberschreitungen und physische Crashs – „You stay on your fuckin' side, we stay on our side!"

Die betrachteten Filme inszenieren *interkulturelle Unmöglichkeitsräume* nicht nur über die Strategie der *immateriellen, sozialen Grenzüberschreitungen*. Es finden sich darüber hinaus zahlreiche Beispiele, in denen ebensolche als Motiv der lokalisierbaren, physischen *Grenzüberschreitung* dargestellt werden. Diese vollziehen sich meist im öffentlichen Raum und es wird der Eindruck vermittelt, dass es sich bei den porträtierten Stadtteilen und Nachbarschaften um räumliche Einheiten handelt, die von zahlreichen Grenzlinien durchzogen sind. Auch diese sind sozial definiert bzw. bedingt – jedoch zugleich im physisch-materiellen Sinne manifestiert: Zum einen als tatsächliche Grenzlinien, zum anderen als unsichtbare Bereiche im öffentlichen Raum, die nur einzelnen Charakteren bekannt zu sein scheinen und die erst im Handlungsvollzug als Markierungen hervorgebracht werden. Bezeichnend für diese Inszenierungsstrategie ist es, dass ein Überschreiten von solchen Grenzen oftmals mit physischen Kollisionen einhergeht. Das bedeutet, dass es zur faktischen Kollision einzelner Individuen kommt. Diese werden unterschiedlich inszeniert, beispielsweise in Form eines Autounfalls oder als körperliches Zusammenprallen.

Ein Beispiel für die Inszenierung einer sichtbaren Grenze findet sich in *China Girl*. Ein zentrales Motiv des Films ist der etablierte Konflikt zwischen zwei ethnischen Gangs, die aus benachbarten Stadtvierteln China Town und Little Italy in Manhattan stammen. Beide Settings sind über ihre materielle Ausstattung eindeutig als ethnische Stadtviertel gekennzeichnet. In der filmischen Inszenierung werden diese beiden Lokalitäten nun durch eine konkrete Grenzlinie voneinander getrennt: die Canal Street. Es handelt sich bei dieser Straße nicht nur um eine physisch-materielle Grenze zwischen den beiden Vierteln, sondern auch um eine eindeutige Grenze zwischen den Macht- und Einflussbereichen der beiden Straßengangs. Dies zeigt sich im Film beispielsweise in einer Sequenz, in der Tony durch die Straßen China Towns vor Angehörigen der chinesischen Gang flüchtet, nachdem er dort heimlich Kontakt mit Tye aufgenommen hat. Er rennt durch die dunklen Gassen und Hinterhöfe, durchquert schließlich eine Hauptstraße China Towns und sprintet über die Canal Street, deren Straßenschild in Großaufnahme von der Kamera festgehalten wird. Kaum hat er die Straße überquert, hält er an und gönnt sich eine Verschnaufpause. Er blickt hinüber zu seinen Verfolgern, die ebenfalls stehen geblieben sind (vgl. Abbildung 5.47). Es scheint für einen Moment, als seien sich alle Beteiligten darüber im Klaren, dass es an dieser Stelle nicht weitergeht und folglich so, als ob die Canal Street die materialisierte

Form der sozialen Grenze zwischen den beiden ethnisch-konnotierten Räumen markiert. Den Gangmitgliedern ist dieser Aspekt auch ohne Blick auf das Straßenschild klar. Für die Zuschauer:innen verdeutlicht das explizite Einblenden des Straßenschildes jedoch die unmittelbare Relevanz dieser klar begrenzten und territorial abgesteckten Räume. Allerdings halten sich die Mitglieder der chinesischen Gang hier nicht an diese Regeln und setzen die Verfolgungsjagd fort. Tony wird in einen Hinterhof gedrängt. Mit bedrohlichen Gesten kommen die Gangmitglieder auf ihn zu. Erst im letzten Moment kommen Mitglieder der italienischen Gang hinzu und beginnen eine Schlägerei, die erst durch ein Hinzukommen der Polizei aufgelöst wird. Der *unmögliche Übertritt* der sozialräumlichen und zugleich materialisierten Grenze führt hier zu einer physischen Kollision zwischen den Gangmitgliedern. An späterer Stelle in dem Film wird dieser Aspekt noch stärker verdeutlicht, als es zwischen Mitgliedern der Gangs zu gewaltsamen Interaktionen kommt, bei denen es u. a. zu Schießereien kommt und Tonys Bruder erstochen wird.

Besonders prägnant zeigt sich die Unmöglichkeit des harmonischen Zusammenlebens außerhalb der segregierten Viertel am Ende des Films, als Tyan und Tony beschließen, sich über die Grenzen der beiden ethnischen Communitys hinwegzusetzen und ihrer Liebe eine Chance zu geben. Die beiden stehen mitten auf einer Straße, die den Grenzbereich ebenfalls als physisch-materiellen Raum zwischen den beiden Vierteln markiert. Sie stehen dabei genau zwischen den Mitgliedern beider Gangs, die sich wie bei einem Showdown gegenüberstehen. Dramatische, nondiegetische Musik unterlegt die Szenerie, die schließlich damit endet, dass das Liebespaar erschossen wird. In der letzten Einstellung des Films zoomt die Kamera in einer Vogelperspektive aus der Szene heraus und blickt auf das tote Paar, das in seinem eigenen Blut inmitten der Straße liegt und zum traurigen Sinnbild für die Unmöglichkeit der friedvollen Interaktion zwischen den beiden verfeindeten ethnischen Gangs bzw. Communitys wird (vgl. Abbildung 5.48).

Nicht immer ist die Inszenierung der durch Grenzüberschreitungen hervorgerufenen Kollisionen und Konflikte so drastisch wie in *China Girl*. So inszenieren viele weitere Filme Grenzüberschreitungen ebenfalls als Überschreitung tatsächlicher Grenzen, die in physischen Kollisionen münden – jedoch auf Basis von Situationen, die sich in der inszenierten Alltagswelt der Charaktere vollziehen, ohne dabei auf Themen wie Ganggewalt einzugehen. Beispiele hierfür finden sich u. a. in *Fading Gigolo* und *Brooklyn Babylon*, in denen die Überquerung der räumlichen Grenze zwischen zwei ethnischen Vierteln jeweils in einem *Car Crash* endet, also der unmittelbaren Kollision zweier Autos, die von Angehörigen der beiden Communitys gefahren werden.

5.5 Interkulturelle Unmöglichkeitsräume

Abbildung 5.47 Markierungen von Grenzen und Grenzüberschreitungen im öffentlichen Raum in *China Girl*. (Screenshots: China Girl R: Ferrara, USA/JAP: 1987)

Abbildung 5.48 Tyan und Tony bezahlen Grenzüberschreitungen mit ihrem Leben. (Screenshots: China Girl R: Ferrara, USA/JAP: 1987)

In *Fading Gigolo* handelt es sich um ein Ehepaar in einem Kleinwagen, der an einer Straßenkreuzung mit einem Kleintransporter kollidiert. Dieses Auto wird von zwei Männern gefahren, die augenscheinlich einer charedischen Community angehören. Die Straßenkreuzung, die symbolisch mit einem großen roten

Stoppschild ausgestattet ist, befindet sich in einem Teil Brooklyns, der als von unterschiedlichen ethnischen Communitys bewohnt dargestellt wird. Wie vorherige Stellen in dem Film erkennen lassen (ab #00:09:33), begegnen sich Angehörige dieser Communitys im Alltag auf der Straße, auch wenn sie kaum miteinander kommunizieren. Die Männer der verunfallten Pkw springen sofort auf die Straße und beginnen sich gegenseitig anzuschreien – besonders der als nicht-jüdisch gezeichnete Mann gerät förmlich in Rage und brüllt sein Gegenüber an: „What, what is it, cowboy? Are you blind? There's a STOP-sign right there! (…) What's the matter with you people?" (#00:09:37). Als Vertreter der *Shomrim*[59] kommt schließlich Dovi hinzu, der den Streit zu schlichten versucht. Er wird von dem Mann jedoch nicht ernst genommen („Where's the police?", #00:10:07). Dovi beginnt, mit den charedischen Männern zu sprechen und wechselt dabei von Englisch in einen Community-typischen sozialen Slang. Daraufhin brüllt der andere Mann das Trio an:

„Speak English! You're in Brooklyn. You're not in the old country no more. You're in Brooklyn!" (#00:10:17).

Wutentbrannt stürmt er zu seinem Fahrzeug, holt einen Baseballschläger hervor und geht auf die Männer los. Bevor er jedoch jemanden verletzen oder das Auto beschädigen kann, hält Dovi ihn zurück (vgl. Abbildung 5.49). Der inszenierte Autounfall steht in dieser Sequenz, dies wird in der verbalen Auseinandersetzung noch verdeutlicht, sinnbildlich für die Kollision zwischen Mitgliedern ethnisch-religiöser Communitys, die auch im filmischen Brooklyn scheinbar in räumlich voneinander getrennten Stadtbezirken leben.

In *Brooklyn Babylon* kommt es ebenfalls zu einem Autounfall – allerdings zeigt sich hier noch deutlicher eine Grenzüberschreitung, die in einen unmittelbaren Zusammenhang mit dem Unfall gestellt wird: An einer Straßenkreuzung in Crown Heights in Brooklyn kollidiert das Auto von Judah, der mit seiner Verlobten Sarah sowie einigen Freunden unterwegs ist, mit dem Auto von Scratch, der gemeinsam mit dem Rapper Sol unterwegs ist. In der oben benannten Lesart kommt es folglich zu einer Kollision zwischen der charedischen und der

---

[59] Als *Shomrim* bezeichnet man „licensed citizen patrol groups found in many Hasidic communities across the United States" (STERNLIEB 2013: 1413), also zivil organisierte Neighborhood-Watch Gruppen, die auf freiwilliger Basis Mitgliedern der charedischen (hier: chassidischen) Community betrieben werden und in zahlreichen (u. a. US-amerikanischen) Städten aktiv sind, um Verbrechen zu verhindern. In New York City, ganz besonders in Brooklyn, existieren bereits seit den 1960er Jahren eine Vielzahl an Shomrim-Einheiten, die mittlerweile als fest etablierte Bestandteile der charedischen Gemeinschaften fungieren. Dies führt nicht selten zu Konflikten, auch weil teils eine zunehmende Verflechtung staatlicher Einheiten (Polizei) und privatisierter Einheiten (z. B. Shomrim) beobachtet werden kann (vgl. STERNLIEB 2013; SHAER 2011; STEIN 2012).

Abbildung 5.49 Autounfall in Brooklyn – physischer Crash, sozialer Clash. (Screenshots: Fading Gigolo R: Turturro, USA: 2013)

afrokaribischen/westindischen Community. Bevor die Autos zusammenprallen, sieht man noch, wie einer der Pkw über eine rote Ampel fährt, die ebenso wie das Stoppschild in *Fading Gigolo* als Symbol für die nicht zu überquerende Grenze zwischen den ethnischen Vierteln interpretiert werden kann (vgl. Abbildung 5.50).

Abbildung 5.50 Autounfall in *Brooklyn Babylon* – die Funken sprühen. (Screenshots: Brooklyn Babylon R: Levin, USA/FRA: 2001)

Der Crash zwischen den beiden Autos wird in diesem Beispiel sehr bildlich inszeniert, sowohl auf der auditiven als auch auf der visuellen Ebene: Es knallt, die Funken sprühen – und zwar nicht nur als Resultat des Aufpralls zwischen den beiden Autos, sondern auch metaphorisch, da sich Sol und Sarah in dieser Sequenz zum ersten Mal begegnen und gleich eine Anziehung zueinander spüren.

Durch den Einsatz filmischer Mittel wird die Begegnung zwischen den beiden so inszeniert, dass deutlich wird, dass sich die beiden Charaktere zueinander hingezogen fühlen: Sarah sucht in dem Chaos des Unfalls nach ihrer Halskette, die auf den Boden gefallen ist. Sol bemerkt die Kette, hebt sie auf und gibt sie Sarah. In dem Moment, in dem sich ihre Blicke treffen, scheint die Zeit stillzustehen, die Umgebungsgeräusche werden nur noch stark gedämpft vermittelt und eine dramatische Streichermusik unterlegt diesen Teil der Sequenz. Im Wechsel werden die Gesichter der beiden in nahen Einstellungen eingefangen und die Mimik der beiden übermittelt eine Mischung aus Verwunderung und einer starken gegenseitigen Anziehung. Diese nonverbale Begegnung wird aufgelöst, als Sarah von Judah am Arm gepackt und zum Auto gezogen wird – unmittelbar sind alle Geräusche wieder hörbar und die Hektik der Situation wird entsprechend kameratechnisch eingefangen. Die Fahrer der beiden Pkw springen sogleich aufgebracht auf die Straße und beginnen eine lautstarke Diskussion. Zu Beginn der Interaktion fluchen beide vor sich hin. Ein Teil des Dialogs kann explizit hervorgehoben werden, da er die thematisierte Inszenierungsstrategie sehr gut verdeutlicht (#0012:37 bis 00:13:13):

Scratch:	Just give me some money for my car, man.
Judah:	Some money for your car?! You ran a red light and hit my car!
Scratch:	I didn't run no fuckin' red light! You crashed into me. You shouldn't even be on this side, man. That's a dividing line right there.
Judah:	A dividing line?
Scratch:	You're in low-lands, you know what I mean?!
Judah:	This is our neighborhood.
Scratch:	No. *That's* your neighborhood. (*zeigt in die entgegengesetzte Richtung*)
Judah:	No, *this* is ours.
Scratch:	Knock it off. Just pay for the damage that you did to my car (…).
Judah:	You crashed into my car!
Scratch:	You fuckin' hit me!
Judah:	You crashed into my car.
Scratch:	You shouldn't even be on this side! You know? You know the rules! You stay on your fuckin' side, we stay on our side! You wanna come over here and mix it up?! This is what's gonna happen!

In dem Dialog zwischen Scratch und Judah, an dessen Ende sie auch körperlich aufeinander losgehen, wird sehr deutlich, dass beide die *Neighborhood* für sich oder vielmehr für die *eigene* Community beanspruchen. Scratch benennt sogar eine klare Grenzlinie, eine *dividing line*. Im Gesprächsverlauf wird deutlich, dass beide Interaktionspartner davon überzeugt sind, dass der jeweils andere in die Nachbarschaft eingedrungen und daher für den Unfall verantwortlich sei.

5.5 Interkulturelle Unmöglichkeitsräume

Der Ausspruch „You crashed into my car" ist dabei mehr als die bloße Feststellung, dass hier zwei Autos kollidiert sind. Vielmehr steht er symbolisch für die unerwünschte Anwesenheit in der als die als eigen deklarierten *Neighborhood*. Scratch macht zum Abschluss noch mal sehr deutlich, wie die ungeschriebenen Regeln seien: „You stay on your fuckin' side, we stay on our side". Zudem spricht er an, dass es nicht erwünscht sei, die herrschenden Verhältnisse zu durchmischen und deutet somit darauf hin, dass jegliche interkulturelle Interaktion ein Ding der Unmöglichkeit darstellt. Der hier aufgespannte interkulturelle Raum kann folglich als ein Unmöglichkeitsraum bezeichnet werden, der durch die physische Überschreitung der unsichtbaren, aber dennoch sozial bedeutsamen Trennlinie besonders deutlich zum Vorschein kommt und in einem tatsächlichen *Crash* zwischen den beiden sonst räumlich getrennten Communitys endet.

Auch in *Arranged* zeigt sich die Bedeutung von Grenzen im öffentlichen Raum, über die soziale Zugehörigkeiten artikuliert und vermittelt werden. Als Nasira ihre Freundin Rochel an einem Nachmittag nach Hause begleitet, laufen die beiden Frauen durch die Neighborhood Ditmas Park in Brooklyn, in der sich Rochels Elternhaus befindet. Die Straße, die von kleinen Einfamilienhäusern gesäumt ist, ist menschenleer und es gibt keinerlei sichtbare Markierungen, die darauf verweisen könnten, dass es sich in diesem Fall um ein Viertel handelt, das hauptsächlich von einer einzigen Community bewohnt wird. Allerdings merkt Rochel an: „Neighbors might give us strange looks but, why not – right?" (#00:37:20). Damit verweist sie darauf, dass in dem Viertel oder zumindest in der unmittelbaren Nachbarschaft ihrer Eltern ein gut funktionierendes, soziales Kontrollnetz etabliert ist, das sofort aufspüren würde, wenn ein/e Außenseiter:in oder aus Sicht der Community Fremde:r präsent ist. Es ist anzunehmen, dass es hier besonders Nasiras Aussehen ist, das sie als Außenseiterin markiert, da sie sich über ihre Bekleidung deutlich von Rochel abhebt, deren Kleiderwahl als Code für ihre religiöse Zugehörigkeit gelesen werden kann. Und tatsächlich zeigt sich, dass die soziale Kontrolle funktioniert: Unmittelbar nachdem Rochels Mutter ihrer Tochter äußerst schroff vermittelt hat, dass Nasira im Haus nicht willkommen sei, kommt eine ältere Nachbarin zur Tür hinein, die neugierig nach der Besucherin fragt. Es zeigt sich, dass die hier inszenierte Charedi-Community über eine starke soziale Abgrenzung nach Außen funktioniert. Grenzziehungen erfolgen hier zwar nicht über eindeutig lesbare, materielle Markierungen im Raum – jedoch über Mechanismen sozialer Kontrolle, die das porträtierte Viertel bzw. die Nachbarschaft zu einem isolierten Mikrokosmos machen, in dem

fremde Eindringlinge nicht geduldet werden und zugleich soziale Regulationsprozesse greifen, um Personen, die sich nicht an diese sozialen Grenzen halten, zu diffamieren.[60]
Eine ähnliche Bedeutung solch unsichtbarer, sozial ausgehandelter Grenzen bzw. Grenzziehungen im öffentlichen Raum zeigt sich auch in *New York, I Love You*. In einem Straßenzug in Williamsburg/Brooklyn überquert eine Gruppe charedischer Männer die Straße. Auf der anderen Straßenseite steht eine Gruppe Männer, die aufgrund ihrer Kleidung und Accessoires als Palästinenser interpretiert werden können. Es kommt zu einem kurzen verbalen Schlagabtausch, bei dem die jüdischen Männer die *anderen* Männer mit dem Satz „You're in the wrong place in this neighborhood" (#00:13:27) darauf hinweisen, dass sie in diesem Teil der Stadt nichts verloren haben. Sie geben einmal mehr einen Hinweis darauf, dass es sich bei den charedischen Communitys in Brooklyn um Einheiten handelt, die sich selbst über sozial vermittelte Grenzziehungen stark von der Umwelt abgrenzen (vgl. GOLDSCHMIDT 2006, vgl. Abbildung 5.51). Sehr ähnliche Inszenierungsansätze lassen sich darüber hinaus auch in *David & Layla* und *My Last Day Without You* wiederfinden.[61]

---

[60] Ergänzend vermittelt die Sequenz den Eindruck, dass Nasiras Besuch bei Rochel durchaus negative Folgen für Rochel haben könnte. So macht die Mutter sie darauf aufmerksam, dass solch ungebetener Besuch – noch dazu von einer Person einer muslimischen Community – ihre Chancen auf dem Heiratsmarkt herabsetzen könnte. Diesen Aspekt greift Rochel leicht ironisch auf, als die ältere Nachbarin hineinkommt: „Mina's here to talk about my diminished propects" (#00:40:29).

[61] In *David & Layla* begegnen sich im öffentlichen Raum zwei Männer: Zum einen Davids Vater, Mr. Fine, der eine Kippa trägt, und zum anderen ein anderer Mann, der einen Koran in der Hand trägt und eine Takke auf dem Kopf. Die beiden Männer grüßen sich mit einer Freundlichkeit, die etwas überzogen dargestellt wird, versuchen sich dann gegenseitig aus dem Weg zu gehen – das gegenseitige Ausweichmanöver gelingt jedoch erst nach einigen Versuchen. Kaum haben sie sich den Rücken zugewendet, entfällt ihnen die freundliche Mimik, beide machen (jeweils für den anderen nicht sichtbar) abwertende Gesten und der muslimische Mann sagt: „Audhu billahi" (#00:05:30) was im Untertitel mit „God save us from evil" übersetzt wird. Die Sequenz ist zwar nicht von direkter narrativer Bedeutung für den Film, da der Handlungsverlauf aus der filmischen Haupthandlung herausgenommen scheint. Allerdings postuliert er ein angespanntes, kompliziertes Verhältnis zwischen Juden/Jüdinnen und Muslim:innen in Brooklyn. In *My Last Day Without You* weist ein vermutlicher Drogendealer in einer als *Ghetto* stereotypierten Nachbarschaft Niklas schroff darauf hin, dass er sich schleunigst wieder zurück auf die *richtige* Straßenseite begeben solle. Es wird nicht weiter spezifiziert, was er damit meint – allerdings lässt sich interpretieren, dass dies ein Hinweis darauf ist, dass in dem Viertel einzelne Straßenabschnitte in der Macht bestimmter (krimineller) Gruppierungen sind. Die von ihnen bestimmten unsichtbaren Grenzen sind den Bewohner:innen des Viertels vermutlich bekannt – Niklas als Außenseiter überschreitet sie

5.5 Interkulturelle Unmöglichkeitsräume

Abbildung 5.51 Momente der Konfrontation auf den Straßen Brooklyns. (Screenshots: Arranged R: Crespo und Schaefer, USA: 2007 (l), New York, I Love You R: Nair, USA: 2008 (r))

Ein weiterer Film, der an dieser Stelle unbedingt Erwähnung finden muss, ist *Do the Right Thing*. Gleich an mehreren Stellen werden hier entsprechende Grenzüberschreitungen und physische Kollisionen inszeniert, die ebenfalls zur Erzeugung interkultureller Unmöglichkeitsräume führen. An dieser Stelle sollen einige Beispiele aus dem Film kurz umrissen werden: Zunächst zeigt sich auf einer allgemeinen Ebene, dass auch in diesem Film die Perspektive dominiert, dass die Stadt oder hier Brooklyn aus ethnischen Stadtvierteln besteht, in denen Bevölkerungsgruppen segregiert voneinander leben. Dies wird von den meisten Protagonist:innen des Films als positiver Aspekt interpretiert. Beispielsweise merkt Pino in einem Gespräch mit seinem Vater an, dass er es sehr begrüßen würde, wenn man die Pizzeria in Bedford-Stuyvesand – einer Neighborhood die hauptsächlich von der African American Community bewohnt wird – schließen und nach Bensonhurst verlegen würde. Dort sei schließlich die eigene, die Italian American Community, beheimatet. Dabei ist es für ihn kein Argument, dass die Pizzeria bereits seit 25 Jahren (nach Aussage von Sal) am gleichen Ort bestehe (#00:55:44 bis #00:57:03):

> „Daddy, you know, I've been thinkin'. Maybe, we should sell this place. (…) Can we sell this and open up a new one in our own neighborhood? (…) My friends, they laugh at me. They laugh right in my face. They tell me: ‚Go, go to Bedstuy. Go, go feed the mullies'. (…) I don't wanna be here. They don't want us here. We should stay in our own neighborhood. Stay in Bensonhurst, and the niggers should stay in theirs."

Die Ausführungen von Pino sind eindeutig als rassistische Äußerungen zu verstehen. So sagt er in einem anderen Satz in Richtung der African American

---

jedoch aus Unwissenheit und wird in der Folge zurechtgewiesen – auch wenn es hier zu keinem Clash oder Crash kommt.

Community gerichtet: „It's not gonna come to work, it's planet of the apes. I don't like bein' around them. They're animals" (#00:56:22).

Interkulturelle Interaktionen und Grenzüberschreitungen dieser im Straßenbild symbolisch materialisierten ethnischen Teilräume münden auch in diesem Film in der Produktion interkultureller Unmöglichkeitsräume, die durch ein hohes Konfliktpotenzial und gewaltsame Eskalationen gekennzeichnet sind. So kommt es auch in *Do the Right Thing* zu einem Autounfall, wenn auch in abgewandelter Form. Ein als Italian American gezeichneter Mann (Charly) fährt mit seinem goldenen Cadillac durch eine Straße. Am Straßenrand tummeln sich zahlreiche Jugendliche. Aufgrund der starken Hitze haben ein paar junge Männer einen Hydranten aufgeschraubt – das Wasser spritzt heraus und die Jugendlichen springen wild durcheinander, schubsen sich gegenseitig in die Fontänen und verschaffen sich Abkühlung. Charly nähert sich laut hupend und fordert den jungen Mann Punchy am Hydranten auf, das Wasser zu stoppen, wenn er vorbeifährt: „Yo! Oh, don't be fuckin' with the water, now!" (#00:26:35). Punchy versichert ihm, dass er ohne Weiteres passieren könne: „Go ahead, go ahead! Drive the car!" (#00:26:56). Er verschließt die Öffnung, das Wasser stoppt und Charly fährt mit seinem Cabriolet langsam vorbei. Als er auf Höhe des Hydranten ist, lässt Punchy jedoch das Wasser herausschießen und ruft: „You ain't got no business in this neighborhood anyway" (#00:26:58). Das Auto und sein Fahrer werden von einer massiven Wasserfontäne getroffen (vgl. Abbildung 5.52).

Abbildung 5.52 Kollision zwischen Auto und Wasserfontäne in *Do the Right Thing*. (Screenshots: Do the Right Thing R: Lee, USA: 1989)

Auch in diesem Beispiel zeigt sich, dass es innerhalb einer Nachbarschaft Grenzlinien zwischen ethnischen Communitys gibt, deren Überqueren als unerwünschte Handlung verstanden und geahndet werden. In diesem Falle kommt es zwar nicht zu einem physischen Zusammenstoß der beiden Parteien im Sinne eines Autounfalls – jedoch kann das Beschießen des Autos mit der starken Wasserfontäne ebenfalls als *Crash* interpretiert werden, der die Kollision zwischen Vertretern der beiden Communitys symbolisiert. Im weiteren Verlauf der Sequenz zeigt sich, dass diese ungeschriebenen Regeln des Viertels und die Segregation

5.5 Interkulturelle Unmöglichkeitsräume

zwischen den Communitys auch von der Polizei mitgetragen werden, die Charly in seiner Wut gegen die Angreifer mehr oder weniger auflaufen lassen: „I suggest you get to your car quick, before these people start to strip it clean. Have a nice day, Sir" (#00:28:57).

Ein weiterer Crash vollzieht sich zwischen Buggin' Out und einem *weißen* Anwohner des Viertels, Clifton, der von den Angehörigen der *Black Community* ebenfalls als unerwünschter Eindringling in ihr Viertel bezeichnet wird: Clifton schiebt sein Rennrad auf dem Gehweg und kollidiert – mehr oder weniger versehentlich – mit Buggin' Out. Dieser ist erzürnt, besonders weil seine brandneuen Air Jordans durch den Zusammenstoß einen Fleck bekommen haben – ein Affront für Buggin' Out. Das Beschmutzen seiner Sneakers, die zugleich ein starkes Statussymbol für ihn sind, wird hier als ein zentraler Konfliktpunkt behandelt und kann symbolisch verstanden werden: So beschmutzt Clifton nicht nur die Schuhe, sondern (in den Augen Buggin' Outs) auch die Neighborhood mit seiner bloßen Anwesenheit.[62] Buggin' Out folgt Clifton, der die Treppe zu einem Haus – einem für Brooklyn typischen *Brownsto*ne – hinaufgeht und stellt ihn, angefeuert von zahlreichen anderen Jugendlichen, zur Rede (#00:33:45 bis 00:34:55, vgl. Abbildung 5.53):

Buggin' Out:	You almost knocked me down, man. The word is „excuse me".
Clifton:	Oh, excuse me. Im sorry.
Buggin' Out:	Not only did you almost knock me down, you stepped on my brand new white Air Jordans that I just bought! And that's all you can say is „excuse me"?
Clifton:	Are you serious?
Buggin' Out:	Yeah, I'm serious! I'll fuck you up quick two times! (…) Who told you to step on my sneakers? Who told you to walk on my side of the block? Who told you to be in my neighborhood?!
Clifton:	I own this brownstone.
Buggin' Out:	Who told you to buy a brownstone on my block, in my neighborhood on my side of the street?! Yo, what you wanna live in a Black neighborhood for, anyway? Man, motherfuck gentrification!

---

[62] Das Symbol der Air Jordan-Sneaker selbst hat eine große Bedeutung im zeitgeschichtlichen Kontext des Films und wird in der Literatur durchaus kritisch betrachtet, da Spike Lee zur etwa gleichen Zeit auch Werbeclips für den Schuh drehte und maßgeblich dazu beitrug, dass die Air Jordans zu einem wichtigen Statussymbol für (Teile) der African American Community wurden. Vgl. hierzu CHRISTENSEN 1991, WILSON und SPARKS 1996 sowie KELLNER 2001, die sich dem Spannungsfeld des populärkulturellen Impacts der medialen Inszenierung von Nike-Sportschuhen mithilfe von Prominenten (u. a. Spike Lee, Michael Jordan), der Ausbildung von African American Identitäten und damit verbundenen Diskursen um *Race* und *Class* nähern.

Abbildung 5.53 Buggin' Out kollidiert mit Clifton – es kommt zum Konflikt. (Screenshots: Do the Right Thing R: Lee, USA: 1989)

Clifton:	As I understand it, this is a free country. A man can live wherever he wants.
Buggin' Out:	Free country? Man, I should fuck you up for sayin' that stupid shit alone! (…) Man, why don't you move back to Massachusetts!
Clifton:	I was born in Brooklyn.

Buggin' Out legitimiert seine selbstzugeschriebene Vormachtstellung in *seinem Block, seinem Viertel und auf seiner Straßenseite* im Kern über die bislang herrschende Dominanz der African American Community innerhalb der Nachbarschaft. Diese Stellung sieht er nun gefährdet durch den Fakt, dass der *weiße* Clifton ein Brownstone-Haus gekauft hat. Er steht damit für einen, wie Buggin' Out weiter feststellt, Gentrifizierungsprozess und für eine einsetzende *Invasion* anderer bzw. *weißer* Bevölkerungsgruppen in die Nachbarschaft.

5.5 Interkulturelle Unmöglichkeitsräume

Der angedeutete Wandlungsprozess wird von Buggin' Out als Sprachrohr seiner Community als Gefahr interpretiert, da die vermeintliche Mehrheit und Reputation der Community im Viertel auf dem Spiel stehen. Dieser Aspekt manifestiert sich auch in der Metapher des beschmutzten Turnschuhs, der hier den Ausgangspunkt für die konfliktbehaftete Interaktion darstellt. Der Austausch zwischen den beiden Personen verdeutlicht, dass ein harmonisches Miteinander im Viertel nicht möglich zu sein scheint. Besonders für Buggin' Out sind die etablierten, wenn auch unsichtbaren Grenzziehungen zwischen den Communitys nicht verhandelbar und ein Überschreiten ebendieser stellt für ihn ein Ding der Unmöglichkeit dar. Der hier bereits stark anklingende Aspekt einer symbolischen Grenzüberschreitung wird in weiteren Filmsequenzen fortgeführt und noch intensiviert und wird im nachfolgenden Kapitel als eigenes Motiv erläutert.

Eingebettet in eine Diskussion zeigt sich auch in dieser Sequenz die symbolische Raumaneignung, die grundlegd darüber funktioniert, dass Angehörige einer ethnischen Gruppe bestimmte Teilräume für sich beanspruchen. Buggin' Out benennt ganz klar, dass der Konflikt maßgeblich darauf basiere, dass Clifton sich unrechtmäßig in *seinem* Block und in *seiner* Neighborhood bewege. Dabei zeigt sich, noch deutlicher als in den bisher herangezogenen Filmsequenzen, dass die Ziehung sowie Überschreitung von Grenzen in intensiver Art und Weise mit der sozialen Aushandlung von Machtpositionen und sozialen Aneignungsprozessen des physisch-materiellen Raums im Stadtviertel zusammenhängen. Die Interaktionssituation lässt sich dementsprechend als symbolischer Kampf um eine Positionierung bzw. Existenz der Charaktere interpretieren, der im Film – so lassen Buggin' Outs Äußerungen anklingen – scheinbar unmittelbar seinen Niederschlag in der Materialität des Straßenblocks und seiner Gebäude findet. An dieser Stelle zeigt sich, dass es durchaus sinnvoll sein könnte, diese und ähnliche Filmsequenzen in einer erweiterten theoretischen Perspektive zu analysieren.

Fruchtbar könnte es beispielsweise sein, hierzu Ausführungen von Pierre BOURDIEU (u. a 1991, 1992, 1997) zu sozialräumlichen Phänomenen, sozialen Differenzierungsprozessen in urbanen Kontexten sowie praxeologischen Überlegungen zu sozial hervorgebrachten, verborgenen Machtmechanismen aufzugreifen, um solche filmischen Inszenierungen einer sozialen Aneignung des physischen Raums intensiver zu decodieren.[63] Dieser Aspekt soll hier nur als

---

[63] BOURDIEUS Ansätze und Konzepte sind äußerst attraktiv für geographische Fragestellungen bzgl. (stadt-)räumlicher Differenzierungsprozesse und gesellschaftlicher Machtverhältnisse, um sozial-räumliche Differenzierungsprozesse als „räumlich-sozialen ‚Niederschlag' der Interaktionen einer Vielzahl von Subjekten" (DEFFNER und HAFERBURG 2018: 337) zu erforschen bzw. „soziale Verhältnisse in ihrer Vielschichtigkeit, Mehrdimensionalität und gegenseitigen Bedingtheit" (DEFFNER und HAFERBURG 2012: 177) zu verstehen und „die (…)

potenzielle Erweiterung der Analyseperspektive benannt werden – eine konkrete Umsetzung sollte jedoch ausführlich im Rahmen einer weiterführenden Analyse erfolgen, die sich dezidiert und fundiert mit den hierzu nötigen theoretischen Ansätzen befassen kann, um einen vertiefenden Beitrag zur kritischen filmgeographischen Auseinandersetzung mit der filmischen Inszenierung urbaner Machtverhältnisse liefern zu können.

5.5.3 Umcodieren ethnisch markierter Orte und Personen – „Ey Sal, how come you ain't got no brothers up on the wall here?"

Eine dritte Strategie zur Inszenierung interkultureller Grenzüberschreitungen funktioniert über das versuchte symbolische Umcodieren von Orten, die durch ihre Ausstattung oder bereits vollzogene Interaktionsabläufe als ethnisch codierte Orte markiert wurden. Im Rahmen der analysierten Filmsequenzen zeigt sich, dass solche Orte häufig zu sozial umkämpften Räumen werden. Dies geschieht, indem Angehörige einer als *different* gezeichneten Gruppe versuchen, sich in dynamischen Interaktionen die dementsprechenden Orte symbolisch anzueignen und die in der filmischen Welt etablierten Machtverhältnisse herauszufordern.

Die Bedeutung solcher *Urban Turf*[64]-Narrative für die Inszenierung des gesellschaftlichen Miteinanders in filmischen Städten, in deren Fokus territoriale Rivalitäten unterschiedlicher ethnischer Gruppen und die Aushandlung von territorialen Machtansprüchen stehen, betont auch CLAPP (2013). In den entsprechenden Begegnungssituationen wenden die Personen bestimmte Strategien an, um die Bedeutung eines Ortes über Veränderungen bestimmter Elemente und Symbole oder durch bestimmte Handlungsweisen umzudeklarieren und ihn darüber hinaus der eigenen Community zuzuschreiben. In diesem Kontext kommt es zu Konflikten zwischen den unterschiedlichen Parteien angehörenden Interaktionspartner:innen. Die Probleme lösen sich mal auf, mal kommt es zu gewaltsamen Eskalationen. Hierbei werden Aspekte der bereits beschriebenen Überschreitung sozialer und physisch-materieller Grenzen kombiniert und

---

verborgene Distinktionslogik der sozialen Klassen und die von ihnen produzierten Räume aus der Innenperspektive der Akteure" (DEFFNER und HAFERBURG 2012: 167) besser entschlüsseln zu können. Vgl. die hier zitierten Aufsätze für eine Übersicht über die Anschlussfähigkeit von BOURDIEUs Konzepten für die Humangeographie.

[64] Umgangssprachlich bezeichnet der Begriff *turf* ein Gebiet in einer Nachbarschaft, welches eine bestimmte Gruppe für sich beansprucht. Häufig wird der Begriff in Zusammenhang mit *Streetgangs* genannt (Cambridge Dictionary 2014; Urban Dictionary 2019).

dabei in einen stark bedeutungsgeladenen Kontext gestellt. Folglich kann in diesem Zusammenhang auch von symbolischen Grenzüberschreitungen gesprochen werden.

Das in der Kapitelüberschrift angebrachte Zitat bezieht sich auf eine Filmsequenz aus *Do The Right Thing*, in der diese Strategie deutlich wird (#00:17:43): In dieser Sequenz kommt Buggin' Out in Sal's Pizzeria und bestellt sich ein Stück Pizza. Er nimmt an einem der Tische Platz und möchte gerade in das Stück Pizza beißen, als sein Blick nach oben wandert und er auf die *Wall of Fame* blickt – eine dekorative Bilderwand, an der die Porträts einiger Berühmtheiten zu sehen sind, die von Buggin' Out als Repräsentant:innen der Italian American Community identifiziert werden. Hierzu zählen u. a. Sänger wie Frank Sinatra oder Schauspieler wie Al Pacino und Robert DeNiro (vgl. Abbildung 5.54).

Abbildung 5.54 *Wall of Fame* in Sal's Pizzeria. (Screenshot: Do the Right Thing R: Lee, USA: 1989)

Die Kamera nimmt hier die Perspektive von Buggin' Out ein und es werden in Großaufnahme einige der an der Wand prangenden Bilder gezeigt. Der sich daran anschließende Dialog zeigt auf, dass die *Wall of Fame* viel mehr ist als ein einfaches dekoratives Element. Sie ist ein im höchsten Maße bedeutungsgeladenes Symbol, über das Sal's Pizzeria als *Italian American place* gekennzeichnet wird. Sie wird zur Projektionsfläche eines Konflikts, der sich primär entlang der Differenzierungslinien Ethnizität und *Race* entfaltet. Dieser manifestiert sich an den (nicht) porträtierten Idolen und den ihnen zugeschriebenen Bedeutungen als Repräsentant:innen einer bestimmten ethnischen Gruppe.

Buggin' Out wendet sich an Mookie und es kommt zu folgendem Dialog (#00:18:52 bis 00:19:16):

Buggin' Out:	Yo, Mook. (…) Mookie!
Mookie:	What?
Buggin' Out:	How come you aint got no brothers up on the wall?
Mookie:	Man, ask Sal, all right?
Buggin' Out:	Ey Sal, how come you aint got no brothers up on the wall here?
Sal:	You want brothers on the wall? Get your own place, you can what you wanna do. You can put your brothers, and uncles, and nieces and nephews, your step-father, step-mother, whoever you want. You see? But this is my pizzeria, *American Italians* on the wall only!

Buggin' Out fragt im Dialog zunächst nach, warum an der Wand keine *brothers* zu finden seien, womit er Angehörige der Schwarzen African American Community bezeichnet. Sal reagiert darauf mit dem Hinweis, dass dies seine Pizzeria sei und dementsprechend nur *American Italians* dort Platz fänden. Wenn Buggin' Out dies ändern wolle, solle er sein eigenes Restaurant eröffnen. Mit dieser Antwort gibt sich dieser allerdings nicht zufrieden. Er beginnt einzufordern, dass Vertreter:innen der Black Community einen Platz an der Wand finden müssten, da diese die hauptsächlichen Kund:innen der Pizzeria stellen würde. Konkret fordert er ein, die Bilder entsprechend zu ersetzen. Er redet sich dabei immer mehr in Rage und lässt sich auch nicht davon einschüchtern, dass Sal nach einem Baseballschläger greift und auf ihn zugeht oder davon, dass Mookie ihn im Auftrag von Sal schließlich auffordert, aufzustehen und die Pizzeria zu verlassen (ab #00:19:20):

Buggin' Out:	(…) Yeah that might be fine, Sal. But, you own this. Rarely do I see any American Italians eating in here. All I see is Black folks. So since we spend much money here, we do have some say.
Sal:	You lookin' for trouble? Are you a troublemaker? Is that what you are? (…)
Buggin' Out:	Yeah, I'm a troublemaker. I'm makin' trouble.
Sal:	I'll give you a ball-breaker. You're always comin' in here lookin' for trouble, aren't ya? Suppose I busted your head, how would you – uh, Mookie, Mookie, wanna get your friend outta here?
Buggin' Out:	What, you gonna kick me out now? Are you – you gonna kick me out, huh?
Sal:	Oh, I'm not kickin you out. You're kickin' yourself out.
Buggin' Out:	What? Look, we want some brothers up on the wall, you know? (…) Malcolm X, Nelson Mandela, you know? Michael Jordan, tomorrow!

Die Pizzeria als Handlungsort ist in mehrfacher Hinsicht mit Bedeutung aufgeladen: Sowohl über seine Materialität bzw. die materiellen, symbolgeladenen Ausstattungen als auch über die anwesenden Personen und ihre vorgenommenen

5.5 Interkulturelle Unmöglichkeitsräume

kommunikativen Bedeutungszuschreibungen. Der filmisch aufgespannte interkulturelle Raum wird hier zu einem interkulturellen Unmöglichkeitsraum, in dem es zu komplexen symbolischen Grenzüberschreitungen kommt, welche sowohl die Materialität der Pizzeria als auch die sozialen Bedeutungszuschreibungen mit einbeziehen: Durch das Eintreten in die Pizzeria tritt Buggin' Out aus dem öffentlichen Raum der Straße in den als *Italian American* markierten Ort der Pizzeria ein, den er im Anschluss umzudeklarieren versucht — u. a. dadurch, dass er auf die materielle und symbolische Dekoration verweist. Im direkten Streitgespräch mit Sal werden soziale Standpunkte verhandelt und dabei Grenzen überschritten, indem z. B. Buggin' Out die Macht Sals über *seine* Pizzeria infrage stellt und Sal im Gegenzug beinahe körperlich, mit einem Schläger bewaffnet, auf seinen Kunden losgeht. Der sich entwickelnde Konflikt kann nur überwunden oder vertagt werden, indem Buggin' Out die Pizzeria verlässt bzw. mit einem Hausverbot vor die Tür gesetzt wird. Bevor er die Pizzeria verlässt, ruft er noch mehrfach „Yo, boycott Sal's!" (#00:20:21).

Mit diesem Ausspruch legt er den Grundstein für den weiteren Verlauf des Films, in dessen Rahmen Buggin' Out weitere Angehörige *seiner* Community für den Boykott mobilisiert. Der Konflikt mündet schließlich in einer gewaltvollen Auseinandersetzung zwischen den beiden Parteien, in deren Rahmen die Pizzeria durch Vandalismus zerstört wird. Erst diese materielle Zerstörung des Ortes führt dazu, dass die Forderung Buggin' Outs umgesetzt werden kann: So hängt Smiley, ein Charakter mit zugeschriebener intellektuell-kognitiver Beeinträchtigung, zu dem eingespielten Lied *Fight the Power* von Public Enemy ein Foto von Martin Luther King und Malcolm X, die sich die Hände reichen, an die in Flammen stehende *Wall of Fame* (vgl. Abbildung 5.55).

Abbildung 5.55 Symbolische Umcodierung der *Wall of Fame* in Sal's Pizzeria. (Screenshots: Do the Right Thing R: Lee, USA: 1989)

Dieser Akt lässt sich ebenfalls als Grenzüberschreitung lesen, die sich aus einer vielschichtigen Kombination der Überschreitung physischer Grenzen (z. B. Zerstörung der Pizzeria als materiellem Ort durch Vandalismus und die damit verbundene Auflösung der Grenze zur Neighborhood) und sozialen Grenzüberschreitungen (z. B. Smiley, der die *Wall of Fame* neu bestückt und somit den sozialen Raum re-codiert) speist. Die gewaltvolle Eskalation der Spannungen zwischen den Konfliktgruppen deutet darauf hin, dass ein interkulturelles Miteinander, hier verstanden als eine friedvolle Koexistenz mehrerer ethnischer Gruppen im Viertel, nicht möglich sein kann, da beide Gruppen den Raum für sich beanspruchen.

Die mit der Umcodierung eines Handlungsortes verbundenen Grenzüberschreitungen zeigen sich in *Do the Right Thing* als Inszenierungsstrategie noch an zwei weiteren Stellen: Erneut wird dabei die Pizzeria zum umkämpften Raum. In einer Sequenz steht im Fokus der Grenzüberschreitung Radio Raheem, der als Mitstreiter Buggin' Outs fungiert. Er kommt in die Pizzeria, um sich ein Stück Pizza zu kaufen. Provozierend stellt er dabei seine Boomox auf den Tresen, aus dem der Song *Fight the Power* von Public Enemy schallt und der sich als politisches Statement durch den gesamten Film zieht. Sal und Radio Raheem stehen sich in dieser Sequenz Auge-in-Auge gegenüber und auch hier macht Sal deutlich, dass er es nicht duldet, wenn andere Personen seine Machtposition in der Pizzeria auf die Probe stellen oder gar versuchen, diese umzucodieren. Er fordert Radio Raheem auf, die Musik auszuschalten, sonst würde er ihn nicht bedienen. Als dieser schließlich nachgibt, fügt Sal hinzu: „You come into Sal's, there's no music. No rap, no music, no music. *Capiche?*" (#00:50:39). Noch einmal wird also deutlich, dass die versuchte Umcodierung des Raumes – in diesem Falle der provozierende Versuch, über eine musikalisch vermittelte, symbolische Grenzüberschreitung mit politischer Bedeutung aufzuladen und somit die herrschenden Machtverhältnisse in der Nachbarschaft infrage zu stellen – nicht einfach umgesetzt werden kann. Die Boombox spielt auch in der bereits kurz angerissenen Eskalation des Konflikts eine wichtige Rolle, als Radio Raheem und Buggin' Out im Rahmen ihres Boykotts versuchen, die Pizzeria einzunehmen und erneut durch das Einspielen des Songs ihre Haltung und ihre Botschaft zu vermitteln versuchen. Dabei kommt es zunächst zu einer verbalen Eskalation, in deren Rahmen sich Sal zu rassistischen Beleidigungen hinreißen lässt und Buggin' Out erneut die Umcodierung der Pizzeria einfordert (ab #01:26:32):

Sal:	Turn that jungle-music off! Enough!
Buggin' Out:	WHY IT GOTTA BE ABOUT JUNGLE-MUSIC?! WHY IT GOTTA BE ABOUT AFRICA?! IT'S ABOUT YOUR FUCKIN' PICTURES!
Sal:	IT'S ABOUT TURNIN' THAT SHIT OFF AND GETTIN' THE FUCK OUTTA MY PLACE!

Sowohl die beiden Protagonisten als auch alle weiteren in der Sequenz anwesenden Charaktere beginnen damit, sich anzuschreien und gegenseitig zu beleidigen, bis Sal schließlich zum Baseballschläger greift und die Boombox von Radio Raheem zerstört: „I just killed your fuckin' radio" (#01:28:16). Dieser Akt ist schließlich der finale Auslöser für eine Schlägerei und das anschließende Niederbrennen der Pizzeria. Dabei zeigt sich erneut, dass die Unmöglichkeit kultureller Vielfalt im filmischen Kontext durch einen *sozialen Clash* zwischen den Personen bzw. *physischen Crash*, wie der Kollision des Schlägers mit dem Gerät und dessen Zerstörung, vermittelt wird.

Interessanterweise hat Radio Raheem mit der gleichen Strategie mehr Erfolg, als er sich im gänzlich öffentlichen Raum bewegt – einer Straße, die an die Pizzeria angrenzt. Auf einer *Stoop* vor einem der Häuser sitzt eine Gruppe junger Männer, denen im Film eine puerto-ricanische Herkunft zugeschrieben wird. Sie unterhalten sich auf Spanisch, trinken Bier und hören dabei Musik, die sie als „Salsa...musica latina" (#00:31:06) charakterisieren. Die Straße entlang kommt Radio Raheem mit seiner Boombox, aus welcher wieder einmal der Song *Fight the Power* schallt. Auf der auditiven Ebene des Films überlagern sich beide Musikstücke und die Kamera zoomt auf die sich gegenüberstehenden Abspielgeräte, welche die antagonistischen Communitys symbolisieren. Auch wenn in diesem Fall nicht aktiv angesprochen wird, dass die beteiligten Personen unterschiedlichen ethnischen Communitys zugehören, so wird dies durch die eingespielte Musik vermittelt. Es kommt zu einer Interaktion, die hier als *Music-Battle* bezeichnet werden kann: Stevie, ein Mann aus der Gruppe sich auf Spanisch unterhaltender Männer, geht zu dem Abspielgerät, aus dem die Salsa Musik kommt und dreht demonstrativ die Lautstärke hoch. Dabei blickt er triumphierend zu Radio Raheem und wird angefeuert von seinen Mitstreitern, die wild durcheinanderschreien und diffamierende Laute in dessen Richtung schicken. Radio Raheem verzieht keine Miene und schiebt seinerseits den Lautstärkeregler der Boombox nach oben. Auf der auditiven Ebene dominiert nun seine Musik. Stevie verharrt einen Moment, nickt ihm dann zu und schaltet die Salsa Musik aus: „You got it, bro" (#00:32:16, vgl. Abbildung 5.56). Radio Raheem hat das Battle gewonnen, somit symbolisch seinen Block als Territorium zurückerobert oder vielmehr verteidigt und die etablierten Machtverhältnisse gefestigt. Er zieht von dannen, streckt seine Siegerfaust in die Luft und gibt einem kleinen Jungen, der mit ihm davonläuft, eine *High Five*.

Abbildung 5.56 Music-Battle zwischen Stevie (l) und Radio Raheem (r). (Screenshots: Do the Right Thing R: Lee, USA: 1989)

Weitere Sequenzen, an denen die hier beschriebene Strategie verdeutlicht werden kann, finden sich z. B. in *China Girl*. Hier sind die Umcodierung des Raumes und die damit verknüpften symbolischen Grenzüberschreitungen auf audiovisueller und narrativer Ebene besonders deutlich. Zu Beginn des Films, der hauptsächlich in den beiden Neighborhoods China Town und Little Italy in Manhattan spielt, wird ein Straßenzug gefilmt, der anhand der Establishing Shots und der visuellen Ausstattungselemente als Teil von Little Italy erkennbar ist. In der Straße befinden sich zahlreiche italienische Restaurants und Lebensmittelgeschäfte, auf welche mit prominent angebrachten Hinweisschildern und Symbolen aufmerksam gemacht wird. Im Rahmen einer Kamerafahrt (ab #00:01:08), die von einer dramatischen, nondiegetischen Musik unterlegt ist, sieht man, wie einige Mitglieder der Cinese AmericanCommunity vor einem der Geschäfte stehen, das über ein Hinweisschild als traditionsreiche Bäckerei („D'Onofrio Bakers – Est. 1922") gekennzeichnet ist. Die visuell und auditiv als von ostasiatischer Herkunft gekennzeichneten Personen gehen nun unterschiedlichen Tätigkeiten nach: Zwei Männer auf einer Leiter nehmen das Namensschild der Bäckerei ab, reinigen die großen Fensterscheiben, entfernen die dort angebrachten Schriftzüge und bringen schließlich ein großes, silbernes und im Vergleich zu den sonstigen Ausstattungsmerkmalen futuristisch anmutendes Schild über der Eingangstür an, auf dem „Canton Garden" zu lesen ist (vgl. Abbildung 5.57). Ein älterer Mann – scheinbar der Besitzer des neuen Restaurants – seine Ehefrau und seine Tochter stehen vor dem Establissement und er sagt lächelnd mit einem starken Akzent: „Beautiful. Beautiful sign, isn't it? Huh. Beautiful!" (#00:02:58).

5.5 Interkulturelle Unmöglichkeitsräume

Abbildung 5.57 Symbolisches Umcodieren eines Straßenabschnitts in Little Italy. (Screenshots: China Girl R: Ferrara, USA/JAP: 1987)

Die gesamte Szenerie wird von zahlreichen Passant:innen beobachtet, welche die Transformation der italienischen Bäckerei hin zu einem chinesischen Restaurant mit versteinerter Miene zur Kenntnis nehmen. Diese Sequenz zeigt eine plakative Umgestaltung des öffentlichen Raumes, der zuvor symbolisch als italienische Nachbarschaft gekennzeichnet war. Das neue Restaurant verändert den Straßenzug nicht nur architektonisch und symbolisch, sondern inszeniert den Wechsel von einer italienischen Traditionsbäckerei hin zu einem kantonesischen Restaurant als *Invasion* der Chinese American Community in die Italian American Nachbarschaft. Dies bildet ein wichtiges Grundmotiv der gesamten filmischen Narration, in deren Rahmen der Konflikt zwischen den beiden ethnischen Communitys im Mittelpunkt steht.

Dieser Aspekt wird explizit auch in einer weiteren Sequenz (ab #00:15:22) thematisiert, als das Restaurant Eröffnung feiert und vor der Eingangstür einige Personen Gruppenfotos machen. Der Bruder von Tony und seine Kumpels laufen auf der gegenüberliegenden Straßenseite vorbei, kommentieren die Szenerie argwöhnisch und beleidigen die neuen Besitzer:innen rassistisch. Ein Konflikt wird hier zwar nur angedeutet, im weiteren filmischen Verlauf jedoch explizit dargestellt. So kommt es immer wieder zu gewaltvollen Interaktionen zwischen Angehörigen der uethnischen Gangs (z. B. Prügeleien, Schießereien). Am Ende des Films mündet der Konflikt im Tod des Liebespaares Tony und Tyan, deren Liebesbeziehung als ultimative Grenzüberschreitung der sonst segregierten Communitys betrachtet werden muss. Ihre unmögliche, im Tod endende Liebe steht für die Unvereinbarkeit der Interaktion zwischen zwei als ethnisch different dargestellten Gruppen in einer Nachbarschaft, die durch symbolische Grenzlinien getrennt sind und in der jede Form der interkulturellen Grenzüberschreitung geahndet wird.

5.6 Interkulturelle Möglichkeitsräume

Nicht immer mündet das filmisch inszenierte Erkunden von Grenzbereichen im Kontext interkultureller Begegnungen in Grenzüberschreitungen, die Unmöglichkeitsräume hervorbringen. In einigen Filmbeispielen gelingt es einzelnen Personen, interkulturell anschlussfähige Momente zu generieren – also interkulturelle Anknüpfungspunkte zu schaffen. Indem sie scheinbar vorgezeichnete, kulturelle Grenzbereiche ausdehnen, vollziehen die entsprechenden Charaktere interkulturelle Grenzgänge und werden so zu interkulturellen Grenzgänger:innen. In der Folge können sich interkulturelle Möglichkeitsräume entfalten, in denen kulturelle Vielfalt zu einem alltäglich ausgelebten Phänomen wird.

Die Inszenierung interkultureller Möglichkeitsräume zeigt sich einmal mehr als vielschichtiges Phänomen und offenbart erneut die Komplexität, mit der sich Filme der Inszenierung von Interkulturalität nähern: Zunächst zeigt sie sich besonders dann, wenn Personen gezielt individuelle Anpassungsstrategien anwenden, um kulturelle Differenzen und Grenzen zu überbrücken (Abschnitt 5.6.1). Eine weitere Dimension der Strategie zeigt sich, wenn Personen kulturelle Differenzen in Gemeinsamkeiten umdeuten. Dabei werden Aspekte, die von den dargestellten Personen mit in die Interaktionssituation gebracht werden, als anschlussfähig erkannt, benannt und die Interaktion neu daran ausgerichtet (Abschnitt 5.6.2). Eine dritte Variante ermöglichender Grenzgänge rückt einzelne Personen als Grenzgänger:innen in den Fokus, die in bestimmten Situationen selbst für Aspekte kultureller Vielfalt stehen – diese also personifizieren oder inkorporieren. Beispiele, an denen sich diese Strategie aufzeigen lassen, beinhalten häufig Momente, die als symbolisch-metaphorisch interpretiert werden können. In diesen wird kulturelle Vielfalt als sinnbildlich-metaphorischer Moment artikuliert und dabei zu einem nahezu utopischen Phänomen stilisiert (Abschnitt 5.6.3).

5.6.1 Individuelle Anpassungsstrategien zur Differenzüberbrückung – „Are you Jewish?" – „Uh, Sephardic."

Ein zentrales Motiv, das bei der filmischen Inszenierung interkultureller Möglichkeitsräume isoliert werden kann, ist die Anwendung von Anpassungsstrategien einzelner Individuen, über die sie kulturelle Differenzen zu überbrücken versuchen. Wie bereits erläutert wurde, erzeugen Filme den Eindruck, dass zwischen einzelnen Personen oder Gruppen Differenzen oder scheinbar unumgängliche

5.6 Interkulturelle Möglichkeitsräume

Grenzen existieren, die auf unterschiedliche kulturelle Variablen zurückgeführt werden. Als interkulturelle Grenzgänger:innen greifen diese Personen auf spezifisches Wissen zurück. Darüber gelingt es ihnen, potenzielle Anknüpfungspunkte zu identifizieren, an denen sie ihr eigenes Handeln bzw. die von ihnen ausgehenden Kommunikationsweisen ausrichten können, um schließlich im Rahmen einer Interaktionssituation etwaige separierende Gesichtspunkte zu überbrücken und interkulturelle Möglichkeitsräume zu erzeugen. Während in der zuvor beschriebenen Strategie die interaktive Erzeugung solcher Räume auf Aspekten basierte, die von den Interaktionspartner:innen mit in die Situation hineingebracht werden, sind hierbei solche Elemente zentral, die von mindestens einer der interagierenden Personen aktiv modifiziert wurden. Ziel ist es, einen vorher so nicht bestehenden Anknüpfungspunkt zu generieren, auf den sich die kommunikativen Handlungen ausrichten können.

Ein erstes Beispiel findet sich in *Night on Earth*. In diesem Film wählt Helmut eine Anpassungsstrategie, um in der Interaktion mit Yoyo Annäherung zu schaffen – nämlich durch Imitation bzw. Nachahmung. Nachdem Yoyo festgestellt hat, dass Helmut nicht in der Lage ist, sein Taxi zu fahren, verweist er Helmut auf den Beifahrersitz und setzt sich selbst ans Steuer. Yoyo versichert ihm, dass dies New York sei und daher so ziemlich alles erlaubt sei – auch, dass der Gast selbst das Taxi fahre. Kulturelle Differenzen zwischen den beiden werden hier maßgeblich über die Variable der Sprache vermittelt. Helmut wechselt immer wieder zwischen einem sehr rudimentären Englisch und seiner deutschen Muttersprache hin und her, während Yoyo einen starken Brooklyn-Akzent spricht. Auf der Fahrt bemüht sich Helmut immer wieder darum, englische Sätze ins Gespräch einfließen zu lassen. Er wählt allerdings oft die falschen Begriffe, da er beispielsweise Redewendungen wörtlich übersetzt. Yoyo korrigiert ihn (#00:32:23 bis #00:32:41):

Helmut: It's nice.
Yoyo: It's New York. It's cool.
Helmut: It's cold. It's cool.
Yoyo: Naw, naw, naw. You know, it's hip. It's cool. It's happening.
Helmut: Ah, I understand. "It's cool" is good.
Yoyo: Right.

Wenige Augenblicke später blickt Helmut zu Yoyo und beobachtet, wie dieser zielsicher den Wagen lenkt. Er imitiert Yoyos Handhaltung und imitiert die Lenkbewegungen, während er feststellt:

„Goes good. Goes good" (#00:32:51). Yoyo lacht laut auf und korrigiert ihn erneut (#00:32:57 bis 00:33:06, vgl. Abbildung 5.58):

Yoyo: Yeah, yeah. Goes good. In English we say: "It's good to go".
Helmut: It's good to go!
Yoyo: Yeah.
Helmut: It's good to go. That's good, it's good to go. That' good. It's...good to go.

Abbildung 5.58 Helmut imitiert Yoyo. (Screenshot: Night on Earth R: Jarmusch, USA et al.: 1991)

Durch diese Sprachlektion gelingt es Yoyo, Helmut ein wenig Selbstvertrauen zu vermitteln. Der humorvolle Umgang der beiden Männer mit der zunächst etwas beschwerlichen Kommunikation aufgrund der sprachlichen Barriere wird im Laufe der Sequenz nahezu aufgelöst. Helmut öffnet sich einem Gespräch mit Yoyo und bringt so seinen gar komischen Humor zur Geltung. Ein kleiner Gipfel der Situationskomik ergibt sich, als Helmut erzählt, dass er in der DDR als Zirkusclown gearbeitet habe und ein kleines musikalisches Kunststück vollführt, das Yoyo laut zum Lachen bringt. Der zu Beginn noch etwas arrogant wirkende Yoyo wird für Helmut zu einer Vorbildfigur, die ihm zumindest für den kurzen Moment der gemeinsamen Autofahrt das Gefühl gibt, in der großen, unbekannten Stadt nicht allein zu sein.

Yoyo lehrt Helmut nicht nur ein paar englische Sätze, sondern zeigt ihm auch, wie man das Taxameter anstellt und dass man in der Großstadt immer das Fahrgeld nachzählen sollte, um nicht übers Ohr gehauen zu werden. Helmut scheint begeistert und Yoyo genießt die ihm entgegengebrachte Form der Anerkennung

5.6 Interkulturelle Möglichkeitsräume

offensichtlich. Schließlich schien er zu Beginn der Sequenz ebenfalls nahezu verloren in den Straßen Manhattans, da er kein Taxi finden konnte, das ihn ins nächtliche Brooklyn bringt. Während ihn andere Taxifahrer aufgrund seines Aussehens bzw. seiner Herkunft stereotypisieren und diskriminieren (z. B. von einer Fahrt ausschließen), zeigt Helmut sich frei von Vorurteilen und Ängsten und dazu bereit, den jungen Mann nach „Brookland" (#00:28:25) zu bringen. So helfen sich die beiden Männer mehr oder weniger gegenseitig und profitieren von dieser interkulturellen Interaktionssituation, die ihnen auf subtile und humorvolle Art und Weise die Möglichkeit gibt, den eigenen Horizont ein Stück zu erweitern – auch wenn dies nur für den kurzen Moment der Autofahrt der Fall ist, sich ihre Wege danach wieder trennen und Yoyo in seine heruntergekommene Nachbarschaft zurückkehrt. Helmut ist anschließend weiter orientierungslos und nicht fähig, den Automatik-Pkw ordentlich zu steuern. Als die gemeinsame Fahrt endet, verschwindet er in das Straßengewirr der nächtlichen Großstadt.

Eine weitere Schlüsselsequenz findet sich in *Fading Gigolo*. Ein zentrales narratives Element des Films ist die Beziehung zwischen Fioravante und Avigal. Ein erstes Treffen wird von Murray arrangiert. Dieser weiß allerdings, dass sich Avigal keinesfalls mit einem nicht-jüdischen Mann treffen würde. Fioravante ist gezeichnet als Charakter, dem keine bestimmte Glaubensrichtung zugeschrieben ist – fest steht jedoch, dass er nicht einer charedischen Community zugehört. Dies belegt u. a. sein freizügiges Sexualleben, das der dargestellten Gemeinschaft widerspricht. Über seinen Vornamen ist ihm darüber hinaus eine Relation zur Italian American Community zugeschrieben. Um ein Treffen zwischen den beiden zu arrangieren, muss Murray bluffen – zumal sich Avigal direkt nach der ethnisch-religiösen[65] Zugehörigkeit Fioravantes erkundigt (#00:31:42 bis 00:31:56):

Avigal: Is he Jewish?
Murray: Jewish? Yeah, yeah, he's Sephardic. The…his family was expelled from Spain. It was a terrible story, the Inquisition. A terrible thing. On the run, always (…).

Murray schreibt Fioravante also eine jüdische Zugehörigkeit zu, indem er behauptet, Fioravante sei ein Sepharde, dessen Familie im Rahmen der Inquisition aus

---

[65] *Jewish* wird in den entsprechenden Sequenzen weniger als religiöse Variable verstanden, sondern als Zugehörigkeit zu einer ethnischen Gruppe und dementsprechend auch im Rahmen der Interpretation als solche gedeutet.

Spanien vertrieben wurde.[66] Murray wendet hier eine interessante Strategie an: Er weiß darüber Bescheid, dass Avigal als Witwe des Rabbiners einer charedischen Community sofort Verdacht schöpfen würde, wenn er Fioravante als Teil der aschkenasischen Community bezeichnen würde. Zugleich spricht er ihm mit dem Hinweis, dass Fioravantes Familie aus Spanien kommen würde, eine erweiterte ethnische Zugehörigkeit zu. Diese Kopplung jüdischer und spanischer Herkunft vereint sich in der Zuschreibung „he's Sephardic". Murray konstruiert hiermit eine Identitätsvariable, die mehrere ethnisch-kulturelle Aspekte vereint und – verknüpft mit dem Aussehen Fioravantes als zentrale identitätsschaffende Komponente – ein Bild erzeugt, das von Avigal als für ihre eigene Identität anknüpfungsfähig erscheint. Dass diese Tarnung bis zum Ende des Films Bestand hat, hängt aber auch damit zusammen, dass Fioravante die Bereitschaft zeigt, die ihm zugeschriebene Identität anzunehmen und diese in der Interaktion mit Avigal immer wieder zu aktualisieren. Beispielsweise fragt Avigal auch ihn direkt bei der ersten Begegnung: „Are you Jewish?" (#00:35:11) und Murray bestätigt dies rasch für Fioravante, der ihn hilfesuchend anschaut: „Uh, Sephardic" (#00:35:14). Um jeglichen potenziellen Zweifel der Frau aufzufangen, wendet er eine ergänzende Strategie an. Er greift auf plakative Markierungen zurück, die seine sephardische Identität bestätigen sollen (#00:35:16 bis 00:35:27):

Fioravante:	Donde hay amor, hay dolor.
Avigal:	Is that Ladino?
Fioravante:	Yes.
Avigal:	What does that mean?
Fioravante:	Where there is love, there is pain.

Indem er vorgibt, *Ladino*[67] zu sprechen, schafft er eine Basis für eine mögliche Interaktion zwischen ihm und Avigal. Zugleich kann der hier entstehende Möglichkeitsraum auch nur bestehen, da Avigal der Geschichte Glauben schenkt – auch wenn im Film nicht klar wird, ob sie wirklich davon überzeugt ist oder Zweifel hegt. Auch im weiteren Verlauf der Interaktionssituationen zwischen den beiden werden auf dieser gegenseitigen Basis immer wieder Anknüpfungspunkte geschaffen – sei es durch die gesprochene Sprache (u. a. lässt Fioravante spanische Wörter und Sätze in das Gespräch einfließen, die von Avigal wieder als *Ladino* interpretiert werden) oder durch die Vorgabe, explizites Wissen über Praktiken, Werte und Normen der Charedim zu haben. Beispielsweise stattet er seine

---

[66] Zur Geschichte der Sepharden vgl. BOSSONG 2008 oder BEN-UR 2009.

[67] Romanische Sprache der Sepharden, die in der Literatur auch als judeo-español bezeichnet wird (Vgl. z. B. ROSENKRANZ 2010: 19 ff.; GABINSKIJ 2011).

5.6 Interkulturelle Möglichkeitsräume

Küche extra mit koscheren Produkten aus, bereitet nach koscheren Regeln ein Mittagessen zu oder zeigt sich besonders interessiert an den religiösen Praktiken der charedischen Community, die er sich von Avigal erläutern lässt. Insgesamt lässt sich also feststellen, dass Fioravante in sämtlichen Interaktionssituationen mit Avigal eine ihm zugeschriebene Identifizierung als Sepharde aufgreift und diese in seinem Handeln immer wieder bestätigt. Dies geschieht, indem er u. a. die kulturellen Variablen der Sprache sowie Alltagspraktiken damit in Verbindung setzt und sich nicht davor scheut, eigene körperliche Marker als Identifikationselemente zu nennen – eine Praktik, die durchaus kritisch als rassialisierend bezeichnet werden kann.

Die Strategie der *Tarnung* als Sephardin nutzt auch Nasira in *Arranged*. Bereits zuvor wurde der interkulturelle Möglichkeitsraum angesprochen, der sich in der Interaktion zwischen Nasira und Rochel aufspannt, wenn die beiden über die sie verbindende Praktik der arrangierten Ehe sprechen, die sowohl in Nasiras muslimischer als auch in Rochels charedischen Familie Tradition hat. Nasira nutzt ihr Wissen über die Art und Weise der Vermittlungspraxis in Rochels Community, das sie in den Gesprächen mit ihrer Freundin gewonnen hat, und wendet eine clevere Strategie an, um Rochel weiterzuhelfen. Als die beiden Frauen Nasiras Bruder in der Universität besuchen, um ihm ein paar Unterlagen vorbeizubringen, entdecken sie seinen Kommilitonen Gideon – einen jungen Charedi, der mit Nasiras Bruder in einer Lerngruppe ist. Rochel scheint angetan und kann ihren Blick nicht von ihm abwenden. Allerdings ist den beiden Frauen klar, dass es schwer sein wird, eine Begegnung zwischen den beiden zu arrangieren, da eine Heiratsvermittlerin im Dialog mit Rochels Eltern geeignete Heiratskandidaten für Rochel auswählt. Nasira lässt sich jedoch nicht beirren und nutzt ihr Wissen über die Vermittlungspraxis der Community: Getarnt als Studentin fängt sie Gideon auf dem Flur ab und führt ein fiktives Interview mit ihm, bei dem sie ihn über seine Familie, sein Leben und seinen eigenen Familienstand ausfragt (vgl. Abbildung 5.59).

Abbildung 5.59 Nasira nimmt in *Arranged* Kontakt zu Gideon auf. (Screenshots: Arranged R: Crespo und Schaefer, USA: 2007)

Geschickt gelingt es ihr, relevante Informationen zu sammeln, auch weil sie ihm erläutert, dass sie mit der charedischen Vermittlungspraxis vertraut sei. In der Bibliothek schießt sie heimlich ein Foto von ihm und stellt anschließend eine Mappe zusammen, die sie der *Schadchan* Miriam Stern zukommen lassen möchte. Allerdings ist sie sich darüber bewusst, dass sie als Muslima keinen einfachen Zugang zu der Vermittlerin hat und sich noch nicht einmal unbeobachtet in dem Viertel bewegen kann, in dem diese wohnt. Um dennoch Kontakt mit der ihr aufnehmen zu können, ändert Nasira kurzerhand ihr Erscheinungsbild: Sie zieht ein dunkles, langes Outfit an, wie es Frauen der charedischen Community in den filmischen Darstellungen häufig tragen, und knotet ihr Kopftuch in einem anderen Stil. Anstatt als Hidschāb trägt sie das Kopftuch in der hier beschriebenen Sequenz als *Tichel* nach hinten geknotet – so wie es bei einigen charedischen Frauen üblich ist. So bekleidet klopft sie an der Tür von Miriam Stern. Es kommt zu einem kurzen Interaktionsmoment, der jedoch weitreichende Folgen hat (#01:19:37 bis 01:20:20, vgl. Abbildung 5.60):

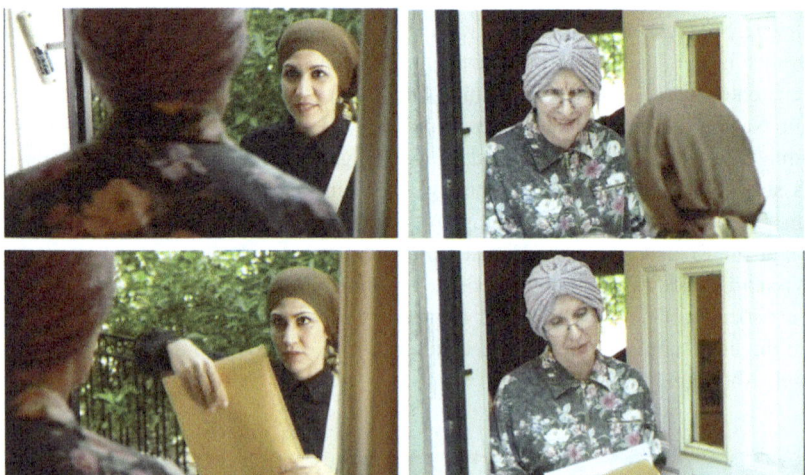

Abbildung 5.60 Nasira besucht Miriam Stern. (Screenshots: Arranged R: Crespo und Schaefer, USA: 2007)

5.6 Interkulturelle Möglichkeitsräume

Nasira: Miriam Stern?
Miriam: Yes?
Nasira: Hello, I know that we don't know each other, I recently moved into the area. I have information here on the Rochel Meshenberg case.
Miriam: Case?
Nasira: Right, for, as an option. Um, I have to run but I've included my cell number inside, just in case if you need to get in touch with me.
Miriam: I didn't get your name. Are you related to Lois Saat?
Nasira: Well, it's all there inside. Im sorry, I have to run to meet my family.
Miriam: A Horrowitz boy. Not a bad idea! Not bad.

Es wird zwar deutlich, dass Miriam Stern Nasira nicht kennt und zunächst als Fremde identifiziert. Da Nasira aber über den komplizierten Vermittlungsfall von Rochel Bescheid weiß, vermutet die Schadchan, dass es sich bei der Frau um eine Person handelt, die in einer direkten Verbindung zur Community stehen muss. Dies bestätigt sich in einem späteren Gespräch zwischen Miriam und Rochels Mutter, in dem sie von der Begegnung mit Nasira berichtet. Sie identifiziert Nasira als Sephardin und ist von der durch sie angestoßenen Innovation äußerst angetan:

„It's a strange story how this boy ended up in my book. Last week, a Sephardic woman comes to my door, (...) and she just hands me this information. Strange woman. Anyway. He's an interesting possibility. (...) I am in the process of updating my system to include photographs. Sometimes this helps. If you just despise the way someone looks, you can't imagine sitting through even one date looking at this person, then that's that – good" (#01:23:35 bis 01:24:25).

Nasira hat es folglich geschafft, durch kleine Adaptionen an ihrer Kleidung und ihr Auftreten vor Miriam Differenzen zu überbrücken und einen temporären Wechsel in eine andere zugeschriebene ethnisch-religiöse Kategorie zu vollziehen. So kann sie sich dadurch als interkulturelle Grenzgängerin geschickt zwischen den Communitys bewegen. Sie erzeugt einen interkulturellen Raum, der sogar Innovationen in der sonst von anderen kulturellen Einflüssen strikt abgegrenzten charedischen Community möglich macht. Allerdings muss relativierend angemerkt werden, dass dieser interkulturelle Möglichkeitsraum ein einseitiger ist, da die charedischen Frauen nicht wissen, dass Nasira eigentlich einer anderen Community und Glaubensrichtung angehört. Wie jedoch auch im Beispiel aus *Fading Gigolo* zeigt sich, dass es individuellen Grenzgänger:innen durch geschickte Anpassungsstrategien gelingen kann, die scheinbar starren

Community-Grenzen auszudehnen und somit kleinräumige, individuelle Möglichkeitsräume zu schaffen, die für alle beteiligten Seiten Innovationspotenzial bergen.

Diese Beobachtung gilt im Kern auch für eine Schlüsselsequenz aus *David & Layla*. Nach langer Überredung entschließt sich David hierin zu einer Konvertierung zum Islam, damit Layla und er mit dem Segen ihrer Familie heiraten können. Im Rahmen der Konvertierungszeremonie, die an dieser Stelle nicht detailliert beschrieben werden soll, beginnt David an seiner Entscheidung zu zweifeln. Hierfür sind verschiedene Aspekte ausschlaggebend. Beispielsweise reißt ihm beim Gebet mit den anderen Männern die Hose, er kann einige Fragen des Imams nicht konkret beantworten und gerät, geistig wie körperlich, ins Schwitzen. Fluchtartig verlässt er den Raum und zieht sich in den Waschraum der Moschee zurück, wo ihn ein muslimischer Freund aufspürt und zur Rede stellt. Dieser vermittelt David, dass er sich Layla zuliebe zusammenreißen solle – er müsse ja schließlich nur die kurze Zeremonie überstehen und könne dann ein ungestörtes Leben mit Layla führen. David bittet darum, kurz allein gelassen zu werden und vollzieht dann einen zentralen Akt: Er zieht die muslimische Kopfbedeckung, die er für die Zeremonie trägt, vom Kopf, holt seine Kippa aus der Hosentasche, setzt diese auf den Kopf und stülpt die muslimische Gebetsmütze darüber. Mit beiden Kopfbedeckungen ausgestattet kehrt er zu dem Imam zurück und vollzieht die Zeremonie (vgl. Abbildung 5.61).

Interessant ist, dass David sich in vorherigen Sequenzen stets als Agnostiker bezeichnet – in der Situation der Konvertierung jedoch sieht er sich mit seiner jüdischen Identität konfrontiert – vermutlich auch, da er sich darüber bewusst ist (so wird es vermittelt), dass er seine Familie durch den Schritt sehr enttäuschen würde. Im weiteren Gespräch wird noch deutlich, dass der Imam denkt, David sei ein Christ. Als er erfährt, dass David bereits beschnitten und noch dazu Jude ist, scheint er zunächst erschüttert und ruft auf Arabisch: „Gott, steh uns bei". Erst Davids Freund kann ihn besänftigen.

Im Anschluss an die Zeremonie sitzen Layla, David und der Imam zusammen. Der Geistliche, der im Laufe der Zeremonie herausgefunden hat, dass David jüdischen Glaubens ist, aber dennoch einer Konvertierung zugestimmt hat, sagt ihm zugewandt (#01:19:13):

„The holy Quran says: (...) ‚You keep your religion, I keep mine.' (...) I was quite a bit harsh with you earlier today. But it's okay now. We may proceed. Bismillahirrahmanirrahim".

5.6 Interkulturelle Möglichkeitsräume

Abbildung 5.61 David kombiniert symbolisch Aspekte seiner religiösen Identität(en). (Screenshots: David & Layla R: Alani (Jonroy), USA: 2005)

Die von ihm benannte Koransure kann sehr unterschiedlich interpretiert werden. Im Kontext der Sequenz, verknüpft mit den vorhergehenden Handlungen Davids, bietet sich eine Interpretation an, nach der der Imam einen Hinweis darauf gibt, dass David sich nicht vollständig vom jüdischen Glauben abwenden müsse, um mit Layla zusammen zu sein. David kann, so lässt sich weiter interpretieren, seine eigene Strategie finden, mit der Situation umzugehen. Letztendlich zeigt sich, dass dies für David eine wörtliche Annahme des Zitats ist: Er behält seine Religion bzw. seinen Glauben und nimmt den muslimischen Glauben dennoch äußerlich an. So wie er seine Kippa in der Moschee unter der Gebetsmütze versteckt, bleibt er weiterhin *im Innern* jüdisch und passt sich situativ *nach außen* an – wie sich auch an späteren Filmsequenzen nachvollziehen lässt, als er feststellt:

„Well, I am still Jewish in here" (#01:19:46) und sich auf seine Brust klopft.

Auch im Kontext der Hochzeit mit Layla bestätigt sich dies. David zelebriert Layla zuliebe eine kurdische Hochzeitszeremonie und ist mit entsprechend traditioneller Kleidung ausgestattet. In einer ruhigen Minute geht er vor die Tür und zertritt ein in ein Handtuch gewickeltes Glas. Seine Mutter, die diese Situation versteckt beobachtet, flüstert leise: „Mazel Tov" (#01:32:32). Somit integriert David in die kurdische Zeremonie den jüdischen Brauch der *Nisu'in*, der letzten Phase der Hochzeitszeremonie, deren zentraler Bestandteil das Zertreten eines Weinbechers darstellt (vgl. Abbildung 5.62). Auch dies erfolgt im Verborgenen – sodass sich erneut zeigt, dass David hier eine sehr individuelle Anpassungsstrategie wählt, um für sich selbst seiner Rolle als Grenzgänger gerecht zu werden und den interkulturellen Möglichkeitsraum aufrechtzuerhalten, in dem er seine gemeinsame Zukunft mit Layla verortet.

Auch im Film *Brooklyn* zeigt sich, dass die individuelle Anpassungsstrategie einer Handlungsfigur dazu beitragen kann, Grenzbereiche zu überwinden – und

Abbildung 5.62 David zertritt auf seiner Hochzeit nach jüdischem Brauch ein Glas – ganz zur Freude seiner Mutter. (Screenshots: David & Layla R: Alani (Jonroy), USA: 2005)

zwar sowohl metaphorisch als auch tatsächlich. Als Eilis von Irland in die USA immigriert, trifft sie an Bord des Transferschiffes eine Frau, die bereits vor einiger Zeit nach New York ausgewandert ist und auf Besuch in der alten Heimat war. Bevor sie in New York City anlegen, wählt die Frau ein Outfit für Eilis aus, mit dem sie an der Grenzkontrolle in Ellis Island nicht auffällt, leiht ihr roten Lippenstift und etwas Rouge. So gelingt es Eilis ohne Schwierigkeiten in die USA einzureisen, ohne weitere Untersuchungen über sich ergehen lassen zu müssen. Als Eilis am Ende des Films ebenfalls nach einem Besuch in Irland nach New York City zurückkehrt, gibt sie die Hinweise an ein junges Mädchen weiter, die – wie einst sie selbst – zum ersten Mal in die große Stadt reist: „When you get to Immigration, keep your eyes wide open, look as if you know where you're going. You have to think like an American" (#01:38:31, vgl. Abbildung 5.63).

Diese Strategie ist in Teilen analog zu der von David angewendeten Taktik: Nach außen hin werden am Körper sichtbare Aspekte modifiziert, um situativ die eigene nationale, ethnische oder religiöse Herkunft zu kaschieren – während man im Inneren den eigenen kulturellen Werten treu bleibt. So wird in gewisser Weise ein subjektiver, interner, interkultureller Möglichkeitsraum erzeugt, der es ermöglicht, die eigene kulturelle Identität auszuweiten und situativ zu adaptieren. Gewissermaßen zeigen die genannten Beispiele, dass die filmische Inszenierung interkultureller Möglichkeitsräume sehr häufig mit der situativen Adaption einer einzelnen Handlungsfigur zusammenhängt. Dies geschieht, indem sich die Personen über bestimmte körperbezogene Strategien an eine jeweilige Umwelt anpassen, um ein bestimmtes Ziel zu erreichen. Markierungen der eigenen Ethnizität, Religion oder anderer kultureller Variablen werden hierfür zumindest kurzfristig verändert. Die dabei bereits angedeutete Personifizierung oder vielmehr Inkorporierung kultureller Vielfalt wird in einigen analysierten Filmsequenzen noch intensiver thematisiert, sodass dieser Aspekt als eigene Inszenierungsstrategie besprochen werden kann (vgl. Abschnitt 5.6.3).

5.6 Interkulturelle Möglichkeitsräume

Abbildung 5.63 Äußeres Anpassen an die neue Umgebung in *Brooklyn*. (Screenshots: Brooklyn R: Crowley, USA et al.: 2015)

5.6.2 Umdeutung kultureller Differenzen in Gemeinsamkeiten – „Why can't we focus on what unites us?"

In den bisher analysierten Beispielen betonen die Grenzgänger:innen zumeist ihre jeweiligen kulturellen Differenzen und passen sich nur situativ an. Interkulturelle Möglichkeitsräume können sich jedoch erst dann wirklich entfalten, wenn angenommene kulturelle Differenzen nicht als separierende, sondern vielmehr als vereinende Elemente bzw. Gemeinsamkeiten kommuniziert oder umgedeutet werden. Somit werden Aspekte kultureller Vielfalt, die von den Charakteren mit in die Interaktionssituation gebracht werden, als anschlussfähig erkannt, benannt und in die Interaktion integriert.

Ein interkultureller Möglichkeitsraum entfaltet sich beispielsweise in *David & Layla* in einer Sequenz, in der sich Laylas Onkel und Davids Vater zum ersten Mal begegnen, um über die Hochzeit der beiden zu sprechen. Im vorhergehenden Filmverlauf werden beide Männer als Charaktere gezeichnet, die als vehemente Vertreter einer religiösen Community für die Unverhandelbarkeit religiöser Normen und Wertvorstellungen einstehen. Davids Vater identifiziert sich als Teil einer jüdischen Community, die zwar als offen-modern bezeichnet werden kann und eine moderate Haltung bzgl. der Einhaltung vorgegebener religiöser Regeln einnimmt. Laylas Onkel identifiziert sich als kurdischer Muslim und folgt einem äußerst konservativen Lebensstil, der auch ein traditionelles Verständnis von Familie beinhaltet. Bis zu der hier zitierten Sequenz des Kennenlernens wird im Film sehr intensiv verdeutlicht, dass die Perspektive der beiden Männer auf die jeweils andere religiöse Community von stereotypen Vorstellungsbildern und Vorurteilen geprägt ist. Mit diesen brechen die beiden Männer im Laufe der Sequenz, indem sie im Rahmen der Interaktion interkulturell anschlussfähige Anknüpfungspunkte entdecken, diese offen kommunizieren und somit eine gemeinsame Basis für das weitere Miteinander schaffen. Die entscheidende Interaktion zwischen den Männern beginnt, als sich Davids Vater zu Laylas Onkel an einen Tisch setzt und von diesem eine Coca-Cola angeboten bekommt – zunächst unwissend, dass es sich eigentlich um Rotwein handelt (#01:27:57 bis 01:29:16, vgl. Abbildung 5.64):

Abbildung 5.64 Mr. Fine und Laylas Onkel nähern sich an und schließen symbolisch Frieden. (Screenshots: David & Layla R: Alani (Jonroy), USA: 2005)

Mr. Fine:	I'm sorry, no coke. It makes me burp.
David:	Uhm dad, this is a coke 'classic'. You'll like it. (…)
Uncle:	We don't have liquor license…shhhh. But we have the same father – Ibrahim.
Mr. Fine:	Ah! Avraham! (…) You know, this is nice. Tel Aviv is loaded with Turkish restaurants. Why can't we focus on what unites us, right? Shish Kebab, wine, women…

Die Umdeutung von Differenzen in Gemeinsamkeiten zeigt sich hierbei folgendermaßen: Zunächst trinken die beiden Männer gemeinsam Wein, getarnt in einer Coca-Cola Flasche. Diese gemeinschaftlich begangene Grenzüberschreitung (sie

5.6 Interkulturelle Möglichkeitsräume

befinden sich an einem Ort, an dem Alkoholkonsum nicht gestattet ist) führt dazu, dass die beiden Männer sich für ein Gespräch öffnen. Sie stellen umgehend fest, dass sie vielleicht mehr vereint, als sie sich bisher zugestehen wollten. Genannt werden z. B. die religiöse Figur Abrahams, auf die sich die abrahamitischen Weltreligionen (Judentum, Islam und Christentum) als Stammvater beziehen (vgl. HIEKE 2005), aber auch alltagspraktische Aspekte wie Speisen und Getränke. Anstatt erneut eklatante Grenzen zwischen den Angehörigen der jüdischen und muslimischen Community zu ziehen, werden hier explizit Aspekte angesprochen, die aufzeigen, dass beide Gruppen sich prinzipiell auf ähnliche Identitätsmerkmale beziehen – wenn sie es denn zulassen. Die von Mr. Fine gewählte Formulierung „Why can't we focus on what unites us?" bildet in dieser Sequenz einen wichtigen Ausgangspunkt für die weiteren Entwicklungen der Beziehungen im Film. So entdecken die Charaktere in späteren Sequenzen noch weitere verbindende Elemente und erzeugen durch ihre wechselseitige Interaktion zusätzliche Facetten interkultureller Möglichkeitsräume.

Eine Schlüsselsequenz ist diesbezüglich die Hochzeitsfeier von David und Layla, die sie ebenfalls im Restaurant des Onkels feiern. Das Buffet beinhaltet Speisen, die von den Mitgliedern beider Familien gerne konsumiert werden und die mit kleinen Aufstellern sowohl als *halal* als auch als *koscher* ausgewiesen sind. Im Laufe des Abends wird ausgelassen gefeiert und es zeigt sich, dass alle Hochzeitsgäste, ungeachtet ihrer religiösen Zugehörigkeit, freudig miteinander tanzen – sei es zu den Klängen des hebräischen Volkslieds *Hava Nagila* oder zu kurdischer Musik – beides vorgetragen von derselben Musikkapelle. Auf der Tanzfläche sind die Angehörigen der beiden Communitys optisch weiterhin identifizierbar anhand ihrer Kopfbedeckungen und ihrer Kleidung. Zunächst tanzen sie getrennt voneinander, vermischen sich dann aber rasch zu einer tanzenden Gemeinschaft, in der die selbst zugeschriebenen Zugehörigkeiten keine Rolle mehr zu spielen scheinen. Auch die Musikstile überlagern sich zunehmend zu einem hybriden Klangteppich. Schließlich beginnen die männlichen Gäste, ihre Kopfbedeckungen auszutauschen. Somit wird auf symbolischer Ebene verdeutlicht, dass hier ein interkultureller Raum des Miteinanders – ein Möglichkeitsraum – entsteht, in dem die zuvor separierenden Elemente keinen Platz haben. Stattdessen wird hier ein interkulturelles Fest gefeiert, während dem sich kulturelle Vielfalt scheinbar frei entfalten kann. Der symbolische Austausch der Kopfbedeckungen lässt sich hier als Schlüsselelement herausarbeiten, da die interkulturellen Anknüpfungspunkte nicht mehr nur auf verbaler Ebene thematisiert, sondern durch einen symbolischen Akt auch auf körperlicher Ebene markiert werden (vgl. Abbildung 5.65).

Abbildung 5.65 Symbolische Vereinigungen im Tanz auf der Hochzeitsfeier von David und Layla. (Screenshots: David & Layla R: Alani (Jonroy), USA: 2005)

Eine weitere Schlüsselsequenz findet sich in *Night on Earth*. Auch hier spielen die Kopfbedeckungen der Charaktere eine Rolle – vorerst als kulturelle Markierung, die im Kontext der Sequenz zum Symbol kultureller Gemeinsamkeiten umgedeutet werden. So werden Yoyo und Helmut Grokenberger zunächst gezielt als kulturell differente Charaktere eingeführt – ihre Interaktion bringt jedoch, wie man zunächst vermuten könnte, keine Kollision hervor (vgl. RABENALT 2011: 159), sondern einen interkulturellen Möglichkeitsraum. Dass dem so ist, kann anhand zweier zentraler Elemente verdeutlicht werden: der Kleidung der beiden Handlungsfiguren sowie ihrer Namen. Beide Aspekte werden in der Sequenz umfassend thematisiert und schlussendlich zur Verdeutlichung kultureller Gemeinsamkeiten instrumentalisiert. So stellt Helmut fest, dass er und Yoyo eine nahezu gleiche Kopfbedeckung tragen – auch wenn Yoyo diesem Fakt zunächst widerspricht (#00:33:13 bis 33:47, vgl. Abbildung 5.66):

Helmut:	We have the same, we have the same hat.
Yoyo:	What?
Helmut:	The same hat.
Yoyo:	No, no. Mine's different.
Helmut:	Oh no. It is the same hat.
Yoyo:	Mine is different, man.
Helmut:	This is different here. This. *(zeigt auf einen Teil der Mütze)*
Yoyo:	Mine's, mine's the newest latest. Mine's fresh.
Helmut:	No, the ear thigs here. The same, here this.
Yoyo:	Naw, man. Look, mine is the hype!
Helmut:	What is this? Hype?
Yoyo:	The hype.
Helmut:	What's a hype?
Yoyo:	Its fresh.
Helmut:	Fresh. Fresh hat.
Yoyo:	It's the jammy. The newest, latest.
Helmut:	Fresh hat. It sounds good. Fresh hat.

5.6 Interkulturelle Möglichkeitsräume

Abbildung 5.66 Mützenvergleich als kulturelle Anschlussmöglichkeit in *Night on Earth*. (Screenshots: Night on Earth R: Jarmusch, USA et al.: 1991)

Helmut spricht in dieser Sequenz an, dass die beiden trotz all ihrer offensichtlichen in der Sequenz thematisierten kulturellen Differenzen – sei es Herkunft, Sprachfähigkeit oder auch Lebensphilosophie – eine ganz entscheidende Gemeinsamkeit haben: Sie tragen die gleiche Kopfbedeckung. Tatsächlich ist es offensichtlich, dass sich ihre Mützen sehr stark ähneln – beide sind angelehnt an das Design einer *Uschanka*, also einer aus Russland stammenden Mützenform, die sich hauptsächlich durch die auffälligen Fell-Ohrenklappen auszeichnet. Helmuts Reaktion auf diese Entdeckung zeigt, dass er sich offenkundig darüber freut – als Neuling in New York, der bislang mit zahlreichen Hürden konfrontiert war und der eindeutig ein Außenseiter in dieser für ihn neuen Welt ist. Das Accessoire scheint für ihn einer Art gesellschaftlichem Anschluss gleichzukommen. Yoyo zeigt sich erst einmal empört darüber und widerspricht Helmuts euphorischer Bemerkung. Für ihn stellt die Mütze ein Fashionstatement dar, das ihn als besonders *hippen Brooklynite* markiert, ebenso wie alle weiteren Kleidungsstücke, die er trägt: Eine coole Jacke und brandneue Nike-Sneakers, die besonders in der Eingangssequenz von der Kamera hervorgehoben werden. Dass nun gerade der aus der DDR in die USA immigrierte, für ihn etwas seltsam wirkende ältere Helmut vorgibt, ein gleiches Kleidungsstück zu tragen, irritiert ihn zumindest für einen kurzen Moment. Er betont zunächst die Differenz des Accessoires – und somit auch die kulturelle Differenz zwischen den beiden Charakteren. Mit anderen Worten steht die Mütze zunächst als Metapher für kulturelle Differenz. Helmut gelingt es jedoch mit Hartnäckigkeit und Humor, hier sogar begünstigt durch seine fehlende Sprachkompetenz, die Differenz spielerisch in eine Gemeinsamkeit umzudeuten, die letztendlich auch von Yoyo akzeptiert bzw. toleriert wird.

Eine ähnliche Situation ereignet sich wenig später, als die beiden sich einander namentlich vorstellen (#00:35:06 bis 00:36:27):

Yoyo:	What's your name, man?
Helmut:	Helmut Grokenberger. Here. You can read it. That's me.
Yoyo:	Helmut?!
Helmut:	Helmut.
Yoyo:	Thats your name?
Helmut:	Yeah.
Yoyo:	Thats a fucked-up name to be namin your kid! Helmut. See, 'cause in English a *helmet* would be like, you know, like somethin you wear on your head, you know? You know, a helmet! See, in English that'd be like callin your kid, uh, oh shit. Lampshade! Or some shit like that.
Helmut:	Yeah, but -.
Yoyo:	Hey, Lampshade! Come here and clean up your room!
Helmut:	So. What's your name?
Yoyo:	Yoyo.
Helmut:	Was?
Yoyo:	Yoyo. Thats my name.
Helmut:	Das doch kein Name.
Yoyo:	What?
Helmut:	Jo-Jo?
Yoyo:	Yoyo!
Helmut:	Jo-Jo. Jo-Jo. Jo-Jo. Jo-Jo! Its a ... Das ist Spielzeug für Kinder. Weißt du?
Yoyo:	No, it aint got nothin to do with that. Its my name. Yoyo.
Helmut:	Its a toy for kids, Yoyo.
Yoyo:	It aint got nothin to do with that, man.
Helmut:	OK. Your name Yoyo, my name Helmut. Yoyo, Helmut. Its good.

In dem Dialog wird deutlich, dass die Namen der beiden Protagonisten in der Perspektive des jeweiligen Gegenübers ungewöhnlich klingen, da aufgrund der jeweiligen Muttersprache bestimmte Wort-Assoziationen ausgelöst werden. Yoyo findet den Namen *Helmut Grokenberger* mehr als ungewöhnlich, aber auch umgekehrt findet dieser den (Spitz-)Namen seines Fahrgastes eigenartig. Hierfür sind jedoch weniger etwaige religiöse oder ethnische Konnotationen bzw. Implikationen des Namens entscheidend, sondern vielmehr die Tatsache, dass die Namen in den Ohren der Interaktionspartner ungewöhnlich oder gar amüsant klingen. So klingt *Helmut* für Yoyo wie *helmet*, *Yoyo* in den Ohren Helmuts wie das für ihn bekannte Kinderspielzeug *Jo-Jo*.

Im Dialog wird klar, dass sich beide, jeweils aus dem bekannten kulturellen Kontext heraus, über den Namen des anderen lustig machen. In dieser Interaktion wird jedoch ebenfalls deutlich, dass das scheinbar Unbekannte hier nicht zum entscheidenden Differenzkriterium wird. Auch wenn es beide zunächst nicht besonders schmeichelhaft finden, dass sich das Gegenüber über den eigenen Namen amüsiert, so halten sie sich gegenseitig den Spiegel vor: Das, was dem

5.6 Interkulturelle Möglichkeitsräume

einen als fremd im Anderen erscheint, erscheint diesem umgekehrt fremd im Eigenen.

Yoyo und Helmut zeigen hier eine andere, humorvolle Art und Weise des Umgangs mit kultureller Verschiedenheit – eine Ausnahme im Vergleich zu anderen Filmen. Auf diese Weise wird das Konfliktpotenzial, das ein *Sichübereinander-lustig-Machen* birgt und in anderen filmischen Kontexten zu handfesten Konflikten geführt hätte, vor allem durch den den beiden Charakteren zugeschriebenen Wortwitz und Humor entschärft. Die in den Namen manifestierte kulturelle Verschiedenheit der Handlungsfiguren bleibt nicht als Differenz bestehen, sondern bietet vielmehr einen Anknüpfungspunkt für ein gegenseitiges Miteinander. Somit erzeugt die Interaktion hier einen interkulturellen Möglichkeitsraum, indem die Interaktionspartner wechselseitig anschlussfähige Aspekte finden und darüber eine kurzzeitige, harmonische Begegnungssituation ohne erkennbares Machtgefälle schaffen.

Dies zeigt sich auch im weiteren Verlauf der Sequenz, als beispielsweise Yoyo seiner Schwägerin Angela, die auf dem Weg nach Brooklyn unfreiwillig[68] ein Stück im Taxi mitfährt, Helmut vorstellt mit den Worten: „His name is Helmet Lampshade or some shit like that" (#00:39:35) und Helmut äußerst freundlich darauf reagiert und lächelnd richtigstellt: „No, no, my name is Helmut Grokenberger" (#00:39:42). Die humoristischen, fast komödiantischen Momente, die in dieser Situation erkennbar sind, bleiben im weiteren Sequenzverlauf bestehen. Sie führen u. a. dazu, dass Yoyo und Helmut sich am Ende der Fahrt nahezu freundschaftlich voneinander verabschieden und nochmals die humorvolle Namensgebung aufgreifen (#00:46:54 bis 00:47:05, vgl. Abbildung 5.67):

Helmut:	OK. OK, Mister Lampshade.
Yoyo:	Naw, naw, naw, man. Naw. No, man. You be Mister Lampshade.
Helmut:	I be Mister Lampshade?
Yoyo:	Yeah!
Helmut:	OK. I be Mister Lampshade.

Die Tatsache, dass sich die Charaktere in der Sequenz aufgeschlossen gegenüberstehen, wird insbesondere durch den Handlungsort des Taxis begünstigt, wie auch MAUER (2006: 16) feststellt. Beide Charaktere sind sich darüber bewusst, dass

---

[68] Auf der Fahrt durch die dunklen Straßenzüge bemerkt Yoyo, dass Angela allein durch die Straßen läuft. Er parkt das Taxi unvermittelt und läuft ihr nach. Nach einem kurzen Streitgespräch zwingt er sie einzusteigen.

sich ihr Weg nur für den Moment der nächtlichen Taxifahrt kreuzt. Dies „ermöglicht sämtlichen Betroffenen eine Offenheit, die in einem anderen Kontext wohl nur künstlich geschaffen werden könnte" (STRAUMANN 1992, zit. nach MAUER 2006: 160). So kann in dem Taxi für den inszenierten Zeitraum der gemeinsamen Fahrt ein temporärer interkultureller Möglichkeitsraum entstehen, welcher jedoch mit dem Ende der Taxifahrt endet.

Abbildung 5.67 Yoyo und Helmut müssen sich verabschieden. (Screenshot: Night on Earth R: Jarmusch, USA et al.: 1991)

Auch in *Arranged* werden interkulturelle Möglichkeitsräume erzeugt und verhandelt. Beispielsweise sprechen Rochel und Nasira an unterschiedlichen Stellen des Films über Dinge, die sie trotz ihrer Zugehörigkeit zu unterschiedlichen Religionen und ungeachtet der unterschiedlichen kulturellen Werte, die ihnen vor allem im familiären Kontext vermittelt werden, vereinen. Hierzu gehört zentral das Thema der arrangierten Ehe, mit der sich die beiden jungen Frauen in ihrem Alltag konfrontiert sehen. Ein Kernthema des Films ist die Tatsache, dass sowohl die Eltern von Rochel als auch die Eltern von Nasira auf der Suche nach einem Mann für ihre Tochter sind. Zwar zeigt der Film, dass die dabei eingesetzten Praktiken durchaus unterschiedlich sind: Rochels Eltern vertrauen auf die Ratschläge der in der Community renommierten Heiratsvermittlerin Miriam Stern, während Nasiras Eltern auf Empfehlungen aus dem erweiterten Familien- und Freundeskreis zurückgreifen. Eine zentrale Gemeinsamkeit der beiden Frauen ist jedoch die Tatsache, dass sie sich beide mit der Situation überfordert fühlen und sich mit ihren Sorgen niemandem aus der eigenen Community anvertrauen können. Gegenseitig können sie sich jedoch hinsichtlich ihrer Sorgen austauschen und sich ihre Ängste ein Stück weit nehmen. In einem der zentralen Gesprächssequenzen

5.6 Interkulturelle Möglichkeitsräume

wird deutlich, dass beide die jeweilige Praktik der eigenen Community anzweifeln oder vielmehr damit hadern. Nasira merkt dabei an, dass sie persönlich die Vorgehensweise der Charedim ansprechender findet (#00:26:59 bis 00:37:17):

Nasira: It [your way] sounds like a better way of doing it.
Rochel: I don't know. It hasn't worked out so well, yet. The *Schadchan*, that's what she's called, she's supposed to really know you, find who's most compatible.
Nasira: Which is better than your father. (...) Plus, you get to go on actual dates and see what its like, you know, without your family there breathing down your neck.

Etwas später steht die Thematik erneut im Fokus. (#00:50:54 bis 00:51:28):

Rochel: Do you ever think that, um ... maybe it's not going to work out? I mean, your process is different, right? But, you know, what if it doesn't?
Nasira: It'll work.
Rochel: How can you be so sure though? I mean, what if that moment doesn't happen? My father talks about this indescribable feeling.
Nasira: I mean, it worked for our parents, right? They're happy, right?

In diesem Abschnitt wird deutlich, dass vor allem Rochel Zweifel daran hat, dass der von der Familie gewünschte traditionelle Weg der Partnersuche der richtige für sie ist. Auch Nasiras rhetorische Frage lässt Zweifel hineininterpretieren – auch wenn sie vordergründig für den traditionellen Weg der Partnersuche einzustehen scheint. Es wird verdeutlicht, dass beide Frauen, obwohl sie unterschiedlichen Religionen angehören, gemeinsam über diese sensible Thematik sprechen können. Dies liegt gerade in der Tatsache begründet, dass sie sich in einer gleichen Situation befinden, mit ähnlichen Herausforderungen und Fragen konfrontiert sind. So fällt es ihnen relativ leicht, einen Anknüpfungspunkt in ihrer Lebenssituation zu finden. Auch wenn der Prozess, wie Rochel anmerkt, für jede von ihnen different sei, liegen die Ähnlichkeiten auf der Hand. Es zeigt sich, dass die in anderen Sequenzen oft proklamierten Differenzen, die sich aus der Zugehörigkeit zu einer anderen religiösen Gruppe ergeben, hier relativiert werden können. Es muss jedoch angemerkt werden, dass die Frauen ihre Zweifel an dem Prozess erst ansprechen, als sie sich im geschützten Raum des Taxis befinden, der ihnen ein gewisses Maß an Privatsphäre ermöglicht und sie von anderen Personen abschirmt. So zeigt sich, dass der interkulturelle Möglichkeitsraum hier zunächst auf eine Situation beschränkt bleibt, die quasi isoliert von der städtischen Umgebung und den dortigen Community-Grenzen und möglichen sozialen

Konfliktherden ist – ähnlich wie auch in der zuvor beschriebenen Sequenz aus *Night on Earth*. Die Gespräche zwischen Nasira und Rochel spannen allerdings noch eine zweite Ebene eines interkulturellen Möglichkeitsraums auf, der diffus und unabhängig von den genannten Interaktionssituationen weiter besteht und es ermöglicht, dass beide Frauen am Ende des Films einen Partner finden. Zwar stellen weder Nasira noch Rochel nachhaltig die kulturelle Praktik der Heiratsvermittlung infrage – sie finden jedoch in der konkreten Umsetzung der jeweils anderen Community Elemente, die sie als sinnvoll und bereichernd empfinden. Vor allem Nasira nutzt diese Anknüpfungspunkte und schafft es über einige clevere Anpassungsstrategien, die diesbezüglichen noch bestehenden Grenzbereiche zwischen Communitys auszudehnen bzw. sich als interkulturelle Grenzgängerin geschickt zwischen ihnen zu bewegen. Somit erzeugt sie einen weiteren interkulturellen Raum, der sogar Innovationen in der sonst von anderen kulturellen Einflüssen strikt abgegrenzten charedischen Community ermöglicht. Dieser Aspekt wird im nachfolgenden Kapitel erneut aufgegriffen, indem interaktiv ausgehandelte Anpassungsstrategien zur scheinbaren Überbrückung kultureller Verschiedenheit umrissen werden.

5.6.3 Personifikationen, Metaphern und allegorische Scheinbilder kultureller Vielfalt – „Ashima means ‚without borders'. Limitless."

Die zuvor angesprochene Adaption kultureller Elemente zur Ausdehnung eigener kultureller Identitätsmarker und Erzeugung interkultureller Möglichkeitsräume muss nicht auf das Anpassen des äußeren Erscheinungsbildes oder Erlernen bestimmter Techniken beschränkt bleiben. Es finden sich auch Interaktionssituationen, in denen diese Strategie hinsichtlich einer allegorischen Verkörperung kultureller Vielfalt durch eine Handlungsfigur weiterentwickelt wird und dabei Räume entstehen, die ermöglichende, transkulturelle Momente beinhalten.

Einmal mehr lässt sich hier der Film *David & Layla* heranziehen. Durch ihre Hochzeit schaffen die beiden Hauptfiguren einen Rahmen dafür, dass sich beide Familien mehr und mehr auch für die kulturell-religiösen Einflüsse der jeweils anderen Familie öffnen. Bereits an einer vorherigen Stelle des Films betonen Layla und David ihre Haltung zur kulturellen Vielfalt – nämlich, dass man seine Differenzen akzeptieren und voneinander profitieren solle. Dies drückt sich besonders in einem Gedicht aus, das Layla vorträgt:

5.6 Interkulturelle Möglichkeitsräume

„The blinds saw with the eyes of the deaf, the deaf listened with the eyes of the blind, the mute understood both by reading their lips and together they smelled the flowers. You understand?" (#00:47:40).

Davids Antwort überzeugt Layla: „Love your differences and enjoy life." (00:47:43). In einer weiteren Schlüsselsequenz zum Ende des Films sitzen die beiden mit ihrem gemeinsamen Sohn und Davids Familie am Esstisch zusammen und feiern gemeinsam den *Seder*-Abend. Der Sohn wird in dieser Sequenz zum inter- oder transkulturellen Grenzgänger, da sich in ihm die unterschiedlichen kulturellen Prägungen seiner Eltern vereinen. Er bittet seine Mutter darum, für das gemeinsame Singen des traditionellen Abschlussliedes des Seder-Abends, *Chad Gadya*, eine Kippa tragen zu dürfen. Layla willigt sofort ein, setzt ihm die Kopfbedeckung auf und die Familie stimmt das Lied an, in dessen Kontext der Junge die Verse auswendig und voller Freude vorträgt. Am Ende ergreift Mrs. Fine das Wort und sagt, dass sie an dem heutigen Abend für alle versklavten Völker beten sollten – auch für Kurden und *einige* Palästinenser. Die Erwachsenen erheben gut gelaunt die Gläser und prosten sich zu. Als Mrs. Fine das obligatorische „Next year in Jerusalem" ausspricht, entgegnet Layla „Next year in Kurdistan – Inshallah" (#01:38:46). Im Kontext des Filmes wäre nun zu vermuten, dass es zu einem Eklat kommen könnte, da die Eltern Fine bisher eine äußerst kritische Haltung gegenüber allen nicht-jüdischen Gemeinschaften und damit zusammenhängenden kulturellen Aspekten eingenommen haben. Allerdings beginnt Mr. Fine an dieser Stelle zu lachen und sagt: „Inshallah, Schminschallah – let's see some dancing!" (#01:38:48) – und alle am Tisch beginnen zu applaudieren. Zu einem vermeintlich kurdischen Musikstück beginnen Layla, David und ihr Sohn einen Tanz zu präsentieren – der Sohn setzt sich hierzu symbolisch eine *Taqiyah* auf. Die restlichen Familienmitglieder sitzen am Tisch und wippen im Takt mit. Es wird deutlich, dass alle damit einverstanden sind, den gemeinsamen Seder-Abend auf diese Art und Weise abzuschließen – mit einer Vereinigung unterschiedlicher religiöser Einflüsse, die Layla und David mit in die Familie bringen und die sich in ihrem Sohn sinnbildlich vereinen (vgl. Abbildung 5.68). Auch wenn dieser hierzu, wie bereits in anderen Sequenzen angeklungen ist, symbolisch die Kopfbedeckung ändert: Die Leichtigkeit, mit der er sich das Kind zwischen dem Rezitieren der *Chad Gadya*-Verse und dem Tanz mit seinen Eltern bewegt, zeigt auf, dass für ihn beide Einflüsse selbstverständlich sind. Der Junge verkörpert, so lässt sich interpretieren, als transkulturelle Figur die kulturelle Vielfalt, die zuvor zu Konflikten geführt hat und nun ein zentraler familiärer Bestandteil ist.

Eine sehr ähnlich zu interpretierender Figur ist Ashima Ganguli in *The Namesake* – auch wenn sie die Entwicklung hin zu einer transkulturellen Figur erst im

Abbildung 5.68 Transkulturelle Momente am Seder-Abend. (Screenshots: David & Layla R: Alani (Jonroy), USA: 2005)

Laufe des Films durchlebt. Als sie zu Beginn des Films nach New York kommt, ist sie mit dem dortigen Leben sichtlich überfordert und kann sich nur langsam zurechtfinden. Auch als ihre Kinder bereits im Teenageralter sind, ist es stets Ashima, die auf die indisch-bengalische Herkunft der Familie aufmerksam macht und auf kulturelle Traditionen verweist – sei es durch ihre Kleidung, ihre Sprache oder ihre alltäglichen Praktiken, die an zahlreichen Stellen des Films immer wieder betont werden. Als ihr Mann Ashoke jedoch beruflich nach Boston geht und Ashima für eine Zeit allein zurückbleibt, zeigt sich, dass sie mehr und mehr auch Elemente in ihr Leben integriert, die im filmischen Kontext als typisch für den US-amerikanischen Kontext gedeutet werden können. Besonders offensichtlich wird dies in einer Sequenz, in der Ashima allein zu Hause sitzt und Weihnachtskarten bastelt, die sie im Namen der Familie verschickt. Die Weihnachtskarten werden mit einem Elefanten versehen, den sie kunstvoll verziert. Die Karte vereint zwei Elemente: Auf der einen Seite die indische Herkunft, die hier in dem verzierten Elefanten symbolisch aufgegriffen wird und auf der anderen Seite das amerikanisierte christliche Weihnachtsfest. Dieses feiert Ashima zwar nicht als religiöses Fest, widmet sich jedoch den weihnachtlichen Traditionen, wie dem Schreiben von familiärer Weihnachtspost oder dem Aufstellen von weihnachtlicher Dekoration (vgl. Abbildung 5.69).

5.6 Interkulturelle Möglichkeitsräume

Abbildung 5.69 Weihnachtliche Elemente im Hause Ganguli. (Screenshots: The Namesake R: Nair, USA/IND: 2006)

Auch an einer weiteren Stelle des Films, zu der Ashoke bereits verstorben ist, wird Weihnachten gefeiert. Zum Fest sind viele Freunde und Verwandte gekommen. Das Haus ist festlich dekoriert, es liegen verpackte Geschenke unter dem Christbaum und im Hintergrund läuft bekannte Weihnachtsmusik. Im Kontext der Feierlichkeiten stimmt Ashima eine kleine Rede an. Bereits einige Wochen zuvor hat sie beschlossen, das Haus zu verkaufen und fortan ein translokales Leben in Indien und den USA zu führen. Sie führt nun, an ihre Freunde und Familie gewandt, aus (#01:50:10 bis 01:51:06):

> „For 25 years, I missed my life in India. And now, I will miss my life here, and all of you who became my family. I will miss living with my daughter, and the surprising friendship we've found, I will miss phoning my son at all times of day or night. And I will miss this country, in which I had grown to know and love my husband. And though his ashes are scattered in the Ganges, it is here in this house, in this town, amongst all of you, that he will continue to dwell in my heart."

In ihrer kurzen Rede wird deutlich, dass Ashima sich in ihrer kulturellen Identität sowohl auf ihr Herkunftsland Indien als auch auf ihr jetziges Heimatland USA bezieht und beide einen gleichwertigen Stellenwert in ihrem Leben erlangt haben. Die Tatsache, dass sie fortan plant, ihr Leben an beiden Orten zu führen, verdeutlicht, dass sie selbst als transkulturelle Figur zu interpretieren ist. Sie hat für sich einen Weg gefunden, unterschiedlichen kulturellen Einflüssen in ihrem Leben einen Platz zu geben. Die kulturelle Hybridität der Figur hat sich zuvor mehrfach angedeutet – besonders in einer Sequenz, in der Ashima zum ersten Mal von ihren Lebensplänen berichtet und feststellt: „I want to be free" (#01:41:55) und Nikhils/Gogols Ehefrau Moshumi feststellt: „Like your name. (…) Ashima means ‚without borders'. Limitless." (#01:42:03). In diesem Satz manifestiert sich die postulierte kulturelle Hybridität Ashimas in poetischer Art und Weise und es wird deutlich, dass ihre Figur kulturelle Vielfalt nicht nur in alltäglichen Lebensweisen umsetzt, sondern diese auch verkörpert.

Die Versinnbildlichung kultureller Vielfalt in einer filmischen Figur zeigt sich auch in einer besonderen Art und Weise in *Kyoko*. In einer Sequenz sucht Kyoko gemeinsam mit Ralph eine Bar auf, die einem Onkel von José gehört. Um diesen davon zu überzeugen, dass er ihnen Informationen über den Aufenthaltsort von José geben soll, berichtet sie ihm davon, dass José ihr einst das Tanzen beibrachte. Hämisch lächelnd fragt sie der Onkel, ob er ihr Ballett beigebracht habe – zu verstehen als diffamierender Seitenhieb auf Josés Homosexualität, die für ihn ein Tabu zu sein scheint. Kyoko bleibt sehr freundlich und erklärt: „No, Cha-Cha-Cha, Mambo, Rumba Columbia[69]." (#00:22:24). Ungläubig blickt der Mann sie an: „Rumba Columbia? You're kidding me, right? Rumba Columbia is the man's dance. José was such a sissy, like a woman. I don't believe you" (#00:22:38). Entschlossen betritt Kyoko daraufhin die Tanzfläche und performt den besagten Tanz. Die Kamera fängt ihre dynamisch-kraftvollen Bewegungen ein und betont insbesondere die in Perfektion ausgeführten Hand- und Fußbewegungen. Im Rahmen der Performance wird deutlich, dass Kyoko diesen hier als männlich deklarierten Tanz perfekt beherrscht. Ihre körperliche Präsenz ist enorm und alle anderen Gäste des Clubs hören auf zu tanzen, um der vorher unscheinbaren Frau zuzusehen (vgl. Abbildung 5.70).

Beeindruckt und berührt davon, dass sie den kubanischen Tanz tatsächlich so präzise ausführt, berichtet Josés Onkel im Anschluss schließlich doch noch von José – von seiner Krankheit und seinem Aufenthaltsort. Auf Kyokos Frage: „Why do you tell me this now?" (#00:26:46) antwortet er etwas zusammengesunken: „I saw you dance. If José teach you *that*, maybe he loves you very much. So I

---

[69] *Rumba Columbia* ist neben *Yambú* und *Guaguancó* eine der drei Hauptformen der kubanischen Rumba und wird traditionell von männlichen Solisten getanzt. „It is the fastest of the main three rumba forms and displays virtuosity, male powerness, and danced competition" (DANIEL 1994: 5). Rumba als Performance aus Gesang, Musik und Tanz hat im kubanischen Kontext einen äußerst hohen politischen Stellenwert für die nationale bzw. ethnische Identität und fungiert als „Vehicle through which national political objectives can be articulated and publicized" (DANIEL 1991: 3). Als identitätsstiftende Ausdrucksform einer *Cubaness* transportiert Rumba unterschiedliche Elemente kultureller Identität und ist teilweise recht starr mit kulturellen Werten und Variablen wie *Race*, Gender und Class verknüpft, wie DANIEL (1991, 1994) in ihren Publikationen eindrücklich darlegt. Die Autorin beobachtet zwar, dass ein Aufbrechen dieser starren Kategorien teilweise erfolgt und deutet an, dass soziale Wandlungen in der Rumba eine Änderung der Regeln und des Verhaltens demonstriert. Rumba diene daher als Spiegel der kubanischen Gesellschaft und veranschauliche einen sozialen Übergang und Wertewandel, der in der kubanischen Gesellschaft voranschreite. Der Film verweist hier unmissverständlich auf diese Problematik (DANIEL 1991: 5).

5.6 Interkulturelle Möglichkeitsräume

Abbildung 5.70 Kyoko tanzt eine Rumba Columbia, Josés Onkel staunt. (Screenshots: Kyoko R: Murakami, USA/JAP: 1996)

must tell you the truth" (#00:27:03). Es zeigt sich, dass Kyoko es erst schafft, den Onkel von ihrer tiefen freundschaftlichen Verbindung mit José zu überzeugen, als sie die über das Tanzen verbildlichte kulturelle Verbindung mit ihm verkörpert. Sie verdeutlich darüber eindrucksvoll, dass sie jenseits ihrer japanischen Herkunft eine tief verwurzelte Verbindung zur kubanischen Musik und Rumba hat – ein Aspekt, der den Onkel schließlich davon überzeugt, ihr weiterzuhelfen. Die Grenzen verschwimmen hier nicht nur hinsichtlich ethnischer Variablen – auch die Gendervariable wird touchiert und aufgeweicht. Kyokos Körper wird hierfür zum zentralen Bedeutungsträger. Ihre gesamte körperliche Präsenz drücken aus, dass der Tanz als kulturelles Erbe nicht nur an keine bestimmte ethnische oder nationale Herkunft gebunden ist. Zudem wird vermittelt, dass der Tanz unabhängig von einer zugeschriebenen Geschlechteridentität[70] getanzt werden kann. Somit gelingt es ihr, indirekt auch die Vorurteile von Josés Onkel zu widerlegen und ihn ein Stück weit zugänglicher zu machen. Über die körperliche Performance, in deren Rahmen sie kulturelle Vielfalt in mehrfacher Weise verkörpert, eröffnet sie einen inter- bzw. transkulturellen Möglichkeitsraum, der ihr soziale Anerkennung verschafft und sie auf ihrer Reise nach New York ein großes Stück weiterbringt.

Auch Rifka und Mansukhbhai im Film *New York, I Love You* sind in der filmischen Inszenierung deutlich als ethnisch und religiös differente Personen gekennzeichnet. Es gibt jedoch auch einen Moment, in dem sich zeigt, dass sie auf gewisse Weise kulturelle Vielfalt verkörpern. Dabei spielt die sprachliche

---

[70] An dieser Stelle sei nur am Rande angemerkt, dass Kyoko weitestgehend gender-neutral gezeichnet wird. So ist sie zwar als weibliche Person angelegt – sie bricht jedoch beständig mit den damit verbundenen stereotypen Vorstellungen, die ihr entgegengebracht werden. Dies gilt zum einen auf der Ausstattungsebene: Sie trägt stets weite Jeans, Turnschuhe und eine Bomberjacke. Neben Ballett beherrscht sie auch die bereits angeführten lateinamerikanischen Tänze und arbeitet in Japan als LKW-Fahrerin.

Ebene eine zentrale Rolle. Im hier relevanten Teil der Sequenz geht es um die Aushandlung des Preises, den Mansukhbhai für die Diamanten verlangt und Rifka im Gegenzug bereit ist zu zahlen. Zunächst kommt es hier zu einer Verhandlung, da Rifka mit der Lieferung nicht ganz einverstanden zu sein scheint. Mansukhbhai gibt im Rahmen des Dialogs vor, den Preis zu erfragen, Rifka hingegen telefoniert scheinbar mit ihrem Auftraggeber. Beide wechseln dazu zwischen Englisch und ihrer Muttersprache (Hebräisch/Jiddisch und Gujarati) hin und her (#00:10:18 bis 00:10:52).

Rifka:	This parcels not so good. At least 20 percent rejection youve given me. How much?
Mansukhbhai (*drückt die Taste einer Gegensprechanlage*):	How much for this parcel? (*auf Gujarati*)
Voice:	(510 dollars.)
Mansukhbhai:	Five hundred fifty.
Rifka:	Too much. Way too much. I give you 480.
Mansukhbhai:	Why are you doing this to me? My children will be crying at home! Because after I do business with you, I have no money for food.
Rifka:	I can't make commission on this.
Mansukhbhai:	540. Maybe I can give my children some dry bread.
Rifka:	I have to check with my customer. (*spricht auf Jiddisch am Telefon, dann wieder zu Mansukhbhai*): My customer says too much.

Bis zu dieser Stelle wirkt es, als sei hier erneut die Sprache ein Aspekt, welcher zur kulturellen Differenzierung herangezogen wird, um jeweils einen Vorteil zu erlangen. Dies ändert sich jedoch durch die Reaktion Mansukhbhais und der folgenden Relativierung durch Rifka (#00:11:00 bis 00:11:07):

Mansukhbhai:	No, he does not. I know you understand Gujarati. That is why I lied.
Rifka:	And I know you know I know Gujarati. And I know you know Yiddish. I was speaking to an answering machine.

Beide lächeln sich daraufhin für einen Moment des Innehaltens an. Der Sprachwechsel, den beide nutzen, um scheinbar mit ihren jeweilig assoziierten Partnern zu sprechen, entpuppt sich nicht nur als Bluff – sondern zeigt auch, dass die beiden hier mit ihrer kulturellen Vielfalt spielen, da sie wissen, dass sie jeweils die Sprache des anderen verstehen. Es entsteht hier eine mehr oder weniger überraschende Situation, in der sich zeigt, dass die beiden – obgleich sie sich auf einer

5.6 Interkulturelle Möglichkeitsräume

nach außen gerichteter Ebene so stark voneinander unterscheiden – viel mehr für die Verkörperung kultureller Vielfalt einstehen, als es zunächst scheint. Durch das Beherrschen der jeweilig anderen Sprache erzeugen sie eine gewisse Vertrauensbasis, mit der sie zugleich humorvoll umgehen, indem sie eine Konfliktsituation simulieren. Diese scheinbare Irreführung entpuppt sich somit als wechselseitig konstruierter kultureller Anknüpfungspunkt, der einen interkulturellen Möglichkeitsraum jenseits der sicht- und spürbaren kulturellen Differenzen erzeugt und die Verkaufssituation'zu einem Abschluss bringt. Die Inszenierung kultureller Vielfalt durch Personifizierung und Inkorporierung stellt eine Dimension dar, der an vielen Stellen des Films ein sinnbildlicher Charakter innewohnt. So stehen eine oder mehrere Personen durch ihr Auftreten oder ihre dargestellten Praktiken beinahe allegorisch für ebendiese Vielfalt bzw. kulturelle Hybridität.

Abschließend soll nun auf einige Filmsequenzen verwiesen werden, in deren Rahmen die Erzeugungen interkultureller Möglichkeitsräume noch stärker als sinnbildliche Konstruktionen vermittelt werden und hier als raumzeitlich situierte, sinnbildliche Momente bezeichnet werden können. Ein solcher Moment der Inszenierung kultureller Vielfalt ereignet sich am Ende der bereits zitierten Sequenz aus *New York, I Love You*. Mansukhbhai erklärt Rifka auf deren Nachfrage, dass seine Frau als Nonne in einem indischen Jain-Kloster lebe:

> „Last year she decided that marriage was a sin. Now she's in India, with her head shaved, going door to door collecting food in the bowl. She used to be my wife. Now I have to worship her" (#00:11:49).

Rifka hält einen Moment inne und sagt dann: „Don't worry. She's not the only one without hair. I had to shave off all mine this morning because I'm getting married tomorrow. This is a wig" (#00:11:59). Sie deutet auf die langen Haare auf ihrem Kopf.

Mansukhbhai:	What is so wrong with women's hair, anyway? Why you all want to cut it off?
Rifka:	They wanted me to cut it off on my wedding-night. I said no way. (...) It took 25 years to grow. Ten minutes to cut off. (...) And now, for the rest of my life, I have to wear some other woman's hair (#00:12:04 bis 00:12:16).

Der letzte Satz Rifkas ist im Kontext der hiesigen Beschreibungen elementar. Mansukhbhai steht auf, geht um den Verkaufstresen herum und blickt Rifka an. Dann stellt er mit weicher Stimme fest: „For all I know, you could be wearing my wife's hair right now" (#00:12:23). Rifka blickt unsicher zu ihm auf und fragt, was er damit meine – "What do you mean, your wife's hair?" (#00:12:26). Der Diamantenhändler erläutert es ihr:

„Most human hair in America comes from our temples in India, where women offer their long locks to God. So that they can be sold to the West, and you can have your wigs" (#00:12:36).

Rifka blickt zu Boden und streicht mit ihrer rechten Hand durch die langen Haare ihrer Perücke, greift dann mit beiden Händen an das Haarband, zieht sich in einer langsamen Bewegung die Perücke vom Kopf und offenbart ihren kahlrasierten Schädel. Erstaunt blickt Mansukhbhai Rifka an. Die Kamera fängt die gegenseitigen Blicke der beiden in naher Einstellung ein, sodass die Intensität dieses Moments unterstrichen wird. Schließlich legt Mansukhbhai zärtlich seine Hände an Rifkas Kopf, zieht sie zu sich heran und flüstert: „While we are waiting for the Messiah, while we are waiting for Mahavir, your eyes will suffice to give tired men hope" (#00:13:12). Er küsst ihren Kopf und legt seine Hände auf ihre Schultern, während Rifka ihn mit einem sentimentalen Ausdruck anblickt. Zwischen den beiden Individuen entsteht hier ein intensiver Moment der Intimität (vgl. Abbildung 5.71).

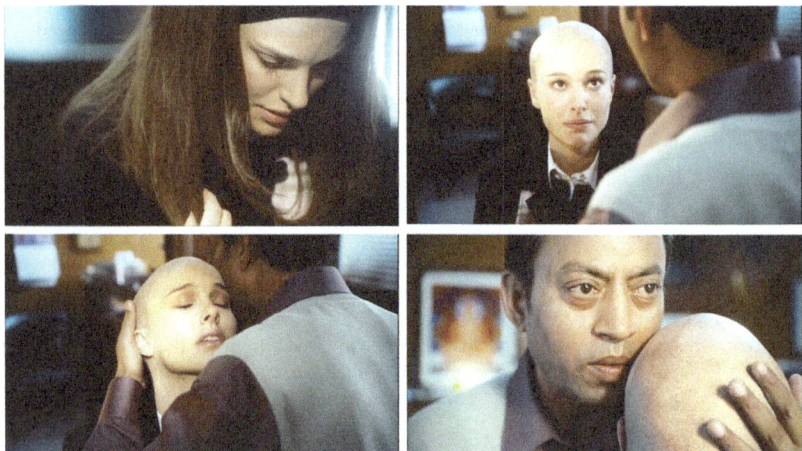

Abbildung 5.71 Moment der Annäherung zwischen Rifka und Mansukhbhai. (Screenshots: New York, I Love You R: Nair, USA: 2008)

Die Tatsache, dass Rifka als Mitglied der charedischen Community die Haare der dem Jainismus verpflichteten Ehefrau Mansukhbhais auf dem Kopf tragen *könnte*, forciert an dieser Stelle die Entstehung eines äußerst symbolischen interkulturellen Raums. Die religiösen Grenzen zwischen Rifka und Mansukhbhai, die bereits vorher als anschlussfähig oder durchlässig vermittelt wurden, werden hierbei nahezu aufgelöst.

Die sinnbildliche Komponente der Sequenz wird auf filmtechnischer Ebene noch unterstützt. So sorgt die Lichtsetzung dafür, dass Rifkas Kopf besonders intensiv angeleuchtet wird und ihr Schädel in dem sonst dunkel gehaltenen Büro zu leuchten scheint. Dies ruft die Assoziation einer Aura oder vielmehr eines Heiligenscheins hervor. Der Eindruck dieser spirituellen Konnotation verstärkt sich noch, da im Hintergrund ein Wandbild zu sehen ist, das eine sitzende Buddha-Statue zeigt, die ebenfalls zu strahlen scheint – zusätzlich angeleuchtet von einer Kerze, die den Eindruck eines kleinen Altars verstärkt. Somit intensiviert sich der Eindruck, dass sich hier zwischen den beiden Personen eine Art spirituell-symbolischer Raum aufspannt, der für einen kurzen Augenblick sämtliche kulturelle Differenzen zwischen den beiden aufzulösen scheint und durch eine starke Emotionalität und Intimität geprägt ist. Basierend auf der Praktik des Kopfscherens, welche die beiden Glaubensgemeinschaften verbindet, entsteht zwischen beiden Charakteren im Diamantengeschäft ein interkultureller Möglichkeitsraum. Dieser mündet jedoch in dem Eindruck, dass es sich hier möglicherweise lediglich um die Illusion eines interkulturellen Möglichkeitsraums handelt, der in der alltäglichen Lebenswelt keinen Bestand haben kann. Dabei wohnt dem Moment eine stark spirituell-metaphorisch aufgeladene Bedeutung inne, durch die er beinahe schon als surreale Illusion erscheint. Das interkulturelle Miteinander wird hierbei implizit inszeniert als illusionsbehaftetes Sinnbild, das eine individuell imaginierte Fantasie ist und an der alltagsweltlichen Realität der sie imaginierenden Akteur:innen erlischt.

Diese Interpretation verstärkt sich in den letzten Einstellungen der Sequenz: Mansukhbhai fährt in seinem Auto durch New York und in einem kleinen Diamanten, der an seinem Rückspiegel hängt, erscheint ihm das Bild von ihm und Rifka, die als Bollywood-Paar gekleidet sind. Parallel erscheint Rifka auf ihrer Hochzeitsfeier ihr Ehemann vorübergehend in Form von Mansukhbhai, der ihr in typisch orthodoxer Kleidung freudestrahlend entgegenblickt (vgl. Abbildung 5.72). Es handelt sich bei beiden Eindrücken jedoch um wieder verschwindende Illusionen einer kurzzeitigen interkulturellen Verbindung, die selbst in der Fantasie der beiden nicht überdauern kann. So erlischt das imaginierte Bollywood-Paar im Diamanten von Mansukhbhai ebenso wie auch Rifka ihren tatsächlichen Ehemann Haim wiedererkennt.

Abbildung 5.72 Interkulturelle Illusionen in *New York, I Love You*. (Screenshots: New York, I Love You R: Nair, USA: 2008)

Kulturelle Vielfalt wird auch in *David & Layla* als metaphorische Konstruktion vermittelt. Im Anschluss an ihr erstes Date sitzen David und Layla in einem Café zusammen, das Laylas Onkel gehört, trinken Kaffee aus kleinen Mokkatassen und unterhalten sich (#00:41.15).

>Layla: I don't want to *kvetch*, but that coffee, we brought from Yemen to Europe 400 years ago.
>David: Really? Ahhh...Starbucks, without your coffee and our bagels, what would New York be?

Dieser Wortwechsel ist zwar kurz, transportiert jedoch im Gesamtkontext des Films eine relevante Bedeutung, der für die hier verhandelte Inszenierungsstrategie interessant ist. Der Film betont an vielen Stellen die kulturellen Differenzen, die zwischen der porträtierten muslimischen und jüdischen Community – verkörpert durch die Familien von David und Layla – existieren und erzeugt in weiten Teilen den Eindruck, dass die beiden Communitys in New York völlig isoliert voneinander existieren würden. In zahlreichen Sequenzen kommt zum Ausdruck, dass die gegenseitige Perspektive der Gruppen aufeinander geprägt ist von Vorurteilen sowie stereotypen Denkfiguren. Etwaige Berührungspunkte werden zu vermeiden versucht.

David und Layla stellen als Charaktere hier die Ausnahme dar. Ihre sich anbahnende Liebesbeziehung fordert die festgefahrenen Perspektiven ihrer Familien heraus. In dem angeführten Zitat wird verdeutlicht, dass New York City ohne den Einfluss unterschiedlicher ethnischer Gruppen nicht New York City sei. Davids leicht ironische Anmerkung, was New York City denn schon sei, ohne Kaffee und Bagels, lässt sich hier metaphorisch lesen: Laylas Aussage, dass Muslime den Kaffee ursprünglich nach Europa und darüber indirekt auch

5.6 Interkulturelle Möglichkeitsräume 313

nach Nordamerika gebracht hätten, markiert diesen als Errungenschaft der muslimischen Community. Der von David herangezogene Bagel hingegen wird zu einer kulinarischen Errungenschaft, die symbolisch für jüdische Einflüsse auf die Esskultur des Landes steht. Tatsächlich lässt sich der Bagel historisch auf ein ringförmiges Gebäck zurückführen, das bereits im 17. Jahrhundert von jüdischen Communitys vor allem in Osteuropa hergestellt wurde. Jüdische Immigrant:innen brachten ihn im frühen 20. Jahrhundert aus osteuropäischen Ländern mit auf den nordamerikanischen Kontinent. Seitdem wurde der Bagel als Produkt vielfach adaptiert und transformiert, sodass er sich als durchweg interkulturelles Produkt interpretieren lässt (vgl. BALINSKA 2008).[71] In der filmischen Deutung ergibt sich nur in der Verbindung von Kaffee und Bagel eine vollwertige Kombination – sie stehen hier auch als Metapher für die kulturelle Vielfalt der Gesellschaft New York Citys.

Ein weiterer Film, der interkulturelle Möglichkeitsräume über Essen thematisiert, ist *Pieces of April*. Darin ist April auf die Hilfe ihrer Nachbar:innen angewiesen, um ihren Thanksgiving-Truthahn zuzubereiten, da ihr eigener Ofen nicht funktioniert. Hilfe findet sie u. a. bei Evette und Eugene, einem African American Ehepaar, sowie einer ostasiatischen Nachbarsfamilie. April selbst hat wenig Kenntnisse vom Kochen und hat aus diesem Grund hauptsächlich Fertigprodukte eingekauft, um ein Dinner für ihre Familie zuzubereiten, welche sie zum ersten Mal in ihrem Apartment in New York City besucht. Eugene und Evette, von denen sie zuerst Hilfe bekommt, vermitteln ihr jedoch, dass es in der amerikanischen Tradition nicht akzeptabel sei, Fertigprodukte zu Thanksgiving auf den Tisch zu bringen. Diesen Aspekt betonen auch WALLENDORF und ARNOULD (1991: 28), wenn sie ausführen, dass die frische Zubereitung von oder zumindest die Zugabe frischer Zutaten zu bereits präparierten Speisen ein wesentlicher Aspekt der US-amerikanischen Thanksgiving-Rituale sei (vgl. ESCHER und ZIMMERMANN 2009: 40 f.). Das Ehepaar zeigt April in der Folge, wie man eine frische Cranberrysoße zubereitet und hilft ihr beim Garen des Truthahns.

Dass es sich hierbei um die Zubereitung eines Festessens zu Thanksgiving handelt, unterstreicht die Bedeutung der entsprechenden Sequenzen im Kontext der Interkulturalitätsthematik. Dem Fest Thanksgiving kommt ein fester Platz im Gründungsmythos der USA zu und wird von einem großen Teil der Gesellschaft[72] als Symbol interkulturellen Miteinanders gedeutet (PAUL 2014: 148 ff.;

---

[71] Die Lektüre des Buchs *The Bagel. The Surprising History of a Modest Bread* von BALINSKA (2008) kann diesbezüglich empfohlen werden, da die Autorin Geschichte und Transformation des kleinen Gebäcks sowie seine kulturellen Bedeutungen und Implikationen darlegt.

[72] Diese konservative und zivilreligiös bedingte Bedeutung wird, insbesondere angeregt durch die so bezeichnete *Red Power Movement*, kritisiert und in Frage gestellt. So wird der Tag von

WALLENDORF und ARNOULD 1991; ADAMCZYK 2002; BAKER 2009; WEISS 2018). Dass die Inszenierung von Thanksgiving auch in filmischen Kontexten eine explizite Rolle für die Imagination interkultureller Kontexte spielt, zeigen auch ESCHER und ZIMMERMANN 2009 und CHAKRAVARTI 2004 in ihren Ausführungen zum Thema. Auch wenn nicht alle beteiligten Charaktere in *Pieces of April* einen Bezug zu Thanksgiving haben, schafft es der Film dennoch, den tieferliegenden Sinn des Feiertags zu vermitteln, wie auch BAKER (2009: 182) feststellt:

„The commemorative nature of the day is made plain (in addition to the decorations) by April's attempts to explain what the holiday is all about to the (non-English-speaking) Chinese parents. She begins by trying to describe the Pilgrim experience with earnest, grade school simplicity – "it was a really hard first year" – but then reconsiders as she remembers the alternative version and begins again from the "cool" perspective by describing how the Pilgrims "stole most of the land and killed most of [the Indians]" – then stops again, and in a sudden epiphany, blurts out the message of the film – that the two contrasting groups did come together, for on "this one day, they knew for certain that they couldn't do it alone".

Symbolisch wird dieser *Geist von Thanksgiving* im Film über den Truthahn vermittelt, den April zu kochen versucht und der zugleich als eine Metapher für Thanksgiving verstanden werden kann (vgl. ESCHER und ZIMMERMANN 2009: 41). Zwar hat April den Truthahn nach ihren Vorstellungen mit Zutaten gefüllt – kann ihn aber nicht allein zubereiten. Als Eugene und Evette ihren Backofen für den eigenen Truthahn benötigen, wird April zunächst von zwei weiteren Nachbar:innen abgewiesen (einer davon, Wayne, zerstört gar den Truthahn, indem er einen Schenkel an seinen Hund verfüttert), erhält dann aber finale Unterstützung von einer Chinese American Nachbarsfamilie. Diese stellt ihr nicht nur den Ofen zur Verfügung, sondern *repariert* sogar den Truthahn, indem sie den fehlenden Schenkel aus Brotteig formt. Am Ende des Films sitzt April mit ihrer eigenen Familie sowie den beiden hilfsbereiten Nachbarsfamilien am Esstisch.

Der *Mythos von Thanksgiving* artikuliert sich folglich im Truthahn als interkulturellem Objekt, das nur im Zusammenwirken der ethnisch-kulturell diversen Nachbarschaft, die gemeinsam und doch isoliert voneinander in dem Apartmenthaus lebt, zubereitet werden kann. Letztendlich dient der Truthahn somit dazu,

---

Native Americans (und mittlerweile auch vielen anderen Amerikaner:innen) als „National Mourning Day" umgedeutet. WEISS (2018) – hier stellvertretend genannt für zahlreiche weitere Autor:innen – zeigt, dass diese Umdeutung ein herausragendes Beispiel für das politische Potential von Feiertagen sei. Dies bezieht sie insbesondere auf konkurrierende Interpretationen und Funktionen von mythisierten Feiertagen in zivilreligiösen Kontexten, sowie für die (Neu-)Aushandlung von Erinnerung und Identität(en) in der politischen Kultur der US-amerikanischen Gesellschaft.

die Menschen in dem Haus näher zueinander zu bringen und zugleich Aprils fast zerbrochene Familie zu vereinen – zumindest für den Moment des Thanksgiving-Festes (vgl. Abbildung 5.73).[73] Dieser Strang der narrativen Ebene lässt sich letztendlich als Metapher einer idealisiert dargestellten Gesellschaft New York Citys (oder gar der USA) lesen, die über ethnisch-kulturelle, sprachliche, religiöse und ideologische Grenzen hinweg, oder vielmehr in Interaktion miteinander, funktioniert.

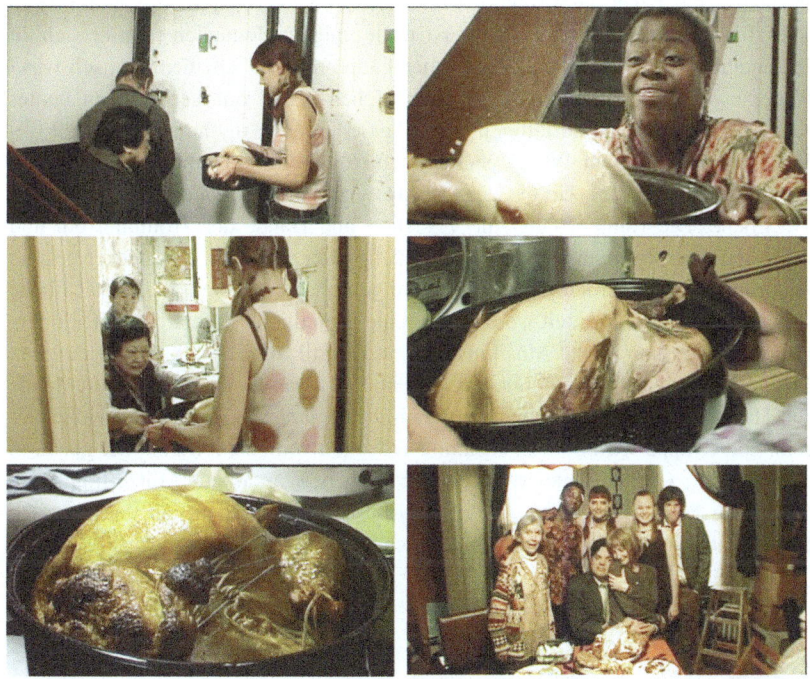

Abbildung 5.73 Thanksgiving-Truthahn als interkulturelles, symbolisches Produkt in *Pieces of April*. (Screenshots: Pieces of April R: Hedges, USA: 2003)

---

[73] Zu einem ähnlichen Schluss kommen auch ESCHER und ZIMMERMANN (2009: 42) in ihrer Analyse des Films *What's Cooking*: „Der Truthahn wird somit zum Kollektivsymbol; obwohl verschieden zubereitet, wird der Truthahn zum adaptierten Nationalgericht, über regionale, kulturelle, soziale und ethnische Grenzlinien hinweg (…) Der Thanksgiving Day bietet schlussendlich den Raum für die gemeinsame friedliche Kommunikation während des Essens an einem Tisch".

Ein weiteres Sinnbild, das in zahlreichen Filmen zum Einsatz kommt, ist der Regenbogen. Drei Schlüsselsequenzen lassen sich hier als besonders deutliche Beispiele heranziehen: In einer Sequenz von *The Visitor* begleitet Walter Tarek zu einem *Drum Circle* in den Central Park, um zum ersten Mal in einer größeren Runde zu trommeln. Als sie an dem Ort ankommen, an dem der *Drum Circle* stattfindet, haben sich dort bereits viele Trommler versammelt. Tarek geht sogleich zu ihnen, setzt sich dazu und beginnt, auf seinem Djembé zu trommeln. Er ruft Walter zu, dass auch er dazukommen solle – doch Walter steht fast wie angewurzelt bei den Zuschauenden und agiert etwas versteift, die Trommel in einer Tasche über seiner Schulter. Erst nach einigen Momenten traut er sich zu den anderen Personen, die allesamt guter Laune zu sein scheinen. Optisch wirkt Walter etwas fehl am Platz – farblos zwischen den Trommlern, die in bunter Kleidung und teils mit auffälligen Hüten bekleidet, eine rhythmische Einheit bilden. Vorsichtig beginnt Walter ebenfalls zu trommeln und schon bald wirkt es, als sei er ein Teil des Zirkels. Die Musik wird lauter und dominiert die auditive Ebene. Die Kamera fängt die Gesichter und Hände der Trommler ein und suggeriert über die nonverbale Kommunikation der Personen eine locker-gelöste Stimmung. Dabei werden gezielt Elemente gefilmt, über die auf plakativer Ebene kulturelle Vielfalt vermittelt werden, wie unterschiedliche Hautfarben, Kleidungsstile und Accessoires und Musikinstrumente. Gestik und Mimik der Beteiligten, dazu gehören auch die zahlreichen tanzenden Passant:innen, vermitteln Freude und Harmonie, die sich auch im rhythmischen Klang der Trommeln widerspiegeln. Die Gruppe wird optisch zusammengehalten von einem Mann, der genau in der Mitte der Gruppe platziert ist und eine regenbogenfarbene Mütze trägt (vgl. Abbildung 5.74, links). Seine auffällige Kopfbedeckung sticht auf der visuellen Ebene deutlich hervor und bildet eine wichtige Bildmarkierung.

Abbildung 5.74 Regenbogen als Symbol und Metapher für interkulturelle Harmonie. (Screenshots: The Visitor R: McCarthy, USA: 2007 (l), Arranged R: Crespo und Schaefer, USA: 2007 (r))

5.6 Interkulturelle Möglichkeitsräume

Auch in *Arranged* spielt das Symbol des Regenbogens bei der Vermittlung kultureller Vielfalt eine Rolle und auch hier findet die entsprechende Sequenz im Park statt. Dort treffen Nasira und Rochel zufällig aufeinander – Rochel begleitet von ihrem Bruder Avi und einer Cousine, Nasira mit ihrem Neffen Zahir. Die beiden Frauen schlagen den Kindern vor, miteinander zu spielen. Besonders Avi steht diesem Vorschlag zunächst kritisch gegenüber, da er nicht wisse, ob der andere Junge auch jüdisch sei. Scheinbar ist die religiöse Zugehörigkeit für ihn von Bedeutung; dies wird ihm von seinem Elternhaus aus auch stets vermittelt. Rochel sichert ihm zu, dass dies jedoch kein Hindernis zum gemeinsamen Spielen sein sollte: „No – but it doesn't matter, Avi" (#00:28:33). Schließlich beginnen die beiden Jungen miteinander zu spielen und lassen gemeinsam einen Drachen steigen, der in Regenbogenfarben gehalten ist (vgl. Abbildung 5.74, rechts). Nasira schaut ihnen lächelnd nach und stellt fest: „Someone should be shooting a commercial for world peace" (#00:29:02).

Ebenfalls in einem Park spielt auch die dritte Schlüsselsequenz aus *Fading Gigolo*, die eine solche Regenbogenmetapher aufgreift. Damit sich Avigal und Fioravante ungestört miteinander unterhalten können, bietet Murray an, sich um Avigals Kinder zu kümmern. Er selbst ist mit seinen Ziehkindern unterwegs und gerade dabei, Baseball mit ihnen zu spielen. Er schlägt vor, dass die Kinder gemeinsam ein Spiel wagen sollten. Nachdem sich Avigals Kinder zunächst zieren, schlagen sie vor „Blacks against Whites" (#00:57:38) zu spielen. Die Ziehkinder Murrays protestieren lautstark und auch Murray heißt dies nicht für gut. Stattdessen schlägt er vor, die Teams zu durchmischen: „I want to break this up. I want to get a little *Rainbow Coalition* here, guys, okay?" (#00:57:50).

Die Beispiele zeigen, dass die Regenbogenmetapher in den Filmen zwar sehr unterschiedlich eingesetzt wird – als farbliche Markierung innerhalb einer für kulturelle Vielfalt stehenden Menschengruppe, als ein Drachen, den Kinder gemeinsam steigen lassen, sowie als verbale Umschreibung eines vermeintlich diversen Baseballteams. Es bieten sich diesbezüglich nun unterschiedliche Interpretationsansätze an – je nachdem, wie man das Symbol bzw. die Metapher des Regenbogens deutet. Das literarische Symbol des Regenbogens wird oftmals eingesetzt, um die Verbindung zwischen „Menschlichem und Göttlichem, der Hoffnung und der Einheit, der Harmonie und der Toleranz" (BUTZER und JACOB 2008: 291) zu umschreiben oder als Symbol des Friedens, der Hoffnung, Einheit und Freiheit (BUTZER und JACOB 2008: 292). Legt man diese Bedeutungen zugrunde, die auch mit der alltagsweltlichen Symbolik des Regenbogens als Sinnbild für eine offene und kulturelle Diversität bejahende Gesellschaft kohärent sind, dann lassen sich auch die entsprechenden Filmzitate demgemäß interpretieren: Es wird somit vermittelt, dass Menschen unterschiedlicher Herkunft oder Religion in Harmonie zusammenkommen können – ungeachtet etwaiger kultureller Grenzen oder Vorurteile. Kulturelle Vielfalt kann in diesem Fall als ein

Abbildung 5.75 Regenbogen als mythischer Schein in *Fading Gigolo*. (Screenshots: Fading Gigolo R: Turturro, USA: 2013)

harmonisches Miteinander interpretiert werden, das auch in New York City möglich ist. Allerdings ist es sehr bezeichnend, dass der Regenbogen zum einen allein am Handlungsort des Parks und zum anderen nur in spielerischen Situationen sinnbildlich zum Einsatz kommt.

Schlüssiger erscheint diesbezüglich eine andere Interpretation des Regenbogens. So lässt sich ein Regenbogen auch als „Symbol der Vergänglichkeit, der Wandelbarkeit und des Scheins" (BUTZER und JACOB 2008: 292) interpretieren – eine Deutung, die sich u. a. bei einigen Literat:innen und Dichter:innen findet, die mit einer romantisierenden Vorstellung des Regenbogens brechen. Beispiele sind hier William Wordsworth, der in seiner Ode *Intimations of Immortality* die Vergänglichkeit des Regenbogens betont: „The Rainbow comes and goes (…)" (WORDSWORTH 1981: 524). Auch GOETHE befasst sich mit dem Regenbogen, dem er eine scheinhafte Bedeutung zuschreibt: „Der bunte Trug! Der leere Schein!" (GOETHE 1965: 608; vgl. BUTZER und JACOB 2008: 292). Vor diesem Hintergrund ist eine alternative Deutung der zitierten Filmsequenzen möglich: Als Metapher und Symbol für kulturelle Vielfalt steht der Regenbogen hier für deren Scheinhaftigkeit sowie für die schon mehrfach geäußerte Erkenntnis, dass kulturelle Vielfalt im filmischen New York City kein Phänomen ist, das einzelne intersubjektive Situationen überdauern, geschweige denn sich als dauerhaftes Element der städtischen Gesellschaft etablieren kann.

Diesbezüglich lässt sich eine letzte Filmsequenz aus *Fading Gigolo* heranziehen, die genau diese Scheinhaftigkeit visuell aufgreift: Als herauskommt, dass sich Avigal heimlich mit Fioravante getroffen hat und Murray als Mittelsmann identifiziert wird, muss dieser sich dem *Beth Din* stellen. Während seine Befragung läuft, sitzt Avigal nebenan in der Synagoge. Sie sitzt auf einer Empore und das durch die Mosaikfenster hereinfallende Licht wirft einen Regenbogen an die Wand hinter ihr. Das Lichtspiel erzeugt die Illusion eines Regenbogens, der wie ein überdimensionaler Nimbus Avigals Kopf umspielt (vgl. Abbildung 5.75).

Hier lassen sich mit Sicherheit unterschiedliche Deutungsweisen heranziehen. Im Kontext der vorgeschlagenen Interpretation der Regenbogenmetapher lässt sich diese Inszenierungsform jedoch wie folgt deuten: Das Wagnis von Avigal, eine interreligiöse Liaison einzugehen, wird von ihrer eigenen Community nicht geduldet. Zwar scheinen die Rabbiner an späterer Stelle ihre Beichte zu akzeptieren. Dennoch ist es ihr nicht möglich, die Verbindung zu Fioravante aufrechtzuerhalten, sodass sie sich von ihm dauerhaft verabschieden muss und Dovi, dem Shomrim-Beauftragten ihrer eigenen Community, zuwendet. Ein harmonisches Miteinander zwischen unterschiedlichen ethnischen oder vielmehr religiösen Gruppen in New York City wird auch hier auf sinnbildlicher Ebene als Schein enttarnt, der sich an, oder genauer gesagt um, Avigal manifestiert.

6 Ergebnisse: Konstruktion und Inszenierung interkultureller Räume im Spielfilm

In diesem Kapitel werden die Ergebnisse der Studie dargelegt und dabei konkretisiert, wie interkulturelle Begegnungen in Spielfilmen konstruiert und inszeniert werden. Die zuvor beschriebenen interkulturellen Räume werden hierfür in Bezug auf die Fragestellung der Studie diskutiert. Dies erfolgt in drei Schritten: Zunächst wird dargelegt, über welche Konstruktionselemente Spielfilme interkulturelle Begegnungssituationen konzipieren und vermitteln (Abschnitt 6.1). Anschließend werden die Inszenierungsstrategien interkultureller Räume diskutiert. Hierfür werden die herausgearbeiteten Inszenierungsstrategien zusammenfassend besprochen. Es wird expliziert, welche Aspekte kultureller Vielfalt hierbei filmisch aufgegriffen und als bedeutungstragende Variablen inszeniert werden (Abschnitt 6.2). Abschließend wird erörtert, wie die betrachteten Filme New York als Stadt kultureller Vielfalt konstruieren (Abschnitt 6.3).

6.1 Konstruktionselemente interkultureller Begegnungen im Spielfilm

Die filmische Konstruktion und Inszenierung interkultureller Begegnungen und die damit verbundene Erzeugung interkultureller Räume erfolgt auf der Grundlage eines Settings, das sich aus zwei zentralen Konstruktionselementen zusammensetzt: Den Handlungsorten, an denen sich eine filmische Begegnungssituation ereignet, sowie den Handlungsfiguren, die an diesen Orten miteinander interagieren. Handlungsorte und Handlungsfiguren sowie ihre jeweilige filmspezifische Ausstattung und Inszenierung, formen in den analysierten Filmsequenzen ein miteinander verschränktes Arrangement. Dieses bildet den Rahmen für die Konstruktion interkultureller Räume, die auf der narrativen Ebene komplettiert werden. Beide Konstruktionselemente werden nachfolgend getrennt voneinander beschrieben. Anschließend wird dargelegt, wie beide als filmisches Arrangement zusammenwirken.

Handlungsorte
Wie in den methodischen Ausführungen erläutert, wurde das filmische Material in einem frühen Analyseschritt zunächst einer Handlungsortanalyse unterzogen. Bei der Kategorisierung und Codierung der filmischen Handlungsorte (vgl. Anhang 4) geht es *nicht* darum, diese mit konkret verortbaren, alltagsweltlichen Locations in Zusammenhang zu bringen. Zwar gibt es einzelne Orte (z. B. Central Park, Coney Island), die als besonders charakteristischer Ort wiedererkannt und benannt werden können. Die meisten filmischen Handlungsorte lassen sich jedoch nicht klar festmachen – ihnen steht ein sehr dichtes Netz an alltagsweltlichen Orten gegenüber, die potenziell als Location bzw. Verortungspunkt infrage kommen. Diese generischen Filmorte können an „beliebig vielen Stellen der Stadt" (ZIMMERMANN und ESCHER 2005 b: 66) aufgefunden werden.[1] Für das Erkenntnisinteresse der Studie ist eine topographische Orientierung in der Stadt nicht notwendig. Vielmehr liegt der Fokus darauf zu hinterfragen, *welche* filmischen Handlungsorte genutzt werden, um interkulturelle Begegnungen zu inszenieren oder welche filmischen Handlungsorte es sind, über denen sich interkulturelle Räume aufspannen.

---

[1] Konkret verortbar sind lediglich *Locations*, also die tatsächlich physisch verankerten Drehorte eines Films. Eine Filmlocation kann definiert werden als „[a]ny place other than the studio where a film is in part or completely shot" (KONINGSBERG 1997: 220, zit. nach ROESCH 2009: 7). Davon abzugrenzen sind Filmaufnahmen, die in einem Studio bzw. vor einer vollständig künstlichen Kulisse erstellt wurden. Prinzipiell gilt, dass Filmaufnahmen immer an einem *Set* aufgenommen werden. Darunter versteht man den Ort, an dem eine Szene spielt und an welchem die Filmaufnahmen aufgenommen werden. Das Set ist nach den Wünschen und Vorstellungen der Filmschaffenden ausgestaltet und wird häufig künstlich in der Kulisse eines Studios oder Ateliers errichtet (ZIMMERMANN 2007: 31; MONACO und BOCK 2011: 222). Man kann nach der hier gewählten Definition jedoch nur von einer tatsächlichen Filmlocation sprechen, wenn eine Filmaufnahme außerhalb eines Studiogebäudes gedreht wird – wenn ein so genannter *Außendreh* oder *on location-Dreh* stattfindet (ZIMMERMANN 2007: 31 f.; ROESCH 2009: 77; MONACO und BOCK 2011: 23). Es ist dabei für die Glaubwürdigkeit eines Films in der Regel jedoch unwichtig, ob die Filmaufnahmen in einem Studio oder unter freiem Himmel gedreht werden (ZIMMERMANN 2007: 31). Meist wird heute auf eine „Melange aus lebensweltlichen Locations, Studiosets und mittlerweile immer häufiger digitalen Landschaften" (ZIMMERMANN 2007: 35) zurückgegriffen. Diese Orte sind aus geographischer Perspektive potenziell hoch interessant, da an ihnen Wechselwirkungen zwischen lebensweltlichen und filmischen Orten deutlich zum Vorschein kommen können (z. B. Screentourismus).

6.1 Konstruktionselemente interkultureller Begegnungen im Spielfilm

Im Rahmen der Analyse wurden die filmischen Handlungsorte entsprechend ihrer zugeschriebenen Funktion kategorisiert und codiert. Es wurden zwölf Handlungsorte identifiziert, für die ein interkulturelles Potenzial feststellbar ist. Diese lassen sich weitestgehend mit der in Abschnitt 3.1.2 diskutierten Typologie von PIEKUT und VALENTINE (2017) in Einklang bringen (vgl. Abbildung 6.1): Filmische Orte, die dem *privaten Raum* zugeordnet werden können, sind beispielsweise das private Wohnhaus bzw. die Wohnung eines filmischen Charakters. Hierzu zählen ebenso die einer Wohnung zugehörigen teilöffentlichen Bereiche wie Hausflur, Aufzug oder Eingangsbereich, an denen sich häufig Begegnungssituationen ereignen. Auch *Sozialisationsräumen* zugeordnete Handlungsorte wie religiöse Institutionen werden in den betrachteten Filmen immer wieder als zentrale filmische Begegnungsorte inszeniert. Eine wichtige Rolle kommt überdies Handlungsorten zu, die dem *institutionellen Raum* zugeordnet sind, wie Bildungseinrichtungen sowie das Krankenhaus. Häufig nutzen Filme darüber hinaus Restaurants, Cafés, Bars und Clubs, die als dem *Konsumraum* zugehörige Handlungsorte klassifiziert werden können. Eine zentrale Bedeutung kommt zudem der Inszenierung von *öffentlichen Räumen* zu. Hierzu zählen beispielsweise Orte wie Straßen in den dargestellten Nachbarschaften, Parkflächen, Hafen- und Strandpromenaden sowie Supermärkten und Shops sowie mobile Orte wie Verkehrsmittel (z. B. Pkw, Fähre). Letztere werden teils als Orte mit gewissen Zugangsbeschränkungen belegt und können teils auch als *Konsumräume* interpretiert werden – z. B. wenn eine Taxifahrt im Fokus der Inszenierung steht.

Diese Handlungsorte sind nicht *per se* Orte mit interkulturellem Potenzial. Vielmehr werden sie erst im Kontext filmischer Darstellungen mit entsprechenden Zuschreibungen belegt. Dies gelingt in der filmischen Inszenierung dadurch, dass Handlungsorte als Orte konzipiert werden, an denen interkulturelle Begegnungen stattfinden. Damit dies geschehen kann, muss erst einmal die Anforderung erfüllt sein, dass es im Kontext der filmischen Geschichte Elemente gibt, die auf Figuren- oder Ortsebene als kulturell different verhandelt werden können.

Es lassen sich drei zentrale Aspekte benennen, auf deren Basis die Orte in die Konstruktion interkultureller Räume eingebunden werden: Elementar ist die materielle Ausstattung der Handlungsorte sowie dort lokalisierbare audiovisuelle Markierungen, die bereits im Set-Design angelegt sind. So werden einem Setting beispielsweise ethnische, nationale und/oder religiös konnotierte Ausstattungselemente, Einrichtungsgegenstände, Symbole oder auch Figuren (z. B. Statisten) hinzugefügt, um auf eine etwaige kulturelle Markierung des Ortes hinzuweisen. Hierzu zählen u. a. Symbole wie Flaggen, charakteristische Schriftzeichen (z. B. chinesische Schriftzeichen in China Town in *China Girl* oder hebräische Schriftzeichen im charedischen Viertel in *Fading Gigolo*), auf die ethnische Herkunft der

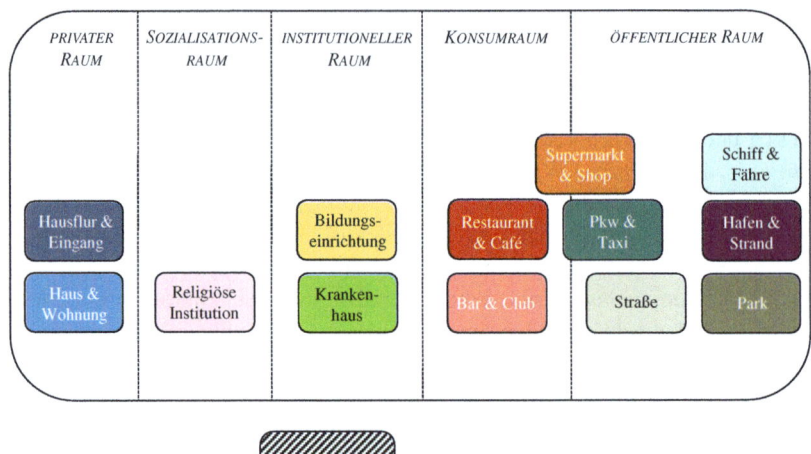

Abbildung 6.1 Relevante Orte der Begegnung im filmischen New York City. (Entwurf: SOMMERLAD 2019, Kategorisierung angelehnt an PIEKUT und VALENTINE 2017)

Bewohner:innen verweisende Einrichtungsgegenstände (z. B. Wohnung der Familie Khaldi in *Arranged*) oder stärker codierte, kulturelle Symbole (z. B. grüner Kleeblatt-Wandschmuck im irischen Gemeindezentrum in *Brooklyn* sowie die Wall of Fame in Sal's Famous Pizzeria in *Do the Right Thing*) – um nur einige Beispiele anzuführen. Entsprechende Markierungen finden meist in Bezug zu Herkunftsvariablen oder religiöser Zugehörigkeit statt. Es finden sich vereinzelt auch Sequenzen, in denen über die Ausstattung des Handlungsortes ein bestimmter Lebensstil vermittelt wird – z. B. die Charakterisierung von Aprils Nachbarin Tish in *Pieces of April*, die bereits über die Gestaltung der Apartmenttür als Ökoaktivistin gezeichnet wird.

Eine ähnliche Funktion kommt auch den Ortsnamen zu, die – teils metaphorisch – auf kulturelle Attribuierungen verweisen. Dies ist der Fall, wenn über den zugeschriebenen Namen eines Ortes auf die Vormachtstellung einer Figur an einem Ort verwiesen wird. Dies ist beispielsweise der Fall bei *Sal's Famous Pizzeria*, wo

6.1 Konstruktionselemente interkultureller Begegnungen im Spielfilm 325

über den Namen des Ortes implizit verdeutlicht wird, dass es sich bei der Pizzeria um einen Ort handelt, an dem Sal und seine Söhne eine gewisse Machtposition innehaben. Dieser Aspekt wird über die materiell-symbolische Ausstattung des Ortes noch verstärkt und somit implizit darauf verwiesen, dass es an diesem Ort zu potenziellen interkulturellen Spannungen und Konflikten kommen kann. Nicht immer verweisen Ortsnamen so direkt auf deren interkulturelles (Konflikt-)Potenzial – es gibt auch Beispiele, in denen dies subtiler geschieht (z. B. das Bistro Without Borders in *My Last Day Without You*). Darüber hinaus gibt es Orte, die für New York City als Wahrzeichen zu bezeichnen sind und deren prominenter Name symbolisch-metaphorisch mit bestimmten Bedeutungen assoziiert ist, auf die sich die Filme beziehen. Die Ortsnamen und den Orten lebensweltlich zugeschriebene Bedeutungen scheinen in diesen Fällen eng mit den filmisch erzählten Geschehnissen und Zuschreibungen verknüpft zu sein. Dies gilt beispielsweise für Ellis Island als Immigrationshafen oder Coney Island als Vergnügungspier, der zu mannigfaltigen Grenzüberschreitungen einlädt.

Handlungsfiguren
Interkulturelles Potenzial erlangt ein Handlungsort maßgeblich durch die menschlichen Akteur:innen, die ihn als kulturell markierte Figuren besetzen und mit Bedeutungen aufladen. Denn wie die vergleichende Analyse zeigt, fungieren die Handlungsfiguren selbst als unmittelbare Träger:innen scheinbar kultureller Merkmale. Über audiovisuelle Ausstattungen und Markierungen kommt somit den filmischen Handlungsfiguren als Vermittler:innen kultureller Komponenten eine zentrale Funktion zu. Ihre filmische Markierung erfolgt meist anhand stark vereinfachter, oft stereotypisierender und somit vermeintlich einfach zu decodierender Elemente und Symbole, die auf diffuse Herkunftskategorien verweisen. Dabei erfolgt die Ausstattung und Markierung der Handlungsfiguren in den analysierten Filmsequenzen maßgeblich über mit dem Körper verbundene Markierungen – kulturelle Differenz wird folglich in den Köper eingeschrieben oder mit diesem assoziiert.

Dies kann auf audiovisueller Ebene geschehen oder auch durch sekundäre Selbst- und Fremdzuschreibungen. Im Wesentlichen betrifft dies äußere Merkmale wie das Aussehen oder die Sprache der Figur. Eine besondere Bedeutung kommt diesbezüglich der Hautfarbe der jeweiligen Personen zu, die in den analysierten Sequenzen immer wieder betont wird. Es lässt sich anhand der zahlreichen angeführten Beispiele (vgl. Kapitel 5) aufzeigen, dass Verweise auf dieses Element immer wieder angeführt werden, um einen Differenzierungsprozess anzustoßen. Dabei zeigt sich, dass die damit aktivierte Variable *Race* – die hierbei reduziert wird auf phänotypische Charakteristika der Figur – in den entsprechenden Filmsequenzen meist in Relation zu Variablen gesetzt wird, die mit ihrer zugeschriebenen ethnischen Herkunft oder religiösen Glaubensrichtung assoziiert wird. Daneben sind Markierungen über Kleidung und Accessoires zu nennen, wie auch die den Figuren zugeschriebene Namen. Auch hierbei wird mit den Markierungen zumeist auf die ethnische Herkunft hingewiesen oder eine Relation zu einer Glaubensgemeinschaft hergestellt. Die entsprechenden Markierungen sind teils plakativer Art – d. h. sie können relativ unkompliziert decodiert werden, da verbreitete Stereotype angesprochen werden. Zum Teil sind die Zuschreibungen aber auch komplexer codiert. Diese können nur mit einem spezifischen Hintergrundwissen entschlüsselt werden. Hierzu zählen u. a. farbliche Markierungen, die in differenten kulturellen Kontexten abweichende Bedeutung haben können (vgl. z. B. Bekleidungselemente in *The Namesake* oder *Learning to Drive*) oder auch für die Namen der Figuren, die z. B. mit versteckten oder mythischen Bedeutungen verknüpft sein können (vgl. z. B. die Figuren in *Brooklyn Babylon* oder *Brooklyn*). Auch die Sprache bzw. sprachliche Akzentuierung einer Figur wird eingesetzt, um auf kulturelle Differenzen zu verweisen. Ergänzend nutzen Filme diegetisch und nondiegetisch eingespielte Musikmotive, um Filmfiguren mit einem zumeist stereotypisierenden musikalischen Thema zu charakterisieren.

All dies geschieht zumeist in Bezug auf die Variable der Nationalität, Ethnizität, *Race* oder Religion einer Figur, die filmisch als intersektionale Variablen einer zugeschriebenen *kulturellen Herkunft* oder *kulturellen Zugehörigkeit* verhandelt werden. Damit erhält insbesondere die Kategorie der Abstammung/*Ancestry* eine große Bedeutung im Rahmen der Aushandlung kultureller Vielfalt, die auf eine ethnizitätsbasierte Differenzierung anhand räumlicher Herkunftskategorien jenseits nationalstaatlicher Kategorien verweist und dabei u. a. Aspekte religiöser Prägungen und Sprachen vereint (vgl. ELLER 2015: 65 ff.). Die benannten Elemente werden zumeist als plakative Verweise eingesetzt, d. h. sie werden in Interaktionssequenzen thematisiert, um ohne weitere kritische Reflexion auf einen scheinbaren kulturellen Unterschied zwischen den Figuren hinzuweisen. Daneben spielen auch Selbst- und Fremdzuschreibungen hinsichtlich dieser Variablen eine Rolle, anhand derer die Figuren charakterisiert und markiert werden. Auch Hinweise auf den politischen Status einer Figur (z. B. die Charakterisierung als illegale:r oder legale:r Immigrant:in in *The Visitor*) wird in entsprechenden Interaktionssituationen genutzt, um eine kulturelle Markierung vorzunehmen.

Für die Inszenierung der filmischen Figuren ist es wichtig, auch die Ebene des Schauspiels miteinzubeziehen. Es ist dabei unerlässlich, eine Handlungsfigur stets im Spannungsfeld zwischen den körperlichen Darstellungen der Schauspieler:innen und filmästhetischen Gestaltungsmitteln zu sehen. Erst in diesem Zusammenspiel

6.1 Konstruktionselemente interkultureller Begegnungen im Spielfilm

entstehen die filmischen Figuren oder die von ihnen ausgehenden kommunikativen Bedeutungszuschreibungen – u. a. über Sprache, Körper, Gestik, Mimik und Proxemik.

Auch die schauspielerische Rollenbesetzung, also die Wahl des/der Schauspielers:in, kann als ein weiteres Konstruktionselement benannt werden. Wie sich in der Analyse zeigt, greifen Filme oftmals auf Akteur:innen zurück, die scheinbare Entsprechungen mit der filmischen Figur aufweisen – beispielsweise hinsichtlich nationaler, ethnischer oder religiöser Bezüge. Auch andere biografische, sprachliche und auch körperbasierte Merkmale sind hierbei von Bedeutung. Diese Beobachtung steht oftmals in Zusammenhang mit dem sogenannten *Typecasting*. Dieser Begriff umschreibt eine gängige Praxis der Rollenbesetzung, die maßgeblich darauf basiert, dass ein:e Schauspieler:in (v. a. „actors of color", YUEN 2016: 5) bestimmte Merkmale aufweist, die mit einer dargestellten (ethnischen) Figur möglichst übereinstimmen. Dies geschieht beispielsweise anhand von „race, gender, physical traits" (YUEN 2016: 69)[2]. Mit anderen Worten bezeichnet das Typecasting die kritisch zu betrachtende Tatsache, dass ein:e Schauspieler:in maßgeblich auf der Basis einiger einfacher, einprägsamer Merkmale oder zugeschriebener Charaktereigenschaften für eine Rollenbesetzung ausgewählt wird (ROBERTSON WOJCIK 2004: 171). Ein wichtiger und durchaus problematischer Aspekt, der mit dem Typecasting zusammenhängt ist, dass oftmals die Grenzen zwischen der privaten Sphäre der Schauspieler:innen und der öffentlichen Sphäre der Figur verwischen (YUEN 2016: 71).

Auch in Bezug auf das hier analysierte filmische Material lassen sich dementsprechende Tendenzen feststellen. Zwar ergibt die Analyse, dass sich die relevanten filmischen Interaktionen nicht direkt auf diesen Aspekt beziehen. Das bedeutet, dass die Frage nach dem bzw. der die Figur verkörpernde Akteur:in im Film selbst nicht thematisiert wird. Es ist jedoch nicht von der Hand zu weisen, dass die Wahl des Schauspielers oder der Schauspielerin dennoch von Relevanz ist. Beispielsweise fällt auf, dass die zentralen Protagonist:innen von Schauspieler:innen verkörpert

---

[2] In ihrem Buch *Reel Inequality: Hollywood Actors and Racism* widmet sich YUEN (2016) sehr ausführlich den herrschenden Ungleichheiten in der Hollywoodindustrie, wobei sie einen Fokus auf rassistische Strukturen und Praktiken legt. Besonders das Kapitel zum *Typecasting* kann hier zur Lektüre empfohlen werden, da YUEN unterschiedliche Facetten des Phänomens sowie damit verknüpfte Problematiken und Diskurse aufzeigt, die an dieser Stelle nicht im Einzelnen thematisiert werden können. Dabei gibt sie auch einen sehr fundierten Überblick über die historischen Entwicklungen und beschreibt u. a. die Ursprünge und Entwicklungen rassistischer Elemente in den Strukturen der Hollywoodindustrie, die sich zwar stetig gewandelt haben bzw. wandeln, aber bis heute als systemische Persistenz (nach)wirken. Vgl. auch ROBERTSON WOJCIK (2004) für eine historische und kritische Auseinandersetzung mit *Typecasting* in US-amerikanischen Filmen.

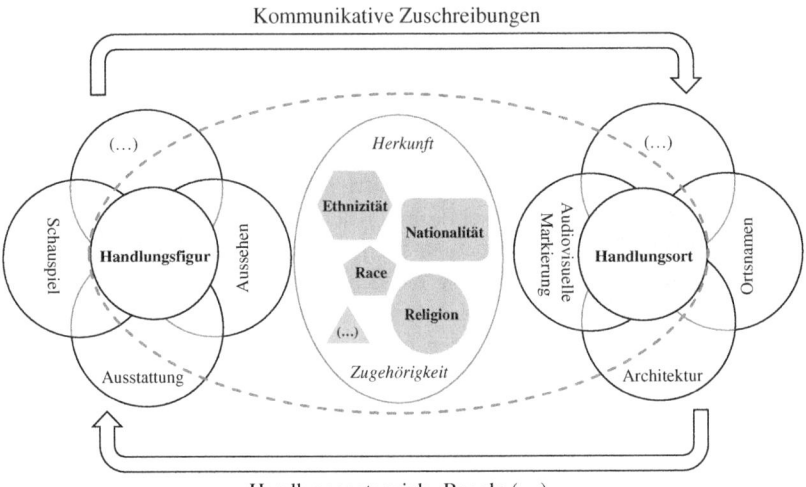

Abbildung 6.2 Entstehungsbasis interkultureller Räume, Schritt 1. (Entwurf: Sommerlad 2019–2021)

werden, die auch auf lebensweltlicher Ebene für die Filme relevante Variablen kultureller Vielfalt vermitteln. Dabei scheint es häufig ausreichend zu sein, dass sie einige Referenzpunkte in ihrer Biografie aufweisen. Beispielsweise, dass sie aus dem gleichen Herkunftsland oder der gleichen Region stammen wie die verkörperten, filmischen Figuren, sich über ähnliche ethnische oder religiöse Aspekte identifizieren oder eine bestimmte Sprache oder einen charakteristischen sprachlichen Akzent beherrschen. Auch die phänotypische Erscheinung des/der Schauspielers:in (z. B. Hautfarbe oder andere körperliche Merkmale) scheinen diesbezüglich für die Verkörperung bestimmter Figuren von Bedeutung zu sein.

Arrangement

An dieser Stelle wird nun der Bogen geschlagen zum komplexen Zusammenspiel zwischen filmischen Handlungsorten und Handlungsfiguren. Im Kontext der filmischen Handlung sind beide Einheiten nicht als getrennt voneinander existierende Elemente zu betrachten, sondern als komplexes Wirkungsgefüge, das nur analytisch abstrahiert werden kann. In ihrem Zusammenspiel erzeugen sie auf filmischer Ebene zeitlich und lokal fixierte Settings, die als Basiseinheit der Konstruktion interkultureller Räume interpretiert werden können.

6.1 Konstruktionselemente interkultureller Begegnungen im Spielfilm

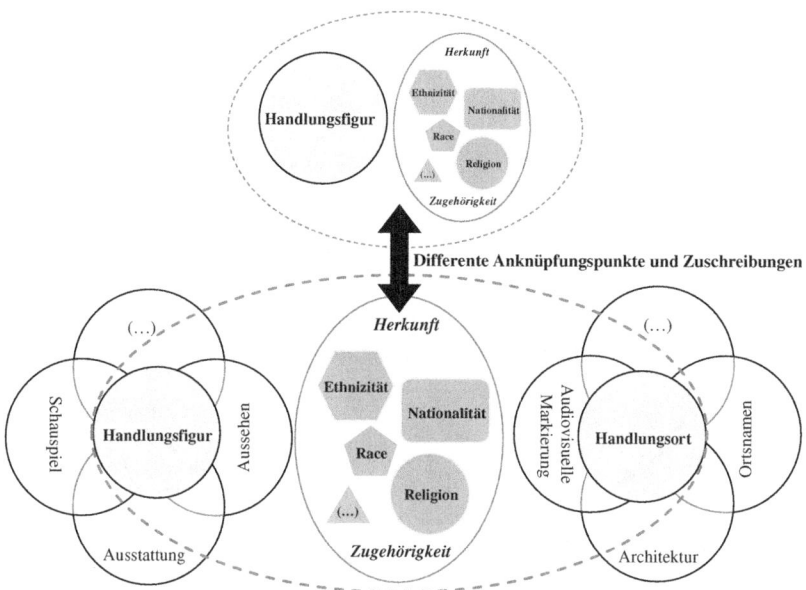

Abbildung 6.3 Entstehungsbasis interkultureller Räume, Schritt 2. (Entwurf: Sommerlad 2019–2021)

Dieses Arrangement lässt sich in drei Schritte aufgliedern (vgl. Abbildungen 6.2, 6.3, 6.4): Dadurch, dass einer Figur auf der filmischen Ebene über die aufgezeigten Konstruktionselemente spezifische kulturelle Eigenschaften zugeschrieben werden, wird auch der mit ihr verknüpfte Ort mit diesen Konnotationen aufgeladen (vgl. Schritt 1). Besonders deutlich zeigt sich dies bei privaten Orten wie dem Zuhause, das als Handlungsort untrennbar mit einer bestimmten Handlungsfigur verknüpft ist (z. B. die verschiedenen Wohnungen in *Pieces of April*, die Wohnung von Familie Khaldi in *Arranged* oder das Haus der Familie Ganguli in *The Namesake*). Aber auch teilöffentliche Orte wie Restaurants (z. B. Sal's Famous Pizzeria in *Do the Right Thing*), religiöse Institutionen (z. B. die Moschee in *David & Layla*) oder Bildungseinrichtungen (z. B. die Grundschule in *Arranged*) sind untrennbar mit einer oder mehreren zentralen Handlungsfiguren verknüpft, denen als machtvolle Figuren ein gewisses Hausrecht zugeschrieben wird und welche den Ort mit Regeln belegen.

Zugleich ergeben sich aus diesen Zuschreibungen ein gewisses Handlungspotenzial des Ortes. Über die Art und Weise, wie ein Ort dargestellt und mit Bedeutungen

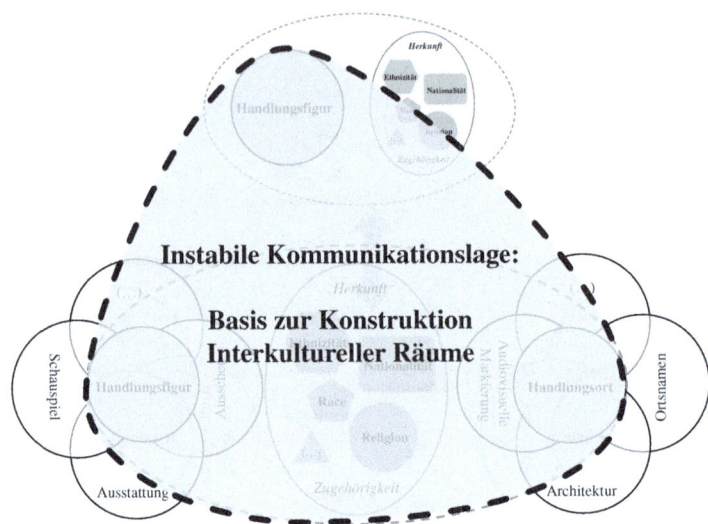

Abbildung 6.4 Entstehungsbasis interkultureller Räume, Schritt 3. (Entwurf: Sommerlad 2019–2021)

versehen wird, werden ihm bestimmte normative Regeln/Kodizes zugeschrieben. Diese ermöglichen bestimmte Handlungsverläufe, während andere zugleich eingeschränkt werden oder gar Grenzüberschreitungen evozieren. Diese Regeln sind nicht immer direkt erkennbar, sondern werden oft erst im Kontext der Interaktionen als bedeutsame Elemente artikuliert.

Auch in als öffentlich, also allen Handlungsfiguren potenziell zugänglich, inszenierten Orten kann dies der Fall sein. Ein gutes Beispiel sind hierbei Straßen oder ganze Stadtviertel/*Neighborhoods*. Auch diese sind auf audiovisueller Ebene mehr oder weniger deutlich als einer bestimmten kulturellen Akteursgruppe zugehörig inszeniert (z. B. die charedischen Viertel und Straßenzüge in *Fading Gigolo* und *Arranged*) oder werden von einzelnen Handlungsfiguren über kommunikative Zuschreibungen gewissermaßen als solche beansprucht. Dies ist beispielsweise der Fall, wenn Radio Raheem in *Do the Right Thing* den Handlungsort der Straße mit Musik aus seiner Boombox beschallt und somit den Straßenzug über die auditive Ebene als Teil der African American Community markiert. Hierdurch wird wiederum ein Konflikt mit den Angehörigen der ebenfalls dort lebenden, Hispanic/Latinx Community forciert. Die Aushandlung von territorialen Machtansprüchen ist hierbei ein häufig genutztes Motiv.

Die aufgezeigten Markierungen unterscheiden sich auf qualitativer Ebene: Ist ein Ort eindeutig von einem bestimmten Charakter besetzt, dann sind die Markierungen offen sichtbar und plakativ angebracht. Handlungsorte werden in diesem Fall eindeutig als semantische Räume markiert, die mit einem kulturellen Bedeutungsträger verknüpft sind. Je mehr ein Ort als öffentlich inszeniert wird, desto mehr nehmen eindeutige kulturelle Zuschreibungen ab – die Markierungen sind dann stärker symbolisch aufgeladen und mehrdeutig codiert. Zum Teil werden etwaige kulturelle Semantiken auch erst im konkreten Interaktionsgeschehen hervorgebracht.

Solch kulturelle Konnotationen bzw. Markierungen allein machen einen Ort jedoch noch nicht zu einem interkulturellen Raum. Ein *interkulturelles Potenzial* erhält ein Ort erst, wenn eine Person hinzukommt, dem auf filmischer Ebene ein differenter kultureller Hintergrund zugeschrieben wird (vgl. Schritt 2). Aus diesem differenten Kontext heraus betrachtet die Person den bereits kulturell aufgeladenen Ort und tritt mit den dort verankerten Charakteren in Interaktion. Erst in diesem Aufeinandertreffen entsteht am Interaktionsort eine instabile Situation bzw. „instabile Kommunikationslage [die] (…) eine eigene Spannung und Beweglichkeit gewinnt" (BACHMANN- MEDICK 1998: 22; vgl. Schritt 3). Aus dieser konfrontativen Dynamik heraus kann dann ein interkultureller Raum entstehen – z. B. indem über soziale Praktiken, Handlungen oder kommunikative Zuschreibungen kulturelle Differenzierungsprozesse in Gang gesetzt und kulturelle Differenzen als bedeutungsvolle Aspekte des Aufeinandertreffens ausgehandelt werden. Beispielsweise werden in diesem Zuge kulturell differente Positionen verhandelt oder kulturell bedingte Regeln oder Kodizes des Settings herausgefordert.

6.2 Inszenierungsstrategien interkultureller Räume

Über die an den beiden Einheiten der Handlungsorte und Handlungsfiguren ansetzenden filmischen Ausstattungselemente wird ein Basis-Setting für potenzielle kulturelle Differenzierungsprozesse geschaffen. Im Zusammenspiel filmischer Handlungsorte und Handlungsfiguren, die jeweils auf komplexe Art und Weise über filmische Konstruktionselemente mit kulturellen Bedeutungen konnotiert werden, entstehen komplexe Arrangements mit interkulturellem Potenzial. Diese bilden die Entstehungsbasis interkultureller Räume. Auf der narrativen Ebene eines Films erfolgen an solchen Arrangements, welche sich durch eine so bezeichnete instabile Kommunikationslage auszeichnen, vielschichtige Bedeutungszuschreibungen – wobei in der konkreten filmischen Umsetzung und

Inszenierung dabei unterschiedliche Techniken zum Einsatz kommen. Die vielfältigen Arten und Weisen, in denen die Konstruktionselemente kombiniert werden und als Inszenierungsstrategien zusammenspielen, äußern sich letztlich in den hochkomplexen und polysemen Konstrukten der interkulturellen Räume.

In Kapitel 5 wurden die sechs aus dem filmischen Material heraus isolierten interkulturellen Räume (vgl. Abbildung 6.5) als räumliche Konstruktionen detailliert beschrieben und anhand zahlreicher Schlüsselsequenzen in ihrer Komplexität beschrieben. Im Folgenden werden diese nun zusammenfassend diskutiert und dabei in Bezug zu den auf theoretischer Ebene erläuterten Kategorien kultureller Vielfalt gebracht.

Interkulturelle Differenzierungsräume
Eine zentrale Inszenierungsstrategie ist die Erzeugung interkultureller Differenzierungsräume (vgl. Abschnitt 5.1). Im Fokus steht hierbei zunächst die wechselseitige Markierung der Interaktionspartner:innen als *kulturell different*. Im Rahmen der Interaktion werden plakative Differenzierungen vorgenommen, also kulturelle Differenzen auf Basis wenig komplexer und vermeintlich einfach zu decodierender Merkmale und Merkmalszuschreibungen vollzogen. Diese funktionieren im übertragenen Sinne wie Etiketten für kulturelle Differenzen, da die damit versehenen Figuren auf eine verhältnismäßig oberflächliche Art und Weise in generalisierte, vereinfachte, komplexitätsreduzierte kulturelle Kategorien eingeordnet werden. Es geht in den entsprechenden Sequenzen maßgeblich um die Erzeugung von Differenz auf Basis fester Kategorien und Merkmale. Ein tiefergehendes Aushandeln kultureller Vielfaltsoptionen findet hingegen kaum statt. Wie die Analyse gezeigt hat, funktioniert die Inszenierung differenzierender Etikettierungen über drei wirkmächtige Dimensionen: körperliche Markierungen, materielle Ausstattungselemente sowie Namen und deren Aussprache.

Die Markierung kultureller Differenzen über körperliche Merkmale läuft oftmals auf die Frage nach der Herkunft einer Person hinaus. Herkunft wird dabei als ein diffuses Zusammenwirken unterschiedlicher, oftmals vage umrissener Variablen (u. a. Ethnizität, Religion, Nationalität) verstanden. In Filmen kommt diesbezüglich häufig die Frage „Where are you from?" zum Einsatz, die oftmals untrennbar mit unspezifischen Differenzzuschreibungen verknüpft wird. Es ist auffällig, dass das Ziel dieser Zuschreibungen und Fragen stets die filmischen Charaktere sind, die als *nicht weiß* dargestellt sind – die sich also beispielsweise über ihre Hautfarbe oder andere äußerliche, mit dem Körper verknüpfte, Merkmale von einer vermittelten *weißen Norm* abgrenzen, aus der US-amerikanische Filme auch heute noch mehrheitlich erzählt sind. Markiert wird also in den meisten Filmen ein *Nicht-Weiß-Sein* oder auch die Identifikation mit kulturellen Attributen, die einer etwaigen Norm

6.2 Inszenierungsstrategien interkultureller Räume

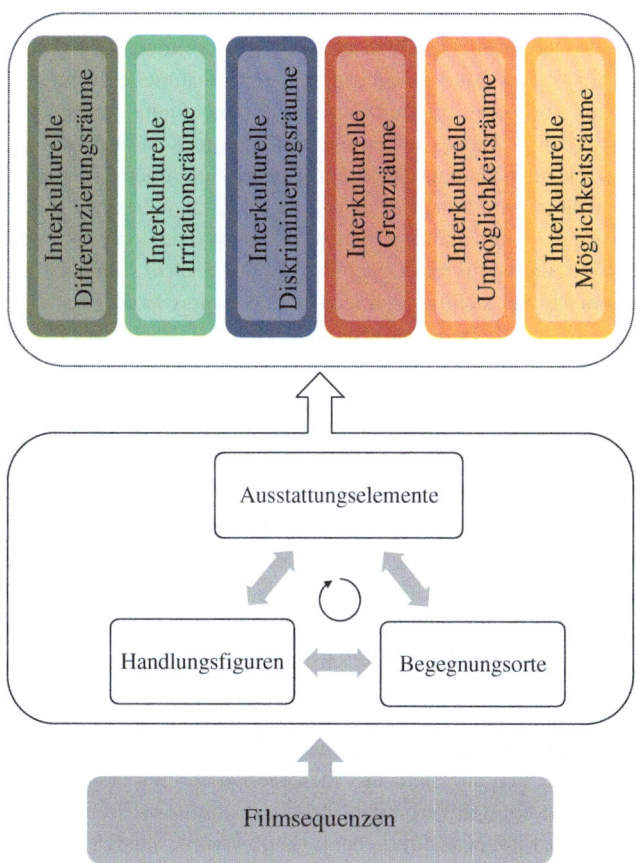

Abbildung 6.5 Übersicht über die identifizierten Inszenierungsstrategien. (Entwurf: Sommerlad 2021)

nicht entsprechen. Körperliche Markierungen können überdies auch an der gesprochenen Sprache ansetzen oder auf einer sekundären Ebene über musikalische Motive erfolgen, die mit der körperlichen Präsenz einer Figur zusammenhängen (vgl. Abschnitt 5.1.1). Etikettierungen können auch über kommunikative Zuschreibungen zu einer Figur erfolgen. Diese sind zum einen als Fremdzuschreibungen zu deuten, zum anderen als Selbstzuschreibungen – je nachdem von wem die Zuschreibungen ausgehen. In beiden Fällen erfolgen diese in Bezug auf stark reduzierte und diffuse

Herkunftskategorien (Ethnizität, Nation, Sprache, Religion), die mit bestimmten Charaktereigenschaften oder (politischen) Identitätszuschreibungen gekoppelt sind. Neben körperlichen Merkmalen werden auch materielle Ausstattungen der Handlungsfigur für solche differenzerzeugenden Kommunikationen thematisiert (vgl. Abschnitt 5.1.2). Hierzu zählen u. a. Kleidungsstücke und Accessoires, die in den entsprechenden Interaktionen zum Etikett kultureller Differenz deklariert werden. Über diese wird zumeist der Aspekt ethnischer Zugehörigkeit transportiert, indem Figuren mit traditionellen Kleidungsstücken oder Schmuckstücken ausgestattet sind, die von ihrem Gegenüber als etwas *nicht Alltägliches* decodiert werden. Besonders bei sichtbar getragenen Accessoires handelt es sich teils um einfach zu decodierende (religiöse) Symbole (z. B. Halskette mit Davidsstern in *David & Layla*, Kopfbedeckungen in *Arranged* und *Learning to Drive*), teils auch um Symbolkomplexe, deren Decodierung ein spezifisches Vorwissen erfordern (z. B. Baseballtrikot von Mookie in *Do the Right Thing*). Kleidung und Accessoires werden darüber hinaus über Farben bzw. farbliche Kombinationen mit kulturellen Bedeutungen aufgeladen. Als ebenfalls plakative Markierungen verweisen diese auf kulturelle Differenzen, aber auch Gemeinsamkeiten, zwischen den Personen und fügen der komplexen Bedeutungskonstruktion kultureller Vielfalt eine weitere Bedeutungsebene hinzu.

Die Strategie der Markierung kultureller Aspekte über materielle Attribute und Farben bezieht sich neben den Handlungsfiguren auch auf die Handlungsorte, an denen eine Begegnung der Figuren stattfindet und die als wesentlicher Teil des kommunikativen Settings aktiv in die Interaktionsprozesse einbezogen sind. Hierbei wird z. B. über Dekorationen auf kulturelle Kontexte der Figuren hingewiesen. Zumeist handelt es sich um Elemente, die sich plakativ mit dem ethnischen Herkunftskontext einer Figur in Verbindung bringen lassen. Zwei Beispiele hierfür, die im entsprechenden Kapitel ausführlicher diskutiert wurde, sind die Wall of Fame in Sal's Pizzeria in *Do the Right Thing* oder die dekorativen Elemente im Eingangsbereich der Wohnung von Familie Khaldi in *Arranged*, über die explizit – d. h. auf der narrativen Ebene des Films – auf die Herkunft der Familie verwiesen wird.

Auf die Bedeutung der Markierung von Handlungsorten und Handlungsfiguren als zusammenwirkende Einheiten zur Erzeugung einer Basis der Aushandlung interkultureller Räume wurde bereits hingewiesen. Immer dann, wenn die entsprechenden Markierungen nicht nur im Hintergrund ablaufen, sondern dezidiert als Gegenstand der Interaktion im Kontext interkultureller Begegnungen thematisiert und als relevante Aspekte hervorgebracht werden, werden sie zu einer bedeutungstragenden Komponente der hier beschriebenen Inszenierungsstrategie. Entsprechende Verweise finden teils auch außerhalb der Interaktionen statt, indem beispielsweise ein Handlungsort über einen *Establishing Shot* eingeführt wird, bevor

6.2 Inszenierungsstrategien interkultureller Räume

im nächsten Schritt eine Begegnungssituation inszeniert wird. Da die filmischen Bilder über die Montage der Sequenzen jedoch zusammenhängen und gewissermaßen ein Kontinuum darstellen, fließen die dabei generierten Bedeutungszuschreibungen unmittelbar in die Interaktionskontexte mit ein und werden in diesen visuell aufgegriffen bzw. in die kommunikativen Handlungen integriert.

Als Beispiel für dieses komplexe Zusammenspiel lässt sich die Markierung der ethnischen Viertel China Town und Little Italy in *China Girl* heranziehen. Beide Viertel werden im Laufe des Films immer wieder über *Establishing Shots* eingeführt und als different markiert. Auf der narrativen Ebene wird wiederum mit diesen Bedeutungszuschreibungen gespielt, wenn beispielsweise Tony von der Asian American Gang durch die Straßen von Chinatown gejagt wird und die Verfolgung erst beendet ist, als Tony die Straße nach Little Italy überquert. Ähnlichkeiten hierzu finden sich auch in *Arranged*. In diesem Film werden einzelne Straßenzüge als Teilbereiche der muslimischen und charedischen Communitys markiert und auf narrativer Ebene mehrfach auf ihre strikte Trennung verwiesen – zum Beispiel, wenn Nasira mit Rochel nach Hause geht und beide sogleich bemerken, dass Nasira aufgrund ihres äußeren Erscheinungsbildes in der Nachbarschaft nicht willkommen ist.

Neben der Markierung des öffentlichen Straßenraums erfolgen ähnliche Markierungstechniken an filmischen Handlungsorten, die dem privaten Raum zuzurechnen sind – beispielsweise das Zuhause der Handlungspersonen. Auch hier wird über materielle Ausstattungselemente der Herkunftskontext der dort lebenden Protagonist:innen markiert und somit in seiner Relevanz für die kulturellen Differenzierungsprozesse in der Interaktionssituation gestärkt. Nur selten verweisen die materiellen Attributionen dabei auf kulturelle Aspekte, die nicht mit ethnischer Herkunft oder religiösen Variablen, sondern weiteren kulturellen Identitätskategorien zusammenhängen (z. B. Tish in *Pieces of April*).

Eine weitere Facette der Etikettierung von Handlungsfiguren und Handlungsorten zeigt sich darüber hinaus im Aspekt der Namensgebung bzw. der Benennung sowie in der verbalisierten Aussprache eines Namens (vgl. Abschnitt 5.1.3). Der Name einer jeden Figur ist in filmischen Kontexten als unmittelbarer Marker kultureller Identität (bzw. religiöse oder ethnische Referenzen ebendieser) zu werten. Häufig werden vermeintlich typische Namen gewählt, die auf den Herkunftskontext einer Figur verweisen, wie z. B. Tony und Salvatore (Verweis auf eine italienische Herkunft). Diesen äußerst plakativen und teils stereotypen Verweisen stehen vereinzelt komplexere Namenskombinationen gegenüber. Solche erfordern eine größere Decodierungsleistung der rezipierenden Person. Sie verweisen zudem stärker auf Charaktereigenschaften und narrative Funktionen der Figuren (z. B. Buggin' Out in *Do the Right Thing*) oder auf Aspekte, die mit dem Setting New York City oder einem im Film verhandelten Mythos in Verbindung stehen. Hier können beispielhaft Eilis in *Brooklyn* herangezogen werden, die als irische Einwanderin die Stadt über Ellis Island betritt und somit implizit auf die Geschichte und Bedeutung der irischen Immigration in die USA hinweist.

Dieser Aspekt offenbart sich in unterschiedlichen Komplexitätsstufen. Wie im vorherigen Abschnitt bereits erläutert, erfolgt die Zuschreibung von Differenz teilweise über die einfache Nennung eines Namens in einer Interaktionssituation, der als unmittelbares Zeichen auf einen kulturellen Kontext der ihn tragenden Figur verweisen soll (z. B. Hector in *Do the Right Thing*, David in *David & Layla* oder Sarah und Solomon in *Brooklyn Babylon*). Auch die vermeintlich korrekte Aussprache oder Schreibweise eines Namens ist Teil der Inszenierungsstrategie. So kommt es in filmischen Interaktionssituationen immer wieder dazu, dass Handlungsfiguren ihren Namen buchstabieren oder zum besseren Verständnis korrekt aussprechen müssen (z. B. *Arranged* oder *The Namesake*).

In anderen Filmbeispielen wird wiederum darauf verwiesen, dass mit dem Klang eines Namens unterschiedliche, kulturell kontextualisierte Assoziationen verknüpft sein können – beispielsweise, wenn der Name in einer anderen Sprache ähnlich klingt wie ein Gegenstand (z. B. *Night on Earth*). Zudem werden Namen als Projektionsfolien kultureller Differenzierungsprozesse in institutionalisierten Kontexten inszeniert, die in einem Zusammenhang mit kulturellen Praktiken stehen – wie beispielsweise der Namensgebung eines Kindes (*The Namesake*). Auch auf diese Weise wird eine kulturelle Differenz zwischen den Interaktionspartner:innen markiert. Darüber hinaus spielen Filme häufig auf die Praktik des Namenswechsels an (z. B. *David & Layla* oder *The Namesake*).

Insgesamt zeigt sich, dass Namen als Etikett eine bedeutende Rolle im Kontext von inszenierten Konfrontationen mit kulturellen Differenzen einnehmen. Dies gilt im Übrigen nicht nur für die menschlichen Handlungsfiguren, sondern auch für mit einem Namen bezeichnete Handlungsorte. Über den Namen werden folglich auch Orte mit kulturellen Bedeutungen aufgeladen bzw. markiert – entweder auf sehr plakative Art und Weise (z. B. Sal's Famous Pizzeria in *Do the Right Thing*) oder auch über subtilere Bedeutungszuweisungen, über die das interkulturelle Potenzial eines Handlungsortes verstärkt werden kann (z. B. Bistro Without Borders in *My Last Day Without You* oder La Bataille in *2 Days in New York*).

Fasst man die unterschiedlichen Facetten der Inszenierungsstrategie zusammen, so zeigt sich, dass sie allesamt darauf abzielen, auf relativ plakative Art und Weise kulturelle Differenzen bzw. Differenzierungsoptionen zu erzeugen. Es geht im Kontext dieser Inszenierungsstrategie weniger darum, kulturelle Vielfalt als eine soziale Tatsache differenziert zu elaborieren, sondern vielmehr um das plakative Aufzeigen des Andersseins von miteinander interagierenden Handlungsfiguren. Damit ist bereits die Basis gelegt für eine weitere Inszenierungsstrategie, die sich in der Konstruktion interkultureller Irritationsräume aufzeigen lässt.

Interkulturelle Irritationsräume
Interkulturelle Irritationsräume (vgl. Abschnitt 5.2) entstehen in den betrachteten Filmen entlang alltagspraktischer Kommunikationen, die als kulturell codierte Prozesse vermittelt werden. Interaktionspartner:innen verhandeln hierbei kulturelle Differenzen und Vielfaltsoptionen entlang alltäglicher Kommunikationen und Praktiken. Kulturelle Differenzen werden also nicht alleinig über plakative Marker vorgenommen, sondern zeigen sich erst in konkreten Handlungsvollzügen. In der Analyse konnten diesbezüglich drei zentrale Motive identifiziert werden: Sprache und Sprachwechsel, Begrüßungs- und Abschiedspraktiken sowie die Zubereitung und der Verzehr von Speisen.

Hinsichtlich der Sprache zeigt sich, dass diese nicht nur als plakativer Marker kultureller Unterschiede herangezogen wird, sondern als vielschichtige Variable. Über diese wird detailliert auf kulturelle Differenzen verwiesen und die Alltäglichkeit der offensichtlich vorhandenen Sprachenvielfalt New York Citys thematisiert (vgl. Abschnitt 5.2.1). Situationsabhängig äußert sich dies entweder in einem Unvermögen der dargestellten Personen, miteinander verbal kommunizieren zu können, da keine gemeinsame sprachliche Grundlage besteht (z. B. *2 Days in New York* oder *Today's Special*). Andere Möglichkeiten sind die Inszenierung einer explizit inszenierten Mehrsprachigkeit der Protagonist:innen, die sich beispielsweise über die Praktiken des Codeswitching oder das Erzeugen sicherer Kommunikationsräume offenbart (z. B. *The Visitor* oder *Fading Gigolo*).

Darüber hinaus spielen Verweise auf soziale Dialekte bzw. soziolinguistische Facetten eine Rolle, über die auf ethnisch-basierte Varianten und Soziolekte innerhalb der dominierenden englischen Sprache im Allgemeinen und des *New York English* im Besonderen hingewiesen wird (z. B. *Do the Right Thing*, *Brooklyn* oder *Fading Gigolo*). Es zeigt sich, dass Sprache als kulturelle Variable eine stabile Konstante für Differenzierungsprozesse darstellt, über die kulturelle Vielfalt vermittelt wird. Sie kommt in sehr unterschiedlichen Arten zum Einsatz – sowohl in privaten als auch öffentlichen Kontexten. Sprachliche Differenzen können dabei situationsabhängig positiv oder negativ konnotiert sein. Besonders jüngere Filme (z. B. *New York, I Love You* oder *The Namesake*) thematisieren Sprachenvielfalt zunehmend als alltägliche Normalität. Inszenierungen sprachlicher Differenzen werden dabei zunehmend als soziokulturelles Potenzial verhandelt, die irritationsstiftenden Momente hingegen gehen zurück.

Sprache stellt in den meisten Kontexten eine im höchsten Maße komplexe Variable dar. Sie wird in den Filmen in Zusammenhang mit Herkunftskontexten einer

Person gebracht und dabei intersektionale Bezüge zu unterschiedlichen Komponenten wie Ethnizität und Abstammung, Race, Nationalität, Religion oder sozialer Stellung hergestellt, die sich nicht immer eindeutig auflösen lassen. Insgesamt muss angemerkt werden, dass die Inszenierungsvariable Sprache aufgrund ihrer Komplexität in der vorliegenden Studie nur angeschnitten werden konnte.

Besonders deutlich zeigt sich die hier diskutierte Inszenierungsstrategie auch im Kontext von Begrüßungs- und Abschiedsritualen, über die ebenfalls auf unterschiedliche Herkunftskontexte der Figuren verwiesen wird (vgl. Abschnitt 5.2.2). Im Differenzierungsprozess wird dabei über die Art und Weise der Begrüßungs- oder Abschiedsgesten aufgezeigt, dass diese in Bezug auf nationale (*2 Days in New York* oder *My Last Day without You*), religiöse oder ethnische Herkunftskontexte (*The Namesake*, *Pieces of April* oder *Do the Right Thing*) sehr unterschiedlich sind und zu Irritationen in der Interaktion führen können.

Gleiches gilt auch für die dritte Dimension, in der sich interkulturelle Irritationsräume zeigen – nämlich bei der Konfrontation mit kulturellen Differenzen in Bezug auf Essen und Verzehr von Speisen (vgl. Abschnitt 5.2.3). Insbesondere Tischmanieren werden in diesem Kontext explizit als kommunikative Praxis betont, an der sich kulturelle Differenzen entfalten. Es finden sich zahlreiche Beispielsequenzen, in denen die beteiligten Interaktionspartner:innen ihr Essen unterschiedlich aufnehmen. Die dargestellten unterschiedlichen Techniken, insbesondere die Technik der Essensaufnahme bzw. der Umgang mit Besteck, verweisen dabei einmal mehr in unspezifischer Art und Weise auf die unterschiedlichen Herkunftskontexte der Figuren und werden dargestellt als Praktiken, die auf einer differenten kulturellen Sozialisation beruhen. Dies ist nicht nur der Fall bei Personen, denen eine unterschiedliche ethnische Herkunft zugeschrieben wird (z. B. Samir und seine Freundin in *Today's Special*) – auch innerhalb einer Community oder gar Familie wird dieses Motiv genutzt, um auf kulturelle Differenzen zu verweisen (z. B. *Arranged* oder *2 Days in New York*). Nicht immer sind die dabei auftretenden Irritationen negativ konnotiert. Dies zeigt beispielsweise das im entsprechenden Analysekapitel erläuterte Beispiel von Eilis in *Brooklyn*, die für den Besuch bei der Familie ihres Freundes lernt, Spaghetti geschickt auf ihre Gabel zu rollen. Dies führt zunächst zu einer Irritation bei Tonys Eltern – sie sind verwundert, dass Eilis trotz ihrer irischen Herkunft diese vermeintlich *typisch italienische* Technik des Spaghetti-Essens so perfekt beherrscht. Neben der Essenstechniken werden auch Essensgewohnheiten und Geschmäcker zur Differenzierung herangezogen, genauso wie die Zubereitung von Speisen (z. B. *Today's Special*).

Im Kern der Inszenierung interkultureller Irritationsräume geht es darum, kulturelle Differenzen zwischen den interagierenden Personen zu verdeutlichen – jedoch weniger plakativ als in der Strategie der differenzierenden Etikettierung. Dadurch,

6.2 Inszenierungsstrategien interkultureller Räume

dass hier Differenzierungsprozesse über alltägliche Praktiken ablaufen, entsteht der Eindruck einer subtileren Verhandlung von Differenz und Vielfalt – obschon weiterhin Abgrenzungsmechanismen im Fokus der Interaktion stehen. Da die Interaktionspartner:innen im Rahmen der Begegnungssituation Handlungen und Praktiken auf Basis differenter kultureller Referenzen ausführen, resultieren die Kommunikationen in irritierenden Momenten. Es kommt beispielsweise zu Verwirrungen oder gar Verstimmungen vonseiten mindestens einer Handlungsperson. Dies liegt darin begründet, dass jede an der Interaktion beteiligte Person unterschiedliche Elemente der Kommunikation als bekannt (Eigenes) und unbekannt (Fremdes) betrachtet und die Positionen zunächst konträr interpretiert werden. In den betreffenden Interaktionssituationen gelingt es den Interaktionspartner:innen nicht, die in der Interaktion erfahrenen Handlungen entsprechend der ihnen unbekannten Konventionen und Codes zu interpretieren. Vielmehr deuten sie die ihnen entgegengebrachten Kommunikationen entsprechend ihrer eigenen, bereits bekannten Konventionen und Codes. Mit in die Kommunikationssituation eingebrachte Eigen- und Fremdkategorien bleiben zunächst bestehen und es kann in der Folge zu Missverständnissen kommen. Gleichzeitig werden über das Aufkommen dieser Irritationen kulturelle Differenzen betont und als relevant aktualisiert.

Interkulturelle Diskriminierungsräume

Als eine häufig auftretende Inszenierungsstrategie interkultureller Begegnungen lässt sich die Konstruktion von interkulturellen Diskriminierungsräumen benennen (vgl. Abschnitt 5.3). Die Analyse zeigt, dass diese in unterschiedlichen Facetten ausgeprägt sind. Sie können das Resultat von scheinbar unbewussten Stereotypisierungsprozessen sein (vgl. Abschnitt 5.3.1). Im Kontext anderer Interaktionsmomente werden intendierte Stereotypisierungen inszeniert, die darüber hinaus mit Diskriminierungsabsichten verknüpft sind (vgl. Abschnitt 5.3.2). Zudem entfalten sich die Diskriminierungsräume in Filmen auch in Zusammenhang mit der Praktik des *Racial Profiling* und es wird dabei auf gesellschaftlich institutionalisierte, strukturelle Diskriminierungsformen als Anker dieser Räume verwiesen (vgl. Abschnitt 5.3.3, z. B. *Learning to Drive*).

Vergleicht man die aufgezeigten Motive, so fällt auf, dass stattfindende Differenzierungsprozesse zwischen den miteinander interagierenden Personen maßgeblich auf Basis plakativer Generalisierungen und Kategorisierungen kommunikativ hervorgebracht werden, oftmals in Referenz auf stereotype Vorurteile. Es werden im Interaktionsprozess wertende, meist ablehnende und teils feindselige Haltungen gegenüber einer Person geäußert. Ein zentraler Referenzpunkt für dementsprechende Bedeutungszuschreibungen stellen das körperliche Aussehen betreffende

Markierungen (z. B. Hautfarbe, Frisur und Gesichtsbehaarung) oder Ausstattungselemente (z. B. Kleidung und Accessoires) dar. Anhand dieser visuell identifizierbaren Marker erfolgen Fremdeinordnungen bzw. -kategorisierungen einer Handlungsfigur zu einer (imaginierten) Gruppe, die als *Rassifizierungen* entlarvt werden können:

> „Rassifizierung beschreibt einen Prozess, der Menschen entlang von verschiedenen Kategorien in unterschiedliche Gruppen einteilt, hierarchisiert und in diesen Positionen essentialisiert. Diese deutenden Beschreibungen beziehen sich auf biologische, kulturelle und/oder ethnische Unterscheidungen wie Hautfarbe, Tradition und/oder Religion. Diese Unterscheidungen erlangen ihre Bedeutung und Hierarchie erst, wenn sie zu Eigenschaften und Wesensmerkmalen der Bezeichneten werden" (HA und SCHNEIDER 2016: 48).

Die Analyse zeigt, dass Inszenierungsstrategien interkultureller Räume entsprechende Prozesse bedienen. Damit verbundene, ethnisierende und rassifizierende Vorstellungsbilder und Bedeutungszuschreibungen dienen in den Filmen als Argument für die Produktion kultureller Differenzen und sind mehrheitlich an negativen, stereotypisierenden und zuweilen stigmatisierenden Vorurteilen ausgerichtet. Verknüpft sind diese Zuschreibungen mit Prozessen, die sich als interaktionelle oder strukturelle Diskriminierung identifizieren lassen. Besonders die Auseinandersetzung mit der Variable *Race* erfolgt in diesem Kontext äußerst oberflächlich – geäußerte Rassismen beziehen sich stets auf körperliche Merkmale und werden nur in seltenen Fällen in kritischer Perspektive thematisiert.

Interessant ist es ebenso zu vergleichen, von wem die diesbezüglichen Zuschreibungen ausgehen und auf wen sie sich beziehen. Vorurteilsbehaftete Äußerungen ohne direkt nachvollziehbare Diskriminierungsabsichten stammen meist von kindlich gezeichneten Figuren und werden in privaten Kontexten mit einer gewissen Naivität vorgetragen. Sie richten sich in der Regel gegen Personen, die sich über ihre ethnische Herkunft, ihre Hautfarbe oder ihre Religion vom Eigenen unterscheiden. Teils werden auch weitere Differenzierungsvariablen eingeflochten, wie z. B. scheinbar kulturspezifische Geschlechterrollen. Auch hier dominieren plakative, stereotypisierende Verweise. In den entsprechenden Sequenzen (z. B. *2 Days in New York*, *Brooklyn* oder *Arranged*) wird überdies deutlich, dass die bedeutungsgenerierenden Zuschreibungen meist auf – so wird es suggeriert – sozial etablierte stereotypische Imaginationen verweisen, die von den entsprechenden Personen nicht kritisch hinterfragt werden. Sie können als alltagsrassistische Motive gelesen werden und sind nicht selten als vermeintlich humorvolle Anekdoten verpackt.

Als intendierte Prozesse inszeniert, äußern sich interkulturelle Diskriminierungsräume ebenfalls als alltäglicher Rassismus, der jedoch mit interaktionellen

6.2 Inszenierungsstrategien interkultureller Räume

Diskriminierungsabsichten verknüpft wird. In diesem Zusammenhang finden in Interaktionsprozessen häufig rassistische Beschimpfungen und Stereotypisierungen statt, die von den Personen an als öffentlich deklarierten Handlungsorten vorgetragen werden. Entsprechende Kommunikationen gehen meist von Personen aus, die sich in einer machtvollen Position wägen und richten sich entsprechend gegen Personen, welche diese Autorität auf unterschiedliche Art und Weise herausfordern. Entsprechende Konflikte entstehen entlang unterschiedlicher Herkunftsvariablen.

Als wichtiger Differenzmarker kann hier einmal mehr die Hautfarbe betont werden. Diese Beobachtung unterstreicht, dass entsprechende Kategorisierungen häufig auf Basis plakativer Zuschreibungen erfolgen. Eine kritische Auseinandersetzung mit den Mechanismen und Folgen dieser Prozesse findet nur äußerst selten statt. Ein Beispiel hierfür ist *Do the Right Thing*, wo in einer privaten Interaktion zwischen Mookie und Pino rassistische Vorurteile und Stereotype diskutiert werden. Dabei verweisen sie implizit auf politische *Race*-Diskurse und verweisen auf eine kritisch zu führende Debatte um *Black-/Whiteness*. Oftmals werden jedoch unterkomplexe Stereotype und Vorurteile bedient, die sozial etabliert scheinen und sich potenziell gegen jede:n richten können, der/die sich über eine solche Variable vom Eigenen unterscheidet. Besonders deutlich wird dies in der *Hate Speech*-Sequenz aus *Do the Right Thing*. Im Kontext des darin aufgegriffenen Rundumschlags gegenseitiger verbaler Diffamierungen wird deutlich, dass sich derartige Differenzierungsprozesse ganz wesentlich auf rassistische Stereotype stützen, die verankert sind an zumeist äußeren Merkmalen der Interaktionspartner:innen, sprachlichen Akzenten oder mit einer ethnischen Herkunft verknüpften Kleidungs- und Essensvorlieben. Dabei schrecken Spielfilme oftmals nicht vor dem Einsatz rassistischer Beschimpfungen zurück.

An äußeren Merkmalen der Interaktionspartner:innen ausgerichtete negative Vorurteile speisen vielfach etablierte, lebensweltlich verankerte stereotype Identitätskategorien, die oftmals nicht in Verbindung zu tatsächlich relevanten Identitätsmerkmalen der dargestellten Personen stehen (z. B. *Learning to Drive*). Dies gilt genauso für Momente, in denen *Racial Profiling* stattfindet – eine polizeiliche Praxis, in deren Rahmen sich ein Verdachtsmoment gegenüber einem Individuum maßgeblich auf dessen körperliches Erscheinungsbild stützt, mit dem eine potenzielle Gefährdung assoziiert wird, bzw. wenn „race or ethnicity, or proximities thereof, [are used] by law enforcement officials as a basis for judgements of criminal suspicion" (GLASER 2014: 1). Diese Thematik wird verstärkt in jüngeren Filmen aufgegriffen, welche ein *post-9/11 NYC* thematisieren und damit auf diskriminierende Handlungen gegenüber muslimischen Männern verweisen, die sich oftmals auch gegen Angehörige anderer ethnisch-religiöser Gruppen richten, die ein ähnliches äußerliches Erscheinungsbild aufweisen (z. B. Darwan und Preet in *Learning to Drive*).

Auffällig ist, dass sich interkulturelle Diskriminierungsräume an sämtlichen identifizierten Handlungsorten entfalten. Je öffentlicher jedoch eine interaktive Begegnung ist, desto offensiver finden stereotypisierende Vorurteilsäußerungen und rassistische Beleidigungen statt. Während sich im Privaten eher die als unbewusst inszenierten Differenzierungsprozesse vollziehen, die rasch als kindisch abgetan oder belächelt werden, erfolgen offene Formen der Diskriminierung hauptsächlich im öffentlichen Raum und legen etablierte, institutionalisierende alltagsrassistische (Denk-)Strukturen offen, die einem interkulturellen Miteinander, besonders zwischen einander unbekannten Personen, entgegenstehen.

Interkulturelle Grenzräume
Bereits in den zuvor thematisieren Inszenierungsstrategien ist das Motiv der gegenseitigen Abgrenzung eine wiederkehrende Konstante. Differenzen werden betont und forciert und die interagierenden Personen grenzen sich über unterschiedliche Aspekte voneinander ab. In der filmischen Inszenierung wird dadurch vermittelt, dass die Personen kulturell unterschiedlich sind und auf dieser Grundlage meist nicht zusammenfinden können. Das Motiv der Grenze ist dabei stets implizit. In interkulturellen Grenzräumen (vgl. Abschnitt 5.4) wird die Grenze als Motiv nun explizit als Gegenstand der wechselseitigen Kommunikation verhandelt. Dies geschieht, indem die Interagierenden klar darauf verweisen, dass ihre eigene Handlungsfähigkeit auf Basis bestimmter kultureller Aspekte begrenzt ist. Auf kommunikativer Ebene werden dabei Handlungsbeschränkungen als kulturelle Grenzen aufgezeigt, verhandelt und somit reifiziert. Prozesse kultureller Differenzierung werden somit zu konkreten Prozessen der einschränkenden Grenzziehung.

Die entsprechenden Interaktionssituationen laufen beispielsweise darauf hinaus, dass mindestens eine Person ihre Handlungsweisen über eine kulturelle Herkunft rechtfertigt und dadurch dem Gegenüber verdeutlicht, dass und warum er/sie in einer bestimmten Situation nicht anders agieren *kann*. Hierbei spielen zum einen konfligierende Werte und Lebenseinstellungen der interagierenden Personen eine wichtige Rolle. In diesem Fall beziehen sich diese Erklärungen auf Aspekte, die auf einer generalisierten Ebene mit einer bestimmten Lebensführung in Zusammenhang gebracht werden (vgl. Abschnitt 5.4.1). Diese Inszenierungsstrategie zeigt sich dann, wenn Personen miteinander in Kontakt treten, die sich hinsichtlich zentraler Aspekte ihrer als kulturell bedingt deklarierten Lebensweise voneinander unterscheiden – meist artikuliert über die unspezifisch bleibende Kategorie der Herkunft, teils auch über religiöse Begründungen. Ihre Differenzen werden innerhalb der

6.2 Inszenierungsstrategien interkultureller Räume 343

Interaktionssituation zur Sprache gebracht. Dabei werden Werte und Lebensweisen als bedeutungsvolle Ausprägung der kulturellen Herkunft artikuliert. Es wird beispielsweise verdeutlicht, dass bestimmte Normen und Wertegrundsätze existieren, die nicht verhandelbar sind. Die thematisierten Differenzen können sich auf unterschiedliche Lebensbereiche beziehen – wie z. B. auf den Umgang mit Krankheit und Tod (z. B. *Kyoko*), die Suche nach einem selbstbestimmten Leben (z. B. *Arranged*) oder die Bedeutung materiellen Besitzes für den eigenen Lebensvollzug (z. B. *Learning to Drive*), um nur drei Beispiele anzusprechen. Das erklärende Moment der Differenzierung resultiert hierbei in der Produktion und Aktualisierung *kultureller Grenzen*, die hauptsächlich als Beschränkungen für das soziale Handeln der betroffenen Personen vermittelt werden – und in der Regel als solche von allen Interaktionspartner:innen akzeptiert werden, also keine Anschlusskonflikten evozieren.

Dieser Aspekt der Grenzziehung zeigt sich noch stärker in Situationen, in denen normative Speisevorschriften zum Dreh- und Angelpunkt der Interaktion werden (vgl. Abschnitt 5.4.2). In den betreffenden Beispielen artikulieren die interagierenden Personen explizit, dass sie aus bestimmten kulturellen, meist ethnisch, religiös oder ideell bedingten, Gründen bestimmte Lebensmittel nicht verzehren können (z. B. *Fading Gigolo*, *New York, I Love You* oder *Arranged*).

Weitere normative Handlungsbeschränkungen erfolgen in Bezug auf körperliche Umgangsformen (vgl. Abschnitt 5.4.3). Auch hier verweist die Begründung meist auf die ethnische Herkunft (z. B. *The Namesake*) oder religiöse Prägung (z. B. *Fading Gigolo* oder *Arranged*) einer Figur. In dem Großteil der Beispiele werden die Handlungseinschränkungen prägnant zur Sprache gebracht. Es ist somit ein zentraler Aspekt der Inszenierungsstrategie, dass mindestens eine Person im Interaktionsprozess ihrem Gegenüber klar artikuliert, inwiefern für sie gewisse Einschränkungen bestehen und wie sich diese äußern. Noch bevor es zu etwaigen Überschreitungen dieser gesetzten Grenzen kommt, werden die beschränkenden Aspekte kommuniziert, welche die Kommunikation beschränken. Potenzielle Grenzen werden somit deutlich aufgezeigt und in der Regel auch von den Interaktionspartner:innen als solche respektiert – es zu keinen Konflikten. Allerdings wird auch ein interkulturelles Miteinander beschränkt, da die Handlungsfiguren innerhalb ihrer eigens aufgespannten Grenzbereiche bleiben und die einzigen Anknüpfungspunkte im gemeinsamen Handeln darin liegen, dem Gegenüber die eigenen kulturell bedingten Grenzen aufzuzeigen und somit limitierende Aspekte im Miteinander sichtbar zu machen. Auf diese Weise erzeugen die Interaktionspartner:innen auch klare Grenzen der eigenen Zugehörigkeit und grenzen sich so aktiv vom Anderen ab.

In der Folge kann ein bestimmter, interaktiver Handlungsvollzug dann zwar unter Umständen nicht vollständig ausgeführt werden. Keiner der Protagonist:innen wird jedoch damit konfrontiert, eigene oder fremde kulturelle Grenzen überschritten zu haben. So ist zwar kein interkulturelles Miteinander möglich, das neue Perspektiven eröffnen würde. Möglich ist jedoch zumindest ein harmonisches Nebeneinander, in welchem sich die beteiligten Personen achten und ihre kulturelle Unterschiede tolerieren. Begegnungssituationen, die interkulturelle Grenzräume hervorbringen, finden meist in als privat oder geschäftlich deklarierten und von der Außenwelt abgegrenzten Situationen statt, die darüber hinaus eine gewisse Vertrauensbasis zwischen den dargestellten Personen suggerieren.

Interkulturelle Unmöglichkeitsräume
Eine weitere Inszenierungsstrategie widmet sich der Darstellung von interkulturellen Begegnungssituationen, in denen es im Interaktionsgeschehen zu tatsächlichen Grenzüberschreitungen kommt und interkulturelles Miteinander zur Unmöglichkeit wird (Abschnitt 5.5). Im Fokus stehen dabei Inszenierungen dezidierter Grenzüberschreitungen im Interaktionsprozess, die sich teils im übertragenen, teils im konkreten Sinne äußern und mit sozialen, physischen und symbolischen Kollisionen verbunden sind. Die Inszenierung spannt sich auf zwischen dem bewussten und unbewussten Überschreiten eigener und fremder kultureller Grenzen. Solche Grenzüberschreitungen können als *unmöglich* bezeichnet werden, da sie zu einer dysfunktionalen Kommunikation, einem Abbruch der Interaktion oder gar zur Beendigung einer Beziehung führen – und ein interkulturelles Miteinander unmöglich machen. In den analysierten Sequenzen äußern sich diese Räume als Überschreitung zunächst unsichtbarer, sozialer Grenzen, Überschreitung materialisierter Grenzen sowie versuchtes Umcodieren symbolischer Grenzen.

Ein etliche Mal wiederkehrendes Motiv ist das Überschreiten eigener oder fremder Grenzen durch die beteiligten Personen (vgl. Abschnitt 5.5.1). Auffällig ist, dass es sich hierbei häufig um die Überschreitung von eigens gesetzten Grenzen handelt, die einer (Liebes-)Beziehung zweier Menschen im Wege stehen, welche sich hinsichtlich ihrer zugeschriebenen religiösen Glaubensrichtung oder ihrer ethnischen Herkunft voneinander unterscheiden. Kommt es zwischen diesen Personen zu Annäherungen – sei es körperlich (z. B. durch eine Berührung oder einen Kuss wie in *Arranged* oder *Brooklyn Babylon)* oder auch ideell (z. B. *Learning to Drive*), entstehen im weiteren Verlauf Konfrontationen zwischen den Agierenden. Gleiches gilt für Begegnungssituationen, in denen Grenzen scheinbar unbewusst überschritten bzw. ignoriert werden – so z. B. religiöse Normen (*David & Layla*) oder soziale Grenzen (*The Namesake*). Entsprechende Grenzüberschreitungen finden nicht nur als tatsächliche Grenzüberschreitungen im Handlungsvollzug statt, sondern können auch subtil codiert auf der visuellen Ebene vermittelt werden. Dies geschieht beispielsweise durch den Einsatz von Farben und Symbolen, wie die

6.2 Inszenierungsstrategien interkultureller Räume

familiäre Trauerzeremonie um Ashoke in *The Namesake* zeigt. Sämtliche dieser Grenzüberschreitungen, die teils im Kontext privater Situationen zu Hause oder in intimen, abgeschirmten Kontexten in öffentlichen Räumen stattfinden können, münden in konfliktbehafteten Situationen bzw. sozialen *Clashs*, welche die scheinbare Unvereinbarkeit differenter kultureller Positionen vermitteln.

Plakativer, aber ebenso die Unmöglichkeit interkultureller Begegnungen aufzeigend, sind die Inszenierungen lokaler oder vielmehr lokalisierbarer Grenzüberschreitungen, die besonders häufig an öffentlichen Orten der Stadt, insbesondere auf Straßen und an Straßenkreuzungen stattfinden (vgl. Abschnitt 5.5.2). In diesem Kontext werden öffentliche Stadträume einerseits als über tatsächliche, physisch-materielle Fixpunkte begrenzte Einheiten porträtiert (z. B. die Canal Street als Begrenzung der ethnischen Viertel in *China Girl* oder die mit einem Stoppschild markierte Straßenkreuzung in *Fading Gigolo*). Andererseits können diese Grenzlinien auch unsichtbar sein und werden als symbolische Begrenzungen erst im konkreten Moment der Konfrontation und Überschreitung als materialisierte Grenzlinien hervorgebracht (z. B. *Brooklyn Babylon* oder *Do the Right Thing*). Entsprechende Grenzlinien vollziehen sich in den analysierten Sequenzen stets zwischen Bereichen, die mit einer dargestellten ethnischen oder religiösen Gruppe assoziiert werden. Teils sind hier starke Unschärfen zu verzeichnen, teils finden auch plakative Verschneidungen mit der *Race*-Variable statt. Ethnische Herkunft und Hautfarbe werden dabei als intersektionale Variablen inszeniert, über die eine kulturelle Gruppe definiert wird bzw. sich selbst als solche definiert (z. B. *Do the Right Thing*). Ein Überschreiten jeglicher Grenzlinien ist stets mit physischen Kollisionen zwischen den Personen verbunden.

Solch interkulturelle Unmöglichkeitsräume werden überdies inszeniert über das versuchte Umcodieren von als einer ethnischen Community zugehörig markierten Orten, wie beispielsweise eines Straßenzugs (z. B. *China Girl*) oder eines Restaurants (z. B. *Do the Right Thing*) (vgl. Abschnitt 5.5.3). Auch hier zeigt sich, dass diese symbolische, wie auch anhand materialisierter Elemente festzumachende Form der Grenzüberschreitung ein interkulturelles Miteinander der beteiligten Figuren unmöglich macht. So werden Angehörige einer anderen ethnischen Gruppe, die neu in ein Viertel hineinkommen, als nicht tolerierte Eindringlinge diskreditiert, teils körperlich versehrt oder sogar getötet oder es kommt zu übergreifenden Nachbarschaftskonflikten mit zerstörerischem Ausmaß.

Dies macht deutlich, dass die filmische Inszenierung interkultureller Interaktionssituationen oftmals mit dem Phänomen tatsächlicher Grenzüberschreitungen einhergeht. In der Folge entstehen interkulturelle Unmöglichkeitsräume, also Räume, in denen die Unverhandelbarkeit bzw. Unvereinbarkeit kultureller Differenzen in den Fokus gerückt wird. Inszenierte Grenzüberschreitungen, welche entsprechende interkulturelle Räume hervorbringen, münden dabei häufig in Konfliktsituationen, Missverständnissen und Situationen, in denen die dargestellten Personen verdeutlichen, dass kulturelle Vielfalt nicht in einem etwaigen Miteinander bestehen kann. Dies hängt meist damit zusammen, dass es den betreffenden Charakteren nicht möglich zu sein scheint, gegenseitige Anknüpfungspunkte im Interaktionsvollzug zu finden. Vielmehr wird durch das konkrete Ausreizen oder Überschreiten eigener und fremder, kulturell bedingter oder symbolisch manifestierter Grenzen in den Vordergrund gerückt, dass bestimmte Aspekte kultureller Variablen nicht verhandelbar sind. Werden Grenzen dennoch überschritten, sind filmisch inszenierte zwischenmenschliche *Clashs* oder physische *Crashs* die Folge. Die Betitelung als *Unmöglichkeitsräume* weist somit auf eine entscheidende Qualität dieser interkulturellen Räume hin: Filmisch vollzogene Grenzüberschreitungen werden eingesetzt, um die Unvereinbarkeit kulturell bedingter Positionen zu verdeutlichen bzw. um aufzuzeigen, dass ein interkulturelles Miteinander aus vielfältigen Gründen ein Ding der Unmöglichkeit beschreibt und stets in einem Konflikt bzw. einer schadensbringenden Kollision der Interaktionspartner:innen mündet. Besonders intensiv wird das für öffentlich zugänglich inszenierte Straßenräume vermittelt, die als hochgradig ethnisch-segregiert dargestellt werden.

Ähnliches gilt für einige andere Dimensionen der bereits thematisierten interkulturellen Räume. Stets werden über Differenzierungsprozesse semantische Teilräume konstruiert, die maßgeblich über kulturell konnotierte Herkunftskontexte der sie besetzenden Personen definiert werden. Diese stehen meist in scheinbar unüberwindbarer Opposition zueinander. In den analysierten Begegnungssituationen werden durch Interaktionsprozesse in vielfältiger Art und Weise Grenzen aufgezeigt (Räume der Grenzziehung) und teils überschritten, z. B. implizit über verbale Äußerungen (Räume der Diskriminierung), oder eben durch explizite Grenzüberschreitungen. Gemeinsam ist all diesen Dimensionen, dass in den Interaktionen stets grenzüberschreitende Ereignisse forciert werden, welche eine Unerreichbarkeit des alltäglichen Miteinanders in interkulturellen Begegnungssituationen aufzeigen. Auch in den weiter oben thematisierten *Irritationsräumen* bleibt es somit bei einem interkulturellen Nebeneinander, da im Zentrum der Inszenierungsstrategie das explizite und implizite Aufzeigen kultureller Differenzen steht. Diese bleiben im Differenzierungsprozess als solche bestehen bzw. werden als relevant betont. Interkulturalität ist hier immer nur als Form der kulturellen Differenz und Differenzierung möglich – nicht in der Überwindung etwaiger Differenzen. Dies führt dazu, dass die sich begegnenden Figuren als Teile oppositioneller Felder inszeniert werden, deren Begrenzungen im Rahmen der interaktiven Differenzierungsprozesse deutlich gemacht werden. Die dargestellten Personen bringen in jede Begegnungssituation

6.2 Inszenierungsstrategien interkultureller Räume

unterschiedliche, kulturell referenzierte Merkmale mit ein, welche sie charakterisieren und anhand derer filmisch kulturelle Unterschiede zwischen ihnen dargestellt und als konfligierend markiert werden. Es kann in der Folge kein interkulturelles Miteinander entstehen, da die Personen aus den unterschiedlichsten Gründen Interaktionen abbrechen oder in Konflikten unterschiedlichster Qualität münden lassen.

Interkulturelle Möglichkeitsräume
Im Rahmen der Analyse konnte auch eine Strategie aufgedeckt werden, die den zuvor aufgezeigten Inszenierungsstrategien der Unüberwindbarkeit kultureller Differenzen in Begegnungssituationen entgegensteht. In den entsprechenden Filmsequenzen werden *interkulturelle Möglichkeitsräume* hervorgebracht (vgl. Abschnitt 5.6). Diese stellen damit quasi einen Gegenentwurf zu den bisher erläuterten Inszenierungsstrategien dar. In ihrem Kontext wird der Eindruck vermittelt, dass kulturelle Vielfalt im alltäglich gelebten, interkulturellen Miteinander tatsächlich möglich ist – wenn auch nur unter spezifischen Gegebenheiten und für einen zeitlich limitierten Moment. Als vielschichtiges Phänomen offenbaren sich diese Möglichkeitsräume in drei Facetten: in individuellen Anpassungsstrategien zur Differenzüberbrückung, in Umdeutungen kultureller Differenzen in Gemeinsamkeiten sowie in Personifikationen, Metaphern und allegorischen Scheinbildern. Diese belegen allesamt, dass es zur Ausprägung entsprechender Räume individueller kultureller Vermittler bzw. Grenzgänger:innen bedarf. Grenzgänge brauchen also stets Figuren, die aktiv als Grenzgänger:innen fungieren und über ihr gezieltes Handeln neue Möglichkeitsräume aufspannen. Solche Figuren bewegen sich als geschickte Grenzgänger:innen zwischen zwei semiotischen Bereichen hin und her und ermöglichen so ein interkulturelles Zusammenleben. Sie ergreifen die Initiative, um Anknüpfungspunkte in der Interaktion aufzudecken und somit ein interkulturelles Miteinander in kulturellen Grenzbereichen zwischen zuvor unvereinbar erscheinenden, semantischen Räumen zu ermöglichen.

Zunächst gelingt dies, indem die sich begegnenden Figuren kulturelle Differenzen, die sich auf unterschiedliche Komponenten kultureller Vielfalt beziehen können, im Interaktionsprozess als Gemeinsamkeiten umdeuten (vgl. Abschnitt 5.6.1). Dabei gelingt es ihnen im Interaktionsprozess Aspekte aufzuspüren, die für die eigenen kulturellen Kontexte und die darin eingebetteten Annahmen, Handlungen und alltäglichen Praktiken anschlussfähig erscheinen. Indem sie diese Anknüpfungspunkte in den Interaktionsprozess integrieren, können die Figuren in den entsprechenden Sequenzen die ihnen scheinbaren gegebenen kulturellen Grenzbereiche ausdehnen und gewissermaßen einen Raum des interkulturellen Miteinanders erzeugen, in dem sich neue Möglichkeiten der wechselseitigen Kommunikation ergeben. Diese Strategie findet maßgeblich in folgenden Situationen Einsatz: zunächst in zeitlich und lokal sehr stark beschränkten Begegnungen, wie beispielsweise im Rahmen einer nächtlichen Taxifahrt (z. B. *Night on Earth*). Die Aufgeschlossenheit der Figuren ist darin zu sehen, dass die dargestellten Personen darum wissen, dass es sich um einen kurzen Moment der Begegnung handelt, in dessen Kontext ein harmonisches Miteinander dem gemeinsamen Ziel förderlich ist (vgl. MAUER 2006: 160). Darüber hinaus zeigt sich die Inszenierungsstrategie im Kontext individueller familiärer und partnerschaftlicher Kontexte, in denen es darum geht, interfamiliäre Konflikte zu überwinden, die auf den unterschiedlichen ethnisch-religiösen Herkunftskontexten der Familien basieren (z. B. *David & Layla*). Hier bemühen sich die Familienmitglieder darum, Ähnlichkeiten in der Ausübung religiös bedingter Handlungsweisen und Traditionen zu finden, um ein harmonisches Auskommen miteinander zu ermöglichen. Auch im Kontext freundschaftlicher Relationen zwischen Angehörigen unterschiedlicher Glaubensrichtungen zeigt sich diese Inszenierungsstrategie (z. B. *Arranged*). In beide Fällen wird die Strategie eingesetzt, um aufzuzeigen, dass die vermeintlichen Differenzen zwischen zwei scheinbar unversöhnlich zueinanderstehenden religiösen Gruppen – konkret werden hier Figuren jüdischer und muslimischer Communitys gegenübergestellt – in Wirklichkeit gar nicht so groß sind und scheinbare kulturelle Grenzen durchaus ohne Problem überwunden werden können. Allerdings bedarf es Individuen, die hierfür als Initiator:innen einstehen und ein gewisses Risiko auf sich nehmen müssen.

Die Relevanz solcher Einzelpersonen, die auch als kulturelle Grenzgänger:innen interpretiert werden können, zeigt sich auch in der zweiten Facette der Inszenierungsstrategie. Hierbei ist der gezielte Einsatz von Anpassungsstrategien von Individuen zentral, die ihr eigenes Auftreten und ihre eigenen Handlungsweisen modifizieren, um interkulturelle Anknüpfungspunkte zu schaffen – meist ohne dass ihre Interaktionspartner:innen dies bemerken oder hinterfragen (vgl. Abschnitt 5.6.2). Diese zeigen sich z. B. in der Bereitschaft, sprachliche Hürden zu überwinden oder bestimmte Handlungsweisen anzunehmen (z. B. *Night on Earth*), dem Simulieren einer Zugehörigkeit zu einer religiösen Gruppe über verbalisierte Selbstzuschreibung (z. B. *Fading Gigolo*) oder der Abwandlung bzw. Adaption äußerer Markierungen und Accessoires (z. B. *Arranged*). Gerade bei der Selbstzuschreibung einer religiösen Identität ist anzumerken, dass diese von den jeweiligen Interaktionspartner:innen als wahr akzeptiert wird und die Tarnung daher – zumindest für einen kurzen Moment – funktionieren kann.

Die angeführten Beispiele zeigen, dass die filmische Inszenierung interkultureller Möglichkeitsräume häufig mit der situativen Adaption einer einzelnen Handlungsperson zusammenhängt. Als Grenzgänger:innen gelingt es ihnen, sich

6.2 Inszenierungsstrategien interkultureller Räume

über körperbezogene Anpassungsstrategien bzw. Markierungen und dabei erfolgenden Umcodierungen eigener kultureller Identitätsvariablen zu verändern und zweckgebunden an eine jeweilige soziokulturelle Umwelt anzupassen – zumindest kurzfristig. Somit können sie sich im Grenzbereich semantischer Räume bewegen. In allen Fällen kann dies nur gelingen, weil eigene Grundsätze durch die Anpassungsstrategien nicht infrage gestellt werden müssen.

Intensiviert wird dieses Motiv, wenn einzelne filmische Charaktere so inszeniert werden, dass sie Aspekte kultureller Vielfalt personifizieren oder gar inkorporieren und somit nicht nur zu Grenzgänger:innen werden, sondern als kulturell hybride Figuren inszeniert werden (vgl. Abschnitt 5.6.3). Diese Charaktere entwickeln sich innerhalb der filmischen Handlung zu transkulturellen Figuren und bringen dieses Potenzial mit in die Interaktionen ein. Entsprechende Figuren können Beispielsweise die Nachkommen von als kulturell different gezeichneten Personen sein, denen somit ein familiär gegebenes transkulturelles Potenzial zugeschrieben wird (z. B. der Sohn von *David und Layla*) oder solche, die im Rahmen ihrer biografischen Entwicklung eine translokale und transkulturelle Identität nach und nach etabliert haben (z. B. Ashima in *The Namesake* oder Kyoko in *Kyoko*).

Innerhalb der filmischen Inszenierungen werden hier unterschiedliche Variablen kultureller Vielfalt touchiert. Insbesondere aber solche, die einmal mehr mit der ethnischen oder nationalen Herkunft einer Person zusammenhängen oder ihre alltäglichen Lebensweisen und gelebten Traditionen betreffen. Häufig erfolgt die Inszenierung in Anspielung auf sinnbildliche Momente oder Symboliken. Ermöglichende Grenzgänge äußern sich dabei als metaphorische Momente kultureller Vielfalt. Es dominieren Interaktionsmomente, in denen kulturelle Vielfalt als illusionäres Vorstellungsbild vermittelt wird (z. B. *New York, I Love You*) oder auch in mythisch aufgeladenen Objekten manifestiert werden (z. B. *Pieces of April*). Häufig wird auch das Sinnbild des Regenbogens zur metaphorischen Inszenierung kultureller Vielfalt eingesetzt (z. B. *Arranged*, *The Visitor* oder *Fading Gigolo*). Diese Metapher zeigt besonders deutlich eine Krux der Inszenierung interkultureller Möglichkeitsräume auf – gerade in Bezug auf die filmische Darstellung der Stadt New York. Dieser Aspekt wird an späterer Stelle nochmals aufgegriffen, wenn in einem abschließenden Teil des Kapitels thematisiert wird, wie diese Erkenntnisse in Hinblick auf die filmische Inszenierung von New York City als Stadt kultureller Vielfalt zusammengeführt und interpretiert werden können.

Es lässt sich festhalten, dass es ein wichtiges Element dieser Inszenierungsstrategie ist, die Entwicklung interkultureller Möglichkeitsräume aufzuzeigen. Es gelingt den Interaktionspartner:innen auf unterschiedliche Art und Weise, ihre Ansichten und Auffassungen so zu verhandeln, dass zuvor zugeschriebene Kategorien des

Eigenen und des Fremden sich als eindeutige Kategorien auflösen. Die Interaktion resultiert in etwas Neuem, etwas *Inter-Kulturellem*. Verschiedene alltägliche Praktiken und differente Erwartungen werden neu verhandelt und die jeweils unbekannten kulturellen Elemente zumindest in Ansätzen prozesshaft neu interpretiert. Die Beteiligten greifen dabei in ihren Handlungen nicht nur auf eigene Konventionen und Codes zurück, sondern sie interpretieren und verstehen die Handlungen, die im Rahmen einer Interaktion erfahren werden, entsprechend der daraus resultierenden, *unbekannten* Konventionen und Codes. Die Kommunikation kann in diesem Fall als interkulturell erfolgreich angesehen werden, da das entstehende interkulturelle Konstrukt zwischen den Parteien als gelungen interpretiert und akzeptiert wird (vgl. ZIMMERMANN und ESCHER 2005a: 268 f.).

Vergleich der Inszenierungsstrategien
An dieser Stelle erfolgt ein abschließender Vergleich der sechs erläuterten Inszenierungsstrategien. Wie sich in der Analyse gezeigt hat, bringen die als interkulturelle Räume gedeuteten, in der filmischen Welt lokalisierbaren Begegnungssituationen vielschichtige, polyseme Inszenierungsstrategien kultureller Vielfalt hervor. Diese äußern sich auf der narrativen Ebene von Spielfilmen in wiederkehrenden, teils persistenten und teils differenten Motiven. Die filmische Inszenierung interkultureller Begegnungen bewegt sich dabei zwischen zwei Polen: *Interkulturellen Unmöglichkeitsräumen* mit potenziellen Konflikten auf der einen Seite und *interkulturellen Möglichkeitsräumen*, die auf ein weitestgehend harmonisches Miteinander verweisen, auf der anderen Seite. Die einzelnen interkulturellen Räume bestehen in den analysierten Filmen nicht als trennscharfe Kategorien und treten folglich im Kontext filmischer Inszenierung nicht in Reinform auf. Vielmehr stehen sie als dynamische Konstrukte in einem komplexen Wechselspiel zueinander, überlagern sich und können somit als dynamisches Kontinuum interpretiert werden. Sie können als Inszenierungsstrategien zwar *a posteriori* als singuläre Konstrukte isoliert werden, wirken in den analysierten Filmsequenzen jedoch stets gemeinsam. Erst in ihrem Zusammenspiel generieren sie das filmisch imaginierte Bild von New York City als eine Stadt, in der die dort anzutreffenden Personen im Kontext ihrer alltäglichen Begegnungen das Phänomen kultureller Vielfalt hervorbringen.

Dies liegt nicht zuletzt in der spezifischen Medialität filmischer Ausdrucksformen begründet (vgl. KEUTZER et al. 2014: 1 ff.). Durch das komplexe, integrative Zusammenspiel zwischen visuellen und auditiven Elementen, Schnitt und Montage, der filmischen Narration und der schauspielerischen Leistungen entstehen im Rahmen filmischer Inszenierungen höchst komplexe und verdichtete audiovisuelle Bilder. Diesen ist eine Vielschichtig- und Vieldeutigkeit quasi inhärent.

6.2 Inszenierungsstrategien interkultureller Räume

Zwar scheinen filmische Darstellungen oftmals „transparent und frei von störender Syntax" zu sein und wirken dabei „oft einfach, verständlich, auf einladende Weise les- und nachvollziehbar, mit einem Wort: „natürlich" (...)" (KEUTZER et al. 2014: 2). Jedoch sind filmische Bilder stets als hochkomplexe Zeichensysteme zu verstehen, als eine „Kombination einer Vielzahl von Codes" (MONACO 2000: 180). Darüber werden in der Inszenierung komplexe Phänomene auf mehrdeutige Art und Weise vermittelt. Auch die in der vorliegenden Studie untersuchten Konfrontationen mit kultureller Differenz in interkulturellen Begegnungssituationen und daran anschließende interaktive Aushandlungsprozesse sind gemeinhin charakterisiert durch die Verschränkung unterschiedlicher Inszenierungsstrategien. Die Inszenierung interkultureller Räume und kultureller Vielfalt kann somit als polysemes Phänomen interpretiert werden. Filmische Auseinandersetzungen mit kultureller Vielfalt sind im Kontext interkultureller Begegnungssituationen dabei als dynamische und interdependente Prozesse zu verstehen.

Wie dargelegt wurde, basieren die identifizierten Inszenierungsstrategien auf der Kombination der zuvor benannten unterschiedlichen filmischen Ausstattungs- bzw. Konstruktionselemente, die auf spezifische Art und Weise miteinander verknüpft werden. Dabei spielen je nach Strategie nicht nur differente Konstruktionselemente eine zentrale Rolle – es werden auch unterschiedliche Aspekte kultureller Vielfalt aufgegriffen und in die Inszenierung interkultureller Räume als intersektional zusammenwirkende Variablen integriert.

Aus dem Zusammenwirken der Inszenierungsstrategien interkultureller Räume ergibt sich eine mannigfaltige Komplexität. Es zeigt sich also, dass die Art und Weise, wie sich die Inszenierungsstrategien äußern bzw. über welche Konstruktionselemente und thematischen Motive die interkulturellen Räume artikuliert werden, äußerst vielschichtig sind. So wird kulturelle Vielfalt in den betrachteten Filmen über unterschiedliche Kategorien verhandelt.

Betrachtet man das Zusammenwirken der interkulturellen Räume innerhalb dieses Spannungsfeldes, so zeigt sich, dass ein ganz wesentliches Element der Inszenierung kultureller Vielfalt immer wieder die aktive und passive Differenzierung zwischen Menschen unterschiedlicher Herkunfts- und Identifikationskontexte ist. Dieser Prozess verweist auf unterschiedliche Komponenten, die in Zusammenhang mit Variablen kultureller Vielfalt gebracht werden. Zwar lassen sich an dieser Stelle keine detaillierten Aussagen darüber treffen, wie genau die Kategorien kultureller Differenzierung und Vielfalt in den Filmen konzipiert sind, d. h. über welche Dimensionen und Aspekte sie sich *en détail* zeigen. Doch auch ohne eine Detailanalyse sind folgende Aspekte auffällig: Differenzierungen zwischen Individuen verlaufen häufig entlang der zunächst unspezifischen und dementsprechend diffusen Kategorie der Herkunft, die mit bestimmten kulturellen Merkmalen und Zuschreibungen attribuiert wird. Ein diesbezüglicher Herkunftskontext wird über das Zusammenspiel unterschiedlicher Kategorien und Variablen kultureller Vielfalt konstruiert, welche jedoch erst auf einen zweiten – analytisch-abstrahierenden – Blick erkennbar werden.

Versucht man, diese diffuse Kategorie der *Herkunft* analytisch weiter aufzuschlüsseln, zeigt sich, dass alle sechs Inszenierungsstrategien in unterschiedlicher Intensität auf verschiedene Kategorien bzw. Komponenten verweisen: In interkulturellen Differenzierungsräumen beziehen sie sich hauptsächlich auf Elemente, die in Zusammenhang mit Ethnizität und *Ancestry*, *Race*, Religion und Sprache stehen. Stellenweise wird auch ein Bezug zur Nationalität hergestellt, allerdings meist alleinig in Zusammenhang der ethnischen Herkunft einer Person, die auf ein bestimmtes Land bzw. einen nationalen Kontext zurückgeführt wird. Interkulturelle Irritationsräume werden in Bezug zu den gleichen Kategorien verhandelt. Dahingegen stehen bei der Aushandlung interkultureller Diskriminierungsräume die Ethnizität, Sprache und Religion im Fokus. Nationalität, Class und Sex/Gender und Sexualität werden ebenfalls als periphere Elemente thematisiert. Interkulturelle Grenzräume entfalten sich entlang der Kategorien Religion, Ethnizität und Nationalität und auch interkulturelle Unmöglichkeitsräume beziehen sich auf diese Dimensionen. Zusätzlich haben die Kategorien *Race* und Sprache eine dominierende Bedeutung in Bezug auf Grenzüberschreitungen, wohingegen Nationalität als Kategorie fast gar keine Bedeutung zukommt. Die Ausbildung interkultureller Möglichkeitsräume touchiert ein sehr breites Spektrum der Variablen kultureller Vielfalt (Nationalität, Ethnizität und *Ancestry*, Sprache, Religion, *Race*, Sex/Gender und Sexualität). Dabei ist anzumerken, dass es sich hierbei um eine zusammenfassende Beobachtung handelt. Nicht immer werden alle Variablen angesprochen und mal wird eine bestimmte Dimension mehr als eine andere thematisiert. Wie bereits erläutert wurde, werden die Kategorien kultureller Vielfalt stets als miteinander in Relation stehende Variablen angesprochen, die sich in unterschiedlichen Dimensionen ausprägen.

Filmisch inszenierte kulturelle Differenzierungsprozesse werden in konkreten Begegnungsprozessen in vereinfachender, plakativer Art und Weise inszeniert. Dies wird besonders deutlich in Bezug zu Themen, die in Verbindung mit der Kategorie *Race* stehen. Wie dargelegt wurde, wird *Race* in sozialwissenschaftlicher Perspektive heute vornehmlich als prozesshafte soziale Konstruktion konzipiert (vgl. HALL 2017). Allerdings zeigt sich in der Analyse, dass *Race* in den betrachteten filmischen Kontexten meist in Referenz zur essentialisierender Markierung vermeintlich biologischer Unterschiede als Kategorie aktualisiert wird. Oberflächliche, visuell wahrnehmbare Unterschiede werden dabei in direkten Zusammenhang mit kulturellen Unterschieden gebracht. Es werden vordergründig physische Eigenschaften wie

6.2 Inszenierungsstrategien interkultureller Räume

die Hautfarbe oder andere physisch-körperliche Elemente thematisiert, anhand derer Individuen sich abgrenzen oder differenziert werden und auf Basis derer ihnen ein differenter kultureller Hintergrund zugeschrieben wird. *Race* wird folglich als eine machtvolle kategoriale Zuschreibung aktualisiert, über die kulturelle Differenzen über biologische Unterschiede auf essentialistische Art und Weise erklärt werden. *Race* wird in den betrachteten Analysen meist plakativ und nahezu unreflektiert über das Konstruktionselement der körperlichen Charakteristika thematisiert. Eine kritisch-dekonstruierende Perspektive wird nur selten eingenommen.

Bei der filmischen Konstruktion und Inszenierung interkultureller Identitätskonstruktionen kann demzufolge eine besondere Relevanz körperlicher bzw. mit dem Körper assoziierter Dimensionen festgestellt werden. Kulturelle Differenz wird folglich in den Körper der Handlungsfiguren eingeschrieben. Dies hängt damit zusammen, dass Film „ein primär anthropozentrisches Medium" (STIGLEGGER 2006: 108) ist, das den menschlichen Körper „in all seinen Facetten" (ebd.) in den Fokus stellt.[3] So wird die alleinige Tatsache, dass sich zwei Figuren, z. B. anhand ihrer Hautfarbe visuell voneinander unterscheiden lassen, oftmals als Initiator für ein Vorliegen kultureller Differenzen gewertet. Die Haut wird somit häufig zum Träger einer „farblich kodierten Differenz" (GOTTO 2006: 342) – zum „primäre[n] Signifikant des Körpers und seiner sozialen und kulturellen Korrelate" (BHABHA 2000: 121). Damit aktualisieren die entsprechenden Filmsequenzen die scheinbare Bedeutung körperlicher, visuell wahrnehmbarer Merkmale für den Diskurs um kulturelle Differenzen und forcieren dabei zugleich rassistische Diskurse. Auch wenn *Race* gewissermaßen als eine sozial bzw. filmisch konstruierte Kategorie kultureller Differenzierung fungiert, kann sie dabei nicht losgelöst von biologisch konnotierter Bedeutung betrachtet werden (vgl. VAN DEN BERGHE 1996: 297 f.; GOODMANN 2017: 7). Wie auch HALL (2017: 59 ff.) feststellt, spielen biologische Verweise auch

---

[3] Insbesondere in filmwissenschaftlichen Kontexten lassen sich zahlreiche Publikationen finden, die sich explizit mit dem Filmkörper bzw. filmischen Inszenierung des Körpers auseinandersetzen, teils auch in Bezug auf dezidiert interkulturelle Fragestellungen (vgl. u. a. FRÖHLICH, MIDDEL und VISARIUS 2001; STIGLEGGER 2001; HOFFMANN 2010; RITZER und STIGLEGGER 2012 a und b; GOTTO 2012; KLEINER und STIGLEGGER 2015; KAPPESSER 2017: 24 ff.). In der Filmwissenschaft wird in diesem Kontext nicht nur die filmische Inszenierung des Körpers bzw. dessen Darstellung und Repräsentation thematisiert, sondern – im Zusammenhang mit filmtheoretischen Diskussionen um Performativität und Performanz – auch die Generation einer eigenen, filmischen Körperlichkeit (vgl. RITZER und STIGLEGGER 2012b: 9 ff.; KLEINER und STIGLEGGER 2015: 273; KAPPESSER 2017: 24 ff.). Diese Vieldeutigkeit des *Cinematic Body*, die u. a. bei SHAVIRO (2011) diskutiert wird, bleibt hier ausgeklammert, wäre jedoch evtl. auch fruchtbar zur weiteren Auseinandersetzung mit der Thematik interkultureller Filme.

in aktuellen Diskursen um *racial differences* eine zentrale Rolle. Mit einem Verweis auf zentrale Argumente von FANON (1967) stellt er fest:

„I (…) note how symptomatic it is of racial discourse per se that the physical or biological trace, having been shown out of the front door, tends to sidle around the edge of the veranda and climb back in through the pantry window!" (HALL 2017: 37) – „it seems to me, the biological trace is unlikely to disappear entirely from the discourse of racial differences (…)" (HALL 2017: 59).

Filme tragen somit in hohem Maße zur Aufrechterhaltung entsprechender Diskurse bei, indem sie die Bedeutung physisch-biologischer Markierungen des Körpers – „the inscription of racial differences on the skin" (HALL 2017: 62) – als Signifikanten kultureller Differenzen hervorheben. Die erlangten Erkenntnisse weisen überdies darauf hin, dass Spielfilme über die in ihnen vermittelten Bedeutungszuschreibungen eine „racialized knowledge about difference" (HALL 2017: 68) produzieren und zur Aufrechterhaltung und Weiterentwicklung entsprechender Diskurse beitragen. Wie HALL (2017: 68) weiter feststellt, können solche Konstruktionen der Differenz bestimmte Arten von Wissen über die Welt hervorbringen, einschließlich der Produktion von rassifizierendem Wissen in einer scheinbar offensichtlichen Art und Weise. Diesem Wissen über Differenz schreibt er die Kraft zu, alltägliches Verhalten sowie verschiedene Praktiken von Gruppen untereinander zu beeinflussen und zu organisieren und das gesellschaftliche Miteinander über lange Zeiträume hinweg zutiefst zu formen. Umso wichtiger sei es, diese Konstruktionen aus einer kritischen Perspektive heraus zu hinterfragen.

In dieser Studie lag der Analysefokus nicht explizit auf den Inszenierungen des Körpers – dieser wurde vielmehr als ein Element unter vielen in der filmischen Inszenierung betrachtet. Somit können an dieser Stelle die Komplexität dieses Prozesses und die Bedeutung, die Filme hierfür einnehmen, nur angeschnitten werden. Eine vertiefende Analyse rassifizierender Praktiken in und durch Spielfilme müsste in einer gesonderten Studie erfolgen – auch im Sinne des geographisch relevanten Diskurses im Kontext der *Critical Whiteness Studies* (vgl. HA und SCHNEIDER

6.2 Inszenierungsstrategien interkultureller Räume

2016: 48 ff.; EGGERS et al. 2017).[4] Schließlich hat auch die Disziplin der Geographie längst die Relevanz des Körpers als „Ausdruck und Effekt gesellschaftlicher Machtverhältnisse" (STRÜVER 2016: 179) erkannt, der „in enger Beziehung zur Wahrnehmung und Nutzung, aber auch zur Produktion städtischer Räume" (ebd.) steht. Zugleich würde es sich anbieten, weiterführende Ansätze zur Konzeption kultureller Identitäten heranzuziehen, die sich explizit mit körperlichen Dimensionen ebendieser auseinandersetzen. Ein möglicher Ansatz hierfür findet sich in dem von MIRZA (2013) konzipierten theoretischen Rahmen der *embodied intersectionality*, über den das komplexe und dynamische Zusammenspiel zwischen intersektionalen kulturellen Variablen wie beispielsweise Ethnizität, *Race*, Religion oder Gender und ethnisch-kulturellen Identitäten in postkolonialer Perspektive gedacht werden kann.[5]

Neben *Race* wird auch Ethnizität meist in Bezug auf einfache imaginierte Zugehörigkeiten und Herkunftskontexte thematisiert. In den Filmen werden dabei Verweise auf eine nationale Herkunft gezogen (z. B. *Irish, Italian, Chinese*). Weitere Herkunftsdimensionen, die räumliche Einheiten jenseits nationalstaatlicher Gebilde als Referenzpunkt annehmen, sind darüber hinaus unspezifische Regionen und Sprachräume (z. B. *African* oder *Arab*), stellenweise wird ethnische Herkunft auch über Religion als *Ancestry* verhandelt (z. B. *muslim* oder *charedi*). Die Kategorie

---

[4] Anknüpfungspunkte hierzu liefern beispielsweise zwei Publikationen von GOTTO (2006, 2012). Sie untersucht die filmischen Konstruktionen von Identität und Differenz anhand der filmischen Thematisierung von *Schwarz und Weiß als ethnischen Konzepten*. Hierbei setzt sie sich dezidiert mit den medialen Repräsentationsmechanismen ethnischer Differenz auseinander und diskutiert auch die Bedeutung des Körpers und der Haut im Spannungsfeld der filmischen Inszenierung von Ethnizität und *Race*. Ihre Studie liefert einen guten Ausgangspunkt zur vertiefenden Auseinandersetzung mit dieser Thematik, die im Kontext der vorliegenden Studie nur angeschnitten werden kann. Auch weitere Publikationen setzen sich dezidiert mit der Konstruktion von *Race* in Filmen auseinander – beispielhaft sei hier auf die Publikationen von GINNEKEN (2007), MASK (2012) und MICHAELS (2018) verwiesen.

[5] Vgl. hierzu auch die Ausführungen von BAURIEDL und SCHURR (2018: 145 ff.) zur intersektionalen Analyse der Differenz(ierungs)linie *Race* im Spielfilm *L.A. Crash*. In ihren Ausführungen wird sehr gut deutlich, dass die filmische Inszenierung von *Schwarzen Jugendlichen* in entsprechenden Filmsequenzen ein komplexes Zusammenspiel darstellt, das gleichzeitig unterschiedliche Analyseebenen (Sozialstrukturen, Identitätskonstruktionen, symbolische Repräsentationen) bedient und durch die Brille eines intersektionalen Mehrebenenansatzes gänzlich durchdrungen werden kann. Weiterführend wäre es ggf. fruchtbar, die in der vorliegenden Studie betrachteten Sequenzen und die darin inszenierten sozialen Interaktionen und Praktiken tiefergehend in einer ebensolchen Forschungsperspektive zu analysieren. Auf diese Weise könnten die gewonnenen Erkenntnisse zur Inszenierung kultureller Vielfalt noch tiefergehend entschlüsselt werden – besonders in Hinblick auf spezifische Identitätskonstruktionen und einzelne, besonders relevante, Kategorien wie *Race*, Ethnizität und Religion.

der Religion wird darüber hinaus als ein Konstrukt jenseits von Ethnizitätszuschreibungen aufgegriffen. Es wird in den entsprechenden Sequenzen dabei aber weniger die Vielfalt unterschiedlicher Glaubensgemeinschaften oder -richtungen thematisiert als ein lokalisierbares Nebeneinander einzelner Glaubensgemeinschaften sowie Konfliktpotenziale, die sich daraus ergeben. Wie in den theoretischen Ausführungen angesprochen wurde, handelt es sich bei Religion um eine äußerst diverse und komplexe Kategorie kultureller Vielfalt. In den betrachteten Filmen wird jedoch nur wenig auf diese Vielschichtigkeit eingegangen. Vielmehr wird die Kategorie in reduzierter Weise aufgegriffen, beispielsweise um bestimmte Lebensweisen, Handlungsweisen und Routinen zu erklären. Häufig wird Religion dabei in Verbindung gebracht mit Vorschriften und Einschränkungen, mit denen die dargestellten Personen in ihrem alltäglichen Leben konfrontiert sind, zum Beispiel hinsichtlich des körperlichen Miteinanders, der Kleidung, der Mahlzeiten oder der Organisation von Raum und Zeit. Sowohl Ethnizität als auch Religion werden dabei inszeniert als Projektionsfolien der Auseinandersetzung mit sozialen Differenzen, die als kulturell bedingt erklärt werden – seien es Unterschiede in Handlungsweisen, Werten oder Lebenseinstellungen. Diese Differenzen werden als nicht verhandelbare Tatsachen inszeniert. Etwas differenzierter zeigt sich die Kategorie der Sprache, die mit allen drei Kernkategorien in Verbindung steht. Diese wird in den betrachteten Sequenzen verhältnismäßig vielschichtig adressiert – u. a. wird der multilinguale Charakter der New Yorker Gesellschaft thematisiert als auch die Vielschichtigkeit und Varianz von Sprachen in sich (z. B. Soziolekte, Sprachwechsel). Allerdings konnte die Komplexität dieser Kategorie im Rahmen der vorliegenden Arbeit nur bedingt diskutiert werden und müsste in einer linguistisch fundierten Analyse weiter untersucht werden.

Zudem lassen sich filmisch relevante Kategorien und ihre Ausprägungen häufig nicht klar voneinander trennen. Dies gilt insbesondere für Ethnizität und *Race*. Beide Kategorien werden in den filmischen Differenzierungsprozessen so verhandelt, dass eine klare Grenze zwischen beiden verwischt. Dadurch aktualisieren die Filme die Bedeutung dieser Kategorien im Sinne ihrer Definition als *Census Categories* sowie die Relevanz dieser teils widersprüchlichen Klassifikationsvariablen für gesellschaftliche Differenzierungsprozesse. Ähnliches stellt bereits BANERJEE (2017) fest, wenn sie in Bezug auf filmische Imaginationen der US-amerikanischen Gesellschaft konstatiert, dass die Konzeptionen von Ethnizität und *Race* als Zensuskategorien und ihre Dominanz in ebendiesem dazu führen würden, dass sie lebensweltlich als signifikanter gegenüber anderen Kategorien wahrgenommen würden. Auch deshalb spielten sie eine wichtige Rolle für Differenzierungsprozesse innerhalb der US-amerikanischen Gesellschaft – auch fernab des Zensus (BANERJEE

6.2 Inszenierungsstrategien interkultureller Räume

2017: 340 f.). Selbst- und Fremdeinordnungen nach entsprechenden, diffusen Zugehörigkeiten können folglich als fundamentaler Bestandteil des US-amerikanischen Gesellschaftsverständnisses betrachtet werden, die sämtliche Bereiche des öffentlichen und privaten Lebens durchdringen. Dies gelte vor allem auch für alltägliches Miteinander – die amerikanische Gesellschaft sei „geradezu differenzbesessen" (BANERJEE 2017: 340). Diese Erkenntnisse spiegeln sich auch in den analysierten filmischen Inszenierungen wider.

In den theoretischen Ausführungen der Arbeit wurde angesprochen, dass aktuelle akademische Diskurse vorschlagen, sozial konstruierte Kategorien kultureller Vielfalt als offene, mehrdimensionale und intersektionale Kategorien zu konzipieren. Es kann jedoch festgehalten werden, dass die meisten der betrachteten Spielfilme eine solche Konzeption kultureller Vielfalt nur sehr bedingt aufgreifen. Kulturelle Vielfalt wird in den konkreten Interaktionssituationen weniger offen inszeniert, als es auf theoretischer Ebene angenommen wurde. Vielmehr sind die betrachteten filmischen Inszenierungen größtenteils angelehnt an einen kategorialen Denkstil, nach dem sich menschliche Individuen hinsichtlich eines festen Sets exklusiver Kategorien voneinander unterscheiden (lassen). Kategorien kultureller Vielfalt werden somit meist als starre, weitestgehend geschlossene *Entweder-oder-Kategorien* umgesetzt. Ein wiederkehrendes Moment bzw. eine Konstante filmischer interkultureller Räume ist somit eine vereinfachte, plakative Inszenierung kultureller Differenzen und der dabei stattfindende Rückgriff auf stereotype Vorstellungsmuster. Kulturelle Differenzierungen äußern sich im Interaktionsprozess qua essentialisierender und ostentativer Kategorisierungen und lassen sich oftmals als kulturelle Essentialismen lesen. Folglich verhandeln Spielfilme Interkulturalität und kulturelle Vielfalt auf eine reduzierte Art und Weise, die mit einer Fokussierung auf nur wenige Aspekte kultureller Vielfalt einhergeht. Mit diesen verbunden ist das im weiteren Interaktionsprozess vorgenommene Aufzeigen von spezifischen, als kulturell deklarierten Handlungsweisen und deren Rechtfertigung sowie die nachdrückliche Betonung von kulturell bedingten und normativ beschränkten Überzeugungen und Praktiken.

Eine kritische Auseinandersetzung mit Aspekten kultureller Differenz bzw. kultureller Vielfalt findet in den betrachteten Sequenzen sehr selten statt. Dies ist mitunter auch darauf zurückzuführen, dass Spielfilme alltagsweltliche Realitäten immer nur in reduzierter Form wiedergeben können. Ihren Fokus legen sie dabei auf einen oder wenige Aspekte, sodass gesellschaftliche Komplexität stets in reduzierter Form inszeniert und vermittelt wird. Einzelne Filme lassen zwar eine stärker codierte Vermittlung kultureller Differenzierungen über Markierungen, Symboliken und Bedeutungszuschreibungen erkennen, die erst mit Hilfe eines entsprechenden Hintergrundwissens entschlüsselt werden können. Dies bleibt jedoch eine Ausnahme. Die offensichtlichen Diskrepanzen zwischen der akademisch-theoretischen

Konzeption des Themenfeldes aus konstruktivistisch-offener Perspektive und der mehrfach reduzierten medialen Umsetzung, in der kulturelle Zugehörigkeiten oftmals in Form essentialistischer und starrer Kategorisierungen erfolgen, bieten Potenzial für sich anschließende kritische Fragestellungen.

6.3 New York City als (filmische) Stadt kultureller Koexistenz

Abschließend bleibt es zu erläutern, inwiefern die aufgezeigten Inszenierungsstrategien und isolierten interkulturellen Räume in ihrem Zusammenspiel ein filmisches Bild von New York City als *Stadt der kulturellen Vielfalt* generieren. In den theoretischen Grundlagen zu dieser Arbeit wurden diesbezüglich drei grundlegende Aspekte postuliert: Erstens, dass eine Stadt ein Konstrukt ist, das erst durch Begegnungen zwischen Bewohner:innen und Besucher:innen als mannigfaltiges räumliches Bedeutungsgeflecht hervorgebracht wird. Zweitens, dass der Eindruck einer kulturell vielfältigen Stadtgesellschaft ebenfalls als soziale Konstruktion betrachtet werden muss und drittens, dass diese kulturelle Vielfalt hauptsächlich in Begegnungs- und Interaktionskontexten zwischen als kulturell unterschiedlich charakterisierten Personen zum Vorschein kommt. Mit anderen Worten lassen sich Städte aus dieser Perspektive als ein Geflecht von Begegnungsorten betrachten, an denen Interaktionen zwischen kulturell differenten Figuren stattfinden, über die das Phänomen kultureller Vielfalt als räumliche Bedeutungen konstruiert wird. Diese Prämissen wurden im Kontext der Studie auf ein filmisches Setting übertragen.

Insgesamt zeigt sich, dass New York City im Kontext der analysierten Filme dabei durchaus als eine Stadt gezeichnet wird, in der kulturelle Vielfalt zum Alltag der Protagonist:innen gehört. Die betrachteten Filme thematisieren besonders die vielfältigen ethnischen und religiösen Communitys New York Citys und vermitteln Einblicke in deren alltägliches Leben, ihre Alltagspraktiken, Werte und Normen sowie Sorgen und Ängste. Filmisch verhandelt werden dabei häufig, aber nicht ausnahmslos, ethnische Communitys etablierter, unterschiedlicher Herkunftskontexte (z. B. Italian American, African American, Asian American, Irish American usw.) oder religiöse Communitys wie die charedischen Gemeinschaften Brooklyns. Gerade in jüngeren Filmen werden auch Angehörige ethnischer Communitys aus Kontexten wie den West-Indies oder besonders dem südasiatischen Raum thematisiert, die auch im lebensweltlichen New York City eine der

6.3 New York City als (filmische) Stadt kultureller Koexistenz

größten und am schnellsten wachsenden ethnischen Herkunftsgruppen darstellen (vgl. NYC Planning 2013).

Filme thematisieren im Ansatz die Vielfältigkeit diverser Herkunftsgruppen, indem anhand der filmischen Charaktere unterschiedliche regionale ethnische Herkunftskontexte sowie die damit verbundenen vielfältigen religiösen Gemeinschaften, Sprachen und kulturellen Praktiken (z. B. *The Namesake*: Bengali/Hindu, *New York, I Love You*: Gujarati/Jain, *Learning to Drive*: Punjabi/Sikh) aufgegriffen werden. Allerdings wird diese Vielfalt nicht innerhalb eines Films angesprochen, sondern nur im Vergleich sichtbar. Vielfalt wird in diesem Zusammenhang dargestellt als die in einem lokalen Kontext feststellbare Präsenz von Menschen, die sich über unterschiedliche kulturelle Kontexte identifizieren (Selbstzuschreibung) oder identifiziert werden (Fremdzuschreibung). Diese Kontexte können unterschiedlicher Qualität sein – beispielsweise zählen hierzu eine Identifikation mit einer bestimmten religiösen oder ethnischen Community, wie das Sprechen einer anderen als der englischen Sprache. Teilweise erfolgen Differenzierungen und die Zuschreibung eines spezifischen kulturellen Kontextes auch auf oberflächliche Art und Weise, auf Basis von körperlichen Eigenschaften wie z. B. der Farbe der Haut oder anderen den Körper betreffenden Elementen. Dadurch, dass über die filmischen Figuren biologisch referenzierte Unterschiede als Ursprung für kulturelle Unterschiede artikuliert und gedeutet werden, wird auch die soziale Bedeutung der essentialistischen Kategorie *Race* betont, wie bereits im vorherigen Kapitelabschnitt angesprochen wurde.

Prinzipiell greifen filmische Inszenierungen Kategorisierungs- und Differenzierungskomponenten auf, die auch für das alltagsweltliche New York City immer wieder herangezogen werden, um die kulturelle Vielfalt der Stadt zu thematisieren – wie beispielsweise die diffusen Kategorien im Zensus oder anderen statistischen Kontexten. Für das film- und interaktionsgeographische Erkenntnisinteresse der vorliegenden Studie ist jedoch weniger die quantitativ nachvollziehbare Darstellung einer Vielfältigkeit kulturell heterogener Communitys in einem multiethnischen Stadtkontext zentral. Vielmehr steht die Mikroebene des alltäglichen Zusammenlebens und der alltäglichen Begegnungen der kulturell heterogenen Personen im Fokus. Wie im theoretischen Teil der Arbeit (vgl. Kapitel 3) erläutert wurde, wird davon ausgegangen, dass erst im Kontext von Begegnungen und interaktiven Aushandlungsprozessen kulturelle Vielfalt prozesshaft hervorgebracht wird. Somit kann sich auch der Frage danach, inwieweit Spielfilme ein Bild von New York City als Stadt kultureller Vielfalt konstruieren, nur über die analysierten Begegnungssituationen genähert werden. Diesbezüglich ist festzustellen, dass – mit Ausnahme weniger Situationen in familiären und freundschaftlichen Kontexten – New York City als eine filmisch erzeugte

Stadt kultureller Koexistenz inszeniert wird. In dieser funktioniert das alltägliche Miteinander von Menschen, denen differente kulturelle Herkunftskontexte zugeschrieben werden, nur in einem *interkulturellen Nebeneinander* (vgl. Abbildung 6.6). Dieses Nebeneinander bzw. diese Koexistenz zeichnet sich vor allem dadurch aus, dass kulturelle Differenzen im Kontext alltäglich stattfindender Interaktionen permanent als Tatsachen verhandelt und betont werden. Dies ist häufig verbunden mit einem klaren Aufzeigen von immateriellen und materiellen Grenzen, die das Eigene vom Anderen separieren. Dies bezieht sich maßgeblich auf alltägliche Lebensweisen und Praktiken, Normen und Werte und gelebte Traditionen. Solange die in den Begegnungssituationen als bedeutsam betonten Grenzen gewahrt werden, Stereotypisierungen und geäußerte Vorurteile erduldet oder eine generelle Anpassung an die beanspruchte Vormachtstellung eines Individuums oder einer Gruppe erfolgt, sind interkulturelle Begegnungen konfliktfrei möglich. Werden jedoch betonte Beschränkungen nicht toleriert, wandeln sich die Grenzen zu brüchigen Konfliktlinien. Diese zeigen sich insbesondere entlang religiöser Themen oder Fragen nach zugeschriebenen ethnischen Zugehörigkeiten, die ein hohes Konfliktpotenzial bergen und in zahlreichen Begegnungskontexten als unvereinbar erscheinen. Interkulturalität wird in filmischen Kontexten also hauptsächlich über das Aufzeigen und Wahren kultureller Differenzen und Grenzen inszeniert.

In diesem Kontext greifen Filme auch die Idee ethnischer Nachbarschaften auf, welche als mehr oder weniger scharf abgegrenzte lokale Einheiten gezeichnet werden, die von einer bestimmten ethnisch konnotierten Community besetzt sind. Menschen *anderer* Herkunftskontexte werden in diesen räumlichen Einheiten sofort als Eindringlinge enttarnt (z. B. *Do the Right Thing, Brooklyn Babylon* oder *Fading Gigolo*) und allerhöchstens toleriert – nicht jedoch akzeptiert. Zudem wird thematisiert, dass die Nachbarschaften einem dynamischen Wandel unterliegen, der von den Einwohner:innen meist nicht positiv bewertet wird, da ihre eigens imaginierte Vormachtstellung dadurch herausgefordert wird. Es kommt zu Konflikten, die auf territorialen Machtansprüchen fußen.

Neben den Nachbarschaften nutzen die betrachteten Filme auch andere räumliche Mikroeinheiten, um auf eine gelebte Koexistenz unterschiedlicher ethnisch-kultureller Gruppen bzw. Individuen zu verweisen. Sie projizieren dabei die Idee der mehr oder weniger segregiert voneinander lebenden kulturellen Einheiten auf kleinräumigere Kontexte wie ein Apartmenthaus (z. B. *Pieces of April* oder *The Visitor*) oder eine Schule (z. B. *Arranged*) – um nur zwei Beispiele zu nennen. Besonders das Wohnhaus in *Pieces of April* mit seinen abgetrennten Wohneinheiten kann dabei als mikrokosmischer Spiegel einer separierten Gesellschaft New York Citys interpretiert werden.

6.3 New York City als (filmische) Stadt kultureller Koexistenz

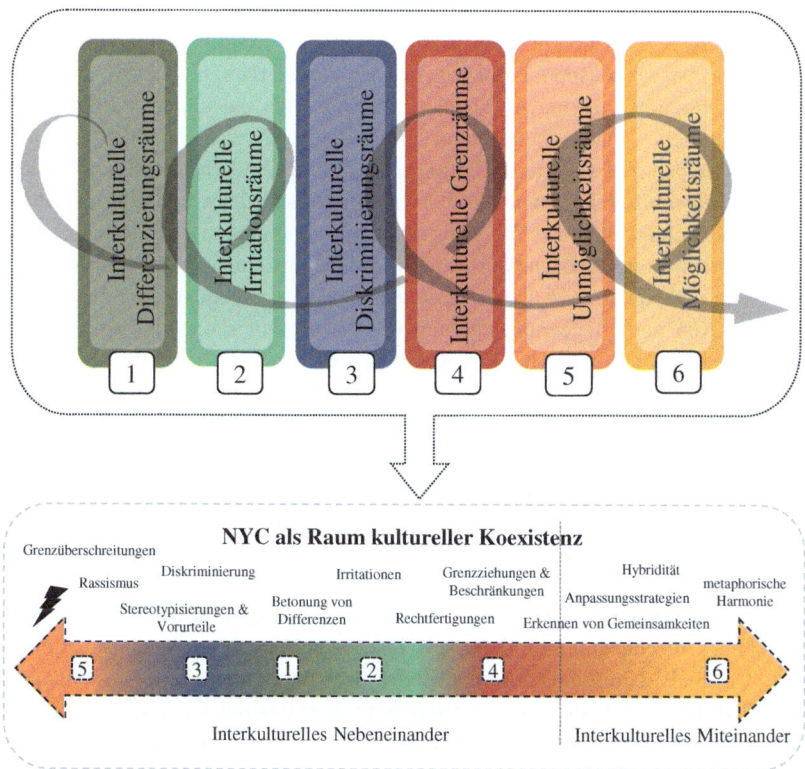

Abbildung 6.6 New York City als filmisch imaginierter Raum kultureller Koexistenz – schematische Übersicht über das Kontinuum der Inszenierugsstrategien. (Entwurf: Sommerlad 2021)

Es zeigt sich in der Analyse, dass die Idee von begrenzten, kulturell homogenen Teileinheiten nur als durch die filmischen Figuren imaginierte Fiktion bestehen. Tatsächlich teilen sich die kulturell unterschiedlich gezeichneten Figuren die filmisch erzeugten Räume – sie begegnen sich. In diesen filmisch inszenierten alltäglichen Begegnungen keimen besonders dann rasch Spannungen und Eskalationen auf, wenn sich die dargestellten Personen in den sich durch die Begegnungen evozierten Interaktionsmomenten nicht einigen können, gegenseitige Toleranz walten zu lassen. Die Figuren können in diesen Situationen nicht akzeptieren, dass die Orte, an denen sie sich begegnen, eben *nicht* exklusiv zu einer spezifischen Gruppe gehören, sondern vielmehr *Orte der Koexistenz* sind. Folglich entstehen Krisen und Konflikte, wenn die Positionen der Interaktionspartner:innen einander zuwiderlaufen – z. B. aufgrund von imaginierten territorialen Machtansprüchen über bestimmte Gebiete des quasi-öffentlichen städtischen Raums, persönlichen Aversionen oder schlichtweg stereotypen und vorurteilsbehafteten Vorstellungsbildern. An diesen Stellen entstehen *interkulturelle Unmöglichkeitsräume*, anhand derer auch die Fragilität und Vielschichtigkeit New Yorks als Raum der kulturellen Koexistenz aufgezeigt werden kann. Letztendlich wird in jedem einzelnen Begegnungskontext aufs Neue verhandelt, inwieweit eine solche Koexistenz möglich ist. Situativ und abhängig von dem Begegnungsort und dem Begegnungskontext können dabei unterschiedliche Komponenten von Relevanz sein.

Auf der anderen Seite inszenieren einige der betrachteten Filme kulturelle Koexistenz im Sinne eines *interkulturellen, harmonischen Miteinanders.* Ein solches kann jedoch allein in Begegnungskontexten gelingen, in der mindestens eine Person gewillt ist, die zuvor betonten Differenzen und Gegensätzlichkeiten nicht nur zu dulden, sondern respektvoll, d. h. als gleichberechtigt, zu tolerieren (vgl. FORST 2003: 45) oder gar in Gemeinsamkeiten umzuwidmen und Differenz somit als positives gesellschaftliches Potenzial zu deuten. Es offenbart sich in der Analyse, dass diese Strategie nur in privaten Kontexten möglich ist – z. B. in familiären Umgebungen und hinter verschlossenen Türen. In solchen Situationen geht es oftmals darum, den Familienfrieden über die individuellen Einstellungen zu stellen. Es handelt sich um Situationen, in denen es der Kern der Interaktion ist, ein kurzfristiges gemeinsames und zweckgebundenes Ziel zu erreichen. Auch möglich ist die Entstehung von solchen Situationen, wenn eine Person dazu bereit ist, unbekannte kulturelle Handlungsweisen zu vollziehen oder neue Praktiken zu erlernen.

Solche interkulturellen Möglichkeitsräume können im filmischen New York City auch in (teil-) öffentlichen Bereichen entstehen – zumindest auf den ersten Blick. Auf den zweiten Blick offenbart sich jedoch, dass dies nur dann möglich ist, wenn mindestens ein:e Interaktionspartner:in dazu bereit ist, sein/ihr eigenes Handeln so zu verändern, dass eine interkulturell anschlussfähige Kommunikation möglich wird – z. B. indem er/sie sein/ihr äußeres Erscheinungsbild anpasst oder Handlungsweisen des Gegenübers imitiert. Es handelt sich hierbei folglich weniger um ein tatsächliches Miteinander im Sinne einer wechselseitigen Akzeptanz oder Wertschätzung, als vielmehr um eine individuelle Konfliktvermeidungsstrategie, die eine temporär stark beschränkte Kooperation als Interessensgemeinschaft ermöglicht.

Darüber hinaus gibt es in der filmisch imaginierten Stadtgesellschaft New York Citys Figuren, an denen sich Tendenzen kultureller Hybridisierung nachvollziehen lassen. Dieses Phänomen bleibt jedoch ebenfalls auf individuelle Charaktere beschränkt. Diesen ist es als kulturelle Grenzgänger:innen möglich, durch die ihnen immanente kulturelle Flexibilität im Alltag interkulturelle Möglichkeitsräume zu generieren.

Äußerst selten hingegen sind Begegnungen, in denen kulturell heterogen gezeichnete Personen harmonisch miteinander interagieren, Differenzen scheinbar aufgelöst und Vielfalt als positiv konnotiertes Potenzial gedeutet wird. In solchen Momenten scheint es so, als sei ein öffentlich ausgelebtes interkulturelles Miteinander in New York City durchaus möglich – ungeachtet religiöser, ethnischer, sprachlicher oder weiterer Unterschiede. Der einzige als öffentlich inszenierter Handlungsort, an dem entsprechende Begegnungen stattfinden können, ist der Handlungsort des Parks. Dieser wird dabei als leere Fläche inszeniert oder als Raum, der zunächst frei zu sein scheint von etwaigen kulturellen Zuschreibungen und damit verknüpften Konfliktpotenzialen. Als Handlungsort ist der Park somit herausgenommen aus dem Geflecht der vielfach thematisierten, anderen Handlungsorte, die bereits über ihre filmische Gestaltung als kulturell aufgeladene bzw. von bestimmten Figuren besetzte oppositionäre, semantische Räume inszeniert werden. Müssen solche mit kulturellen Bedeutungen aufgeladenen Räume von kulturell differenten Charakteren geteilt werden, kommt es zu potenziell konfliktären Begegnungssituationen – so suggerieren es viele der analysierten Sequenzen. Als kulturell neutrales Terrain inszeniert, dient der Park hingegen als Projektionsfläche für kulturelle Vielfalt im Sinne eines *Miteinanders*, an dem sich Menschen jenseits ihrer zugeschriebenen Differenzen in einem harmonischen Miteinander begegnen können. Bezeichnend ist, dass in den entsprechenden filmischen Kontexten die Begegnungssituation in einem temporär limitierten Spiel (z. B. Drachensteigen lassen, Trommelkreis, Baseballspiel) mündet – also in einem gespielten, simulierten Miteinander.

Darüber hinaus ist es interessant, dass in diesen Kontexten zusätzlich die bereits ausgeführte Metapher des Regenbogens bedient wird – sowohl visuell als auch auf der verbalen Ebene. New York City als Stadt kultureller Vielfalt im Sinne eines interkulturellen Miteinanders, in welchem kulturelle Differenzen aufgelöst oder wertgeschätzt werden, kann daran anlehnend als metaphorisch inszenierte, utopische Vorstellung entzaubert werden.

Angelehnt an die im Rahmen der theoretischen Perspektiven erläuterten Sichtweisen auf Vielfalt im US-amerikanischen Kontext betrachten die analysierten Filme gesellschaftliche kulturelle Heterogenität somit als eine Vielfalt, die auf der Existenz voneinander unterscheidbarer Gruppen basiert. Diese wird dabei über individuelle Figuren inszeniert, die mit ebendieser Gruppe identifiziert werden bzw. sich selbst mit ihnen identifizieren. In ihrem alltäglichen Miteinander grenzen sich die als kulturell different markierten Individuen bewusst und größtenteils kategorisch voneinander ab. Dabei referieren die Filme auf das politisch-gesellschaftlich etablierte Modell einer US-amerikanischen Gesellschaft im Sinne eines interaktiven Pluralismus. Nach diesem werden kulturell differente Gruppen und Individuen konzipiert, als sich in ständiger alltäglicher Interaktion miteinander und untereinander befindliche dynamische Einheiten, die soziale und moralische Grenzen bzw. kulturelle Ordnungen und Identitäten ständig neu verhandeln. Dabei streben sie, zumindest auf einer theoretischen Ebene, nach gegenseitiger Anerkennung ihrer Differenzen (vgl. HARTMANN und GERTEIS 2005: 231 f.; ALEXANDER 2001: 246). Die analysierten Filmsequenzen zeigen jedoch auf, dass dies im Kontext der filmischen Realität nur bedingt möglich ist und aktualisieren somit tendenziell auch die Perspektive eines kulturell fragmentierten Pluralismus.

Damit greifen die analysierten Filme einen Topos auf, der in zahlreichen medialen Formaten, aber auch in alltagsweltlichen Kontexten von und über New York City vermittelt wird: Die Stadt ist eine *Stadt der kulturellen Vielfalt*, in der Menschen unterschiedlichster kultureller Herkunftskontexte zusammenkommen oder zusammenleben und sich in alltäglichen Begegnungen miteinander auseinandersetzen. Kulturelle Differenzen verschwinden dabei jedoch nicht in assimilatorischer Manier, sondern bleiben vielmehr in einem Nebeneinander bestehen. In Anlehnung an die in der Einleitung (vgl. Kapitel 1) vorgenommene Kontextualisierung der Betrachtung kultureller Vielfalt in Großstädten zeigt sich das filmische New York City als „location of difference" (GEORGIOU 2008: 229) – als urbaner Raum, in dessen Kontext sich das Phänomen und die Relevanz kultureller Differenzen beobachten und nachvollziehen lassen, denn: „In the metropolis, encounters and cultural differences are inherent components of daily life" (DIRKSMEIER, HELBRECHT und MACKRODT 2014: 300):– „[D]ifference matters" (VALENTINE 2008: 334).

Letztendlich bestätigen und aktualisieren die analysierten Filme dadurch eine medial verankerte Persistenz der vielfach diskutierten Metapher von New York City als *Salad Bowl, Cultural Mosaic* oder auch *Pressure Cooker* (vgl. GLAZER und MOYNIHAN 1963; GLEASON 1992; vgl. JACOBSON 2006; FONER 2007; FERTITTA 2009; PAUL 2014) und tragen zur gesellschaftlichen Aufrechterhaltung ebendieser bei. In Anlehnung an BANERJEE (2017) lässt sich zudem feststellen, dass die filmisch imaginierten Differenzierungsprozesse in ausgeprägtem Maße beeinflusst zu sein scheinen von den im US-amerikanischen Zensus etablierten Differenzkategorien *Race* und *Ethnicity*. So aktualisieren die betrachteten Filme

6.3 New York City als (filmische) Stadt kultureller Koexistenz

die soziale Bedeutung von Selbst-/Fremdeinordnung über mehr oder weniger diffuse ethnisch-rass(ist)ische Zugehörigkeiten. In jüngeren Filmbeispielen zeigt sich ein stellenweises Aufbrechen solcher Darstellungsweisen. Kulturelle Differenzierungen werden hier subtiler inszeniert und dabei u. a. auf Optionen individueller kultureller Identitätskonstruktionen verwiesen, welche offenere (Re-)Kombinationen kultureller Variablen ermöglichen. Entsprechende Ansätze zur Inszenierung interkulturellen Miteinanders referieren implizit auf aktuelle intellektuelle Diskurse und Konzeptionen von gesellschaftlicher Vielfalt. Solche Filme (z. B. *The Namesake*, *New York, I Love You* oder *Learning to Drive*) beginnen damit, ein offeneres Bild des interkulturellen Miteinanders von Menschen in New York City zu zeichnen – zumindest in Ansätzen und durch den Einsatz transkultureller Figuren, die als Grenzgänger:innen auf Potenziale kultureller Vielfalt verweisen. Oftmals bleiben diese Ansätze jedoch vage und metaphorisch.

Ein interkulturelles Miteinander im Sinne eines interkulturellen Möglichkeitsraums lässt sich dabei oftmals als illusorisches Moment decodieren, das sich in der wiederkehrenden Metapher des Regenbogens als temporär limitiertes Phänomen spiegelt. Der Regenbogen steht hierbei nicht als Symbol für eine interkulturelle Harmonie und Akzeptanz, wohl aber für die alltägliche Koexistenz und Toleranz voneinander separierter kultureller Gruppen und Individuen in einem interkulturellen Nebeneinander. Als Metapher und Symbol für kulturelle Vielfalt wird der Regenbogen hier zur Metapher des (leeren) Scheins (vgl. GOETHE 1965: 608) einer kulturellen Vielfalt im Sinne eines als positiv gedeuteten Element der Gesellschaft. Eine solche Konzeption von kultureller Vielfalt bleibt – wie letztendlich auch der physikalische Regenbogen – ein wenig greifbares Phänomen, das nur für den kurzen Moment des gespielten Miteinanders als interkultureller Möglichkeitsraum Bestand hat. So wie in einem Regenbogen die sichtbaren Farben in der Regel weitestgehend getrennt voneinander existieren und nur temporär überlappen, funktioniert kulturelle Vielfalt im filmischen New York City am besten in einer als kulturelles Nebeneinander verstandenen Koexistenz. In dieser steht die Zugehörigkeit zu einer imaginierten Gruppe oder Gemeinschaft über dem alltäglichen Ausleben kultureller Vielfalt im Sinne eines positiv konnotierten Miteinanders, welches individualisierte Lebensentwürfe ermöglichen würde (vgl. RECKWITZ 2017). Ein harmonisches Miteinander von als kulturell different gezeichnete Figuren, welches kulturelle Vielfalt als eine positiv konnotierte soziale Tatsache im Sinne zeitgenössischer Diskurse um Diversität speist, wird jedoch nur selten als einträgliche Möglichkeit inszeniert – die Imagination einer Stadt der kulturellen Koexistenz bleibt somit persistent.

Das filmisch imaginierte New York City wird dadurch zur Projektionsfläche einer kulturell heterogenen Gesellschaft, in der die Protagonist:innen entweder räumlich segregiert voneinander koexistieren, oder in Begegnungskontexten in einem tolerierenden Nebeneinander ihre Differenzen dulden und dabei scheinbar etablierte Muster und territorial verankerte Machtstrukturen möglichst nicht herausfordern. Interkulturelle Begegnungen funktionieren primär in einem Nebeneinander, welches etablierte Muster kultureller Differenzen akzentuiert, d. h. kulturelle Differenzen werden im Kontext von Interaktionen kontinuierlich hervorgehoben und somit aktualisiert. Dies lässt sich als ein Prozess deuten, der letztendlich zu einer stetigen lokalen und sozialen Abgrenzung der Stadtbewohner:innen führt. Nahezu jegliche Form der Überschreitung etablierter Grenzen führt zur Eskalation von Konflikten zwischen Individuen und/oder Communitys.

Somit verweisen die analysierten Filme auf ein Bild von New York City, wie es beispielsweise auch GOLDSCHMIDT (2006) in seiner Publikation über das alltägliche Zusammenleben und die daraus resultierenden Differenzierungsprozesse und Konflikte der jüdisch ultra-orthodoxen und African American sowie West-Indian Communitys in Crown Heights (Brooklyn) beschreibt: Unter dem Schlagwort der *Geographies of Differences* zeigt er auf, dass New York City eine im höchsten Maße räumlich differenzierte Stadt sei, in der kulturelle Communitys entlang ethnischer, *racial* und religiöser Indikatoren spezifische Identitäten ausbilden würden, welche sich in räumlich voneinander abgegrenzten Bereichen in den Nachbarschaften der Stadt niederschlagen.

„New York City is often described (...) as a city of neighborhoods – a patchwork metropolis made up of distinctive places, with flavors and characters all their own. (...) The boundaries of such places are often tied to the identities of the city's racial, ethnic, and religious communities" (GOLDSCHMIDT 2006: 76).

GOLDSCHMIDT (2006: 237) kritisiert, dass sich die US-amerikanische Gesellschaft auch im 21. Jahrhundert weiterhin als multikulturelle Gesellschaft verstehen würde, in der eine Mehrheit kulturelle Vielfalt über etablierte und reduzierende konzeptuelle Kategorien wie Religion, Ethnizität und *Race* begreife und somit in einem kategorialen Denken über kulturelle Vielfalt verankert bleibe. Das Zusammenleben einer kulturell vielfältigen Gesellschaft würde dabei häufig als multikulturelle Koexistenz verstanden, in der Differenzen zwar toleriert, jedoch nicht überwunden werden können.

Die vorliegende Studie zeigt auf, dass dementsprechende Vorstellungen nicht nur auf alltagsweltlichen Ebenen fest etabliert zu sein scheinen, sondern auch eingeschrieben sind in audiovisuell vermittelte filmische Geschichten über New

6.3 New York City als (filmische) Stadt kultureller Koexistenz

York City. So wird auch in Spielfilmen das alltägliche Miteinander von kulturellen Differenzierungsprozessen dominiert, welche zu einer sozialen und lokalen Abgrenzung zwischen Individuen, Gruppen und Gemeinschaften führt. Spielfilme (re)konstruieren somit die von GOLDSCHMIDT erläuterte Geographie der Differenz, die sich in einer kulturellen Koexistenz manifestiert. Hierin zeigt sich einmal mehr die komplexe Wechselwirkung zwischen alltagsweltlichen und filmischen Welten. Das diskutierte Beispiel verweist damit auf die Relevanz, filmisch imaginierte, räumliche Repräsentationen kritisch zu hinterfragen und zu dekonstruieren, um zu einem besseren Verständnis gesellschaftlicher Weltbilder beizutragen.

Zusammenfassung und Fazit 7

Die vorliegende Studie hatte zum Ziel, in filmgeographischer Perspektive das Phänomen interkultureller Begegnungen als filmische Raumkonstruktionen in den Blick zu nehmen. Mit der Analyse der facettenreichen Inszenierung interkultureller Begegnungen liefert sie einen Beitrag zur Dekonstruktion filmisch imaginierter Weltbilder unter besonderer Berücksichtigung der Thematik interkultureller Begegnungen. Die Studie gibt Aufschluss darüber, wie Spielfilme ein spezifisches Wissen über ein gesellschaftliches, interkulturelles Miteinander generieren und adressiert damit ein Desiderat an der Schnittstelle von Filmgeographie und interkultureller Studien.

Aufgrund der interdisziplinären Rahmung und der adressierten Themenfelder (u. a. Interkulturalität und kulturelle Vielfalt, städtischer Raum, filmische Inszenierung von Gesellschaft) berücksichtigt die Studie diverse Interrelationen zwischen theoretisch-akademischen Ansätzen und Diskursen und medial inszenierten Welten (Kapitel 1). Den Ausgangspunkt bildete die Feststellung, dass eine kritisch-reflektierte und theoretisch fundierte Auseinandersetzung der filmischen Inszenierung interkultureller Thematik bislang eine Forschungslücke darstellt. Dieses Desiderat wurde in die Forschungsfrage übersetzt, wie und in welcher Weise US-amerikanische Spielfilme interkulturelle Begegnungen und kulturelle Vielfalt im Kontext einer filmischen Stadt konstruieren und inszenieren. Ergänzend wurden drei Teilaspekte erläutert, die im Fokus der Analyse standen: Zunächst wurde danach gefragt, *wo* – also an welchen Handlungsorten – sich interkulturelle Begegnungen ereignen. Ein zweiter Fokus lag auf dem *Wie* der Konstruktion und Inszenierung interkultureller Begegnungen. Diesbezüglich wurde nach den filmspezifischen Konstruktionselementen und den filmübergreifend wiederkehrenden Darstellungs- und Konstruktionsweisen interkultureller

Begegnungen gefragt. In filmgeographischer Perspektive wurden sechs Inszenierungsstrategien interkultureller Begegnungen herausgearbeitet und in Bezug auf das filmische Setting New York City verdichtet.

New York City ist als Fallbeispiel für die vorliegende Studie prädestiniert. Die Stadt wird in alltagsweltlichen wie auch in medialen Diskursen immer wieder als *Stadt kultureller Vielfalt* bezeichnet und vielfältig als solche imaginiert (Kapitel 2). Aus medienkulturgeographischer Perspektive kann davon ausgegangen werden, dass unsere Vorstellungen von der Welt und somit auch von New York stark mit solch medialen Bedeutungskonstruktionen verschränkt sind. Hervorzuheben ist hierbei die Relevanz von Spielfilmen, die im Fokus der Studie stehen. Diese reflektieren kulturell vielfältige Lebensweisen und Konflikte besonders vielschichtig. In dieser Perspektive wird New York City als filmische Konstruktion einer sozialen, interkulturellen Wirklichkeit in den Blick genommen.

Als konzeptionellen Rahmen postuliert die Studie einen multiperspektivischen Ansatz zur mikroanalytischen Auseinandersetzung mit Interkulturalität und kultureller Vielfalt in städtischen Kontexten. Dieser Ansatz basiert auf der Ausgangsbeobachtung, dass gesellschaftliche und kulturelle Heterogenität ein zentrales Merkmal urbaner Kontexte darstellt, wobei globale Orte wie New York City als kulturelle Kontaktzonen besonders dynamische Geographien kultureller Vielfalt hervorbringen. Die theoretische Folie integriert drei zentrale Bausteine (Kapitel 3): Die Basis bilden Ansätze der Forschungsrichtung der Geographien der Begegnung/ Interaktionsgeographie. An diese angelehnt wird ein Fokus auf die Mikroperspektive zwischenmenschlicher Interaktionen in städtischen Kontexten gelegt. Städte werden demnach als Orte der Begegnung betrachtet, die als räumliche Konstrukte erst durch Begegnungen konstruiert werden. Städte lassen sich in dieser Sichtweise als Verdichtung von zwischenmenschlichen Interaktionen verstehen – als „site[s] of constitutive heterogeneity and encounter" (WILSON und DARLING 2016: 11). Zu den räumlichen Prozessen und Phänomenen, die sich in Städten als bedeutungsgeladene *Geographien der Begegnung* vollziehen, gehört aus dieser Perspektive auch das Phänomen kultureller Vielfalt der Stadtbewohner:innen, die als interaktiv hervorgebrachte, soziale Konstruktion zu betrachten ist. Diesem Verständnis ist inhärent, dass eine Stadt erst durch ebensolche Begegnungen als mannigfaltiges räumliches Bedeutungsgeflecht konstruiert wird.

Ausgehend von einem offenen Kulturbegriff integriert die theoretische Folie die Konzepte von Interkulturalität, kultureller Differenzierung und kultureller Vielfalt. Unter Interkulturalität wird hierbei das verstanden, was im kommunikativen Austausch zwischen Personen entsteht, denen ein differenter kultureller

Hintergrund zugeschrieben wird. Im Kontext einer Interaktion stehen sich Menschen nicht als kulturell homogene Einheiten gegenüber – sondern vielmehr als individuelle Akteur:innen mit vielfältigen, kulturellen Erfahrungshintergründen. Kulturelle Vielfalt wird dabei als das Resultat von Differenzhandlungen verstanden – als soziale Konstruktionen, die in Kommunikationsprozessen wechselseitig hervorgebracht werden. Interkulturalität und kulturelle Vielfalt werden hierbei als zusammenhängende Konzepte gedacht.

Integriert werden die theoretischen Fragmente im Konzept des *Interkulturellen Raums*. Ein interkultureller Raum beschreibt eine interkulturelle Begegnungssituation, in deren Rahmen kulturelle Positionen ausgehandelt und Aspekte kultureller Vielfalt interaktiv als räumliches Phänomen konstruiert werden. Er wird somit verstanden als zwischenmenschlicher Kommunikationsraum – ein dynamischer Moment des kulturellen Dazwischen. Drei zentrale Spezifika interkultureller Räume wurden hierfür eingeführt: Erstens basieren sie auf interkulturellen Begegnungen, die sich an Orten, denen ein interkulturelles Potenzial innewohnt, ereignen. In ihrem Zentrum stehen zweitens Grenzüberschreitungen. Eine Grenze wird dabei als prozessual konstruiertes Phänomen begriffen – als Aushandlungsbereich des Bekannten und Unbekannten. Drittens unterliegen interkulturelle Räume einer Eigendynamik, da kontextabhängig unterschiedliche Aspekte von Differenz verhandelt werden. Interkulturelle Räume können als Räume des Nebeneinanders und Räume des Miteinanders bestehen. Während in Ersteren (un)bekannte Elemente bestehen bleiben und es zu Missverständnissen und gegenseitigem Nicht-Verstehen kommt, lösen sich in zweiteren das Bekannte und Unbekannte als eindeutige Kategorien auf, da im Kommunikationsprozess interkulturelle Anschlussstellen erarbeitet werden.

Das Modell wird im Kontext der Studie für eine dezidert filmgeographische Perspektive adaptiert und in Referenz auf filmgeographische Termini modifiziert. Dabei wird berücksichtigt, dass es sich bei den betrachteten filmischen Begegnungssituationen bereits um filmische Konstruktionen handelt, die auf spezielle Art und Weise inszeniert und somit, im Gegensatz zu alltagsweltlichen Begegnungen, intendiert, nicht ergebnisoffen und in ihrer Komplexität reduziert sind. Filmisch inszenierte interkulturelle Räume sind dementsprechend als audiovisuelle Konstruktionen zu verstehen, die über spezifische filmische Techniken und Strategien der Inszenierung hergestellt werden. Das Konzept des interkulturellen Raums bleibt jedoch nicht per se auf filmische bzw. mediale Sinnzusammenhänge beschränkt. Vielmehr kann es für zukünftige Studien auch an lebensweltliche Kontexte angelegt werden und auf diese Weise dazu beitragen, die komplexen Funktionsweisen interkultureller Begegnungssituationen auch in alltagsweltlichen Kontexten besser zu erklären und zu verstehen.

Den methodischen Rahmen der Studie bildet die geographische Sequenzanalyse (Kapitel 4). Deren hermeneutisch orientierte, interpretativ-verstehende Arbeitsweise fußt auf gängigen Modellen der Filmanalyse und integriert interdisziplinäre Aspekte zur Erforschung audiovisueller Medieninhalte. Basierend auf einem thematisch zusammengestellten Filmkanon von 250 Filmen mit interkultureller Alltagsthematik wurde schrittweise ein Analysekorpus generiert, der final 17 Spielfilme aus den Jahren 1987 bis 2015 umfasst. Als besonders interessant für die Studie erwiesen sich postklassische US-amerikanische Independent-Filme. Die dichte Lektüre und Analyse ausgewählter Schlüsselsequenzen basiert auf Sequenzprotokollen, welche in zahlreichen Zyklen aus Sichtung, Analyse angefertigt und einer filmübergreifender Interpretation unterzogen wurden. Ein Fokus lag auf den medial erzeugten und vermittelten vielschichtigen Konstruktionen interkultureller Begegnungen, deren Bedeutung sich insbesondere aus dem Zusammenspiel der Handlungsorte und -figuren sowie filmspezifischen Gestaltungsmitteln ergibt. Im Fokus der vielschichtigen Analyse des filmischen Materials stehen sechs Facetten interkultureller Räume (interkulturelle Differenzierungs-, Irritations-, Diskriminierungs-, Grenz-, Unmöglichkeits- und Möglichkeitsräume), die als vielschichtige Inszenierungsstrategien interkultureller Begegnungen interpretiert werden. Diese wurden in Bezug auf zentrale Schlüsselsequenzen detailliert beschrieben (Kapitel 5) und hinsichtlich der oben erläuterten, mehrteiligen Fragestellung der Studie diskutiert (Kapitel 6).

Als die zwei wesentlichen Konstruktionselemente interkultureller Begegnungen im Spielfilm wurden die filmischen Handlungsorte und die filmischen Handlungsfiguren, welche einen Ort auf unterschiedliche Art und Weise besetzten, erörtert. Beide Elemente werden über audiovisuelle Zuschreibungen mit kulturellen Bedeutungen aufgeladen.

Filmische Handlungsorte bekommen ein interkulturelles Potenzial zugeschrieben, wenn eine als kulturell different dargestellte Figur hinzukommt. In diesem Fall entfaltet sich eine instabile Kommunikationslage, auf deren Basis eine Konfrontation mit und Thematisierung von kulturellen Differenzen erfolgen kann. Die filmischen Konstruktionselemente, auf deren Basis kulturelle Differenzen konstruiert und inszeniert werden, finden sich auf der visuellen und auditiven Ebene, der Ebene der Handlung, der Ebene des Schauspiels sowie der Ebene der Kameraarbeit. Auf jeder dieser Ebenen werden vielschichtige Bedeutungszuschreibungen vorgenommen, die in der Konstruktion kultureller Differenzen münden. Die einzelnen Elemente wirken im Kontext filmischer Inszenierungen stets zusammen. Im Kontext der filmischen Handlung sind Handlungsorte und Handlungsfiguren nicht als getrennt voneinander existierende Elemente zu betrachten, sondern als komplexes Wirkungsgefüge, das nur analytisch abstrahiert werden kann. In ihrem

7 Zusammenfassung und Fazit

Zusammenspiel erzeugen sie auf filmischer Ebene zeitlich und lokal fixierte Settings mit instabiler Kommunikationslage. Dieses komplexe Arrangement wird als Basiseinheit der Konstruktion interkultureller Räume interpretiert. In diesem komplexen Zusammenwirken werden interkulturelle Begegnungen als interkulturelle Räume filmisch inszeniert. Diese Darstellungsweisen wurden im Kontext der Studie filmübergreifend analysiert und in einem weiteren Schritt als Inszenierungsstrategien interpretiert. Diese verdeutlichen filmspezifische Möglichkeiten, auditive, visuelle und narrative Aspekte auf vielschichtige Weise miteinander zu verknüpfen. Im Rahmen der durchgeführten Analyse ausgewählter Schlüsselsequenzen zeigt sich, wie interkulturelle Begegnungssituationen konzipiert und inszeniert werden. Die Inszenierungsstrategien durchdringen sich auf narrativer Ebene, sodass in einer Sequenz teils mehrere interkulturelle Räume gleichzeitig bestehen. Die filmische Inszenierung von interkulturellen Begegnungen baut weniger auf einer konstruktivistischen, offenen Haltung gegenüber kulturellen Unterschieden und Gemeinsamkeiten auf, wie zeitgenössische akademische Perspektiven es meist postulieren. Vielmehr sind die Inszenierungen durchdrungen von essenzialistischen Kategorisierungen und aktualisieren in teils stereotypisierender Manier eine Perspektive, in der kulturelle Differenzen als separierende, kaum verhandelbare Tatsachen bestehen:

- **Interkulturelle Differenzierungsräume** sind geprägt von Prozessen der wechselseitigen Differenzierung der Akteur:innen. Diese funktioniert häufig über plakative Markierungen von Orten und Figuren – z. B. über körperliche Merkmale wie Hautfarbe, Kleidungsstücke oder Accessoires, die im Interaktionsprozess als Zeichen kultureller Differenz betont werden.
- **Interkulturelle Irritationsräume** entfalten sich entlang der Inszenierung alltäglicher Handlungen und Praktiken. Kulturelle Differenzen werden hierbei im konkreten Handlungsvollzug der Charaktere inszeniert, beispielsweise über Begrüßungsformen, die Art und Weise zu sprechen oder Essenstechniken.
- **Interkulturelle Diskriminierungsräume** rücken die Artikulation von Vorurteilen, Stereotypisierungen und diskriminierenden Handlungen in den Fokus der filmischen Handlung.
- **Interkulturelle Grenzräume** betonen Abgrenzungsprozesse zwischen den Interaktionspartner:innen und rücken das Motiv der Grenze explizit in den Fokus der Interaktion. Beispielsweise verweisen Figuren u. a. darauf, dass ihre Handlungsfähigkeit auf Basis kultureller Aspekte (z. B. Werte, Normen, Umgangsformen) eingeschränkt sei.
- **Interkulturelle Unmöglichkeitsräume** entstehen dann, wenn materiell, symbolisch oder kommunikativ gezogene Grenzen von Protagonist:innen gezielt

überschritten werden. In diesem Rahmen werden kulturelle Differenzen zu unverhandelbaren Tatsachen stilisiert, welche dysfunktionale, unmögliche Kommunikationen evozieren.
- **Interkulturelle Möglichkeitsräume** inszenieren kulturelle Grenzen als flexible Grenzbereiche, die von spezifischen Grenzgänger:innen temporär überwunden werden können – u. a. durch das Erlernen neuer Praktiken und Anpassungsstrategien. Teils werden solche Grenzgänge auch als metaphorische Illusionen dargestellt, die sich als besondere Qualität filmischer Inszenierungen interpretieren lassen.

Drei Aspekte sollen an dieser Stelle als zentral für die Inszenierung interkultureller Räume im Spielfilm hervorgehoben werden: Erstens stehen im Fokus der Inszenierung interkultureller Begegnungen Differenzierungsprozesse, in deren Kontext kulturelle Unterschiede betont werden. Dabei werden kulturelle Differenzen (selten auch Gemeinsamkeiten) maßgeblich in Bezug auf die Kategorien Ethnizität, *Race* und Religion verhandelt. In der Inszenierung verschmelzen diese meist in der diffusen Kategorie der *Herkunft*. Mit dieser Kategorie werden kulturelle Unterschiede assoziiert, die teils äußerst plakativ und stereotypisierend, teils jedoch auch stärker codiert vermittelt werden. Es zeigte sich dabei eine Dominanz essentialisierender Kategorisierungen, in deren Kontext Differenzen als unverhandelbare Tatsache dargestellt werden. Häufig geschieht dies auf Basis plakativer und starrer Kategorisierungen, die auf mit dem Körper assoziierte Merkmale verweisen (z. B. Hautfarbe, Kleidung, Accessoires, Sprache). Über diese wird eine scheinbare kulturelle Differenz artikuliert. Auf Basis unterschiedlicher Differenzierungsaspekte (z. B. Hautfarbe, religiöse Aspekte, kulturelle Praktiken etc.) werden deutende Beschreibungen vorgenommen, die sich in Anlehnung an HA und SCHNEIDER (2016: 48) als Essentialismen generierende Rassifizierungen deuten lassen.

Damit eng verbunden ist zweitens, dass interkulturelle Begegnungssituationen von gegenseitigen sozialen wie lokalen Abgrenzungsprozessen und Grenzüberschreitungen dominiert sind. Abgrenzungsprozesse zeigen sich in einem stetigen Markieren, Überschreiten und Austarieren kultureller Grenzen. Grenzziehungen und -überschreitungen sind teils ganz konkret dargestellt, z. B. wenn eine Straße zur unüberwindbaren Grenze zwischen ethnisch konnotierten Communitys wird. Teils findet die Inszenierung auch subtiler im Kontext alltäglicher Praktiken und kommunikativer Äußerungen statt. Werden als *kulturell* deklarierte Grenzen nicht toleriert, werden sie zu brüchigen Konfliktlinien.

7 Zusammenfassung und Fazit

Aus dem stetigen Markieren, Überschreiten und Austarieren von Grenzen resultiert drittens, dass interkulturelle Begegnungen meist nur in einem interkulturellen Nebeneinander funktionieren können. Ein interkulturelles Miteinander ist oft an die Bereitschaft einzelner Akteur:innen gebunden, sich anzupassen, meist als Konfliktvermeidungsstrategie, und bleibt temporär beschränkt. Spielfilmen ist es zudem über den Einsatz filmästhetischer Mittel möglich, metaphorische Illusionen eines interkulturellen Miteinanders zu erzeugen, die oftmals als utopisches Moment dekonstruiert werden können. In Bezug auf die theoretischen Ausführungen zeigt sich, dass in den analysierten Sequenzen interkulturelle Räume des Nebeneinanders und des Miteinanders quasi ein Kontinuum bilden, wobei erstere Kategorie dominiert.

Vor diesem Hintergrund zeigt sich schließlich, dass New York City in den analysierten Spielfilmen als *Stadt kultureller Koexistenz* inszeniert wird, in der sich alltägliche interkulturelle Begegnungen von Personen in einem interkulturellen Nebeneinander niederschlagen. So thematisieren Spielfilme zwar, dass in New York City Menschen unterschiedlichster Herkunftskontexte und kultureller Prägungen zusammenkommen. Es zeigt sich jedoch, dass die Inszenierung dieser Vielfalt lediglich auf die Existenz voneinander unterscheidbarer Gruppen und Handlungspersonen beschränkt ist, die sich beständig voneinander abgrenzt. Ein alltägliches Miteinander von Menschen, denen auf filmischer Ebene differente und zumeist unspezifisch artikulierte, kulturelle Kontexte zugeschrieben werden, kann nur in einem *interkulturellen Nebeneinander* funktionieren, in dem diese Unterschiede geachtet bzw. toleriert werden. Ist dies nicht der Fall, kommt es zu folgenschweren, konfliktbehafteten Auseinandersetzungen.

New York City fungiert somit als Projektionsfläche einer mehr oder weniger separierten multikulturellen Gesellschaft – alltägliche kulturelle Differenzierungsprozesse führen hier zu einer beständigen sozialen und lokalen Abgrenzung zwischen Akteur:innen; Grenzen werden permanent markiert, überschritten oder austariert. Etablierte Muster kultureller Differenzen und hegemoniale Machtansprüche im städtischen Raum dürfen dabei möglichst nicht herausgefordert werden, um Eskalationen und Konflikte zu vermeiden. Somit kreieren die betrachtete Filme Bilder einer multikulturellen Stadt und aktualisieren dabei im Kern prominente Metaphern von New York City als *kulturellem Mosaik*. Letztendlich (re-)konstruieren filmische Darstellungen eine *Geographie der Differenz* (GOLDSCHMIDT 2006), die in einem kategorialen Denken über kulturelle Vielfalt verhaftet bleibt und zu einer räumlichen Abgrenzung zwischen Individuen, Gruppen und Gemeinschaften führt.

Bezüglich der Aussagekraft und des Wirkungsrahmens der vorliegenden Studie ist anzumerken, dass hier *eine* Möglichkeit aufgezeigt wird, sich dem Themenfeld filmisch imaginierter interkultureller Begegnungssituationen aus filmgeographischer Perspektive anzunähern. Die hier vorgestellte Analyse und Interpretation geben Aufschlüsse über die Art und Weise, wie Filme interkulturelle Begegnungen in städtischen Kontexten inszenieren. Die Studie liefert Ansätze dafür, wie solch vielschichtig codierte audiovisuelle Konstruktionen aus kritischer Perspektive hinterfragt werden können. Die Analyse beschränkt sich mit dem Fallbeispiel New York City jedoch auf einen spezifischen US-amerikanischen Kontext. Inwiefern sich die hier herausgearbeiteten Inszenierungsstrategien und Erkenntnisse gleichermaßen auf andere Kontexte übertragen lassen, kann an dieser Stelle nicht abschließend beantwortet werden. Angesichts der hegemonialen Stellung der US-amerikanischen Kultur- und Filmindustrie ist anzunehmen, dass auch andere Spielfilme bzw. filmische Formate ähnliche Elemente, Techniken und Strategien nutzen, um interkulturelle Begegnungen zu inszenieren und den Eindruck kultureller Vielfalt zu konstruieren. Ob dies tatsächlich der Fall ist und inwieweit Filme aus anderen Produktionskontexten, oder mit einem Fokus auf andere Settings, eigene Inszenierungsstrategien erzeugen, müsste im Kontext weiterer Studien weiter erforscht werden. Dabei wäre es sicherlich gewinnbringend, solche Inhalte zu analysieren, die sich aus aktueller Perspektive explizit mit Themen kultureller Differenz und Vielfalt beschäftigen und dabei auch filmisches Material zu berücksichtigen, das in anderen lokalen Kontexten verankert ist. Hinsichtlich der Frage, inwiefern die herausgearbeiteten Ergebnisse auf andere mediale Kontexte übertragen werden können, stößt die Studie folglich an eine konzeptionelle Grenze. Das Feld der medialen Inszenierung interkultureller Thematiken hält folglich auch für zukünftige Forschungsarbeiten zahlreiche offene Fragen und spannende Anknüpfungspunkte bereit. Dies gilt nicht nur für filmgeographische Studien – vielmehr eröffnen sich in diesem breiten Spannungsfeld zahlreiche interdisziplinär relevante Fragestellungen.

Ausblickend lassen sich diesbezüglich drei potenzielle Themenfelder hervorheben, die besonders interessant und fruchtbar erscheinen: Zunächst wäre es aufschlussreich, neben (Kino-)Spielfilmen auch andere filmische Formate zu untersuchen. Eine große Bedeutung kommt heute insbesondere filmischen und seriellen Formaten zu, die auf digitalen Streaming-Plattformen (z. B. Netflix, Amazon Prime) weltweit Verbreitung finden und dabei ein breites, heterogenes Publikum erreichen (vgl. Statista 2019; LOBATO 2019). Die von diesen neuen Akteuren produzierten und weltweit zirkulierenden, äußerst populären audiovisuellen Formate finden bereits zunehmend Beachtung im Kontext wissenschaftlicher Studien (vgl. u. a. MCDONALD und SMITH-ROWSEY 2016). Auch

7 Zusammenfassung und Fazit

für medienkultur- und filmgeographische Fragestellungen bergen sie ein großes Potenzial, dem es sich anzunehmen gilt. Für zukünftige Studien wäre es beispielsweise interessant zu hinterfragen, inwiefern veränderte mediale (Organisations-) Strukturen auch veränderte Darstellungs- und Imaginationsräume erzeugen. Dies gilt insbesondere für die Verhandlung von Themen kultureller Vielfalt und Inklusion – heben entsprechende Anbieter doch gerade in jüngster Zeit verstärkt hervor, dass ihre Angebote diesbezüglich besonders divers seien (SMITH et al. 2021).

Zweitens besteht aus filmgeographischer Perspektive eine Forschungslücke auch in Bezug auf globale und globalisierte Filmkulturen – insbesondere hinsichtlich der Frage, inwiefern Produktionskontexte eines Films dessen interkulturelle Ausrichtung beeinflussen. Dies gilt insbesondere in Hinblick auf translokale, transnationale und globalisierte Produktionsbedingungen filmischer Werke, welche sich auch auf der ästhetischen und narrativen Ebene widerspiegeln können. Es wäre gewinnbringend, solch globale Filmkulturen auch aus filmgeographischer Perspektive zukünftig stärker in den Blick zu nehmen. Hierzu gehört insbesondere die Frage, „inwiefern in unterschiedlichen regionalen Kontexten entstandene Filme auch unterschiedliche kulturelle oder politische Wertemuster, Bedeutungen und Interpretationen von Welt und Gesellschaft transportieren – z. B. geopolitische Bilder, Geschlechterverhältnisse oder Konzepte von Identität – und wie diese in einem globalen Kontext gelesen werden können oder müssen" (SOMMERLAD, im Erscheinen). Diesbezüglich ist es denkbar, einen Fokus auf die Filmschaffenden als interkulturelle Akteur:innen im Filmproduktionsprozess zu legen bzw. auch die Relevanz und Ausrichtung interkultureller Thematiken in ihrem Œuvre (vgl. GADATSCH 2015) hervorzuheben. Hierzu sollte die analytische Perspektive um Dimensionen der Bedingungs- und Bezugsrealität (KORTE 2010) erweitert werden. Eine entsprechende Herangehensweise würde zugleich neue Perspektiven für eine filmgeographisch ausgerichtete Rezeptionsforschung eröffnen. Inspiration hierzu liefert beispielsweise MARKS' (2000) rezeptionstheoretische Studie zum interkulturellen Kino.

Ein dritter Gesichtspunkt, der im Kontext der durchgeführten Analyseperspektive nur bedingt angeschnitten wurde, ist die alltagsweltliche Ebene. So wurde zwar angesprochen, inwiefern die Filme über die Konstruktion und Inszenierung interkultureller Räume auf Aspekte der Lebenswelt verweisen. Besonders auf der Ebene der Wechselwirkung mit (hier: US-amerikanischen) gesellschaftlichen und politischen Geschehnissen und Diskursen besteht allerdings weiterhin Potenzial, das im Kontext weiterführender Studien in spezifischerer Perspektive analysiert werden kann. Anschlussfähig wäre beispielsweise die Frage danach, wie sich die Inszenierung interkultureller Begegnungen nach spezifischen historischen oder politischen Ereignissen verändert haben oder inwiefern aktuelle gesellschaftliche und politische Diskurse filmische Inszenierungen von interkulturellen Räumen beeinflussen. Insbesondere die zunehmende Relevanz von Diversitätsthematiken bildet hierfür einen wichtigen Rahmen.

Die gewonnenen Erkenntnisse unterstreichen die Relevanz, filmisch imaginierte räumliche Darstellungen kritisch zu hinterfragen, um etablierte Vorstellungsbilder über gesellschaftliche Realitäten, die gerade in der heutigen Zeit zunehmend von komplexen medialen Einflüssen durchdrungen sind, aufzubrechen. Denn: Als kulturelle Repräsentationen transportieren Spielfilme symbolische Repräsentationen kultureller Identitäten. Sie prägen, konstituieren und konstruieren soziale Wirklichkeiten und tragen zur Verräumlichung entsprechende Vorstellungsbilder bei. Auch wenn sie alltagsweltliche Realitäten nicht einfach spiegeln, erzeugen sie dennoch realitätsgenerierende Bedeutungen und stehen in Wechselwirkung mit alltagsweltlichen Phänomenen und Diskursen, für die sie scheinbare Orientierungshilfen anbieten. Die vorgelegte Studie liefert einen einschlägigen Beitrag zur wissenschaftlichen Auseinandersetzung mit interkulturellen Fragestellungen. Darüber hinaus stimulieren die Analyseergebnisse Debatten im Bereich einer interkulturellen Film- und Medienbildung und sind somit auch anschlussfähig für mediensensible, anwendungsbezogene (Bildungs-)Kontexte, denen insbesondere in globalisierten, kulturell diversen und medienaffinen Gesellschaften mehr denn je höchste Relevanz zukommt.

Anhang

1. Filmkorpus vor der finalen Fokussierung

Tabelle I Alphabetische Auflistung der zusammengetragenen Spielfilme mit interkultureller Thematik, alphabetisch sortiert (Zusammenstellung: Sommerlad 2021, Quelle: Imdb 2018)

	Titel	Jahr	Regisseur:in	Thema (Schlagwort, engl.)
1	16 Blocks	2006	Richard Donner	Cop Movie
2	2 Days in New York	2012	Julie Delpy	Family Clash, Interracial Love
3	25th Hour	2002	Spike Lee	Family, Friendship, Post 9/11
4	A Bronx Tale	1993	Robert De Niro	Italian Mafia, Interracial Love
5	A Price Above Rubies	1998	Boaz Yakin	Jewish Community Brooklyn
6	A Stranger Among Us	1992	Sidney Lumet	Detective, Jewish Community
7	Analyze That	2002	Harold Ramis	Mobster
8	Aaron Loves Angela	1975	Gordon Parks Jr.	Interracial Love, Romeo & Julia
9	Across 110th Street	1972	Barry Shear	Italian Mafia & Black Gang
10	America America	1963	Elia Kazan	American Dream, Immigration

(Fortsetzung)

Tabelle I (Fortsetzung)

	Titel	Jahr	Regisseur:in	Thema (Schlagwort, engl.)
11	American Gangster	2007	Ridley Scott	Drug Lord & Detective
12	Analyze This	1999	Harold Ramis	Mobster
13	Arranged	2007	Diane Crespo, Stefan C. Schaefer	Friendship
14	Badge 373	1973	Howard W. Koch	Cop Movie
15	Bamboozled	2000	Spike Lee	Racism, Blackfacing
16	Because of You / Kyoko	1996	Ryū Murakami	Friendship, HIV/AIDS
17	Black Caesar	1973	Larry Cohen	Mobster
18	Blue in the Face	1995	Paul Auster, Wayne Wang	Neighborhood
19	Borat: Cultural Learnings of America for Make Benefit Glorious Nation of Kazakhstan	2006	Larry Charles	‚Embarassing Stranger'
20	Brooklyn	2015	John Crowley	Interracial Love, Friendship
21	Brooklyn Babylon	2001	Marc Levin	Interracial Love
22	China Girl	1987	Abel Ferrara	Chinese Mafia, Detective
23	Chinese Puzzle/ Casse-tête chinois	2013	Cédric Klapisch	Family, Expats in NYC
24	Chutney Popcorn	1999	Nisha Ganatra	Family, Interracial Love, LGTBQ
25	Coming to America	1988	John Landis	American Dream, Comedy
26	Cop Out	2010	Kevin Smith	Buddy Cop
27	Cotton Comes to Harlem	1970	Ossie Davis	Harlem Detective, Blaxploitation
28	Crocodile Dundee I	1986	Peter Faiman	‚Embarassing Stranger'
29	Crocodile Dundee II	1988	John Cornell	‚Embarassing Stranger'
30	Crooklyn	1994	Spike Lee	Family, Black Brooklyn, Semi biographic
31	David & Layla	2005	J.J. Alani (Jay Jonroy)	Interracial Love
32	Do the Right Thing	1989	Spike Lee	Neighborhood Life/Conflct
33	Donnie Brasco	1997	Mike Newell	Italian Mafia, Undercover Cop
34	Edge of the City	1957	Martin Ritt	Friendship, Work, Racism
35	Fading Gigolo	2013	John Turturro	Friendship, Interracial Love
36	Falling for Grace	2006	Fay Ann Lee	Interracial Love
37	Fame	1982	Christopher Gore	High School, Friendship

(Fortsetzung)

Anhang

Tabelle I (Fortsetzung)

	Titel	Jahr	Regisseur:in	Thema (Schlagwort, engl.)
38	Finding Forrester	2000	Gus Van Sant	Friendship
39	Gangs of New York	2002	Martin Scorsese	History NYC, Gangs
40	Gentleman's Agreement	1947	Elia Kazan	Anti-Semitism
41	Ghost Dog: The Way of the Samurai	1999	Jim Jarmusch	Hitman, Mafia, Friendship
42	Goodfellas	1990	Martin Scorsese	Mafia
43	Greencard	1990	Peter Weir	Love, Immigration
44	Half Nelson	2006	Ryan Fleck	Friendship, School
45	Hannah and her Sisters	1986	Woody Allen	Family, Thanksgiving
46	Harlem Nights	1989	Eddie Murphy	1930ies, Gangster
47	Hell Up in Harlem	1973	Larry Cohen	Gangster, Black Mafia
48	How to lose Friends and Alienate People	2008	Robert B. Weide	Embarassing' Stranger
49	In America	2002	Jim Sheridan	Family, Immigration
50	In the Mix	2005	Ron Underwood	Mobster, Itlian Mafia, Interracial Love
51	Inside Man	2006	Spike Lee	Bank Robbery, Heist
52	Jungle 2 Jungle	1997	John Pasquin	‚Wild' Visitor
53	Jungle Fever	1991	Spike Lee	Interracial Love, Racism
54	King of New York	1990	Abel Ferrara	Gangster, Drugs
55	Learning to Drive	2014	Isabel Coixet	Friendship, Family
56	Little Odessa	1994	James Gray	Russian Community, Gangster
57	Lucky Number Slevin	2006	Paul McGuigan	Mafia (Jewish vs. Black), Heist
58	Maid in Manhattan	2002	Wayne Wang	Interracial Love, Class
59	Manhattan	1979	Woody Allen	Personal Relationship
60	Married to the Mob	1988	Jonathan Demme	Mafia, Undercover Cop
61	Mean Streets	1973	Martin Scorsese	Italian Mafia
62	Mickey Blue Eyes	1999	Kelly Makin	Italian Mafia
63	Money Train	1995	Joseph Ruben	Buddy Cop
64	Moonstruck	1987	Norman Jewison	Italian-American Family

(Fortsetzung)

Tabelle I (Fortsetzung)

	Titel	Jahr	Regisseur:in	Thema (Schlagwort, engl.)
65	Moscow on the Hudson	1994	Paul Mazursky	Immigration, American Dream
66	My Last Day Without You	2011	Stefan C. Schaefer	Interracial Love
67	New Jack City	1991	Mario Van Peebles	Black Gangster, Drugs, Cop
68	New York, I Love You	2008	Diverse	Short Stories, Neighborhood Life
69	Next Stop, Greenwich Village	1976	Paul Mazursky	50ies NYC, Jewish Family
70	Night on Earth	1991	Jim Jarmusch	Short Stories, Encounter
71	Once Upon a Time in America	1984	Sergio Leone	Jewish Gangster, Friendship
72	One Night Stand	1997	Mike Figgis	Love Triangle, HIV/AIDS
73	Pieces of April	2003	Peter Hedges	Family, Interracial Love
74	Prizzi's Honor	1985	John Huston	Crime Syndicate
75	Raising Victor Vargas	2002	Peter Sollett	Coming of Age
76	Romance in Manhattan	1935	Stephen Roberts	Immigration, American Dream
77	Saturday Night Fever	1977	John Badham	Family, Coming of Age
78	Save the Last Dance 2	2006	David Petrarca	High School, Friendship, Interracial Love
79	Saving Face	2004	Alice Wu	Chinese Family, LGTBQ
80	Shaft	1971, 2000	Gordon Parks, John Singleton	Black Cop, Blaxploitation
81	She's Gotta Have It	1986	Spike Lee	Feminism, Coming of Age
82	Side Streets	1998	Tony Gerber	Neighborhood Life
83	Smoke	1995	Paul Auster, Wayne Wang	Neighborhood Life
84	Sorry, Haters	2005	Jeff Stanzler	Post 9/11
85	Staten Island	2009	James DeMonaco	Neighborhood Life, Mafia
86	Staying Alive	1983	Sylvester Stallone	Personal Relationship
87	Stranger than Paradise	1984	Jim Jarmusch	Family, Friendship, Coming of Age
88	Super Fly	1972	Gordon Parks Jr.	Drug Dealer, Blaxploitation
89	Taxi Driver	1976	Martin Scorsese	Personal Struggle, Revenge
90	The Brother from Another Planet	1984	John Sayles	Alien, Harlem
91	The Cobbler	2014	Tom McCarthy	Neighborhood Life

(Fortsetzung)

Anhang

Tabelle I (Fortsetzung)

	Titel	Jahr	Regisseur:in	Thema (Schlagwort, engl.)
92	The Godfather I	1972	Francis Ford Coppola	Italian Mafia
93	The Godfather II	1974	Francis Ford Coppola	Italian Mafia
94	The Godfather III	1990	Francis Ford Coppola	Italian Mafia
95	The Immigrant	2013	James Gray	Immigration, American Dream
96	The Jazz Singer	1972, 1980	Alan Crosland, Richard Fleischer	Jewish Community, Coming of Age
97	The Namesake	2006	Mira Nair	Family, Love, Heritage
98	The Siege	1998	Edward Zwick	Terrorism, pre-9/11
99	The Terminal	2004	Steven Spielberg	Immigration, American Dream
100	The Visitor	2007	Tom McCarthy	Friendship, Immigration
101	The Wanderers	1979	Philip Kaufman	Gangs, Coming of Age, 60ies
102	The Warriors	1979	Walter Hill	Gangs
103	The Wedding Banquet	1993	Ang Lee	Queer Couple, Immigration
104	Today's Special	2009	David Kaplan	Family, Heritage
105	We Own the Night	2007	James Gray	Russian Mafia, Nightclub
106	West Side Story	1961	Jerome Robbins, Robert Wise	Gangs, Love, Romeo & Julia
107	Wolfen	1981	Michael Wadleigh	Horror
108	Year of the Dragon	1985	Michael Cimino	Chinese Mafia, Cop
109	You don't Mess with the Zohan	2008	Dennis Dugan	Embarrassing Stranger, neighborhood life Palestinian/Israel conflict
110	Zelig	1983	Woody Allen	Mockumentary, Melting Pot, human chameleon

2. Thematische Kategorisierung des Filmkorpus

Tabelle II Interkulturelle Themen und inhaltliche Bezüge von NYC-Filmen unter Angabe von Beispielfilmen aus dem Filmkorpus (Zusammenstellung: Sommerlad 2021, Quelle: Imdb 2018)

Thematischer Fokus	Inhaltlicher Fokus	Beispielfilme
Immigration	• Immigration von Menschen nach NYC in historischer und aktueller Perspektive • Fokus auf dem Schicksal individueller Immigranten/Familien und ihren Migrationsmotiven • Assimilation versus Segregation • „American Dream"	• *Romance in Manhattan* (1935) • *America America* (1963) • *Hester Street* (1975) • *Moscow on the Hudson* (1984) • *Gangs of New York* (2002) • *In America* (2002) • *The Immigrant* (2013)
Gangster und Mafia	• Fokus auf einer einzelnen ‚ethnischen' Gruppe im Gangster- oder Mafiamilieu • Gangkonflikte und rivalisierende Straßengangs • Buddy Cop-Movies • Großstädtisches Verbrechen • Mystische Verbrechenskontexte	• Russische Mafia: *Little Odessa* (1994), *We own the night* (2007) • Irische Mafia: *State of Grace* (1990) • Cosa Nostra: *The Godfather I, II, III* (1972, 1974, 1990), *Mean Streets* (1973), *A Bronx Tale* (1993). • Komödiantische Darstellungen: *The Gang that Couldn't Shoot Straight* (1971), *Prizzi's Honor* (1985), *Married to the Mob* (1988), *Analyze This* (1999), *Analyze That* (2002) • African American Mafia und „Ghetto"-Filme: *Cotton Comes to Harlem* (1970), *Shaft* (1971, 2000), *New Jack City* (1991) • Übergreifende Gruppierungen und Gangkonflikte: *King of New York* (1990), *Good Fellas* (1990), *Lucky Number Slevin* (2006), *Ghost Dog* (1999) • Rivalisierende Street-Gangs: *The Warriors* (1979), *The Wanderers* (1979), *The Lords of Flatbush* (1974), *Gangs of New York* (2002) • Buddy Cop-Movies: *Across 100th Street* (1972), *Badge 373* (1973), *Money Train* (1995), *Cop Out* (2010) • Mystische Verbrechen/ Horror: *Wolfen* (1981)

(Fortsetzung)

Anhang

Tabelle II (Fortsetzung)

Thematischer Fokus	Inhaltlicher Fokus		Beispielfilme
Alltägliches Zusammenleben (unterschiedliche Maßstabsebenen, 1-3)	• Zusammenleben ethnischer Gruppen in den Boroughs • Ethnische Nachbarschaften • Zwischenmenschliche Beziehungen und Interaktionen		
	1)	Allgemeines Zusammenleben, biografische Themen	• *Italianamerican* (1974), *Brighton Beach Memories* (1986), *Crooklyn* (1994), *Smoke* und *Blue in the Face* (1995)
	2)	Spannungen und Konflikte	• *Do the Right Thing* (1989), *A Stranger Among Us* (1992), *The Siege* (1998)
	3)	Familiäre Beziehungen, Generationenkonflikte, Konflikte ethnisch-kultureller Identität	• *The Jazz Singer* (1927, 1980), *Next Stop Greenwich Village* (1976), *Chutney Popcorn* (1999), *Saving Face* (2004), *Today's Special* (2009), *The Namesake* (2009)
	4)	Bekanntschaften und Freundschaften	• *Gentleman's Agreement* (1947), *Edge of the City* (1957), *Fame* (1980), *Kyoko* (1996), *Arranged* (2007), *Finding Forrester* (2000), *The Visitor* (2007), *Learning to Drive* (2014)
	5)	Liebesbeziehungen	• Romeo & Julia-Motiv: *Westside Story* (1961), *Aaron loves Angela* (1975), *China Girl* (1987), *Brooklyn Babylon* (2001) • Familiäre Konflikte: *The Wedding Banquet* (1993), *Moonstruck* (1987), *Jungle Fever* (1991) • Beziehungsproblematik aufgrund soziokultureller Konflikte: *Annie Hall* (1977), *One Night Stand* (1997), *Green Card* (1990), *Maid in Manhattan* (2002), *My Last Day Without You* (2011)
	6)	Flüchtige Bekanntschaften	• *Night on Earth* (1991), *Side Streets* (1998), *New York, I Love You* (2008)
	7)	Stadtbesucher:innen	• Touristisches Fehlverhalten: *Borat* (2006), *You don't Mess with the Zohan* (2008) • Charaktere, die als ‚unzivilisiert' dargestellt werden: *The Brother from Another Planet* (1984) *Crocodile Dundee I, II* (1986, 1988), *Coming to America* (1988), *Jungle 2 Jungle* (1997)

3. Kurze Inhaltsbeschreibung der analysierten Filme

Im Fokus des Films *China Girl* steht Tony (Richard Panebianco), ein junger Mann aus Little Italy, der sich in Tye (Sari Chang), eine junge Frau aus Chinatown verliebt. Little Italy und Chinatown stehen sich im Film als stark ethnisch segregierte Stadtviertel gegenüber; beide Nachbarschaften werden von Straßengangs beherrscht, die versuchen, das andere Viertel nach und nach unter ihre Kontrolle zu bekommen. Die jeweils älteren Brüder von Tony und Tye sind Teile dieser Gangs und versuchen die Liebesbeziehung der beiden zu unterbinden. Tony und Tye treffen sich zunächst heimlich. Ihre Beziehung bleibt jedoch nicht verborgen und führt zu einer Eskalation der Gewalt. Tye und Tony wollen nicht aufgeben und stellen sich gegen den Hass der verfeindeten Banden. In einer Schießerei zwischen den verfeindeten Gangs müssen die beiden ihr Leben lassen.

Der Film *Do The Right Thing* spielt in Bedford-Stuyvesant, einer hauptsächlich von African Americans bewohnten Neighborhood im New Yorker Stadtteil Brooklyn. Thematisiert werden die dortigen anhaltenden ethnischen und rassistischen Spannungen, die sich im Laufe eines heißen Sommertages verstärken und am Abend in einer Tragödie entladen. Im Fokus der für die Arbeit relevanten Handlung Sequenzen stehen dabei der Pizzeria-Besitzer Sal (Danny Aiello) mit seinen Söhnen Vito (Richard Edson) und Pino (John Turturro), Mookie (Spike Lee), der als Bote in der Pizzeria arbeitet, sowie dessen Kumpel Buggin' Out (Giancarlo Esposito). Dieser ruft im Laufe des Films zum Boykott von *Sal's Famous Pizzeria* auf und forciert die Auseinandersetzung zwischen den Anwohner:innen des Viertels. Am Ende des Films eskalieren die Konflikte in einer brutalen Straßenschlacht, in welcher die Pizzeria niedergebrannt wird.

Night on Earth ist ein Episodenfilm von Jim Jarmusch, in welchem fünf getrennte Geschichten erzählt werden, die alle in der gleichen Nacht in fünf verschiedenen Städten passieren (Los Angeles, New York, Paris, Rom und Helsinki). Jede Geschichte spielt in einem Taxi und thematisiert das Aufeinandertreffen eines Taxifahrers mit Fahrgäst:innen. Die für die vorliegende Studie relevante New York City-Sequenz thematisiert den aus der DDR stammenden Taxifahrer Helmut Grokenberger (Armin Mueller-Stahl), dem seine erste Nacht als Taxifahrer in New York bevorsteht. Er ist neu in der Stadt, spricht kaum Englisch und ist weitestgehend orientierungslos. Sein erster Fahrgast ist Yoyo (Giancarlo Esposito) aus Brooklyn. Während der gemeinsamen Fahrt unterhalten sich die beiden über unterschiedlichste Themen, wobei die Konversation aufgrund der existierenden Sprachbarriere und der unterschiedlichen Weltsichten der Charaktere einer interessanten Dynamik unterliegt. Auf der Fahrt begegnen sie Yoyos Schwägerin Angela (Rosie Perez), die die Begegnungssituation noch dynamisiert. Die Wege der drei Charaktere trennen sich nach der ca. halbstündigen Fahrt in Brooklyn und Helmut fährt alleine weiter.

Im Film *Kyoko* reist die junge Japanerin Kyoko (Saki Takaoka) nach New York City, um dort ihren Bekannten José (Carlos Osorio) zu besuchen. Diesen hatte sie bereits als Kind in Japan kennengelernt, wo er als GI stationiert war und ihr lateinamerikanische Tänze beigebracht hatte. In New York City sucht sie seine vermeintliche Adresse auf – jedoch lebt er dort nicht mehr. Mit Hilfe des Taxifahrers Ralph (Scott Whitehurst) begibt sie sich auf die Suche nach José und findet ihn schließlich in einer Pflegeeinrichtung für an AIDS erkrankte Menschen. Kurzentschlossen beschließt Kyoko, ihrem Freund seinen letzten Wunsch zu erfüllen und seine Cuban American Familie in Florida ein letztes Mal zu besuchen. In einem zum Krankentransporter umgebauten Van begeben sie sich auf einen Road Trip. Die für die Analyse relevanten NYC-Sequenzen beziehen sich auf die erste Hälfte des Films.

Der Film **Brooklyn Babylon** spielt im Stadtviertel Crown Heights in Brooklyn, wo eine West Indian Community neben einer charedischen Chabad-Gemeinschaft lebt. Im Viertel bestehen extreme Spannungen zwischen den beiden Communitys, die im Filmverlauf eskalieren. Im Fokus des Films stehen die ultra-orthodoxe Jüdin Sara (Karen Starc) und der Rapper Sol (Tariq Trotter), der sich als Rasta identifiziert. Die beiden verlieben sich nach einem zufälligen Aufeinandertreffen ineinander. Ihre Beziehung wird besonders von der charedischen Community nicht geduldet. Der Film erzählt eine fiktive Geschichte, die in den alltagsweltlichen Kontext der Crown Heights Riots[1] eingebettet ist. Zugleich stellt der Film eine Adaption der Erzählung um Königin Saba und Salomon dar.

Pieces of April handelt von April Burns (Katie Holmes) und ihrer Familie. April hat keine allzu gute Beziehung zu ihrer Familie und wird von dieser als Rebellin angesehen. Sie lebt mit ihrem Freund Bobby (Derek Luke) in einer kleinen, etwas heruntergekommenen Wohnung in einem Apartmentkomplex in New York City. An

---

[1] Bei den Crown Heights Riots handelt es sich um einen mehrtägigen Konflikt zwischen der westindischen und der charedischen Community in Crown Heights im August 1991. Ursache für den Aufstand war ein Autounfall, bei dem zwei Kinder von guyanischen Einwander:innen von einem Auto erfasst wurden, das zur Kolonne des Rabbis Menachem Mendel Schneerson gehörte. Eines der Kinder starb bei dem Unfall. Daraufhin kam es zu Aufständen beider Communities. Unter anderem wurden mehrere Charedim von Anhängern der westindischen Community verletzt, ein Mann wurde getötet.

Thanksgiving bricht die Familie zu einem Roadtrip nach New York City auf, um April dort zu besuchen. Die junge Frau ist mit den Vorbereitungen etwas überfordert und als dann noch ihr Backofen kaputtgeht, sieht sie das gemeinsame Dinner in einer Katastrophe enden. Mit vereinter Hilfe ihrer Nachbar:innen schafft sie es schlussendlich, ein Thanksgiving-Abendessen auf die Beine zu stellen.

Im Mittelpunkt von ***David & Layla*** steht die Beziehung zwischen David (David Moscow), einem jüdischen TV-Journalisten aus Brooklyn und Layla (Shiva Rose), einer jungen Kurdin, die in New York City bei einem Onkel (Ed Chemaly) und dessen Familie wohnt. Beide lernen sich zufällig auf der Straße kennen. Eigentlich ist David bereits verlobt – in seiner Beziehung jedoch unglücklich – sodass er alles daransetzt, Layla kennenzulernen. Diese wiederum soll, auf Anraten ihres Onkels hin, möglichst schnell einen Ehemann finden, um einen Aufenthaltstitel für die USA zu erhalten. Nach wenigen Treffen beschließen David und Layla zu heiraten – was jedoch auf Widerstand bei den Familien stößt, die zahlreiche Vorteile gegenüber der jeweils anderen religiösen Community haben. Den beiden gelingt es jedoch nach und nach, diese Vorurteile zu überwinden und die Familien schließlich zu vereinen.

Der Film ***The Namesake*** basiert auf dem 2003 erschienenen gleichnamigen Roman der Autorin Jhumpa Lahiri. Er thematisiert das Leben der Familie Ganguli, die von Indien in die USA ziehen und sich dort ein neues Leben aufbaut. Dabei stehen zum einen die Eltern Ashoke (Irrfan Khan) und Ashima Ganguli (Tabu) im Fokus, die aus der westbengalischen Stadt Kolkata nach New York City immigrieren. Zum anderen werden die in den USA geborenen und aufwachsenden Kinder Gogol/Nikhil (Kal Penn) und Sonia (Sahira Nair) porträtiert, die im Laufe des Films auf unterschiedliche Art und Weise mit Fragen ihrer Herkunft und kulturellen Identität konfrontiert sind. Die filmische Handlung erstreckt sich auf einen Zeitraum von etwa dreißig Jahren.

Der Film ***Arranged*** handelt von der Freundschaft zwischen Rochel Meshenberg (Zoe Lister-Jones), die einer charedischen Community angehört, und Nasira Khaldi (Francis Benhamou), eine Muslimin mit syrischen Wurzeln. Die erzählte Geschichte basiert lose auf der Lebensgeschichte von Yuta Silverman aus Borough Park/ Brooklyn (vgl. Cicala Filmworks 2007). Beide Frauen arbeiten als Lehrerinnen an einer Grundschule in Brooklyn. Privat leben sie noch bei ihren jeweiligen Familien. Insbesondere ihre Eltern halten eng an religiösen Traditionen fest. Sowohl Rochel als auch Nasira fühlen sich davon teilweise in ihrem Alltag eingeengt und streben nach einem selbstbestimmteren Leben, das dennoch im Einklang mit den religiösen und familiären Traditionen steht. Dies zeigt sich in alltäglichen Konflikten, denen sie sich im schulischen Alltag stellen müssen – z. B. im alltäglichen Miteinander mit den Kolleg:innen, der Schulleiterin Mrs. Jacoby (Marcia Jean Kurtz) und den Schüler:innen. Beide Frauen entdecken, ungeachtet ihrer unterschiedlichen Herkunft, viele Gemeinsamkeiten. Beispielsweise sollen beide in eine arrangierte Ehe einwilligen.

The Visitor erzählt die Geschichte der Freundschaft zwischen dem Professor Walter Vale (Richard Jenkins) und zwei illegal in New York lebenden Immigrant:innen. Walter kommt für eine Konferenz nach New York City und trifft in seinem sonst unbewohnten Apartment auf den Syrer Tarek (Haaz Sleiman) und dessen senegalesische Freundin Zainab (Danai Gurira). Walter und Tarek freunden sich an und der junge Musiker bringt Walter das Trommeln auf dem Djembé bei. Nach einer gemeinsamen Session wird Tarek in einer Subway-Station verhaftet und in einem Abschiebegefängnis in Queens inhaftiert. Gemeinsam mit Zainab und Tareks Mutter Mouna (Hiam Abbass) versucht Walter alles, um seinen jungen Freund zu befreien. Jedoch ist die Situation aussichtslos und Tarek wird aus den USA nach Syrien abgeschoben. Die Begegnung führt jedoch dazu, dass Walter einen neuen Sinn in seinem zuvor unglücklichen Leben erkennt.

New York, I Love You ist ein Episodenfilm aus der Reihe *Cities of Love* (u. a. *Paris, Je t'aime*). Die einzelnen Episoden des Films wurden von unterschiedlichen Regisseur:innen beigesteuert und beleuchten das alltägliche Leben in den unterschiedlichen Boroughs der Stadt. Verbunden werden die Vignetten über einen übergreifenden Handlungsstrang, in dem eine französische Künstlerin mit einer Handkamera Sequenzen aus dem Alltagsleben in New York aufzeichnet. Für die Analyse sind ist insbesondere die von der Regisseurin Mira Nair inszenierten Sequenz „Diamond District" von Interesse. Darin trifft die charedische Diamantenhändlerin Rifka (Natalie Portman) auf den jainischen Diamantenhändler Mansukhbhai (Irrfan Khan), der ursprünglich aus Indien kommt. Im Zuge ihrer Geschäftsbeziehung sprechen die beiden auch über sehr private Themen. Dabei kommen u. a. kulturelle Unterschiede zur Sprache. In einem intimen Moment erkennen sie jedoch auch ihre Gemeinsamkeiten.

Today's Special dreht sich um den jungen, ambitionierten Koch Samir (Aasif Mandvi), der in einem hochpreisigen Restaurant in New York City arbeitet. Sein Traum von einer großen Koch-Karriere wird jedoch auf Eis gelegt, als sein Vater erkrankt und er sich in Queens um das familieneigene indische Restaurant *Tandoori Palace* kümmern muss. Das Restaurant steht kurz vor der Pleite. Zunächst ist Samir mit der neuen (Lebens-)Aufgabe überfordert – beispielsweise versteht er nichts von der indischen Küche. Eine zufällige Begegnung mit dem indischen Taxifahrer Akbar (Naseeruddin Shah) rettet ihn aus seiner Misere. Akbar, so stellt sich heraus, ist ein großartiger Kenner der indischen Küche. Gemeinsam gelingt es ihnen, mit zusätzlicher Unterstützung von Freund:innen, das Restaurant zu neuem Glanz zu verhelfen.

2 Days in New York ist die Fortsetzung des Filmes *2 Days in Paris* und gibt Einblicke in das Alltagsleben der französischen Fotokünstlerin Marion (Julie Delpy), die mit ihrem Sohn Lulu und ihrem Freund Mingus (Chris Rock) in New York City lebt. Ihr beschauliches Leben wird durcheinandergebracht, als Marions Vater Jeannot (Albert Delpy), ihre Schwester Rose (Alexia Landeau) und deren Freund Manu (Alexandre Nahon) zu Besuch kommen. Gerade zwischen Mingus und den Familienmitgliedern kommt es immer wieder zu Konflikten. Der Film weist bei seinen Darstellungen zahlreiche Eigenschaften einer Screwballkomödie auf und spielt mit kulturellen, ethischen und rassistischen Vorurteilen.

Elemente einer Screwballkomödie finden sich auch im Film *Fading Gigolo*, in dessen Fokus die dubiosen Geschäfte der beiden Freunde Fioravante (John Turturro) und Murray Schwartz (Woody Allen) stehen. Murray muss seinen kleinen Buchladen aufgeben und kommt auf die Idee, einen Escortservice für reiche, einsame Frauen zu begründen – mit Blumenhändler Fioravante als Gigolo ‚Virgil' und ihm selbst als Zuhälter ‚Dan Bongo'. Murray versucht u. a. Avigal (Vanessa Paradis), die Witwe eines chassidischen Rabbiners, als Kundin zu gewinnen und präsentiert Fioravante als sephardischen ‚Heiler'. Ihr Besuch bei Fioravante wird von Dovi (Liev Schreiber) überwacht, der für die Bürgerwache *Shomrim* arbeitet. Er und seine Mitstreiter verhaften Murray und stellen ihn vor ein Rabbinatsgericht. Fioravante und Avigal haben sich unterdessen ineinander verliebt. Die Beziehung scheitert jedoch, da sich die pflichtbewusste Avigal nicht von ihrer strenggläubigen Gemeinde abwenden kann.

Der Film *Learning to Drive* handelt von der erfolgreichen New Yorker Literaturkritikerin Wendy (Patricia Clarkson). Die Geschichte basiert auf einer im Jahr 2002 im Magazin *The New Yorker* erschienenen, autobiografisch geprägten Kurzgeschichte „Learning to Drive. A Year of Unexpected Lessons" von Katha Pollitt, die 2002 im Magazin *The New Yorker* abgedruckt wurde. Wendy wird von ihrem Ehemann verlassen und muss lernen, auf eigenen Füßen zu stehen. Da sie bislang keinen Führerschein hatte, nimmt sie Fahrstunden bei Darwan Singh Tur (Ben Kingsley), einem Sikh, der aus Indien stammt. Zwischen den beiden entwickelt sich eine freundschaftliche Verbindung. Die Fahrstunden werden zu Lehrstunden über das Leben, die beiden dabei helfen, in ihrer jeweiligen Lebenssituation vorwärtszukommen.

Brooklyn handelt von der jungen Irin Eillis Lacey (Saoirse Ronan), die in den frühen 1950er-Jahren von Irland aus in die USA immigriert, um in New York City ein besseres Leben zu führen. In Brooklyn lebt sie in einem kirchlich geleiteten Boarding-House und findet eine Anstellung in einem Kaufhaus. Auf einem Tanzabend lernt sie Tony Fiorello (Emory Cohen) kennen, der sich selbst als Italian American definiert. Die beiden werden ein Paar. Eillis findet sich mehr und mehr in Brooklyn zurecht und definiert sich zunehmend als Amerikanerin. Als ihre Schwester Rose (Fiona Glascott) in Irland stirbt, muss Eillis in ihre alte Heimat zurückkehren. Zurück in Irland stellt sich Eillis einer erneuten Identitätskrise. Nach kurzem Zögern kehrt sie jedoch nach New York City zurück, um sich dort eine gemeinsame Zukunft mit Tony aufzubauen. Von Interesse für die vorliegende Studie sind ausschließlich die Sequenzen, die in New York City spielen.

4. Handlungsorte und Sequenzgrafiken der analysierten Filme

Im Rahmen der Sequenzanalyse wurden sämtliche filmischen Handlungsorte protokolliert und kategorisiert. Auf diese Weise wurde bestimmt, welche Handlungsorte in den Filmen zum Einsatz kommen und an welchen Handlungsorten für die Analyse relevante Interaktionssituationen inszeniert werden. Die Zuordnung der filmischen Handlungsorte zu einer Kategorie erfolgte dabei über die an alltagsweltlichen Orten ausgerichtete Darstellungsweise sowie zugeschriebene Funktionen. Im Kontext der Analyse wurden 20 Handlungsort-Kategorien herausgearbeitet, die nachfolgend knapp umrissen werden (vgl. Abbildung I):

- Der Handlungsort des *(privaten) Wohnhauses* bzw. der *Wohnung* kommt in nahezu jedem Film zum Einsatz. Für die Analyse kann die Kategorie in zwei Unterkategorien aufgespalten und zwischen einem teilöffentlichen Bereich des Hauses (z. B. Hausflur, Aufzug) und einem absolut privaten Bereich (z. B. Wohnung) differenziert werden.
- Große Relevanz kommt Konsumräumen zu, zu denen beispielsweise *Supermärkte, Restaurants, Cafés* oder auch der Handlungsort des *Hotels* gerechnet werden. Die Kategorie *Supermarkt & Shop* umfasst sämtliche dargestellten

Abbildung I Filmische Handlungsorte – Legende. (Entwurf: Sommerlad 2019)

Geschäfte wie z. B. Supermärkte, Lebensmittelläden (v. a. die für New York City typischen Grocery Stores) sowie Kaufhäuser. *Restaurant & Café* werden als zusammengefasste Kategorie codiert. Davon abgegrenzt wird die Kategorie *Bar & Club*, welche Orte umfasst, die mit der Bedeutung eines Veranstaltungsortes belegt sind.

- Die Kategorie *Sport- & Wellnesseinrichtung* umfasst neben eindeutig erkennbaren Fitnessstudios auch Sportplätze sowie Einrichtungen, die dem körperlichen Wohlbefinden dienen.
- Unter der Kategorie der *Religiösen Institution* sind Handlungsorte codiert, die mit der Ausübung eines religiösen Glaubens einer oder mehrere Person(en) in Verbindung stehen bzw. aufgesucht werden, um dort religiösen Praktiken nachzugehen. Hierzu zählen die Innen- und Außenbereiche von Einrichtungen, die als Kirche, Moschee, Synagoge oder Tempel erkannt werden können, aber auch Friedhöfe.
- Unter die Kategorie *Bildungseinrichtung* fallen Schulen (z. B. Grundschulen und weiterführende Schulen/High-Schools, Abendschulen) sowie Universitäten und alle damit in Verbindung stehenden Orte (z. B. Bibliothek, Klassen- und Lehrerzimmer, Schulhof etc.).

- Handlungsort, die im weitesten Sinne einer künstlerischen Bildung und der Unterhaltung dienen, werden als *Museum, Kino* und *Theater* codiert.
- Die Kategorie *Arbeitsplatz & Büro* kennzeichnet Handlungsorte, die eindeutig als Arbeitsplatz dargestellt sind. Das Spektrum ist in den analysierten Filmen relativ breit gefächert, sodass hierzu beispielsweise ein Anwaltsbüro, ein Tonstudio zählen oder eine Fahrschule zählen.
- Der Handlungsort *Gefängnis* bezieht sich auf alle Bereiche dieser institutionellen Einrichtung – also nicht nur auf den Innenraum des Gefängnisses mit den Zellen, sondern auch auf den Wartebereich der Besucher:innen sowie den Besuchsbereich, an dem sich Insass:innen und Besucher:innen begegnen.
- Orte, die mit der institutionalisierten körperlichen Pflege oder Gesundheitsversorgung in Zusammenhang stehen, werden als *Krankenhaus & Pflegeeinrichtung* codiert.
- Als *Straße* werden Handlungsorte gekennzeichnet, an denen die Handlung erkennbar im öffentlich zugänglichen Bereich einer Straße stattfindet. Hierzu zählen sowohl die größeren Straßen der Boroughs, die sich z. B. in Manhattan verorten lassen, als auch kleine Straßenzüge in einer kleineren Neighborhood. Hinzugezählt werden auch die Bereiche des Bürgersteigs und des Beischlags (*Stoop*). Hierunter versteht man einen terrassenartig gebauten Treppenaufgang, wie er in New York City v. a. bei den Brownstone-Häusern in Brooklyn typisch ist.
- Als *Park* werden Handlungsorte deklariert, die entweder erkennbar als begrünte Parkfläche dargestellt sind oder denen im Kontext der filmischen Handlung die Funktion eines Parks zugeschrieben wird. Hierzu zählen u. a. auch betonierte Flächen und Spielplätze.
- Die Kategorie *Flughafen* umfasst alle dargestellten Bereiche, die einem Flughafen zugerechnet werden können. Hierzu zählen Check-in, Abflughalle und Gate sowie der Außenbereich des Flughafens. Zentral ist die eindeutige filmische Kennzeichnung über Ausstattungselemente (z. B. Hinweisschilder), die den Handlungsort als dem Flughafen zugehörigen deklarieren.
- Der Handlungsort *Hafen- & Strandpromenade* umfasst alle Handlungsorte, die in unmittelbarer Nähe zu einem Fluss oder zum Meer sind. Hierzu zählen beispielsweise die Promenade und der Strand von Coney Island, die Promenade im Bereich des Brooklyn Bridge Parks sowie der Rockaway Beach Boardwalks im Stadtteil Queens. Da diese Orte zwar lebensweltlich anhand ihrer Drehorte verortet werden können, in den Filmen jedoch nicht namentlich benannt werden, wird die Kategorie neutral bezeichnet.
- Des Weiteren kommen in den analysierten Filmen motorisierte Fortbewegungsmittel als Handlungsorte zum Einsatz: *Pkw & Taxi* bezeichnen zumeist die für New York City typischen gelben *Cabs* sowie Privatautos. Die Kategorie *Subway* umfasst hingegen sowohl das Innere der Subway (Wagon), als

auch die Subwaystation selbst, also den Bereich der gesamten Haltestelle und des Bahnsteigs, sowohl unter- als auch überirdisch.
- Die Kategorie *Schiff & Fähre* umfasst Handlungsorte wie die bekannte Staten Island Ferry, private Boote und Yachten, aber auch größere Dampfschiffe wie z. B. der Kreuzer, mit dem Eillis im Film *Brooklyn* in New York City (Ellis Island) ankommt.
- Ergänzt werden diese Kategorien durch drei weitere Kategorien, die für die filmischen Handlungen bzw. für die in der Studie fokussierte Fragestellung nur peripher relevant sind. Hierbei handelt es sich zum einen um *Stadtansichten, wie z. B.* Establishing Shots, oder Ansichten von unspezifischen Straßenzügen, Grünanlagen oder Häuserfronten, die für die im Analysefokus stehende filmische Handlung keine erkennbare Relevanz haben. Diese Ansichten sind meist als Schnittbilder zwischen Handlungssequenzen eingefügt. Zudem werden Sequenzen, die erkennbar außerhalb der Stadt New York City spielen, als solche markiert und der Kategorie *Außerhalb NYC* zugeordnet. Auch wenn diese Sequenzen die filmische Handlung mitbestimmen, wurden sie für die Analyse ausgeklammert.

In der Analyse zeigte sich, dass die Handlungsorte in den einzelnen Filmen in unterschiedlicher Intensität und Häufigkeit zum Einsatz kommen. Es lassen sich einige Orte bestimmen, die in nahezu jedem Film vorkommen, wie eine private Wohnung oder eine Straße. Daneben gibt es Handlungsorte, die weniger häufig zum Einsatz kommen, die aber dennoch als filmübergreifend relevant angesehen werden können. Hierzu zählen beispielsweise Restaurants, Cafés und Bars, diverse religiöse Institutionen, Geschäfte, Parks oder auch Fahrzeuge. Darüber hinaus werden einige Handlungsorte auch nur singulär als sehr (handlungs-)spezifische Handlungsorte in einzelnen Filmen thematisiert – so z. B. das Krankenhaus (*The Namesake*, *Kyoko*, *David & Layla*) oder das Gefängnis (*The Visitor*). Für die Analyse stand jedoch nicht die Quantität bzw. Häufigkeit im Vordergrund – entscheidend war vielmehr ihre Qualität als Begegnungsorte. Nicht alle der identifizierbaren Handlungsorte sind Orte, an denen für die Analyse relevante Begegnungen stattfinden. Von Relevanz sind ausschließlich Orte, denen ein interkulturelles Potenzial innewohnt (vgl. Kapitel 3). Um herauszustellen, welche Orte solche Begegnungsorte bzw. Orte der interkulturellen Interaktion sind und zugleich die für die Analyse relevanten Sequenzen zu markieren, wurden die entsprechenden Stellen in den Sequenzgrafiken als Interaktionssituation codiert und durch eine Schraffur hervorgehoben (vgl. Abbildung II bis Abbildung XVIII) (Abbildung III, IV, V, VI, VII, VIII, IX, X, XI, XII, XIII, XIV, XV, XVI and XVII).

Anhang 395

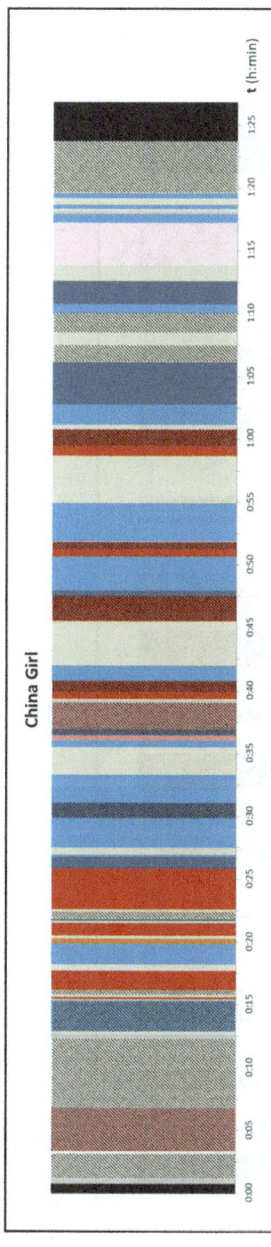

Abbildung II Sequenzgrafik *China Girl*. (Entwurf: Sommerlad 2021, Basis: China Girl R: Ferrara, USA/JAP: 1987)

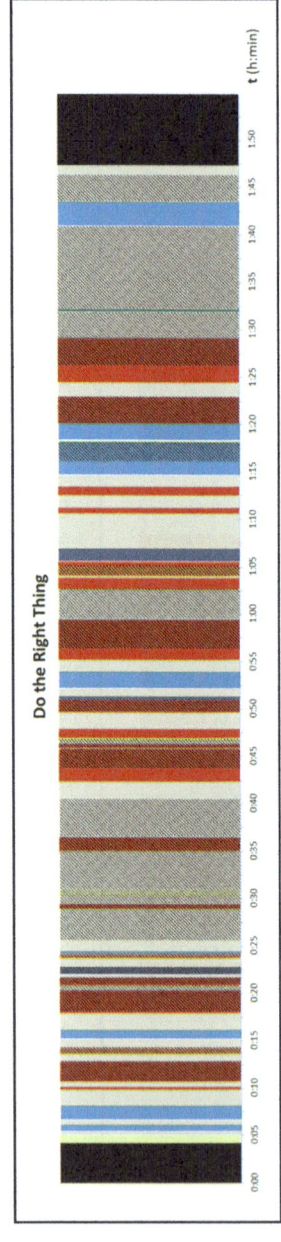

Abbildung III Sequenzgrafik *Do the Right Thing*. (Entwurf: Sommerlad 2021, Basis: Do the Right Thing R.: Lee, USA: 1989)

Anhang 397

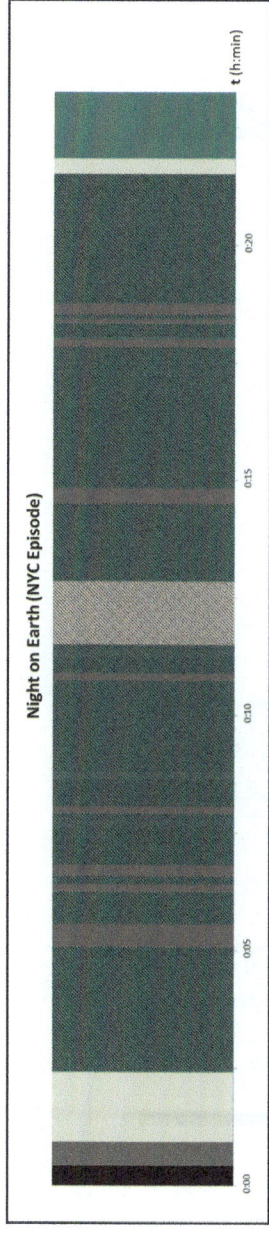

Abbildung IV Sequenzgrafik *Night on Earth*. (Entwurf: Sommerlad 2021, Basis: Night on Earth R: Jarmusch, USA et al.: 1991)

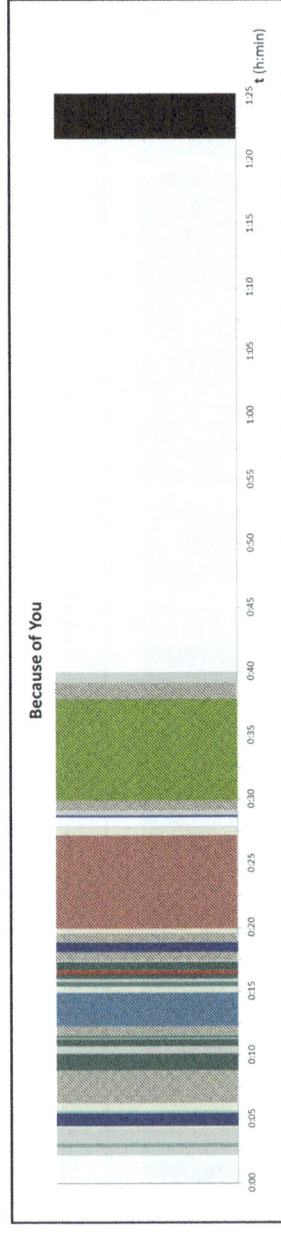

Abbildung V Sequenzgrafik *Kyoko/Because of You*. (Entwurf: Sommerlad 2021, Basis: Kyoko R: Murakami, USA/JAP: 1996)

Anhang

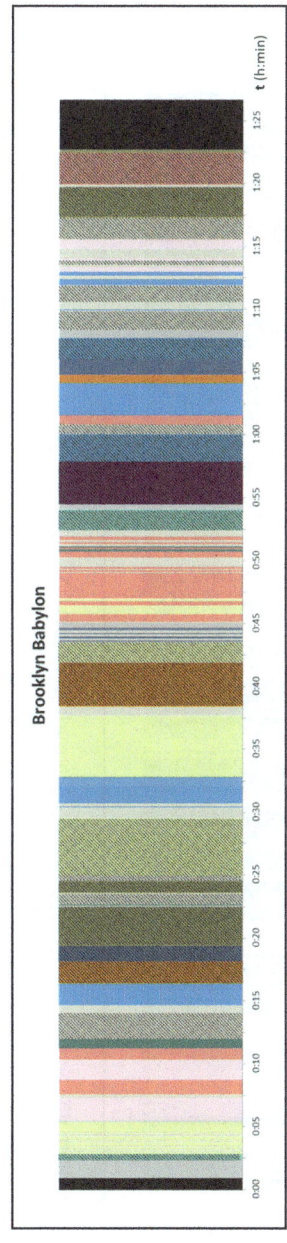

Abbildung VI Sequenzgrafik *Brooklyn Babylon*. (Entwurf: Sommerlad 2021, Basis: Brooklyn Babylon R: Levin, USA/FRA: 2001)

400 Anhang

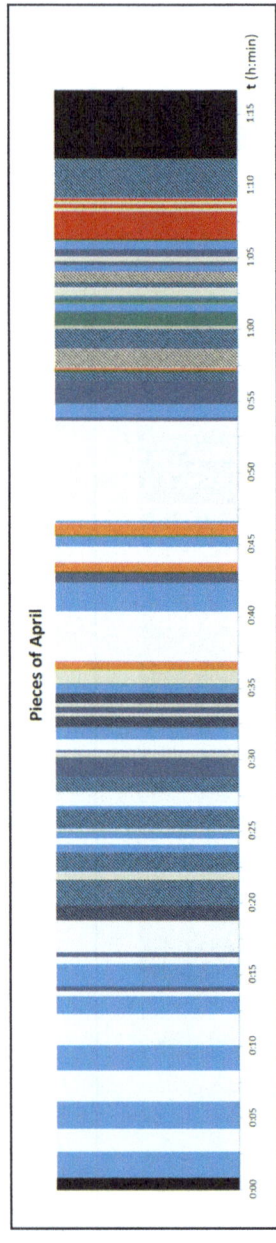

Abbildung VII Sequenzgrafik *Pieces of April*. (Entwurf: Sommerlad 2021, Basis: Pieces of April R: Hedges, USA: 2003)

Anhang

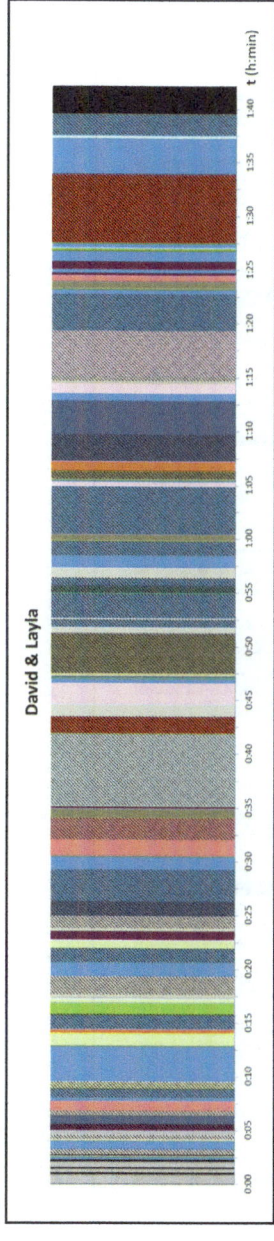

Abbildung VIII Sequenzgrafik *David & Layla*. (Entwurf: Sommerlad 2021, Basis: David & Layla R: Alani (Jonroy), USA: 2005)

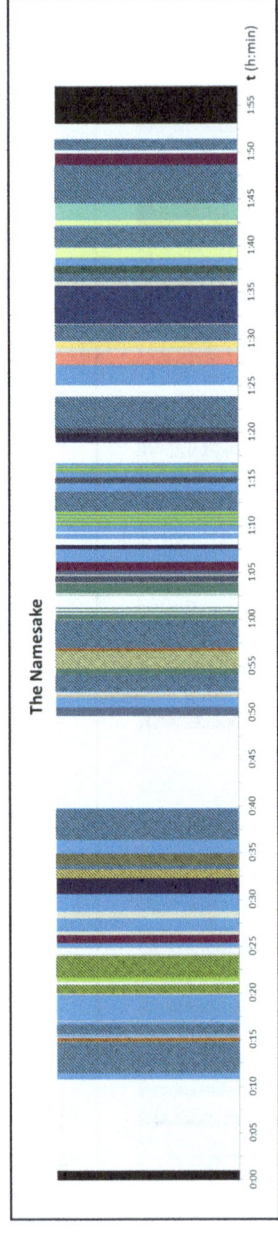

Abbildung IX Sequenzgrafik *The Namesake*. (Entwurf: Sommerlad 2021, Basis: The Namesake R: Nair, USA/IND: 2006)

Anhang 403

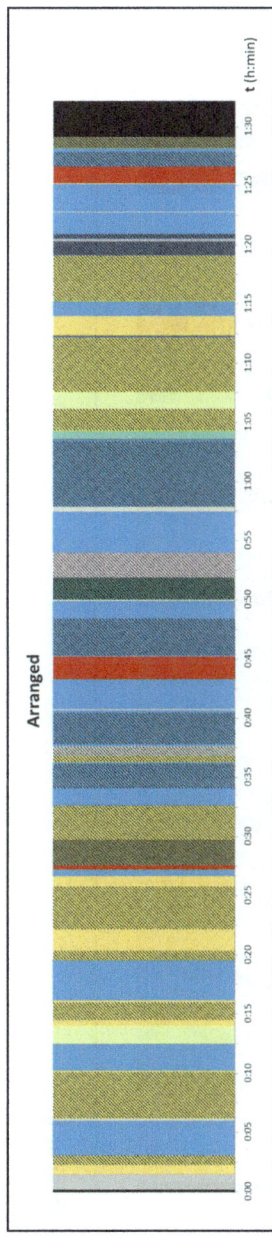

Abbildung X Sequenzgrafik *Arranged*. (Entwurf: Sommerlad 2021, Basis: Arranged R: Crespo und Schaefer, USA: 2007)

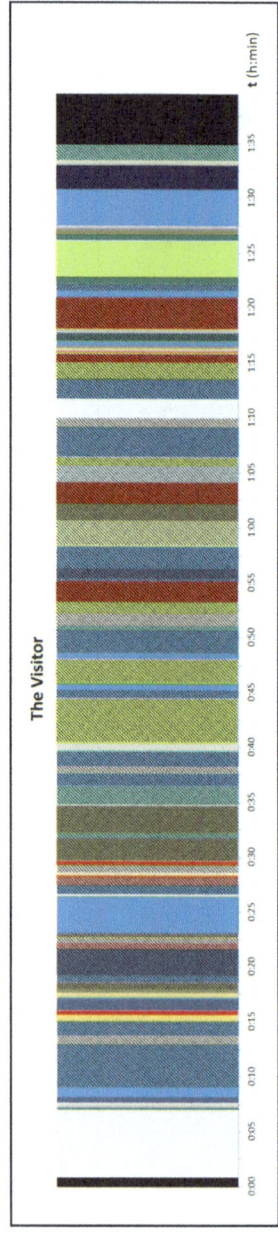

Abbildung XI Sequenzgrafik *The Visitor*. (Entwurf: Sommerlad 2021, Basis: The Visitor R: McCarthy, USA: 2007)

Anhang 405

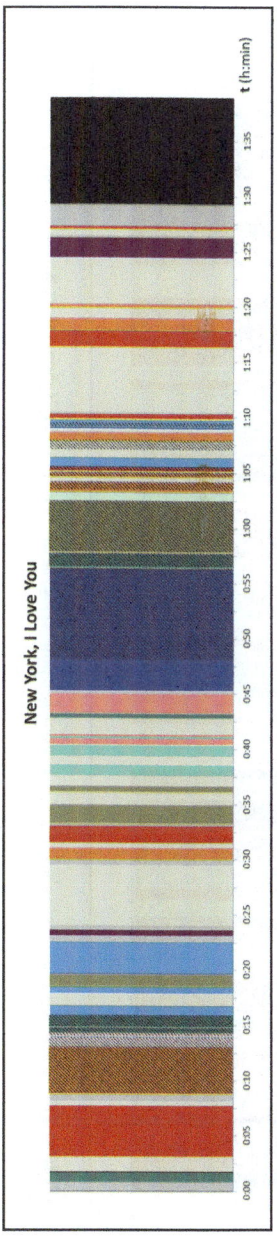

Abbildung XII Sequenzgrafik *New York, I Love You*. (Entwurf: Sommerlad 2021, Basis: New York, I Love You R: diverse, USA: 2008)

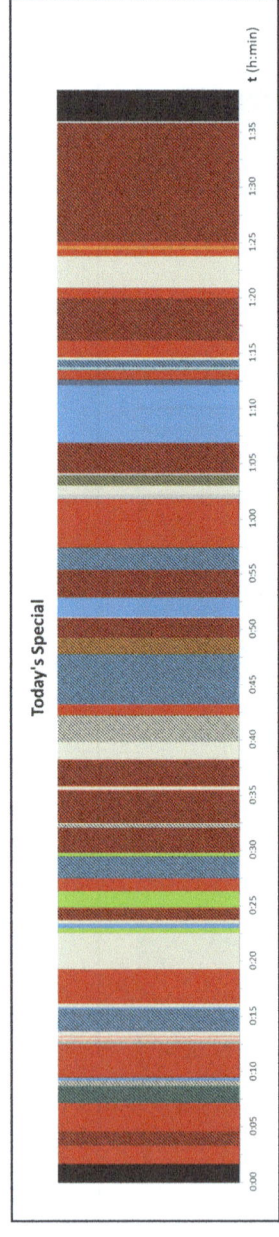

Abbildung XIII Sequenzgrafik *Today's Special*. (Entwurf: Sommerlad 2021, Basis: Today's Special R: Kaplan, USA: 2009)

Anhang 407

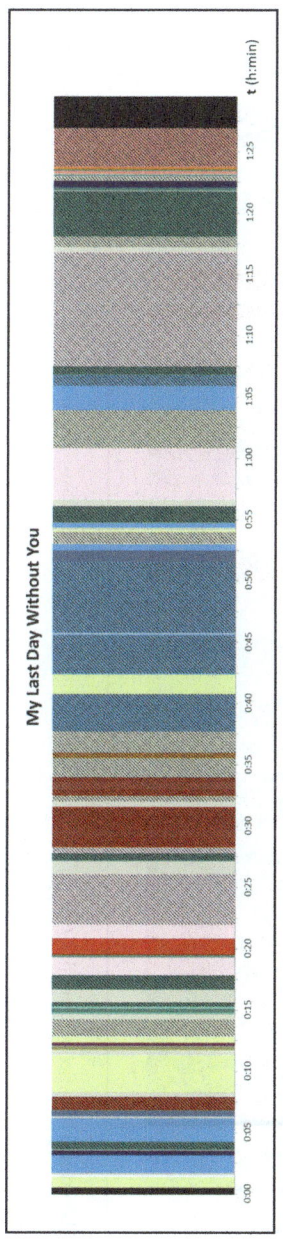

Abbildung XIV Sequenzgrafik *My Last Day Without You*. (Entwurf: Sommerlad 2021, Basis: *My Last Day Without You* R: Schaefer, USA: 2011)

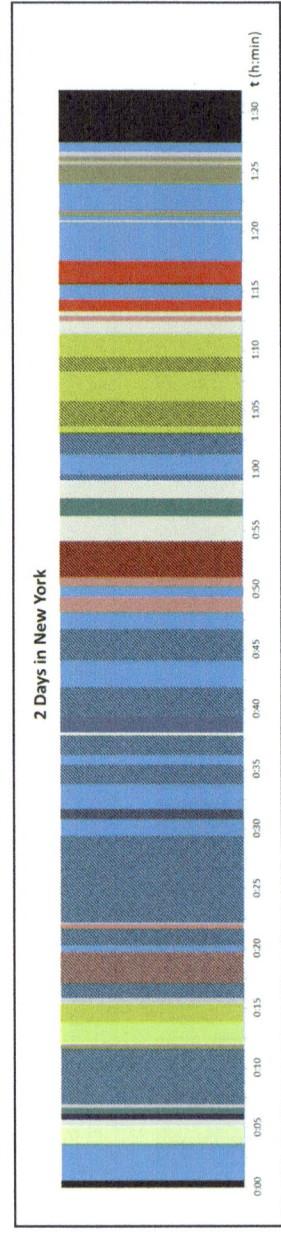

Abbildung XV Sequenzgrafik *2 Days in New York*. (Entwurf: Sommerlad 2021, Basis: 2 Days in New York R: Delpy, FRA/D/BEL.: 2012)

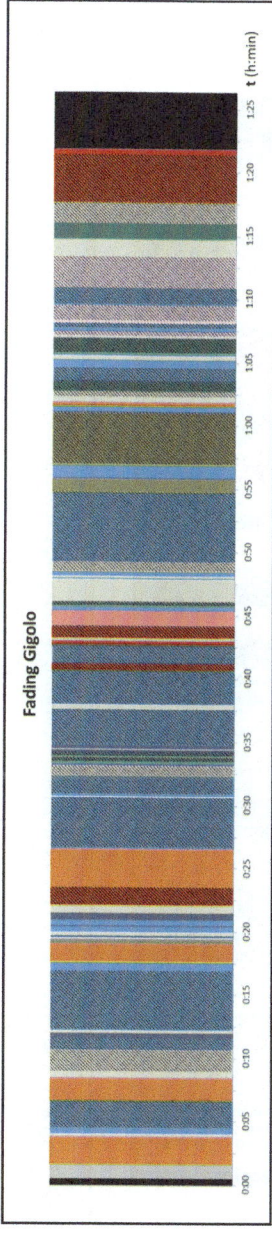

Abbildung XVI Sequenzgrafik *Fading Gigolo*. (Entwurf: Sommerlad 2021, Basis: Fading Gigolo R: Turturro, USA: 2013)

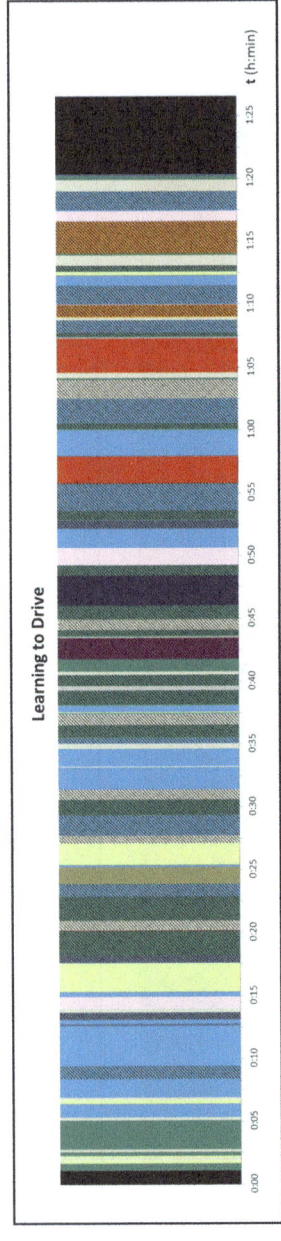

Abbildung XVII Sequenzgrafik *Learning to Drive*. (Entwurf: Sommerlad 2021, Basis: Learning to Drive R: Coixet, USA/UK: 2014)

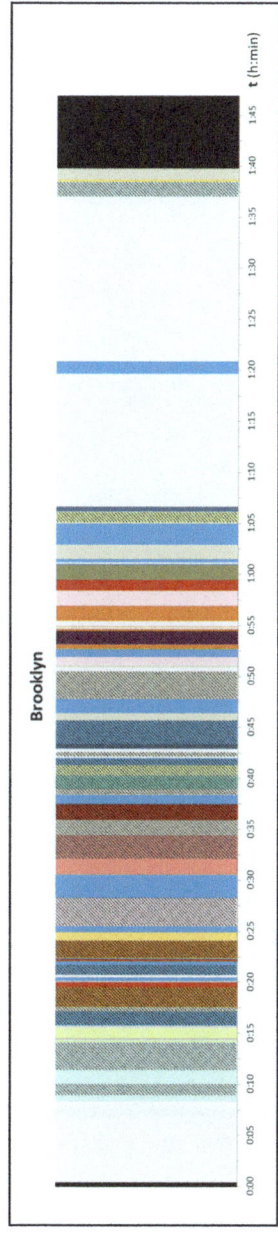

Abbildung XVIII Sequenzgrafik *Brooklyn*. (Entwurf: Sommerlad 2021, Basis: Brooklyn R: Crowley, USA et al.: 2015)

Literatur- und Filmverzeichnis

Abels, H. 2009a. *Einführung in die Soziologie. Band 1: Der Blick auf die Gesellschaft*, 4. Aufl. Wiesbaden: VS Verlag für Sozialwissenschaften.
Abels, H. 2009b. *Einführung in die Soziologie. Band 2: Die Individuen in ihrer Gesellschaft*, 4. Aufl. Wiesbaden: VS Verlag für Sozialwissenschaften.
Abelson, R. K. (1990): May Glass Cookware be Kashered? In: Proceedings of the Committee on Jewish Law and Standards, 1986–1990: 227–231.
Adamczyk, A. 2002. On Thanksgiving and Collective Memory. Constructing the American Tradition. *Journal of Historical Sociology* 15 (3): 343–365.
Adick, C. 2010. Inter-, multi-, transkulturell. Über die Mühen der Begriffsarbeit in kulturübergreifenden Forschungsprozessen. In *Interkultur – Jugendkultur. Bildung neu verstehen*, Hrsg. A. Hirsch und R. Kurt, 105–133. Wiesbaden: VS Verlag für Sozialwissenschaften.
Ahluwalia, M.K., und L. Pellettiere. 2010. Sikh men post-9/11. Misidentification, Discrimination, and Coping. *Asian American Journal of Psychology* 1 (4): 303–314.
Ahrens, R.J. 2015. Darf ich Ihnen die Hand geben? Jüdische Allgemeine. https://www.juedische-allgemeine.de/article/view/id/23984. Zugegriffen: 24. September 2018.
Aitken, S.C., und D. Dixon. 2006. Imagining Geographies of Film. *Erdkunde* 60 (4): 326–336.
Aitken, S.C., und L.E. Zonn. 1994. Re-Presenting the Place Pastiche. In *Place, Power, Situation, and Spectacle. A Geography of Film*, Hrsg. S.C. Aitken und L.E. Zonn, 3–26. London: Rowman & Littlefield.
Alba, R., und V. Nee. 2003. *Remaking the American Mainstream. Assimilation and Contemporary Immigration*. Cambridge: Harvard University Press.
Albrecht, G. 1964. Die Filmanalyse – Ziele und Methoden. In *Filmanalysen 2*, Hrsg. F. Everschor, 233–270. Düsseldorf: Verlag Haus Altenberg.
Alexander, J.C. 2001. Theorizing the 'Modes of Incorporation'. *Sociological Theory* 19 (3): 237–249.
Alkin, Ö., Hrsg. 2017. *Deutsch-Türkische Filmkultur im Migrationskontext*. Wiesbaden: VS Verlag für Sozialwissenschaften.
Allemann-Ghionda, C. 2011. Orte und Worte der Diversität – gestern und heute. In *Orte der Diversität. Formate, Arrangements und Inszenierungen*, Hrsg. C. Allemann-Ghionda und W.-D. Bukow, 15–34. Wiesbaden: VS Verlag für Sozialwissenschaften.
Allport, G.W. 1971. *Die Natur des Vorurteils*. Köln: Kiepenheuer & Witsch.
Allport, G.W. 1954. *The Nature of Prejudice*. Reading, MA: Addison-Wesley.

Allolio-Näcke, L., B. Kalscheuer, und A. Manzeschke, Hrsg. 2005. *Differenz anders denken. Bausteine zu einer Kulturtheorie der Transdifferenz*. Frankfurt am Main: Campus Verlag.
al-Qaraḍāwī, Y. 1989. *Erlaubtes und Verbotenes im Islam*. München: SKD Bavaria.
Alsultany, E. 2013. Arabs and Muslims in the Media after 9/11. Representational Strategies for a „Postrace" Era. *American Quarterly* 65 (1): 161–169.
Altman, R. 2006. *Film/Genre*. London: British Film Institute.
Amin, A. 2012. *Land of Strangers*. Cambridge: Polity Press.
Amin, A. 2002. Ethnicity and the Multicultural City. Living with Diversity. *Environment and Planning A* 34: 959–980.
Amin, A., und N. Thrift. 2002. *Cities. Reimagining the Urban*. Cambridge: Polity Press.
Andersen, M.L. 2017. *Race in Society. The Enduring American Dilemma*. Lanham, MD: Rowman & Littlefield.
Andrews, D.L. 1996. The Fact(s) of Michael Jordan's Blackness Excavating a Floating Racial Signifier. *Sociology of Sport Journal* 13 (2): 125–158.
Anthias, F. 2005. Social Stratification and Social Inequality. Models of Intersectionality and Identity. In *Rethinking Class. Culture, Identities and Lifestyles*, Hrsg. F. Devine, M. Savage, J. Scott und R. Crompton, 149–163. Basingstoke: Palgrave Macmillan.
Arndt, S. 2005. Mythen des weißen Subjekts. Verleugnung und Hierarchisierung von Rassismus. In *Mythen, Masken und Subjekte. Kritische Weißseinsforschung in Deutschland*, Hrsg. M.M. Eggers, G. Kilomba, P. Piesche und S. Arndt, 340–362. Münster: Unrast Verlag.
Arun, R.Gr., S. Uppinakudru, und N.R. Prasanna. 2013. The childhood Samskaras (rites of passage) and its scientific appreciation. *Ayurpharm International Journal of Ayurveda and Allied Sciences* 2 (12): 372–383.
Arvedlund, E. 2009. *Too Good to Be True. The Rise and Fall of Bernie Madoff*. New York: Penguin Group.
Auernheimer, G. 2003. *Einführung in die interkulturelle Pädagogik*, 3. Aufl. Darmstadt: WBG.
Azevêdo, E.S. 1987. The Meaning of Names and Family Names as a Tracer of Cultural Values. In *Aspects of Language. Studies in Honour of Mario Alinei. Volume II. Theoretical and Applied Semantics. Papers Presented to Mario Alinei by his Friends, Colleagues and Former Students on the Occasion of his 60th Birthday*, Hrsg. R. Crespo, B. Dotson Smith und H. Schultink, 17–28. Amsterdam: Rodopi.
Azupep. 2015. In *Urban Dictionary*. https://www.urbandictionary.com/define.php?term=azupep. Zugegriffen: 6. Juni 2018.
Babka, A., J. Malle, und M. Schmidt, Hrsg. 2012. *Dritte Räume. Homi K. Bhabhas Kulturtheorie. Kritik, Anwendung, Reflexion*. Wien: Turia + Kant.
Bachmann-Medick, D. 1998. Dritter Raum. Annäherungen an ein Medium kultureller Übersetzung und Kartierung. In *Figuren der/des Dritten. Erkundungen kultureller Zwischenräume*, Buchreihe Internationale Forschungen zur allgemeinen und vergleichenden Literaturwissenschaft, Bd. 30, Hrsg. C. Breger und T. Döring, 19–36. Amsterdam: Rodopi.
Baecker, D. 2003. Die Form der Kultur. Spacetime Publishing. http://www.spacetime-publishing.de/luhmann/FormDerKultur2003.pdf. Zugegriffen: 13. Juli 2017.
Baker, J.W. 2009. *Thanksgiving. The Biography of an American Holiday*. Durham, NH: University of New Hampshire Press.
Bakshi, S.S. 2008. *Sikhs in the Diaspora. A Modern Guide to Practice of the Sikh Faith*. Birmingham: Sikh Publishing House.

Balász, B. 2008 [1924]. *Der sichtbare Mensch oder die Kultur des Films* (Nachtwort von Helmut H. Diederichs). Frankfurt am Main: Suhrkamp.
Balinska, M. 2008. *The Bagel. The Surprising Story of a Modest Bread.* New Haven: Yale University Press.
Banerjee, M. 2017. Die undefinierbare Weisheit des Seins. Adrian Monk und die amerikanische Differenzforschung. In *Un/doing Differences. Praktiken der Humandifferenzierung*, Hrsg. S. Hirschauer, 336–357. Weilerswist: Velbrück Wissenschaft.
Banerjee, M. 2012. Von Fröschen und Hunden – Soko Leipzig und das (V)erkennen der vietnamesischen Diaspora in Deutschland. In *Asiatische Deutsche – Vietnamesische Diaspora and Beyond*, Hrsg. K. Nghi Ha, 57–71. Berlin: Assoziation A.
Banerjee, M., und P.W. Marx. 2008. Ally Lives Just Next Door…German–U.S. Relations in Popular Culture. In *The Geography of Cinema – A Cinematic World*, Buchriehe Media Geography at Mainz, Bd. 1, Hrsg. C. Lukinbeal und S. Zimmermann, 155–170. Stuttgart: Franz Steiner Verlag.
Banerjee, M. 2004. 'What are you looking at?' Kaya Yanar's Ethnic Comedy and Osman Engin's Kanaken-Gandhi. *West Coast Line* 43: 16–34.
Banerjee, M., und D. Miller. 2003. *The Sari.* Oxford: Berg.
Banton, M. 1998. *Racial Theories*, 2. Aufl. Cambridge: Cambridge University Press.
Banton, M. 1996. Race – as Classification. In *Dictionary of Race and Ethnic Relations*, 4. Aufl., Hrsg. E. Cashmore, 294–296. London: Routledge.
Banton, M. 1977. *The Idea of Race.* London: Tavistock.
Barmeyer, C. 2012. *Taschenlexikon Interkulturalität.* Göttingen: Vandenhoeck & Ruprecht.
Barmeyer, C. 2011. Interkulturalität. In *Interkulturelle Kommunikation und Kulturwissenschaft. Grundbegriffe, Wissenschaftsdisziplinen, Kulturräume*, 2. Aufl., Hrsg. C. Barmeyer, P. Genkova und J. Scheffer, 35–71. Passau: Stutz.
Barmeyer, C., P. Genkova, und J. Scheffer, Hrsg. 2011. *Interkulturelle Kommunikation und Kul-turwissenschaft. Grundbegriffe, Wissenschaftsdisziplinen, Kulturräume*, 2. Aufl. Passau: Stutz
Barnett, C. 2005. Ways of Relating. Hospitality and the Acknowledgement of Otherness. *Progress in Human Geography* 29 (1): 5–21.
Barr, D.A. 2014. *Health Disparities in the United States. Social Class, Race, Ethnicity, and Health*, 2. Aufl. Baltimore: Johns Hopkins University Press.
Barsch, V. 2013. *Rastafari. Von Babylon nach Afrika*, 6. Aufl. Mainz: Ventil Verlag.
Batton, C., und C. Kadleck. 2004. Issues in Racial Profiling Research. *Police Quarterly* 7 (1): 30–64.
Baumann, I. 2017. *Kulturenorientierte Bildung. Grundlagen für den Umgang mit Interkulturalität in der Schule.* Wiesbaden: VS Verlag für Sozialwissenschaften.
Bauriedl, S., und C. Schurr. 2018. Zusammenprall der Identitäten. Soziale und kulturelle Differenz in Städten aus Sicht der feministischen Forschung. In *Theorien in der Raum- und Stadtforschung. Einführungen*, 2. Aufl., Hrsg. J. Ossenbrügge und A. Vogelpohl, 136–155. Münster: Westfälisches Dampfboot.
Bayor, R.H., Hrsg. 2016. *The Oxford Handbook of American Immigration and Ethnicity.* New York: Oxford University Press.
Beck, U. 2009. The Cosmopolitan Perspective. Sociology in the Second Age of Modernity. In *Conceiving Cosmopolitanism. Theory, Context, and Practice*, Hrsg. S. Vertovec und R. Cohen, 61–85. Oxford: Oxford University Press.

Beck, U. 1996. Das Zeitalter der Nebenfolgen und die Politisierung der Moderne. In *Reflexive Modernisierung. Eine Kontroverse*, Hrsg. U. Beck, A. Giddens und S. Lash, 19–112. Frankfurt am Main: Suhrkamp.
Beck, U. 1986. *Risikogesellschaft. Auf dem Weg in eine andere Moderne*. Frankfurt am Main: Suhrkamp.
Becker, M., Hrsg. 2006. *Diversity-Management. Unternehmens- und Personalpolitik der Vielfalt*. Stuttgart: Schäffer-Poeschel.
Beckers, T. 2018. Werte. In *Grundbegriffe der Soziologie*, 12. Aufl., Hrsg. J. Kopp und A. Steinbach, 507–511. Wiesbaden: VS Verlag für Sozialwissenschaften.
Beil, B., J. Kühnel, und C. Neuhaus. 2012. *Studienhandbuch Filmanalyse. Ästhetik und Dramaturgie des Spielfilms*. München: Wilhelm Fink.
Belcove-Shalin, J. 1988. Becoming More of an Eskimo. Fieldwork among the Hasidim of Boro Park. In *Between Two Worlds. Ethnographic Essay on American Jewry*, Hrsg. J. Kugelmass, 77–102. Ithaca NY: Cornell University Press.
Bell, D. 2007. The Hospitable City. Social Relations in Commercial Spaces. *Progress in Human Geography* 31 (1): 7–22.
Beltrán, M., und C. Fojas, Hrsg. 2008. *Mixed Race Hollywood*. New York: NYU Press.
Benshoff, H.M., und S. Griffin. 2009. *America on Film. Representing Race, Class, Gender, and Sexuality at the Movies*, 2. Aufl. Oxford: Wiley-Blackwell.
Benshoff, H.M., und S. Griffin. 2004. *America on Film. Representing Race, Class, Gender, and Sexuality at the Movies*. Malden MA: Blackwell.
Ben-Ur, A. 2009. *Sephardic Jews in America. A Diasporic History*. New York: NYU Press.
Berg, C.R. 2002. *Latino Images in Film. Stereotypes, Subversion, Resistance*. Austin: University of Texas Press.
Berger, N. 2013a. Hüte. Religiöse Begriffe aus der Welt des Judentums. Jüdische Allgemeine. https://www.juedische-allgemeine.de/glossar/huete/. Zugegriffen: 7. September 2018.
Berger, N. 2013b. Parve. Religiöse Begriffe aus der Welt des Judentums. Jüdische Allgemeine. https://www.juedische-allgemeine.de/glossar/parve/. Zugegriffen: 23. September 2018.
Bernardi, D., Hrsg. 2008. *The Persistence of Whiteness. Race and Contemporary Hollywood Cinema*. London: Routledge.
Bernardi, D., Hrsg. 1996. *Classical Hollywood, Classical Whiteness*. Minneapolis: University of Minnesota Press.
Beth Din of America. 2015. About. https://bethdin.org/about/. Zugegriffen: 7. September 2018.
Bhabha, H.K. 2009. In the Cave of Making. Thoughts on Third Space. In *Communicating in the Third Space*, Hrsg. K. Ikas und G. Wagner, ix–xiv. New York: Routledge.
Bhabha, H.K. 2000. *Die Verortung der Kultur*. Tübingen: Stauffenburg.
Bhabha, H.K. 1994. *The Location of Culture*. London: Routledge.
Bial, H. 2005. *Acting Jewish. Negotiating Ethnicity on the American Stage and Screen*. Ann Arbor, MI: University of Michigan Press.
Bial, H. 2004. *The Performance Studies Reader*, 2. Aufl. London: Routledge.
Bibel. 2016. Die Bibel, oder die ganze Heilige Schrift des alten und neuen Testaments, nach der deutschen Übersetzung Martin Luthers. (Elektronische Reproduktion, Frankfurt am Main: Walter de Gruyter.). https://www.degruyter.com/viewbooktoc/product/124653. Zugegriffen: 21. Februar 2019.

Bienk, A. 2008. *Filmsprache. Einführung in die interaktive Filmanalyse*, 2. Aufl. Marburg: Schüren.
Binder, F.M., und D.M. Reimers. 1995. *All the Nations Under Heaven. An Ethnic and Racial History of New York City*. New York, Columbia University Press.
Binnie, J., J. Holloway, S. Millington, und C. Young. 2006a. Introduction. Grounding Cosmopolitan Urbanism. Approaches, Practices and Policies. In *Cosmopolitan Urbanism*, Hrsg. J. Binnie, J. Holloway, S. Millington und C. Young, 1–34. New York: Routledge.
Binnie, J., J. Holloway, S. Millington, und C. Young. 2006b. Conclusion. The Paradoxes of Cosmopolitan Urbanism. In *Cosmopolitan Urbanism*, Hrsg. J. Binnie, J. Holloway, S. Millington und C. Young, 246–253. New York: Routledge.
Binnie, J, J. Holloway, S. Millington, und C. Young, Hrsg. 2006c. *Cosmopolitan Urbanism*. New York: Routledge.
Binsbergen, W.M.J. van. 2003. *Intercultural Encounters. African and Anthropological Lessons Towards a Philosophy of Interculturality*. Münster: Lit.
Birnbaum, J. 2018. Shomer Negiah, the Prohibition on Touching. My Jewish Learning. https://www.myjew-ishlearning.com/article/shomer-negiah/. Zugegriffen: 24. September 2018.
Bissell, D. 2010. Passenger Mobilities. Affective Atmospheres and the Sociality of Public Transport. *Environment and Planning D* 28 (29): 270–289.
Blioumi, A. 2004. Kulturaustausch, Interkulturalität und Interdisziplinarität – Beispiele aus der deutschsprachigen Migrationsliteratur. *Neohelicon* 31 (1): 43–59.
Blumentrath, H. 2007. *Transkulturalität. Türkisch-deutsche Konstellationen in Literatur und Film*. Münster: Aschendorff.
Boggs, C., und T. Pollard. 2003. *A World in Chaos. Social Crisis and the Rise of Postmodern Cinema*. Lanham, MD: Rowman & Littlefield.
Bogle, D. 2016. *Toms, Coons, Mulattoes, Mammies, and Bucks. An Interpretative History of Blacks in American Films*, 5. Aufl. New York: Bloomsbury Publishing.
Bollag, D. 2010. Jüdisches Recht. In *Religionsrecht. Eine Einführung in das jüdische, christliche und islamische Recht*, Buchreihe Freiburger Veröffentlichungen zum Religionsrecht, Bd. 23, Hrsg. R.P. de Mortagenes, P. Bleisch Bouzar, D. Bollag und C. R. Tappenbeck, 3–50. Zürich: Schulthess.
Bollhöfer, B. 2003. Stadt und Film. Neue Herausforderungen für die Kulturgeographie. *Petermanns Geographische Mitteilungen* 147 (2): 54–59.
Bollhöfer, B., und A. Strüver. 2005. Geographische Ermittlungen in der Münsteraner Filmwelt. Der Fall Wilsberg. *Geographische Revue* 7 (1/2): 25–42.
Bolten, J. 2014. „Diversität" aus der Perspektive eines offenen Interkulturalitätsbegriffs. In *Interkulturalität und kulturelle Diversität*, Hrsg. A. Moosmüller und J. Möller-Kiero, 47–60. Münster: Waxmann Verlag GmbH.
Bolten, J. 2012. *Interkulturelle Kompetenz*, 5. Aufl. Erfurt: LZT.
Bolten, J. 2007a. Interkulturelle Kompetenz. Thüringer Universitäts- und Landesbibliothek Jena. https://www.db-thueringen.de/servlets/MCRFileNodeServlet/dbt_derivate_00020394/interkulturellekompetenz.pdf. Zugegriffen: 7. Januar 2018.
Bolten, J. 2007b. Interkulturelle Studienangebote vor dem Hintergrund der Einführung von Bachelor- und Masterprogrammen. *Interculture Journal. Online-Zeitschrift für Interkulturelle Studien*: 47–64. http://www.interculture-journal.com/index.php/icj/article/view/53/0. Zugegriffen: 23. November 2017.

Bondanella, P.E. 2004. *Hollywood Italians. Dagos, Palookas, Romeos, Wise Guys, and Sopranos*. New York: Continuum.
Bondi, L., und D. Rose. 2003. Constructing Gender, Constructing the Urban. A Review of Anglo-American Feminist Urban Geography. *Gender, Place & Culture* 10 (3): 229–245.
Bonss, W., O. Dimbath, A. Maurer, L. Nieder, H. Pelizäus-Hoffmeister, und M. Schmid. 2013. *Handlungstheorie. Eine Einführung*. Bielefeld: transcript.
Bordwell, D., J. Staiger, und K. Thompson. 1985. *The Classical Hollywood Cinema: Film Style und Mode of Production to 1960*. London: Routledge.
Borstnar, N., E. Pabst, und H.-J. Wulff. 2002. *Einführung in die Film- und Fernsehwissenschaft*. Konstanz: UVK Verlagsgesellschaft.
Bory, T., M. Hartmann, S. Moriya, N. Sasaki, und N. Watanabe. 2012. *Mathematische Interkulturalität erleben*. Dortmund: Universitätsbibliothek Dortmund.
Bossong, G. 2008. *Die Sepharden. Geschichte und Kultur der spanischen Juden*. München: Beck.
Bourdieu, P. 1997. Ortseffekte. In *Das Elend der Welt. Zeugnisse und Diagnosen alltäglichen Leidens an der Gesellschaft*, Hrsg. P. Bourdieu und A. Accardo, 159–167. Konstanz: UVK Verlagsgesellschaft, Universitäts-Verlag Konstanz.
Bourdieu, P. 1992. *Die verborgenen Mechanismen der Macht*. Hamburg. VSA-Verlag.
Bourdieu, P. 1991. Physischer, sozialer und angeeigneter physischer Raum. In *Stadt-Räume*, Hrsg. M. Wentz, 25–34. Frankfurt am Main: Campus-Verlag.
Bower, A., Hrsg. 2004. *Reel food. Essays on Food and Film*. New York: Routledge.
Breger, C., und T. Döring, Hrsg. 1998. *Figuren der/des Dritten. Erkundungen kultureller Zwischenräume*. Amsterdam: Rodopi.
Brehme, D., P. Fuchs, S. Köbsell, und C. Wesselmann, Hrsg. 2020. *Disability Studies im deutschsprachigen Raum. Zwischen Emanzipation und Vereinnahmung*. Weinheim: Beltz Juventa.
Breinig, H., J. Gebhardt, und K. Lösch, Hrsg. 2002. Multiculturalism in Contemporary Societies. Perspectives on Difference and Transdifference. Buchreihe *Erlanger Forschungen Reihe A, Geisteswissenschaften*, Bd. 101. Erlangen: University Press.
Breinig, H., und K. Lösch. 2002. Introduction. Difference and Transdifference. In *Multiculturalism in Contemporary Societies: Perspectives on Difference and Transdifference*, Buchreihe Erlanger Forschungen Reihe A, Geisteswissenschaften, Bd. 101, Hrsg. H. Breinig, J. Gebhardt und K. Lösch, 11–36. Erlangen: University Press.
Breuer, F. 2010. *Reflexive Grounded Theory. Eine Einführung für die Forschungspraxis*, 2. Aufl. Wiesbaden: VS Verlag für Sozialwissenschaften.
Brodkin, K. 2001. Diversity in Anthropological Theory. In *Cultural Diversity in the United States. A Critical Reader*, Hrsg. I. Susser und T. C. Patterson, 365–388. Malden, MA: Blackwell.
Bronfen, E., und N. Grob, Hrsg. 2013. *Stilepochen des Films. Classical Hollywood*. Ditzingen: Reclam Verlag.
Brooklynites. 2007. In *Urban Dictionary*. https://www.urbandictionary.com/define.php?term=brooklynites. Zugegriffen: 11. Oktober 2018.
Broszinsky-Schwabe, E. 2017. *Interkulturelle Kommunikation. Missverständnisse und Verständigung*, 2. Aufl. Wiesbaden: VS Verlag für Sozialwissenschaften.

Brown, A. 2020. The changing categories the U.S. census has used to measure race. Pew Research Center. https://www.pewresearch.org/fact-tank/2020/02/25/the-changing-categories-the-u-s-has-used-to-measure-race/. Zugegriffen: 30. März 2020.

Brunsdon, C. 2007. *London in Cinema. The Cinematic City since 1945*. London: BFI.

Bruzzi, S. 1997. *Undressing Cinema. Clothing and Identity in the Movies*. London: Routledge.

Budd, D.H. 2002. *Culture Meets Culture in the Movies. An Analysis East, West, North and South, with Filmographies*. Jefferson NC: McFarland.

Bukow, W.-D. 2011a. Vielfalt in der postmodernen Stadtgesellschaft – Eine Ortsbestimmung. In *Neue Vielfalt in der urbanen Stadtgesellschaft*, Hrsg. W.-D. Bukow, G. Heck, E. Schulze und E. Yildiz, 207–231. Wiesbaden: VS Verlag für Sozialwissenschaften.

Bukow, W.-D. 2011b. Zur alltäglichen Vielfalt von Vielfalt – postmoderne Arrangements und Inszenierungen. In *Orte der Diversität. Formate, Arrangements und Inszenierungen*, Hrsg. C. Alleman-Ghionda, C. und W.-D. Bukow, 35–54. Wiesbaden: VS Verlag für Sozialwissenschaften.

Bukow, W.-D., G. Heck, E. Schulze, und E. Yildiz (2011): Urbanität ist Vielfalt. Eine Einleitung. In *Neue Vielfalt in der urbanen Stadtgesellschaft*, Hrsg. W.-D. Bukow, G. Heck, E. Schulze und E. Yildiz, 7–18. Wiesbaden: VS Verlag für Sozialwissenschaften.

Bunnell, T. 2004. Re-viewing the Entrapment controversy. Megaprojection, (mis)representation and postcolonial performance. *GeoJournal* 59: 297–305.

Busch, D. 2014. Was, wenn es die Anderen gar nicht interessiert? Überlegungen zu einer Suche nach nicht-westlichen Konzepten von Interkulturalität und kultureller Diversität. In *Interkulturalität und kulturelle Diversität*, Buchreihe Münchener Beiträge zur interkulturellen Kommunikation, Bd. 26, Hrsg. A. Moosmüller und J. Möller-Kiero, 61–82. Münster: Waxmann Verlag GmbH.

Busch, D. 2011. Wie wirkt sich das theoretische Konzept der Diversität auf soziales Handeln aus? In *Orte der Diversität. Formate, Arrangements und Inszenierungen*, Hrsg. C. Alleman-Ghionda und W.-D. Bukow, 55–71. Wiesbaden: VS Verlag für Sozialwissenschaften.

Butzer, G., und J. Jacob, Hrsg. 2008. *Metzler-Lexikon literarischer Symbole*. Stuttgart: Metzler.

Calhoun, R.B. 1978. *In Search of the New Old. Redefining Old Age in America, 1945–1970*. New York: Elsevier.

Cambridge Dictionary. 2014. Turf. https://dictionary.cambridge.org/de/worterbuch/englisch/turf. Zugegriffen: 20. Juni 2019.

Carmen, A. del. 2008. *Racial Profiling in America*. Upper Saddle River NJ: Pearson Prentice Hall.

Cashmore, E. 1996. Ethnicity. In *Dictionary of Race and Ethnic Relations*, 4. Aufl., Hrsg. E. Cashmore, 119–125. London: Routledge.

Castro Varela, M. do Mar, und N. Dhawan. 2005. *Postkoloniale Theorie. Eine kritische Einführung*. Bielefeld: transcript Verlag.

Cazenave, N.A. 2016. *Conceptualizing Racism. Breaking the Chains of Racially Accommodative Language*. Lanham, MD: Rowman & Littlefield.

Center for Urban Research (2013): MAP 1. Predominant race/ethnicity by tract. https://www.gc.cuny.edu/CUNY_GC/media/CUNY-Graduate-Center/PDF/Centers/Center%20for%20Urban%20Research/Resources/Map1_raceethnreligion.pdf. Zugegriffen: 22. Februar 2019.

Chakravarti, D. 2004. Feel Good Reel Food. A Taste of the Cultural Kedgeree in Gurinder Chadha's What's Cooking. In *Food. Essays on Food and Film*, Hrsg. A.L. Bower, 17–26. New York: Routledge.

Chatterton, P. 2006. 'Give up activism' and change the world in unknown ways. Or, learning to walk with others on uncommon ground. *Antipode* 38 (2): 259–281.

Chawane, M.H. 2014. The Rastafari Movement in South Africa. A Religion or Way of Life? *Journal for the Study of Religion* 27 (2): 214–237.

Chen, M.A. 1984. Kantha and Jamdani. Revival in Bangladesh. *India International Centre Quarterly* 11 (4): 45–62.

Cherry, E. 2006. Veganism as a Cultural Movement. A Relational Approach. *Social Movement Studies* 5 (2): 155–170.

Chmielewska, K. 2014. Von *Angst Essen Seele auf* bis *Almanya* – deutsch-türkische Filme im interkulturellen Fremdsprachenunterricht. *Glottodidactica* XLI (1): 127–139.

Christen, T. 2008. New Hollywood. Renaissance des amerikanischen Films. In *Einführung in die Filmgeschichte, Band 3. New Hollywood bis Dogma 95*, Hrsg. T. Christen und R. Blanchet, 51–74. Marburg: Schüren.

Christensen, J. 1991. Spike Lee, Corporate populist. *Critical Inquiry* 17 (3): 582–595.

Cicala Filmworks (2007): Arranged. http://www.arrangedthemovie.com/about.html. Zugegriffen: 22. Februar 2019.

Cimino, R.P., und D. Lattin. 1998. *Shopping for Faith. American Religion in the New Millennium*. San Francisco: Jossey-Bass.

Clapp, J.A. 2013. *The American City in the Cinema*. New Brunswick: Transaction Publishers.

Clarke, D.B., Hrsg. 2005. *The Cinematic City*, 2. Aufl. London: Routledge.

Clarke, D.B., Hrsg. 1997. *The Cinematic City*. London: Routledge.

Clayman, C., und M. Lee. 2010. *ethNYcity. The Nations, Tongues, and Faiths of Metropolitan New York*. New York: Global Gates.

Clayton, J. 2009. Thinking Spatially: Towards an everyday understanding of inter-ethnic relations. *Social and Cultural Geography* 10 (4): 481–498.

Clayton, J. 2008. Everyday Geographies of Marginality and Encounter in the Multicultural City. In *New Geographies of Race and Racism*, Hrsg. C. Dwyer und C. Bressey, 255–267. Aldershot: Ashgate.

Coates, J., und P. Pichler. 2011. *Language and Gender. A Reader*, 2. Aufl. Malden, MA: Blackwell Publishing.

Cohn, D'V. 2015. Census considers new approach to asking about race – by not using the term at all. Pew Research Center. http://www.pewresearch.org/fact-tank/2015/06/18/census-considers-new-approach-to-asking-about-race-by-not-using-the-term-at-all/. Zugegriffen: 29. Dezember 2017.

Coke, T.E. 2003. Racial Profiling Post-9/11. Old Story, New Debate. In *Lost Liberties. Ashcroft and the Assault of Personal Freedom*, Hrsg. C.G. Brown, 91–111. New York: New Press.

Conaway, C.B. 1999. Crown Heights. Politics and Press Coverage of the Race War That Wasn't. *Polity* 32 (1): 93–118.

Corrigan, T., und P. White. 2012. *The film experience. An introduction*, 3. Aufl. Boston: Bedford, St. Martin's.

Cordero-Guzman, H.R. 2005. Community-Based Organisations and Migration in New York City. *Journal of Ethnic and Migration Studies* 31 (5): 889–909.

Cordero-Guzman, H.R., und R. Grosfoguel. 2000. The Demographic and Socio-Economic Characteristics of Post-1965 Immigrants to New York City. A Comparative Analysis by National Origin. *International Migration* 38 (4): 41–77.

Cornell, S., und D. Hartmann. 2010. Ethnizität und Rasse – Ein konstruktivistischer Ansatz. In *Ethnowissen. Soziologische Beiträge zur ethnischen Differenzierung und Migration*, Buchreihe Soziologie der Politiken, Hrsg. M. Müller und D. Zifonun, 61–98. Wiesbaden: VS Verlag für Sozialwissenschaften.

Corrigan, T., und P. White. 2009. The Film Experience. An Introduction, 2. Aufl. Boston: Bedford, St. Martin's.

Cox, T. 2001. *Creating the Multicultural Organization. A Strategy for capturing the power of diversity*. Buchreihe University of Michigan Business School management series. San Francisco: Jossey-Bass.

Crang, M. 1999. *Cultural Geography*. London: Routledge.

Crawford, K. 2016. To Catch a Terrorist: The Improper Use of Profiling in U.S. Post-9/11 Counter- terrorism. Orlando. https://stars.library.ucf.edu/honorstheses/57/. Zugegriffen: 7. Oktober 2018.

Crenshaw, K. 1994. Mapping the Margins. Intersectionality, Identity Politics, and Violence Against Women of Color. *Stanford Law Review* 43: 1241–1299.

Crenshaw, K. 1989. Demarginalizing the Intersection of Race and Sex: A Black Feminist Critique of Antidiscrimination Doctrine. *The University of Chicago Legal Forum* 139: 139–167.

Cresswell, T., und D. Dixon. 2002. Introduction. Engaging Film. In *Engaging Film. Geographies of Mobility and Identity*, Hrsg. T. Cresswell und D. Dixon, 1–10. Lanham, MD: Rowman & Littlefield.

Crèvecoeur, H. St. John de. 1912. *Letters from an American Farmer*. Buchreihe Everman's library, Bd. 640. London: Dent.

Cruikshank, M. 2013. *Learning to be Old. Gender, Culture, and Aging*, 3. Aufl. Lanham, MD: Rowman & Littlefield.

Da Costa, M.H.B.V. 2003. Cinematic Cities. Researching Films as Geographical Texts. In *Cultural Geography in Practice*, Hrsg. M. Ogborn, A. Blunt, P. Gruffudd, D. Pinder und J. May, 191–201. London: Routledge.

Dammann, L. 2007. *Kino im Aufbruch. New Hollywood 1967–1976*. Buchreihe Aufblende, Bd. 11. Marburg: Schüren.

Dangschat, J.S. 1996. Raum als Dimension sozialer Ungleichheit und Ort als Bühne der Lebensstilisierung? Zum Raumbezug sozialer Ungleichheit und von Lebensstilen. In *Lebensstil zwischen Sozialstrukturanalyse und Kulturwissenschaft*, Buchreihe Sozialstrukturanalyse, Bd. 7, Hrsg. O.G. Schwenk, 99–135. Opladen: Leske + Budrich.

Daniel, Y.P. 1994. Race, Gender, and Class Embodied in Cuban Dance. *Contributions in Black Studies. A Journal of African and Afro-American Studies* 12 (8): 70–87.

Daniel, Y.P. 1991. Changing Values in Cuban Rumba, A Lower Class Black Dance Appropriated by the Cuban Revolution. *Dance Research Journal* 23 (2): 1–10.

Darling, J. 2014. Emotions, Encounters and Expectations. The Uncertain Ethics of 'the Field'. *Journal of Human Rights Practice* 6 (2): 201–212.

Darling, J., und H.F. Wilson. 2016. *Encountering the City. Urban Encounters from Accra to New York*. London: Routledge.

Darraj, S.M. 2008. Jackie Robinson. New York: Chelsea House Publishers.

Davé, S.S. 2013. Indian Accents. Brown Voice and Racial Performance in American Television and Film. Baltimore: University of Illinois Press.

Davies, G., und J. Fagan. 2012. Crime and Enforcement in Immigrant Neighborhoods. Evidence from New York City. *The Annals of the American Academy of Political and Social Science* 641: 99–124.

Davies, J., und C.R. Smith. 1997. *Gender, Ethnicity and Sexuality in Contemporary American Film*. Buchreihe BAAS paperbacks. Edinburgh: Keele University Press.

Davis, K. 2008. Intersectionality as buzzword. A sociology of science perspective on what makes a theory successful. *Feminist Theory* 9 (1): 67–86.

Dawidowski, C., A.R. Hoffmann, und B. Walter, Hrsg. 2015. *Interkulturalität und Transkulturalität in Drama, Theater und Film. Literaturwissenschaftliche und -didaktische Perspektiven*. Buchreihe Beiträge zur Literatur- und Mediendidaktik, Bd. 28. Frankfurt am Main: Peter Lang.

Decherney, P. 2016. Hollywood. A very short introduction. New York: Oxford University Press.

Deffner, V., und C. Haferburg. 2018. Pierre Bourdieu. Habitus und Habitat als Verhältnis von Subjekt, Sozialem und Macht. In Theorien in der Raum- und Stadtforschung. Einführungen, 2. Aufl., Hrsg. J. Ossenbrügge und A. Vogelpohl, 328–347. Münster: Westfälisches Dampfboot.

Deffner, V., und C. Haferburg. 2012. Raum, Stadt und Machtverhältnisse. Humangeographische Auseinandersetzungen mit Bourdieu. *Geographische Zeitschrift* 100 (3): 164–180.

Degele, N., und G. Winkler. 2007. Intersektionalität als Mehrebenenanalyse. Portal Intersektionalität. http://portal-intersektionalitaet.de/theoriebildung/ueberblickstexte/degelewinkler/. Zugegriffen: 21. September 2017.

Delgado, M., Hrsg. 2010. *Interkulturalität. Begegnung und Wandel in den Religionen*. Stuttgart: Kohlhammer.

Delgado, R., und J. Stefancic. 2017. Critical Race Theory. An Introduction, 3. Aufl. New York: NYU Press.

Dellwing, M. (2014): Zur Aktualität von Erving Goffman. Wiesbaden.

Dennerlein, B. und E. Frietsch (2011): Einleitung. In: Dennerlein, B. und E. Frietsch (Hrsg.) (2011): Identitäten in Bewegung. Migration im Film. Bielefeld: 7–17.

Denzin, N. K. (2012): Reading Film – Filme und Videos als sozialwissenschaftliches Erfahrungsmaterial. In: Flick, U., E. v. Kardoff und I. Steinke (Hrsg.) (^{9}2012): Qualitative Forschung. Ein Handbuch. Reinbek bei Hamburg: 416–428.

Denzin, N.K. 2007. Reading Film – Filme und Videos als sozialwissenschaftliches Erfahrungsmaterial. In Qualitative Forschung. Ein Handbuch, 5. Aufl., Hrsg. U. Flick, E. v. Kardoff und I. Steinke, 416–428. Reinbek bei Hamburg: Rowohlt Taschenbuch Verlag.

Denzin, N.K. 1991. Images of Postmodern Society. Social Theory and Contemporary Cinema. London: SAGE Publications.

Deutsch, J., und R.D. Saks, 2008. *Jewish American Food Culture*. Buchreihe Food cultures in America. Westport, CT: Greenwood Press.

DeVos, G. 1975. Ethnic Pluralism. Conflict and Accommodation. In Ethnic Identity. Cultural Continuities and Change, Hrsg. G. DeVos und L. Romanucci Ross, 5–41. Palo Alto, CA: Mayfield.

Dimbarth, O. 2018. Der Spielfilm als soziales Gedächtnis? In (Digitale) Medien und soziale Gedächtnisse, Hrsg. G. Sebald und M.-K. Döbler, 199–221. Wiesbaden: VS Verlag für Sozialwissenschaften.

Di Paolo, M., und A.K. Spears. 2014. *Languages and Dialects in the US. Focus on Diversity and Linguistics*. New York: Routledge.

Dirksmeier, P., und I. Helbrecht. 2010. Intercultural interaction and "situational places". A perspective for urban cultural geography within and beyond the performativetTurn. *Social Geography* 5 (1): 39–48.

Dirksmeier, P., I. Helbrecht, und U. Mackrodt. 2014. Situational places. Rethinking geographies of intercultural interaction in super-diverse urban space. *Geografiska Annaler: Series B, Human Geography* 96 (4): 299–312.

Dirksmeier, P., U. Mackrodt, und I. Helbrecht. 2011. Geographien der Begegnung. *Geographische Zeitschrift* 99 (2/3): 84–103.

Dixon, D. 2014. Film. In *The Ashgate Research Companion to Media Geography*, Hrsg. P. Adams, J. Craine und J. Dittmer, 39–51. Farnham, Surrey: Ashgate.

Dixon, D., L. Zonn, und J. Bascom. 2008. Post-ing the cinema. Reassessing analytical stances toward a geography of film. In *The geography of cinema – A cinematic world*, Buchreihe Media Geography at Mainz, Bd. 1, Hrsg. C. Lukinbeal und S. Zimmermann, 25–50. Stuttgart: Franz Steiner Verlag.

Doherty, T.P. 2007. Hollywood's Censor. Joseph I. Breen und the Production Code Administration. New York: Columbia University Press.

Dorff, E.N., und J.K. Crane, Hrsg. 2013. *The Oxford Handbook of Jewish Ethics and Morality*. Oxford: Oxford University Press.

Döring, J., und T. Thielmann. 2009. *Mediengeographie. Theorie – Analyse – Diskussion*. Buchreihe Medienumbrüche, Bd. 26. Bielefeld: transcript Verlag.

Dreher, J., und P. Stegmaier, Hrsg. 2007a. *Zur Unüberwindbarkeit kultureller Differenz. Grund-lagentheoretische Reflexionen*. Buchreihe Sozialtheorie. Bielefeld: transcript Verlag.

Dreher, J., und P. Stegmaier. 2007b. Einleitende Bemerkungen. >Kulturelle Differenz< aus wissenssoziologischer Sicht. In *Zur Unüberwindbarkeit kultureller Differenz: Grundlagentheoretische Reflexionen*, Buchreihe Sozialtheorie, Hrsg. J. Dreher, und P. Stegmaier, 7–20. Bielefeld: transcript Verlag.

Dunaway, M. (o.D.). Do the Right Thing. Image 93. https://imagejournal.org/article/do-the-right-thing/. Zugegriffen: 7. Oktober 2018.

Dundas, P. 2003. *The Jains*, 2. Aufl. Florence: Taylor and Francis.

Dvorin, D. 1998. Parallelisms and Differences. Rastafariansim and Judaism. The Dread Library https://debate.uvm.edu/dreadlibrary/dvorin.html. Zugegriffen: 9. September 2018.

Eckstein, L., B. Korte, E.U. Pirker, und C. Reinfandt, Hrsg. 2008. *Multi-Ethnic Britain 2000+. New Perspectives in Literature, Film and the Arts*. Buchreihe Internationale Forschungen zur allgemeinen und vergleichenden Literaturwissenschaft, Bd. 121. Amsterdam: Rodopi.

Edwards, R., und C. Caballero. 2008. What's in a Name? An Exploration of the Significance of Personal Naming of 'Mixed' Children for Parents from Different Racial, Ethnic and Faith Backgrounds. *The Sociological Review* 56 (1): 39–60.

Eggers, M.M., G. Kilomba, P. Piesche, und S. Arndt, Hrsg. 2017. *Mythen, Masken und Subjekte – kritische Weißseinsforschung in Deutschland*, 3. Aufl. Münster: Unrast Verlag.

Elchardus, M., und J. Siongers. 2010. First Names as Collective Identifiers. An Empirical Analysis of the Social Meaning of First Names. *Cultural Sociology* 5 (3): 403–422.
Eleff, Z. und J.J. Schacter. 2016. *Modern Orthodox Judaism. A Documentary History*. Lincoln, NE: University of Nebraska Press.
Eller, J.D. 2015. *Culture and Diversity in the United States. So Many Ways to be an American*. London: Routledge.
Ellis, M., R. Wright, und V. Parks. 2004. Work together, live apart? Geographies of Racial and Ethnic Segregation at Home and at Work. *Annals of the Association of American Geographers* 94 (3): 620–637.
Emeis, K., und J. Boog. 2011. Almanya oder Deutschland revisited. Der Culture Clash im deutsch-türkischen Kino – 50 Jahre später. In *50 Jahre türkische Arbeitsmigration in Deutschland. Türkisch-deutsche Studien Jahrbuch 2011*, Hrsg. S. Ozil, M. Hofmann und Y. Dayioğlu-Yücel, 165–182. Göttingen: V&R unipress.
Emerson, R.W. 1971. Entry 119. In *The Journals and Miscellaneous Notebooks of Ralph Waldo Emerson. Vol. 9, 1843–47*, Hrsg. R.H. Orth und A. K. Ferguson, 299–300. Cambridge: Belknap Press.
Engell, L. 2018. Requisite/Props. In *Handbuch Filmanalyse*, Hrsg. M. Hagener und V. Pantenburg, 1–10. Wiesbaden: VS Verlag für Sozialwissenschaften. doi: 10.1007/978-3-658-13352-8_11-1.
Escher, A.J. 2018. „Culture is an Imperative". Eine Perspektive zur lebensweltlichen Orientierung in anderen Kulturen. In *Perspektiven der Interkulturalität. Forschungsfelder eines umstrittenen Begriffs*, Buchreihe Intercultural Studies, Bd. 1, Hrsg. A.J. Escher und H. C. Spickermann, 85–107. Heidelberg: Universitätsverlag Winter.
Escher, A.J. 2006. The Geography of Cinema – A Cinematic World. *Erdkunde* 60 (4): 307–314.
Escher, A.J., und M. Karner. 2017. Verstehende Interkulturalität statt räumliche Koexistenz als Entgegnung auf den Terrorismus? In *Globaler Terrorismus*, Buchreihe Mainzer Kontaktstudium Geographie, Bd. 16, Hrsg. V. Wilhelmi, E. Thevessen und F. Pfeil, 30–47. Mainz: Geographisches Institut der Johannes Gutenberg-Universität Mainz.
Escher, A.J., und S. Petermann, Hrsg. 2016. *Raum und Ort*. Buchreihe Basistexte Geographie, Bd. 1. Stuttgart: Franz Steiner Verlag.
Escher, A.J., und E. Sommerlad. 2018. Interkulturelle Konzepte in der Geographie. In *Handbuch Interkulturelle Pädagogik*, Hrsg. I. Gogolin, V. B. Georgi, M. Krüger-Potratz, D. Lengyel und U. Sandfuchs, 150–152. Bad Heilbrunn: Verlag Julius Klinkhardt.
Escher, A.J., und H.C. Spickermann, Hrsg. 2018. *Perspektiven der Interkulturalität. Forschungsfelder eines umstrittenen Begriffs*. Buchreihe Intercultural Studies, Bd. 1. Heidelberg: Universitätsverlag Winter.
Escher, A.J., und S. Zimmermann. 2009. Die Macht des Rituals. Thanksgiving in Gurinder Chadhas Spielfilm What's Cooking? In *Ist man, was man isst? Essrituale im Film*, Buchreihe Projektionen, Bd. 1, Hrsg. A.J. Escher und T. Koebner, 31–46. München: Edition text + kritik.
Escher, A.J., und S. Zimmermann. 2006. Visualisierungen der Landschaft im Spielfilm. In *Mikrolandschaften. Landscape Culture on the Move. Microlandscapes*, Buchreihe Gegenwartskunst + Theorie, Bd. 1, Hrsg. B. Franzen und S. Krebs, 254–264. Münster: Westfäl. Landesmuseum für Kunst und Kulturgeschichte.

Escher, A.J., und S. Zimmermann. 2005. Drei Riten für Cairo. Wie Hollywood die Stadt Cairo erschafft. In *Mythos Ägypten. West-Östliche Medienperspektiven II*, Buchreihe Filstudien, Bd. 41, Hrsg. A.J. Escher und T. Koebner, 162–173. Remscheid: Gardez!-Verlag.

Escher, A.J., und S. Zimmermann. 2001. Geography meets Hollywood – Die Rolle der Landschaft im Spielfilm. *Geographische Zeitschrift* 89 (4): 227–236.

Escher, A.J., M. Lahr, und S. Petermann. 2007. Angelegenheiten einer interkulturellen Geographie. Natur und Geist. *Das Forschungsmagazin der Johannes Gutenberg-Universität* 23 (1): 39–41.

Everts, J. 2010. Consuming and living the corner shop. Belonging, Remembering, Socialising. *Social and Cultural Geography* 11 (8): 847–863.

Ezli, Ö. 2010. *Kultur als Ereignis. Fatih Akins Film „Auf der anderen Seite" als transkulturelle Narration*. Bielefeld: transcript Verlag.

Fain, K. 2015. *Black Hollywood. From Butlers to Superheroes, the Changing Role of African Ameri-can Men in the Movies*. Santa Barbara: Praeger.

Farías, M. 2016. Working Across Class Difference in Popular Assemblies in Buenos Aires. In *Encountering the City. Urban Encounters from Accra to New York*, Hrsg. J. Darling und H.F. Wilson, 169–186. London: Routledge.

Faulstich, W. 2002. *Grundkurs Filmanalyse*, 3. Aufl. Paderborn: Fink.

Feldman, E., und S. Yonemoto. 1992. Japan. AIDS as a Non-Issue. In *AIDS in the Industrialized Democracies. Passions, Politics, and Policies*, Hrsg. D.L. Kirp und R. Bayer, 339–360. New Brunswick: Rutgers University Press.

Feng, P.X., Hrsg. 2002. *Screening Asian Americans*. New Brunswick: Rutgers University Press.

Ferguson, S.J., Hrsg. 2016.*Race, Gender, Sexuality und Social Class. Dimension of Inequality and Identity*, 2. Aufl. Los Angeles: SAGE Publications.

Fermaglich, K. 2015. "Too Long, Too Foreign…Too Jewish". Jews, Name Changing, and Family Mo-bility in New York City, 1917–1942. *Journal of American Ethnic History* 34 (3): 34–57.

Fertitta, N. 2009. *New York. The Big City and Its Little Neighborhoods*. New York: Universe Publishing.

Fick, A. 1958. *Die weiße Trauerfarbe*. Duderstadt: Selbstverlag.

Fincher, R. 2003. Planning for cities of diversity difference and encounter. *Australian Planner* 40 (1): 55–58.

Fitzgerald, K.J. 2014. The Continuing Significance of Race: Racial Genomics in a Postracial Era. *Humanity und Sociology* 38 (1): 49–66.

Fleischmann, L. 2010. *Heiliges Essen. Das Judentum für Nichtjuden verständlich gemacht*, 2. Aufl. Frankfurt am Main: Scherz.

Flores, R.J.O., und A.P. Lobo. 2013. The Reassertion of a Black/Non-Black Colorline. The Rise in Integrated Neighborhoods without Blacks in New York City, 1970–2010. *Journal of Urban Affairs* 35 (3): 255 – 282.

Fluck, W., und W. Welf, Hrsg. 2003. *Wie viel Ungleichheit verträgt die Demokratie? Armut und Reichtum in den USA*. Frankfurt am Main: Campus-Verlag.

Focus Online. 2009. „Dr. House"-Schauspieler Kal Penn im Weißen Haus. Fokus Online. https://www.focus.de/panorama/boulevard/regierung-und132dr-houseund147-schauspieler-kal-penn-im-weissen-haus_aid_414838.html. Zugegriffen: 5. Oktober 2018.

Földes, C., Hrsg. 2014. *Interkulturalität unter dem Blickwinkel von Semantik und Pragmatik*. Buchreihe Beiträge zur interkulturellen Germanistik, Bd. 5. Tübingen: Narr.
Földes, C. 2007. Kommunikation in einem Spagat zwischen (zwei) Sprachen und Kulturen. Kode-Umschaltung als bilinguale sprachkommunikative Praktik. In *Tradition und Innovation. Beiträge zu neueren ungarndeutschen Forschungen*, Buchreihe Ungarndeutsches Archiv, Bd. 9, Hrsg. M. Erb und E. Knipf-Komlósi, 201–326. Budapest: ELTE Germanistisches Inst.
Foner, N. 2017. A Research Comment. What's New about Super-Diversity? *Journal of American Ethnic History* 36 (4): 49–57.
Foner, N. 2014. Immigration History and the Remaking of New York. In *New York and Amsterdam. Immigration and the New Urban Landscape*, Hrsg. N. Foner, J. Rath, J. W. Duyvendak und R. v. Reekum, 29–51. New York: NYU Press.
Foner, N., Hrsg. 2013. *One Out of Three. Immigrant New York in the Twenty-First Century*. New York: Columbia University Press.
Foner, N. 2007. How exceptional is New York? Migration and multiculturalism in the empire city. *Ethnic and Racial Studies* 30 (6): 999–1023.
Foner, N. 2006. Immigrant New York at the Turn of the Twenty-First Century. Academia. http://www.academia.edu/22089618/Immigrant_New_York_at_the_Turn_of_the_Twenty-First_Century. Zugegriffen: 1. September 2017.
Foner, N. 2005. *In a New Land. A Comparative View of Immigration*. New York: NYU Press.
Foner, N., Hrsg. 2003. *American Arrivals. Anthropology Engages the New Immigration*. Santa Fe: School of American Research Press.
Foner, N. 2001. Introduction. New Immigrants in a New New York. In *New Immigrants in New York*, Hrsg. N. Foner, 1–31. New York: Columbia University Press.
Foner, N. 2000. *From Ellis Island to JFK: New York's Two Great Waves of Immigration*. New Haven: Yale University Press.
Foner, N., J. Rath, J.W. Duyvendak, und R. v. Reekum, Hrsg. 2014. *New York and Amsterdam. Im-migration and the New Urban Landscape*. New York: NYU Press.
Forst, R. 2003. *Toleranz im Konflikt. Geschichte, Gehalt und Gegenwart eines umstrittenen Begriffs*. Frankfurt am Main: Suhrkamp.
Fortiert, A.-M. 2010. Proximity by design? Affective citizenship and the management of unease. *Citizenship Studies* 14 (1): 17–30.
Foster, G.A. 2003. *Performing Whiteness. Post-modern Re/Constructions in Cinema*. Albany: State University of New York Press.
Fox, K. 2006. *Cinematic visions of Los Angeles. Representations of identity and mobility in the cinematic city*. (Dissertation, Queen Mary University of London.). https://qmro.qmul.ac.uk/xmlui/handle/123456789/1767. Zugegriffen: 25. Juli 2021.
Frahm, L. 2010. *Jenseits des Raums. Zur filmischen Topologie des Urbanen*. Buchreihe Urbane Welten: zur kulturwissenschaftlichen Stadtforschung, Bd. 2. Bielefeld: transcript Verlag.
Frank, M.C. 2012. Sphären, Grenzen und Kontaktzonen. Jurij Lotmans räumliche Kultursemiotik am Beispiel von Rudyard Kiplings Plain Tales from the Hills. In *Explosion und Peripherie. Jurij Lotmans Semiotik der kulturellen Dynamik revisited*, Hrsg. S.K. Frank, C. Ruhe und A. Schmitz, 217–246. Bielefeld: transcript Verlag.
Franken, S. 2015. *Personal. Diversity Management*. Wiesbaden: Springer Gabler.
Freidenreich, D.M. 2011. *Foreigners and their food constructing otherness in Jewish, Christian, and Islamic law*. Berkeley: University of California Press.

Friedman, L.D., Hrsg. 1991. *Unspeakable Images. Ethnicity and the American Cinema.* Urbana: University of Illinois Press.

Friedmann, G., und E. Morin. 2010. Soziologie des Kinos. *montage AV* 19 (2): 21–41. *(Originalausgabe: Friedmann, Georges und Edgar Morin (1953): Sociologie du cinéma. Revue international de filmologie 10: 95–112).*

Fritzen, F. 2016. *Gemüseheilige. Eine Geschichte des veganen Lebens.* Stuttgart: Franz Steiner Verlag.

Fröhlich, H. 2007. *Das neue Bild der Stadt. Filmische Stadtbilder und alltägliche Raumvorstellungen im Dialog.* Buchreihe Erdkundliches Wissen, Bd. 142. Stuttgart: Franz Steiner Verlag.

Fröhlich, M., R. Middel, und K. Visarius, Hrsg. 2001. *No Body is Perfect. Körperbilder im Kino.* Buchreihe Arnoldsheiner Filmgespräche, Bd. 19. Marburg: Schüren.

Fromkin, V., R. Rodman, und N. Hyams. 2011. *An Introduction to Language*, 9. Aufl. Melbourne: Wadsworth Cengage Learning.

Früh, W. 2015. *Inhaltsanalyse: Theorie und Praxis*, 8 Aufl. Konstanz: UVK Verlagsgesellschaft.

Fuchs, M. 2007. Diversity und Differenz – konzeptionelle Überlegungen. In *Diversity Studies. Grundlagen und disziplinäre Ansätze*, Hrsg. G. Krell, B. Riedmüller, B. Sieben und D. Vinz, 17–34. Frankfurt: Campus Verlag.

Gabinskij, M.A. 2011. *Die sefardische Sprache.* Tübingen: Stauffenburg.

Gabriel, V. 2018. *Ethnischer Humor im Mainstream. Deutschtürkische Filmkomödien und Sitcoms aus transkultureller Perspektive.* (Dissertation, UCLA.). https://cloudfront.escholarship.org/dist/prd/content/qt7rz6g4w2/qt7rz6g4w2.pdf. Zugegriffen: 16. Juni 2019.

Gadatsch, L.M. 2015. *Zwischen Hollywood und Bollywood. Das Autorenkino Mira Nairs.* Wiesbaden: Springer Fachmedien.

Gamal Abdel Nasser Foundation. 2018. The address by Colonel Gamal Abdel Nasser at the Palestinian Club in Alexandria. http://www.nasser.org/Speeches/browser.aspx?SID=92u ndlang=en. Zugegriffen: 21. Februar 2019.

Garfinkel, H. 1967. *Studies in ethnomethodology.* Englewood Cliffs, NJ: Prentice Hall.

Geertz, C. 1987. *Dichte Beschreibungen. Beiträge zum Verstehen kultureller Systeme.* Frankfurt am Main: Suhrkamp.

Geiselhart, K., M. Park, F. Schlatter, und B. Orlowski. 2012. Die Grounded Theory in der Geographie. Ein möglicher Weg zu Empirie und Theoriebildung nach dem Cultural Turn. *Berichte zur deutschen Landeskunde* 86 (1): 83–95.

Geisen, T., C. Riegel, und E. Yildiz. 2017. Unterschiedliche Perspektiven auf Migration, Stadt und Urbanität. In *Migration, Stadt und Urbanität – Perspektiven auf die Heterogenität migrantischer Lebenswelten*, Hrsg. T. Geisen, C. Riegel und E. Yildiz, 3–16. Wiesbaden: Springer Fachmedien.

Geismar, O., und S. Gronemann, Hrsg. 1928. Pessach-Haggadah. Berlin: Kahan.

Genkova, P., und T. Ringeisen, Hrsg. 2016a. *Handbuch Diversity Kompetenz.* Buchreihe Perspektiven und Anwendungsfelder, Bd. 1. Wiesbaden: Springer Fachmedien.

Genkova, P.n und T. Ringeisen, Hrsg. 2016b. *Handbuch Diversity Kompetenz.* Buchreihe Gegenstandsbereiche, Bd. 2. Wiesbaden: Springer Fachmedien.

Georgiou, M. 2008. Urban Encounters. Juxtapositions of Difference and the Communicative Interface of Global Cities. *The International Communication Gazette* 70 (3/4): 223–235.

Gerber, D., und A.H. Kraut, Hrsg. 2016. *American Immigration and Ethnicity. A Reader*. New York: Palgrave Macmillan.

Gerhards, J., und S. Hans. 2008. Akkulturation und Vornamen. Welche Namen wählen Migranten für ihre Kinder und warum? In *Migration und Integration*, Buchriehe Kölner Zeitschrift für Soziologie und Sozialpsychologie, Bd. 48, Hrsg. F. Kalter, 465–487. Wiesbaden: VS Verlag für Sozialwissenschaften.

Geschke, D. 2012. Vorurteile, Differenzierung und Diskriminierung. Sozialpsychologische Erklärungsansätze. *Aus Politik und Zeitgeschichte* 62 (16/17): 33–37.

Gibson, C. 2010. Geographies of Tourism. (Un)ethical Encounters. *Progress in Human Geography* 34 (4): 521–527.

Gibson, M., J. Alexander, und D.T. Meem. 2013. *Finding Out. An Introduction to LGTB Studies*. Los Angeles: SAGE Publications.

Gilbert, P. 2010. *Cultural Identity and Political Ethics*. Edinburgh: Edinburgh University Press.

Ginneken, J. v. 2007. *Screening difference. How Hollywood's blockbuster films imagine race, ethnicity, and culture*. Lanham, MD: Rowman & Littlefield.

Giroux, H. 1997. Are Disney movies good for your kids? In *Kinderculture. The corporate construction of childhood*, Hrsg. S. Steinberg und J. Kincheloe, 53–68. Boulder: Westview Press.

Glasenapp, H. v. 1984. *Der Jainismus. Eine indische Erlöserreligion*, 2. Aufl. Hildesheim: Olms.

Glaser, J. 2014. *Suspect Race. Causes and Consequences of Racial Profiling*. New York: Oxford University Press.

Glazer, N. 1998. *We Are All Multiculturalists Now*. Cambridge: Harvard University Press.

Glazer, N., und D.P. Moynihan. 1970. *Beyond the Melting Pot. The Negroes, Puerto Ricans, Jews, Italians, and Irish of New York*, 2. Aufl. Cambridge, MA: MIT Press.

Glazer, N., und D. P. Moynihan. 1963. *Beyond the Melting Pot. The Negroes, Puerto Ricans, Jews, Italians, and Irish of New York*. Cambridge, MA: MIT Press.

Gleason, P. 1992. *Speaking of Diversity. Language and Ethnicity in Twentieth-Century America*. Baltimore: Md. Johns Hopkins University Press.

Glesener, J.E., N. Roelens, und H. Sieburg, Hrsg. 2017. *Das Paradigma der Interkulturalität. Themen und Positionen in europäischen Literaturwissenschaften*. Buchreihe Interkulturalität, Bd. 11. Bielefeld: transcript Verlag.

Göbel, K., und P. Buchwald. 2017. *Interkulturalität und Schule. Migration – Heterogenität – Bildung*. Buchreihe UTB Schulpädagogik. Paderborn: Ferdinand Schöningh.

Goethe, J.W. v. 1965. *Berliner Ausgabe. Poetische Werke, Bd. 1: Gedichte und Singspiele*. Berlin: Aufbau-Verlag.

Goffman, E. 2001. *Interaktion und Geschlecht*, 2. Aufl. (Beteiligt: H. Knoblauch und H. Kotthoff) Frankfurt: Campus-Verlag.

Goffman, E. 1983. The Interaction Order. American Sociological Association, 1982 Presidential Address. *American Sociological Review* 48 (19): 1–17.

Goffman, E. 1977. The Arrangement between the Sexes. *Theory and Society* 4 (3): 301–332.

Goffman, E. 1974. *Frame Analysis. An Essay on the Organization of Experience*. Buchreihe Harper colophon books, Bd. 372. New York: Harper & Row.

Goffman, E. 1973. *Interaktion. Spaß am Spiel, Rollendistanz*. Buchreihe Piper, Bd. 62. München: Piper.

Goffman, E. 1972. *Encounter. Two Studies in the Sociology of Interaction.* Harmondsworth, Middlesex: Penguin Books.
Goffman, E. 1967. *Interaction Ritual. Essays on Face-to-Face Behavior.* New York: Anchor Books.
Goffman, E. 1959. *The Presentation of Self in Everyday Life.* New York: Doubleday.
Golash-Boza, T. 2018. *Race and Racism. A Critical Approach,* 2. Aufl. New York: Oxford University Press.
Goldberg, D.T., Hrsg. 1994. *Multiculturalism. A Critical Reader.* Oxford: Blackwell.
Goldschmidt, H. 2006. *Race and Religion Among the Chosen People of Crown Heights.* New Brunswick, NJ: Rutgers University Press.
Goodman, A.H. 2017. Reflections on "race" in science and society in the United States. *Journal of Anthropological Science* 95: 1–8.
Goodman, A.H., Y.T. Moses, und J. L. Jones. 2012. *Race. Are we so different?* Chichester: Wiley-Blackwell.
Gordon, A.F., und C. Newfield, Hrsg. 1996. *Mapping Multiculturalism.* Minneapolis, MN: University of Minnesota Press.
Gordon, M. 1964. *Assimilation in American Life. The Role of Race, Religion, and National Origins.* New York: Oxford University Press.
Gössmann, H., R.J. Jaschke, und A. Mrugalla. 2011. *Interkulturelle Begegnungen in Literatur, Film und Fernsehen. Ein deutsch-japanischer Vergleich.* München: Iudicium.
Gotto, L. 2017. Ton, Geräusche, Sound. In *Handbuch Filmanalyse,* Hrsg. M. Hagener und V. Pantenburg, 1–14. Wiesbaden: Springer Fachmedien. doi: 10.1007/978-3-658-13352-8_7-1.
Gotto, L. 2012. Touch/Don't Touch. Interkulturelle Körperkontakte im Videoclip. In *Global Bodies. Mediale Repräsentationen des Körpers,* Hrsg. I. Ritzer und M. Stiglegger, 232–246. Berlin: Bertz + Fischer.
Gotto, L. 2006. *Traum und Trauma in Schwarz-Weiß. Ethnische Grenzgänge im amerikanischen Film.* Buchreihe Kommunikation audiovisuell, Bd. 38. Konstanz: UVK-Verlagsgesellschaft.
Gourevitch, P. 1993. The Crown Heights Riot und Its Aftermath. *Commentary* 95 (1): 29–34.
Grant, B.K. 2015. *Film Genre. From Iconography to Ideology.* London: Wallflower.
Grant, B.K. 2003. *Film Genre Reader III,* 3. Aufl. Austin: University of Texas Press.
Greenberg, J.H. 2017. *From Rochel to Rose and Mendel to Max. First Name Americanization Patterns Among Twentieth-Century Jewish Immigrants to the United States.* (Masterarbeit, City University New York). CUNY Academic works. https://academicworks.cuny.edu/gc_etds/1820/. Zugegriffen: 14. September 2018.
Gregory, D. 1995. Imaginative Geographies. *Progress in Human Geography* 19 (4): 447–485.
Griffith, R. 1953. America on the screen. *The Geographical Magazine* 26: 443–454.
Gross, S., und D. Livingston. 2002. Racial Profiling under Attack. *Columbia Law Review* 102 (53): 1413–1438.
Guerrero, E. 1993. *Framing Blackness. The African American Image in Film.* Philadelphia: Temple University Press.
Guglielmo, J., und S. Salerno, Hrsg. 2003. *Are Italians White? How Race Is Made in America.* New York: Routledge.

Ha, N., und A. Schneider. 2016. Kritisches Weißsein. In *Handbuch Kritische Stadtgeographie*, 2. Aufl., Hrsg. B. Belina, M. Naumann und A. Strüver, 48–52. Münster: Westfälisches Dampfboot.

Hadley-Garcia, G. 1990. *Hispanic Hollywood. The Latins in Motion Pictures*. New York: Carol Publishing.

Hagener, M. 2011. Wo ist der Film (heute)? In *Orte filmischen Wissens. Filmkultur und Filmvermittlung im Zeitalter digitaler Netzwerke*, Buchreihe Zürcher Filmstudien, Bd. 26, Hrsg. G. Sommer, V. Hediger und O. Fahle, 45–59. Marburg: Schüren.

Hahn, A. 2000. *Konstruktionen des Selbst, der Welt und der Geschichte. Aufsätze zur Kultursoziologie*. Frankfurt a. M.: Suhrkamp.

Hake, S., und B. Mennel, Hrsg. 2012. *Turkish German Cinema in the New Millennium*. New York: Berghahn Books.

Hall, D.E., und A. Jagose, Hrsg. 2013. *The Routledge Queer Studies Reader*. London: Routledge.

Hall, R.E., Hrsg. 2008. *Racism in the 21st Century. An Empirical Analysis of Skin Color*. New York: Springer.

Hall, S. 2017. *The Fateful Triangle. Race, Ethnicity, Nation*. Cambridge, MA: Harvard University Press.

Hall, S. 2004. Das Spektakel des »Anderen«. In *Ideologie – Identität – Repräsentation*, Buchreihe Ausgewählte Schriften, Bd. 4, S. Hall, 108–166. Hamburg: Argument-Verlag.

Hallam, E., Hrsg. 2000. *Cultural Encounters: Representing "Otherness"*. London: Routledge.

Haney-López, I. 2006. *White by Law. The Legal Construction of Race*, 2. Aufl. New York: NYU Press.

Hannerz, U. 1996. *Transnational Connections. Culture, People, Places*. London: Routledge.

Häntzschel, J. 2008. *Latinos in American films. Traditional and new Hispanic images in contemporary Hollywood movies*. Saarbrücken: VDM Verlag Dr. Müller.

Harari, M. 2013. Scheitel. Jüdische Allgemeine. https://www.juedische-allgemeine.de/glossar/scheitel/. Zugegriffen: 21. Februar 2019.

Hardmeier, S., und D. Vinz. 2007. Diversity und Intersectionality. Eine kritische Würdigung der Ansätze für die Politikwissenschaft. *Femina Politica 1. Von Gender zu Diversity-Politics? Politikwissenschaftliche Perspektiven*: 23–33.

Harper, G., und J. Rayner. 2010. *Cinema and Landscape*. Bristol: Intellect.

Harrison, D.A., und H.-P. Sin. 2006. What is Diversity and How Should it be Measured? In *Handbook of Workplace Diversity*, Hrsg. A.M. Konrad, P. Prasad und J. K. Pringle, 191–216. London: SAGE Publications.

Hartmann, D., und J. Gerteis. 2005. Dealing with Diversity. Mapping Multiculturalism in Sociological Terms. *Sociological Theory* 23 (2): 218–240.

Healey, J.F. 2010. *Diversity and Society. Race, Ethnicity, and Gender*, 3. Aufl. Los Angeles: SAGE Publications.

Hechter, M., und K.-D. Opp. 2001. Introduction. In *Social Norms*, Hrsg. M. Hechter und K.-D. Opp, xi–xx. New York: Russell Sage Foundation.

Hehr, R. 2003. *New Hollywood. Der amerikanische Film nach 1968, the American film after 1968*. Stuttgart: Ed. Menges.

Heinze, C., S. Moebius, und D. Reicher, Hrsg. 2012. *Perspektiven der Filmsoziologie*. Konstanz: UVK Verlagsgesellschaft.

Helbrecht, I. 2014. Urbanität und Ruralität. In *Schlüsselbegriffe der Kultur- und Sozialgeographie*, Buchreihe Geographie, Sozialwissenschaften, Kulturwissenschaften, Bd. 3898, Hrsg. J. Lossau, T. Freytag und R. Lippruner, 167–181. Stuttgart: Ulmer.

Heller, E. 2000. *Wie Farben auf Gefühl und Verstand wirken. Farbpsychologie, Farbsymbolik, Lieblingsfarben, Farbgestaltung*. München: Droemer.

Hemming, P.J. 2011. Meaningful encounters? Religion and social cohesion in the English primary school. *Social and Cultural Geography* 12 (1): 63–81.

Hempstead, K. 2003. Immigration and native migration in New York City, 1985–1990. *Population Research and Policy Review* 22: 333–349.

Herder, J.G. (1978): *Sämtliche Werke*, Bd. 17 (Herausgegeben von B. Suphan). Hildesheim: Olms.

Herder, J.G. 1903. *Ideen zur Philosophie der Geschichte der Menschheit* (Auswahl in acht Teilen / auf Grund der Hempelschen Ausgabe neu herausgegeben mit Einleitung und Anmerkungen versehen von E. Naumann; sechster Teil). Berlin: Deutsches Verlagshaus Bong & Co.

Heringer, H.J. 2014. *Interkulturelle Kommunikation. Grundlagen und Konzepte*, 4. Aufl. Buchreihe Sprachwissenschaften, Bd. 2550. Tübingen: Francke.

Hermans, H.J.M., und H.J.G. Kempen. 1993. *The Dialogical Self. Meaning as Movement*. San Diego, Academic Press.

Hess, L.M. 2012. Encountering Habits of Mind at Table. Kashrut, Jews, and Christians. *Cross-Currents* 62 (3): 328–336.

Hesse, C., O. Keutzer, R. Mauer, und G. Mohr. 2016. *Filmstile*. Wiesbaden: VS Verlag für Sozialwissenschaften.

Hickethier, K. 2012. *Film- und Fernsehanalyse*, 5. Aufl. Stuttgart: J.B. Metzler.

Hickethier, K. 2007. *Film- und Fernsehanalyse*, 4. Aufl. Stuttgart: J.B. Metzler.

Hickethier, K. 2000. Acting und Performance – Angela Winkler. In *Ladies, Vamps, Companions. Schauspielerinnen im Kino*, Buchreihe Filmstudien, Bd. 15, Hrsg. S. Marschall und N. Grob, 250–267. St. Augustin: Gradez!-Verlag.

Hieke, T. 2005. Abraham. Das wissenschaftliche Bibellexikon im Internet (WiBiLex). https://www.bibelwissenschaft.de/wibilex/das-bibellexikon/lexikon/sachwort/anzeigen/details/abraham-2/ch/daa65e3f6a4e42683cfef1808bb73fb1/. Zugegriffen: 12. November 2018.

Higson, A. 1987. The Landscapes of Television. *Landscape Research* 12 (3): 8–13.

Hilger, M. 2016. *Native Americans in the Movies. Portrayals from Silent Film to the Present*. Lanham, Boulder: Rowman & Littlefield.

Hiller, J. 2002. *American Independent Cinema. A Sight and Sound Reader*. London: BFI Publishing.

Hirschauer, S. 2017. Humandifferenzierung. Modi und Grade sozialer Zugehörigkeit. In *Un/doing Differences. Praktiken der Humandifferenzierung*, Hrsg. S. Hirschauer, 29–54. Weilerswist: Velbrück Wissenschaft.

Hirschauer, S. 2014. Un/doing Differences. Die Kontingenz sozialer Zugehörigkeiten. *Zeitschrift für Soziologie* 43 (3): 170–191.

Hirschauer, S. 2013. Un/Doing Differences. [Radiogespräch]. In Wagner (Moderatorin), *SWR2 Journal* vom 16.1.2013. https://www.blogs.uni-mainz.de/undoingdifferences/. Zugegriffen: 18. Februar 2019.

Hirschauer, S., und T. Boll. 2017. Un/doing Differences. Zur Theorie und Empirie eines Forschungsprogramms. In *Un/doing Differences. Praktiken der Humandifferenzierung*, Hrsg. S. Hirschauer, 7–26. Weilerswist: Velbrück Wissenschaft.

Hoffmann, D. 2010. *Körperästhetiken. Filmische Inszenierungen von Körperlichkeit*. Bielefeld: transcript Verlag.

Holbert S., und L. Rose. 2004. *The color of guilt und innocence: racial profiling and police practices in America*. San Ramon, CA: Page Marque Press.

Holdenried, M. 2017. Kontaktzone. In *Handbuch Postkolonialismus und Literatur*, Hrsg. D. Göttsche, A. Dunker und G. Dürbeck, 175–177. Stuttgart: J.B. Metzler.

Hollinger, D.A. 1995. *Postethnic America. Beyond Multiculturalism*. New York: Basic Books.

Holm, T., M.E. Marubbio, und S. Pavlik, Hrsg. 2017. *Native Apparitions. Critical Perspectives on Hollywood's Indians*. Tucson: The University of Tucson Press.

Holmlund, C., und J. Watt, Hrsg. 2005. *Contemporary American Independent Film. From the Margins to the Mainstream*. London: Routledge.

Homberger, E. 2005. *The Historical Atlas of New York City. A Visual Celebration of 400 Years of New York City's History*, 2. Aufl. New York: Holt.

Homolka, W. 2009. *Das jüdische Eherecht*. Berlin: De Gruyter Recht.

Hormel, U. 2007. *Diskriminierung in der Einwanderungsgesellschaft. Begründungsprobleme pädagogischer Strategien und Konzepte*. Wiesbaden: VS Verlag für Sozialwissenschaften.

Hormel, U., und A. Scherr. 2010. Einleitung. Diskriminierung als gesellschaftliches Problem. In *Diskriminierung. Grundlagen und Forschungsergebnisse*, Hrsg. U. Hormel und A. Scherr, 7–20. Wiesbaden: VS Verlag für Sozialwissenschaften.

Hormel, U., und A. Scherr. 2004. *Bildung für die Einwanderungsgesellschaft. Perspektiven der Auseinandersetzung mit struktureller, institutioneller und interaktioneller Diskriminierung*. Wiesbaden: VS Verlag für Sozialwissenschaften.

Hubbard, P. 2002. Sexing the Self. Geographies of Engagement and Encounter. *Social and Cultural Geography* 3 (4): 365–381.

Huxley, J., und A.C. Haddon. 1935. We Europeans. A Survey of "Racial" Problems. London: Jonathan Cape.

Iceland, J. 2017. *Race and Ethnicity in America*. Oakland, CA: University of California Press.

Ikas, K., und G. Wagner, Hrsg. 2008. *Communicating in the Third Space*. New York, Routledge.

Immerso, M. 2002. *Coney Island. The People's Playground*. New Brunswick, NJ: Rutgers University Press.

Isin, E.F. 2002. *Being Political. Genealogies of Citizenship*. Minneapolis, MN: University of Minnesota Press.

Iverson, K. 2006. Strangers in the Cosmopolis. In *Cosmopolitan Urbanism*, Hrsg. J. Binnie, J. Holloway, S. Millington und C. Young, 70–86. New York: Routledge.

Iverson, K. 2007. *Publics and the City*. Malden, MA: Blackwell.

Jackson, J.B. 2017. *The "Privileged Dago"? Race, Citizenship and Sicilians in the Jim Crow Gulf South, 1870–1924*. (Unveröffentlichte Dissertation, UC Santa Cruz.). https://escholarship.org/uc/item/6pr85793#metricsvvv. Zugegriffen: 6. November 2018.

Jacobs, J. 1961. *The Death and Life of Great American Cities*. New York: Vintage Books.

Jacobson, M.F. 2006. *Roots Too. White Ethnic Revival in Post-Civil Rights America*. Cambridge, MA: Harvard University Press.

Jacobson, M.F. 1998. *Whiteness of a Different Color. European Immigrants and the Alchemy of Race.* Cambridge, MA: Harvard University Press.

Jacobsson, A. 2017. Intercultural Film. Fiction Film as Audio-Visual Documents of Interculturality. *Journal of Intercultural Studies* 38 (1): 54–69.

Jacoby, T., Hrsg. 2004. *Reinventing the Melting Pot. The New Immigrants and What It Means to Be American.* New York: Basic Books.

Jahn-Sudmann, A. 2006. *Der Widerspenstigen Zähmung? Zur Politik der Repräsentation im gegenwärtigen US-amerikanischen Independent-Film.* Bielefeld: transcript Verlag.

Jakobsh, D.R. 2012. *Sikhism.* Buchreihe Dimensions of Asian Spirituality, Bd. 17. Honolulu: University of Hawaii Press.

Jammal, E. 2014. *Kultur und Interkulturalität. Interdisziplinäre Zugänge.* Wiesbaden: VS Verlag für Sozialwissenschaften.

Jandt, F. E. 2015. *An Introduction to Intercultural Communication. Identities in a Global Community,* 8. Aufl. Los Angeles: SAGE Publications.

Jastrow, M., und L. Ginzberg. 2011. Bet Din (Image; pl. batte din). Jewish Encyclopedia. https://web.archive.org/web/20180103072627/http://www.jewishencyclopedia.com/articles/3189-bet-din. Zugegriffen: 7. September 2018.

Jewell, R.B. 2007. *The Golden Age of Cinema. Hollywood 1929–1945.* Malden, MA: Blackwell.

Johnson, B.C. 2009. "Doing Diversity" with Film. In *Diversity and Multiculturalism. A Reader,* Hrsg. S.R. Steinberg, 23–41. New York: Lang.

Johnson, F.L. 1999. *Speaking Culturally. Language Diversity in the United States.* Thousand Oaks: SAGE Publications.

Johnston, R., M. Poulsen, und J. Forrest. 2007. The Geography of Ethnic Residential Segregation. A Comparative Study of Five Countries. *Annals of the Association of American Geographers* 97 (4): 713–738.

Joliveau, T. 2009. Connecting Real and Imaginary Places through Geospatial Technologies. Examples from Set-Jetting and Art-Oriented Tourism. *The Cartographic Journal* 46 (1): 36–45.

Jowett, G., und J.M. Linton. 1989. *Movies and Mass Communication,* 2. Aufl. Buchreihe The SAGE commtext series, Bd. 4. Newbury Park: SAGE Publications.

Jullien, F. 2017. *Es gibt keine kulturelle Identität. Wir verteidigen die Ressourcen einer Kultur.* Buchreihe Edition suhrkamp, Bd. 2718. Berlin: Suhrkamp.

Jürgens, U. 2015. Aktuelle Fragen der Stadtgeographie. In *Stadt und Gesellschaft im Fokus aktueller Stadtforschung,* Hrsg. A. Flade, 61–99. Wiesbaden: VS Verlag für Sozialwissenschaften.

Kaiser, S.B., und A. Flury. 2005. Frauen in Rosa. Zur Semiotik der Kleiderfarben. *Zeitschrift für Semiotik* 27 (3): 223–239.

Kallen, H. 1996 [1915]. Democracy versus the Melting Pot. A Study of American Nationality. In *Theories of Ethnicity. A Classical Reader,* Hrsg. W. Sollors, W. 67–92. Basingstoke: Macmillan.

Kanning, U.P. 2016. Viel Lärm um nichts? Diversity im beruflichen Kontext. In *Handbuch Diversity Kompetenz. Band 1: Perspektiven und Anwendungsfelder,* Hrsg. P. Genkova und T. Ringeisen, 17–28. Wiesbaden: Springer Fachmedien.

Kappesser, S. 2017. *Radikale Erschütterungen. Körper- und Gender-Konzepte im neuen Horrorfilm.* Berlin: Bertz + Fischer.

Kaschuba, W. 2017. Die Stadt, ein großes Selfie? Urbanität zwischen Bühne und Beute. Essay. *Aus Politik und Zeitgeschichte* 67 (48): 19–24.

Kasinitz, P., J.H Mollenkopf, und M.C. Waters. 2004a. Worlds of the Second Generation. In *Becoming New Yorkers. Ethnographies of the New Second Generation*, Hrsg. P. Kasinitz, J.H. Mollenkopf und M.C. Waters, 1–19. New York: Russel Sage Foundation.

Kasinitz, P., J.H. Mollenkopf, und M.C. Waters. 2004b. Children of Immigrants, Children of America. In *Becoming New Yorkers. Ethnographies of the New Second Generation*, Hrsg. P. Kasinitz, J.H. Mollenkopf und M.C. Waters, 393–403. New York: Russel Sage Foundation.

Kasinitz, P., J.H Mollenkopf, und M.C. Waters. 2002. Becoming American/Becoming New Yorkers. Immigrant Incorporation in a Majority Minority City. *International Migration Review* 36 (4): 1020–1036.

Kehr, D. 2001. Film Review; Hip-Hop Romeo, Hasidic Juliet. New York Times. https://www.nytimes.com/2001/08/17/movies/film-review-hip-hop-romeo-hasidic-juliet.html. Zugegriffen: 19. September 2018.

Kellner, D. 2010. *Cinema Wars. Hollywood Film and Politics in the Bush-Cheney Era*. Oxford: John Wiley & Sons.

Kellner, D. 2001. The Sports Spectacle, Michael Jordan, and Nike. Unholy Alliance. In *Michael Jordan, Inc. Corporate Sport, Media Culture, and Late Modern America*, Hrsg. D.L. Andrews, 37–63. New York: State University of New York Press.

Kellner, D. 1997. Aesthetics, Ethics and Politics in the Films of Spike Lee. In *Spike Lee's Do the Right Thing*, Hrsg. M.A. Reid, 73–106. New York: Cambridge University Press.

Kellner, D. 1995. *Media Culture. Cultural Studies, Identity and Politics between the Modern and the Postmodern*. London: Routledge.

Kennedy, C., und C. Lukinbeal. 1997. Towards a Holistic Approach to Geographic Research on Film. *Progress in Human Geography* 21 (1): 33–50.

Kennedy, C.B. 1994. The Myth of Heroism. Man and Desert in Lawrence of Arabia. In *Place, Power, Situation, and Spectacle. A Geography of Film*, Hrsg. S.C. Aitken und L. Zonn, 161–182. London: Rowman & Littlefield.

Keutzer, O., S. Lauritz, C. Mehlinger, und P. Moormann. 2014. *Filmanalyse*. Wiesbaden: VS Verlag für Sozialwissenschaften.

Khanna, N., und C.A. Harris. 2015. Discovering Race in a "Post-Racial" World. Teaching Race through Primetime Television. *Teaching Sociology* 43 (1): 39–45.

Khatib, S.M. 1995. Personal Names and Name Changes. *Journal of Black Studies* 25 (3): 349–353.

Khouloki, R. 2007. *Der filmische Raum. Konstruktion, Wahrnehmung, Bedeutung*. Buchreihe Deep Focus, Bd. 5. Berlin: Bertz + Fischer.

Kieserling, A. 1999. *Kommunikation unter Anwesenden. Studien über Interaktionssysteme*. Frankfurt am Main: Suhrkamp.

Kilpatrick, J. 1999. *Celluloid Indians. Native Americans and Film*. Lincoln: University of Nebraska Press.

Kim, Y.S., und J. Shin. 2017. Variance in Global Response to HIV/AIDS between the United States and Japan. Perception, Media, and Civil Society. *Japanese Journal of Political Science* 18 (4): 514–535.

King, G., Hrsg. 2013. *American Independent Cinema. Indie, Indiewood and Beyond*. London: Routledge.

Kirsten, G. 2017. Mise en Scène. In *Handbuch der Filmanalyse*, Hrsg. M. Hagener und V. Pantenburg, 1–17. Wiesbaden: VS Verlag für Sozialwissenschaften.

Kitaeff, J. 2006. *Jews in Blue. The Jewish American Experience in Law Enforcement*. Youngstown, NY: Cambria Press.

Klarsfeld, A., L.A.E. Booysen, E. Ng, I. Roper, und A. Tatli, Hrsg. 2014. *International Handbook on Diversity Management at Work. Country Perspectives on Diversity and Equal Treatment*, 2. Aufl. Cheltenham: Edwards Elgar.

Kleiner, M.S., und M. Stiglegger. 2015. Vom organlosen Körper zum Cinematic Body und zurück – Über Deleuze und die Körpertheorie des Films in Gaspar Noés Enter The Void. In *Bewegungsbilder nach Deleuze*, Buchreihe Klagenfurter Beiträge zur visuellen Kultur, Bd. 4, Hrsg. O. Sanders und R. Winter, 250–277. Köln: Herbert von Halem Verlag.

Kleister, L.A. 2012. *Inequality. A Contemporary Approach to Race, Class, and Gender*. Cambridge: Cambridge University Press.

Kluckhohn, C. 1951. Value and Value Orientation in the Theory of Action. In *Towards a General Theory of Action*, Hrsg. T. Parsons und E. Shils, 388–433. Cambridge: Harvard University Press.

Kobbert, M.J. 2011. *Das Buch der Farben*. Darmstadt: WBG.

Koebner, T. 1994. Insel und Dschungel – Zwei Landschaftstypen im Film. Ein Exkurs. In *Natur und ihre filmische Auflösung*, Hrsg. J. Berg und K. Hoffmann, 95–108. Marburg: Timbuktu Verlag.

Kolb, E. 2009. *The Evolution of New York City's Multiculturalism. Melting Pot or Salad Bowl. Immigrants in New York from the 19th Century until the End of the Gilded Age*. Norderstedt: BoD.

Korte, H. 2010. *Einführung in die systematische Filmanalyse. Ein Arbeitsbuch*, 4. Aufl. Berlin: Schmidt.

Kosmin, B.A., und A. Keysar. 2009. American Religious Identification Survey [Aris 2008]. Trinity College. https://commons.trincoll.edu/aris/files/2011/08/ARIS_Report_2008.pdf. Zugegriffen: 18. Februar 2019.

Kottak, C.P., und K.A. Kozaitis. 2012. *On being Different. Diversity and Multiculturalism in the North American Mainstream*, 4. Aufl. New York: McGraw-Hill.

Kozinets, R.V. 2015.*Netnography Redefined*, 2. Aufl. Los Angeles: SAGE Publications.

Kracauer, S. 1985. *Theorie des Films. Die Errettung der äußeren Wirklichkeit*. Buchreihe Taschenbuch Wissenschaft, Bd. 546. Frankfurt am Main: Suhrkamp.

Kracauer, S. 1960. *Theory of Film. The Redemption of Physical Reality*. New York: Oxford University Press.

Krämer, P. 2013. *The New Hollywood. From Bonnie and Clyde to Star Wars*. Buchreihe Short Cuts, Bd. 30. New York: Wallflower.

Krell, G., B. Riedmüller, B. Sieben, und D. Vinz, Hrsg. 2007. *Diversity Studies. Grundlagen und disziplinäre Ansätze*. Frankfurt am Main: Campus Verlag.

Kreuser, G. 2002. *Der Schüssel zum indischen Markt. Mentalität und Kultur verstehen, erfolgreich verhandeln*. Wiesbaden: Gabler Verlag.

Krewani, A. 2005. Hollywood's New Brand. Independent Film Production. In *Hollywood. Recent Developments*, Hrsg. C.W. Thomsen und A. Krewani, 126–134. Stuttgart: Ed. Menges.

Krupp, M., und R. Enzmann. 2010. *Die Mischna. Band: Frauen – Seder Nashim*. Berlin: Verlag der Weltreligionen im Insel Verlag.

Kuhn, M., M. Scheidgen, und N.V. Weber, Hrsg. 2013. *Filmwissenschaftliche Genreanalyse. Eine Einführung*. Berlin: De Gruyter.
Kühnel, J. 2004. *Einführung in die Filmanalyse. Teil 1: Die Zeichen des Films*, 3. Aufl. Buchreihe Medienwissenschaften, Bd. 4. Siegen: Universitätsverlag.
Kurylo, A. 2013. *Inter/Cultural Communication. Representation and Construction of Culture.* Thousand Oaks, CA: SAGE Publications.
Labov, W. 2006. *The social stratification of English in New York City*, 2. Aufl. Cambridge: Cambridge University Press.
Lacoste, Y. 1976. Cinéma – Géographie. *Hérodote* (2): 153–168.
La Motte-Haber, H. de, und H. Emons. 1980. *Filmmusik. Eine systematische Beschreibung*. München: Hanser.
Lamphere, L. 2001. Afterword. Understanding U.S. Diversity – Where Do We Go From Here? In *Cultural Diversity in the United States*, Hrsg. I. Susser und T. C. Patterson, 457–464. Malden, MA: Blackwell.
Lau, I.M. 2005. *Wie Juden leben. Glaube, Alltag, Feste. Aufgezeichnet und redigiert von Schaul Meislich, aus dem Hebräischen übertragen von Miriam Magall*, 6. Aufl. Darmstadt: WBG.
Laurier, E., und C. Philo. 2006. Possible Geographies. A Passing Encounter in a Café. *Area* 38 (4): 353–363.
Laversuch, I.M. 2005. *Census and Consensus? A Historical Examination of the US Census Racial Terminology. Used for American Residents of African Ancestry*. Frankfurt am Main: Lang.
Lawson, V., und S. Elwood. 2014. Encountering Poverty. Space, Class, and Poverty Politics. *Antipode* 46 (1): 209–228.
Lebuhn, H. 2016. „Ich bin New York". Bilanz des kommunalen Personalausweises in New York City. Luxemburg – Gesellschaftsanalyse und linke Praxis. https://www.zeitschrift-luxemburg.de/kommunaler-perso-new-york-city/. Zugegriffen: 24. April 2019.
Leitner, H. 2012. Spaces of Encounters. Immigration, Race, Class, and the Politics of Belonging in Small-Town-America. *Annals of the Association of American Geographers* 102 (4): 828–846.
Lemons, J.S. 1977. Black Stereotypes as Reflected in Popular Culture, 1880-1920. *American Quarterly* 29 (1): 102–116.
Lilli, W. 1982. *Grundlagen der Stereotypisierung*. Göttingen: Verlag für Psychologie Hogrefe.
Link, A.S., Hrsg. 1980. *The Papers of Woodrow Wilson. Volume 33, April 17–July 21, 1915.* Princeton, NJ: Princeton University Press.
Linné, C. v. 1967 [1740]. *Systema Naturae per regna tria naturae*. Holmiae: Salvius.
Lippmann, W. 2018. *Die Öffentliche Meinung. Wie sie entsteht und manipuliert wird*. Frankfurt am Main: Westend.
List, C. 1996. *Chicano Images. Refiguring Ethnicity in Mainstream Film*. New York: Garland Publishing.
Liu, G., und C.-C. Yu, Hrsg. *2014. Border-Crossing. Phenomenology, Interculturality and Interdisciplinarity*. Buchreihe Orbis Phaenomenologicus, Perspektiven, N.F., Bd. 29. Würzburg: Königshausen & Neumann.
Lobato, R. 2019. *Netflix Nations. The Geography of Digital Distribution*. New York: University Press.
Lobo, M. 2010. Interethnic Understanding and Belonging in Suburban Melbourne. *Urban Policy and Research* 28 (1): 85–99.

Logan, J.R., W. Zhang, und R.D. Alba. 2002. Immigrant Enclaves and Ethnic Communities in New York and Los Angeles. *American Sociological Review* 6 (2): 299–322.
López-Calvo, I. 2011. *Latino Los Angeles in Film and Fiction. The Cultural Production of Social Anxiety*. Tucson: University of Arizona Press.
Lösch, K. 2005. Begriff und Phänomen der Transdifferenz. Zur Infragestellung binärer Differenzkonstrukte. In *Differenz anders denken. Bausteine zu einer Kulturtheorie der Transdifferenz*, Hrsg. L. Allolio-Näcke, B. Kalscheuer und A. Manzeschke, 26–49. Frankfurt am Main: Campus Verlag.
Lotman, J.M. 1993. *Die Struktur literarischer Texte*, 4. Aufl. Buchreihe Literaturwissenschaft UTB, Bd. 103. München: Fink.
Lotman, J.M. 1990a. *Universe of the Mind. A Semiotic Theory of Culture*. London: Tauris.
Lotman, J.M. 1990b. Über die Semiosphäre. *Zeitschrift für Semiotik* 12 (4): 287–305.
Luedtke, L. 1979. Ralph Waldo Emerson Envisions the "Smelting Pot". *MELUS* 6 (2): 3–14.
Luhmann, N. 1991. Interaktion, Organisation, Gesellschaft. In *Soziologische Aufklärung 2. Aufsätze zur Theorie der Gesellschaft*, 4. Aufl., Hrsg. N. Luhmann, 9–20. Wiesbaden: VS Verlag für Sozialwissenschaften.
Luhmann, N. 1975. *Soziologische Aufklärung 2. Aufsätze zur Theorie der Gesellschaft*. Opladen: Westdeutscher Verlag.
Lukinbeal, C. 2009. Film. In *International Encyclopedia of Human Geography, Volume 4*, Hrsg. R. Kitchin und N. Thrift, 125–129. Amsterdam: Elsevier.
Lukinbeal, C. 2005. Cinematic Landscapes. *Journal of Cultural Geography* 23 (1): 3–22.
Lukinbeal, C. 2004. The Map that Proceeds the Territory. An Introduction to Essays in Cinematic Geography. *GeoJournal* 59: 247–251.
Lukinbeal, C., und S. Zimmermann, Hrsg. 2008. *The Geography of Cinema – A Cinematic World*. Buchreihe Media Geography at Mainz, Bd. 1. Stuttgart: Franz Steiner Verlag.
Lukinbeal, C., und S. Zimmermann. 2006. Film Geography. A New Subfield. *Erdkunde* 60 (4): 315–325.
Lüsebrink, H.-J. 2016. *Interkulturelle Kommunikation Interaktion, Fremdwahrnehmung, Kulturtransfer*, 4. Aufl. Stuttgart: J.B. Metzler Verlag.
Lüsebrink, H.-J. (2005): Interkulturelle Kommunikation: Interaktion, Fremdwahrnehmung, Kulturtransfer. Stuttgart.
Mai, M., und R. Winter, Hrsg. 2006. *Das Kino der Gesellschaft – die Gesellschaft des Kinos. Interdisziplinäre Positionen, Analysen und Zugänge*. Köln: Von Halem.
Malik, K. 1996. *The Meaning of Race. Race, History and Culture in Western Society*. New York: NYU Press.
Malinowski, B. 1975. *Eine wissenschaftliche Theorie der Kultur und andere Aufsätze*. Buchreihe Taschenbuch Wissenschaft, Bd. 104. Frankfurt am Main: Suhrkamp.
Manvell, R. 1956. Geography and the documentary film. *The Geographical Magazine* 29: 417–422.
Ma'oz, M., Hrsg. 2010. *Muslim Attitudes to Jews and Israel. The Ambivalences of Rejection, Antagonism, Tolerance and Cooperation*. Brighton: Sussex Academic Press.
Ma'oz, M., Hrsg. 2009. *The Meeting of Civilizations. Muslim, Christian, and Jewish*. Brighton: Sussex Academic Press.
Marks, L.U. 2000. *The Skin of the Film. Intercultural Cinema, Embodiment and the Senses*. Durham, NC: Duke University Press.
Marschall, S. 2005. *Farbe im Kino*. Buchreihe Edition Film-Dienst, Bd. 4. Marburg: Schüren.

Martin, K.P. 1997. Diversity Orientations. Culture, Ethnicity, and Race. In *Cultural Diversity in the United States*, Hrsg. L.L. Naylor, 75–89. Westport: Bergin & Garvey.
Marubbio, M.E., Hrsg. 2013. *Native Americans on Film. Conversations, Teaching and Theory*. Lexington, KY: University Press of Kentucky.
Marwell, N. 2004. Ethnic and Postethnic Politics in New York City. The Dominican Second Gen-eration. In *Becoming New Yorkers. Ethnographies of the New Second Generation*, Hrsg. P. Kasinitz, J. H. Mollenkopf und M. C. Waters, 227–256. New York: Rusell Sage Foundation.
Mask, M., Hrsg. 2012. *Contemporary Black American Cinema. Race, Gender and Sexuality at the Movies*. London: Routledge.
Mason, D., Hrsg. 2009. Kantha. The Embroidered Quilts of Bengal from the Jill and Sheldon Bonovitz Collection and the Stella Kramrisch Collection of the Philadelphia Museum of Art. Philadelphia, PA: Philadelphia Museum of Art.
Masorti e.V. (2008): Pessach Kaschrut – eine Anleitung von Rabbinerin Gesa S. Ederberg. http://www.masorti.de/pdf/98_Pessach%20Kaschrut.pdf. Zugegriffen: 23. September 2018.
Massey, D. 2005. *For Space*. London: SAGE Publications.
Massey, D. 1985. Ethnic Residential Segregation. A Theoretical Synthesis and Empirical Review. *Sociology and Social Research* 69: 315–350.
Massood, P.J. 2003. *Black City Cinema. African American Urban Experiences in Film*. Philadelphia: Temple University Press.
Matejskova, T., und H. Leitner. 2011. Urban encounters with difference. The contact hypothesis and immigrant integration projects in eastern Berlin. *Social und Cultural Geography* 12 (7): 717–741.
Mauer, R. 2006. *Jim Jarmusch. Filme zum anderen Amerika*. Buchreihe Filmforschung, Bd. 6. Mainz: Bender
Mayblin, L., G. Valentine, und J. Andersson. 2016. In the contact zone. Engineering meaningful encounters across difference through an interfaith project. *The Geographical Journal* 182 (2): 213–222.
McArthur, C. 1997. Chinese Boxes and Russian Dolls. Tracking the Elusive Cinematic City. In *The Cinematic City*, Hrsg. D.B. Clarke, 19–45. London: Routledge.
McDonald, K., und D. Smith-Rowsey, Hrsg. 2016. *The Netflix Effect. Technology and Entertainment in the 21st Century*. New York: Bloomsbury Academic.
Mead, G.H. 1968. *Geist, Identität und Gesellschaft*. Frankfurt am Main: Suhrkamp.
Mead, G.H. 1934. *Mind, Self and Society. From the Standpoint of a Social Behaviorist*. Chicago: University Press.
Mersch, S. 2016. Grenzüberschreitung. In *Standardsituationen im Film*, Hrsg. T. Koebner, 163–165. Marburg: Schüren Verlag.
Michaels, A. 2012. *Der Hinduismus. Geschichte und Gegenwart*, 2. Aufl. München: Beck.
Michaels, A. 2007. Den Tod in die Hand nehmen. Todesbewältigung im Hinduismus. In *Tod und Ritual interkulturelle Perspektiven zwischen Tradition und Moderne*, Buchreihe Schriftenreihe der Österreichischen Gesellschaft für Religionswissenschaft, Bd. 2, Hrsg. B. Heller, 75–90. Wien: Lit.
Michaels, C. 2018. *African American Films. Issues of Race in Hollywood*. New York: Lucent Press.

Michalak, L., und K. Trocki. 2006. Alcohol and Islam. An Overview. *Contemporary Drug Problems* 33 (4): 523–562.

Middleton, J., und R. Yarwood. 2015. 'Christians, out here?' Encountering Street-Pastors in the Post-Secular Spaces of the UK's Night-Time Economy. *Urban Studies* 52 (3): 501–516.

Miebach, B. 2014. *Soziologische Handlungstheorie. Eine Einführung*, 4. Aufl. Wiesbaden: VS Verlag für Sozialwissenschaften.

Miggelbrink, J. 2009. Verortung im Bild. Überlegungen zu ‚visuellen Geographien'. In *Mediengeographie. Theorie – Analyse – Diskussion*, Buchreihe Medienumbrüche, Bd. 26, Hrsg. J. Döring und T. Thielmann, 179–202. Bielefeld: transcript Verlag.

Mikos, L. 2008. *Film- und Fernsehanalyse*, 2. Aufl. Konstanz: UVK Verlagsgesellschaft.

Miller, R.M., Hrsg. 1980. *The Kaleidoscopic Lens. How Hollywood Views Ethnic Groups*. Englewood, NJ: Ozer.

Mirza, H.S. 2013. 'A Second Skin'. Embodied Intersectionality, Transnationalism and Narratives of Identity and Belonging Among Muslim Women in Britain. *Women's Studies International* Forum 36: 5–15.

Monaco, J. 2012. *Film verstehen. Kunst, Technik, Sprache, Geschichte und Theorie des Films und der Neuen Medien. Mit einer Einführung in Multimedia*, 2. Aufl. Reinbek bei Hamburg: Rowohlt Taschenbuch Verlag.

Monaco, J. 2000. *Film verstehen. Kunst, Technik, Sprache, Geschichte und Theorie des Films und der Medien*. Hamburg: Europa-Verlag.

Monaco, J., und H.-M. Bock. 2011. *Film verstehen. Das Lexikon. Die wichtigsten Fachbegriffe zu Film und Neuen Medien*. Reinbek bei Hamburg: Rowohlt Taschenbuch Verlag.

Moosmüller, A. und J. Möller-Kiero, Hrsg. 2014a. *Interkulturalität und kulturelle Diversität*. Buchreihe Münchener Beiträge zur interkulturellen Kommunikation, Bd. 26. Münster: Waxmann.

Moosmüller, A., und J. Möller-Kiero. 2014b. Interkulturalität und kulturelle Diversität. Einführung. In *Interkulturalität und kulturelle Diversität*, Buchreihe Münchener Beiträge zur interkulturellen Kommunikation, Bd. 26, Hrsg. A. Moosmüller und J. Möller-Kiero, 9–25. Münster: Waxmann.

Moosmüller, A., Hrsg. 2009a. *Konzepte kultureller Differenz*. Buchreihe Münchner Beiträge zur interkulturellen Kommunikation, Bd. 22. Münster: Waxmann.

Moosmüller, A. 2009b. Kulturelle Differenz. Diskurse und Kontexte. In *Konzepte kultureller Differenz*, Buchreihe Münchner Beiträge zur interkulturellen Kommunikation, Bd. 22, Hrsg. A. Moosmüller, 13–45. Münster: Waxmann.

Morin, E. 2010. Das Kino aus soziologischer Sicht. *montage AV* 19 (29): 77–89.

Morin, E. 2005. *The Cinema or the Imaginary Man*. Minneapolis, MN: University of Minnesota Press.

Mörz, S. 2014. Trauerarbeit im kulturellen Kontext. In *Empathische Trauerarbeit*, Hrsg. L. Wehner, 53–61. Wien: Springer.

Moulinyan. 2004. In *Urban Dictionary*. https://www.urbandictionary.com/define.php?term=moulinyan. Zugegriffen: 6. Oktober 2018.

Mparham Blog. 2013. Brecht and Do the Right Thing. https://wp.me/p3clF-89. Zugegriffen: 7. Oktober 2018.

Mukhopadhyay, C.C., R.C. Henze, und Y.T. Moses, 2014. *How Real is Race? A Sourcebook on Race, Culture, and Biology*, 2. Aufl. Lanham, MD: AltaMira Press.

Müller, M., und D. Zifonun. 2016. Cultural Diversity als Ethnowissen. Die „Entdeckung" kultureller Vielfalt und die gesellschaftliche Deutung von Migrationsfolgen. In *Handbuch Diversity Kompetenz, Band 2*, Hrsg. P. Genkova und T. Ringeisen, 99–114. Wiesbaden: Springer Fachmedien.

Müller, M., und D. Zifonun. 2010. Wissenssoziologische Perspektiven auf ethnische Differenzierung und Migration. In *Ethnowissen. Soziologische Beiträge zu ethnischer Differenzierung und Migration*, Hrsg. M. Müller und D. Zifonun, 9–33. Wiesbaden: VS Verlag für Sozialwissenschaften.

Müller, T. 2009. Zwischen Jamaica und Jerusalem. Jüdische Allgemeine. http://www.juedische-allgemeine.de/article/view/id/1242. Zugegriffen: 9. September 2018.

Muni, Ā. 1999. *The Nāmakaraṇa. Naming of the Child*. Fort Wayne: Sacred Books.

Myers-Scotton, C. 2006. *Multiple Voices*. Malden, MA: Blackwell.

Nanda, S. 2000. *Gender Diversity. Crosscultural Variations*. Prospect Heights: Waveland Press.

Natter, W. 1994. The City as Cinematic Space. Modernism and Place in "Berlin: Symphony of a Great City." In *Place, Power, Situation, and Spectacle. A Geography of Film*, Hrsg. S. Aitken und L. Zonn, 203–228. London: Rowman & Littlefield.

Naremore, J. 1988. *Acting in the Cinema*. Berkeley: University of California Press.

Nassehi, A. 2017. Humandifferenzierungen und gesellschaftliche Differenzierung. Eine Verhältnisbestimmung. In *Un/doing Differences. Praktiken der Humandifferenzierung*, Hrsg. S. Hirschauer, 55–78. Weilerswist: Velbrück Wissenschaft.

Nassehi, A. 2002. Dichte Räume. Städte als Synchronisations- und Inklusionsmaschinen. In *Differenzierungen des Städtischen*, Buchreihe Stadt, Raum und Gesellschaft, Bd. 15, Hrsg. M. Löw, 211–232. Opladen: Leske + Budrich.

Naylor, L.L., Hrsg. 1999. *Problems and Issues of Diversity in the United States*. Westport, CT: Bergin & Gravey.

Naylor, L.L. 1998. *American Culture. Myth and Reality of a Culture of Diversity*. Westport, CT: Bergin & Garvey.

Naylor, L.L., Hrsg. 1997. *Cultural Diversity in the United States*. Westport, CT: Bergin & Garvey.

Neal, S., K. Bennett, H. Jones, A. Cochrane, und G. Mohan. 2015. Multiculture and Public Parks. Researching Super-Diversity and Attachment in Public Green Space. *Population, Space and Place* 21 (5): 463–475.

Neale, S., Hrsg. 2012. *The Classical Hollywood Reader*. London: Routledge.

Neale, S., Hrsg. 2006. *Genre and Contemporary Hollywood*. London: BFI Publishing.

Neale, S. 2002. Introduction. In *Genre and Contemporary Hollywood*, Hrsg. S. Neale, 1–9. London: BFI Publishing.

Neale, S., Hrsg. 1998. *Contemporary Hollywood Cinema*. London: Routledge.

Negra, D., Hrsg. 2006. *The Irish in US. Irishness, Performativity, and Popular Culture*. Durham, NC: Duke University Press.

Neuliep, J. W. 2015. *Intercultural Communication. A Contextual Approach*, 6. Aufl. Los Angeles: SAGE Publications.

Newman, M. 2014. *New York City English*. Buchreihe Dialects of English, Bd. 10. Berlin: De Gruyter Mouton.

Newman, M.Z. 2011. *Indie. An American Film Culture*. New York: Columbia University Press.

New York Advisory Committee to the U.S. Commission on Civil Rights. 2004. Civil Rights Implications of Post-September 11 Law Enforcement Practices in New York. USCCR. https://www.usccr.gov/pubs/sac/ny0304/ny0304.pdf. Zugegriffen: 7. Oktober 2018.

Nichols, B. 1996. Reviewed Work. Unthinking Eurocentrism: Multiculturalism and the Media by Ella Shohat, Robert Stam. *Film Quarterly* 49 (3): 59–61.

Nunlee, M. 2017. *When did we all become middle class?* New York: Routledge.

Nünning, A. 2009. Vielfalt der Kulturbegriffe. Bundeszentrale für politische Bildung. http://www.bpb.de/gesellschaft/kultur/kulturelle-bildung/59917/kulturbegriffe?p=all. Zugegriffen: 03. Dezember 2013.

NYC Department of City Planning (NYC DCP). 2018. New York City. A City of Neighborhoods. New York. http://www1.nyc.gov/site/planning/data-maps/city-neighborhoods.page#nycmap. Zugegriffen: 12. Januar 2018.

NYC Department of City Planning (NYC DCP). 2013. The newest New Yorkers. Characteristics of the City's Foreign-born Population. New York. https://www1.nyc.gov/site/planning/planning-level/nyc-population/newest-new-yorkers-2013.page. Zugegriffen: 12. Januar 2018.

NYPD Shomrim Society. 2018. What is Shomrim? NYPD Shomrim. https://www.nypdshomrim.org/what-is-shomrim/. Zugegriffen: 7. Oktober 2018.

Olaniyan, T. 1996. "Uplift the Race!". "Coming to America", "Do the Right Thing", and the Poetics and Politics of "Othering". *Cultural Critique* 34: 91–113.

Opp, K.-D. 1983. *Die Entstehung sozialer Normen. Ein Integrationsversuch soziologischer, sozialpsychologischer und ökonomischer Erklärungen*. Buchreihe die Einheit der Gesellschaftswissenschaften, Bd. 33. Tübingen: Mohr.

Orchowski, M.S. 2015. *The Law that Changed the Face of America. The Immigration and Nationality Act of 1965*. Lanham, MD: Rowman & Littlefield.

Ornstein, A. 2007. *Class Counts. Education, Inequality, and the Shrinking Middle Class*. Lanham, MD: Rowman & Littlefield.

Otten, A. 2009. Was kommt nach der Differenz? Anmerkungen zur konzeptionellen und praktischen Relevanz des Theorieangebots der Transkulturalität im Kontext der interkulturellen Kommunikation. In *Konzepte kultureller Differenz*, Buchreihe Münchener Beiträge zur interkulturellen Kommunikation, Bd. 22, Hrsg. A. Moosmüller, 47–65. Münster: Waxmann.

Parascandola, L.J., und J. Parascandola, Hrsg. 2015. *A Coney Island Reader. Through Dizzy Gates of Illusion*. New York: Columbia University Press.

Parekh, B.C. 2000. *Rethinking Multiculturalism. Cultural Diversity and Political Theory*. Basingstoke: Macmillan.

Park, J.C.H. 2010. *Yellow Future. Oriental Style in Hollywood Cinema*. Minneapolis, MN: University of Minnesota Press.

Parker, K.M. 2015. *Making Foreigners. Immigration and Citizenship Law in America, 1600–2000*. New York: Cambridge University Press.

Parks, J. 2015. Children's Centres as Spaces of Interethic Encounter in North East England. *Social and Cultural Geography* 16 (8): 888–908.

Parsons, T. 1968. Interaction. Social Interaction. In *International Encyclopedia of the Social Sciences, Vol. 7*, Hrsg. D. Sills, 429–441. New York: Macmillan.

Parsons, T. 1951. Some Fundamental Categories of the Theory of Action. A General Statement. In *Toward a General Theory of Action*, Hrsg. T. Parsons und E. Shils, 3–29. Cambridge, MA: Harvard University Press.
Pasewalck, S., Hrsg. 2014. *Interkulturalität und (literarisches) Übersetzen*. Buchreihe Stauffenburg Discussion, Bd. 32. Tübingen: Stauffenburg-Verlag.
Patterson, T.C. 2001. Diversity and Archeology. In *Cultural Diversity in the United States*, Hrsg. I. Susser und T.C. Patterson, 140–154. Malden, MA: Blackwell.
Paul, H. 2014. *The Myths that Made America. An Introduction to American Studies*. Buchreihe American Studies, Bd. 1. Bielefeld: transcript Verlag.
Penney, S. 1988. *Discovering Religions. Sikhism*. Oxford: Heinemann Educational Books.
Petermann, S. 2007. *Rituale machen Räume. Zum kollektiven Gedenken der Schlacht von Verdun und der Landung in der Normandie*. Bielefeld: transcript Verlag.
Petersen, L.-E., und B. Six, Hrsg. 2008. *Stereotype, Vorurteile und soziale Diskriminierung. Theorien, Befunde und Interventionen*. Weinheim: Beltz PVU.
Petuchowski, M., und S. Schlesinger. 1933. *Mischnajot. Die sechs Ordnungen der Mischna. Hebräischer Text mit Punktation, deutscher Übersetzung und Erklärung. Teil 3 Ordnung Naschim*. Wiesbaden: Verlag H. Kanel. http://sammlungen.ub.uni-frankfurt.de/freimann/urn/urn:nbn:de:hebis:30:1-153851. Zugegriffen 27. September 2018.
Pew Research Center. 2021. Religious Landscape Study. https://www.pewforum.org/religious-landscape-study/. Zugegriffen: 30. März 2021.
Piekut, A., und G. Valentine. 2017. Spaces of encounter and attitudes towards difference. A comparative study of two European cities. *Social Science Research* 62: 175–188.
Pilcher, J. 2015. Names, Bodies and Identities. *Sociology* 50 (4): 764–779.
Pinder, S. 2013. Introduction. The Concept and Definition of American Multicultural Studies: In *American Multicultural Studies. Diversity of Race, Ethnicity, Gender and Sexuality*, Hrsg. S. Pinder, ix–xxiii. Los Angeles: SAGE Publications.
Poggendorf, A. 2006. Proxemik – Raumverhalten und Raumbedeutung. *Umwelt und Gesundheit* 4: 137–140.
Poggi, I. 2002. Symbolic Gestures. The Case of the Italian Gestionary. *Gesture* 2 (1): 71–98.
Poggi, I., und E. M. Caldognetto. 1997. *Mani che parlano. Gesti e psicologia della comunicazione*. Padova: Unipress.
Pollitt, K. 2002. Learning to Drive. A year of unexpected lessons. The New Yorker. https://www.newyorker.com/magazine/2002/07/22/learning-to-drive. Zugegriffen: 22. Februar 2019.
Poole, E. 1906. The Voice of the Street. New York. HathiTrust. https://babel.hathitrust.org/cgi/pt?id=uc1.$b799664;view=1up;seq=26. Zugegriffen: 6. März 2019.
Popitz, H. 1980. *Die normative Konstruktion von Gesellschaft*. Tübingen: Mohr.
Powell, J. 2005. *Encyclopedia of North American Immigration*. New York: Facts on File.
Powers, S., D.J. Rothman, und S. Rothman. 1996. *Hollywood's America. Social and Political Themes in Motion Pictures*. Boulder, CO: Westview Press.
Pratt, M.L. 2008. *Imperial Eyes. Travel Writing and Transculturation*, 2. Aufl. London: Routledge.
Pratt, M.L. 1992. *Imperial Eyes. Travel Writing and Transculturation*. London: Routledge.
Pratt, M.L. 1991. Arts of the Contact Zone. *Profession*: 33–40.

Prengel, A. 2006. *Pädagogik der Vielfalt. Verschiedenheit und Gleichberechtigung in interkultureller, feministischer und integrativer Pädagogik*, 3. Aufl. Buchreihe Schule und Gesellschaft, Bd. 2. Wiesbaden: VS Verlag für Sozialwissenschaften.

Pribram, E.D. 2002. *Cinema and Culture. Independent Film in the United States 1980–2001.* Buchreihe Framing Film, Bd. 2. New York: Lang.

Price, P. L. 2015. Race and Ethnicity III. Geographies of Diversity. *Progress in Human Geography* 39 (4): 497–506.

Prince, C.E. 1996. *Brooklyn's Dodgers. The Bums, the Borough, and the Best of Baseball, 1947–1957.* New York: Oxford University Press.

Pungs, B. 2006. *Vegetarismus. Religiöse und politische Dimensionen eines Ernährungsstils.* (Unveröffentlichte Dissertation, Humboldt-Universität zu Berlin.). https://edoc.hu-berlin.de/handle/18452/16141. Zugegriffen: 6. März 2019.

Putnam, R.D., und D.E. Campbell. 2010. *American Grace. How Religion Divides and Unites Us.* New York: Simon & Schuster.

Raab, J. 2014. *Erving Goffman*, 2. Aufl. Konstanz: UVK Verlags-Gesellschaft.

Rabenalt, P. 2011. *Filmdramaturgie.* Berlin: Alexander-Verlag.

Raco, M., J. Kersten, C. Colomb, und T.M. de Souza. 2017. DIVERCITIES. Dealing with Urban Diversity. The Case of London. Utrecht: Utrecht University, Faculty of Geosciences. https://www.urbandivercities.eu/wp-content/uploads/2017/02/Divercities-City-Book-London.pdf. Zugegriffen: 21. Juli 2021.

Radbil, A. 2014. Männliche Zierde. Jüdische Allgemeine. https://www.juedische-allgemeine.de/article/view/id/20817. Zugegriffen: 26. Oktober 2018.

Rath, J., N. Foner, J.W. Duyvendak, und R. v. Reekum. 2014. Introduction. New York and Amsterdam. Immigration and the New Urban Landscape. In *New York and Amsterdam. Immigration and the New Urban Landscape*, Hrsg. N. Foner, J. Rath, J. W. Duyvendak und R. v. Reekum, 1–21. New York: NYU Press.

Rattansi, A. 2007. *Racism. A Very Short Introduction.* Buchreihe Very short introductions, Bd. 161. Oxford. Oxford University Press.

Rauh, A., Hrsg. 2017. *Fremdheit und Interkulturalität. Aspekte kultureller Pluralität.* Buchreihe Edition Kulturwissenschaft, Bd. 137. Bielefeld: transcript Verlag.

Reckwitz, A. 2017. Zwischen Hyperkultur und Kulturessenzialismus. Die Spätmoderne im Widerstreit zweier Kulturalisierungsregime. Bundeszentrale für politische Bildung. http://www.bpb.de/politik/extremismus/rechtspopulismus/240826/zwischen-hyperkultur-und-kulturessenzialismus. Zugegriffen: 18. Januar 2019.

Reckwitz, A. 2008a. *Die Transformation der Kulturtheorien. Zur Entwicklung eines Theorieprogramms*, 2. Aufl. Weilerswist: Velbrück Wissenschaft.

Reckwitz, A. 2008b. *Unscharfe Grenzen – Perspektiven einer Kultursoziologie*, 2. Aufl. Bielefeld: transcript Verlag.

Reckwitz, A. 2006. *Das hybride Subjekt. Eine Theorie der Subjektkulturen von der bürgerlichen Moderne zur Postmoderne.* Weilerswist: Velbrück Wissenschaft.

Reckwitz, A. 2004. Die Kontingenzperspektive der ‚Kultur'. Kulturbegriffe, Kulturtheorien und das kulturwissenschaftliche Forschungsprogramm. In *Handbuch Kulturwissenschaften. Band 3: Themen und Tendenzen*, Hrsg. F. Jaeger und J. Rüsen, 1–20. Stuttgart: J.B. Metzler.

Reckwitz, A. 2003. Grundelemente einer Theorie sozialer Praktiken. Eine sozialtheoretische Perspektive. *Zeitschrift für Soziologie* 32 (4): 282–301.

Regenstein, J.M., M.M. Chaudry, und C.E. Regenstein. 2003. The Kosher and Halal Food Laws. *Comprehensive Reviews in Food Science and Food Safety* 2 (3): 111–127.

Renner, K.N. 2004. Grenze und Ereignis. Weiterführende Überlegungen zum Ereigniskonzept von Jurij M. Lotman. In *Norm – Grenze – Abweichung. Kultursemiotische Studien zu Literatur, Medien und Wirtschaft. Michael Titzmann zum 60. Geburtstag*, Hrsg. G. Frank und W. Lukas, 357–381. Passau: Stutz.

Restifo, S.J., V.J. Roscigno, und Z. Qian. 2013. Segmented Assimilation, Split Labor Markets, and Racial/Ethnic Inequality. The Case of Early-Twentieth-Century New York. *American Sociological Review* 78 (5): 897–924.

Reuber, P., und C. Pfaffenbach. 2005. *Methoden der empirischen Humangeographie. Beobachtung und Befragung*. Braunschweig: Westermann.

Reyes, L., und P. Rubie. 1994. *Hispanics in Hollywood. An Encyclopedia of Film and Television*. Buchreihe Garland Reference Library of the Humanities, Bd. 1761. New York: Garland.

Reznik, D.L. 2012. *New Jews? Race and American Jewish Identity in 21st-Century Film*. Boulder: Paradigm Publishers.

Riaz, M.N., und M.M. Chaudry. 2004. *Halal Food Production*. Boca Raton, FL: CRC.

Riegel, C. 2016. *Bildung – Intersektionalität – Othering. Pädagogisches Handeln in widersprüchlichen Verhältnissen*. Bielefeld: transcript Verlag.

Riley, C.A. II. 1995. *Color Codes. Modern Theories of Color in Philosophy, Painting and Architecture, Literature, Music, and Psychology*. Hanover: University Press of New England.

Risse, M., und R. Zeckhauser. 2004. Racial Profiling. *Philosophy und Public Affairs* 32 (2): 131–170.

Ritzer, I., und M. Stiglegger, Hrsg. 2012a. *Global Bodies. Mediale Repräsentationen des Körpers*. Buchreihe Medien-Kultur, Bd. 5. Berlin: Bertz + Fischer.

Ritzer, I und M. Stiglegger. 2012b. Körper, Medium, Repräsentation. In *Global Bodies. Mediale Repräsentationen des Körpers*, Buchreihe Medien-Kultur, Bd. 5., Hrsg. I. Ritzer und M. Stiglegger, 9–21. Berlin: Bertz + Fischer.

Roberson, Q.M., Hrsg. 2013. *The Oxford Handbook of Diversity and Work*. New York: Oxford University Press.

Robertson Wojcik, P. 2004. Typecasting. In *Movie Acting, the Film Reader*, Hrsg. P. Robertson Wojcik, 169–189. New York: Routledge.

Roberts, L. 2020. Navigating Cinematic Geographies. Reflections in Film as Spatial Practice. In *The Routledge Handbook of Place*, Hrsg. T. Edensor, A. Kalandides und U. Kothari, 655–663. London: Routledge.

Roberts, L. 2012. *Film, Mobility and Urban Space. A Cinematic Geography of Liverpool*. Liverpool: Liverpool University Press.

Roesch, S. 2009. *The Experiences of Film Location Tourists*. Buchreihe Aspects of Tourism, Bd. 42. Bristol. Channel View Publications.

Rogin, M. 1996. *Blackface, White Noise. Jewish Immigrants in the Hollywood Melting Pot*. Berkeley: University of California Press.

Rohmer, E. 1980. *Murnaus Faustfilm. Analyse und szenisches Protokoll*. München: Hanser.

Rollins, P.C., und J.E. O'Connor, Hrsg. 1998. *Hollywood's Indian. The Portrayal of the Native American in Film*. Lexington: University Press of Kentucky.

Rosenblum, K.E., und T.-M.C. Travis, Hrsg. 2006. *The Meaning of Difference. American Constructions of Race, Sex and Gender, Social Class, and Sexual Orientation*, 4. Aufl. Boston, MA: McGraw-Hill.

Rosenkranz, E.S. 2010. *Die soziolinguistische Entwicklung des Sephardischen in der Diaspora – unter besonderer Berücksichtigung der Entwicklung in Israel.* (Unveröffentlichte Diplomarbeit, Universität Wien.). http://othes.univie.ac.at/8348/1/2010-01-08_0248658.pdf. Zugegriffen: 13. Oktober 2018.

Rosenthal, C., L. Volkmann, und U. Zagratzki, Hrsg. 2018. *Disrespected Neighbo(u)rs. Cultural Stereotypes in Literature and Film.* Newcastle upon Tyne: Cambridge Scholars Publishing.

Rosenthal Kwall, R. 2015. *Culture, Law, and the Development of Jewish Tradition.* Oxford: Oxford University Press.

Rössler, P. 2010. *Inhaltsanalyse*, 2. Aufl. Konstanz: UVK Verlagsgesellschaft.

Rothschild, N.A. 1990. *New York City Neighborhoods. The Eighteenth Century.* Cambridge, MA: Academic Press.

Rubel, N.L. 2010. *Doubting the devout. The ultra-orthodox in the Jewish American imagination.* New York: Columbia University Press.

Rudolph, U., R. Böhm, und M. Lummer. 2007. Ein Vorname sagt mehr als 1000 Worte. Zur sozialen Wahrnehmung von Vornamen. *Zeitschrift für Sozialpsychologie* 38 (19): 17–31.

Sabagh, G., und M. Bozorgmehr. 2003. From "Give Me Your Poor" to "Save Our State." New York and Los Angeles as Immigrant Cities and Regions. In *New York and Los Angeles. Politics, Society, and Culture. A Comparative View*, Hrsg. D. Halle, 99–123. Chicago: University of Chicago Press.

Salzberg, A. 2018. Hair Coverings for Married Women. My Jewish Learning. https://www.myjewishlearning.com/article/hair-coverings-for-married-women/. Zugegriffen: 27. September 2018.

Said, E. 1978. *Orientalism.* New York: Pantheon Books.

Salzbrunn, M. 2014. *Vielfalt-Diversität.* Bielefeld: transcript Verlag.

Salzbrunn, M. 2012. Vielfalt/Diversität/Diversité. *Soziologische Revue* 35: 375–394.

Sandercock, L. 2006. Cosmopolitan urbanism. A love song to our mongrel cities. In *Cosmopolitan Urbanism*, Hrsg. J. Binnie, J. Holloway, S. Millington und C. Young, 37–52. New York: Routledge.

Sandercock, L. 2003. *Cosmopolis II. Mongrel Cities of the 21st Century.* London: Continuum.

Schatz, T. 1981. *Hollywood Genres. Formulas, Filmmaking, and the Studio System.* Boston, MA: McGraw-Hill.

Schatzki, T.R. 2002. *The Site of the Social. A Philosophical Account of the Constitution of Social Life and Change.* University Park, PA: Pennsylvania State University Press.

Schatzki, T.R. 1996. *Social Practices – A Wittgensteinian Approach to Human Activity and the Social.* Cambridge: Cambridge University Press.

Schermerhorn, R.A. 1970. *Comparative Ethnic Relations. A Framework for Theory and Research.* New York: Random House.

Scherr, A. 2008. Diskriminierung: eine eigenständige Kategorie für die soziologische Analyse der (Re-)Produktion sozialer Ungleichheiten in der Einwanderungsgesellschaft? In *Die Natur der Gesellschaft: Verhandlungen des 33. Kongresses der Deutschen Gesellschaft für Soziologie in Kassel 2006*, Hrsg. K.-S. Rehberg, 2007–2017. Frankfurt am Main: Campus Verlag. pid: urn:nbn:de:0168-ssoar-152236.

Scherr, A. 2013. *Soziologische Basics. Eine Einführung für pädagogische und soziale Berufe*, 2. Aufl. Wiesbaden: VS Verlag für Sozialwissenschaften.

Scherzer, K.A. 2010. Neighborhoods. In *The Encyclopedia of New York City*, Hrsg. K.T. Jackson, 886–887. New Haven: Yale University Press.

Schirmer, D. 2009. *Empirische Methoden der Sozialforschung. Grundlagen und Techniken*. Paderborn: Fink.

Schläbitz, N., Hrsg. 2007. *Interkulturalität als Gegenstand der Musikpädagogik*. Buchreihe Musikpädagogische Forschung, Bd. 28. Essen: Die Blaue Eule.

Schmidt, D.A. 1948. AIM TO OUST JEWS PLEDGED BY SHEIKH; Head of Moslem Brotherhood Says U.S., British 'Politics' Has Hurt Palestine Solution. New York Times. https://www.nytimes.com/1948/08/02/archives/aim-to-oust-jews-pledged-by-sheikh-head-of-moslem-brotherhood-says.html. Zugegriffen 3. Oktober 2018.

Schmidt, J., Hrsg. 2012. *Interkulturalität und Alltag*. Buchreihe Mainzer Beiträge zur Kulturanthropologie, Volkskunde, Bd. 4. Münster: Waxmann.

Schmidt, O. 2010. Editorial. Der filmische Raum. Rabbit Eye. *Zeitschrift für Filmforschung* 2: 1–3. http://www.rabbiteye.de/2010/2/editorial.pdf. Zugegriffen: 30. Mai 2012.

Schneider, H., Hrsg. 2009. *Librettoübersetzung. Interkulturalität im europäischen Musiktheater*. Buchreihe Musikwissenschaftliche Publikationen, Bd. 32. Hildesheim: Olms.

Scholem, G. 2010. *Das Davidschild. Geschichte eines Symbols*. Berlin: Jüdischer Verlag im Suhrkamp-Verlag.

Schor, P. 2017. *Counting Americans. How the US Census Classified the Nation*. New York: Oxford University Press.

Schorch, P. 2013. Contact Zones, Third Spaces, and the Act of Interpretation. *Museum and Society* 11 (1): 68–81.

Schraudner, M., Hrsg. 2010. *Diversity im Innovationssystem*. Stuttgart: Fraunhofer-Verlag.

Schroer, M. 2012. Gefilmte Gesellschaft. Beitrag zu einer Soziologie des Visuellen. In *Perspektiven der Filmsoziologie*, Hrsg. C. Heinze, S. Moebius und D. Reicher, 15–40. Konstanz: UVK Verlagsgesellschaft.

Schroer, M., Hrsg. 2008. *Gesellschaft im Film*. Konstanz: UVK Verlagsgesellschaft.

Schuchardt, K. 2021. Upscheren. Jüdische Allgemeine. https://www.juedische-allgemeine.de/religion/upscheren/. Zugegriffen: 23. Juli 2021.

Schuermans, N. 2013. Ambivalent Geographies of Encounter Inside and Around the Fortified Homes of Middle Class Whites in Cape Town. *Journal of Housing and the Built Environment* 28 (4): 679–688.

Schugk, M. 2014. Interkulturelle Kommunikation in der Wirtschaft: Grundlagen und interkulturelle Kompetenzen für Marketing und Vertrieb, 2. Aufl. München: Verlag Franz Wahlen.

Schulz, A.J., und L. Mulling, Hrsg. 2006. *Gender, Race, Class, and Health. Intersectional Approaches*. San Francisco: Jossey-Bass.

Schulz-Schaeffer, I. 2010. Praxis, handlungstheoretisch betrachtet. *Zeitschrift für Soziologie* 39 (4): 319–336.

Schuster, N. 2018. Diverse City. In *Handbuch Stadtkonzepte. Analysen, Diagnosen, Kritiken und Visionen*, Hrsg. D. Rink und A. Haase, 63–85. Opladen: Verlag Barbara Budrich.

Schwarzes. 2007. In *Urban Dictionary*. https://www.urbandictionary.com/define.php?term=Schwarzes. Zugegriffen: 6. Oktober 2018.

Schweinitz, J. 2006. Film und Stereotyp: eine Herausforderung für das Kino und die Filmtheorie. Zur Geschichte eines Mediendiskurses. Berlin. Akademie Verlag.
Shaheen, J.G. 2015. *Reel Bad Arabs. How Hollywood vilifies a People*, 2. Aufl. Northampton, MA: Olive Branch Press.
Shiel, M., und T. Fitzmaurice, Hrsg. 2001. *Cinema and the City. Film and Urban Societies in a Global Context*. Oxford: Blackwell.
Shiel, M., und T. Fitzmaurice, Hrsg. 2003. *Screening the City*. London: Verso.
Seipel, J. 2009. *Film und Multikulturalismus. Repräsentation von Gender und Ethnizität im australischen Kino*. Buchreihe Studien interdisziplinäre Geschlechterforschung, Bd. 4. Bielefeld: transcript Verlag.
Semmerling, T.J. 2014. *"Evil" Arabs in American Popular Film. Orientalist Fear*. Austin: University of Texas Press.
Sen, A. 2007. *Die Identitätsfalle. Warum es keinen Krieg der Kulturen gibt*, 3. Aufl. München: Beck.
Sen, A. 1995. *Inequality Reexamined*. New York: Russel Sage Foundation.
Sen, C.T. 2008. Jainism. The World's Most Ethical Religion. In *Food and Morality. Proceedings of the Oxford Symposium on Food and Cookery 2007*, Hrsg. S.R. Friedland, 230–240. Totnes, Prospect Books.
Senghaas, D. 1998. *Zivilisierung wider Willen. Der Konflikt der Kulturen mit sich selbst*. Frankfurt am Main: Suhrkamp.
Sennett, R. 2007. *Fleisch und Stein. Der Körper und die Stadt in der westlichen Zivilisation*, 5. Aufl. Buchreihe Suhrkamp Taschenbuch, Bd. 2669. Frankfurt am Main: Suhrkamp.
Shaer, M. 2011. *Among Righteous Men. A Tale of Vigilantes and Vindication in Hasidic Crown Heights*. Hoboken, NJ: John Wiley & Sons Ltd.
Shapiro, E.S. 2006. *Crown Heights. Blacks, Jews, and the 1991 Brooklyn Riot*. Waltham, MA: Brandeis University Press.
Shapiro, E.S. 2002. Interpretations of the Crown Heights Riot. *American Jewish History* 90 (2): 97–122.
Sharp, L., und C. Lukinbeal. 2015. Film Geography. A Review and Prospectus. In *Mediated Geographies and Geographies of Media*, S.P. Mains, J. Cupples und C. Lukinbeal, 21–35. Dordrecht: Springer Netherlands.
Shaviro, S. 2011. *The Cinematic Body. Theory Out of Bounds V*, Bd. 2, 6. Aufl. Minneapolis: University of Minnesota Press.
Shiel, M., und T. Fitzmaurice, Hrsg. 2001. *Cinema and the City. Film and Urban Societies in a Global Context*. Oxford: Blackwell.
Shire, M. 1998. *Die Pessach-Haggada*. München: Knesebeck.
Steinberg, S.R., und J.L. Kincheloe. 2009. Smoke and Mirrors. More Than One Way to Be Diverse and Multicultural. In *Diversity and Multiculturalism. A Reader*, Hrsg. S.R. Steinberg und J.L. Kincheloe, 3–22. New York: Lang.
Shohat, E., und R. Stam. 1994. *Unthinking Eurocentrism. Multiculturalism and the Media*. London: Routledge.
Sidhu, D.S. 2009. *Civil Rights in Wartime. The post-9/11 Sikh Experience*. Farnham: Ashgate.
Sidhu, D.S., und H. Singh Gohil. 2008. The Sikh Turban. Post-9/11 Challenges to this Article of Faith. *Rutgers Journal of Law and Religion* 9 (2): i–60.

Siehl, S. 2010. *Filme, die beflügeln – Einflüsse von Filmen auf die Reisemotivation, Raumwahr-nehmung und Imagebildung.* (Unveröffentlichte Dissertation, Justus-Liebig-Universität Gießen.). http://geb.uni-giessen.de/geb/volltexte/2011/8053/. Zugegriffen: 3. Januar 2018.

Silbermann, A. 1980. Zur soziologischen und sozialpsychologischen Analyse des Films. In *Filmanalyse. Grundlagen, Methoden, Didaktik,* Hrsg. A. Silbermann, M. Schaaf und G. Adam, 13–32. München: Oldenbourg.

Simmel, G. 1992 [1894]. Das Problem der Sociologie. In *Georg Simmel Aufsätze und Abhandlungen 1894 bis 1900,* Buchreihe Georg Simmel-Gesamtausgabe, Bd. 5, Hrsg. H.-J. Dahme und D.P. Frisby, 52–61. Frankfurt am Main: Suhrkamp.

Simmel, G. 1950. Chapter 1: The Field of Sociology. In *The Sociology of Georg Simmel,* Hrsg. K.H. Wolff, 3–25. Glencoe, IL: Free Press.

Simon, S. 2016. Encountering Suspicion. Preemptive Security and the Urban Field of Suspects. In *Encountering the City. Urban Encounters from Accra to New York,* Hrsg. J. Darling und H.F. Wilson, 187–202. London: Routledge.

Singer, A. 2004. The Rise of New Immigrant Gateways. Living Cities Census Series, February. https://www.brookings.edu/wp-content/uploads/2016/06/20040301_gateways.pdf. Zugegriffen: 23. Juli 2018.

Singh Mandair, A.-P. 2017. *Sikhism.* Dordrecht: Springer Netherlands.

Singh Mandair, A.-P. 2013. *Sikhism. A Guide for the Perplexed.* London: Bloomsbury.

Sloan, L., und A. Quan-Hase, Hrsg. 2017. *The SAGE Handbook of Social Media Research Methods.* Los Angeles: SAGE Publications.

Smith, A.D. 1993. *Fires in the Mirror. Crown Heights, Brooklyn and other Identities.* New York: Anchor Books.

Smith, A.D. 1991. *National Identity.* Reno: Penguin Books.

Smith, L. 2002. Chips off the Old Ice Block. Nanook of the North and the Relocation of Cultural Identity. In *Engaging Film. Geographies of Mobility and Identity,* Hrsg. T. Cresswell und D. Dixon, 94–122. Lanham, MD: Rowman & Littlefield.

Smith, S.L., K. Pieper, M. Choueiti, K. Yao, A. Case, K. Hernandez, und Z. Moore. 2021. Inclusion in Netflix Original U.S. Scripted Series & Films. USC Annenberg Inclusion Initiative. https://assets.uscannenberg.org/docs/aii-inclusion-netflix-study.pdf. Zugegriffen: 25 Juli 2021.

Sollors, W. 1986. *Beyond Ethnicity. Consent and Descent in American Culture.* New York. Oxford University Press.

Sollors, W., Hrsg. 1996. *Theories of Ethnicity. A Classical Reader.* Basingstoke: Macmillan.

Sommerlad, E. (im Erscheinen). Filmgeographie. In *Mediengeographie. Handbuch für Wissenschaft und Praxis,* Hrsg. T. Thielmann und M. Kanderske. Baden-Baden: Nomos.

Sommerlad, E. 2019. Der Spielfilm Tangerine als Produktion eines (inter-)kulturell doppelt imaginierten Sehnsuchtsraums. In *Mediale Topographien. Beiträge zur Medienkulturgeographie,* Hrsg. M. Stiglegger und A. Escher, 243–275. Wiesbaden: VS Verlag für Sozialwissenschaften.

Sommerlad, E. (2012): Marrakech im Spielfilm. Eine filmgeographische Analyse der filmischen Stadt Marrakech unter besonderer Berücksichtigung von filmischen Handlungsorten, Filmräumen und ihrer Topologien. Unveröffentlichte Diplomarbeit. Mainz.

Sorrells, K. 2016. *Intercultural Communication. Globalization and Social Justice,* 2. Aufl. Los Angeles: SAGE Publications.

Sowell, T. 1994. *Race and Culture. A World View*. New York: Basic Books.

Spatz, L., Hrsg. 2012. *Team that Forever Changed Baseball and America. The 1947 Brooklyn Dodgers*. Lincoln: UNP – Bison Original.

Spickermann, H.C. 2018. Dispositionen der Interkulturalitätsforschung. Einführung. In *Perspektiven der Interkulturalität. Forschungsfelder eines umstrittenen Begriffs*, Buchreihe Intercultural Studies, Bd. 1, Hrsg. A.J. Escher und H.C. Spickermann, 9–32. Heidelberg: Universitätsverlag Winter.

Spivak, G.C. 1996. *The Spivak Reader*, Hrsg. D. Landry and G. McLean. New York: Routledge.

Spivak, G.C. 1985. The Rani of Simur. An Essay in Reading the Archives. In *Europe and its Others*, Hrsg. F. Barker, P. Hulme, M. Iverson and D. Loxley, 128–151. Colchester: University of Essex.

Staszak, J.-F. 2014. Géographie et cinéma. Modes d'emploi. *Annales de Géographie* 123 (695–696): 595–604.

Staszak, J.-F. 2009. Other/Otherness. In *International Encyclopaedia of Human Geography. Volume 8*, Hrsg. R. Kitchin und N. Thrift, 43–47. Amsterdam: Elsevier.

Statista. 2019. Netflix. Statista dossier on Netflix. https://www.statista.com/study/15313/netflix-statista-dossier/. Zugegriffen: 28. Juni 2019.

Stein, H. 2012. Angst im New Yorker Schtetl. Jüdische Allgemeine. https://www.juedische-allgemeine.de/juedische-welt/angst-im-new-yorker-schtetl/. Zugegriffen: 20. September 2018.

Steinberg, S.R., Hrsg. 2009. *Diversity and Multiculturalism. A Reader*. New York: Lang.

Steinkrüger, J.-E. 2013. *Thematisierte Welten. Über Darstellungspraxen in Zoologischen Gärten und Vergnügungsparks*. Buchreihe Edition Kulturwissenschaft, Bd. 26. Bielefeld: transcript Verlag.

Stern, L. 2004. *How to Keep Kosher. A Comprehensive Guide to Understanding Jewish Dietary Laws*. New York: Morrow.

Sternagel, J. 2002. *Acting and Performance in Moving-Image Culture. Bodies, Screens, and Ren-derings*. Buchreihe Metabasis, Bd. 7. Bielefeld: transcript Verlag.

Sternlieb, S.M. 2013. When the Eyes and Ears Become an Arm of the State. The Danger of Privatization Through Government Funding of Insular Religious Groups. *Emory Law Journal* 62 (5): 1411–1457.

Stevens, M.L. 2007. *Creating a Class. College Admissions and the Education of Elites*. Cambridge, MA: Harvard University Press.

Stichweh, R. 2000. *Die Weltgesellschaft. Soziologische Analysen*. Buchreihe Suhrkamp Taschenbuch Wissenschaft 1500. Frankfurt am Main: Suhrkamp.

Stiglegger, M., Hrsg. 2020a. *Handbuch Filmgenre. Geschichte – Ästhetik – Theorie*. Wiesbaden: VS Verlag für Sozialwissenschaften.

Stiglegger, M. 2020b. Genrediskurs. Zur Aktualität des Genrebegriffs in der Filmwissenschaft. In *Handbuch Filmgenre. Geschichte – Ästhetik – Theorie*, Hrsg. M. Stiglegger, M., 3–16. Wiesbaden: VS Verlag für Sozialwissenschaften.

Stiglegger, M. 2006. *Ritual & Verführung. Schaulust, Spektakel & Sinnlichkeit im Film*. Buchreihe Deep Focus, Bd. 3. Berlin: Bertz + Fischer.

Stiglegger, M. 2001. Zwischen Konstruktion und Transzendenz. Versuch zur filmischen Anthropologie des Körpers. In *No Body is Perfect. Körperbilder im Kino*, Buchreihe

Arnoldsheiner Filmgespräche, Bd. 19, Hrsg. M. Fröhlich, R. Middel und K. Visarius, 9–28. Marburg: Schüren.
Stiglegger, M., und A. Escher. 2019. Mediale und reale Topographien. In *Mediale Topographien. Beiträge zur Medienkulturgeographie*, Hrsg. M. Stiglegger und A. Escher, V–XVI. Wiesbaden: VS Verlag für Sozialwissenschaften.
Street, S. 2001. *Costume and Cinema. Dress Codes in Popular Film*. Buchreihe Short Cuts, Bd. 9. London: Wallflower Press.
Struve, K. 2017. Third Space. In *Handbuch Postkolonialismus und Literatur*, Hrsg. D. Göttsche, A. Dunker und G. Dürbeck, 226–228. Stuttgart: J.B. Metzler Verlag.
Strüver, A. 2016. Körper. In *Handbuch Kritische Stadtgeographie*, 2. Aufl., Hrsg. B. Belina, M. Naumann und A. Strüver, 179–185. Münster: Westfählisches Dampfboot.
Summerfield, E. 1993. Crossing Cultures Through Film. Yarmouth, ME: Intercultural Press.
Swaine, R. 2012. Jackie Robinson. In *The Team that Forever Changed Baseball and America. The 1947 Brooklyn Dodgers*, Hrsg. L. Spatz, 6–14. Lincoln: UNP – Bison Original.
Swanton, D. 2010. Sorting Bodies. Race, Affect, and Everyday Multiculture in a Mill Town in Northern England. *Environment and Planning* A 42 (10): 2332–2350.
Terkessidis, M. 2010. *Interkultur*. Buchreihe Edition Suhrkamp, Bd. 2589. Berlin: Suhrkamp.
Terkessidis, M. 2004. *Die Banalität des Rassismus. Migranten zweiter Generation entwickeln eine neue Perspektive*. Bielefeld: transcript Verlag.
Ternès, A., Hrsg. 2017. *Interkulturelle Kommunikation. Länderporträts – Kulturunterschiede – Unternehmensbeispiele*. Wiesbaden: Springer Gabler.
The Washington Post. 2010. Kalpen Modi, aka Kal Penn, aka Kumar, leaves the White House, returns to showbiz. Washington Post. http://voices.washingtonpost.com/reliable-source/2010/06/rs-_kal_penn.html. Zugegriffen: 5. Oktober 2018.
Thiele, M. 2016. Medien und Diskriminierung. *Aus Politik und Zeitgeschichte* 9: 23–29.
Thiele, M. 2015. *Medien und Stereotype. Konturen eines Forschungsfeldes*. Buchreihe Critical Media Studies, Bd. 13. Bielefeld: transcript Verlag.
Thielmann, T., und M. Kanderske, Hrsg. (im Erscheinen). *Mediengeographie. Handbuch für Wissenschaft und Praxis*. Baden-Baden: Nomos.
Thomas, A. 2006. Die Bedeutung von Vorurteil und Stereotyp im interkulturellen Handeln. *Interculture Journal* 5 (2): 3–20.
Thomas, A. 2003. Das Eigene, das Fremde, das Interkulturelle. In *Handbuch Interkulturelle Kommunikation und Kooperation. Band 1. Grundlagen und Praxisfelder*, Hrsg. A. Thomas, E.-U. Kinast und S. Schroll-Machl, 44–59. Göttingen: Vandenhoeck & Ruprecht.
Tieber, C. 2017. Musik im Film, Musik für den Film. Analysefelder und Methoden. In *Handbuch Filmanalyse*, Buchreihe Springer Reference Geisteswissenschaften, Hrsg. M. Hagener und V. Pantenburg, 1–15. Wiesbaden: Springer VS. doi: 10.1007/978-3-658-13352-8_6-1.
Tonkiss, F. 2013. *Cities by Design. The Social Life of Urban Form*. Cambridge: Polity Press.
Totaro, D. 2012. Props, Things and Do the Right Thing. Overlooked Aspects of Mise en Scene. *OffScreen* 16 (7). https://offscreen.com/view/props_right_thing. Zugegriffen: 7. September 2018.
Tranow, U. 2018. Norm, soziale. In *Grundbegriffe der Soziologie*, 12 Aufl., Hrsg. J. Kopp und A. Steinbach, 343–346. Wiesbaden: Springer Fachmedien.

Tschütscher, D. 2004. *Ein neues New Hollywood? Zur Verschmelzung von Independent und Mainstream im aktuellen Hollywood-Kino.* Buchreihe Diplomica, Bd. 17. Marburg: Tectum Verlag.
Turf. 2019. In *Urban Dictionary.* https://www.urbandictionary.com/define.php?term=Turf. Zugegriffen: 20. Juni 2019.
Turner, T. 1993. Anthropology and Multiculturalism. What Is Anthropology That Multiculturalists Should be Mindful of It? *Cultural Anthropology* 8 (4): 411–419.
Tylor, E.B. 1920 [1871]. *Primitive Culture. Researches into the Development of Mythology, Philosophy, Religion, Language, Art, and Custom,* 6. Aufl. London: Murray.
Tzioumakis, Y. 2006. *American Independent Cinema. An Introduction.* Edinburgh: Edinburg University Press.
UCLA School of Public Affairs. 2009. What is Critical Race Theory? https://spacrs.wordpress.com/what-is-critical-race-theory/. Zugegriffen: 12. Juli 2019.
U.S. Census Bureau. 2021. Census Data. https://data.census.gov/cedsci/. Zugegriffen 4. Juni 2021.
U.S. Census Bureau. 2020. About Race. https://www.census.gov/topics/population/race/about.html. Zugegriffen: 30. März 2021.
U.S. Census Bureau. 2019. About Language Use in the U.S. Population. https://www.census.gov/topics/population/language-use/about.html. Zugegriffen: 23 Juli 2021.
U.S. Census Bureau. 2018a. Quick Facts New York City, New York. https://www.census.gov/quickfacts/newyorkcitynewyork. Zugegriffen: 22. Februar 2019.
U.S. Census Bureau. 2018b. 2020 Census Memo on Race and Ethnicity Questions, January 26, 2018. https://apps.npr.org/documents/document.html?id=4360640-2020-Me-mo-2018-02. Zugegriffen: 26. Juli 2019.
U.S. Census Bureau. 2017. U.S. Census Bureau Guidance on the Presentation and Comparison of Race and Hispanic Origin Data. https://www.census.gov/topics/population/hispanic-origin/about/comparing-race-and-hispanic-origin.html. Zugegriffen: 23. Juli 2021.
U.S. Census Bureau. 2011. Overview of Race and Hispanic Origin: 2010. https://www.census.gov/prod/cen2010/briefs/c2010br-02.pdf. Zugegriffen: 22. Februar 2019.
U.S. Immigration and Customs Enforcement. 2021. Who we are. https://www.ice.gov/about-ice. Zugegriffen: 28. Juli 2021.
Valentine, G. 2008. Living with Difference: Reflections on Geographies of Encounter. *Progress in Human Geography* 32 (3): 323–337.
Valentine, G., und L. Waite. 2010. Negotiating Difference through Everyday Encounters: The Case of Sexual Orientation and Religion and Belief. *Antipode* 44 (2): 474–492.
van den Berghe, P.L. 1996. Race – As Synonym. In *Dictionary of Race and Ethnic Relations,* 4. Aufl., Hrsg. E. Cashmore, 296–298. London: Routledge.
van Dick, R., und S. Stegmann. 2016. Diversity, Social Identity und Diversitätsüberzeugungen. In *Handbuch Diversity Kompetenz. Band 1: Perspektiven und Anwendungsfelder,* Hrsg. P. Genkova und T. Ringeisen, 3–15. Wiesbaden: Springer Fachmedien.
Vertovec, S. 2015. *Diversities Old and New. Migration and Socio-Spatial Patterns in New York, Singapore and Johannesburg.* London: Palgrave Macmillan.
Vertovec, S. 2007. Super-Diversity and its Implications. *Ethnic and Racial Studies* 30 (6): 1024–1054.
Vertovec, S., und R. Cohen, Hrsg. 2002. *Conceiving Cosmopolitanism. Theory, Context, and Practice.* Oxford: Oxford University Press.

Vester, H.-G. 2010. Kapitel 1: Erving Goffman (1922–1982). In *Kompendium der Soziologie III: Neuere soziologische Theorien*, Hrsg. H.-G. Vester, 17–36. Wiesbaden: VS Verlag für Sozialwissenschaften.

Viehoff, V. 2011. Mythos Tanger? Zur Konstruktion der Cinematic City Tanger im internationalen Spielfilm. In *Medienorte. Mise-en-scènes in alten und neuen Medien*, Buchreihe MedienRausch – Schriftenreihe des Zentrums für Wissenschaft und Forschung, Bd. 2, Hrsg. J. Kretzschmar, M. Schubert und S. Stoppe, 51–71. München: Meidenbauer.

Volpp, L. 2002. The Citizen and the Terrorist. *Immigration and Nationality Law Review* 23: 561–586.

Waldinger, R. 1996a. *Still the Promised City? African Americans and New Immigrants in Postindustrial New York*. Cambridge, MA: Harvard University Press.

Waldinger, R. 1996b. From Ellis Island to LAX. Immigrant Prospects in the American City. *International Migration Review* 30 (4): 1078–1086.

Walgenbach, K. 2012. Intersektionalität – Eine Einführung. Portal Intersektionalität. http://portal-intersektionalitaet.de/theoriebildung/ueberblickstexte/walgenbach-ein fuehrung/. Zugegriffen: 21. September 2017.

Wallace, A.F.C. 1966. *Religion. An Anthropological View*. New York: Random House.

Wallace, M. 1990. *Invisibility Blues. From Pop to Theory*. London: Verso.

Wallendorf, M., und E. Arnould. 1991. "We Gather Together". Consumption Rituals of Thanksgiving Day. *Journal of Consumer Research* 18 (1): 13–31.

Wardhaugh, R. 2010. *An Introduction to Sociolinguistics*, 6. Aufl. Malden, MA: Wiley-Blackwell.

Waters, M.C. 1990. *Ethnic Options. Choosing Identities in America*. Berkeley, CA: University of California Press.

Watson, J.W. 1969. The Role of Illusion in North American Geography. A Note on the Geography of North American Settlement. *The Canadian Geographer* 14 (1): 10–27.

Watson, S. 2006. *City Publics. The (Dis)Enchantments of Urban Encounters*. London: Routledge.

Weber, M. 2002 [1920]. Soziologische Grundbegriffe. In *Max Weber. Schriften 1894–1922*, Buchreihe Kröners Taschenausgabe, Bd. 233, Hrsg. D. Kaesler, 653–716. Stuttgart: Kröner.

Weber, M. 1972. *Wirtschaft und Gesellschaft. Grundriss der verstehenden Soziologie*, 5. Aufl. Tübingen: Mohr.

Weber, M. 1968. *Economy and Society, Vol. 1*, Hrsg. G. Roth. New York: Bedminster Press.

Weichhart, P. 2008. *Entwicklungslinien der Sozialgeographie. Von Hans Bobek bis Benno Werlen*. Buchreihe Sozialgeographie Kompakt, Bd. 1. Stuttgart: Franz Steiner Verlag.

Weir, R.E., Hrsg. 2007. *Class in America. An Encyclopedia*. Westport, CT: Greenwood Press.

Weiss, J. 2018. The National Day of Mourning. Thanksgiving, Civil Religion, and American Indians. *Amerikastudien/American Studies* 63 (3): 367–388.

Welch, K. 2007. Black Criminal Stereotypes and Racial Profiling. *Journal of Contemporary Criminal Justice* 23 (3): 276–288.

Welsch, J.R., und J.Q. Adams. 2005. *Multicultural Films. A Reference Guide*. Westport, CT: Greenwood Press.

Welsch, W. 2005. Auf dem Weg zu transkulturellen Gesellschaften. In *Differenz anders denken. Bausteine zu einer Kulturtheorie der Transdifferenz*, L. Allolio-Näcke, B. Kalscheuer und A. Manzeschke, 314–341. Frankfurt am Main: Campus-Verlag.

Welsch, W. 1992. Transkulturalität. Lebensformen nach der Auflösung der Kulturen. *Information Philosophie* 2: 5–15.

Welz, G. 1996. *Inszenierungen kultureller Vielfalt. Frankfurt am Main und New York City.* Berlin: Akademie-Verlag.

Werlen, B. 2007. Sozialgeographie. In *Geographie. Physische Geographie und Humangeographie*, Hrsg. H. Gebhardt, R. Glaser, U. Radtke und P. Reuber, 579–598. Heidelberg: Elsevier Spektrum Akademischer Verlag.

West, C. 1994. *Race Matters.* New York: Vintage Books.

West, C., und S. Fenstermaker. 1995. Doing Difference. *Gender and Society* 9 (1): 8–37.

Wiesemann, L. 2015. *Öffentliche Räume und Diversität. Geographien der Begegnung in einem migrationsgeprägten Quartier – das Beispiel Köln-Mühlheim.* Buchreihe Schriften des Arbeitskreises Stadtzukünfte der Deutsches Gesellschaft für Geographie, Bd. 14. Münster: Lit-Verlag.

Wilson, H.F., und J. Darling. 2016. The Possibilities of Encounter. In *Encountering the City. Urban Encounters from Accra to New York*, Hrsg. J. Darling und H. F. Wilson, 1–24. London: Routledge.

Wilson, H.F. 2017. On geography and encounter. Bodies, borders, and difference. *Progress in Human Geography* 41 (4): 451–471.

Wilson H.F. 2013a. Collective life. Parents, playground encounters and the multicultural city. *Social & Cultural Geography* 14(6): 625–648.

Wilson, H.F. 2013b. Learning to think differently. Diversity training and the 'good encounter'. *Geoforum* 45: 73–82.

Wilson H.F. 2011. Passing propinquities in the multicultural city. The everyday encounters of bus passengering. *Environment and Planning* A 43(3): 634–650.

Winkler, G., und N. Degele. 2009. *Intersektionalität. Zur Analyse sozialer Ungleichheiten.* Bielefeld: transcript Verlag.

Winter, R. 2012. Das postmoderne Hollywoodkino und die kulturelle Politik der Gegenwart. Filmanalyse als kritische Gesellschaftsanalyse. In Perspektiven der Filmsoziologie, Hrsg. C. Heinze, S. Moebius und D. Reicher, 41–59. Konstanz: UVK Verlagsgesellschaft.

Wirth, L. 1938. Urbanism as a Way of Life. *American Journal of Sociology* 44 (1): 1–24.

Wirth, E. 1952. Stoffprobleme des Films. (Dissertationsschrift, Albert-Ludwig-Universität Freiburg.).

Wolfram, W., und N. Schilling-Estes. 2006. *American English. Dialects and Variation*, 2. Aufl. Oxford: Blackwell.

Woll, A.L., und R.M. Miller. 1987. *Ethnic and Racial Images in American Film and Television.* Buchreihe Garland reference library of social science, Bd. 308. New York: Garland.

Wong, E.F. 1978. *On Visual Media Racism. Asians in the American Motion Picture.* New York: Arno Press.

Wood, P., und C. Landry. 2008. *The Intercultural City. Planning for Diversity Advantage.* London: Earthscan.

Wordsworth, W. 1981. *The Poems. Volume One*, Hrsg. J.O. Hayden. New Haven: Yale University Press.

Wulff, H.-J. 2012. Establishing Shot. Lexikon der Filmbegriffe. https://filmlexikon.uni-kiel. de/doku.php/e:establishingshot-140?s[]=establishing&s[]=shot. Zugegriffen: 5.9.2018.

Wulff, H.-J. (2007): Filmraum. In: Wulff, H.-J. und T. Bender (Hrsg.): Lexikon der Filmbegriffe, Stand 140/2007. Internet: http:/ / www.bender-verlag.de/ lexikon/ suchergebnis.php?sid =726b196dc932052712fca4926236d925 (3.1.2018).

Wulff, H.-J. 1999. *Darstellen und Mitteilen. Elemente der Pragmasemiotik des Films.* Tübingen: Narr.

Wulff, H.-J. 1988. Die signifikanten Funktionen der Farben im Film. *Kodikas/Code* 11 (3/4): 363–376.

Wulff, H.-J., und L. Kaczmarek. 2011. Kleidung/Mode/Couture/Kostümdesign im Film. Eine erste Bibliographie. *Medienwissenschaft: Berichte und Papier 122.* doi: 10.25969/med iarep/12753.

Wuthnow, R. 2007. *America and the Challenges of Religious Diversity.* Princeton, NJ: Princeton University Press.

Wysong, E., R. Perrucci, und D. Wright. 2014. *The New Class Society. Goodbye American Dream?*, 4. Aufl. Lanham, MD: Rowman & Littlefield.

Xing, J. 1998. *Asian America through the lens. History, representations, and identity.* Walnut Creek: Alta Mira Press.

Yablonsky, L. 1983. *The violent gang.* New York: Irvington.

Yee, S.J. 2012. *An Immigrant Neighborhood. Interethnic and Interracial Encounters in New York Before 1930.* Philadelphia: Temple University Press.

Yeoh, B.S.A. 2004. Cosmopolitanism and its exclusions in Singapore. *Urban Studies* 41 (12): 2431–2445.

Yildiz, E. 2017. Postmigrantische Perspektiven auf Migration, Stadt und Urbanität. In *Migration, Stadt und Urbanität – Perspektiven auf die Heterogenität migrantischer Lebenswelten*, Hrsg. T. Geisen, C. Riegel und E. Yildiz, 19–33. Wiesbaden: Springer Verlag.

Yinger, J.M. 1994. *Ethnicity. Source of Strength? Source of Conflict?* Albany: State University of New York Press.

Young, I.M. 1990. *Justice and the Politics of Difference.* Princeton, NJ: Princeton University Press.

Yousefi, H.R. 2014a. *Grundbegriffe der interkulturellen Kommunikation.* Konstanz: UVK Verlagsgesellschaft.

Yousefi, H.R. 2014b. *Interkulturelle Kommunikation. Eine praxisorientierte Einführung.* Darmstadt: WBG.

Yousefi, H.R., und I. Braun. 2011. *Interkulturalität. Eine interdisziplinäre Einführung.* Darmstadt: WBG.

Yuen, N.W. 2016. *Reel Inequality. Hollywood Actors and Racism.* New Brunswick: Rutgers University Press.

Zangwill, I. 1997. *The Melting Pot. Edited and annotated by Peter Freese.* München: Langenscheidt-Longman.

Zick, A., und B. Küpper. 2008. Rassismus. In *Stereotype, Vorurteile und soziale Diskriminierung. Theorien, Befunde und Interventionen*, Hrsg. L.-E. Petersen und B. Six, 111–120. Weinheim: Beltz.

Ziebertz, H.-G., und M. Herbert. 2009. Plurale Identität und interkulturelle Kommunikation. *Interculture Journal* 8 (7): 11–30.

Zimmermann, S. 2009. Filmgeographie – Die Welt in 24 Frames. In *Mediengeographie. Theorie – Analyse – Diskussion*, Buchreihe Medienumbrüche, Bd. 26, Hrsg. J. Döring und T. Thielmann, 291–314. Bielefeld: transcript Verlag.
Zimmermann, S. 2007. *Wüsten, Palmen und Basare – Die cineastische Geographie des imaginierten Orients*. (Inauguraldissertation, Johannes Gutenberg-Universität Mainz).
Zimmermann, S., und A.J. Escher. 2005a. Spielfilm, Geographie und Grenzen. Grenzüberschreitungen am Beispiel von Fatih Akins Spielfilm „Gegen die Wand". *Berichte zur deutschen Landeskunde*, 79 (2/3): 265–276.
Zimmermann, S., und A.J. Escher. 2005b. „Cinematic Marrakech". Eine Cinematic City. *In Mitteilungen über den Maghreb. West-Östliche Medien-Perspektiven I*, Buchreihe Filmstudien, Bd. 39, Hrsg. A. Escher und T. Koebner, 60–74. Remscheid: Gardez!-Verlag.
Zimmermann, S., und A.J. Escher. 2001. „Géographie de la 'Cinematic City' Marrakech. Cahier d'Etudes Maghrébines". *Zeitschrift für Studien zum Maghreb* 15: 113–124.
Zonn, L., und D. Winchell. 2002. Smoke Signals. Locating Sherman Alexie's narratives of American Indian Identity. In *Engaging Film. Geographies of Mobility and Identity*, Hrsg. T. Cresswell und D. Dixon, 140–158. Lanham, MD: Rowman & Littlefield.
Zwengel, A. 2018. Interkulturalität im Wandel. Eine an der Grounded Theory orientierte Analyse der TV-Serie „Lindenstraße". In Handbuch Qualitative Videoanalyse, Hrsg. C. Moritz und M. Corsten, 691–715. Wiesbaden: VS Verlag für Sozialwissenschaften.
Zwengel, A. 2010. Von kulturellen Differenzen zur Kultur der Differenz. Überlegungen zu einem Paradigmenwechsel. In *Ethnowissen. Soziologische Beiträge zu ethnischer Differenzierung und Migration*, Hrsg. M. Müller und D. Zifonun, 451–463. Wiesbaden: VS Verlag für Sozialwissenschaften.

Zitierte Filme

2 Days in New York. Frankreich, Deutschland und Belgien 2012. Regie: Julie Delpy. *DVD* Senator Home Entertainment GmbH 2013.
Arranged. USA 2007. Regie: Diane Crespo und Stefan C. Schaefer. *DVD* Soda Pictures 2009.
Borat: Cultural Learnings of America for Make Benefit Glorious Nation of Kazakhstan. USA, UK und Kasachstan 2006. Regie: Larry Charles. *DVD* Twentieth Century Fox Home Entertainment LLC 2006.
Brooklyn Babylon. USA und Frankreich 2001. Regie: Marc Levin. *DVD* Universal Studios 2008.
Brooklyn. UK, Kanada und Irland 2015. Regie: John Crowley. *DVD* Twentieth Century Fox Home Entertainment LLC 2016.
China Girl. USA 1987. Regie: Abel Ferrara. *DVD* Epix Media AG 2009.
David and Layla. USA 2005. Regie: Jay Jonroy Alani. *DVD* SchröderMedia audio-visual entertainment 2010.
Do the Right Thing. USA 1989. Regie: Spike Lee. *DVD* Universal Studios 2001.
Fading Gigolo. USA 2013. Regie: John Turturro. *DVD* Curzon Film World 2014.
Harold and Kumar Go to White Castle. USA 2004. Regie: Danny Leiner. *DVD* New Line Home Video 2005.
Kyoko. USA und Japan 1996. Regie: Ryū Murakami. *DVD* New Concorde 2000.

L.A. Crash (Crash). USA 2004. Regie: Paul Higgs. *DVD* FOCUS Magazin Verlag GmbH 2006.
Learning to Drive. USA und UK 2014. Regie: Isabel Coixet. *DVD* Alamode Film Distribution 2015.
My Last Day Without You. USA 2011. Regie: Stefan C. Schaefer. *DVD* Falcom Media GmbH 2012.
New York, I Love You (Episode: Diamond District). USA 2008. Regie: Mira Nair. *DVD* Concorde Home Entertainment 2010.
New York, I Love You (Transitions). USA 2008. Regie: Randy Balsmeyer. *DVD* Concorde Home Entertainment 2010.
Night on Earth. USA, Frankreich, UK, Deutschland und Japan 1991. Regie: Jim Jarmusch. *DVD* Süddeutsche Zeitung Cinemathek 29 2005.
Pieces of April. USA 2003. Regie: Peter Hedges. *DVD* MGM Home Entertainment 2004.
Side Streets. USA 1998. Regie: Tony Gerber. *DVD* Madacy Entertainment group, Inc. 2003.
Tangerine. Deutschland und Marokko 2008. Regie: Irene von Alberti. *DVD* Filmgalerie 451 2009.
The Namesake. USA und Indien 2006. Regie: Mira Nair. *DVD* Twentieth Century Fox Home Entertainment LLC 2007.
The Visitor. USA 2007. Regie: Tom McCarthy. *DVD* Pandastorm Pictures 2010.
Today's Special. USA 2009. Regie: David Kaplan. *DVD* New Video Group 2011.
What's Cooking? UK, USA 2000. Regie: Gurinder Chadha. *DVD* Lions Gate Home Entertainment 2004.
You Don't Mess with the Zohan. USA 2008. Regie: Dennis Dugan. *DVD* Sony Pictures Home Entertainment 2009.

The manufacturer's authorised representative in the EU is Springer Nature Customer Service Centre GmbH, Europaplatz 3, 69115 Heidelberg, Germany. If you have any concerns regarding our products, please contact ProductSafety@springernature.com

Printed and bound by CPI Group (UK) Ltd, Croydon, CR0 4YY

25/03/2026

02078173-0007